现代仪器分析

Modern Instrumental Analysis

林　炜　王春华　吴尖辉◎主编

项目策划：王　锋
责任编辑：王　锋
责任校对：胡晓燕
封面设计：墨创文化
责任印制：王　炜

图书在版编目（CIP）数据

现代仪器分析 / 林炜，王春华，吴尖辉主编．— 成都：四川大学出版社，2020.12
ISBN 978-7-5690-4044-9

Ⅰ．①现…　Ⅱ．①林…　②王…　③吴…　Ⅲ．①仪器分析－高等学校－教材　Ⅳ．①O657

中国版本图书馆 CIP 数据核字（2020）第 257626 号

书名　现代仪器分析
XIANDAI YIQI FENXI

主　　编	林　炜　王春华　吴尖辉
出　　版	四川大学出版社
地　　址	成都市一环路南一段 24 号（610065）
发　　行	四川大学出版社
书　　号	ISBN 978-7-5690-4044-9
印前制作	成都完美科技有限责任公司
印　　刷	郫县犀浦印刷厂
成品尺寸	185mm×260mm
印　　张	28.5
字　　数	703 千字
版　　次	2020 年 12 月第 1 版
印　　次	2020 年 12 月第 1 次印刷
定　　价	85.00 元

◆ 读者邮购本书，请与本社发行科联系。
电话：(028)85408408/(028)85401670/
(028)86408023　邮政编码：610065
◆ 本社图书如有印装质量问题，请寄回出版社调换。
◆ 网址：http://press.scu.edu.cn

四川大学出版社
微信公众号

前　言

从1777年近代化学之父拉瓦锡借助分析天平提出氧化说，由此推翻了统治化学界一个世纪之久的燃素论；到Jacques Dubochet等人因发明了冷冻电镜，并在揭示生物大分子高分辨率结构方面的贡献而获得2017年诺贝尔化学奖；仪器就像是科学家们洞悉世界的“眼睛”，成为人类获取物质的组成结构信息、探索自然规律等过程不断拓展的感知和认知工具。仪器分析作为分析化学的一个重要分支，发展迅速。特别是集成了多种学科的基本原理、新方法技术、计算机和软件于一体的现代分析仪器，其发展和应用在推进各行业领域的科技进步中起着不可或缺的作用。

胶原作为一种天然的生物质材料，在食品、医药、化妆品、生物材料等领域都有广泛的应用。皮革就是一种由动物皮胶原蛋白制得的纤维网络结构材料；其加工过程包括机械、生物处理、物理和化学反应等多种作用，所涉及的化学品有两千多种。当今，低碳绿色制造的目标就是要求从制革原料皮的来源和防腐处理、生皮加工的工艺过程到最终产品的整个生命周期，对所使用的化学品及其与皮胶原的相互作用、加工过程皮胶原形态结构的演变、皮革产品的使用性能等有全面的把握和认识。现代仪器分析方法和技术的进步使得不断深入探究制革过程机制成为可能；并且，近年皮革化学品的风险筛查及其在皮革中的残留分析、环境友好新型皮化材料的研发、不同鞣剂的鞣制机理，以及皮胶原非制革高附加值领域的利用方面发挥着越来越重要的作用。

遗憾的是目前国内还没有关于现代仪器分析技术在胶原及皮革学科中应用方面的专业书籍，我校轻化工程专业学生亦缺少一本具有本学科相关研究应用示例的现代仪器分析教材。值此契机此书得以形成。书中的应用举例大都是编者从事科研工作中的一些典型研究成果。尤其是近年新发展起来的微观检测仪器和原位监测技术，如原子力显微镜、超灵敏微量量热仪、石英晶体微天平等，都是编者率先将其引入皮革学科研究领域。本书试图以深入浅出的方式介绍各种仪器的发展历程、工作原理、特点及适用范围和应用情况。其既可作为高校皮革学科、生物工程、生物质相关专业本科生及研究生的教材，也可供有关生产、科研单位的分析检测工作人员参考阅读。

编者借此机会感谢四川大学轻工科学与工程学院生物质与皮革工程系老师和同事们的支持、理解、鼓励和帮助！感谢使用此书作为教材或参考书的教师和同学们！鉴于编者水平的限制，本书在内容选择和文字表达上难免存在一些疏漏和错误，敬请读者批评指正，不胜感激！

编　者

目　录

第1章　紫外—可见吸收光谱法

1.1　概　述

紫外—可见吸收光谱法（UV—Vis spectrometry）是利用某些物质的分子或离子对200～800 nm光谱区内辐射能的吸收，对物质进行定性分析、定量分析及结构分析的方法，属于分子吸收光谱法。其所依据的光谱是分子价电子在电子能级间的跃迁需要吸收入射光中特定波长的光，从而产生的吸收光谱。分子中电子的分布及相应的能级，决定了分子的紫外—可见吸收光谱特征，因此紫外—可见吸收光谱也称为电子光谱。在电子跃迁的同时，伴随着振动和转动能级的跃迁，因此紫外吸收光谱是带状光谱。

根据物质溶液颜色的深浅程度来对其含量进行估计的方法，可追溯到公元初60年左右，古希腊人普利尼（Pliny）利用五倍子浸液目视比色法成功判定了食醋中铁的含量，限于当时的条件及没有相关的理论基础，这种直接依靠肉眼观察而得出结论的半定量方法需要相当丰富的经验且误差较大。直到1729年，布格（Bouguer）首先阐明了介质厚度与光吸收的关系。之后朗伯（Lambert）于1760年提出了光吸收的程度与液层厚度成正比的规律。1852年，比尔（Beer）在布格和朗伯研究的基础上提出了分光光度的基本定律，即液层厚度相等时，物质对光的吸收与吸光物质的浓度成正比，这就是著名的朗伯—比尔定律，这一发现奠定了利用光学分析方法对物质进行定量分析的理论基础。两年后，杜包斯克（Duboscq）和奈斯勒（Nessler）等人将此理论应用于定量分析化学领域，并且设计了第一台比色计。到1918年，美国国家标准局制成了第一台紫外可见分光光度计。自此之后，紫外—可见分光光度计经不断改进，又出现自动记录、自动打印、数字显示、微机控制等各种类型的仪器，使光度法的灵敏度和准确度不断提高，其应用范围也不断扩大。紫外—可见吸收光谱的原理简单、操作方便，具有如下优点：

（1）灵敏度和准确度高。与经典的化学分析方法相比，紫外—可见吸收光谱的灵敏度和准确度都比较高。它对10^{-8}～10^{-5}mol/L的微量组分测得的相对误差为2%～5%。

（2）检测过程中不破坏样品，可称为无损检测，并且可对样品进行多次重复测试且重复性好。

（3）分析速度快，一般可在1～2分钟内完成，适用于现场分析和快速分析。

（4）稳定性好，抗干扰能力强，易实现在线分析及检测。

（5）检测范围广，能够检测到对波长为200～800 nm的电磁波有吸收的物质分子。

（6）分析成本低、操作简便、快速，应用广泛。由于各种各样的无机物和有机物在紫外可见区都有吸收，因此均可借此法加以测定。到目前为止，几乎化学元素周期表上所有元素（除少数放射性元素和惰性元素外）的测定均可采用此法。

1.2 紫外－可见吸收光谱法基本原理

1.2.1 光吸收基本定律

1.2.1.1 基本概念

（1）单色光和复合光。

具有单一频率或波长的光称为单色光，紫外－可见吸收光谱定量分析中所用的光就是单色光。由多种不同波长或频率的单色光混合而成的光称为复合光。日常生活中所见到的日光、白炽灯光等都属于复合光。

（2）透光率和吸光度。

当一束平行的单色光通过均匀的溶液介质时，光的一部分被吸收，一部分被器皿所反射。设入射光强度为 I_0，吸收光强度为 I_a，透射光强度为 I_t，反射光强度为 I_r，则：

$$I_0 = I_a + I_t + I_r \tag{1.1}$$

在紫外－可见分光光度计的测量中，被测溶液和参比溶液是分别放在两个材质完全相同的吸收池中，让强度同为 I_0 的单色光分别通过两个吸收池，用参比池调节仪器的吸收零点，再测量被测溶液的透射光强度，所以反射光的影响可以从参比溶液中扣除，则式（1.1）可以简写成：

$$I_0 = I_a + I_t \tag{1.2}$$

透射光强度 I_t 与入射光强度 I_0 之比称为透射率，用 T 表示，则有：

$$T = \frac{I_t}{I_0} \tag{1.3}$$

溶液的 T 值越大，表明它对光的吸收越弱；反之，T 值越小，表明它对光的吸收越强。为了更明确地表明溶液的吸光强弱与相应物理量之间的关系，常用吸光度（A）表示物质对光的吸收程度，其定义为

$$A = \lg \frac{1}{T} = -\lg T \tag{1.4}$$

即吸光度为透光率的负对数，A 越大，表明物质对光的吸收越强。T 和 A 都是用来表示物质对光吸收能力的物理量。透射率常以百分率表示，称为百分透射比，即 $T\%$；吸光度 A 是一个无因次的物理量，两者可以通过式（1.4）互换。

（3）分子对光的选择性吸收。

当用不同波长的光照射物质分子时，分子的价电子发生跃迁，由于价电子跃迁的能量具有量子化的特征，因此分子只选择吸收能量与其能级间隔差值相匹配的单色光，其他波长的光则全部透过，这就是分子对光的选择性吸收。

白色光不仅可由各种不同波长的可见光按一定比例混合构成，也可以由两种不同颜色的光按照一定比例混合而成，构成白色光的两种色光称为互补色光。白色光照射溶液时被吸收和透射的一对有色光就是互补色光，如 $CuSO_4$ 溶液呈现蓝色，可以判断为吸收

了与其互补的黄色光。

(4) 吸收曲线。

在相同条件下分别测量均匀介质对不同波长 λ 的单色光的吸光度 A，并以 λ 为横坐标，以 A 为纵坐标作图，得到的 $A-\lambda$ 曲线，称为吸收曲线，其中最大吸收强度所对应的波长称为最大吸收波长，用λ_{max}表示。吸收曲线是物质的特征曲线，是对物质进行定性分析的依据之一，也是定量分析中选择入射光波长的重要依据。吸收曲线具有如下特点：

①同一物质对不同波长的光的吸光度不同；

②不同浓度的同一物质，其吸收曲线形状相似，λ_{max}不变；

③不同浓度的同一物质，在某一定波长下吸光度 A 有差异，在λ_{max}处吸光度 A 的差异最大。

1.2.1.2 朗伯一比尔定律

(1) 朗伯一比尔定律的内容。

当一束平行的单色光通过单一的、均匀的、非散射的吸光介质时，介质的吸光度与吸光组分的浓度和介质层厚度的乘积成正比。朗伯一比尔定律的数学表达式如式 (1.5) 所示：

$$A=Kbc \tag{1.5}$$

式中，A 为吸光度；K 为比例系数，又称为吸光系数；b 为液层的厚度，单位：cm；c 为溶液的浓度。

吸收具有加和性，在溶液中如有浓度为c_1的物质 1 和浓度为c_2的物质 2 存在时，则测得的溶液的吸光度 (A) 为两物质的吸光度 (A_1、A_2) 之和：

$$A=A_1+A_2=K_1b_1c_1+K_2b_2c_2 \tag{1.6}$$

朗伯一比尔定律是所有光学分析法的理论基础和定量测定的依据。它不仅适用于紫外一可见光区，而且适用于红外光区；不仅适用于溶液，而且适用于其他均匀非散射的吸光介质 (如气体或固体)。

在式 (1.5) 中，若 c 的单位为 $mol \cdot L^{-1}$，b 的单位为 cm，则此时的吸光系数称为摩尔吸光系数，用 ε 表示，单位为 $L \cdot mol^{-1} \cdot cm^{-1}$，即

$$A=\varepsilon bc \tag{1.7}$$

ε 是衡量物质吸光能力的重要参数。ε_{max}表明物质最大的吸光能力，反映了光度法测定该物质时可能达到的最大灵敏度。

若 c 以 $g \cdot L^{-1}$为单位，b 的单位为 cm，则此时的吸光系数称为质量吸光系数，用 a 表示，单位为 $L \cdot g^{-1} \cdot cm^{-1}$，即

$$A=abc \tag{1.8}$$

质量吸光系数常用于环境监测和毒理分析中。由摩尔吸光系数与质量吸光系数的定义可知二者存在如下关系：

$$a=\varepsilon/M \tag{1.9}$$

式中，M 为吸光物质的摩尔质量，单位为 $g \cdot mol^{-1}$。

(2) 朗伯一比尔定律的应用。

朗伯一比尔定律是光学定量分析的基础，可以利用公式$c_x = A_x/(\varepsilon_{max} b)$计算出待测物质的浓度，但是实际应用中基本上不采用这种单点计算的方法，而是利用标准曲线法进行定量分析，即在相同条件下测定一系列不同浓度标准溶液的吸光度。以浓度（c）为横坐标，吸光度（A）为纵坐标，得到一条吸光度一浓度关系曲线。然后在相同条件下测得待测液的吸光度A_x，即可从曲线中查得待测溶液的浓度c_x。

在利用标准曲线法进行定量分析时，需要注意消除干扰，扣除空白，在线性范围内测定方可获得满意的结果。

1.2.1.3 偏离朗伯一比尔定律的原因

通常在分光光度法定量分析中，常采用标准曲线法。根据朗伯一比尔定律，标准曲线应为一条通过原点的直线。但在实际工作中，尤其是在溶液浓度较高时，常会出现标准曲线向上或向下偏移的现象（图 1.1），这种现象称为偏离朗伯一比尔定律。若待测液浓度处在光度分析的标准线弯曲部分，则根据吸光度计算试样浓度时会引起较大的误差。因此，了解偏离朗伯一比尔定律的原因可以对测定条件进行合理的选择和控制。

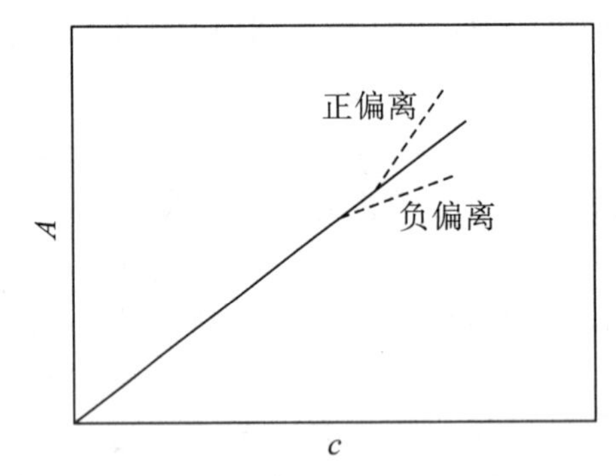

图 1.1 标准曲线偏离朗伯一比尔定律的现象

引起偏离朗伯一比尔定律的主要原因有两个方面：一是与仪器有关的因素，二是与样品有关的因素。

（1）仪器因素引起的偏离。

朗伯一比尔定律成立的条件之一是入射光必须为平行的单色光。但在紫外一可见分光光度计中，使用连续光源和单色光器分光，分光后的光子并非纯粹的单色光，而且为了保证足够的光强，狭缝也不可能无限小。因此，实际测定吸光度所用的辐射只是具有一定频率范围的谱带，而非单色光。由于物质对不同波长光的吸收程度不同，因而引起了对朗伯一比尔定律的偏离。

为了讨论方便，假设入射光仅由波长为λ_1和λ_2的两种光组成，且这时朗伯一比尔定律是适用的。当$\varepsilon_1 = \varepsilon_2$时，$A = \varepsilon bc$，$A$ 与 c 呈线线关系。若$\varepsilon_1 \neq \varepsilon_2$，$A$ 与 c 不再符合线性关系，且ε_1与ε_2之间的差别越大，A 与 c 之间线性关系的偏离就越大。其他条件一定时，ε 随入射光波长的改变而改变，但在λ_{max}附近 ε 变化不大，因此选用波长λ_{max}的光作为入射光，其所引起的偏离较小，标准曲线基本上是直线。

杂散光（非吸收光）也会引起朗伯一比尔定律的偏移。设I_s为杂散光强度，则测得的吸光度为$A_s = \lg (I_0 + I_s) / (I + I_s)$。随溶液吸光度（浓度）增大，$I$ 减小。当 $I \ll I_s$时，$A_s = \lg (I_0 + I_s) / I_s$。无杂散光时，$A = \lg (I_0 / I)$，因此测得的吸光度小于真实的吸光度。非吸收光的存在，将降低测定灵敏度，导致校正曲线弯曲，且其影响随着被测物质浓度的增大而增大。在波长小于 220 nm 处测量时，因其靠近仪器元件的波长上下处，杂散光的影响大。在可见光区测量时，由于可见光光源的光谱亮度大，大多数检测器对可见光的响应都较大，因此杂散光的影响也较为显著。

（2）化学因素引起的偏离。

朗伯—比尔定律除要求入射光是单色光外，还假设吸光粒子是独立的，彼此之间无相互作用，即均匀的介质，稀溶液能够很好地服从该定律。当溶液浓度较高时（通常>0.01 $mol \cdot L^{-1}$），吸光粒子靠得很近，会互相影响对方的电荷分布，使吸光粒子对某一固定波长的光的吸收能力改变，从而偏离比尔定律。折射率的改变也会引起比尔定律的改变。因为摩尔吸光系数 ε 与折射率有关（诱导效应），若溶液浓度改变引起的折射率变化很大，则会产生对朗伯—比尔定律的偏移。

此外，由吸光物质等构成的溶液化学体系，常因条件的变化而发生吸光组分的解离、缔合、生成配合物以及与溶剂的相互作用等，从而形成新的化合物或改变吸光物质的浓度，都将导致朗伯—比尔定律的偏离。因此需根据吸光物质的性质，溶液中化学平衡的知识，严格控制显色反应条件，对偏离加以预测和防止，以获得较好的测定结果。例如，苯甲酸在水溶液中存在如下电离平衡，其酸式或酸根阴离子具有不同的吸收特性：

$$C_6H_5COOH + H_2O \rightleftharpoons C_6H_5COO^- + H_3O^+$$

λ_{max}/nm	273	268
ε_{max}/nm	970	560

显然，稀释溶液或改变溶液 pH 值时，273 nm 处的有效 ε 会变化。

1.2.2 有机化合物的紫外—可见吸收光谱

1.2.2.1 分子轨道

原子和分子中电子的运动状态用“轨道”来描述，与经典物理中的“轨道”概念不同，原子、分子中电子的“轨道”实际上是电子运动的概率分布，是量子力学导出的数学设计。

原子中电子的运动“轨道”称为原子轨道，用波函数 φ 表示。有机化学中构成化学键的原子轨道有 s、p 轨道（图 1.2）及各种杂化轨道。

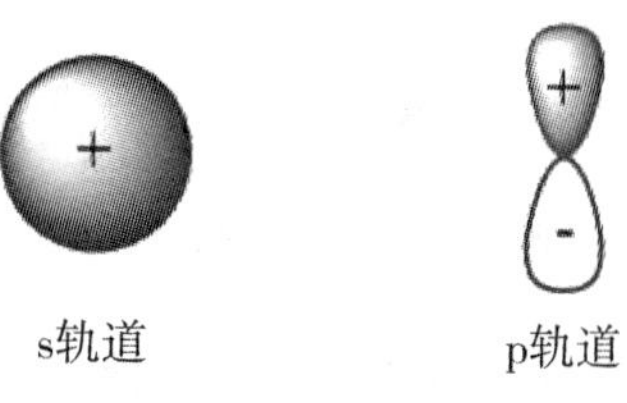

图 1.2 s、p **轨道（正负号表示波函数位相）**

分子中电子的运动“轨道”称为分子轨道，用波函数 Φ 表示。分子轨道是由原子轨道相互作用而形成的（即原子轨道的重叠）。分子轨道理论认为，两个原子轨道线性组合形成两个分子轨道，其中波函数位数相同者（同号）重叠形成的分子轨道称成键轨道（电子占有轨道），用 Φ 表示，其能量低于组成它的原子轨道。波函数位数相反者（异号）重叠形成的分子轨道称为反键轨道（电子未占有轨道），用Φ^* 表示，其能量高于组成它的原子轨道。原子轨道相互作用的程度越大，形成的分子轨道越稳定。图 1.3 是用能级图表示的分子轨道形成情况。

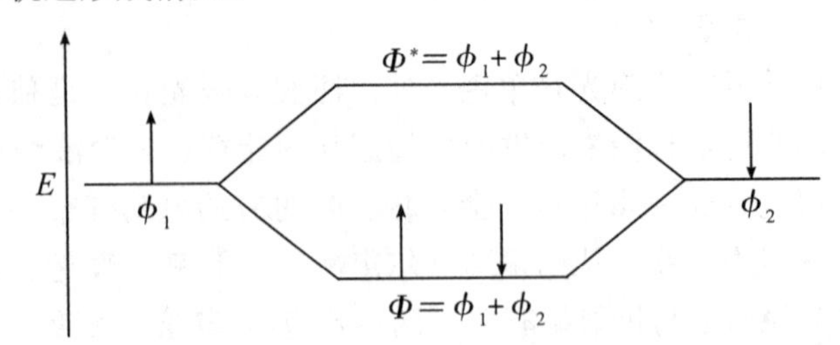

图 1.3 分子轨道的形成情况（箭头表示电子自旋方向）

原子轨道的相互作用，可以构成以下几种类型的分子轨道：

(1) 原子 A 和原子 B 的 s 轨道相互作用，形成的分子轨道，如图 1.4 所示。

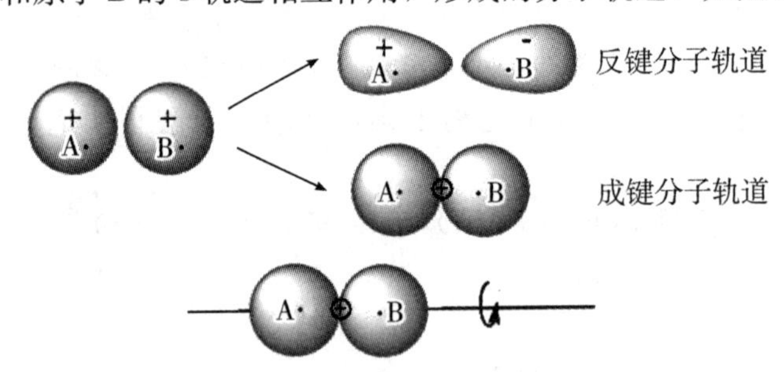

图 1.4 原子 A 和原子 B 的 s 轨道的相互作用

连接两个原子核间的直线称为键轴。在这种分子轨道上的电子角动量沿键轴的分量为零（即电子云绕键轴作对称分布），这样的分子轨道称 σ 轨道（σ 键），构成 σ 键的电子称 σ 电子。σ^* 则表示反键 σ 轨道，成键 σ 轨道的电子云在核间最为密集，反键 σ 轨道的电子云在核间比较稀疏。

(2) 原子 A 和原子 B 的 p 轨道相互作用形成的分子轨道有以下三种情况：

①原子 A 和原子 B 的 p_x 轨道相互作用，如图 1.5 所示。

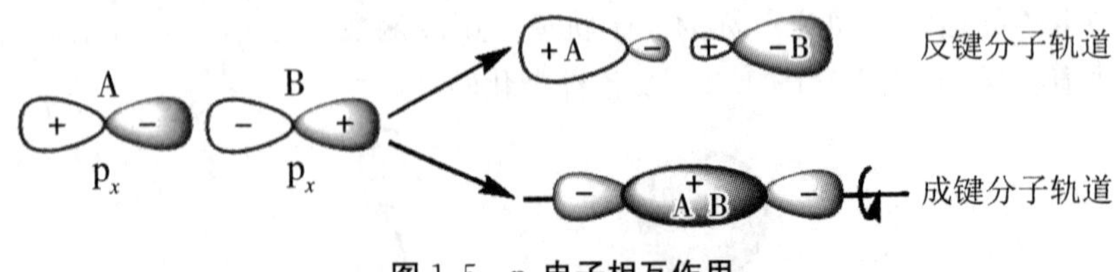

图 1.5 p_x 电子相互作用

p_x 轨道相互作用形成的两个分子轨道上的电子绕键轴也是呈圆柱形对称分布，即其电子角动量沿键轴的分量亦为零，所以原子 p_x 轨道相互作用也形成 σ 分子轨道。

②原子 A 和原子 B 的 p_y 轨道相互作用，如图 1.6 所示。

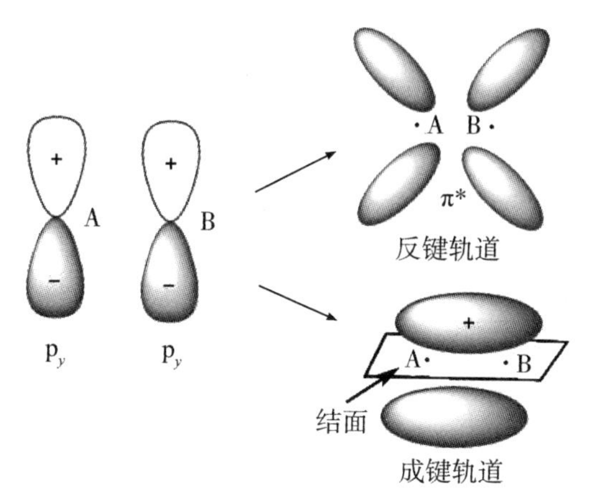

图 1.6 p_y 电子相互作用

原子 p_y 轨道相互作用形成的两个分子轨道上的电子云，并不是圆柱形对称的，但有一个对称平面，就是通过键轴并且垂直于纸面的平面，在此平面上电子云密度为零。我们称电子云密度为零的平面为"结面"。对称平面同时又为结面者称为对称结面。分子轨道上的电子角动量沿键轴方向的动量不等于零，这样的分子轨道叫作 π 轨道（π 键）。构成 π 键的电子叫 π 电子。

③原子的 p_z 轨道相互作用，亦形成 π 轨道，只是在空间位置上相差 90°。

（3）原子 A 的 s 轨道与原子 B 的 p 轨道相互作用，亦构成 σ 分子轨道，如图 1.7 所示。

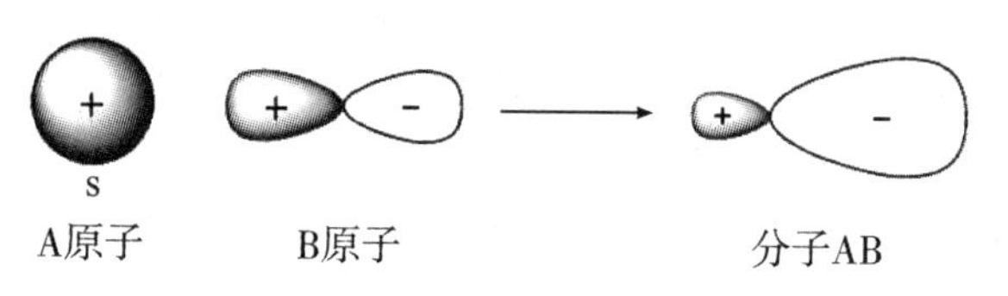

图 1.7 s 电子和 p 电子之间的相互作用

（4）原子上未用电子对形成的分子轨道。

在分子轨道中，未与另一原子轨道相互起作用的原子轨道（即未成对电子）在分子轨道能级图上的能量大小等于其在轨道中的能量，这种类型的分子轨道称为非成键分子轨道，亦称 n 轨道。n 轨道上的电子称为 n 电子。n 轨道是非成键的分子轨道，所以没有反键轨道。

1.2.2.2 轨道能量

根据量子化学原理，同一种分子轨道的成键轨道能量低于反键轨道能量，也都低于非成键分子轨道的能量。成键轨道中 σ 轨道最稳定，能量最低。根据能量守恒定律，成键轨道能量降低得多，反键轨道能量就升高得多，因此反键轨道中 σ^* 能量最高。各轨道能量由高到低依次排序为：

$$\sigma^* > \pi^* > n > \pi > \sigma$$

绝大多数有机分子中，价电子一般填充在能量低的成键 σ 轨道和 π 轨道中，或者有非成键电子。而能量高的反键轨道是空的，没有电子。如果反键轨道也有电子，则形成的化学键很不稳定。如果反键轨道也充满电子，则它成键前后能量不变，形成的分子极不稳定，氦原子就是这种情况（图 1.8）。自然界中，氦总是以自由原子形式存在，被称为惰性气体。

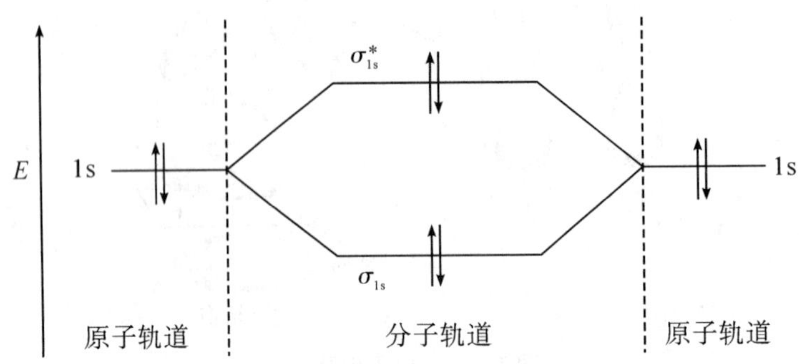

图 1.8　氦原子形成分子的电子填充示意图

1.2.2.3　电子跃迁

（1）电子跃迁方式。

通常情况下，分子中电子排布在 n 轨道以下的轨道上，这种状态称为基态。分子吸收光子后，基态的一个电子被激发到反键分子轨道（电子激发态），称为电子跃迁。分子中相邻电子能级的能量相差 1～20 eV（1 eV＝1.6×10^{-19} J），这样的能量与紫外光和可见光的能量相当。因此，产生电子跃迁的必要条件是物质必须接受紫外光或可见光的照射。只有当照射光的能量与价电子的跃迁能 ΔE 相等时，光才能被吸收。因此，光的吸收与化学键的类型有关。有机化合物中的价电子有形成单键的 σ 电子和形成双键或叁键的 π 电子，以及未成键的 n 电子等，它们由基态跃迁到激发态的跃迁能 ΔE 是各不相同的。电子跃迁类型不同决定了分子吸收不同波长的光，如表 1.1 所示。

表 1.1　各种类型的电子跃迁名称及相应的吸收区域

电子跃迁类型	吸收区域
$\sigma\to\sigma^*$	远紫外区域
$\pi\to\pi^*$（共轭体系）	近紫外区至可见光区
$n\to\pi^*$	＞250 nm
$n\to\sigma^*$	远紫外区和近紫外区
跃迁能量很高，分子有离子化趋势	远紫外区

一般情况下，电子跃迁存在如图 1.9 所示的类型。

①$\sigma\to\sigma^*$ 跃迁：σ 轨道上的电子从基态跃迁到激发态属于 $\sigma\to\sigma^*$ 跃迁。这种电子跃迁需要较高的能量，所以能吸收短波长的紫外线，一般其吸收发生在低于 150 nm 的远紫外区。例如甲烷的紫外区吸收发生在 122 nm，而乙烷的紫外区吸收发生在 135 nm。因为实际应用的紫外光谱区域在 200～400 nm，所以 $\sigma\to\sigma^*$ 跃迁在有机化合物紫外吸收光谱中一般不能测出。

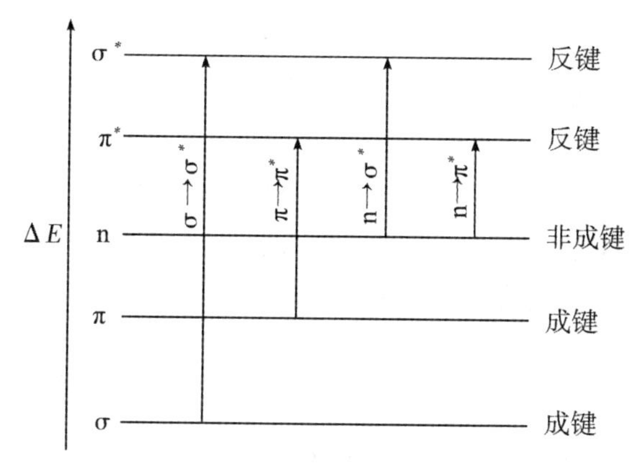

图 1.9 分子轨道能级及电子跃迁

②$\pi\rightarrow\pi^*$ 跃迁：双键或叁键中 π 轨道的电子吸收紫外线后将产生 $\pi\rightarrow\pi^*$ 跃迁。$\pi\rightarrow\pi^*$ 跃迁的 ΔE 较 $\sigma\rightarrow\sigma^*$ 跃迁的小，孤立双键或叁键吸收一般在小于 200 nm 的紫外区发生。例如，乙烯在 165 nm 处有吸收，在基态时乙烯双键由一对成键的 σ 电子和一对成键的 π 电子构成。当吸收紫外线后，成键轨道上一个 π 电子激发到较高能态的反键轨道。

③$n\rightarrow\pi^*$ 跃迁：在—CO—、—CHO—、—COOH—、—$CONH_2$－和—C≡N 等基团中，不饱和键一端直接与具有未用电子对的杂原子相连，将产生 $n\rightarrow\pi^*$ 跃迁。这种跃迁所需的能量是最小的，所以吸收波长在近紫外区或可见光区，吸收强度弱，但对有机化合物结构分析很有用，例如饱和酮在 280 nm 处出现的吸收峰就是由 $n\rightarrow\pi^*$ 跃迁引起的。

④$n\rightarrow\sigma^*$ 跃迁：含有未成对电子的基团，如—OH、—NH_2、—SH、—Cl、—Br、—I 等，它们的未成对电子将产生 $n\rightarrow\sigma^*$ 跃迁，其 ΔE 比 $n\rightarrow\pi^*$ 大，但比 $\pi\rightarrow\pi^*$ 小，吸收发生在小于 200 nm 的紫外区。原子半径较大的杂原子，如硫原子或碘原子，其 n 轨道能级较高，$n\rightarrow\sigma^*$ 跃迁能带较小，故含硫或含碘的饱和有机物在 220～250 nm 附近可能产生 $n\rightarrow\sigma^*$ 跃迁吸收带。

(2) 电子跃迁选律。

原子和分子与电磁波相互作用，从一个能量状态跃迁到另一个能量状态要服从一定的规律，这些规律称为光谱选律，它们是由量子化学的理论来解释的。如果两个能级之间的跃迁根据选律是可能的，则称为“允许跃迁”，其跃迁概率大，吸收强度大。反之，不可能的跃迁称为“禁阻跃迁”，其跃迁概率小，吸收强度很弱甚至观察不到吸收信号。分子中电子从一个能级跃迁到另一个能级所遵守的选律如下：

①自旋定律：电子自旋量子数（$S=\pm1/2$）发生变化的跃迁是禁止的，即分子中的电子在跃迁过程中自旋方向不能发生改变，$\Delta S=0$。

②轨道选律：也称 Laport 规律，电子在同种轨道之间的跃迁是禁止的，即分子中电子跃迁必须符合两相关分子轨道的总角动量在键轴方向的分量差为零。

③对称性选律：同核双原子分子的键轴中点称为分子的对称中心，其分子轨道波函数通过对称中心反演到三维空间相应的位置时，若符号不改变，则称为对称波函数（如 σ 和 π^*），用 g 表示。若波函数符号改变，则称为反对称波函数（如 σ^* 和 π），用 u 表

示。电子跃迁时中心对称性必须改变，而结面对称性不能改变，即 $u \leftrightarrow g$ 的跃迁是允许跃迁，而 $u \leftrightarrow u$、$g \leftrightarrow g$ 的跃迁是禁阻跃迁。所以 $\sigma \rightarrow \sigma^*$、$\pi \rightarrow \pi^*$ 属于允许跃迁，而 $\sigma \rightarrow \pi^*$、$\pi \rightarrow \sigma^*$ 属于禁阻跃迁。

$\sigma \rightarrow \pi^*$ 亦是禁阻跃迁。然而，由于理论处理过程中的近似性，禁阻跃迁在某些情况下实际上是可被观察到的，只是吸收峰强度很弱。这是因为受分子内或分子间的微扰作用等因素的影响，常导致上述某些选律发生偏移。

(3) 吸收峰的强弱。

在紫外—可见光谱中，通常根据摩尔吸光系数来确定吸收峰的强弱。一般规定，$\varepsilon \geqslant 10^4$ 时为强吸收，可用于微量物质的定量分析；$\varepsilon = 10^3 \sim 10^4$ 时为较强吸收，一般也可用于定量分析，但测定灵敏度较低；$\varepsilon = 10^2 \sim 10^3$ 时为较弱吸收，对微量组分的测定不太合适；$\varepsilon < 10^2$ 时为弱吸收，一般不用于定量分析，只做纯物质的结构测定参考用。如紫外光谱中的 $\sigma \rightarrow \sigma^*$ 跃迁、$\pi \rightarrow \pi^*$ 跃迁属于光谱选律中的允许跃迁，跃迁概率大，为强吸收；$n \rightarrow \sigma^*$ 跃迁属于光谱选律中的禁阻跃迁，但由于 n 轨道与 σ 轨道的跃迁共平面效果比 n、π 轨道的好，跃迁概率比 $n \rightarrow \pi^*$ 大，为较强吸收；而 $n \rightarrow \pi^*$ 跃迁则属于光谱选律中的禁阻跃迁，且 n、π^* 轨道共平面效果最差，因此属于弱吸收。

1.2.3 电子光谱的相关术语

(1) 生色团（chromophore）。

能够使分子在紫外—可见光区域产生吸收的基团称为生色团。它们共同的特点是含有 π 键，能够发生 $\pi \rightarrow \pi^*$ 跃迁或 $n \rightarrow \pi^*$ 跃迁。有机化合物中羰基、硝基、共轭双键与叁键、芳环等都是典型的生色团。常见的生色团及相应化合物的电子吸收特性如表 1.2 所示。

表 1.2 常见的生色团及相应化合物的吸收特性

生色团	实例	λ_{max}/nm	ε_{max}/(L·mol^{-1}·cm^{-1})	跃迁类型	溶剂
R—CH═CH—R′（烯）	乙烯	165	15000	$\pi \rightarrow \pi^*$	气体
		190	10000	$\pi \rightarrow \pi^*$	气体
R—C≡C—R′（炔）	辛炔	195	21000	$\pi \rightarrow \pi^*$	庚烷
		223	160		庚烷
R—C═O—R′（酮）	丙酮	189	900	$n \rightarrow \pi^*$	正己烷
		279	15	$n \rightarrow \pi^*$	正己烷
R—CHO（醛）	乙醛	180	10000	$n \rightarrow \sigma^*$	气体
		290	17	$n \rightarrow \pi^*$	正己烷
R—COOH（羧酸）	乙酸	208	32	$n \rightarrow \pi^*$	95%乙醇
R—CONH$_2$（酰胺）	乙酰胺	220	63	$n \rightarrow \pi^*$	水
R—NO$_2$（硝基化合物）	硝基甲烷	201	5000		甲醇
R—CN（腈）	乙腈	338	126	$n \rightarrow \pi^*$	四氯乙烷

续表

生色团	实例	λ_{max}/nm	ε_{max}/(L·mol^{-1}·cm^{-1})	跃迁类型	溶剂
R—ONO_2（硝酸酯）	硝酸乙烷	270	12	$n \to \pi^*$	二氧六环
R—ONO（亚硝酸酯）	亚硝酸戊烷	218	1120	$\pi \to \pi^*$	石油醚
R—NO（亚硝基化合物）	亚硝基丁烷	300	100		乙醇
R—N═N—R′（重氮化合物）	重氮甲烷	338	4	$n \to \pi^*$	95%乙醇
苯环	苯	203	7400	$\pi \to \pi^*$	水
		261	225	$\pi \to \pi^*$	水

（2）助色团（auxochrome）。

基团本身在近紫外光区、可见光区无吸收，但与生色团相连时能使生色团的λ_{max}向长波方向移动，同时吸收强度增加者，称为助色团。通常助色团都含有孤对电子（n 电子），可借 p－π 轨道共轭而增加生色团的共轭程度，使 $\pi \to \pi^*$ 和 $n \to \pi^*$ 的跃迁能减小，从而产生助色效应（λ_{max}红移）。常见的助色团有—F、—Cl、—Br、—OH、—OR、—SR、—COOH、—NH_2、—NR_2等。某些助色团对生色团苯环λ_{max}、ε_{max}的影响见表 1.3。

表 1.3　某些助色团对生色团苯环吸收带的影响

化合物	E_2带		B带	
	λ_{max}/nm	ε_{max}/(L·mol^{-1}·cm^{-1})	λ_{max}/nm	ε_{max}/(L·mol^{-1}·cm^{-1})
C_6H_6	203	7400	255	220
C_6H_5—F	204	8000	254	900
C_6H_5—Cl	210	7400	264	190
C_6H_5—Br	210	7900	261	192
C_6H_5—OH	211	6200	270	1450
C_6H_5—SH	236	8000	271	630
C_6H_5—NH_2	230	8600	280	1430

这里要特别注意的是，当羰基碳上引入含有n电子的取代基（如—OH、—OCH_3、—OC_2H_5、—NH_2、—SH、—X）时，由于产生诱导效应和共轭效应，使$\Delta E_{\pi\rightarrow\pi^*}$变大，因此能使C═O的n→π*跃迁吸收带的$\lambda_{max}$向短波方向移动，据此可区别醛、酮和酸、酯。

（3）红移和蓝移。

由于取代基的引入或溶剂极性的影响而使λ_{max}向长波方向移动的现象，称为红移。由于取代基的引入或溶剂极性的影响而使λ_{max}向短波方向移动的现象称为蓝移。能使吸收强度增加（ε_{max}变大）的效应称增强效应或增色效应（hyperchromic effect）。能使吸收强度降低（ε_{max}变小）的效应称减弱效应或减色效应（hypochromic effect）。

（4）吸收带。

同类电子跃迁引起的吸收峰称为吸收带。根据电子跃迁类型的不同，可将吸收带分为4种类型。了解吸收带类型及其与分子结构的关系，对于解析紫外－可见吸收光谱非常有用。紫外－吸收光谱中主要的吸收带如下：

①R带：R带是生色团（如—C═O、—NO_2、—N═N—）的n→π*跃迁引起的吸收带。它的特点是：吸收强度很弱（$\varepsilon_{max}<100$），吸收带λ_{max}一般在270 nm以上。当溶剂极性增大时，λ_{max}发生蓝移。如甲醛蒸汽的$\lambda_{max}=290$ nm，$\varepsilon_{max}=10$；丙酮在正己烷中，$\lambda_{max}=279$ nm，$\varepsilon_{max}=15$，均为n→π*跃迁引起的弱吸收带，属R带。

②K带：由于分子中共轭体系的π→π*跃迁引起的吸收带叫作K带。该带的特点是ε_{max}很大（>1000）；吸收峰的λ_{max}处在近紫外区的低端，常随溶剂极性增强而红移。

③B带：B带是芳香族和杂芳香族的特征谱带，是由封闭共轭体系（芳环）的π→π*跃迁引起的弱吸收带。在230～270 nm处呈一宽峰，且具有精细结构，属较弱的吸收。例如苯的B带的$\lambda_{max}=255$ nm，$\varepsilon_{max}=220$。B带的精细结构随取代基和溶剂的极性增强而慢慢消失。

④E带：E带也是芳香族化合物的特征谱带。它可分为E_1带、E_2带。二者可分别看成是由苯环中乙烯键、共轭乙烯键的π→π*跃迁引起的。E_1、E_2带的λ_{max}分别在184 nm（$\varepsilon_{max}\approx46000$）和204 nm（$\varepsilon_{max}=7400$）。

1.2.4 影响电子光谱的因素

影响紫外－可见吸收光谱的因素很多，如分子的共轭程度、取代基效应、空间效应和溶剂种类、温度等都会使λ_{max}和ε_{max}发生变化。在此着重讨论一些主要的影响因素。

1.2.4.1 内部因素

（1）共轭效应。

由于共轭双键数目的增多，使λ_{max}红移和ε_{max}增大的现象叫作共轭效应。这是由于双键与双键相互作用，形成一套新的共轭体系的分子轨道，即大π键。在形成大π键以后的分子轨道中，π轨道和π*轨道间的能量差显著减小，吸收波长红移。一般情况下，每增加一个共轭双键，λ_{max}将红移30～40 nm。大π键的形成，使分子的活动性增加，参与π→π*跃迁的概率增大，故使ε_{max}也增加一倍。表1.4列出了一些共轭多烯的吸收特性。

表 1.4　一些共轭多烯（H—(CH=CH)$_n$—H）的 $\pi \rightarrow \pi^*$ 跃迁

n	λ_{max}/nm	ε_{max}/(L·mol^{-1}·cm^{-1})
1	180	10000
2	217	21000
3	268	34000
4	304	64000
5	334	121000
6	364	138000

（2）取代基效应。

当含有 n 电子的生色团（—OH、—OR、—NH_2、—SR、—X）引入共轭体系时，发生 n—π 或者 p—π 共轭，导致 K 带、B 带发生显著红移，ε_{max}增大的现象称为助色效应。常见取代基的影响见表 1.5。一般每引入一个助色团，λ_{max}将红移 20～40 nm。

表 1.5　取代基引起的λ_{max}增加值

体系		取代基 i 引起的位移值/nm				
		—NR_2	—OR	—SR	—Cl	—Br
i—C=C		40	30	45	5	
i—C=C—C=O		95	50	85	20	30
i—C$_6$H$_5$（苯环）	K	51	20	55	10	10
	B	45	17	23	2	6

与上述红移效应相反，当杂原子双键碳（如羰基碳）上引入以下杂原子取代基后，使$\lambda_{max}^{n \rightarrow \pi^*}$发生蓝移，如表 1.6 所示。

表 1.6　某些杂原子取代基对羰基 $n \rightarrow \pi^*$ 跃迁的影响

CH_3COX	λ_{max}/nm	ε_{max}/(L·mol^{-1}·cm^{-1})	溶剂
—H	290	10	蒸汽
—CH_3	279	15	己烷
	272.5	19	95%乙醇
—OH	204	41	95%乙醇
—SH	219	2200	环己烷
—OCH_3	210	57	异辛烷
—OC_2H_5	208	58	95%乙醇
	211	58	异辛烷
—$OOCCH_3$	225	47	异辛烷
—Cl	240	40	庚烷
—Br	250	90	庚烷
—NH_2	205	160	甲醇

（3）氢键效应。

与分子本身性质有关的氢键有两种，一种是溶质分子间的氢键，另一种是溶质分子内的氢键，溶质分子间氢键与溶质的浓度和性质有关。浓度高时，会产生溶质分子间氢键。形成氢键后，使 n→π 共轭受限，能差变大，吸收波长蓝移。

有些有机物分子易形成分子内氢键。分子内氢键的形成往往会使最大吸收波长红移，例如：邻硝基苯酚，因形成分子内氢键，最大吸收波长比间硝基苯酚红移了 5 nm。

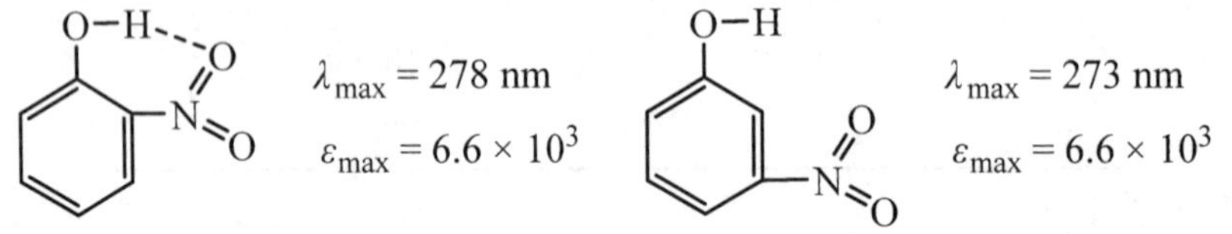

$\lambda_{max} = 278$ nm
$\varepsilon_{max} = 6.6 \times 10^3$

$\lambda_{max} = 273$ nm
$\varepsilon_{max} = 6.6 \times 10^3$

（4）空间效应。

在共轭大分子中，如果因某些基团的位阻而不能很好地共平面，共轭作用效果将降低，从而使λ_{max}蓝移，ε_{max}减小，这种现象称为空间效应或位阻效应，借此可以区分顺反异构体。例如 1,2－二苯乙烯的顺反异构体，反式共平面性好，故λ_{max}红移，ε_{max}增大。

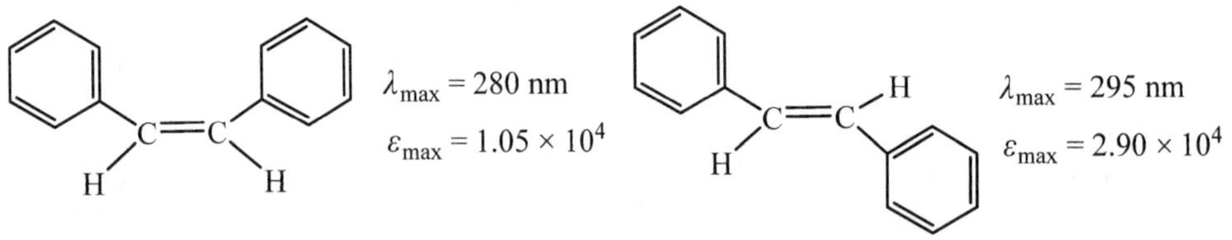

$\lambda_{max} = 280$ nm
$\varepsilon_{max} = 1.05 \times 10^4$

顺式1,2–二苯乙烯

$\lambda_{max} = 295$ nm
$\varepsilon_{max} = 2.90 \times 10^4$

反式1,2–二苯乙烯

1.2.4.2 外部因素

影响紫外光谱的外部因素很多，如溶剂、温度、仪器性能等，由于温度和仪器性能是可以通过设置进行调节的，因此本节只讨论溶剂对紫外－可见吸收光谱的影响。溶剂对紫外光谱的影响主要有以下两个方面：

（1）溶剂极性增大时，芳烃的电子光谱中 B 吸收带的精细结构将会减弱。

芳烃的电子光谱中，B 带呈现精细结构的原因是环状共轭体系中的 $\pi \rightarrow \pi^*$ 电子跃迁叠加了分子的振动和转动能级跃迁而使其能级复杂化，造成谱带呈锯齿状精细结构。当分子处在蒸汽状态时，分子之间的相互作用力很小，分子的振动和转动只需吸收微小的能量就能使 B 带的吸收峰发生波动，因此锯齿状精细结构表现得很明显。当物质在烃类非极性溶剂中时，由于溶质分子与溶剂分子之间的碰撞及范德华力作用，使部分振动和转动能因碰撞和引力作用而损失，致使精细结构简单化。如果在极性溶剂中，由于溶质和溶剂分子之间除碰撞外，还发生强烈的静电作用，会使分子的振动和转动受到限制，精细结构进一步减弱甚至完全消失。

（2）溶剂极性增大时，将使λ_{max}发生位移。

随着溶剂极性的增大，谱带的λ_{max}发生红移或者蓝移的现象称为溶剂位移。一般情况下，溶剂极性增大时，使 K 带（$\pi \rightarrow \pi^*$ 跃迁吸收带）发生红移，而使 B 带（$n \rightarrow \pi^*$ 跃迁吸收带）发生蓝移。以亚异丙基丙酮为例，不同溶剂极性对亚异丙基丙酮的 K 带、R 带的影响如表 1.7 所示。

表 1.7 溶剂极性对亚异丙基丙酮的 K 带、R 带的影响

溶剂	K 带（$\pi \rightarrow \pi^*$ 跃迁）		R 带（$n \rightarrow \pi^*$ 跃迁）	
	λ_{max}/nm	ε_{max}/(L·mol^{-1}·cm^{-1})	λ_{max}/nm	ε_{max}/(L·mol^{-1}·cm^{-1})
己烷	229.5	12600	327	40
乙醚	230	12600	326	40
乙醇	237	12600	325	90
氯仿	237.6		315	
甲醇	238	10700	312	55
水	245	10000	305	60

表 1.7 的结果说明，溶剂极性增大时，由 $\pi \rightarrow \pi^*$ 跃迁引起 K 带红移，$n \rightarrow \pi^*$ 跃迁引起 R 带蓝移。产生上述溶剂位移的原因在于 n、π、π^* 三种轨道本身的极性顺序为 $n > \pi > \pi^*$。n 轨道在分子轨道之外，易与极性溶剂（水、乙醇等）形成氢键而使得稳定化作用特别显著（即轨道能量下降最多）；π^* 轨道在分子轨道外层，感受到的溶剂化程度次之（轨道能量下降较多）；而 π 轨道在分子轨道处于稳定状态，极性最小，受到溶剂化的影响也最小（轨道能量略有下降）。因此，当溶剂由非极性改为极性时，$n \rightarrow \pi^*$ 跃迁能变大（λ_{max}变小，即发生蓝移）；同理，$\pi \rightarrow \pi^*$ 跃迁能变小（λ_{max}变大，即发生红移）。

由于溶剂对电子光谱图的影响比较大，因此在紫外吸收光谱图或数据表中必须注明所用的溶剂。在进行紫外光谱分析时，选择适当的溶剂是非常重要的。溶剂的选择应注意以下几点：

①在溶剂允许范围内，尽可能地选择极性小的溶剂。因为极性小的溶剂使 K 带和 R 带分开得更明显，而且更能体现出芳环 B 带的特征精细结构。

②溶剂本身在被测样品的光谱区内无吸收。如果溶剂的吸收带与溶质的吸收带有重叠，就会妨碍对溶质吸收带的观察。

③溶剂与溶质之间无相互作用或者虽然有相互作用但并不影响观察结果。

测定非极性化合物时，一般选用非极性溶剂（如己烷、庚烷、异辛烷、环己烷等）；测定极性化合物时，一般选择用极性溶剂（如水、乙醇等）。

1.2.5 无机化合物的紫外一可见吸收光谱

无机化合物可在电磁辐射的照射下产生紫外一可见吸收光谱，其吸收带往往宽而少。这里仅作简要介绍。一般无机化合物的紫外一可见吸收光谱由两类形式的跃迁产生，即配位场跃迁和电荷转移跃迁。

（1）电荷转移跃迁。无机配合物有电荷迁移跃迁产生的电荷迁移吸收光谱。在配合物的中心离子和配位体中，当一个电子由配体的轨道跃迁到与中心离子相关的轨道上时，可产生电荷迁移吸收光谱。不少过渡金属离子与含生色团的试剂反应所生成的配合物以及许多水合无机离子，均可产生电荷迁移跃迁。此外，一些过渡元素形成的卤化物及硫化物，如 AgBr、HgS 等，也是由于这类跃迁而产生颜色。电荷迁移吸收光谱出现的波长位置，取决于电子给予体和电子接受体相应电子轨道的能量差。

（2）配位体场跃迁。配位体场跃迁包括 d－d 跃迁和 f－f 跃迁。元素周期表中第四、

五周期的过渡金属元素分别含有 3d 和 4d 轨道，镧系和锕系元素分别含有 4f 和 5f 轨道。在配位体的存在下，过渡元素 5 个能量相等的 d 轨道和镧系元素 7 个能量相等的 f 轨道分别分裂成几组能量不等的 d 轨道和 f 轨道。当它们的离子吸收光能后，低能态的 d 电子或 f 电子可以分别跃迁至高能态的 d 轨道或 f 轨道，这两类跃迁分别称为 d—d 跃迁和 f—f 跃迁。由于这两类跃迁必须在配位体的配位场作用下才可能发生，因此又称为配位场跃迁。配位体场吸收光谱通常位于可见光区，强度弱，摩尔吸光系数为 0.1～100.0 L·mol^{-1}·cm^{-1}，对于定性分析用处不大，多用于配合物的研究。

1.3 紫外—可见分光光度计及实验技术

1.3.1 紫外—可见分光光度计

1.3.1.1 紫外—可见分光光度计的工作原理

紫外—可见吸收光谱法所用的仪器是紫外—可见分光光度计。仪器的型号很多，主要有单波长单光束光度计、单波长双光束光度计、双波长双光束光度计三类，如图 1.10 所示，这三类分光光度计的工作原理有所不同，具体区别如下。

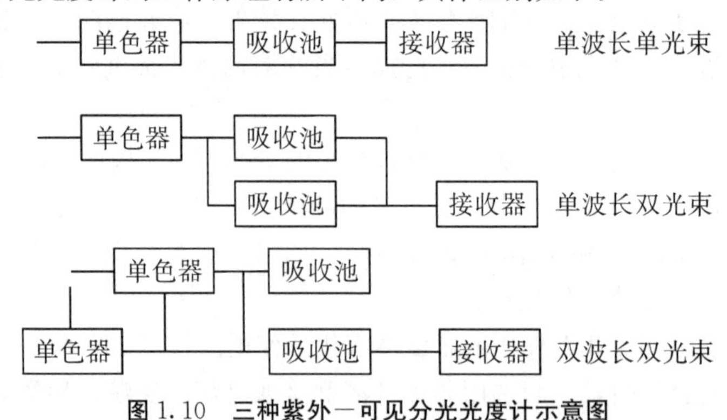

图 1.10 三种紫外—可见分光光度计示意图

(1) 单波长单光束分光光度计。光源发出的混合光经单色器分光，其获得的单色光透过吸收池后，照射在检测器上转换为电信号，并调节由读数装置显示的吸光度为零(透过率为 100%)，然后将装有被测试液的吸收池置于光路中，最后由读数装置显示试液的吸光度值。此类分光光度计结构简单、价廉，适于在给定波长处测量吸光度或透光度，一般不能做全波段光谱扫描，要求光源和检测器具有很高的稳定性。

(2) 单波长双光束分光光度计。光源发出的光经单色器分光后，再经反射镜分解为强度相等的两束光，一束通过参比池，另一束通过样品池。光度计能自动比较两束光的强度，二者的比值即为试样的透射比，经对数变换将其转换成吸光度并作为波长的函数记录下来。此类分光光度计能自动记录吸收光谱曲线，进行快速全波段扫描，同时可消除光源不稳定、检测器灵敏度变化等因素的影响，特别适合于结构分析。

(3) 双波长双光束分光光度计。由同一光源发出的光被分成两束，分别经过两个不同的单色器，得到两束不同波长的单色光 (λ_1、λ_2)，利用切光器使两束光以一定的频率交替照射同一吸收池而后到达检测器，然后经过光电倍增管和电子控制系统，最后由显示器显示两个波长处的吸光度的差值。此种分光光度计无需参比池，只用一个吸收池，而且以试样本身对某一波长光的吸光度为参比，因此消除了因试样与参比液及两个吸收池之间的差异所引起的测量误差，从而提高了测量的准确度。

1.3.1.2　紫外—可见分光光度计的基本结构

图1.11为国产UV756型紫外—可见分光光度计的外观示意图。紫外—可见分光光度计都由光源、分光系统、样品室和检测器四部分组成。

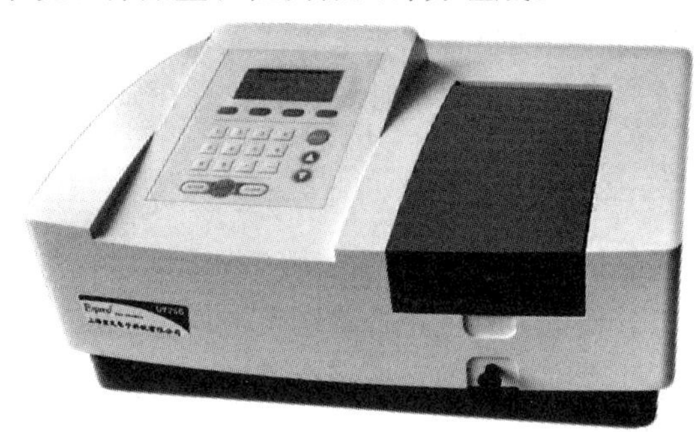

图1.11　国产UV756型紫外—可见分光光度计的外观示意图

(1) 光源。

光源的作用是提供激发能，供待测分子吸收。紫外光区或可见光区对于光源的要求是：可以发射连续光谱，具有足够的辐射强度、较好的稳定性、较长的使用寿命。在紫外—可见分光光度计中，常用的光源有两类：一类是热辐射光源，利用固体灯丝材料高温放热产生的辐射作为光源，一般是以钨灯作为光源，其辐射波长范围在320～2500 nm，用于可见光区。另一类是气体放电光源，是指在低压直流条件下，氢气或氘气放电所产生的连续辐射。一般为氢、氘灯，发射185～400 nm的连续光谱，在紫外区使用。这种光源虽然能提供低至160 nm的辐射，但石英窗口材料使短波辐射的透过受到限制（石英约200 nm,熔融石英约185 nm)，当大于360 nm时，氢的发射谱叠加于连续光谱之上，不宜使用。

(2) 分光系统。

紫外—可见分光光度计的分光系统是将光源发出的连续光谱转变为平行单色光的装置，由入射狭缝、准直镜、色散元件、物镜、出射狭缝等组成。其中色散元件也叫单色器，一般采用棱镜或光栅。此外，常用的滤光片也起单色器的作用。

使用棱镜单色器可以获得半宽度为5～10 nm的单色光，光栅单色器可获得半宽度小至0.1 nm的单色光，且方便改变测定波长。调节入射、出射狭缝宽度，可以改变出射光束的通带宽度。单色器出射的光束通常混有少量与仪器所指示波长不一致的杂散光。其来源之一是光学部件表面尘埃的散射。杂散光会影响吸光度的测量，因此应保持光学部件的清洁。

(3) 样品池。

样品池亦称比色皿、吸收池，用于盛放待测液，能够透过所需光谱范围内的所有光线。在可见光区测定时，可用无色透明、耐腐蚀的玻璃样品池。大多数仪器配有液层厚度为 0.5 cm、1 cm、2 cm、3 cm 和 10 cm 等一套长方体形的样品池若干只。其中以 1 cm 光径的吸收池最为常用。同样厚度的样品池之间的透光度差值应小于 0.5%。为了减少入射光的反射损失和避免造成光程差，应注意样品池放置的位置，使其透光面垂直于光束方向。指纹、油污或样品池壁上其他沉积物都会影响其透射特性，因此应注意保持样品池的清洁。

(4) 检测器。

测量吸光度时，是将光强转化为电流来测量的，这种光电转换器称为光电检测器。要求检测器对测定波长范围内的光有快速、灵敏的响应，产生的光电效应与照射于检测器上的光强度成正比。目前，检测器常用光电管或光电二极阵列管，采用毫伏表作读数装置，二者组成检测系统。现代仪器常与计算机相连，在显示屏上直接显示结果。

1.3.2 显色反应及显色条件

在可见光区进行光度分析时，首先要把待测组分转化为有色物质，然后测定吸光度或者吸收曲线。将待测组分转化为有色化合物的反应叫显色反应。与待测组分形成有色化合物的试剂叫显色剂。在光度分析中，选择合适的显色反应并严格控制反应条件是十分重要的。

1.3.2.1 显色反应的选择

显色反应可以分为两类，即配位反应和氧化还原反应，其中配位反应是最主要的显色反应。同一组分常可以与多种显色剂反应，生成不同的有色物质。在分析时，究竟选用何种显色反应比较适宜，应考虑以下因素。

(1) 灵敏度。可见分光光度法一般用于微量组分的定量测定，因此，选择灵敏的显色反应是主要的。摩尔吸光系数 ε 的大小是显色反应灵敏度高低的重要标志，因此应当选择生成的有色物质的 ε 值较大的显色反应。一般来说，当 ε 值为 $10^4 \sim 10^5$ $L \cdot mol^{-1} \cdot cm^{-1}$时，可认为该反应的灵敏度比较高。

(2) 选择性。选择性是指显色剂仅与一个组分或少数几个组分发生显色反应。仅与一种离子发生反应的显色剂称为特效（或专属）显色剂。特效显色剂实际上是不存在的，但干扰较小或干扰易于除去的显色反应是可以找到的。

(3) 显色剂的吸收干扰性小，且容易消除。显色剂的吸收干扰易于消除，最好是显色剂在测定波长处无明显吸收，这样，试剂空白值小，可以提高测试的准确度。通常把两种有色物质最大吸收波长之差 $\Delta\lambda$ 称为“对比度”，一般要求显色物质与有色化合物的 $\Delta\lambda \geqslant 60$ nm。

(4) 显色反应产物的性质。选择的显色反应生成的有色物质应该组成恒定，化学性质稳定，这样可以保证至少在测定过程中吸光度基本保持不变，否则将影响吸光度测定的准确度及再现性。

1.3.2.2 显色条件的选择

吸光光度法是测定显色反应达到平衡后溶液的吸光度，因此要想得到准确的结果，必须控制适当的条件，使显色反应完全且显色产物稳定。显色反应的主要条件包括 6 项。

（1）显色剂的用量。

显色反应一般可以用下式表示：

$$\underset{\text{（待测组分）}}{\text{M}} + \underset{\text{（显色剂）}}{\text{R}} \longrightarrow \underset{\text{（有色配合物）}}{\text{MR}}$$

根据化学平衡原理，有色配合物稳定常数越大，显色剂过量越多，越有利于待测组分形成有色配合物。但是过量显色剂的加入，有时会引起副反应的发生，对测定反而不利。显色剂的适宜用量常通过实验来测定：保持其他条件不变，仅改变显色剂的用量，分别测定其吸光度。通常所得的吸光度 A 与显色剂用量 C_R 的关系会出现如图 1.12 所示的三种情况。

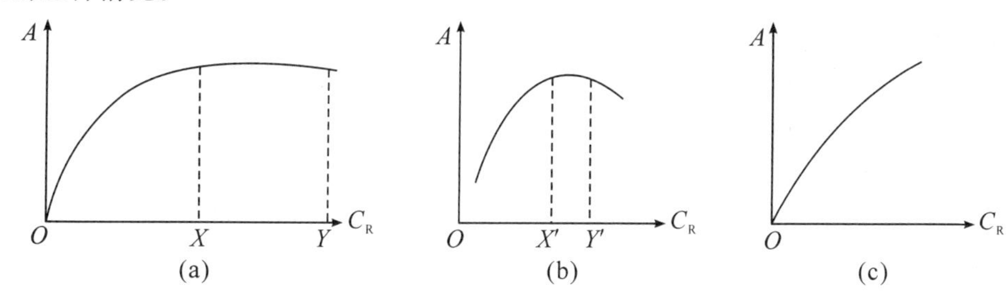

图 1.12　吸光度与显色剂用量的关系

在图 1.12 中，(a) 情况是显色剂用量达到一定量后吸光度变化不大，显色剂用量可选范围（图中 XY 段）较宽；(b) 情况与 (a) 情况不同的是，显色剂用量过多会使吸光度变小，只宜选择吸光度大且呈现平坦的区域（图中 $X'Y'$ 段）；(c) 情况是吸光度随显色剂用量的增加不断增大，这可能是生成颜色不同的多级配合物造成的，在这种情况下必须非常严格地控制显色剂用量。

（2）反应体系的酸度。

酸度对显色反应的影响是多方面的。许多显色剂本身就是有机弱酸（碱），酸度变化会影响它们的离解平衡和显色反应进行的程度；多数金属离子因酸度降低可能形成各种型体的羟基配合物乃至沉淀；某些显色配合物（如逐级配合物）存在的型体，其产物的组成甚至可能随酸度而改变。例如 Fe^{3+} 与磺基水杨酸的显色反应，当 pH 为 2～3 时，生成组成比为1∶1的紫红色配合物；当 pH 为 4～7 时，生成组成比为 1∶2 的橙红色配合物；当 pH 为 8～10 时，生成组成比为 1∶3 的黄色配合物；当 pH>12 时，则生成棕红色的 $Fe(OH)_3$ 沉淀。

一般实验确定适宜酸度的具体做法是，在相同的实验条件下，分别测定不同 pH 条件下显色溶液的吸光度。通常可得到如图 1.13 所示的吸光度与酸度的关系曲线，可在曲线中吸光度较大且恒定的平坦区所对应的 pH 范围中选择，即可得合适的酸度条件。控制溶液酸度的有效方法是加入适宜的 pH 缓冲溶液，但同时应考虑由此而可能引起的干扰。

（3）显色温度。

多数显色反应在室温下即可很快进行，但也有少数显色反应需在较高温度下才能较快完成，这种情况需注意升高温度带来的热分解问题。为此，对不同的反应，应通过实验确定各自适宜的显色温度范围。

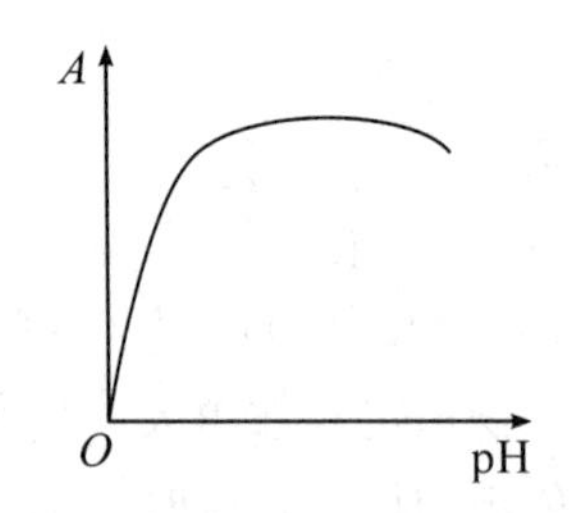

图 1.13 吸光度与 pH 的关系曲线

（4）显色时间。

时间对显色反应的影响需从两个方面进行综合考虑。一方面，要保证足够的时间使显色反应进行完全，对于反应速度较慢的显色反应，无疑会需要较长的显色时间；另一方面，测定工作必须在有色配合物的稳定时间内完成，对于较不稳定的有色配合物，应在显色反应已完成且吸光度下降之前尽快测定。确定适宜的显色时间同样需通过实验作出显色温度下的吸光度一时间曲线。在该曲线的吸光度较大且恒定的平坦区所对应的时间范围内尽快完成测定是最适宜的。

（5）溶剂。

由于溶质与溶剂分子的相互作用对紫外一可见吸收光谱有影响，因此在选择显色反应条件的同时，需选择合适的溶剂。水作为溶剂简便且无毒，一般应尽量采用水相测定。如果水相测定不能满足要求（如灵敏度差、干扰无法消除等），则应考虑使用有机溶剂。例如 $Co(SCN)_4^{2-}$ 在水溶液中大部分离解，加入等体积丙酮后，因水的介电常数减小而降低了配合物的离解度，溶液可显示出配合物的天蓝色，则可用于钴的测定。对于大多数不溶于水的有机物测定，常采用脂肪烃、甲醇、乙醇和乙醚等有机溶剂。

（6）共存离子干扰的消除。

在分光光度法测定中，共存离子的干扰是一个经常遇到的问题。如共存离子本身有颜色，或与显色剂形成有色化合物等，会干扰待测组分的测定。通常采用以下方法来消除这些干扰：

①加入掩蔽剂。例如用分光光度法测定 Ti^{4+} 时，可加入 H_3PO_4 掩蔽剂使共存的 Fe^{3+}（黄色）成为 $Fe(PO_4)_2^{3-}$（无色），消除 Fe^{3+} 的干扰；又如用铬天菁 S 分光光度法测定 Al^{3+} 时，可加入抗坏血酸作掩蔽剂将 Fe^{3+} 还原为 Fe^{2+}，从而消除 Fe^{3+} 的干扰。选择掩蔽剂的原则是：掩蔽剂不与待测组分反应，掩蔽剂本身及掩蔽剂与干扰组分的反应产物不干扰待测组分的测定。

②选择适当的显色反应条件。例如利用酸效应，控制显色剂离解平衡，降低显色型体的平衡浓度，使干扰离子不与显色剂作用。如用磺基水杨酸测定 Fe^{3+} 时，Cu^{2+} 与试剂形成黄色配合物，干扰测定，但如果控制 pH 在 2.5 左右时，Cu^{2+} 则不会与试剂发生反应。

③分离干扰离子。在不能掩蔽的情况下，一般可采用沉淀、有机溶剂萃取、离子交换和蒸馏挥发等分离方法除去干扰离子。其中，以有机溶剂萃取在分光光度法定量分析中应用最多。

另外，选择适当的光度测量条件（如合适的波长与参比溶液等）也能在一定程度上消除干扰离子的影响。

综上所述，建立一个新的光度分析方法，必须通过实验对上述各种条件进行研究。应用某一显色反应进行测定时，必须对这些条件进行适当的控制，并使试样的显色条件与绘制标准曲线时的条件一致，这样才能得到重现性好、准确度高的分析结果。

1.3.2.3　显色剂

（1）无机显色剂。

无机显色剂与金属离子生成的化合物不够稳定，灵敏度和选择性也不高，应用已经不多。尚有实用价值的仅有硫氰酸盐［用于测定Fe(Ⅲ)、Mo(Ⅳ)、W(Ⅴ)、Nb(Ⅴ)等］、钼酸铵（用于测定P、Si、W等）及过氧化氢［用于测定V(Ⅴ)、Ti(Ⅳ)等］等数种。

（2）有机显色剂。

大多数有机显色剂能与金属离子生成极其稳定的螯合物，显色反应的选择性和灵敏度都比无机显色剂高，因此它们被广泛应用于吸光光度分析中。

有机显色剂及其产物的颜色与它们的分子结构有密切的关系。当金属离子与有机显色剂形成螯合物时，金属离子与显色剂中的不同基团通常形成一个共价键和一个配位键，改变了整个试剂分子内共轭体系的电子云分布情况，从而引起颜色的改变。

有机显色剂的类型、品种都非常多，常用的显色剂有偶氮类显色剂（如适用于铀、钍、锆等元素以及稀土元素总量测定的偶氮胂Ⅲ显色剂等）、三苯甲烷类显色剂（如铬天菁S、二甲酚橙、结晶紫和罗丹明B等）。

1.3.3　吸光度测量条件

分光光度法测定中，除了需从试样角度选择合适的显色反应及显色条件等，还需从仪器角度选择较佳的测定条件，以尽量保证测定结果的准确度。

1.3.3.1　入射光波长的选择

如前所述，在最大吸收波长λ_{max}处不仅能获得高灵敏度，而且能减少由非单色光引起的对朗伯一比耳定律的偏离。因此在分光光度法测定中一般应选择λ_{max}为入射光波长。但如果在λ_{max}处有共存组分干扰，则应考虑选择灵敏度稍低但能避免干扰的入射光波长。有时为了测定高浓度组分，亦选用灵敏度稍低的吸收峰波长作为入射光波长，来保证其工作曲线有足够的线性范围。

1.3.3.2　参比溶液的选择

在紫外一可见分光光度法测定中，装待测溶液的吸收池表面对入射光有反射和吸收作用，致使入射光的强度减弱。此外，溶液的某种不均匀性所引起的散射、过量显色剂和其他试剂（如缓冲剂、掩蔽剂等）以及溶剂本身等所引起的吸收，都会影响待测组分透光度或吸光度的测量。为了消除或尽量减小这些影响，单波长分光光度计采用参比溶液法进行校正，即在相同的吸收池中装入参比溶液（又称空白溶液），调节仪器使透过参比池的吸光度为零（称为工作零点），在此条件下测得的待测溶液的吸光度才能真正反映其吸光强度。

参比溶液的选择一般遵循以下原则：

(1) 若待测组分与显色剂的反应产物仅在测定波长处有吸收，而试液、显色剂及其他所加试剂均无吸收，则可用纯溶剂（如蒸馏水）作参比溶液；

(2) 若显色剂或其他所加试剂在测定波长处略有吸收，而试液本身无吸收，则可用"试剂空白"（不加试样溶液）作参比溶液；

(3) 若待测试液本身在测定波长处有吸收，而显色剂等无吸收，则可用"试样空白"（不加显色剂）作参比溶液；

(4) 若显色剂、试液中其他组分在测量波长处有吸收，则可在试液中加入适当掩蔽剂将待测组分掩蔽后再加显色剂，作为参比溶液。

(5) 吸光度读数范围的选择

对于某给定的分光光度计，其透光度读数误差 ΔT 是一定的（一般为 $\pm 0.2\% \sim \pm 2\%$）。但由于透光度与浓度的非线性关系，在不同的透光度读数范围内，同样大小的 ΔT 所产生的浓度误差 Δc 是不同的。根据朗伯－比耳定律：

$$-\lg T = kbc \tag{1.10}$$

将式（1.10）微分得：

$$-\mathrm{d}\lg T = -0.434\mathrm{d}\ln T = -\left(\frac{0.434}{T}\right)\mathrm{d}T = kb\mathrm{d}c \tag{1.11}$$

式（1.11）除以式（1.10），整理后得：

$$\frac{\mathrm{d}c}{c} = \frac{0.434}{T\lg T}\mathrm{d}T \tag{1.12}$$

以有限值代替微分值，得式（1.13）：

$$\frac{\Delta c}{c} = \frac{0.434}{T\lg T}\Delta T \tag{1.13}$$

式中，$\Delta c/c$ 表示浓度测量值的相对误差。式（1.13）表明，浓度的相对误差不仅与仪器的透光度误差 ΔT 有关，而且与其透光度 T 的值也有关。若令式（1.13）的导数为零，可以得出如下结果：当所测 T 在 0～0.85（吸光度 A 在 0.15～1.0）范围内，浓度测量相对误差为 1.4%～2.2%，处于较为合理的范围，其中 $T=0.368$（$A=0.434$）时，相对误差最小（约为 1.4%）。若测量的吸光度超过此范围，过高或者过低，所造成的误差是非常大的，因此普通分光光度法不适用于高含量或者低含量物质的测定。故在实际工作中，应参照仪器说明书，创造条件使测定在适宜的吸光度范围内进行，如通过改变吸收池厚度或待测液浓度等。

1.4 紫外－可见吸收光谱的应用举例

1.4.1 研究物质之间的相互作用

胶原蛋白是一种白色、不透明、无支链的纤维蛋白质，主要存在于动物体的骨、软骨、牙齿、肌腱、韧带和血管等组织及结构中，占体内蛋白质总量的 25%～30%，相当于体重的 6%。因来源广泛、良好的生物相容性以及可生物降解等性能，胶原蛋白成为目前应用最为广泛的蛋白质。但是从动物的皮或跟腱中提取出来的胶原，由于其天然的交联结构在提取过程中会受到酸、碱、盐等化学物质的破坏，最终导致胶原的热稳定性、机械强度和耐水性等均有不同程度的降低，限制了其广泛应用。为此，常采用物理或者化学的方法对胶原进行交联改性。原花青素（procyanidins，PC）是自然界中广泛存在的一种聚多酚类混合物，其结构示意如图1.14所示，分子中存在大量的酚羟基可作为氢原子给予体，能与胶原蛋白主链中的肽键、侧链上的羟基、氨基和羧基形成良好的氢键相互作用，而芳香环部分属于非极性结构，能与胶原蛋白上的非极性部分产生疏水键结合，从而使胶原的各项性能均得到一定程度的提升。作者课题组利用紫外一分光光度法来研究PC与胶原的相互作用。

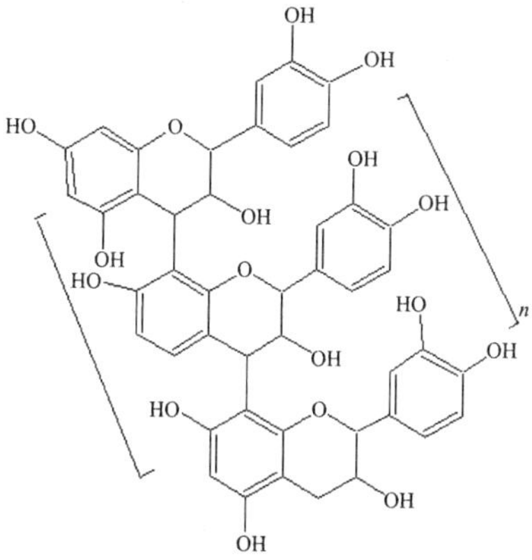

图1.14　**原花青素的结构**

作者课题组利用紫外一可见吸收光谱测得浓度为120 μg・mL^{-1}的PC溶液、2 mg・mL^{-1}的胶原溶液以及胶原和PC制成的混合溶液的吸收光谱（其中PC的终浓度为120 μg・mL^{-1}，胶原的终浓度为2 mg・mL^{-1}），结果如图1.15所示。由图可见，浓度为120 μg・mL^{-1}的PC溶液在278 nm处有唯一的特征吸收峰，峰值为0.91，而浓度为2 mg・mL^{-1}的胶原在此处的紫外吸光度值为0.51。胶原和PC混合溶液在278 nm处的紫外吸光度值为1.34，均高于同等浓度条件下单独的PC或胶原溶液在278 nm处的紫外吸光度值，但低于二者在此处的紫外吸光度值之和。由于在多组分体系中，如果各种吸光物质之间没有相互作用，这时体系的总吸光度等于各组分吸光度之和，即吸光度具有加和性，因此，可以判断出胶原和PC两种物质之间产生了一定程度的相互作用，从而使溶液中对紫外光产生吸收的总基团数量减少，导致混合溶液在278 nm处的吸光度值低于二者之和。

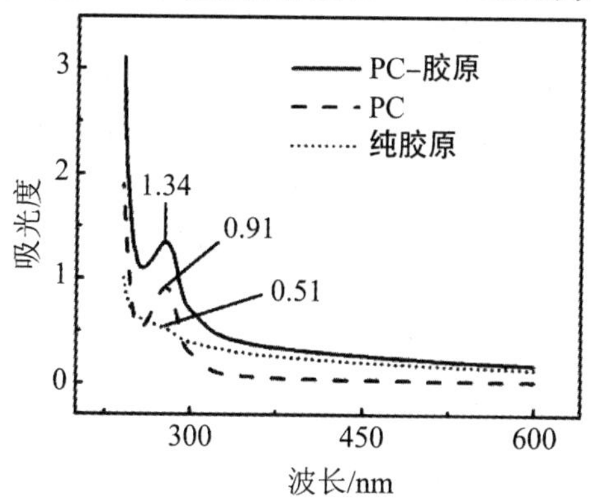

图1.15　PC、**胶原溶液以及**PC—**胶原混合溶液的紫外一可见吸收光谱图**

同样，作者课题组将不同质量比的PC—胶原溶液进行紫外—可见分光光度法的测试，利用各样品数据按照公式（1.14）计算出PC溶液（A_{PC}）和胶原溶液（$A_{collagen}$）紫外吸光度值之和与不同混合样品溶液（$A_{PC-collagen}$）的紫外吸光度值之比α，如表1.8所示。

$$\alpha=\frac{A_{PC}+A_{collagen}}{A_{PC-collagen}} \tag{1.14}$$

表1.8 各组分样品溶液的吸光度比值（α）

$M_{collagen}:M_{PC}$	α
1∶50	1.4
2∶50	1.2
3∶50	1.1
4∶50	1.2

由表1.8可以看出，各组分样品的吸光度比值α均大于1，即各PC—胶原混合溶液的吸光度值均大于单独PC溶液和单独胶原溶液的吸光度值之和。这表明PC与胶原蛋白之间发生了一定的相互作用。

1.4.2 测定物质中特定化学基团的含量

明胶是来源于动物皮肤、骨骼、跟腱和其他疏松结缔组织中的胶原在化学作用（酸、碱、酶等）或物理作用（光、紫外线、热等）下的部分或全部变性产物。研究表明，不经任何处理的明胶材料（包括膜材料、支架材料等）机械性能差，降解速率快，从而限制了其在生物医学领域的应用。因此，需要通过交联改性来弥补上述不足，使其在一定时间内能够很好地维持结构和形态的稳定性，以适应生物材料的要求。目前最常用的方法是通过多元醛类物质与明胶上的氨基进行交联反应，但是明胶中的氨基含量相对较少，为了提高明胶中的氨基含量，需要对其进行氨基化改性，具体方法如下：在水溶性碳二亚胺盐酸盐（EDC）活化明胶中羧基的条件下，利用乙二胺与羧基发生酰胺化反应，使得明胶中的部分羧基转化为伯氨基。

作者课题组借助于紫外—可见吸收光谱法对不同用量乙二胺改性后明胶中的伯氨基含量进行测定。由于伯氨基本身并不在紫外—可见光区域具有吸收特性，因此首先需对其进行显色反应：以三硝基苯磺酸（2,4,6—trinitrobenzenesulfonic acid sol，TNBS）为显色剂与明胶中的伯氨基反应生成三硝基苯（TNP）衍生物，TNP衍生物在波长为415 nm处具有最大吸收峰，且吸光度与浓度正相关，反应原理如图1.16所示；然后基于以上原理制作“伯氨基浓度—吸光度”标准曲线，拟合得到吸光度与浓度相关的线性回归方程，最后测定不同用量乙二胺改性后的明胶在415 nm处的吸光度，通过吸光度与伯氨基浓度相关的线性回归方程，即可计算得到伯氨基的含量，具体步骤如下。

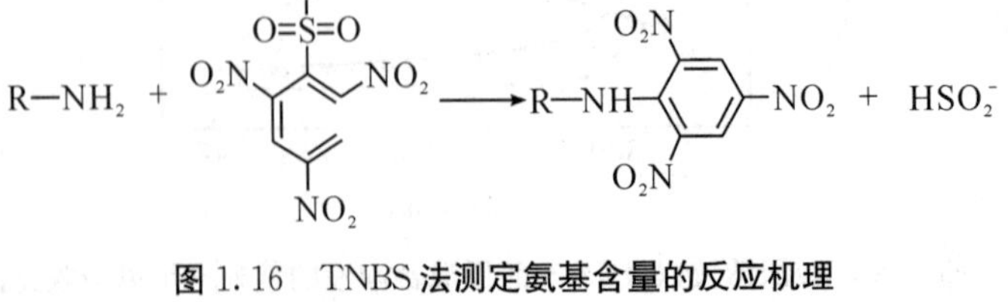

图1.16 TNBS法测定氨基含量的反应机理

（1）标准曲线的制作：用pH=7.4的磷酸缓冲液配置100 mL 1 mmol·L^{-1}的甘氨酸溶液，依次取9 mL，8 mL，7 mL，…，1mL上述溶液，用pH=7.4磷酸缓冲液稀释至10 mL，即得浓度为0.9 mmol·L^{-1}，0.8 mmol·L^{-1}，0.7 mmol·L^{-1}，…，0.1 mmol·L^{-1}的溶液。分别取1 mL上述不同浓度的甘氨酸溶液，加入棕色瓶中，另加入4%（w/v）的碳酸氢钠（$NaHCO_3$）溶液1 mL及0.10%的TNBS溶液1 mL。混合液在40 ℃下避光反应2 h，然后在415 nm处测反应液的吸收值，绘制出如图1.17所示的“吸光度—浓度”标准曲线，然后通过线性拟合得到吸光度与伯氨基浓度的回归方程为$A=4.804c-0.015$，$R^2=0.999$。

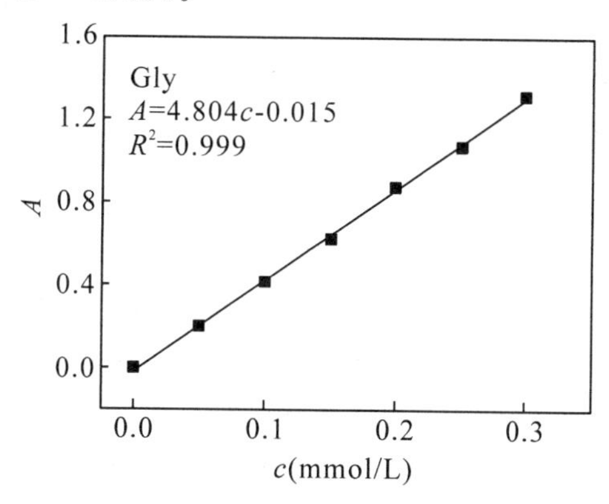

图1.17　TNBS法测定甘氨酸的标准曲线

（2）氨基化明胶中的伯氨基含量测定：将0.50 mg·mL^{-1}（pH=7.4，磷酸盐缓冲溶液作为溶剂）的明胶或氨基化明胶溶液1 mL与1 mL 4%（w/v）的碳酸氢钠（$NaHCO_3$）溶液及1 mL 0.10%的TNBS溶液混合。混合溶液在40 ℃下避光反应2 h，然后在415 nm处测反应液的吸光度，接下来根据标准曲线及所得的拟合方程计算得到反应物的伯氨基含量，结果如表1.9所示。

表1.9　明胶及氨基化明胶中的伯氨基含量

样品	B型明胶	氨基化明胶—1	氨基化明胶—2	氨基化明胶—3	氨基化明胶—4	氨基化明胶—5
改性度 DM[乙二胺(g)/明胶(g)]	0	2.4	2.8	3.2	3.6	4.0
氨基含量（mmol/g）	0.357	0.713	0.797	0.839	0.835	0.840

1.4.3　判断化学反应是否发生

鞣制是通过鞣剂使生皮变为革的过程，是制革加工过程中的关键工序。因铬鞣革具有良好的综合性能而使铬鞣法在皮革鞣制工艺中一直占据主导地位，但鞣革使用的Cr(Ⅲ)盐在一定条件下易被氧化为Cr(Ⅵ)，使铬鞣法面临着Cr(Ⅵ)潜在的环境风险与健康风险以及制革废弃物处理的环境压力等难题与挑战。随着全球范围内对环境保护和消费者健康的日益重视，世界各国的法规与政策对皮革制品中Cr(Ⅵ)的限量也日益严格，铬鞣革中Cr(Ⅵ)对人体的致癌性更是引起了消费者的恐慌。因此，关于新型有机鞣剂及鞣法的开发是目前制革清洁化生产及可持续发展的研究重点。基于以上背景，作者课题组以三聚氯氰（CC）和 4,4'－二氨基二苯乙烯－二磺酸（DSD 酸）为原料，通过亲核取代反应合成高活性有机鞣剂（E）－6,6'－(乙烯基－1,2－苯基）双{3－[(4,6－二氯－1,3,5－三嗪－2－基)氨基]苯磺酸}（简称 EDTB），具体路线如图 1.18 所示。

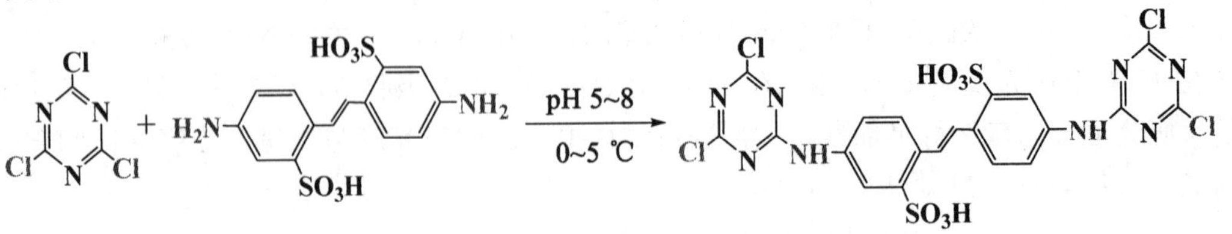

图 1.18 CC 和 DSD 酸反应生成 EDTB 示意图

作者课题组借助于紫外－可见吸光光谱法来判断上述反应是否发生。首先将 CC、DSD 酸、EDTB 样品分别溶解于水中，配制成浓度为 30 mg·L^{-1}的溶液，然后以水为基准，采用紫外－可见分光光度计进行检测。图 1.19 为 CC、DSD 酸和 EDTB 的紫外－可见吸收光谱图（UV－vis），CC 和 DSD 酸的最大吸收波长分别为 244 nm 和 333 nm，而 EDTB 的最大吸收波长出现在 356 nm 处，这是因为 CC 与 DSD 酸反应形成了更多的共轭体系，使其在 UV－vis 吸收光谱中的能级跃迁增强，最大吸收波长向长波移动（红移）。紫外－可见吸光光谱法的分析结果初步表明 CC 与 DSD 酸确实发生了反应。

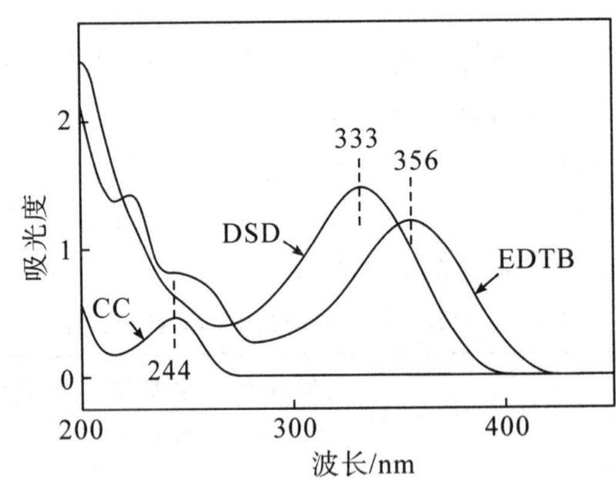

图 1.19 CC、DSD 酸和 EDTB 的紫外－可见吸收光谱图

参考文献

[1] 袁存光，祝优珍，田晶，等. 现代仪器分析 [M]. 北京：化学工业出版社，2012.
[2] 徐经纬，牛利，高翔，等. 波谱分析 [M]. 北京：科学出版社，2103.
[3] 张正行. 有机光谱分析 [M]. 北京：人民卫生出版社，2009.
[4] 刘密新，罗国安，张新荣，等. 仪器分析 [M]. 2 版. 北京：清华大学出版社，2002.
[5] 薛万波. 明胶基多孔支架的制备及性能研究 [D]. 成都：四川大学，2019.
[6] 张倩. 原花青素与胶原的相互作用及其复合材料的结构与性能 [D]. 成都：四川大

学，2009.
[7] He L R，Mu C D，Shi J B，et al. Modification of collagen with a natural cross-linker，procyanidin [J]. International Journal of Biological Macromolecules，2011，48 (2)：354—359.
[8] 肖远航. 基于三聚氯氰高活性有机鞣剂的制备与应用研究 [D]. 成都：四川大学，2020.
[9] Xiao Y H，Wang C H，Sang J，et al. A Novel non-pickling combination tanning for chrome-free leather based on reactive benzenesulphonate and tannic acid [J]. Journal of the American Leather Chemists Association，2020，115 (1)：16—22.

思考题

1. 请思考为什么紫外—可见光吸收光谱被称为“电子光谱”，而红外吸收光谱被称为“分子光谱”?

2. 何为光吸收定律？引起光吸收定律偏离的原因有哪些？

3. 紫外—可见吸收光谱是由于电子跃迁，跃迁发生在基态的最低振动能级和激发态之间，吸收光谱理论上应该是很狭窄且不连续的谱线，那么为什么紫外—可见吸收光谱是连续的光谱（也即带状光谱）而不是线性光谱？

4. 有机化合物分子中的电子跃迁有哪几类？各自具有什么特点？

5. 无机化合物分子中的电子跃迁有哪几种类型？

6. 请思考采用什么方法可以区别 $n \rightarrow \pi^*$ 和 $\pi \rightarrow \pi^*$ 跃迁。

7. 请思考为什么在紫外—可见吸收光谱测定中，一般会选择在最大吸收波长处分析测定化合物的含量或浓度。

8. 何为蓝移和红移？紫外—可见吸收光谱图上吸收峰蓝移和红移的原因分别有哪些？

9. 请思考如何利用紫外—可见吸收光谱分析检测我们日常饮用水的水质。

第2章　红外吸收光谱法

2.1　概　述

红外吸收光谱法是研究红外辐射与试样分子振动（或）转动能级相互作用，利用红外吸收谱带的波长位置和吸收强度来测定样品组成、分子结构等的分析方法。红外吸收光谱又称为分子振动转动光谱，是物质在红外光的照射下发生分子振动和转动能级跃迁而产生的吸收信号。除长链烷烃同系物和光学异构体外，几乎任何两种不同的化合物都具有不同的红外光谱图。

红外吸收光谱法的发展最早可追溯到1800年，英国物理学家赫谢尔（Herschel）用棱镜使太阳光色散，研究各部分光的热效应，证实了红外光的存在。由于当时没有精密仪器可以检测，所以这种方法一直没能得到发展。直到1892年，朱利叶斯（Julius）利用岩盐棱镜及测热辐射计开展了具有开拓意义的研究，测得了20几种有机化合物的红外光谱；紧接着1905年库柏伦茨（Coblentz）测得了128种有机和无机化合物的红外光谱，引起了光谱界的极大轰动。20世纪30年代，光的二象性、量子力学等科学技术的发展，使不少学者能够对大多数化合物的红外光谱进行理论上研究、归纳和总结，用振动理论进行一系列键长、键力、能级的计算，使红外光谱理论日臻完善和成熟，为红外光谱的理论及技术发展提供了重要的基础。1947年，世界上第一台双光束自动记录红外分光光度计问世。近几十年来，随着一些新技术（如发射光谱、光声光谱、色谱一红外光谱联用技术）的相继出现，红外光谱技术得到了蓬勃的发展。

目前，红外吸收光谱法是物质定性鉴定、结构分析和定量分析最为有力的工具。其应用大体可分为两个方面：一是用于物质分子结构的基础研究，如通过红外光谱分析可以测定分子的键长、键角，依次推断出分子的立体构型，根据所得的力学常数可以判断化学键的强弱，且由简正频率可计算热力学函数等。二是用于物质的化学组成成分的分析，这是红外吸收光谱应用最广泛的地方。用红外光谱法可以根据光谱中吸收峰的位置和形状来推断未知物的结构，依照特征吸收峰的强度来测定混合物中各组分的含量。红外吸收光谱法与其他几类波谱分析方法相比，具有如下几个特点：

（1）红外光谱具有鲜明的特征性，其谱带的数目、位置、形状和强度都随化合物不同而各不相同，吸收谱带的强度与分子组成或其化学基团的含量有关。红外吸收光谱法可被形象地称为物质分子的“指纹”分析，且可以推测未知物的分子结构。

（2）由于其高度的特征性，样品适用范围广，可适用于固态、液态或气态样品（无机物和有机物均可），且测试过程不破坏试样，试样用量少。

（3）分子在发生振动跃迁的同时，分子转动能级也在发生改变，因此，红外光谱形成的是带状光谱。

（4）红外光谱分析法操作方便，测试迅速，图谱及数据资料较完备。红外光谱图可提供的结构信息十分丰富，一般有机物的红外光谱图至少有十几个吸收峰。

2.2 红外吸收光谱基本原理

2.2.1 基本概念

红外吸收光谱图的横坐标通常采用波数（cm^{-1}）表示，也可以采用波长（μm）表示。其中，波长和波数的关系为：

$$波长（\mu m）\times 波数（cm^{-1}）=10000$$

根据波数范围的不同，红外光谱区间一般被划分为近红外区、中红外区和远红外区三个区域。表2.1所示为这三个区域所对应的红外光波长和波数。测试这三个区域的红外光谱图所用的红外仪器或仪器内部的配件是不相同的，这三个区域所获得的光谱信息也是不一样的。由于绝大多数有机物基团的振动频率处于中红外区，因此人们对中红外光谱的研究最多，仪器和实验技术最为成熟，积累的资料最为丰富，应用也最为广泛。故本章涉及的内容仅限于中红外光谱。

表2.1 不同红外区对应的波长和波数

区间	跃迁类型	波长/μm	波数/cm^{-1}
近红外区	倍频	0.78～2.5	4000～12800
中红外区（常用区）	分子振动－转动	2.5～25	400～4000
远红外区	分子转动	25～1000	10～400

红外光谱的纵坐标有两种表示方式，即透过率 T（Transmittance）和吸光度 A（Absorbance）。纵坐标采用透过率 T 表示的光谱称为透射率光谱，纵坐标采用吸光度 A 表示的光谱称为吸光度光谱。

某一波数（或波长）光的透射率 $T_{(\nu)}$ 是红外光透过样品后的光强 $I_{(\nu)}$ 和红外光透过背景（通常是空光路）的光强 $I_{0(\nu)}$ 的比值，如式（2.1）所示，通常采用透射率（T）来表示。

$$T_{(\nu)}=\frac{I_{(\nu)}}{I_{0(\nu)}}\times 100\% \tag{2.1}$$

某一波数（或波长）光的吸收强度即吸光度 $A_{(\nu)}$ 是透射率 $T_{(\nu)}$ 的倒数的对数，如式（2.2）所示：

$$A_{(\nu)}=\lg\frac{1}{T_{(\nu)}} \tag{2.2}$$

透射率光谱和吸光度光谱之间可以相互转换。虽然透射率光谱的透射率与样品的质量不成正比关系，不能用于红外谱图的定量分析，但是能直观地看出样品对不同波长的红外吸收情况。因此当不做定量分析时，红外谱图大都采用透射率光谱表示。而吸光度光谱的吸光度值 A 在一定范围内与样品的厚度和浓度成正比，如果要对红外谱图进行定量分析则一般采用吸光度光谱。

2.2.2 红外吸收光谱产生的基本条件

物质处于基态时，组成分子的各个原子在自身的平衡位置上做微小的振动，如双原子分子沿着轴线振动。与振动相联系的能量称为分子的振动能。振动能是量子化的，因而形成振动能级。当外界电磁波照射分子时，如果电磁波的能量与分子某能级差相等，则电磁波可能被分子吸收，从而引起分子能级的跃迁。因此用红外光照射分子时，只要满足式（2.3）所示条件，就有可能引起分子能级的跃迁。

$$E_{(红外光)}=\Delta E_{(分子振动)} \tag{2.3}$$

这就是红外光谱产生的第一个条件，这个条件也可以从另外一个角度来表述，即如式（2.4）所示：

$$\nu_{(红外光)}=\nu_{(分子振动)} \tag{2.4}$$

式中，ν 为频率。

当红外光的频率正好等于分子中某化学基团的振动频率时，就可能引起振动，振动能量增加，从而使原有的振幅加大，最终导致分子从基态跃迁到较高的振动能级。

红外光谱产生的第二个条件是红外光与分子之间有耦合作用，为了满足这个条件，分子振动时偶极矩（$\boldsymbol{\mu}$）必须发生变化，即 $\Delta\boldsymbol{\mu}\neq0$。

分子的偶极矩是分子中负电荷中心到正电荷中心的距离（$\boldsymbol{r}$）与正、负电荷中心所带电荷（δ）的乘积，它是分子极性大小的一种表示方法。

$$\boldsymbol{\mu}=\delta\boldsymbol{r} \tag{2.5}$$

图 2.1 以 H_2O 和 CO_2 分子为例，具体说明偶极矩的概念。H_2O 是极性分子，其正、负电荷中心的距离为 $\boldsymbol{r}$。当分子振动时，$\boldsymbol{r}$ 随着化学键的伸长或缩短而变化，$\boldsymbol{\mu}$ 也随之变化，即 $\Delta\boldsymbol{\mu}\neq0$。$CO_2$ 是一个非极性分子，正、负电荷中心叠加在 C 原子上（因负电荷中心应在两个氧原子的连线中心），$\boldsymbol{r}=0$，$\boldsymbol{\mu}=0$。当 CO_2 分子在振动过程中，如果两个化学键同时伸长或缩短（称为对称伸缩振动），则 $\boldsymbol{r}$ 始终为 0，$\Delta\boldsymbol{\mu}=0$；如果 CO_2 分子振动时，在一个键伸长的同时，另一个键缩短（称为非对称伸缩振动），则正、负电荷中心不再重叠，$\boldsymbol{r}$ 随着振动过程发生变化，所以 $\Delta\boldsymbol{\mu}\neq0$。

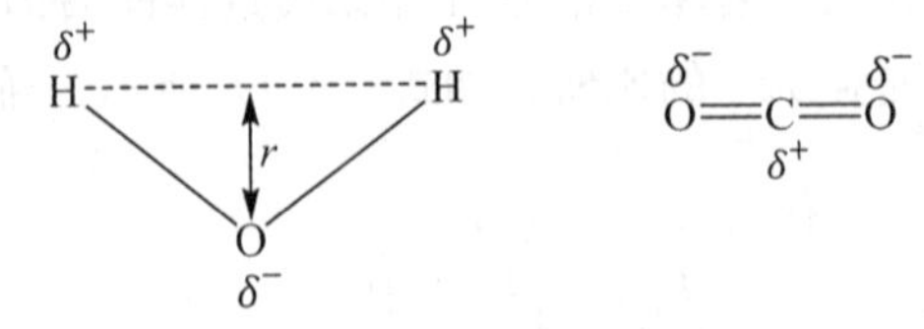

图 2.1　H_2O **和** CO_2 **分子的偶极矩**

红外光谱产生的第二个条件，实际上是保证红外光的能量能够传递给分子。这种能量的传递是通过分子振动偶极矩的变化来实现的。电磁辐射（在此是红外光）的电场做周期性变化，处在电磁辐射中的分子偶极子经受交替的作用力而使偶极矩增加或减小（图 2.2）。由于偶极子具有一定的原始振动频率，只有当辐射频率与偶极子的振动频率一致时，分子才与电磁波发生相互作用（振动耦合）而增加它的振动能，使振幅增大，即分子由原来的基态跃迁到较高的振动能级。由此可见，并非所有的振动都会产生红外吸收，只有偶极矩发生变化（$\Delta\boldsymbol{\mu}\neq0$）的振动才能产生可观测的红外谱带，我们称这种振动为红外活性的（infrared active），反之，则称为非红外活性的（infrared inactive）的。因此，上面提到的 CO_2 分子的不对称伸缩振动是红外活性的，其对称伸缩振动则是非红外活性的。对于非红外活性的振动，可以用另一种光谱——拉曼光谱进行分析。

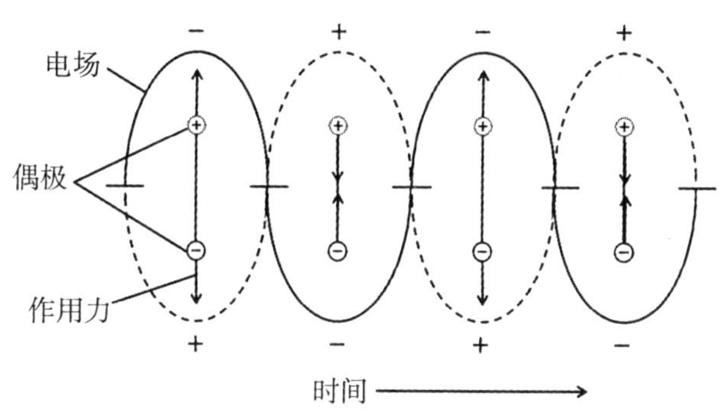

图 2.2 偶极子在交变电场中的作用

2.2.3 分子振动理论

2.2.3.1 双原子分子振动——谐振子模型（经典力学理论）

在有机分子中，原子通过各类化学键结合为一个整体，当它受到电磁波的辐照时，会发生转动和振动能级的跃迁。双原子分子是最简单的分子，其振动形式也非常简单，只有一种振动形式，即伸缩振动。根据经典力学理论，双原子分子的振动可以近似地按谐振子处理（简谐振动），即把双原子分子中的原子看成质量分布为 m_1 和 m_2 的两个小球，其间的化学键看成无质量的连接两个小球的弹簧，当分子吸收近红外光时，两个原子将在连接的轴线上做振动。因此，可由经典力学的 Hooke 定律推导出该体系的振动频率公式：

$$\nu=\frac{1}{2\pi c}\sqrt{\frac{k}{m}} \tag{2.6}$$

式（2.6）即为分子振动方程。式中，ν 为键的振动基频率，单位为 cm^{-1}；c 为光速（$2.998\times10^{10}\,cm\cdot s^{-1}$）；$k$ 为化学键的力常数，表示键的属性，与键的电子云分布有关，代表键发生振动的难易程度，单位为 $10^5\,dyn\cdot cm^{-1}$，部分化学键的力常数见表 2.2；m 为两个原子质量（m_1、m_2）的折合质量（g）：

$$m=\frac{m_1m_2}{m_1+m_2}$$

由分子振动方程可以看出：

（1）化学键的振动频率与力常数 k 成正比，键越强，力常数越大，振动的频率越高，如表 2.2 中碳碳键的类型不同，红外吸收的峰位也不同。

（2）化学键的振动频率与原子量成反比，原子量越小，连接的键振动频率越高。

（3）化学键键强越强（即键的力常数 k 越大），原子折合质量越小，化学键的振动频率越大，红外吸收峰将出现在高波数区。

（4）结合红外吸收条件可知，分子发生振动能级跃迁所需能量的大小取决于键两端原子的折合质量和键的力常数，即取决于分子的结构特征。

表 2.2 部分化学键的力常数 k（$10^5 dyn \cdot cm^{-1}$）

键型	k	键型	k	键型	k
H—F	9.7	≡C—H	5.9	C—C	4.5
H—Cl	4.8	=C—H	5.1	C—O	5.4
H—Br	4.1	—C—H	4.8	C—F	5.9
H—I	3.2	—C≡N	18.0	C—Cl	3.6
O—H	7.7	—C≡C	15.6	C—Br	3.1
N—H	6.4	>C=O	12.0	C—I	2.7
S—H	4.3	C=C	9.6		

应用式（2.6）和红外光谱法测得的波数，可测定各种类型键的常数。实验结果表明，单键的力常数 k 的平均值为 $5\times10^5\ dyn\cdot cm^{-1}$，双键、叁键的力常数大约是单键的两倍或三倍。若已知力常数，可由此计算化学键的伸缩振动频率。

例如，O—H 键的伸缩振动频率（ν_{O-H}）可根据分子振动方程计算为：

$$\nu_{O-H}=\frac{\sqrt{k/m}}{2\pi c}=3700\ cm^{-1}$$

实际仪器测定 O—H 键伸缩振动频率的范围为 3500～3600 cm^{-1}，而其理论计算值高于实际测定值，这是因为理论值是在把分子的非简谐振动近似看作简谐振动处理而得出的结果。对于多原子分子的振动，可以把多原子分子进行切割，认为每一个振动主要归属于某一个基团或化学键，这样就可以用双原子分子的模型来处理多原子分子，进而可用上述振动频率公式（2.6）计算化学键伸缩振动的频率或波数。

2.2.3.2 多原子分子的振动——振动形式

多原子分子的振动比双原子分子的振动更复杂，它不仅包括双原子分子沿核间轴线的伸缩振动，还有键角度变化的各种平面内或平面外的变形振动以及它们之间的耦合振动。它们的振动相互牵连，不易直观地加以解释，但可以把它们的振动分解为许多简单的基本振动，即简正振动。

（1）分子振动自由度（理论振动数）。

在由 n 个原子所组成的分子里，每个原子在空间的位置由三个坐标来确定（x、y、z）。由 n 个原子组成的分子就需要 $3n$ 个坐标，其中包括 3 个整个分子的质心沿 x、y、z 方向的平移运动和 3 个整个分子的质心沿 x、y、z 方向的转动运动。由于分子是一个整体，分子本身作为一个整体有三个平动自由度和三个转动自由度，而平动和转动都不是分子振动，因此，一个由 n 个原子组成的分子有 $3n-6$ 个简正振动，即分子振动自由度的数目等于 $3n-6$。对于线性分子，其振动自由度为 $3n-5$ 个，因为贯穿所有原子的轴是同一方向（x 轴），则整个分子只能绕 y、z 轴转动，即线性分子有两个转动自由度。

（2）分子振动形式。

以双键上的亚甲基（$=CH_2$）为例来说明各种分子的振动形式。非线性分子中各基团有两种振动方式：伸缩振动（stretching vibration）用符号“v”表示；弯曲振动（bending vibration）用符号“δ”表示。前者是沿原子间化学键的轴做节奏性伸缩振动，键长改变、键角不变。当两个化学键在同一平面内均等地同时向内或向外伸缩振动时，为对称（symmetrical）伸缩振动（v_s）［图 2.3（a）］；若是一个向外、一个向内伸缩，则为不对称（asymmetrical）伸缩振动（v_{as}）［图 2.3（a）］。

在正常振动中，键长不变而键角改变的振动称为弯曲振动，即共用一个原子的化学键间键角的改变，或是一个基团相对于分子的其余部分移动。向内弯曲振动为剪式（scissoring）振动（δ）［图 2.3（b）］；同时向左或向右弯曲的振动为平面摇摆（rocking）振动（β）［图 2.3（b）］，这两种运动都是在同一平面内进行，通常称为面内弯曲振动（$\delta_{面内}$）。若是垂直于纸面做同向运动，则称为非平面摇摆（wagging）振动（π 或 ω）［图 2.3（c）］；若是垂直于纸面做异向运动，则称为扭曲（twisting）振动（τ）［图 2.3（c）］，这两种运动不在同一平面内进行，称为面外弯曲振动（$\delta_{面外}$）。其中“＋”和“－”分别表示做垂直于纸面的运动。

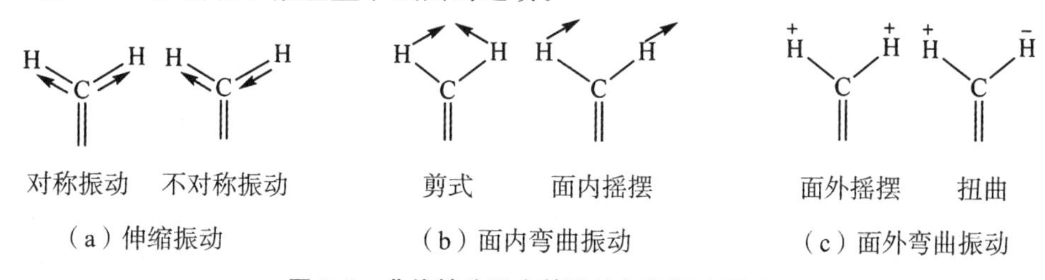

图 2.3　非线性分子中基团的各种振动形式

以上几种振动方式，按照其能级变化的大小排序为：$v_{as}>v_s>\delta$。能级变化大的峰在高频区，即波数值大；反之，能级变化小的峰在低频区，即波数值小。其中，伸缩振动的谱带位置可以按胡克定律计算。

2.2.3.3　分子振动的量子力学处理——量子力学理论

上面的讨论限于将双原子分子作为谐振子模型并用经典力学的方法加以分析。虽然较圆满地解释了振动光谱的基频吸收，但是对一些弱的吸收带无法解释（如倍频吸收）。这是因为将微观粒子当作经典粒子来处理，未考虑其波动性。因此要全面阐释分子的振动，需要用到量子力学理论。

常温下分子处于最低振动能级，此时叫作基态，$V=0$。当分子吸收一定波长的红外光后，它可以从基态跃迁到第一激发态 $V=1$，此过程 $V_0 \rightarrow V_1$ 的跃迁产生的吸收带较强，叫作基频或基峰。除此以外，也会产生从基态跃迁到第二激发态甚至第三激发态的情况，这些 $V_0 \rightarrow V_2$ 或 $V_0 \rightarrow V_3$ 的跃迁产生的吸收带依次减弱，叫作倍频吸收，用 $2\nu_1$，$2\nu_2$，…表示。按照量子力学的观点，当分子吸收红外光发生跃迁时要满足一定的选律，即振动能级是量子化的，存在的能级要满足下式：

$$E_V=\left(V+\frac{1}{2}\right)\frac{h}{2\pi c}\sqrt{\frac{k}{\mu}} \tag{2.7}$$

式中，h 为普朗克常量，V 为振动量子数（0，1，2，…）。E_V 为与振动量子数相应的体系能量。由此可见，位能应为正的不连续的能量值，并可推出任意两个相邻的振动能级间的能量差为：

$$\Delta E = h\nu = \frac{h}{2\pi c}\sqrt{\frac{k}{m}} \tag{2.8}$$

双原子分子振动能级的能量是量子化的，这是为了满足波函数成立条件的必然结果。由此推出其振动频率为

$$\nu = \frac{\Delta E}{h} = \frac{1}{2\pi c}\sqrt{\frac{k}{m}} \tag{2.9}$$

可以看出，双原子分子振动频率表达式在经典力学理论和量子力学理论中是相同的。

2.2.4 红外吸收光谱谱图特征及其影响因素

2.2.4.1 红外吸收光谱谱图特征

红外吸收光谱谱图中最重要的是吸收峰的位置（峰位）、强度和吸收峰的数目，这是进行红外吸收光谱图谱分析的基础。

（1）峰位：化合物分子（或基团）的化学键力常数 k 越大，原子折合质量越小，键的振动频率越大，吸收峰将出现在高波数区（短波长区）；反之，出现在低波数区。

（2）峰强：取决于该分子振动的偶极距变化大小、相应能级跃迁的概率和试样的浓度。符号表示：s（强），m（中），w（弱）。红外光谱的峰强可以用摩尔吸收系数表示：

$$\varepsilon = \frac{1}{cl}\log_{10}\frac{T_0}{T} \tag{2.10}$$

式中，ε 为摩尔吸收系数，c 为样品浓度（$mol \cdot L^{-1}$），l 为吸收池厚度（cm），T_0 为入射光强度，T 为出射光强度。由此式可知红外吸收峰的强度与样品浓度的关系，这是红外吸收光谱法进行定量分析的基础。

（3）峰数：红外吸收光谱的峰数与分子简正振动的理论数目（$3n-5$ 或 $3n-6$）有关，同时要考虑偶极距变化和振动简并及倍频的影响。在研究分子结构中，光谱图上能量相同的峰因发生简并，使谱带重合。在实际测得的红外吸收光谱图上，分子基团对应的吸收峰数目小于理论数目，即小于 $3n-6$（或小于 $3n-5$）个。这是因为：

①存在没有偶极矩变化的振动模式；

②存在能量简并态的振动模式；

③存在仪器的分辨率分辨不出的振动模式；

④振动吸收的强度小，检测不到；

⑤某些振动模式所吸收的能量不在中红外光谱区。

2.2.4.2 影响基团频率位移的因素

由双原子分子简谐振动得出的公式（2.6）可知，基团的振动频率决定于原子的质量和化学键的强度，那么由相同原子和化学键组成的基团在红外光谱中的吸收位置应该是固定的，但事实并不如此。这是因为基团处于分子中某一特定的环境中，因此它的振

动不是孤立的。基团确定后，组成该基团的相对原子质量不会改变，但是相邻的原子或其他基团可以通过电子效应、空间位阻效应等影响化学键力常数，从而使其振动频率发生位移。同种基团在不同化合物中吸收振动时的特征频率并不出现在某一固定的波数上，而是会出现在一个比较窄的波数范围内，具体出现在哪一波数与基团在分子中所处的环境有关，这也是红外光谱用于有机结构分析的依据。化学键的振动频率不仅与其自身性质有关，而且受内部因素和外部因素的影响。下面将详细讨论影响基团频率位移的因素。

（1）内部因素。

①成键轨道类型。

化学键的原子轨道 s 成分越多，化学键力常数 k 越大，吸收频率越高。如 C—H 的伸缩振动中，sp 杂化红外吸收峰值为 3300 cm^{-1}，sp^2 杂化的红外吸收峰值为 3100 cm^{-1}，sp^3 杂化的红外吸收峰值为 2900 cm^{-1}。

②电子效应。

（i）诱导效应（inductive effects，I）。

由于取代基的电负性不同，通过静电诱导作用，使分子中电子云密度发生变化从而导致化学键力常数改变，进而影响基团的振动频率，这种作用称为诱导效应。诱导效应又分为推电子效应（+I）和吸电子效应（−I）两种，其中推电子效应使 v 降低，吸电子效应使 v 升高（图 2.4）。

推电子效应+I　　　吸电子效应-I

图 2.4　推电子效应和吸电子效应示意图

由于羰基往往是红外光谱中强度最大的特征吸收峰，因此我们以羰基为例（如下图），说明电子效应对特征频率的影响。当羰基所连基团的电负性增大时，由于吸电子效应，导致羰基氧上的电子云密度减小（相当于使羰基的双键性增加），其化学键力常数 k 增大，偶极矩减小，振动能量增大，因此羰基吸收峰移向高波数，我们又称这种羰基向高波数移动的现象为蓝移。反之，则称为红移。例如：

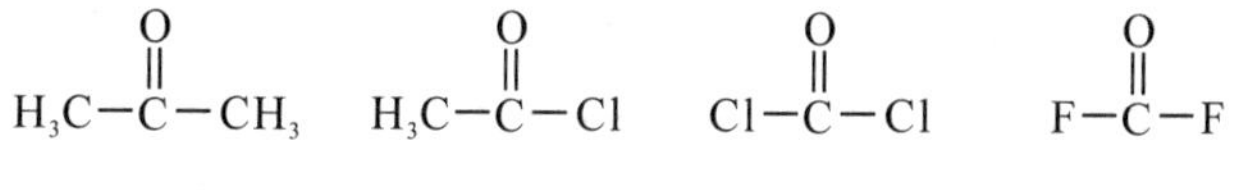

	$H_3C-C(=O)-CH_3$	$H_3C-C(=O)-Cl$	$Cl-C(=O)-Cl$	$F-C(=O)-F$
$v_{C=O}$	1715 cm^{-1}	1802 cm^{-1}	1820 cm^{-1}	1928 cm^{-1}

（ii）共轭效应（conjugation effects，C）。

共轭效应（包括 p—π 和 π—π 共轭）使体系电子云分布平均化，极性降低（相当于使双键朝单键的方向变化，键长变长），使双键力常数 k 下降，吸收峰移向低波数。我们同样以羰基为例加以说明，一般而言，每增加一个共轭双键，羰基吸收峰大约向低波数（红移）移动 20～30 cm^{-1}。

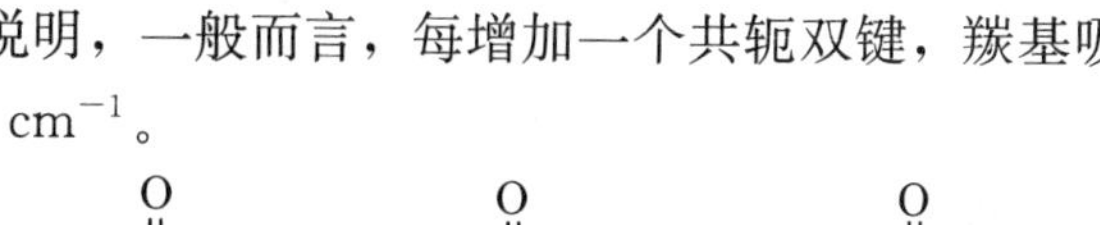

	$H_3C-C(=O)-CH_3$	$H_3C-C(=O)-C_6H_5$	$C_6H_5-C(=O)-C_6H_5$
$v_{C=O}$	1715 cm^{-1}	1690 cm^{-1}	1665 cm^{-1}

一般情况下，若羰基吸收峰大于 1760 cm^{-1}，通常羰基碳上连有吸电子基团，如酰卤的吸收峰往往大于 1800 cm^{-1}；若羰基吸收峰小于 1700 cm^{-1}，通常羰基碳上连有共轭基团。

电子效应是一个很复杂的因素，同一个基团或原子的诱导效应和共轭效应并不能截然分开，有时它们的作用方向可能完全相反，因此，当同一基团或原子在分子中既有诱导效应又有共轭效应时，首先应该判断何种效应占优势，才能推断波数是升高还是降低。以普通脂肪酸和硫醇酯分子中羰基振动波数为例，前者由于氧原子电负性强，吸电子诱导效应大于共轭效应，使羰基伸缩振动频率相对于饱和酮羰基增大。而硫醇酯由于硫原子电负性较弱，p—π 共轭效应大于电子诱导效应，使羰基伸缩振动频率相对于饱和羰基降低。

$H_3C-C(=O)-\ddot{O}-CH_3$　　$H_3C-C(=O)-CH_3$　　$H_3C-C(=O)-\ddot{S}-CH_3$

-I>C(氧原子)　　　　-I<C(硫原子)

$\nu_{C=O}$　1735 cm^{-1}　　1715 cm^{-1}　　1690 cm^{-1}

③立体效应。

立体效应包括空间位阻效应、环张力效应以及靠空间静电场产生的场效应。

(i) 空间位阻效应（steric hindrance effects）。

空间位阻效应是指分子中存在某种或某些基团，因空间位置迫使临近基团间的键角改变或共轭体系之间的单键键角偏转，以至影响到分子正常的共轭和杂化状态，导致振动谱带的偏转。例如，典型的 α、β 不饱和酮 a 中，羰基与双键位于同一平面，$\nu_{C=O}$在 1663 cm^{-1}。而酮 b 中，由于立体位阻的影响，羰基和双键不能很好地共轭，从而导致$\nu_{C=O}$出现蓝移现象，分别从 1663 cm^{-1}升至 1686 cm^{-1}和 1693 cm^{-1}。

$COCH_3$　　$COCH_3$, CH_3　　$COCH_3$, CH_3

a　　b　　c

$\nu_{C=O}$　1633 cm^{-1}　　1686 cm^{-1}　　1693 cm^{-1}

(ii) 环张力效应（ring strain effects）。

环张力引起 sp^3 杂化的 C—C 键以及 sp^2 杂化的键角改变，而导致相应振动谱带发生位移。环张力对环外键和环内键均有影响，对环外双键的伸缩振动影响较大。一般随着环张力的增大，环内键的伸缩振动频率减小，而环外键的振动频率增大。这是因为随着环的缩小，环内键角减小，成环 σ 键的 p 电子成分增加，键长变长，振动谱带向低波数方向移动。例如：

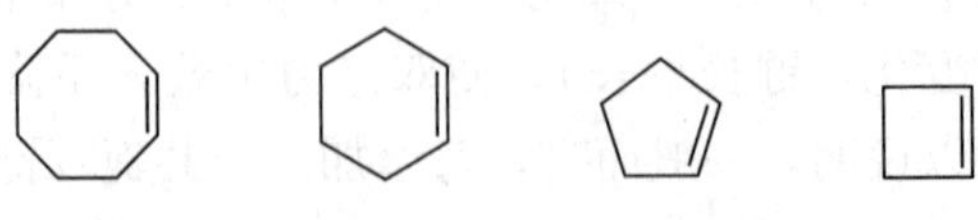

$\nu_{C=O}$　1650 cm^{-1}　　1639 cm^{-1}　　1623 cm^{-1}　　1566 cm^{-1}

环外双键随着环的缩小，环内键角减小，环外 σ 键的 p 电子成分减小，s 电子成分增大，键长变短，振动谱带向高波数方向移动。如酯环酮系化合物中，羰基的伸缩振动频率随着环张力的增大而增大，高频位移（蓝移）明显：

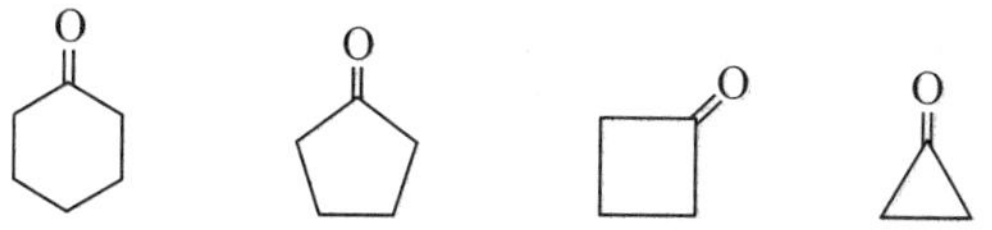

$\nu_{C=O}$ 1715 cm^{-1} 1745 cm^{-1} 1775 cm^{-1} 1850 cm^{-1}

（iii）场效应。

场效应是 1975 年 Bellamy 提出的除诱导效应和共轭效应之外的第三种类型的电子效应。当两个基团（其中一个或两个都是极性基团）空间位置接近时，由于电性的相互排斥作用，两个基团的极性都减小，键长缩短，力常数增大，基团的伸缩频率升高。同分异构体中同一基团的吸收峰位置有时不同，这通常是由场效应引起的。例如，在氯代丙酮的红外光谱中可以观测到羰基的两个吸收带，一个谱带是在 1716 cm^{-1}处，这与正常羰基的吸收位置相近；另一个谱带出现在较高波数（1750 cm^{-1}）处，这是由于在 C—Cl 与 C＝O 空间接近的构象中，场效应使羰基极性降低，双键性增强，从而使得化学键力常数 k 增大，因此羰基吸收峰向高波数移动（蓝移）。

$\nu_{C=O}$ 1750 cm^{-1} 1716 cm^{-1}

④氢键效应。

无论是形成分子内氢键还是分子间氢键，氢键都会使电子云密度平均化，变成缔合态，使体系参与形成氢键的原化学键的键力学常数变小，体系能量下降，伸缩振动频率向低波数方向移动，同时振动偶极距的变化加大，因而吸收强度增加，峰形变宽。例如醇、酚的 ν_{O-H}，当分子处于游离态时，其振动频率为 3640 cm^{-1}左右，呈现一个中等强度的尖锐吸收峰；当分子因氢键而形成缔合状态时，振动频率红移到 3300 cm^{-1}附近，谱带增强加宽。胺类化合物的 NH_2或 NH 也能形成氢键，有类似现象。除伸缩振动外，OH 和 NH 的弯曲振动受氢键影响也会发生谱带位置的移动和峰型的加宽。还有一种氢键是发生在 O—H 或 N—H 与 C＝O 之间的，如羧酸以这种方式形成二聚体。

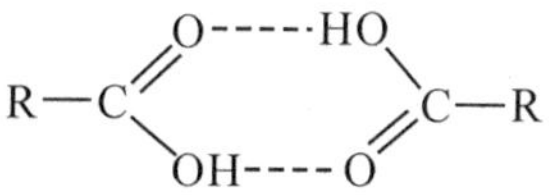

这种氢键比 OH 自身形成的氢键作用更大，不仅使 ν_{O-H}移向更低频（在 2500～3200 cm^{-1}区域），而且也使 $\nu_{C=O}$红移。游离羧酸的 $\nu_{C=O}$约为 1760 cm^{-1}，而缔合状态（如固、液体）时，因氢键作用，$\nu_{C=O}$红移到 1700 cm^{-1}附近。

⑤费米共振。

当一个振动的倍频与另一个振动的倍频接近时，由于发生相互作用而产生很强的吸收峰或发生裂分，这种现象称为费米（Fermi）共振。例如，苯甲酰氯的红外谱图上，羰基在 1773 cm^{-1}和 1736 cm^{-1}处出现了裂分的羰基吸收峰，这是由于羰基与苯甲酰基间的 C—C 变形振动的倍频发生了 Fermi 共振，进而导致羰基峰的裂分。

⑥振动耦合。

当两个振动频率相同或相近的基团位置很近，且有一个公共原子时，由于一个键的振动通过公共原子使另一个键的长度发生变化，产生一个“微绕”，从而形成了强烈的振动相互作用。其结果是使振动频率发生变化，谱带分成两个，在原谱带高频和低频一侧各出现一个谱带，即波谱分裂。振动耦合常出现在一些二羰基化合物如碳酸酐中，两个羧基的振动耦合，使 $\nu_{C=O}$吸收峰分裂成两个，波数分别为 1820 cm^{-1}（反对称耦合）和 1764 cm^{-1}（对称耦合）。

（2）外部因素。

①物态变化及制样方法。通常同种物质气态的特征频率较高，液态和固态较低。例如，丙酮的 $\nu_{C=O}$（气）＝1738 cm^{-1}，而 $\nu_{C=O}$（液）＝1715 cm^{-1}。分子在气态时，分子间作用力极小，可观察到伴随振动光谱的转动精细结构，且其峰形较窄。液态样品则峰形变宽，如果液态分子间出现缔合或氢键时，其吸收峰的频率的数目和强度都可能发生较大的变化。固态红外光谱的吸收峰要比液态样品的吸收峰尖且多，用于定性分析是最可靠的。

②晶体形态的影响。固体样品如果晶形不同或者粒子大小不同都会产生谱图上的差异。

③溶剂的影响。极性溶剂中，溶质分子中的极性基团的伸缩振动频率通常随溶剂的极性升高而降低，强度亦增大，而变形振动的频率将向高波数移动。

2.2.4.3 影响红外吸收谱带强度的因素

当样品的浓度一定时，红外吸收谱带的强度主要由两个因素决定。

（1）能级跃迁的概率。

跃迁的概率大，吸收峰也就强。一般来说，基频（V_0-V_1）跃迁概率大，所以吸收较强；倍频（V_0-V_2）虽然偶极矩变化大，但跃迁概率很低，峰强反而很弱。

（2）振动中偶极矩变化的程度。

瞬间偶极矩变化越大，吸收峰越强。例如，C＝O 和 C＝C 伸缩振动的频率相差不大，都在双键区，但吸收强度差别很大，C＝O 键的吸收强度很强，而 C＝C 键的吸收强度较弱。单键也一样，C—O 和 C—X（X 为卤素原子）这样的极性基团在谱图中总是产生强吸收，而 C—C 基团的吸收峰最弱。偶极矩变化的大小与以下四个因素有关：

①原子的电负性：化学键两端原子之间的电负性差别越大，其伸缩振动引起的红外吸收越强。

②振动方式：相同基团的各种振动，由于振动方式不同，分子的电荷分布也不同，偶极矩变化也不同。通常，反对称伸缩振动的吸收比对称伸缩振动的吸收强度大；伸缩振动的吸收强度比变形振动的吸收强度大。

③分子的对称性：吸收峰强度与偶极矩的平方成正比，偶极矩变化与分子的结构对称性有关，对称性越差，偶极矩变化越大，吸收峰强度就越大。例如，C＝C 在下面三种结构中，吸收强度差别很明显（ε 为摩尔吸光系数）：

R—CH＝CH_2（ε＝40）　　R—CH＝CH—R′（顺式 ε＝10，反式 ε＝2）

端烯烃的对称性较差，顺式烯烃次之，反式烯烃的对称性最强，因此，它们的 C＝C吸收峰强度依次递减，在反式烯烃中几乎常常检测不到。

④其他因素：如氢键的形成使有关的吸收峰变宽变强；而与极性基团共轭使吸收

峰增强，如C═C等基团的伸缩振动吸收很弱。但当C═C与C═O相连时，其吸收强度会大大增强。此外，也会出现比预期振动谱带数目多的情况，如泛频峰（overtone）或倍频峰的出现、组频峰（combination band）的出现、谐振耦合峰（harmonic coupling band）的出现以及费米共振峰（Fermi Resonance）的出现都会使得实际峰数比理论谱带数多。

2.2.5 特征红外吸收区

按照波数从大到小的顺序，一般习惯于把中红外区的特征吸收区分为氢键区（3700～2500 cm^{-1}）、叁键区（2500～2000 cm^{-1}）、双键区（2000～1500 cm^{-1}）、骨架振动及单键区（1600～500 cm^{-1}）四个区域。

2.2.5.1 氢键区（3700～2500 cm^{-1}）

（1）3700～3200 cm^{-1}（O—H、N—H、≡C—H）：

游离的O—H仅存在于气态或低浓度的非极性溶剂中，峰值位于3700～3500 cm^{-1}，峰形尖锐。O—H形成氢键后，峰值位于3450～3200 cm^{-1}，谱带强度增大，谱线变宽。

$v_{≡C—H}$峰位于3300 cm^{-1}附近，是比缔合$v_{O—H}$吸收峰弱，比$v_{N—H}$吸收峰强的尖锐谱带。此外，在3500～3400 cm^{-1}常出现C═O的倍频峰，但强度很弱。

（2）3200～2500 cm^{-1}（═C—H、—C—H、—COOH的缔合态）：3100～3000 cm^{-1}区域为═C—H（烯氢和芳氢）的伸缩振动吸收峰；3000～2800 cm^{-1}区域为—C—H、—CH_2—、—CH_3的伸缩振动吸收峰。根据此区域可以判断饱和氢和不饱和氢是否存在。

在3100～3050 cm^{-1}常出现仲酰胺中$\delta_{N—H}$（1530～550 cm^{-1}）的倍频峰，峰型尖锐，强度弱到中等，与$v_{═C—H}$相似。

—COOH的缔合态：由于羰基和羟基的强烈缔合，其吸收峰底部可延伸至2500 cm^{-1}，形成一条很宽的吸收带。羧基和铵盐的这两种峰均在3200～2400 cm^{-1}出现宽峰。羧基$v_{O—H}$是以3000 cm^{-1}为中心，2650 cm^{-1}、2550 cm^{-1}处伴有若干卫星峰，而铵盐$v_{N—H}$峰伴随有若干精细结构的校峰。

2.2.5.2 叁键区（2500～2000 cm^{-1}）

此区有C≡C、C≡N和C═C═C的吸收振动峰，一般$v_{C≡C}$吸收在2150 cm^{-1}，$v_{C≡N}$的吸收峰在2300～2200 cm^{-1}，后者的峰较强。

2.2.5.3 双键区（2000～1500 cm^{-1}）

该区最强的吸收区为羰基的伸缩振动吸收峰，若$v_{C—O}$>1760 cm^{-1}，通常在羰基上连有吸电子基团，如酰氯的吸收峰在1800 cm^{-1}；若$v_{C—O}$<1700 cm^{-1}，通常在羰基碳上连有共轭基团，如苯乙酮的吸收峰在1690 cm^{-1}。醛上的羰基的吸收峰一般在1730 cm^{-1}附近；酮上的羰基的吸收峰一般在1720 cm^{-1}附近。

另外，此区域还有C═C和C═N的伸缩振动吸收峰，前者在1680～1600 cm^{-1}区域，后者在1690～1630 cm^{-1}区域。

2.2.5.4 骨架振动及单键区（1600～500 cm^{-1}）

（1）1620～1420 cm^{-1}：此区域主要有芳环和杂环的骨架振动峰，包括 1600 cm^{-1}、1580 cm^{-1}、1500 cm^{-1}和 1450 cm^{-1}。

（2）1550～1200 cm^{-1}：此区域主要有硝基的伸缩振动吸收峰以及甲基、亚甲基的弯曲振动吸收峰。δ_{-CH_3}的 1375 cm^{-1}峰可预示甲基的存在，其分裂情况可显示异丙基和叔丁基的情况。例如环己酮在 1375 cm^{-1}处无吸收，而丁酮在 1375 cm^{-1}处有强吸收。

（3）1300～1000 cm^{-1}：此区间存在 ν_{C-O-C}、ν_{C-O}、ν_{C-F}和δ_{C-H}的吸收峰，并且存在着 C—C 骨架的伸缩振动吸收峰。因此该区域吸收峰的个数较多，难以一一归属。但此区域中酯基的 ν_{C-O-C}较强，具有较大的鉴定意义。此根据，羟基类化合物的 ν_{C-O}峰位置可初步判断伯、仲、叔醇或酚类。

（4）1000～650 cm^{-1}：根据此区域吸收峰可判断烯属类型及芳环的取代类型。因此在红外光谱解析中，该区域的解析意义较大。例如，芳环烃即单取代在 700 cm^{-1}、750 cm^{-1}出现两个吸收峰；烃基单取代烯在 910 cm^{-1}、990 cm^{-1}出现两个强的吸收峰。

（5）800～500 cm^{-1}：氯代烃中 C—X 的伸缩振动吸收峰出现在此区域。另外，$(CH_2)_n$的平面摇摆振动在 740～720 cm^{-1}区域，该峰位置与 n 值有关，一般较弱。

2.3 红外吸收光谱仪及实验技术

2.3.1 傅里叶变换红外吸收光谱仪简介

2.3.1.1 傅里叶变换红外吸收光谱仪的工作原理

红外吸收光谱仪是利用物质对不同波长的红外辐射的吸收特性，进行分子结构和化学组成分析的仪器。红外光谱仪一般分为两类：一类是光栅扫描，其原理是利用分光镜将检测光（红外光）分成两束，一束作为参考光，一束作为探测光照射样品，再利用光栅和单色仪将红外光的波长分开，扫描并检测逐个波长的强度，最后整合成一张谱图。另一类是利用迈克尔逊干涉仪扫描，称为傅里叶变换红外光谱仪（外观见图 2.5），这是目前使用最广泛的红外光谱仪器。

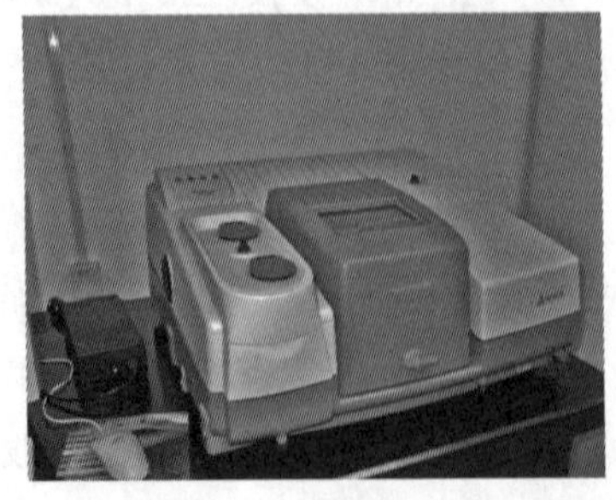

图 2.5 傅里叶变换红外光谱仪外观（左图为红外光谱仪，右图为连机打印装置）

傅里叶变换红外吸收光谱法是根据红外吸收光谱的强度 h（δ）与形成该光的两束相干光的光程差 δ 之间存在的傅里叶变换的函数关系，通过测量干涉图和对干涉图进行傅里叶变化的方法来测定的。由固定平面镜、分光镜和可调凹面镜组成傅里叶变换红外光谱仪的核心部件——迈克尔逊干涉仪。由光源发出的红外光经过固定平面镜后，被分光器分为两束，50%的光直射到可调凹面镜，另外50%的光反射到固定平面镜。当可调凹面镜移动至两束光的光程差为半波长的偶数倍时，这两束光发生干涉，相干的红外光照射到样品上，检测器采集，获得含有样品信息的红外干涉图数据。经过计算机对数据进行傅里叶变换后，得到样品的红外光谱图。

傅里叶变换红外光谱仪具有以下几个显著特点：

（1）扫描速率快，可以在1 s内测定多张红外光谱图。

（2）分辨率高，便于观察气态分子的精细结构。加上其稳定的可重复性等特点，被广泛使用。

（3）光通量大，因此可检测透射率比较低的样品，便于利用各种附件，如漫反射、镜面发射、衰减反射灯，并能检测不同的样品，如气体、固体、液体，以及薄膜和金属镀层等。

（4）测定光谱范围宽，一台傅里叶变换红外光谱仪，只要相应地改变光源、分束器和检测器的配置，就可以得到整个红外区的光谱。

2.3.1.2 红外光谱仪主要部件

傅里叶变换红外光谱仪通常由光源、单色器、探测器和计算机处理信息系统组成。

（1）光源。光源应能发射出稳定、高强度连续波长的红外光。通常使用能斯特灯或硅碳棒。能斯特灯是用氧化锆、氧化钇和氧化钍烧结制成的中空或实心圆棒，直径1～3 mm，长20～50 mm，工作温度约为1700 ℃。在此高温下导电并发射红外线。但其在室温下为非导体，因此使用前需预热到800 ℃。它的优点是：发光强度大，使用寿命长（0.5～1.0年），稳定性较好。缺点是价格比较贵。硅碳棒是由碳化硅烧结而成，两端粗，中间细，直径5 mm，长20～50 mm；工作温度在1200～1500 ℃，使用时不需预热。其优点是坚固，发光面积大，使用寿命长。

（2）吸收池。因玻璃石英等材料不能透过红外光，故红外吸收池要用能透过红外光的NaCl、KBr、CsI等材料制成窗片（盐片）。但由这些材料制成的窗片要注意防潮。固体试样常与KBr混合压片，然后直接测定。

（3）迈克尔逊干涉仪。干涉仪的作用是将复色光变为干涉光。中红外干涉仪中的分束器主要由KBr材料制成；近红外分束器一般以石英和CaF_2为材料；远红外分束器一般由Mylar膜和网络固体材料制成。

（4）检测器。因为红外光谱区的光子能量较弱，不足以引发光电子发射，所以紫外—可见分光光度计所用的光电管或光电倍增管等不适用于红外光谱仪的检测器。常用的红外检测器是真空热电偶、热释电检测器（TGS）和光检测器。真空热电偶是由不同导体构成回路时的温差电现象，将温差转变为电位差。它以一个涂黑的小片金箔作为红外辐射的接受面。热释电检测器（TGS）是以硫酸三苷肽单晶（TGS）为热检测元件，把热电材料的晶体放在两块金属板上，当光照射到晶体上时，晶体表面电荷分布发生变化。极化效应与温度有关，温度高则表面电荷减少（热释电），由此可以检测红外辐射的功率。光检测器是利用材料受光照射后，由于导电性能的变化而产生信号，最常用的光检测器有锑化铟和碲镉汞（MCT）等类型。

2.3.2 红外吸收光谱仪实验技术及要求

2.3.2.1 对试样的要求

在对物质进行红外光谱测试时的首要工作就是制样。在红外光谱法中，试样的制备及处理方法对后续检测有着很重要的影响。如果试样处理不当，就不能得到满意的红外光谱。

对试样的要求如下：

(1) 试样应该是单一组分的纯物质，纯度应大于98%，便于与纯化合物的标准进行对照。多组分试样应在测定前尽量预先用分馏、萃取、重结晶、区域熔融或色谱法进行分离提纯。

(2) 试样中不应含有游离水。水分子本身有红外吸收，会严重干扰样品谱，而且会侵蚀吸收池的窗片。因此，所用试样应当经过干燥处理。

(3) 试样的浓度和测试厚度应选择适当，以使光谱图中的大多数吸收峰的透射率处于10%～80%的范围内。

2.3.2.2 盐片的选择

在中红外光谱测定中，由于玻璃、石英等材料对红外光有吸收，因此试样载体只能选用在一定范围内不吸收红外光的盐片。一般的光学材料为 NaCl (600～400 cm^{-1})、KBr (4000～400 cm^{-1})，但这些晶体很容易吸水使晶体表面“发乌”，影响红外光的透过。为此，所用的窗片应放于干燥器内，在湿度较小的环境下操作。另外，晶体片质地脆，使用时要特别小心。

2.3.2.3 制样方法

(1) 固体样品的制备。

①压片法：将1～2 mg 固体试样与200 mg 纯 KBr 研细混合，研磨到粒度小于2 μm，在油压机上压成透明薄片，即可用于测定。

②糊状法：研细的固体粉末和石蜡油调成糊状，涂在两盐窗上，进行测试。此法可消除水峰的干扰。液体石蜡本身有红外吸收，此法不能用来研究饱和烷烃的红外吸收。

(2) 液体或溶液样品的制备。

①液膜法：沸点较高的试样，直接滴在两块 KBr 盐片之间，形成液膜图。

②液体吸收池法：沸点较低、挥发性较大的试样，可注入封闭的液体池，液层厚度一般在0.01～1.00 mm。

(3) 气态样品的制备。

气态样品一般灌注于气体池内进行测试。使用气体吸收池，先将吸收池内的空气抽去，然后吸入被测试样。

(4) 特殊样品的制备——薄膜法。

①熔融法：对熔点低，在熔融时不发生分解、升华和其他化学变化的物质，用熔融法制备。可将样品直接用红外灯或电吹风加热熔融后涂制成膜。

②热压成膜法：对于某些聚合物，可把它们放在两块具有抛光面的金属块间加热，样品熔融后立即用油压机加压，冷却后揭下薄膜夹在夹具中直接测试。

③溶液制膜法：将试样溶解在低沸点的易挥发溶剂中，涂在 KBr 盐片上，待溶剂挥发后制成膜来测定。

2.3.3 红外吸收光谱解析方法

解析红外光谱时，应该了解光谱中仅有20%属于定域振动，仅这部分峰才有可能归属。因此要对红外光谱图中每一个峰进行明确的归属是做不到的，也是没有必要的。除了极少数吸收特别强的官能团特征峰容易确定，一般不能简单地从某个吸收峰的存在就认定分子中存在某官能团，尤其是指纹区的峰，只能作为参考，否则往往会得出错误的结论。另外，在红外光谱中有时会出现“假谱带”，例如空气中 H_2O（3400 cm^{-1}、1640 cm^{-1}、650 cm^{-1}）和 CO_2（2350 cm^{-1}、667 cm^{-1}）的吸收带，须加以辨认。红外光谱解析一般包括下面的步骤。

2.3.3.1 收集样品的有关数据，确定分子式

对于未知样品，首先通过元素定性分析和元素定量分析得到化合物的实验式，或者依照高分辨 MS 求得化合物的分子式。尽量收集有关样品的来源、物态、纯度、熔点和沸点等信息，以利于进一步确定结构。了解样品的来源可以缩小结构的推测范围。对合成的样品，要了解原料、主要产物及可能的副产物等，这些信息对谱图的解析很有帮助。

此外，还应该注意红外光谱要求样品的纯度大于98%，否则会产生干扰图谱。在利用分馏、萃取、重结晶和柱层析等方法提纯样品时，也会引入新的杂质。例如，分馏时真空脂的使用可能会引入含硅的成分，在1250 cm^{-1}附近和1100～1000 cm^{-1}范围出现较强的Si—C和Si—O的伸缩振动吸收带，用硅胶柱层析纯化的样品，谱图中可能会在1080 cm^{-1}附近出现 SiO_2的吸收带。

2.3.3.2 根据分子式计算不饱和度

不饱和度（unsaturation number，*UN*）又称缺氢指数（index of hydrogen deficiency)，指的是一个分子中含环和双键的总数。它是通过对未知物的分子式与对应的开链饱和化合物的分子式进行对比得到的。其计算公式如式（2.11）所示：

$$UN=1+n_4+\frac{n_3-n_1}{2} \tag{2.11}$$

式中，n_1为一价元素（如 H、X）的原子个数，n_3为三价元素（如 N、P）的原子个数，n_4为四价元素（如 C、Si）的原子个数。

以上讨论的是化合物以低价态元素存在时不饱和度的计算公式，但有机化合物有时以高价态元素存在，如氮、磷元素以五价态存在（如硝酸氮、磷酸盐），硫元素以四价态（如亚砜）或六价态（如砜、磺酰基）存在，此时不饱合度（*UN*）的计算公式修正如下：

$$UN=1+n_4+\frac{n_3+3n_5+4n_6-n_1}{2} \tag{2.12}$$

式中，n_5为五价态元素的原子个数，n_6为六价态元素的原子个数。

例如，硝基苯（$C_6H_5NO_2$）的不饱和度计算（氮五价）如下：

$$UN=1+n_4+\frac{n_3+3n_5+4n_6-n_1}{2}=1+6+\frac{0+3\times1+0-5}{2}=6$$

在有机化合物的结构分析中，不饱和度可以提供分子结构的重要信息。例如当$UN=0$时，表示分子是饱和的，可能为链状烃及其不含双键的衍生物；当$UN=1$时，可能含有一个双键或一个脂环；当$UN=2$时，可能含有两个双键或两个脂环或一个双键、一个脂环，也可能含有一个叁键；当$UN=4$或更大时，分子结构中才有可能出现一个苯环，而在$UN<4$的未知物中，不可能含有苯环。

2.3.3.3 图谱中官能团的辨认

振动光谱是由分子中价键振动能级的跃迁产生的。各类有机物的官能团均有其特征谱带。因此，振动光谱解析主要用于分子结构中的官能团鉴定。

振动光谱的解析以光谱图的经验性比较和简单的外推分析研究开始。由于不可能对有机分子复杂的全部振动进行完全精确的分析处理，因此在解析步骤上宜遵从“先粗后细”的原则。例如，分析羰基化合物时，应先找到C═O的伸缩振动峰，再确认该类化合物是属于醛、酮、酯、酰胺、羧酸等哪一类；分析芳香化合物时，应先确定苯环的骨架，再确定其取代位置；分析羟基化合物时，应先找到羟基的谱带峰，再确认该化合物是酚类还是醇类，如果是醇类再确定属于伯、仲、叔醇中的哪一类。

表2.3详细列举了红外光谱图的解析步骤。在此基础上，参考附表2.1和附表2.2给出的常见有机官能团红外光谱的特征吸收波数范围，即可从红外光谱中获得分子结构中存在的官能团信息，进行初步分析，进而推断出有机化合物的基本结构。对于仅根据红外光谱图难以确认的结构，则可与其他光谱分析法相配合或查阅标准谱图。与标准谱图核对时，主要是对指纹区谱带（波数在1300～400 cm^{-1}）进行核对。这是因为结构相似的化合物在指纹区有其特有的谱带（位置、强度和形状）。但是需要注意的是，在对照标准谱图时，红外光谱的测试条件最好与标准谱图保持一致。

表2.3 解析红外光谱图的步骤

1. C═O是否存在。
C═O在1870～1650 cm^{-1}区间产生一个强峰。这个峰强是光谱中最强的，中等宽度。
2. 如果C═O存在，核对是属于下述化合物中的哪一类。如果C═O不存在，则直接进行第三步。
醇类：O—H是否也存在？
在3400～2400 cm^{-1}附近有宽峰（通常与C—H伸缩振动峰重叠）。
酰胺：N—H是否也存在？
在3500 cm^{-1}附近有中等强度峰，有时候是强度相同的峰。
酯类：C—O是否也存在？
在1300～1000 cm^{-1}附近有强峰。
醛类：C—H是否也存在？
在2850 cm^{-1}和2750 cm^{-1}附近有两个弱峰。
酐类：在1810 cm^{-1}和1760 cm^{-1}附近有两个C═O峰。

续表

酮类：上述五种选择全被排除时，即为酮类。

3. 如果C═O键不存在

醇类、酚类：检查OH是否存在？

在3600～3300 cm^{-1}附近有宽峰。

在1300～1000 cm^{-1}附近找到C—O伸缩振动峰进行确认。

胺类：检查N—H是否存在？

在3500～3100 cm^{-1}附近有一个或两个中等强度峰。

醚类：在不存在O—H时，检查在1300～1000 cm^{-1}附近是否存在C—O伸缩振动峰。

4. 双键、芳环

C═C在1650 cm^{-1}附近有弱峰。

在1650～1450 cm^{-1}附近有中等强度峰或强峰，表明可能有芳环存在。

参考CH区确证上述推断，芳环和乙烯基的C—H伸缩振动峰出现在3000 cm^{-1}左侧（饱和脂肪族的CH出现在其右侧）。

5. 叁键

C≡N在2250 cm^{-1}附近有一个中等强度的窄峰。

C≡C在2150 cm^{-1}附近有一个弱而窄的峰，核对在3300 cm^{-1}附近是否有≡CH峰。

6. 硝基

在1600～500 cm^{-1}和1390～1300 cm^{-1}有两个强峰。

7. 烷类

上述官能团一个也没有找到。

主要特征峰都在3000 cm^{-1}右侧的饱和CH伸缩区，光谱很简单。此外，只在1450 cm^{-1}和1375 cm^{-1}附近有峰。

2.3.4　红外吸收光谱标准谱图简介

2.3.4.1　Sadtler Reference Spectra Collections（Sadtler标准光谱）

Sadlter标准光谱是目前光谱收集数量最多，使用最普遍的光谱集，是由美国费城Sadlter研究实验室编辑出版的大型光谱集。这套大型光谱集自1967年开始出版，包括标准红外光谱、标准紫外光谱、核磁共振氢谱，1976年开始收集核磁共振碳谱。共收集7万余张标准红外光谱，近5万张标准紫外光谱，标准^{1}H—NMR谱图5万多张，标准^{13}C—NMR谱图近4万张。Sadtler标准光谱主要有两类谱图。

（1）标准光谱：指样品纯度在98%以上的红外光谱的标准谱图、紫外光谱及核磁共振标准谱图。

（2）商业光谱：主要是工业产品的光谱，如单体和聚合物、农业化学品、多元醇、表面活性剂、纺织品助剂、纤维、医药、石油产品、颜料、染料等。商业红外光谱按照ASTM分类法分成20类。

标准谱图的查阅：Sadlter标准谱图索引有总光谱索引，也有各类谱图的专门索引，如红外谱线索引（Infrared Spec－Finder Index）、核磁共振化学位移索引（NMR

Chemical Shift Index)、谱峰位索引（Ultraviolet Spectra Locater），其中谱峰位索引最多列出 5 个峰，按吸光度由强至弱排列。在此仅介绍总索引。

Sadlter Total Spectra Index：共包含四种形式的索引，每种索引均能查到红外、紫外、核磁共振氢谱的谱图序号，所有谱图均以图谱序列号标明。自 1980 年起，所有表的最后一栏增加了碳谱。

Alphabetical Index：按化合物英文名称的字母顺序排列的"字母顺序索引"，由化合物的英文名称可以查出其相应的谱图序号。

Chemical Classes Index：按化合物功能基团的类号顺序排列。同一类号，其顺序再按名称和字母顺序排列，便于查找已知化合物的类型而结构不十分清楚的物质。化合物共分为 6 类：脂环族、脂肪族、芳香族、杂环化合物、杂环芳香族和无机物。功能基团栏下共有 5 列，第一、二、三列为功能基团分类号（将所有功能基团分为 97 类，用数码或者代码表示，在索引的首页介绍），若只有一个功能基团，则二、三列为空行，第一列为功能基团分类号；有两个功能基团时，前两列分别是功能基团的分类号，第三列空行……第四列为功能基团的数目，第五列为化合物的分类号，功能基团栏后为光谱的序号。

Molecular Formula Index：分子式索引按 Hill 系统排列，以 C、H、Br、Cl、F、I、N、O、P、S、Si、M 顺序，原子数目由小到大排列。分子式前给出化合物的名称，分子式后给出各类光谱的序号。若已知化合物的分子式及英文名称，则查找很方便。

Numerical Index：按光谱的连续序号排列。例如以标准红外光谱的序号排列，序号前给出化合物的名称，序号后给出相应化合物的其他谱的序号。此索引由其中一谱的序号可以查出其他谱的序号。

2.3.4.2 DMS 穿孔卡片（Documentation of Molecular Spectroscopy）

由英国和德国联合制作，分为三大类：有机化合物（桃红色）、无机化合物（淡蓝色）和文摘卡片（淡黄色）。卡片上穿有小孔。根据两种方式穿孔：化合物的结构（碳数、分子基本骨架结构等）孔穿在顶端的一边，主要峰位置孔穿在底端的另一边。

2.3.4.3 Aldrich 红外光谱丛书（The Aldrich Library of Infrared Spectra）

共有 8000 多个标准化合物的波长图谱，书后有分子式索引。

2.4 红外吸收光谱法的应用举例

2.4.1 研究已知物质的结构和构象变化

2.4.1.1 红外吸收光谱检测不同胶原提取方法下的胶原结构

作者课题组借助于红外吸收光谱研究胶原提取方法对其结构的影响。图 2.6 为变性胶原（A）、酶提胶原（B）和超声波－酶提胶原（C）的红外吸收光谱图。图中波数为 3330 cm^{-1}和 3080 cm^{-1}处的特征吸收峰，均由 N—H 的伸缩振动所产生，分别命名为酰胺 A 带、酰胺 B 带；1660 cm^{-1}处的特征吸收峰是由 C═O 的伸缩振动所产生的，命名为酰胺Ⅰ带；1550 cm^{-1}处的特征吸收峰是由 N—H 的面内弯曲振动所产生的，命名为酰胺Ⅱ带；1240 cm^{-1}处的特征吸收峰是由 C—N 的伸缩振动所产生的，命名为酰胺Ⅲ带。从图 2.6（B）和 2.6（C）可以看出，传统酶法提取的胶原和超声波一酶法提取的胶原都完好地保留有五个主要特征吸收峰，进一步说明超声波不会导致胶原的变性。另外，从图 2.6A 可以看出，变性胶原的 5 个红外特征吸收峰的强度均降低，而且酰胺Ⅰ带由原来的 1660 cm^{-1}移动到 1640 cm^{-1}，说明三股螺旋结构丢失。

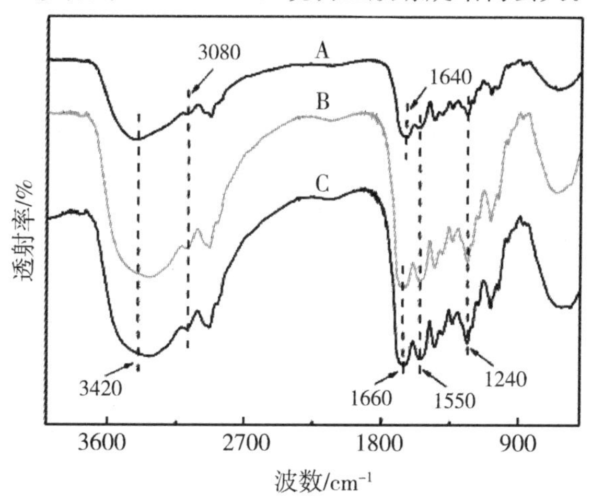

图 2.6　变性胶原（A）、酶提胶原（B）和超声一酶提胶原（C）的红外光谱图

2.4.1.2　利用红外吸收光谱研究温度对胶原结构的影响

由图 2.6 的分析可知，红外光谱中酰胺带的特征吸收峰可以反映胶原的三股螺旋构象。因此，作者课题组利用红外吸收光谱研究不同热处理过程对其结构的影响。经不同热处理过程后的胶原样品的红外光谱图如图 2.7 所示。从图中可以看出，随着温度的升高，酰胺 A 带变宽，酰胺Ⅰ带的位置向低波数移动 20 cm^{-1}。这表明在升温过程中，胶原三股肽链的螺旋度减少，伸展肽链结构增加，整个蛋白的无序结构增加。

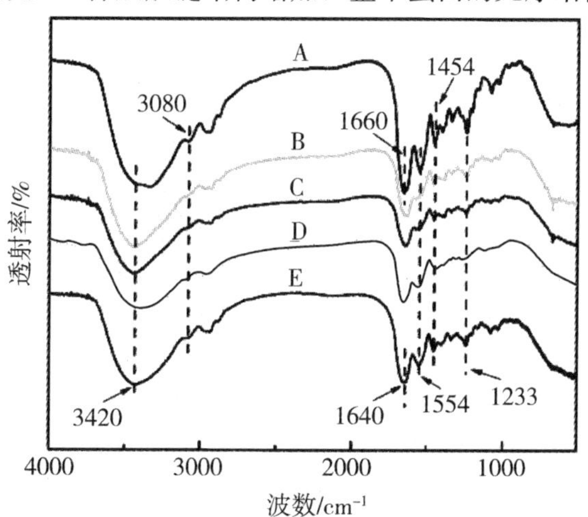

A：25 ℃　B：33 ℃　C：37 ℃　D：45 ℃　E：50 ℃

图 2.7　经不同温度热处理的胶原样品的红外光谱图

此外，有研究表明，利用胶原红外吸收光谱图中酰胺Ⅲ带与波数为 1454 cm^{-1}两处的吸光度比值可以用来衡量胶原三股螺旋结构是否完整，比值越大，表明胶原的三股螺旋结构越完整。从图 2.8 中可以看出，胶原样品在 25 ℃时该比值为 0.95，而在 5 ℃时降为 0.89，表明随着温度的升高，其三股螺旋结构的完整性遭到了破坏。

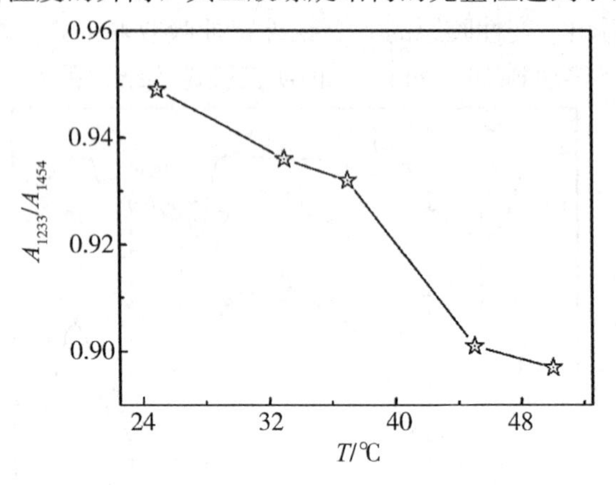

图 2.8 **酰胺Ⅲ带**（1233 cm^{-1}）**和** 1454 cm^{-1}**处吸光度的比值与温度的关系**

2.4.2 研究物质间的相互作用

2.4.2.1 利用红外光谱研究单宁酸与胶原的相互作用

研究单宁酸与胶原的相互作用，有助于进一步深入了解植鞣机理，对于新型鞣剂的开发也具有重要的指导和借鉴意义。作者课题组曾借助于红外吸收光谱分析单宁酸与胶原的相互作用。图 2.9 所示为单宁酸在 4000～400 cm^{-1}范围内的红外吸收光谱。其中 1450 cm^{-1}、1529 cm^{-1}、1616 cm^{-1} 归属为芳香环 C—C 骨架的伸缩振动吸收峰，1713 cm^{-1}为多元酚残基之间酯链中 C ═O 的伸缩振动吸收峰。酚羟基的伸缩振动吸收峰则主要集中在 3392 cm^{-1}处。

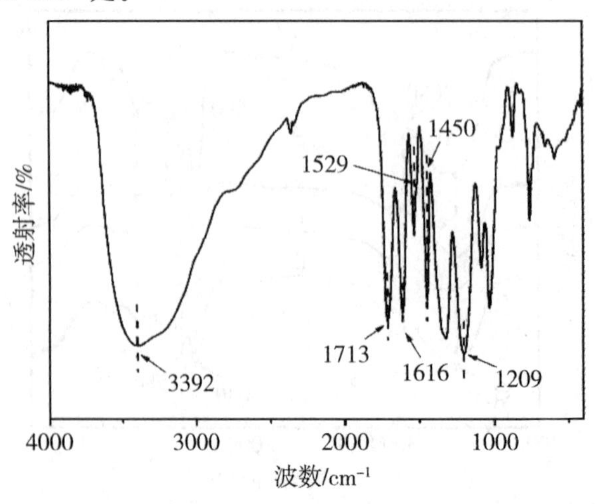

图 2.9 **单宁酸的红外光谱图**

已有研究证实，胶原的酰胺Ⅰ带可以灵敏表征胶原二级结构的变化。当天然胶原的三股螺旋结构变性时，酰胺Ⅰ带在 1660 cm^{-1} 左右的强吸收峰将逐渐消失并红移至 1640 cm^{-1}处，这对于研究单宁酸的引入是否改变胶原三股螺旋构象有重要的参考价值。图 2.10 为单宁酸/胶原复合膜的红外吸收光谱（单宁酸与胶原的比重为 0～8%）。从图中可以看出，胶原酰胺Ⅰ带的吸收峰位置并未因单宁酸的引入而出现红移现象，这表明单宁酸并未破坏胶原的三股螺旋结构。

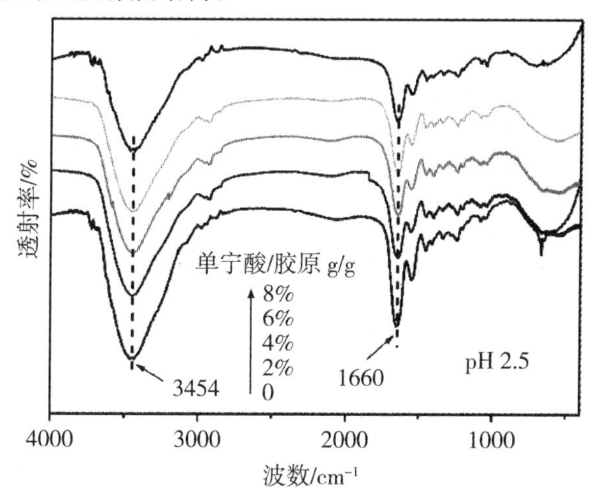

图 2.10　单宁酸/胶原复合膜的红外光谱图

2.4.2.2　利用红外光谱研究胶原与原花青素的相互作用

如第 1 章所述，胶原蛋白由于来源丰富，如脊椎动物体内约 1/3 的蛋白质属于胶原蛋白。再加上具有良好的生物相容性和无细胞毒性等优点而被广泛应用于生物医学和制革等领域。但其天然交联的结构容易被酸、碱、盐等外界环境破坏而表现出热稳定性差、力学强度不够和耐水性差等缺点。因此，通过对胶原进行交联以提高其性能成为目前的研究热点。作者课题组研究表明，使用天然植物多酚一原花青素通过氢键相互作用对胶原进行交联能够很好地提高其热稳定性和耐水性。原花青素与胶原通过氢键相互作用如图 2.11 所示，原花青素主要是通过其结构上的酚羟基与胶原侧链上的羟基、羧基、氨基和酰胺基等形成氢键。作者课题组利用红外吸收光谱研究原花青素是否与胶原发生了氢键相互作用以及其对胶原三股螺旋结构的影响。

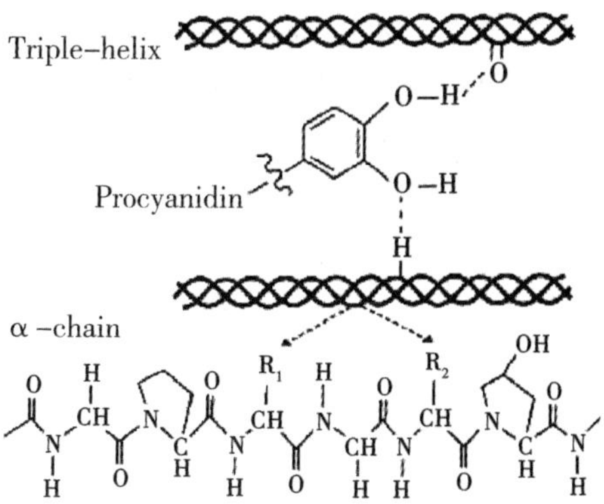

图 2.11　原花青素与胶原交联示意图

图 2.12 所示为原花青素/胶原复合膜的红外吸收光谱（原花青素与胶原比重为 0～8%）。从图中可以看出，随着原花青素引入量的增加，胶原纤维中酰胺 A 带（3450 cm^{-1}）、酰胺 B 带（3080 cm^{-1}）、酰胺Ⅰ带（1660 cm^{-1}）、酰胺Ⅱ带（1550 cm^{-1}）和酰胺Ⅲ带特征吸收峰的位置均未发生改变，尤其是与胶原三股螺旋结构有关的酰胺Ⅰ带，这表明原花青素的引入并未破坏胶原的三股螺旋结构。与此同时，酰胺 A、Ⅰ带和Ⅱ带的吸收峰宽度随着原花青素引入量的增加而逐渐变宽，表明原花青素上的酚羟基与胶原侧链上的羟基、氨基、羧基和酰胺基等基团产生了氢键相互作用。

A
B
C
D
E
透射率/%
2936
3300
1650
1550
1240
3300
2200
1100
波数/cm⁻¹

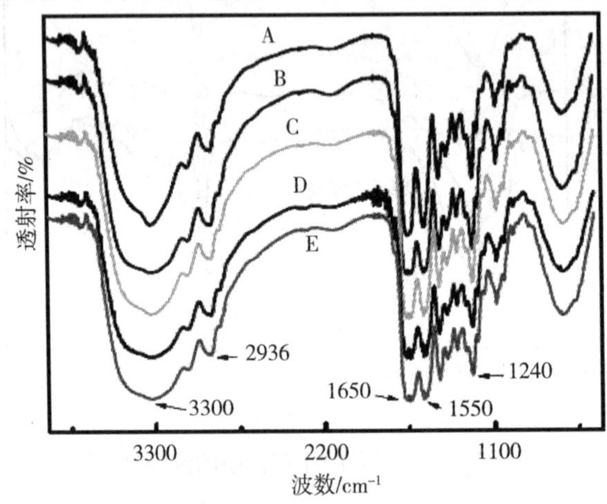

A：0%；B：2%；C：4%；D：6%；E：8%

图 2.12 不同原花青素含量的原花青素/胶原复合膜红外光谱图

2.4.3 判断化学反应的发生

2.4.3.1 利用红外吸收光谱研究物质的反应过程

在聚氨酯的制备中，为了提高聚氨酯力学性能或制备一些具有特殊功能（如抗菌、防水等）的聚氨酯，常用一些含活泼氢的化合物与异氰酸酯端基预聚物反应，使分子链延长或者将功能性单体引入聚氨酯中，这种化合物叫作扩链剂。常用的扩链剂含二元或多元羟基的小分子醇。

图 2.13 所示为作者课题组合成的聚氨酯扩链剂——含双羟基的抗生物污损前体 $DMA(OH)_2$的路线图。该产物是以摩尔比为 2∶1 的巯基丙二醇（TPG）与甲基丙烯酸二甲氨乙酯（DMAEMA）在紫外光照和以安息香丁甲醚为光催化剂的条件下，通过巯基一乙烯基点击反应得到。然后我们通过红光吸收光谱检测来初步分析是否得到了预期目标产物 $DMA(OH)_2$。

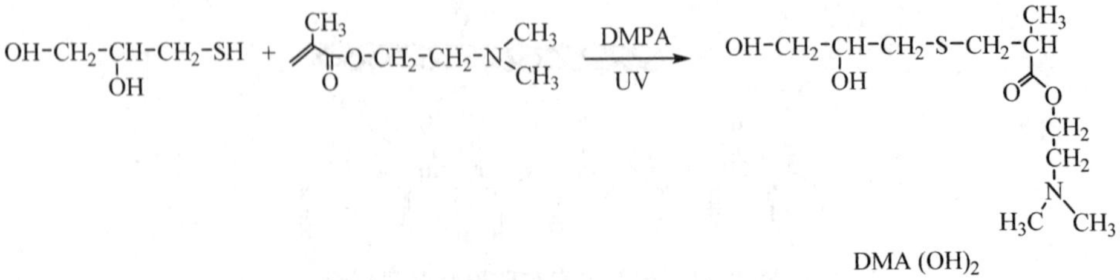

OH-CH₂-CH-CH₂-SH
OH
+
CH₃
O
O-CH₂-CH₂-N
CH₃
CH₃
DMPA
UV
OH-CH₂-CH-CH₂-S-CH₂-CH
OH
CH₃
O
O
CH₂
CH₂
N
H₃C
CH₃
DMA (OH)₂

图 2.13 扩链剂 $DMA(OH)_2$ 的制备示意图

图2.14所示为TPG、DMAEMA和加成产物$DMA(OH)_2$的红外吸收光谱。从图2.14（A）中可以看出，3368 cm^{-1}处较宽的峰值和2558 cm^{-1}处较弱的峰值分别归属为巯基丙二醇（TPG）上的—OH伸缩振动峰和—SH的伸缩振动峰。从图2.14（B）中可以看出，1638 cm^{-1}和1721 cm^{-1}处的吸收峰分别为DMAEMA中C═C和C═O的特征吸收峰；2950 cm^{-1}处的吸收峰为—CH_2上C—H的伸缩振动峰，2867 cm^{-1}处的吸收峰为—CH_3上C—H的伸缩振动峰；2822 cm^{-1}和2786 cm^{-1}处的吸收峰归属为—$N(CH_3)_2$上—CH_3的C—H的伸缩振动；1455 cm^{-1}、1377 cm^{-1}、1283 cm^{-1}的吸收峰为—CH_2上C—H的弯曲振动吸收峰；1165 cm^{-1}和778 cm^{-1}处的吸收峰分别为C—O和叔氨基上C—N的特征吸收峰。从图2.14（C）中可以看出，DMAEMA上C═C（1638 cm^{-1}）和TPG上—SH（2558 cm^{-1}）的特征吸收峰均消失，且出现了—OH特征吸收峰（3379 cm^{-1}、1075 cm^{-1}），表明在紫外光照射和光引发剂作用下，DMAEMA上的C═C双键与TPG上的巯基发生了反应。此外，产物$DMA(OH)_2$的红外光谱中在1570 cm^{-1}出现了一个新的吸收峰，此吸收峰是由叔氨基和C═O相互作用形成的共轭体系所引起，这也进一步印证了$DMA(OH)_2$的结构。

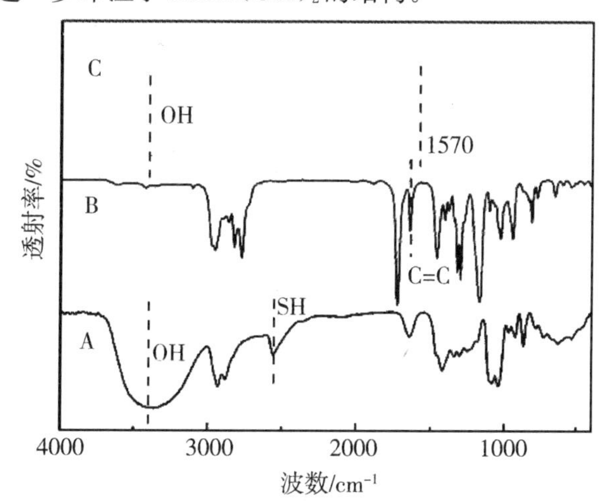

图2.14 TPG（A）、DMAEMA（B）、$DMA(OH)_2$（C）**的红外吸收光谱**

2.4.3.2 利用红外吸收光谱研究无机纳米黏土的表面改性过程

蒙脱土（MMT）具有独特的2∶1型层状硅酸盐结构，在纳米复合材料领域得到广泛的应用。MMT的每个晶格由三层二维晶片组成，中间一层为八面体的氧化铝或氧化镁晶体，外面两层为二氧化硅四面体，这三层晶体主要靠层间的范德华力结合在一起。另外，MMT层间的Al^{3+}或Mg^{2+}经常被低价金属离子取代，使层间带负电，具有离子交换能力。图2.15为MMT与经十六烷基三甲基氯化铵（CTAC）反应制备有机改性蒙

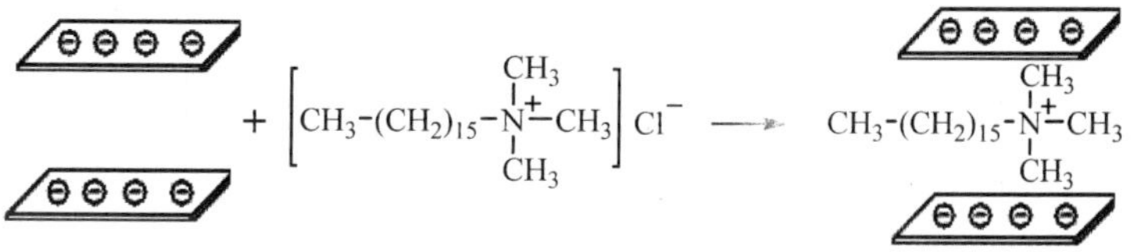

$$+\left[CH_3\text{-}(CH_2)_{15}\text{-}\overset{CH_3}{\underset{CH_3}{N^+}}\text{-}CH_3\right]Cl^- \longrightarrow CH_3\text{-}(CH_2)_{15}\text{-}\overset{CH_3}{\underset{CH_3}{N^+}}\text{-}CH_3$$

图2.15 MMT**与**CTAC**反应合成**OMMT**示意图**

脱土（OMMT）的示意图，由图中可知，CTAC 的有机阳离子取代 MMT 层间的低价阳离子进入片层，使得片层间距增加，片层表面被有机阳离子覆盖。

图 2.16 为 MMT 和 OMMT 的红外吸收光谱。在 MMT 的红外光谱中，3624 cm^{-1} 和 3435 cm^{-1} 的峰为 MMT 结构中—OH 的伸缩振动峰；1663 cm^{-1} 对应的是—OH 的变形振动峰；1441 cm^{-1}、1039 cm^{-1} 及 1000～400 cm^{-1} 所对应的是 MMT 的基本构架，如 Si—O—Si的反伸缩振动，以及 Al—O 和 Mg—O 的振动。与 MMT 相比，OMMT 在 2922 cm^{-1} 和 2851 cm^{-1} 处出现了两个很明显的吸收峰，这两个峰对应的是 CTAC 的—CH_3 和—CH_2—的伸缩振动峰。而且在 1663 cm^{-1} 处的峰有减弱和红移现象，这与 MMT 上的 H^+ 被阳离子取代有关，而位于 1441 cm^{-1} 处的峰有蓝移现象，这可能是 CTAC 上 C—N 加合作用的影响。从红外光谱上可以得知，MMT 确实与 CTAC 发生了离子交换作用，进行了表面有机化改性。

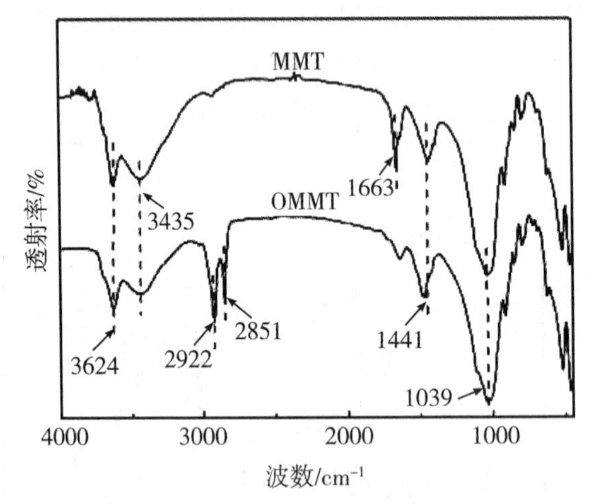

图 2.16 MMT 和 OMMT 的红外吸收光谱图

2.4.4 鉴定新合成的未知化合物的结构

双子季铵盐是通过一个连接基团把两个传统意义上的单子季铵盐连接起来的化合物。因其具有优异的抗菌性能、更低的临界胶束浓度、较好的乳化能力、良好的润湿性和较低的细胞毒性等特性，而被广泛应用于制革、生物医用材料等领域。图 2.17 为作者课题组合成反—1,4—双［2—(辛氧酰基亚甲基) 二乙基］—2—丁烯二溴化铵的路线图。该产物是以摩尔比为 1∶2.2 的溴乙酸酯和反式—N,N,N',N'—四乙基—2—丁烯—1,4—二胺在异丙醇为溶剂和 90 ℃的条件下冷凝回流反应 24 h 得到。

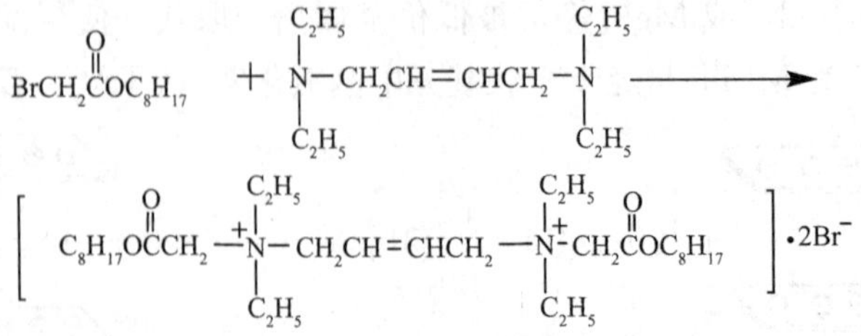

$$BrCH_2\overset{O}{\overset{\|}{C}}OC_8H_{17} + (C_2H_5)_2N-CH_2CH=CHCH_2-N(C_2H_5)_2 \longrightarrow$$

$$\left[C_8H_{17}O\overset{O}{\overset{\|}{C}}CH_2-\overset{+}{N}(C_2H_5)_2-CH_2CH=CHCH_2-\overset{+}{N}(C_2H_5)_2-CH_2\overset{O}{\overset{\|}{C}}OC_8H_{17}\right]\cdot 2Br^-$$

图 2.17 反—1,4—双[2—(辛氧酰基亚甲基)二乙基]—2—丁烯二溴化铵的合成路线

图 2.18 为所得产物的红外光谱，其中 2923 cm^{-1} 处为—CH_3 的伸缩振动吸收峰，2862 cm^{-1} 处为—CH_2 的伸缩振动吸收峰，1742 cm^{-1} 处为酯基中—C ═O 的伸缩振动吸收峰，1615 cm^{-1} 处为 C ═C 的伸缩振动吸收峰，1222 cm^{-1} 处为酯基中—C—O 的伸缩振动吸收峰，724 cm^{-1} 为 4 个以上—CH_2 成直链时面内摇摆振动吸收峰。由此红外光谱解析可初步推测，溴乙酸正辛酯和反式—N,N,N',N'－四乙基－2－丁烯－1，4－二胺发生季铵化反应，生成了预期目标产物。

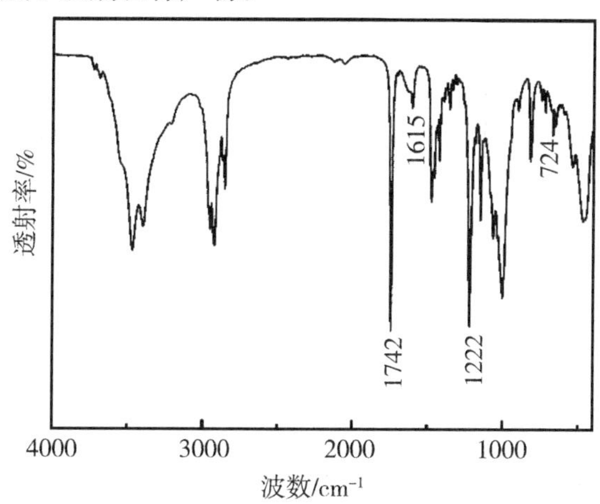

图 2.18　反－1,4－双[2－(辛氧酰基亚甲基)二乙基]－2－丁烯二溴化铵的红外光谱图

参考文献

[1] 翁诗甫. 傅里叶变换红外光谱分析 [M]. 北京：化学工业出版社，2010.

[2] 张正行. 有机光谱分析 [M]. 北京：人民卫生出版社，2009.

[3] 刘宏民. 实用有机光谱解析 [M]. 郑州：郑州大学出版社，2008.

[4] 潘铁英. 波谱解析法 [M]. 上海：华东理工大学出版社，2002.

[5] 张龙. 可生物降解双子季铵盐杀菌剂的制备及其在制革中的应用 [D]. 成都：四川大学，2019.

[6] He L R，Mu C D，Shi J B，et al. Modification of collagen with a natural cross-linker，procyanidin [J]. International Journal of Biological Macromolecules，2011，48 (2)：354－359.

[7] Wang C H，Ma C F，Mu C D，et al. A novel approach for synthesis of zwitterionic polyurethane coating with protein resistance [J]. Langmuir，2014，30 (43)：12860－12867.

[8] Li D F，Mu C D，Cai S M，et al. Ultrasonic irradiation in the enzymatic extraction of collagen [J]. Ultrasonics Sonochemistry 2009，16 (5)：605－609.

思考题

1. 紫外光波长比红外光短，能量更高。但是为什么日常生活中是利用红外线进行加热取暖（如红外加热器），而不用能量更高的紫外线对物体加热呢？

2. 请思考为什么红外吸收光谱是带状光谱，而不是线状光谱。

3. 是否所有的分子振动都会产生红外吸收光谱？为什么？请举例阐述红外吸收光谱产生的两个基本条件。

4. 红外吸收光谱定性分析的基本依据是什么？简要叙述红外吸收光谱定性分析的过程。

5. 以亚甲基为例，说明分子的基本振动模式。

6. 在红外吸收光谱中，影响基团吸收频率的因素有哪些？

7. 思考并简要阐述红外吸收光谱法与第 1 章的紫外－可见吸收光谱法在基本原理上的本质区别是什么。

8. 在利用红外吸收光谱进行样品分析时，为了得到准确的图谱，试验前和试验过程中需要注意哪些方面？

9. 已知 N_2O 分子具有线性结构，N_2O 气体的红外吸收光谱有三个强吸收峰，分别位于 2224 cm^{-1}、1285 cm^{-1} 和 579 cm^{-1} 处。此外，尚有一系列弱峰，其中的两个弱吸收峰分别位于 2563 cm^{-1} 和 2798 cm^{-1} 处。请根据所学知识分析思考下面两个问题：

（1）试写出 N_2O 分子的结构式，并简要说明理由；

（2）上述 5 个红外吸收峰分别是由何种振动引起的？

10. 请思考并查阅相关文献，说明红外吸收光谱在我们日常生活中有哪些应用，请举出 1～2 个例子加以阐述。

附表 2.1 各类化合物官能团红外吸收波数的范围和强度

波数范围（cm^{-1}）和强度*	官能团类别	归属
3700～3600(s)	—OH(醇和酚)	ν_{OH}(稀溶液中)
3520～3320(m～s)	—NH_2(芳香胺、伯胺和酰胺)	ν_{NH}(稀溶液中)
3420～3250(s)	—OH(醇或酚)	ν_{OH}(固态和液态)
3360～3340(m)	—NH_2(伯酰胺)	ν_{asNH_2}(固态)
3320～3250(m)	—OH(肟)	ν_{OH}
3300～3250(m～s)	≡C—H(乙炔)	$\nu_{\equiv C-H}$
3300～3280(s)	—NH(仲酰胺)	ν_{NH}(固态)
3300～3280(s)	—NH_2(伯酰胺)	ν_{sNH_2}(固态)
3200～3000(v br)	—NH_3^+(氨基酸)	$\nu_{asNH_3^+}$
3100～2400(v br)	—OH(羧酸)	ν_{OH}(氢键)
3100～3000(m)	=CH(芳香烃和不饱和烷烃)	$\nu_{=C-H}$
2990～2850(m～s)	—CH_3和—CH_2—(脂肪族化合物)	ν_{asCH}和ν_{sCH}
2850～2700(m)	—CH_3(与 O 或 N 连接)	ν_{CH}
2750～2650(w～m)	—CHO(醛)	δ_{CH}泛频峰
2750～2350(br)	—NH_3^+(胺的氢卤酸盐)	ν_{NH}

续表

波数范围（cm^{-1}）和强度*	官能团类别	归属
2720～2560(m)	—OH(磷酸)	ν_{OH}(缔合)
2600～2540(w)	—SH(烷基硫醇)	ν_{S-H}
2410～2280(m)	—PH(膦类)	ν_{P-H}
2300～2230(m)	N≡N(重氮盐)	$\nu_{N\equiv N}$(水溶液)
2285～2250(s)	N=C=O(异氰酸酯或盐)	$\nu_{asN=C=O}$
2260～2200(m～s)	C≡N(腈)	$\nu_{C\equiv N}$
2260～2190(w～m)	C≡C(二取代炔烃)	$\nu_{C\equiv C}$
2190～2130(m)	C≡N(硫氰酸盐)	$\nu_{C\equiv N}$
2175～2115(s)	N≡C(异腈)	$\nu_{N\equiv C}$
2160～2080(m)	N=N=N(叠氮化合物)	$\nu_{asN=N=N}$
2140～2100(w～m)	C≡C(单取代炔烃)	$\nu_{C\equiv C}$
2000～1650(w)	取代苯环	泛频峰和合频峰
1980～1950(s)	C=C=C(丙二烯)	$\nu_{asC=C=C}$
1870～1650(vs)	C=O(羰基化合物)	$\nu_{C=O}$
1870～1830(s)	C=O(β-内酯)	$\nu_{C=O}$
1870～1790(vs)	C=O(酐类)	$\nu_{asC=O}$
1820～1800(s)	C=O(酰卤)	$\nu_{C=O=O}$
1780～1760(s)	C=O(γ-内酯)	$\nu_{C=O}$
1765～1725(vs)	C=O(酐类)	$\nu_{sC=O}$
1760～1740(vs)	C=O(α-酮酯类)	$\nu_{C=O}$(烯酮式)
1750～1730(s)	C=O(δ-内酯)	$\nu_{C=O}$
1750～1740(vs)	C=O(酯)	$\nu_{C=O}$
1740～1720(s)	C=O(醛)	$\nu_{C=O}$
1720～1700(s)	C=O(酮)	$\nu_{C=O}$
1710～1690(s)	C=O(羧酸)	$\nu_{C=O}$
1690～1640(s)	C=N(肟)	$\nu_{C=N}$
1680～1620(s)	C=O(伯酰胺)	包括$\nu_{C=O}$和δ_{NH_2}两个谱带
1680～1635(s)	C=O(脲)	$\nu_{C=O}$
1680～1630(m～s)	C=C(链烯)	$\nu_{C=C}$
1680～1630(vs)	C=O(仲酰胺)	$\nu_{C=O}$(酰胺Ⅰ带)
1670～1640(s～vs)	C=O(二苯甲酮)	$\nu_{C=O}$
1670～1650(vs)	C=O(伯酰胺)	$\nu_{C=O}$(酰胺Ⅰ带)

续表

波数范围（cm^{-1}）和强度*	官能团类别	归属
1670～1630(vs)	C═O(叔酰胺)	$\nu_{C=O}$
1655～1635(vs)	C═O(β一酮酯类)	$\nu_{C=O}$(烯醇式)
1650～1620(w～m)	N—H(伯酰胺)	δ_{NH}(酰胺Ⅱ带)
1650～1580(m～s)	NH_2(伯胺)	δ_{NH2}
1640～1580(s)	$—NH_3^+$(氨基酸)	δ_{NH3}
1640～1580(vs)	C═O(β一双酮)	$\nu_{C=O}$(烯醇式)
1620～1610(s)	C═C(乙烯醚类)	$\nu_{C=C}$(旋转异构体产生的双峰)
1615～1590(m)	芳香族化合物中的苯环	ν 环(尖峰)
1615～1565(s)	吡啶衍生物	ν 环(双峰)
1610～1580(s)	NH_2(氨基酸)	δ_{NH2}(宽峰)
1590～1580(m)	NH_2(烷基伯酰胺)	δ_{NH2}(酰胺Ⅱ带)
1575～1545(vs)	NO_2(脂肪族硝基化合物)	ν_{asNO2}
1565～1475(vs)	NH(仲酰胺)	δ_{NH}(酰胺Ⅱ带)
1560～1510(s)	三嗪类化合物	ν 环(尖峰)
1550～1490(s)	NO_2(芳香族硝基化合物)	ν_{asNO2}
1530～1490(s)	$—NH_3^+$(氨基酸及其盐酸盐)	δ_{NH3+}
1530～1450(m～s)	N═N—O(偶氮化合物)	$\nu_{asN=N-O}$
1515～1485(m)	芳香族化合物中的苯环	ν 环(尖峰)
1475～1450(vs)	CH_2(脂肪族化合物)	δ_{CH2}(剪式摆动)
1465～1440(vs)	CH_2(脂肪族化合物)	δ_{CH3}(不对称变形)
1440～1400(m)	—OH(羧酸)	δ_{OH}(面内弯曲)
1420～1400(m)	C—N(伯酰胺)	ν_{C-N}(酰胺Ⅲ带)
1400～1370(m)	叔丁基基团	δ_{CH3}(谱带分裂成双峰)
1390～1360(vs)	SO_2(磺酰氯)	δ_{asSO2}
1380～1370(s)	CH_3(脂肪族化合物)	δ_{CH3}(对称变形)
1380～1360(m)	异丙基基团	δ_{CH3}(变形）分裂成双峰
1375～1350(s)	NO_2(脂肪族硝基化合物)	ν_{sNO2}
1360～1335(vs)	SO_2(磺胺类)	ν_{asNO2}
1360～1320(vs)	NO_2(芳香族硝基化合物)	ν_{sNO2}
1350～1280(m～s)	N═N—O(偶氮化合物)	$\nu_{sN=N-O}$
1335～1295(vs)	SO_2(砜类)	ν_{asSO2}
1330～1310(m～s)	连接与苯环上的 CF_3	ν_{asCF3}

续表

波数范围（cm^{-1}）和强度*	官能团类别	归属
1300～1175(vs)	P=O(磷酸和磷酸盐)	$\nu_{P=O}$
1300～1000(vs)	C—F(氟代脂肪族化合物)	ν_{C-F}
1285～1240(vs)	Ar—O(烷基芳香醚)	ν_{C-O}
1280～1250(vs)	Si—CH_3(甲基硅烷)	δ_{CH_3}(对称变形)
1280～1180(s)	C—N(芳香胺类)	ν_{C-N}
1280～1150(vs)	C—O—C(酯类、内酯类)	$\nu_{asC-O-C}$
1255～1240(m)	烷烃中的叔丁基	骨架振动
1245～1155(vs)	SO_3H(磺酸)	$\nu_{S=O}$
1240～1070(s～vs)	C—O—C(醚类)	ν_{C-O-C}
1230～1100(s)	C—C—N(胺类)	δ_{C-C-N}
1225～1200(s)	C—O—C(乙烯醚类)	$\delta_{asC-O-C}$
1200～1165(s)	SO_2Cl(磺酰氯)	ν_{sSO_2}
1200～1015(vs)	C—OH(醇类)	ν_{C-O}
1170～1145(s)	SO_2NH_2(磺酰类)	ν_{sSO_2}
1170～1140(s)	SO_2(砜类)	ν_{sSO_2}
1160～1100(m)	C=S(硫代羰基化合物)	$\nu_{C=S}$
1150～1070(vs)	C—O—C(脂肪醚类)	$\nu_{asC-O-C}$
1120～1080(s)	C—OH(仲或叔醇)	ν_{C-O}
1120～1030(s)	C—NH_2(脂肪伯胺)	ν_{C-N}
1100～1000(vs)	Si—O—Si(硅氧烷)	$\nu_{asSi-O-Si}$
1080～1040(s)	SO_3H(磺酸)	ν_{sSO_3}
1065～1015(s)	HC—OH(环醇)	ν_{C-O}
1060～1025(vs)	H_2C—OH(伯醇)	ν_{C-O}
1060～1045(vs)	S=O(烷基亚砜)	$\nu_{S=O}$
1055～915(vs)	P—O—C(有机磷类)	$\nu_{asP-O-C}$
1030～950(w)	环状化合物中的碳环	环呼吸振动模式
1000～950(s)	CH_2=CH_2(乙烯化合物)	$\delta_{=CH}$(面外变形)
980～960(vs)	—HC=CH—(反式二取代烯烃)	$\delta_{=CH}$(面外变形)
950～900(vs)	CH=CH_2(乙烯化合物)	δ_{CH_2}(面外摇摆)
890～805(vs)	1，2，4－三取代苯	δ_{CH}(面外变形)
860～760(vs，br)	R—NH_2(伯胺)	δ_{NH_2}(摇摆)
860～720(vs)	Si—CH_3(甲基硅烷)	δ_{Si-CH_3}

续表

波数范围（cm^{-1}）和强度*	官能团类别	归属
850～550(m)	C—Cl(含氯化合物)	ν_{C-Cl}
830～810(vs)	对位二取代苯	δ_{CH}(面外变形)
825～805(vs)	1，2，4－三取代苯	δ_{CH}(面外变形)
820～800(s)	三嗪类化合物	δ_{CH}(面外变形)
815～810(s)	$CH=CH_2$(乙烯醚类)	δ_{CH_2}(面外摇摆)
810～790(vs)	1，2，3，4－四取代苯	δ_{CH}(面外变形)
800～690(vs)	间位二取代苯	δ_{CH}(面外变形) 双峰
770～690(vs)	单取代苯	δ_{CH}(面外变形) 双峰
760～510(s)	C—Cl(氯代烷)	ν_{C-Cl}
730～665(s)	CH=CH(顺二取代烯烃)	δ_{CH}(面外变形)
720～600(s，br)	Ar—OH(酚类)	δ_{OH}(面外变形)
710～590(s)	O—C=O(羧酸)	$\delta_{O-C=O}$
695～635(s)	C—C—CHO(醛类)	$\delta_{C-C-CHO}$
680～620(s)	C—O—H(醇类)	δ_{C-O-H}
650～600(w)	S—C≡N(硫氰酸)	ν_{S-C}
650～500(s)	C—Br(溴化物)	ν_{C-Br}
645～575(s)	O—C—O(酯类)	δ_{O-C-O}
640～630(s)	$=CH_2$(乙烯化合物)	$\delta_{=CH_2}$(扭动)
635～605(m～s)	吡啶	δ 环的面内变形
630～570(s)	N—C=O(酰胺)	$\delta_{N-C=O}$
630～565(s)	C—CO—C(酮类)	δ_{C-CO-O}
615～535(s)	C=O(酰胺)	$\delta_{C=O}$(面外弯曲)
610～565(vs)	SO_2(磺酰氯)	δ_{SO_2}
610～545(m～s)	SO_2(砜类)	δ_{SO_2}(剪式运动)
600～465(s)	C—I(碘化物)	ν_{C-I}
580～530(m～s)	C—C—CN(腈类)	δ_{C-C-CN}
580～520(m)	NO_2(芳香族硝基化合物)	δ_{NO_2}
580～430(s)	环烷烃中的环	δ 环的变形
580～420(m～s)	苯衍生物中的苯环	δ 环的面内和面外变形
570～530(vs)	SO_2(磺酰氯)	δ_{SO_2}(摇摆振动)
565～520(s)	C—C=O(乙醛)	$\delta_{C-C=O}$
565～440(w～m)	C_nH_{2n+1}(烷基基团)	δ 链的变形振动(两个峰)

续表

波数范围（cm^{-1}）和强度*	官能团类别	归属
560～510(s)	C—C═O(酮类)	$\delta_{C-C=O}$
555～545(s)	═CH_2(乙烯)	$\delta_{=CH_2}$(扭动)
550～465(s)	C—C═O(羧酸)	$\delta_{C-C=O}$
545～520(s)	萘	δ 环的面内变形
530～470(m～s)	NO_2(硝基化合物)	δ_{NO_2}(摇摆振动)
520～430(m～s)	C—O—C(醚类)	δ_{C-O-C}
510～400(s)	C—N—C(胺类)	δ_{C-N-C}
440～420(s)	Cl—C═O(酰氯)	$\delta_{Cl-C=O}$(面内变形)
405～400(s)	S—C≡N(硫氰酸盐)	$\delta_{S-C\equiv N}$

*：s=强峰，m=中等峰，w=弱峰，v=非常，br=宽峰。

第 3 章　核磁共振波谱

3.1　概　述

核磁共振（nuclear magnetic resonance，NMR）波谱是指处在磁场中的原子核吸收射频辐射，引起原子核的磁能级跃迁而产生的吸收光谱。当样品处于外加强磁场中，样品分子中的某些具有磁性的原子核（主要为自旋量子数 $I=1/2$ 的 ^{1}H、^{13}C、^{15}N、^{19}F 和 ^{31}P 等元素）体系会形成磁化矢量；此时若用垂直于强外磁场的射频电磁波（$f=30\sim3000$ MHz，$\lambda=0.1\sim10.0$ m）照射样品，并使得射频电磁波频率与原子核的磁化矢量进动频率相同时（即满足共振条件），磁性原子核就会吸收该射频电磁波而产生核能级的跃迁，相应的磁化矢量偏离并围绕强外磁场方向产生进动，从而在垂直于强外磁场的感应线圈中产生与磁性核特征和化学结构信息相应的电磁感应共振信号，这种现象称为核磁共振。通过检测产生的射频电磁波被吸收的情况（核磁共振的频率）就可得到核磁共振波谱。因此，核磁共振本质上是物质与电磁波相互作用而产生共振吸收。与紫外－可见吸收光谱和红外吸收光谱类似，核磁共振波谱也属于光谱分析范畴。

核磁共振现象是 1945 年以 F. Bloch 和 E. M. Purcell 为首的两个小组几乎同时发现的，他们二人因此获得了 1952 年度诺贝尔物理学奖。至今核磁共振波谱的发展已有 70 多年的历史。作为一门蓬勃发展的边缘性交叉学科和重要的现代测定综合技术，其研究和应用的发展势头方兴未艾。众多科学家为之不懈奋斗，其中包括 10 多位诺贝尔奖获得者。迄今核磁共振理论和实验技术均取得突破性的研究成果，具体可分为如下三个发展阶段。

（1）核磁共振理论和方法的确立。

1945 年 F. Bloch 和 E. M. Purcell 首先发现了核磁共振现象。1949 年 W. D. night 发现金属铜和氯化亚铜的 ^{63}Cu NMR 信号的共振频率不一样，从而确立了原子核的共振频率与核所处的化学环境（化学结构）有关的新概念。1950—1952 年 N. F. Ramsey 和 E. M. Purcell 相继提出了关于化学位移和自旋耦合的理论，NMR 信号才与化学结构关联起来，成为鉴定化合物结构的一种重要的工具。1953 年，美国 Varian 公司成功研制出世界上第一台商品化 NMR 波谱仪，用于测定氢核，商品化 ^{1}H—NMR 波谱仪的问世标志着 NMR 这门学科和技术已经从试验研究阶段进入了实用阶段。

（2）超导核磁和脉冲傅里叶变换核磁共振波谱仪的研制。

1964 年以后，核磁共振波谱仪自身经历了两次重大的技术革命。其一是磁场超导化，1964 年美国 Varian 公司生产出世界上第一台超导磁体的 NMR 波谱仪，除了用于测定 ^{1}H 核，还可用于测定 ^{13}C、^{19}F 和 ^{31}P 核。其二是脉冲傅里叶变换（PFT）技术，1965

年 J. W. Cooley 和 C. W. Tuckey 提出快速傅里叶变换（FFT）原理，使脉冲傅里叶变换 NMR 方法在实践中得以实现，NMR 波谱仪的控制和数据处理计算机化，大大缩短了每次实验所需的时间，且信号可连续累加，从而提高了波谱仪的观察灵敏度。1969 年 Varian 公司生产出世界上第一台脉冲傅里叶变换 NMR 波谱仪。超导磁场和电子计算机的使用大大提高了仪器的灵敏度和分辨率，NMR 的应用范围也相应地从有机小分子领域扩展到生物大分子领域。

（3）多脉冲实验技术。

核磁共振新技术是基于多脉冲技术（使用多个不同的脉冲并控制各脉冲之间延迟时间的实验方法，称脉冲序列）而发展起来的，出现了一个崭新的学科分支。如自旋回波（spin－echo）脉冲序列不仅可以提高检测信号的灵敏度，而且可以测定横向弛豫速度常数 T_2；极化转移（polarization transfer）脉冲可以提高非灵敏核的检测灵敏度。1971 年比利时科学家 J. Jeener 采用多脉冲技术首次提出关于二维谱核磁共振（2D—NMR）的原理和实验方法。1976 年 R. R. Ernst 等人确立了二维谱的理论基础，其后又与 R. Freemam 等人在二维谱的发展和应用方面作出重大贡献，使之成为近代 NMR 中应用广泛的一种新技术。根据不同的应用需求，研究各种不同的脉冲序列，已成为一门蓬勃发展的边缘交叉学科和综合技术。如今研究和应用的发展势头方兴未艾，如固体高分辨 NMR，使 NMR 的研究对象从液体扩展到固体。三维、四维核磁共振谱的研究成果对测定生物大分子二级、三级结构有了重大的突破。NMR 不仅是有机化合物结构鉴定的四大谱学之一，而且在分析化学、配位化学、高分子化学、石油化工、药物学、分子生物学、医学和固体物理等领域都有广泛的应用。

在有机化合物结构测定中，应用最广泛的仍是^{1}H—NMR 和^{13}C—NMR。前者可以提供分子中氢原子所处的化学环境、各官能团或分子“骨架”上氢原子的相对数目，以及分子构型等有关信息；后者可以直接提供有关分子“骨架”结构的信息。这些信息是很难通过其他方法获得的。此外，2D—NMR 谱的测定已经普及，与^{1}H—NMR、^{13}C—NMR 相互补充、构联，成为研究有机化合物和生物大分子结构不可或缺的工具。

3.2 核磁共振波谱基本原理

3.2.1 原子核的自旋运动

3.2.1.1 原子核的质量和所带电量

原子核由质子和中子组成，其中质子数目决定了原子核所带电荷数，质子与中子数之和是原子核的质量。原子核的质量与所带电荷是原子核最基本的属性。原子核一般的表示方法是在元素符号的左上角标出原子核的质量数，右下角标出其所带电荷数，如 $^{1}H_{1}$、$^{1}D_{1}$（或$^{2}H_{1}$）、$^{12}C_{6}$等。

由于同位素之间有相同的质子数，而中子数不同，即它们所带电荷数相同而质量数不同，因此原子核的表示方法可简化为只在元素符号左上角标出质量数，如^{1}H、^{2}D（或^{2}H）、^{12}C 等。

3.2.1.2 自旋量子数（I）

在对原子光谱超精细结构的研究测定中，人们发现了原子核的自旋运动。在所有元素的同位素中，大约有一半的原子核具有自旋运动。原子核是带正电荷的粒子，其自旋运动将产生磁矩，但并非所有同位素的原子核都具有自旋运动，只有存在自旋运动的原子核才具有磁矩。这些具有自旋运动的原子核（简称自旋核）是核磁共振研究的对象。在量子力学中用自旋量子数 I 来描述原子核的运动状态。自旋量子数可以是整数、半整数或零，其值与原子核中质子数和中子数有关。自旋量子数不同的核，其核电荷分布形状也不相同，主要可分为以下三类：

（1）质子数和中子数均为偶数的核，如$^{12}C_6$，$^{16}O_8$，$^{32}S_{16}$，…，$I=0$，无自旋运动，无核磁共振现象，核电荷呈球形分布。

（2）质子数和中子数均为奇数的核，如$^{14}N_7$，$^{2}H_1$，$^{10}B_5$，…，$I=1$，2，3，…，正整数，核电荷呈伸长的椭圆形分布。

（3）质子数和中子数一个为奇数、另一个为偶数的核，$I=1/2$，3/2，5/2，…，半整数。此类核又可以分为两种。一种如$^{1}H_1$、$^{13}C_6$、$^{15}N_7$、$^{19}F_9$、$^{31}P_{15}$等核，$I=1/2$，核电荷呈球形分布，它们的核磁共振现象较为简单，是核磁共振研究的主要对象。另一种核，I 是 1/2 的奇整数倍，核电荷呈扁平的椭球形分布，如$^{11}B_5$、$^{35}Cl_{17}$、$^{37}Cl_{17}$、$^{79}Br_{35}$、$^{81}Br_{35}$、$^{33}S_{16}$等核，$I=3/2$；而$^{17}O_8$、$^{127}I_{53}$等核，$I=5/2$。

需要说明的是，核电荷分布不均匀（非球形对称分布）的原子核，称为电四极矩核。它们对核磁共振产生较为复杂的影响。

3.2.1.3 自旋角动量（$\boldsymbol{P}$）

与宏观物体旋转时产生角动量（或称为动力矩）一样，原子核在自旋时也会产生角动量。角动量 $\boldsymbol{P}$ 的大小与自旋量子数 I 有以下关系：

$$P=\frac{h}{2\pi}\sqrt{I(I+1)}=\sigma\sqrt{I(I+1)} \tag{3.1}$$

式中，h 为普朗克常数，等于 $6.624\times10^{-34}\,\mathrm{J\cdot s}$；$I$ 为原子核的自旋量子数，$\sigma=\frac{h}{2\pi}$。

自旋角动量 $\boldsymbol{P}$ 是一个矢量，不仅有大小，而且有方向。它在直角坐标系 z 轴上的分量 $\boldsymbol{P}_z$ 由式（3.2）决定：

$$\boldsymbol{P}_z=\frac{h}{2\pi}m \tag{3.2}$$

式中，m 是原子核的磁量子数，其他符号同式（3.1）。磁量子数 m 的值取决于自旋量子数 I，可取 I，$I-1$，$I-2$，…，$-I$，共 $2I+1$ 个不连续的值，这说明 $\boldsymbol{P}$ 是空间方向量子化的。

3.2.1.4 磁矩（$\boldsymbol{\mu}$）

带正电荷的原子核做自旋运动，就好比是一个通电的线圈，可产生磁场。因此自旋核相当于一个小的磁体，其磁性可用核磁矩 $\boldsymbol{\mu}$ 来描述。$\boldsymbol{\mu}$ 也是一个矢量，其方向与 $\boldsymbol{P}$ 的方向重合，大小由式（3.3）决定：

$$\mu = g_N \frac{e}{2m_p}\sqrt{I(I+1)} = g_N \mu_N \sqrt{I(I+1)} \tag{3.3}$$

式中，g_N称为g因子或郎德因子，是一种与核种类有关的因数，可由实验测得；e为核所带的电荷数；m_p为核的质量；$\mu_N = \frac{e}{2m_p}$称作核磁子，是一个物理量，常作为核磁矩的单位。

与自旋角动量一样，核磁矩也是空间方向量子化的，它在z轴上的分量$\boldsymbol{\mu}_z$也只能取一些不连续的值：

$$\boldsymbol{\mu}_z = g_N \mu_N m \tag{3.4}$$

从式（3.1）和式（3.3）可知，自旋量子数$I=0$的核，如^{12}C、^{16}O、^{32}S等，其自旋角动量$P=0$，磁矩$\mu=0$，是没有自旋也没有磁矩的核。

3.2.1.5　旋磁比（γ）

根据式（3.1）和式（3.3）可知，原子核磁矩μ和自旋角动量P之比是一个常数，用旋磁比（γ）表示：

$$\gamma = \frac{\mu}{P} = \frac{eg_N}{2m_p} = \frac{g_N \mu_N}{h} \tag{3.5}$$

γ称为磁旋比，由式（3.5）可知，γ与核的质量、所带电荷以及郎德因子有关。因此，γ也是原子核的基本属性之一，它在核磁共振研究中特别有用。不同的原子核的γ值不一样，例如，^1H的$\gamma=26.753\times10^7\ T^{-1}\cdot s^{-1}$（T：特斯拉，磁场的强度单位）；$^{13}C$的$\gamma=6.728\times10^7\ T^{-1}\cdot s^{-1}$。表3.1列出了一些有机物中常见的磁核的磁矩和旋磁比等性质。核的旋磁比γ越大，核的磁性越强，在核磁共振中越容易被检测到。

表3.1　常见磁性原子核的核磁共振参数

同位素	自旋量子数 I	天然丰度 /%	共振频率 /MHz	磁旋比 γ /($\times10^8$ rad·s^{-1}·T^{-1})	电四极矩 Q /fm^2
^1H	1/2	99.9885	600	2.6752	—
^2H	1	0.01156	92.1	0.4107	0.2860
^{13}C	1/2	1.07	150.8	0.6728	—
^{14}N	1	99.632	43.3	0.1934	2.044
^{15}N	1/2	0.368	60.8	−0.2713	—
^{17}O	5/2	0.038	81.3	−0.3628	−2.558
^{19}F	1/2	100	564.4	2.5181	—
^{29}Si	1/2	4.70	119.2	−0.5319	—
^{31}P	1/2	100	242.8	1.0839	—
^{33}S	3/2	0.76	46.0	0.2056	−6.78
^{35}Cl	3/2	75.78	58.8	0.2624	−8.165
^{37}Cl	3/2	24.22	48.9	0.2184	−6.435

3.2.2 自旋核的进动、取向与能级

当具有角动量与磁矩的自旋核处在强外磁场 $\boldsymbol{B}_0$ 中时，核因受到 $\boldsymbol{B}_0$ 产生的磁场力作用围绕着外磁场方向做旋转运动，同时保持自身的自旋。这种运动方式称为进动或者拉摩运动（Larmor process），它与陀螺在地球引力作用下的运动方式相似（图 3.1）。

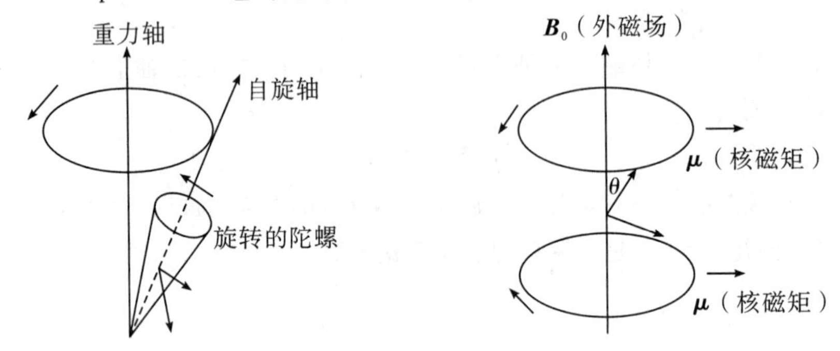

图 3.1 自旋核的进动

自旋核围绕强外磁场 $\boldsymbol{B}_0$ 方向（z 轴方向）进动的角频率（ω_0，Larmor 频率）或线频率（ν_0）与外磁场强度（$\boldsymbol{B}_0$）成正比，与自旋核的磁旋比特征常数（γ）成正比（Larmor 方程）：

$$\omega_0 = |\gamma| \boldsymbol{B}_0;\ \nu_0 = \left|\frac{\gamma}{2\pi}\right| \boldsymbol{B}_0 \tag{3.6}$$

处于外磁场中的磁核具有一定的能量。设外磁场 $\boldsymbol{B}_0$ 的方向与 z 轴重合，核磁矩 $\boldsymbol{\mu}$ 与 $\boldsymbol{B}_0$ 间的夹角为 θ（图 3.1），则磁核的能量为：

$$E = -\mu B_0 = -\mu B_0 \cos\theta = -\mu_z B_0 = -g_N \mu_N m B_0 \tag{3.7}$$

与小磁针在磁场中的定向排列类似，自旋核在外磁场中也会定向排列（取向）。只不过核的取向是空间方向量子化的，取决于磁量子数的值。对于 ^1H、^{13}C 等 $I=1/2$ 的核，只有两种取向 $m=+1/2$ 和 $m=-1/2$；对于 $I=1$ 的核，有三种取向，即 m 等于 1、0、−1。现在以 $I=1/2$ 的核为例进行讨论。

取向为 $m=+1/2$ 的核，磁矩方向与 $\boldsymbol{B}_0$ 方向一致，根据式（3.5）和式（3.7）可知，其能量为：

$$E_{+1/2} = -\frac{1}{2} g_N \mu_N B_0 = -\frac{h}{4\pi} \gamma B_0$$

取向为 $m=-1/2$ 的核，磁矩方向与 B_0 相反，其能量为：

$$E_{-1/2} = \frac{1}{2} g_N \mu_N B_0 = \frac{h}{4\pi} \gamma B_0$$

这就表明，磁矩的两种不同的取向代表了两个不同的能级，$m=+1/2$ 时，核处于低能级；$m=-1/2$ 时，核处于高能级。它们之间的能量差为：

$$\Delta E = E_{-1/2} - E_{+1/2} = g_N \mu_N B_0 = \gamma h B_0 \tag{3.8}$$

由式（3.7）和式（3.8）可知，E 和 ΔE 均与 $\boldsymbol{B}_0$ 的大小有关。图 3.2 是磁能级与外磁场 $\boldsymbol{B}_0$ 的关系图。从图中可以看出，当 $B_0=0$ 时，$\Delta E=0$，即外磁场不存在时，能级是简并的，只有当磁核处于外磁场中时，原来简并的能级才能分裂成（$2I+1$）个不同

的能级。外磁场越大，不同能级间的间隔越大。

不同取向的磁核，它们的进动方向相反，$m=+1/2$ 的核进动方向为逆时针，$m=-1/2$ 的核进动方向为顺时针（图 3.2）。

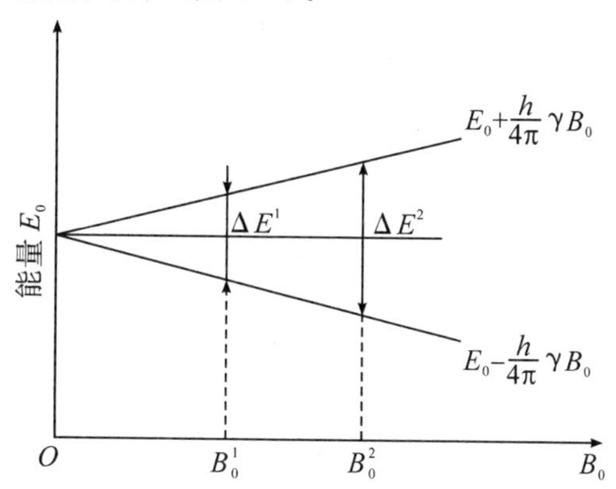

图 3.2　$I=1/2$ 的磁核能级与外磁场 B_0 的关系

3.2.3　核磁共振产生的条件

由上面的讨论可知，自旋量子数为 I 的磁核在外磁场的作用下，原来简并的能级分裂为（$2I+1$）个不同的能级，其能量的大小可从式（3.7）得到。由于核能级跃迁的选律为 $\Delta m=\pm 1$（m 为磁量子数），所以相邻能级间的能量差为：

$$\Delta E=g_N\mu_N B_0=\gamma h\ B_0 \tag{3.9}$$

当外界电磁波提供的能量恰好等于相邻能级间的能量差时，即 $E_{外}=\Delta E$ 时，核就能吸收电磁波的能量从较低能级跃迁到较高能级，这种跃迁称为核磁共振，被吸收的电磁波频率为：

$$h\nu=\Delta E=\gamma h\ B_0;\ \nu=\frac{\Delta E}{h}=\frac{1}{2\pi}\gamma\ B_0 \tag{3.10}$$

利用公式（3.10）可以计算出当 $B_0=2.3500\ \mathrm{T}$ 时，^1H 的吸收频率为：

$$\nu=26.753\times 10^7\ \mathrm{T^{-1}\cdot s^{-1}}\times 2.35\ \mathrm{T}/2\pi=100\ \mathrm{MHz}$$

^{13}C 的吸收频率为：

$$\nu=6.728\times 10^7\ \mathrm{T^{-1}\cdot s^{-1}}\times 2.35\ \mathrm{T}/2\pi=25.2\ \mathrm{MHz}$$

这个频率范围属于电磁波分区中的射频（即无线电波）部分。检测电磁波（射频）被吸收的情况就可以得到核磁共振波谱（NMR）。自旋量子数 $I=0$ 的原子核因为没有自旋运动，所以没有磁性，不受外磁场的作用，即没有核磁共振现象。最常用的核磁共振波谱为核磁共振氢谱（^1H—NMR）和核磁共振碳谱（^{13}C—NMR），分别简称为氢谱和碳谱。但必须注意，碳谱是 ^{13}C 核磁共振谱，因为 ^{12}C 的 $I=0$，是没有核磁共振现象的。

也可以用另外一种方式来描述核磁共振产生的条件：磁核在外磁场中做 Larmor 运动，进动频率由式（3.6）所示。如果外界电磁波的频率正好等于核进动频率，那么核就能吸收这一频率电磁波的能量，产生核磁共振现象。

此外，由式（3.6）和式（3.10）可知，要实现 NMR 有以下两种方法：

（1）固定外加磁场 $\boldsymbol{B}_0$，逐渐改变照射体系用的电磁辐射频率（ν），简称扫频

(frequence sweep)。

(2) 固定照射频率 (ν)，逐渐改变体系磁场强度，简称扫场 (filed sweep)。通常，在实验条件下多采用此种方法。如现在常用的 400 MHz 型核磁共振仪，400 MHz 代表的就是此仪器的固定工作频率（照射频率，也即一定磁场强度相对应的氢核共振频率）。

3.2.4 弛　豫

所有的吸收光谱都有一个共性，即外界电磁波的能量 $h\nu$ 等于分子中某种能级的能量差 ΔE 时，分子吸收电磁波从较低能级跃迁到较高能级，相应频率的电磁波强度减弱。与此同时还存在另一个相反的过程，即在电磁波作用下，处于高能级的粒子回到低能级，并发射出频率为 ν 的电磁波，此时相应频率电磁波的强度增强，这种现象称为受激发射。如果高、低能级上的粒子数相等，电磁波的吸收和发射正好抵消，则观察不到净吸收信号。由 Boltzmann 分布表明，在平衡状态下，高、低能级上的粒子数分布由式 (3.11) 决定：

$$\frac{N_l}{N_h}=\mathrm{e}^{\Delta E/kT} \tag{3.11}$$

式中，N_l 和 N_h 分别是处于低能级和高能级上的粒子数；ΔE 是高、低能级的能量差；T 是绝对温度；k 为玻尔兹曼常数，$k=1.38066\times10^{-23}\,\mathrm{J\cdot K^{-1}}$。

由此可见，低能级上的粒子数总是多于高能级上的粒子数，因此在波谱分析中总是能检测到净吸收信号。为了能够持续接收到吸收信号，必须保持低能级上的粒子数始终多于高能级上的粒子数。这在红外吸收光谱和紫外吸收光谱中不成问题，因为处于高能级上的粒子可以通过自发辐射回到低能级态。自发辐射的概率与能级差 ΔE 成正比，电子能级和振动能级的能级差很大，自发辐射的过程足以保证低能级上的粒子始终占优势。但是在核磁共振波谱中，因外磁场作用造成能级分裂的能量差比电子能级和振动能级差小 4～8 个数量级，自发辐射几乎为零。因此，若要在一定时间间隔内持续检测到核磁共振信号，必须有某种过程存在从而使处于高能级的原子核回到低能级，以保持低能级上的粒子数始终多于高能级。这种从激发态回复到 Boltzmann 平衡的过程就是弛豫 (relaxation) 过程。

弛豫过程对于核磁信号的观察非常重要，因为根据 Boltzmann 分布，在核磁共振条件下，处于低能级的原子核数只占极微的优势。下面以 ^{1}H 核为例做一计算。将式 (3.8) 代入式 (3.11)，并设外磁场强度 $\boldsymbol{B}_0$ 为 1.4092 T（相当于 60 MHz 的核磁共振谱仪），温度为 27 ℃ (300 K) 时，两个能级上的氢核数目之比为：

$$\frac{N_{+1/2}}{N_{-1/2}}=\mathrm{e}^{\Delta E/kT}=\mathrm{e}^{(\gamma h B_0)/kT}=1.0000099 \tag{3.12}$$

即在设定的条件下，每一百万个 ^{1}H 中处于低能级的 ^{1}H 数目仅比高能级多 10 个左右。如果没有弛豫过程，在电磁波持续作用下，^{1}H 吸收能量不断由低能级跃迁到高能级，这个微弱的多数很快就会消失，最后导致观察不到 NMR 信号，这种现象称为饱和。在核磁共振中若无有效的弛豫过程，饱和现象是很容易发生的。

3.2.4.1 纵向弛豫

自旋核与周围分子（固体晶格，液体则是周围的同类分子或溶剂分子）交换能量的过程称为纵向弛豫，又叫自旋一晶格弛豫。核周围的分子相当于许多小磁铁，这些小磁铁快速运动产生瞬息万变的小磁场——波动磁场。这是许多不同频率的交替磁场之和。当其中某个波动场的频率与核自旋产生的磁场的频率一致时，这个自旋核就会与波动场发生能量交换，把能量传给周围分子而跃迁到低能级。纵向弛豫的结果是高能级的核数目减少，就整个自旋核体系来说，总能量下降。

纵向弛豫过程所经历的时间用 T_1 表示，T_1 越小，纵向弛豫过程的效率越高，越有利于核磁共振信号的测定。一般液体及气体样品的 T_1 很小，仅几秒钟。固体样品因分子热运动受到限制，T_1 很大，有的甚至需要几个小时。因此，测定核磁共振波谱时一般采用液体试样。

3.2.4.2　横向弛豫

核与核之间进行能量交换的过程称为横向弛豫，也叫自旋一自旋弛豫。一个自旋核在外磁场作用下吸收能量从低能级跃迁到高能级。在一定距离内，该自旋核被另一个与它相邻的核觉察到。当两者频率相同时，就产生能量交换，高能级的核将能量交给另一个核后跃迁回低能级，而接收能量的那个核则跃迁到高能级。交换能量后两个核的取向被调换，各能级的核数目不变，系统的总能量不变。

横向弛豫所需的时间用 T_2 表示，一般的气体及液体样品 T_2 为 1 秒左右。固体及黏度大的液体试样由于核与核之间比较靠近，有利于磁核间能量的转移，因此 T_2 很小，只有 10^{-5}～10^{-4} 秒。横向弛豫过程只是完成了同种磁核取向和进动方向的交换，对恢复 Boltzmann 平衡没有贡献。

弛豫时间决定了核在高能级的平均寿命 T，因而影响 NMR 谱线的强度。由于：

$$\frac{1}{T}=\frac{1}{T_1}+\frac{1}{T_2} \tag{3.13}$$

因此 T 取决于 T_1 和 T_2 中较小者。由弛豫时间（T_1 和 T_2 中较小者）所引起的 NMR 信号峰的加宽，可以用 Heisenberg Uncertainty Principle（海森伯测不准原理）来估计。由量子力学知道，微观粒子能量 E 和测量时间 t 这两个值不可能同时精确测定，但它们的乘积为一常数，即

$$\Delta E\Delta t\approx h \tag{3.14}$$

因为

$$\Delta E\approx h\Delta\nu \tag{3.15}$$

所以

$$\Delta\nu\approx\frac{1}{\Delta t}=\frac{1}{T} \tag{3.16}$$

式（3.16）中，$\Delta\nu$ 为由于能级宽度 ΔE 所引起的谱线宽度（单位：周/秒），它与弛豫时间成反比，固体样品的 T_2 很小，所以谱线很宽。因此，常规的 NMR 样品测定需将固体样品配制成溶液后进行。

下面用一个示意图（图 3.3）来归纳上述核磁共振基本原理的要点。

核磁共振实际的自旋体系是一大群核，在此仅以 $I=1/2$ 的核为讨论对象，图中“↑”代表原子核的核磁矩 $\boldsymbol{\mu}$。

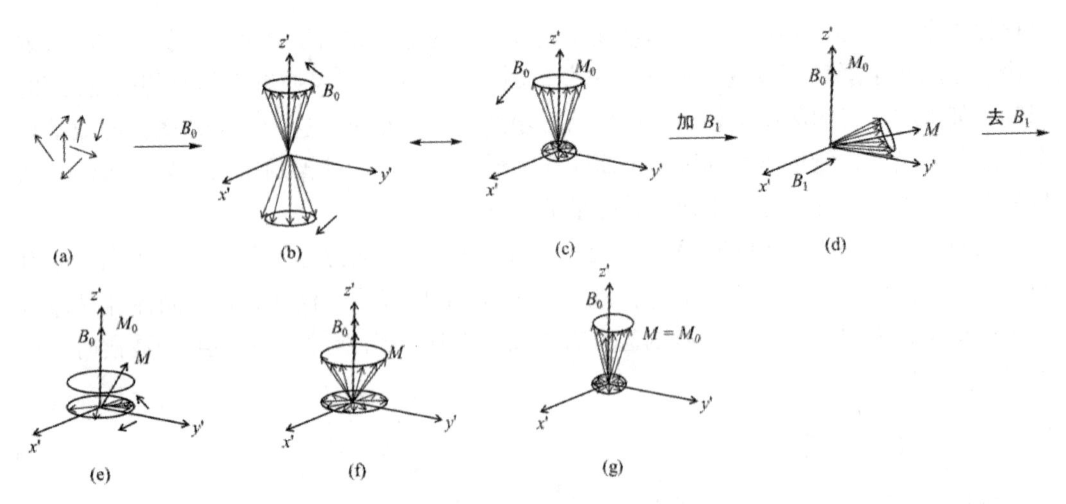

图 3.3 核磁共振基本原理示意图

如图 3.3（a）所示，当外磁场 $\boldsymbol{B}_0$ 不存在时，每一个核磁矩 $\boldsymbol{\mu}$ 的方向是任意的，体系处于“混乱状态”

如图 3.3（b）所示，当自旋体系处于外磁场 $\boldsymbol{B}_0$ 中时，$\boldsymbol{\mu}$ 有不同的取向，并且围绕 $\boldsymbol{B}_0$ 做运动，其中一部分 $\boldsymbol{\mu}$ 的取向与 $\boldsymbol{B}_0$ 相同，处于低能级。它们围绕 $\boldsymbol{B}_0$ 做逆时针进动，形成一个圆锥面；另一部分 $\boldsymbol{\mu}$ 与 $\boldsymbol{B}_0$ 方向相反，处于高能级。它们围绕 $\boldsymbol{B}_0$ 做顺时针进动，形成一个反向的圆锥面。按照 Boltzmann 分布，前者的数量略多于后者。

如图 3.3（c）所示，由于矢量具有加和性，大量的核在两个圆锥面上进动的总效果是一定数量的 $\boldsymbol{\mu}$（两种取向 $\boldsymbol{\mu}$ 的数目之差）沿着与 $\boldsymbol{B}_0$ 相同方向的圆锥面进动。这些核磁矩 $\boldsymbol{\mu}$ 的矢量和称为宏观磁化矢量，以 $\boldsymbol{M}$ 表示，$\boldsymbol{M}$ 处于平衡位置时，即为 $\boldsymbol{M}_0$。

如图 3.3（d）所示，如果在垂直于 $\boldsymbol{B}_0$ 的方向施加一射频场 $\boldsymbol{B}_1$，处于低能级的核吸收 $\boldsymbol{B}_1$ 的能量发生共振，从低能级跃迁到高能级，宏观磁化矢量 $\boldsymbol{M}$ 偏离平衡位置，向 y 轴倾倒。若持续不断地施加 $\boldsymbol{B}_1$，直到 $\boldsymbol{M}$ 倾倒在 y 轴上时，高、低能级上的核数目相等，达到饱和。

如图 3.3（e）、（f）、（g）所示，当射频场 $\boldsymbol{B}_1$ 的作用停止后，弛豫过程开始；由于横向弛豫时间 T_2 较小，经过一定时间，横向弛豫结束，纵向弛豫还在进行（f）；最后，纵向弛豫也结束，$\boldsymbol{M}$ 恢复到平衡状态（g）。

3.2.5 化学位移

Larmor 方程［式（3.6）］表明，某一种原子核的共振频率只与该核的磁旋比 γ 及外磁场 B_0 有关。也就是说，在一定的外磁场中，每种磁性核只有一个共振频率而呈现一个共振峰。如果这样的话，则有机物中所有的质子或 ^{13}C 核的共振频率都分别一样，氢谱或碳谱对有机化合物结构的分析就没有什么意义了。

但实际情况并非如此，1950 年 Proctor 和 Dickinson 等发现了对有机化学结构分析有重要意义的现象：磁性核的共振频率不仅由外磁场和磁旋比来决定，而且还受磁性核周围化学环境的影响。分子处在不同化学环境中的同种磁性核，它们的共振频率是有差异的。如 ^{1}H—NMR 谱中，处在不同基团上的质子，它们的化学环境不同，产生共振信号的位置（即共振频率）也不同。

表示同种磁性核的不同自旋核体系核磁共振信号位置（共振频率 ν_0）差别的物理量，称之为化学位移（chemical shift）。

3.2.5.1 化学位移的产生

分子中原子具有核外电子及价键轨道电子云，电子绕核运转并自旋，因而产生磁矩。分子中的电子一般均配对且自旋方向相反，由此产生磁矩相互抵消，所以净磁矩为零。

当分子被放在外磁场中，按照 Lenz 定律，核外电子云运动受到限制，核外电子云环流产生对抗外磁场作用的感应磁场（$\boldsymbol{B}_i$），这种作用称为屏蔽效应。屏蔽效应使外磁场（$\boldsymbol{B}_0$）中磁性核实际所受的磁场（$\boldsymbol{B}_N$）作用发生改变（通常为减小）：

$$B_N = B_0 - B_i = B_0 - \sigma B_0 = B_0 \ (1-\sigma) \tag{3.17}$$

式中，σ 称为屏蔽常数（shilding constant）。它的大小与被周围电子云屏蔽的程度成正比。电子云密度越大，屏蔽效应也越大。但是 σ 值均$\ll 1$，约为 10^{-6}。核外电子云对核的屏蔽效应（$\boldsymbol{B}_i$）与外磁场强度成正比（$B_i = \sigma B_0$）。

分子中处于不同化学环境（价键的类型、诱导、共轭等效应不同）的同种磁性核，由于其外围电子云分布的不同，因而受到不同程度的屏蔽效应作用（σ 不同，但 $\sigma \ll 1$），使同种磁性核的不同自旋核体系的共振条件略有差异，即产生化学位移：

$$\nu_0 = \left| \frac{\gamma}{2\pi} \right| B_0 (1-\sigma) \tag{3.18}$$

因此，根据 NMR 测得化学位移的不同，可推断自旋核体系所处的化学环境，进而推断其结构信息。

屏蔽效应（σ）由四种主要因素构成：

$$\sigma = \sigma_{dia} + \sigma_{para} + \sigma_{an} + \sigma_s \tag{3.19}$$

σ_{dia}代表反磁性屏蔽因素（diamagnetic shielding），表示核外电子云环流所产生的对抗外磁场的反磁性屏蔽效应，使磁性原子核实际感受到的外磁场强度稍有降低。其大小与核外电子云密度成正比，与核外电子云及核中心的距离成反比。因此，s 电子比 p 电子具有更强的 σ_{dia}。质子只有 s 电子，σ_{dia}为其主要的屏蔽因素。

σ_{para}代表顺磁性去屏蔽因素（paramagnetic deshielding），它是由于外磁场的影响，使分子中基态和激发态价键电子混合产生顺磁性电流所引起，使磁性原子核实际感受到的外磁场强度稍有增加。具有 p 或 d 轨道电子的磁性核才有 σ_{para}。基态和激发态能级差越小，σ_{para}越大。σ_{para}与 σ_{dia}值符号相反，从而抵消 σ_{dia}的屏蔽作用。σ_{para}绝对值越大，相应核的 σ 值则越小。

^{1}H 只有 s 电子，无 σ_{para}。其他磁性核中，σ_{para}比 σ_{dia}影响更大。

在^{13}C 谱中，σ_{para}为主要的影响因素。Karplus 与 Pople 推导出^{13}C 核 σ_{para}的方程：

$$\sigma_{para} = -\left(\frac{eh}{mc}\right)^2 \Delta E^{-1} \, r_{2p}^{-3} \left[Q_{AA} + \sum Q_{AX}\right] \tag{3.20}$$

式中，ΔE 为平均电子激发能；r_{2p}为 2p 电子与核之间的距离；Q_{AA}为占据在 2p 轨道上的电子数；$\sum Q_{AX}$为多重键的贡献；$[Q_{AA} + \sum Q_{AX}]$在分子价键理论中，称为电荷密度键级矩阵。

可见，^{13}C 核 σ_{para} 主要由 ΔE 和 r_{2p} 决定。基态和激发态能极差越小，平均电子激发能 ΔE 越小，则 σ_{para} 的绝对值越大。当碳原子核外电子云密度增大时，由于电子间相互排斥，使成键轨道扩张，即 r_{2p} 增大，则 σ_{para} 绝对值相应减小。反之，核外电子云密度减小时，r_{2p} 减小，则 σ_{para} 绝对值相应增大。

对于绝大多数磁性核，σ_{dia} 和 σ_{para} 是屏蔽效应的主要因素。

σ_{an} 代表临近基团的各向异性效应（neighbor anistropc effect），表示临近基团中价电子环流产生的各向异性感应磁场对观测核的影响，此作用在 ^{1}H 谱中尤为重要。

σ_{s} 代表溶剂效应（solvent or chemical shift reagent effect），表示溶剂或位移试剂等介质条件与样品分子的作用对观测核感受磁场的影响。溶剂效应随溶剂一分子作用位点和程度而变化，而位移试剂的作用较显著。

3.2.5.2 化学位移的表示方法

处于不同化学环境的原子核，由于屏蔽作用不同而产生的共振条件差异很小，难以精确测定其绝对值。如在 100 MHz 仪器中（即 ^{1}H 的共振频率为 100 MHz），处于不同化学环境的 ^{1}H 因屏蔽作用引起的共振频率差别在 0～1500 Hz 内，仅为其共振频率的百万分之十几。但是，各共振峰的共振频率差异（$\Delta\nu$）非常稳定且易被测定。因此，核磁共振谱峰的位置均以适宜标准物质的共振峰为参比，用相对数值表示化学位移（$\Delta\nu$，δ）。

^{1}H—NMR 和 ^{13}C—NMR 谱测定一般均采用四甲基硅烷（tetramethylsilance，TMS）为标准物质。TMS 具有以下优点：

（1）TMS 化学性质不活泼，与样品之间不发生化学反应和分子间缔合。

（2）TMS 结构对称，四个甲基均具有相同的化学环境，因此无论是在氢谱还是碳谱中，均只有一个吸收峰。

（3）因为 Si 的电负性（1.9）比 C 的电负性（2.5）小，TMS 中的氢核和碳核外电子云密度相对较高，产生较大的屏蔽效应，所以，TMS 上的氢和碳信号一般不会对有机化合物中的氢和碳信号产生干扰。

（4）TMS 沸点很低（27 ℃），易挥发，有利于样品的回收。

标准物质可与样品同时放在溶剂中，称之为内标。TMS 不溶于重水，因此若用重水作溶剂时，要把 TMS 封在毛细管中放在样品的重水溶液中进行测定，称之为外标。用重水作溶剂时，也可以用 2－二甲基－2－硅戊烷－5－磺酸（DSS）作内标。

化学位移可以用以下两种方式表示：

（1）共振频率差（$\Delta\nu$，单位为 Hz）

$$\Delta\nu = \nu_{样品} - \nu_{标准} = \left|\frac{\gamma}{2\pi}\right| B_0(\sigma_{标准} - \sigma_{样品}) \tag{3.21}$$

由式（3.21）可知，共振频率差（$\Delta\nu$，Hz）与外磁场强度 $\boldsymbol{B}_0$ 成正比，因此同一样品的同一磁性核用不同 MHz 仪器测得的共振频率不同。如氯仿质子在 60 MHz 仪器上测得 $\Delta\nu$ 约为 437 Hz；若改用 600 MHz 仪器测定时，则 $\Delta\nu$ 约为 4370 Hz。所以用共振频率差（$\Delta\nu$）表示化学位移时应标明测定仪器的条件。由此可见，在共振频率差（$\Delta\nu$）非常小时，为了提高仪器分辨率，可选用射频率高的仪器进行测试，以有效区分相邻两个重叠峰。如当用 400 MHz 型核磁共振 H 谱仪难以区分样品分子的某些对应峰值时，可采用 600 MHz 型 H 谱仪重新测量，以更好地分析样品结构。

（2）化学位移常数（δ 值）：1970 年，国际纯粹与应用化学联合会（IUPAC）建议化学位移一律采用 δ 值表示，并规定 0 点左边的峰为整数，右边的峰为负数。

$$\delta=\frac{\nu_{样品}-\nu_{标准}}{\nu_{标准}}\times10^{6}=\frac{\Delta\nu}{\nu_0}\times10^{6}=\frac{\sigma_{标准}-\sigma_{样品}}{1-\sigma_{标准}}\times10^{6}\approx(\sigma_{标准}-\sigma_{样品})\times10^{6} \tag{3.22}$$

因为 $\Delta\nu/\nu_0$ 值很小，仅为百万分之几，人们仍习惯地将 δ 值用 ppm（part per million）。

δ 值取决于测定核与标准物质参比核之间的屏蔽常数之差，与外磁场无关。当用不同的仪器测定同一样品的同一磁性核时，δ 值不变。如氯仿质子在 60 MHz 和 600 MHz 仪器上测得的化学位移 δ 值均为 7.28。

化学位移与核磁共振条件的相关性如图 3.4 所示。共振核的屏蔽常数 σ 越大，化学位移 δ 越小；在外磁场强度（$\boldsymbol{B}_0$）不变的情况下，共振频率逐渐减小（脉冲傅里叶变换技术 PFT 测定）；在射频频率不变的条件下，外磁场强度逐渐增强（连续波扫场）。

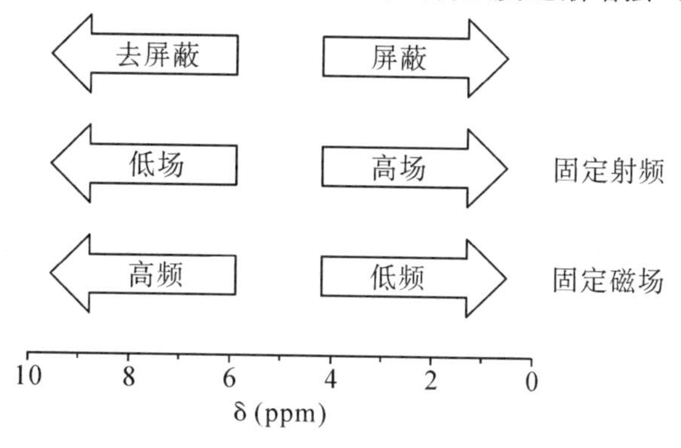

图 3.4　化学位移与核磁共振条件的相关性

3.2.6　自旋一自旋耦合

3.2.6.1　自旋一自旋耦合产生的机制

1951 年，Gutowsty 等人发现 $POCl_2F$ 溶液中的 ^{19}F 核磁共振谱中存在两条谱线。由于该分子中只有一个 F 原子，这种现象显然不能用化学位移来解释，由此发现了自旋一自旋耦合现象。

在讨论化学位移的时候，我们考虑了磁核的电子环境，即核外电子云对核产生的屏蔽作用，但忽略了同一分子中磁核间的相互作用。这种磁核间的相互作用很小，对化学位移没有影响，但是对谱峰的形状有着重要的影响。例如乙醇的 ^1H—NMR，在较低分辨率时出现三个峰，从低场到高场分别为—OH、—CH_2 和—CH_3 三种基团的 ^1H 产生的吸收振动信号；在高分辨率时，—CH_2 和—CH_3 的吸收峰分别裂分成四重峰和三重峰。裂分峰的产生是由于—CH_2 和—CH_3 两个基团上的 ^1H 相互干扰引起的。这种磁核之间的相互干扰称为自旋一自旋耦合（spin—spin coupling），由自旋耦合产生的多重谱峰现象称为自旋裂分。耦合是裂分的原因，裂分是耦合的结果。

自旋—自旋耦合产生多重峰的间隔，叫做耦合常数（coupling constant），用 J 表示（单位 Hz）。J 是化合物分子结构的固有属性，与外加磁场和溶剂的种类无关。一般来说，磁核之间自旋—自旋耦合的方式有两种：标量耦合和非标量耦合。磁核之间通过分子结构内部的价键电子云传递的耦合作用称为标量耦合（scalar coupling）；通过空间传递的直接耦合作用称为非标量耦合（non—scalar coupling），J 值的大小是这两种耦合共同作用的结果。但在各向同性溶液中，由于分子的快速热运动，非标量耦合值被平均为零，不存在非标量耦合作用。只有在各向异性的液晶和固体样品中才有非标量耦合作用。

耦合常数的大小反映自旋核之间相互作用的强弱，可由裂分峰间的间距直接测得或计算求得。由于耦合常数（J）化学位移（$\Delta\nu$）受外磁场的影响不一样，因此，同一化合物在不同 MHz 的仪器上测得的光谱形状不同。当在低 MHz 仪器（如60 MHz)上测得共振峰相互重叠的图谱时，即可更换在高 MHz 仪器上测定，并比较峰间距（Hz）确认是否为耦合裂分。

耦合常数与耦合核之间间隔的化学键数目、分子成键的类型（如单键、双键和叁键等）、取代基的电负性、分子的立体结构等因素直接相关，为分子结构中构型的测定提供了重要的信息。通常用 ${}^{n}J_{A\text{-}X}$ 表示耦合作用类型，n 为间隔价键数，A－X 为相互作用核的符号。如：

H—C—H ${}^{2}J_{H\text{-}H}$=-10~-18 Hz　　H—C—C—H ${}^{3}J_{H\text{-}H}$=5~10 Hz

两个相邻核之间相隔三个或少于三个价键时，才有显著的自旋耦合作用。当超过三个价键时，耦合作用很小或没有耦合作用。

通常所指的 J 的大小其实是它的绝对值。J 值实际上有正负之分。一般经过奇数个价键间隔的两自旋核之间耦合的 J 为正，而经过偶数个价键间隔的两自旋核之间耦合的 J 值为负。但同碳上两质子之间的耦合（经偶数个价键间隔）有时也会具有正的 J 值。在进行 NMR 谱图分析时，只需分析多重峰裂距（J 的绝对值），而不必考虑它的正负符号。

3.2.6.2 Dirac 矢量模型

相邻自旋核磁矩通过价电子云传递的相互作用可以用矢量模型形象地解释。Dirac 矢量模型及量子理论如下：

（1）磁性核（⇑）与电子（↑）靠近（Fermi 接触），且两者的自旋取向相反时（角动量方向，电子磁矩方向与其角动量方向相反），核的磁能级降低，比较稳定；反之，核的磁能级升高。

（2）同一价键内的两个成键电子自旋取向必须相反（Pauli 原理），同一原子核外相同轨道能级上的价电子首先自旋同向占据所有空轨道（Hund 规则）。

（3）核的自旋作用是通过相邻价键（如 C—H 键）轨道之间存在的部分重叠，通过价键电子自旋匹配传递。因此，轨道电子云重叠越多，电子传递的磁矩作用越有利，耦合作用越强，J 值相应越大。

以 Dirac 矢量模型分析邻碳质子 A－X 耦合，如图 3.5 所示。

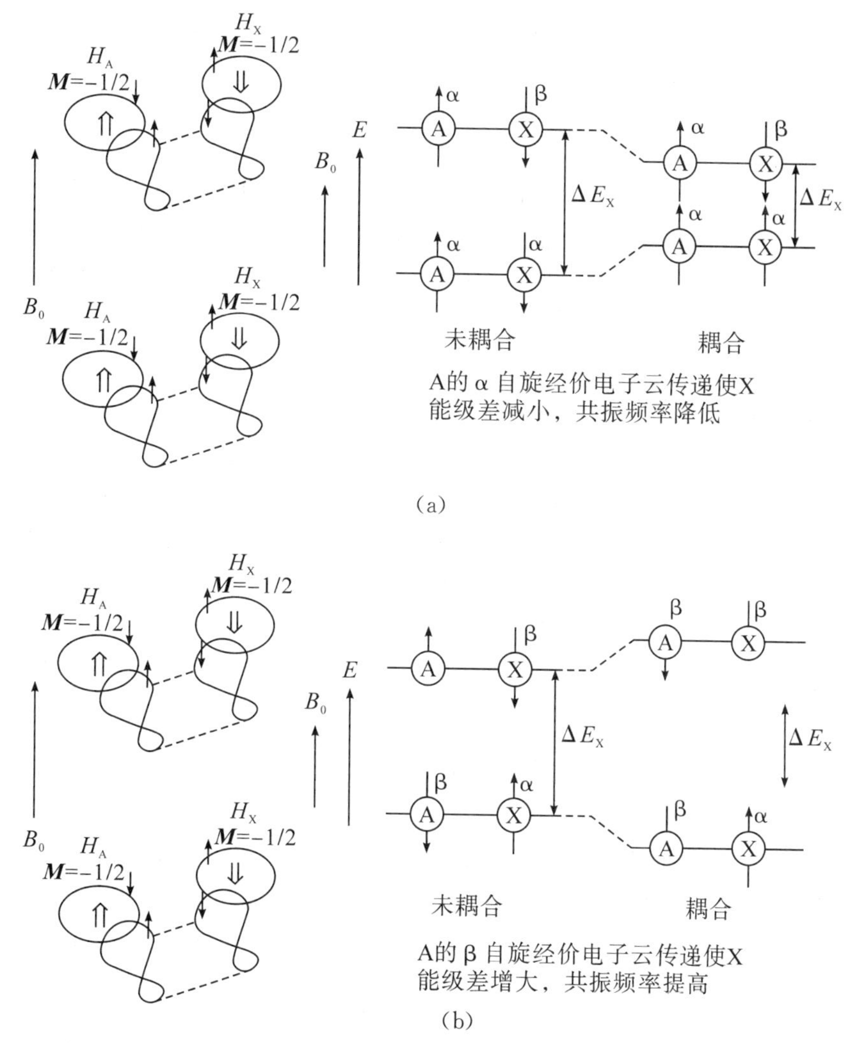

图 3.5　邻碳质子 A－X 耦合中 A 自旋对 X 耦合共振作用的 Dirac 模型

与未耦合时 X 的两种能态相比［式（3.18）］，A 的 α 自旋态（$m=1/2$）经价电子云传递，使 X 核 Fermi 接触的价电子自旋角动量与 $\boldsymbol{B}_0$ 同方向，则其磁矩方向与 $\boldsymbol{B}_0$ 反方向，因此，使 X 所受局部磁场强度减小 $\Delta\boldsymbol{B}_{\mathrm{A}}$，磁能级差减小［式（3.8），图 3.2］，共振频率降低：

$$\nu_{\mathrm{X}-\alpha}=\frac{\gamma X}{2\pi}\left[B_0(1-\sigma)-\Delta B_{\mathrm{A}}\right] \tag{3.23}$$

式中，$\Delta\boldsymbol{B}_{\mathrm{A}}$ 为 A 核磁矩经价电子传递的对 X 核的局部磁场作用程度，与 A 核的磁旋比（γ_{A}）和两核之间传递耦合的价键电子云作用程度成正比，用 $K\gamma_{\mathrm{A}}$ 表示。

A 的 β 自旋态（$m=-1/2$）经价电子云传递，使 X 核 Fermi 接触的价电子自旋角动量与 $\boldsymbol{B}_0$ 反方向，则其磁矩方向与 $\boldsymbol{B}_0$ 同方向，使 X 所受局部磁场强度增加 ΔB_{A}，磁能级差增大，共振频率提高：

$$\nu_{\mathrm{X}-\beta}=\frac{\gamma X}{2\pi}\left[B_0(1-\sigma)+\Delta B_{\mathrm{A}}\right] \tag{3.24}$$

因此，由于 A 两种自选态的作用，使 X 共振峰裂分成两重。它们之间的间距（J）为：

$$J=\nu_{X-\beta}-\nu_{X-\alpha}=\frac{\gamma X}{2\pi}\Delta B_{A}=K\gamma_{A}\gamma_{X}/\pi \tag{3.25}$$

由式（3.25）可知，自旋一自旋耦合常数（J）与核的共振频率（ν）相同，也与核的磁旋比相关，并且与相互耦合核磁旋比的乘积成正比；磁旋比越大，耦合作用越强；价键电子云传递作用（K）越强，耦合作用也越显著。用同样的机制也可以解释 X 对 A 的耦合裂分作用。

3.3 核磁共振氢谱（^{1}H—NMR）

核磁共振氢谱（^{1}H—NMR）是发展最早、研究最多、应用最为广泛的核磁共振波谱。在较长一段时间里，核磁共振氢谱几乎是核磁共振波谱的代名词。究其原因，一是其质子的磁旋比 γ 较大，天然丰度接近 100%，核磁共振测定的绝对灵敏度是所有磁核里面最大的。二是^{1}H 是有机化合物中最常见的同位素，^{1}H—NMR 谱是有机物结构解析中最有用的核磁共振波谱之一。不同类型的质子均有各自特征的化学位移范围（图 3.6）。

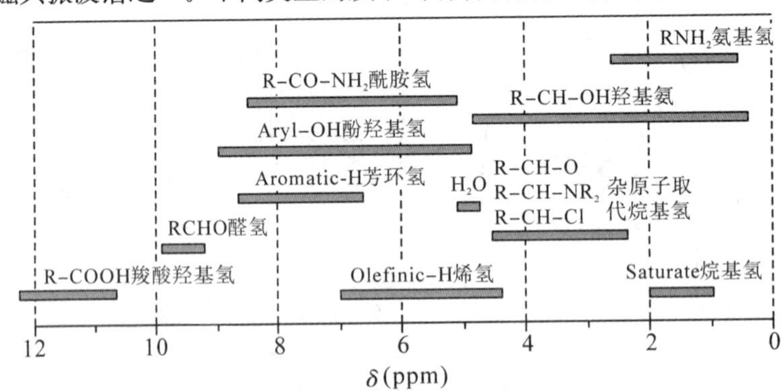

图 3.6 不同类型质子的典型化学位移范围

3.3.1 影响质子化学位移的因素

影响质子核外电子云分布的因素即为影响其化学位移的因素。影响质子化学位移的因素主要有以下几种：电子效应、各向异性效应、氢键效应、快速质子交换反应和溶剂效应等。其中电子效应、各向异性效应是在分子内发生的效应，快速质子交换、溶剂效应是在分子间起作用的因素，氢键效应则在分子内、分子间都会发生。

3.3.1.1 电子效应

电子效应即诱导效应和共轭效应的总称。质子外围电子云密度的大小与取代基的诱导效应和共轭效应有密切的关系。

（1）诱导效应。

电负性强的取代基可使邻近质子的电子云密度减小，即屏蔽效应降低，所以化学位移 δ 增大（共振峰向低磁场移动）。

例如，与不同电负性相连的甲基，它们的质子化学位移不同：

—OCH_3	δ=3.24～4.02
—NCH_3	δ=2.12～3.10
—CCH_3	δ=0.77～1.88

这是由于C、N、O的电负性不同所致（C、N、O的电负性分别为2.5、3.0和3.5）。O的电负性最大，—OCH_3基上质子周围的电子云密度最小，故其质子共振峰在较低磁场中出现。

诱导效应具有加和性，电负性原子取代越多，诱导效应越强。例如：

CH_4	CH_3Cl	CH_2Cl_2	$CHCl_3$
δ=0.23	δ=3.05	δ=5.30	δ=7.27

但电负性重原子的多取代，则是由于富电子聚集，取代基增多，诱导效应递增相对减小，又称重原子效应。例如：

CH_4	CH_3I	CH_2I_2	CHI_3
δ=0.23	δ=2.16	δ=3.90	δ=4.90

（2）共轭效应。

共轭取代基可使与之共轭结构中的价电子分布发生改变，从而引起质子的化学位移发生变化。如苯甲醛和苯甲醚，取代基邻、间、对位质子化学位移与未取代苯环质子的化学位移相比均有所改变：

苯：H(δ=7.26)　苯甲醛：邻位H(δ=7.85)，间位H(δ=7.45)，对位H(δ=7.54)　苯甲醚：邻位H(δ=6.84)，间位H(δ=7.18)，对位H(δ=6.90)

醛基（—CHO）与苯环间呈吸电子效应，使苯环上总的电子云密度减小，苯环上各质子δ值都大于未取代苯环上质子的δ值，苯环邻、对位的电子云密度比间位更小，故邻、对位质子的δ值大于间位质子的δ值。而甲氧基（—OCH_3）与苯环间呈供电子共轭效应，使苯环上总的电子云密度增大，苯环上各质子δ值都小于未取代苯环上的δ值，苯环邻、对位的电子云密度大于间位，故邻、对位质子的δ值小于间位质子的δ值。

不同取代基对烯质子化学位移的影响，亦可通过共轭效应得到解释，例如：

(δ=3.99)H、(δ=3.81)H—C=C—OCH_2CH_3 (δ=3.66)、(δ=1.21)，H(δ=6.31)　↔　$H_2\overset{-}{C}$—C(H)=$\overset{+}{O}CH_2CH_3$

$H_2C{=}CH_2$ (δ=5.28)

(δ=6.28)H、(δ=6.18)H—C=C—C(=O)—CH_3 (δ=2.20)，H(δ=5.82)　↔　$H_2\overset{+}{C}$—C(H)=C(O^-)—CH_3

3.3.1.2 各向异性效应

实验测得乙烷（CH_3CH_3）、乙烯（$CH_2=CH_2$）和乙炔（$CH\equiv CH$）质子的化学位移 δ 分别为 0.96、5.28 和 2.88；但是根据碳原子杂化轨道的电负性（$sp>sp^2>sp^3$）和诱导效应，预测它们的 δ 值顺序应该是 $\delta_{乙炔}>\delta_{乙烯}>\delta_{乙烷}$；然而，乙炔质子的化学位移明显例外。此外，双键质子、芳环质子和醛基质子共振峰均在较低磁场中出现。这表明除诱导效应和共轭效应外，还有其他因素影响化学位移。这些基团价键电子环流的各向异性效应是主要影响因素之一。

化合物中非球形对称的电子云，如 π 电子系统，对邻近质子会附加一个各向异性的磁场，即这个附加磁场在某些区域与外磁场 B_0 的方向相反，使外磁场强度减弱，起到抗磁性屏蔽作用，而在另外一些区域与外磁场 B_0 方向相同，对外磁场起增强的作用，产生顺磁性屏蔽的作用。通常抗磁性屏蔽作用简称屏蔽作用，产生屏蔽作用的区域用“+”表示，顺磁性屏蔽作用也称去屏蔽作用，去屏蔽作用的区域用“−”表示。炔质子、芳质子和醛质子等的异常化学位移，主要是由这些基团的各向异性效应所致。下面讨论几种典型的各向异性效应。

（1）苯环的各向异性。

以苯环为例进行讨论。苯环中的 6 个碳原子都是 sp^2 杂化的，每一个碳原子的 sp^2 杂化轨道与相邻的碳原子形成 6 个碳一碳 σ 键，每一个碳原子又以 sp^2 杂化轨道与氢原子的 s 轨道形成碳一氢 σ 键，由于 sp^2 杂化轨道的夹角为 120°，所以 6 个碳原子和 6 个氢原子处于同一平面上。每一个碳原子上还有一个垂直于此平面的 p 轨道，6 个 p 轨道彼此重叠，形成环状大 π 键，离域的 π 电子在平面上、下形成两个环状电子云。

当苯环平面恰好与外磁场 B_0 方向垂直时，在外磁场感应下，环状电子云产生一个各向异性的磁场。在苯环平面的上、下，感应磁场的方向与外磁场方向相反，起到了较强的屏蔽作用（+）；而在苯环平面的四周产生一个与外磁场方向相同的顺磁性磁场，其作用可以替代部分外磁场，起到了去屏蔽作用（−），如图 3.7 所示。位于苯环外侧去屏蔽区的质子化学位移增大，而位于苯环内侧或上、下方屏蔽区的质子化学位移减小。

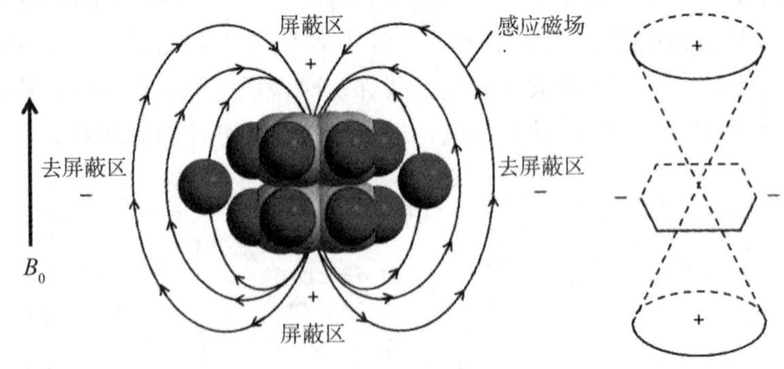

图 3.7 苯环的各向异性效应

（2）双键的各向异性。

碳碳双键的情况与芳烃十分相似，碳原子的 sp^2 杂化形成平面分子，π 电子在平面上、下形成环电流（图 3.8）。在外磁场的作用下，π 电子产生的感应磁场对分子平面上、下起屏蔽作用，对平面四周去屏蔽，烯氢恰好处于去屏蔽区域，所以在低场共振。但与苯环相比，一个碳碳双键的 π 电子形成的环流比较弱，化学位移为 5～6。醛基氢也处于去屏蔽区，同时邻近还有电负性较强的氧原子存在，化学位移为 9～10。

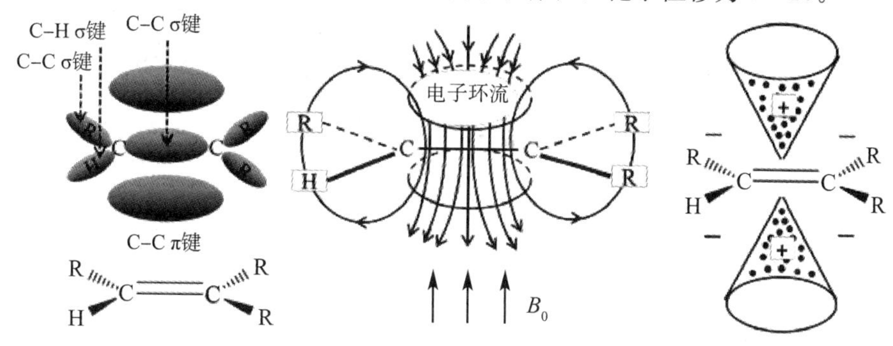

图 3.8　碳碳双键的价电子环流和各向异性效应

下列两个化合物中 a、b 质子的化学位移不同，则是由于 a 质子比 b 质子更靠近 C═O，并处在羰基的顺磁性去屏蔽区，所以 a 质子比 b 质子有更大的化学位移。

OCH_3　O　H_b (δ=5.89)　H_a (δ=6.86)

O　H_a (δ=7.85)　H_b (δ=7.54)

（3）叁键的各向异性。

叁键是由一个 σ 键（sp 杂化）和两个 π 键组成。sp 杂化形成线性分子，两对 p 电子相互垂直，并同时垂直于键轴，此时电子云呈圆柱状绕键轴运动。该电子云受外磁场产生的附加磁场如图 3.9 所示。炔氢正好处屏蔽区内，所以在高场共振。同时炔氢是 sp 杂化轨道，C—H 键成键电子更靠近碳，使炔氢去屏蔽而向低场移动，两种相反的效应共同作用使炔氢的化学位移为 2～3。

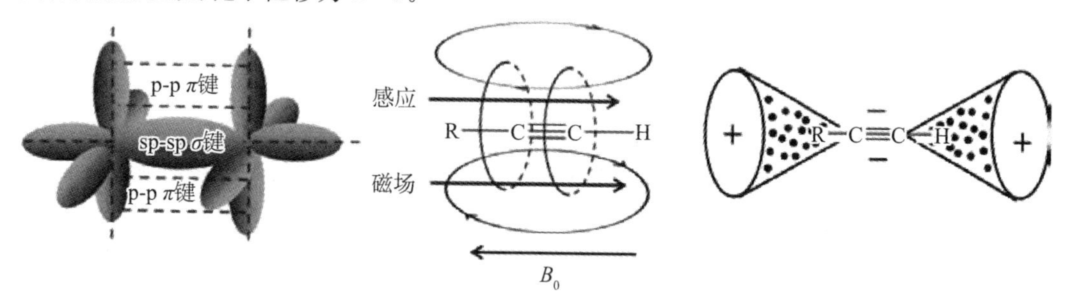

图 3.9　炔键的各向异性

（4）单键的各向异性。

碳碳单键是由碳原子的 sp^3 杂化轨道重叠而成的。sp^3 杂化轨道是非球形对称的，所以也会产生各向异性效应（图 3.10）。在沿着单键键轴方向的圆锥内是去屏蔽区，而键轴的四周为屏蔽区。但是与双键、叁键形成的环电流相比，单键各向异性效应弱得多，而且因为单键在大多数情况下能自由旋转，使这一效应平均化，故只有当单键旋转受阻时才能显示出来。

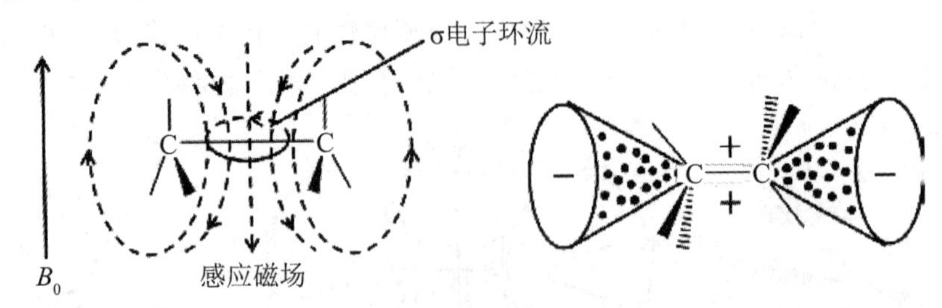

图 3.10 C—C 单键的各向异性

因此，当碳上的氢逐个被烷基取代时，剩下的氢受到越来越强的去屏蔽效应，共振信号向低场位移。例如：

R_1CH_3	$R_1R_2CH_2$	$R_1R_2R_3CH$
$\delta=0.85\sim0.95$	$\delta=1.20\sim1.48$	$\delta=1.40\sim1.65$

环己烷质子的化学位移在没有取代的情况下且常温测定时，由于构象的快速互变（转环），每一个氢都在平伏键和直立键位置之间快速交换，因此，测得的^1H—NMR 谱中为一个单峰（$\delta=1.37$）。当有取代基存在时，环己烷的构象固定（在天然有机化合物结构中常见的环烷结构），环上 CH_2 平伏键氢和直立键氢受到环上 C—C 单键的各向异性效应影响并不完全相同。如图 3.11 所示，C_1 上的两个氢（e 键氢 H_e 和 a 键氢 H_a）受 C_1—C_6 和 C_1—C_2 两个单键的各向异性效应的影响完全相同；但是，它们受 C_2—C_3 或 C_5—C_6 的影响却不同。平伏氢 H_e 处于去屏蔽区，而直立氢 H_a 处于屏蔽区。因此，在构象固定的环己烷碳上，平伏氢和直立氢的化学位移不同。一般情况下，$\delta_{H_e}>\delta_{H_a}$，两者之间相差 0.5 ppm。

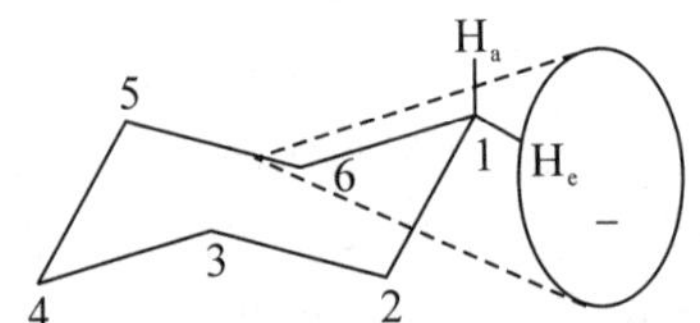

图 3.11 环己烷单键的各向异性效应

3.3.1.3 氢键效应

连接在杂原子（如 O、N、S）上的质子易解离，常称为活泼氢，也易形成氢键。氢键状态对形成氢键质子化学位移的影响称为氢键效应。

醇、酚、胺、羧酸等化合物中常有氢键效应。与没有形成氢键的活泼氢相比，形成氢键后的活泼氢受杂原子上未成对电子的各向异性效应的影响，所受屏蔽作用显著降低。因此，形成氢键的程度越大，氢键质子的化学位移也越大。

样品的温度、浓度和溶剂都会影响氢键效应。温度升高、浓度降低、采用惰性溶剂稀释等均会使氢键效应减小。相应质子向低场方向运动，化学位移值降低。

例如，甲醇存在如下平衡状态：

$$\underset{\text{非氢键}}{2CH_3OH} \rightleftharpoons \underset{\text{氢键}}{CH_3\overset{\delta+}{O}H\cdots\overset{\delta-}{O}H—CH_3}$$

若用惰性溶剂 CCl_4 稀释，则平衡向非氢键方向移动，羟基质子共振信号向高场方向移动。在高度稀释的溶液中，醇羟基质子的 δ 值为 0.5～1.0，而在浓溶液中，δ 值达到了 4～5。当测量温度升高时，平衡向非氢键方向移动，导致共振信号向高场方向移动，δ 值减小。

其他杂原子上的质子显示出类似的倾向，它们的 δ 值在较宽的范围内变动。典型氢键质子的化学位移范围如表 3.2 所示。

表 3.2　典型氢键质子的化学位移范围

化合物	特征基团	δ	备注
硫醇	R—SH	0.9～2.5	
芳硫醇	Ar—SH	3.0～4.0	
胺	$R—NH—R_1$	0.5～5.0	稍宽峰
酰胺	$R—CONH—R_1$	5.0～8.0	宽峰
醇	R—OH	0.5～5.5	
酚	Ar—OH	4.0～9.0	稍宽峰
羧酸（二聚体）	R—COOH	10～13	稍宽峰

羧酸常以稳定的二聚体形式存在，氢键强度受条件的影响不大。因此，羧酸质子的化学位移变化很小，一般在 10～13 范围内出现。

3.3.1.4　质子的快速交换反应

连接在杂原子（如 O、N、S）上的质子是活泼氢，容易发生质子间交换反应。例如：

$$CH_3COOH_a + H_bOH_b \longrightarrow CH_3COOH_b + H_bOH_a$$

当质子的化学环境可以交换，且交换的频率（k_r）符合下式时：

$$k_r \gg \pi\Delta\nu/\sqrt{2} \tag{3.26}$$

称为质子快速交换。$\Delta\nu$ 指没有交换时，两种不同环境的质子（a、b）共振的间隔（$\Delta\nu = |\nu_a - \nu_b|$）。

在快速交换体系的共振波谱中，以 a 和 b 表示的两交换质子合并为一个单峰。快速质子交换形成的单峰的 δ 值是没有交换时两种质子 δ 值的加权平均值：

$$\delta = N_a\delta_a + N_b\delta_b \tag{3.27}$$

式中，δ_a 和 δ_b 分别是没有交换质子时 a 和 b 的化学位移，N_a 和 N_b 分别为交换过程中质子 a 和 b 的摩尔分数。因此，NMR 可用于交换动力学研究。

升高温度或有酸、碱存在均可加快活泼氢交换反应速度。如醇中有微量酸，可加快交换反应。在核磁共振氢谱测定时，经常采用重水交换实验来鉴定样品分子中是否含有活泼氢。当测定含有—OH、—COOH、$—NH_2$、—SH 等基团化合物的化学位移时，采用重水（DOH）作溶剂后，这类活泼氢均可被重氢交换，活泼质子峰消失，而在 δ＝4.7 处产生与 DOH 相应的单峰。由此可以辨认出该类活泼质子峰的位置。

羰基的 α—氢在加重水后用氢氧化钠催化，同样能被重氢交换，从而使羰基 α—氢峰强度减弱或消失。该法可用来检验羰基的存在。

重氢交换也是判断原样品分子中含有几个活泼氢的一种有效方法。对于易溶于水的样品，按上述方法处理时，样品有时会进入水层，致使样品峰变小甚至几乎消失，应当予以注意。

3.3.1.5 溶剂效应

大多数核磁共振是在溶液的状态下进行测定的。但是同一化合物在不同的溶剂中其化学位移会有所差别，这种由于溶质分子受到不同溶剂的影响而引起的化学位移变化称为溶剂效应。溶剂效应主要是因为溶剂的各向异性效应或溶质与溶剂之间形成氢键而产生的。

例如N,N—二甲基甲酰胺分子中，因氮原子上的孤对电子与羰基形成p—π共轭，使C—N单键具有某些双键的特性而不能旋转，因此两个甲基处于不同的化学环境中，如：

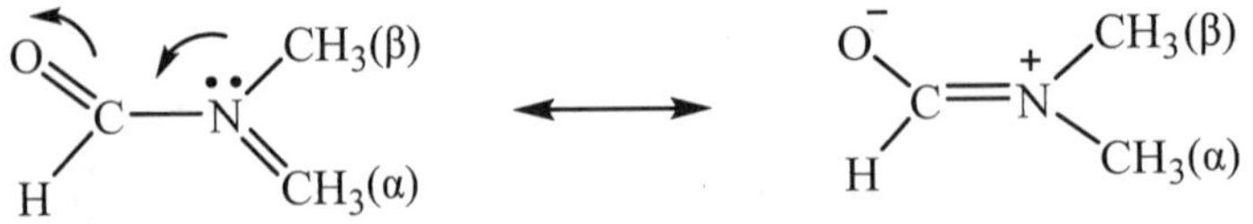

在氘代氯仿溶剂中，样品分子与溶剂分子没有作用，处于羰基氧同一侧的甲基（β）因空间位置靠近氧原子，受到电子云屏蔽较大，产生高场共振，$\delta_{\beta}\approx2.88$；处于另一侧的甲基（α）在较低场，$\delta_{\alpha}\approx2.97$。在该体系中逐渐加入溶剂氘代苯，随着加入量的增加，α和β甲基的化学位移逐渐靠近，然后交换位置，即α甲基的谱峰出现在较高场，而β甲基的谱峰出现在较低场，其原因是苯与N,N—二甲基甲酰胺形成了复合物。苯环的π电子云吸引二甲基甲酰胺的正电子一端，而尽可能地排斥负电子一端（图3.12）。由于苯环是磁各向异性的，α甲基正好处于屏蔽区，因此共振向高场移动，而β甲基却处于去屏蔽区，因此共振吸收向低场移动，结果是两个吸收峰位置互换。

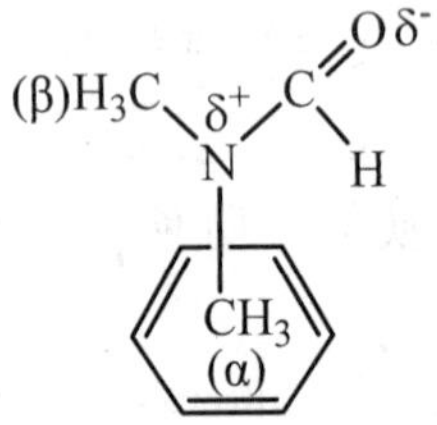

图3.12 苯环与N,N—二甲基甲酰胺形成的复合物

由于存在溶剂效应，因此在查阅或报道化合物的核磁数据时应该注意或标明测试化合物时所用的溶剂。如果使用的是混合溶剂，还应说明各溶剂的比例。

3.3.2 质子化学位移与分子结构的关系

通过前面的讨论我们知道，^{1}H的化学位移主要与电子效应、各向异性效应、氢键效应和溶剂效应等多种效应有关，而这些效应又是通过与质子相连基团的作用来实现。因此在^{1}H—NMR谱中，各种基团上质子的化学位移都有一定的区域范围，并与分子结构特征相关。了解并记住各种类型质子化学位移分布的大致情况，对于初步推断有机物结构类型十分必要。各类化合物质子化学位移范围归纳情况如图3.6所示。

3.3.2.1 烷基质子化学位移

当质子和 sp^3 杂化碳原子相连时，其β位亦是 sp^3 杂化烷基质子在δ值为0.9～1.5高场处有共振峰，烷基取代越多则被取代烷基上质子化学位移越大，如：

RCH_3	RR_1CH_2	RR_1R_2CH
δ=0.85～0.95	δ=1.20～1.48	δ=1.40～1.65
CH_3CH_2	$CH_3CH_2CH_3$	$(CH_3)_3CH$
δ=0.86	δ=1.33	δ=1.56

烷基与杂原子基团（卤素、氧、氮、硫等）、sp^2（C═O、C═C）或sp（C≡C）杂化的碳原子基团相连时，由于这些基团的电负性和各向异性等效应均大于烷基，去屏蔽效应使烷基质子的共振峰向低场移动，δ值为1.5～5.0。氧和卤素的去屏蔽效应大于氮、氧、硫、羰基和碳碳双键，故与氧和卤素相连烷基质子的化学位移增大最显著。各种基团取代烷基质子的化学位移如表3.3所示。

表3.3 甲基、亚甲基和次甲基质子的化学位移δ*

甲基质子		亚甲基质子		次甲基质子	
质子	δ值	质子	δ值	质子	δ值
CH_3—C	0.9	—C—CH_2—C	1.3	—C—CH—C	1.5
CH_3—C—C—C═C	1.1	—C—CH_2—C—C═C	1.7		
CH_3—C—O	1.4	—C—CH_2—C—O	1.9	—C—CH—C—O	2.0
CH_3—C═C	1.6	—C—CH_2—C═C	2.3		
CH_3—Ar	2.3	—C—CH_2—Ar		—CH—Ar	3.0
CH_3—CO—R	2.2	—C—CH_2—CO—R	2.4	—CH—CO—R	2.7
CH_3—CO—Ar	2.6				
CH_3—CO—O—R	2.0	—C—CH_2—CO—O—	2.2		
CH_3—CO—O—Ar	2.4				
CH_3—CO—N—R	2.0				
CH_3—O—R	3.3	—C—CH_2—O—R	3.4	—C—CH—O—R	3.7
		—C—CH_2—OH	3.6	—C—CH—OH	3.9
CH_3—O—Ar	3.8	—C—CH_2—O—Ar	4.3		
CH_3—O—CO—R	3.7	—C—CH_2—O—CO—	4.1	—C—CH—O—CO—	4.8
CH_3—N	2.3	—C—CH_2—N	2.5	—C—CH—N	2.8
CH_3—N^+	3.3				
CH_3—S	2.1	—C—CH_2—S	2.4		
CH_3—C—NO_2	1.6	—C—CH_2—NO_2	4.4	—C—CH—NO_2	4.7
CH_3—C═C—CO	2.0	—C—CH_2—C═C—CO			

续表

甲基质子		亚甲基质子		次甲基质子	
—C=C (CH_3) —CO	1.8	—C=C (CH_2) —CO	2.4		
CH_3—CN	2.0				
CH_3—CHO	2.2	O CH_2 O	5.9	CH	0.7
CH_3—I	2.2				
CH_3—Br	2.7	CH_2	0.3	O CH	3.1
CH_3—Cl	3.1				
CH_3—F	4.3	O CH_2	2.6		
CH_3—NO_2	4.3				

*：TMS 内标，R=烷基，Ar=芳香基。

一般情况下，取代基对化学位移的影响具有加和性。Shoolery 通过测定甲烷和甲烷被不同取代基取代后两者的甲基质子化学位移之差，得出取代基对甲基质子化学位移的影响常数（α），如表 3.4 所示。

表 3.4　取代基对甲基质子化学位移的影响（Shoolery **位移常数**）

取代基	α	取代基	α
—CH_3	0.47	—I	1.82
—CF_3	1.14	—Ar	1.85
—CF_2—	1.21	—NHCOR	2.27
—C=C—	1.32	—SCN	2.30
R—C=C—	1.44	—Br	2.33
—COOR	1.55	—OR	2.36
—$CONR_2$	1.59	—NO_2	2.46
—NR_2	1.57	—Cl	2.53
—SR	1.64	—OH	2.56
Ar—C≡C—	1.65	—N=C=S	2.86
—CN	1.70	—OCOR	3.13
—COR	1.70	—OAr	3.23

因此，对多取代烷基的质子的化学位移 δ 值，可以通过经验公式进行预测：

$$\delta = 0.23 + \sum \alpha \tag{3.28}$$

式中，常数 0.23 为甲烷中质子的化学位移 δ 值，$\sum \alpha$ 为取代基位移常数之和。

根据 Shoolery 经验公式预测简单的单取代和二取代甲基质子的化学位移时误差较小，多在 0.1～0.3 ppm 范围之内。例如 $PhCH_2Br$：

$\alpha_{Ar}=1.85$，$\alpha_{Br}=2.33$，δ (CH_2) $=0.23+1.85+2.33=4.41$（实测 4.43）

但是 CH_2 质子的化学位移不仅和与其直接相连的基团有关，而且还受其 β 位取代基的影响。因此，预测有时存在较大的误差。

三取代甲基CH质子的化学位移，由于还受空间位阻的影响，故用Shoolery公式预测时不够理想。例如：

氯代甲烷	CH_4	CH_3Cl	CH_2Cl_2	$CHCl_3$
δ 实测	0.23	3.05	5.30	7.27
δ 预测	0.23	2.76	5.29	7.82

3.3.2.2　烯质子化学位移

烯质子受 sp^2 杂化碳原子的诱导和中等程度的双键各向异性效应作用，化学位移较大，乙烯（$CH_2=CH_2$）质子的化学位移 δ 值为5.28。烯烃的结构通式可以表示如下，其中双键碳原子上质子的化学位移值可以通过式（3.29）进行估算：

$R_{顺}$　　　　H
　　C=C
$R_{反}$　　　　$R_{同}$

$$\delta_{C=C-H}=5.28+\sum Z \tag{3.29}$$

式中，5.28为乙烯质子的 δ 值；$\sum Z$ 为取代基对被计算烯质子的位移常数之和，用于校正取代基对烯质子位移的影响。$Z_{同}$、$Z_{顺}$ 和 $Z_{反}$ 的值见表3.5。

表3.5　取代基对烯质子化学位移的影响

取代基	$Z_{同}$	$Z_{顺}$	$Z_{反}$	取代基	$Z_{同}$	$Z_{顺}$	$Z_{反}$
—H	0	0	0	—COOR	0.84	1.15	0.56
—R	0.44	−0.26	−0.29	—CHO	1.03	0.97	0.35
—R（环）	0.71	−0.33	−0.30	—CO—N<	1.37	0.98	0.35
—CH_2S—	0.53	−0.15	−0.15	—COCl	1.10	1.41	0.99
—CH_2O，—CH_2I	0.67	−0.02	−0.07	—OR	1.18	−1.06	−1.08
—CH_2Cl（Br）	0.72	0.12	0.07	—OR（共轭）	1.14	−0.65	−1.05
—CH_2N<	0.66	−0.05	−0.23	—OCOR	2.09	−0.40	−0.67
—C≡C—	0.50	0.35	0.10	—Br	1.04	0.40	0.55
—C≡N	0.23	0.78	0.58	—Cl	1.00	0.19	0.03
—C=C—	0.98	−0.04	−0.21	—F	1.03	−0.89	−1.19
—CO—	1.10	1.13	0.81	—NR_2	0.69	−1.19	−1.31
—COOH	1.00	1.35	0.74	—SR	1.00	−0.24	−0.04

3.3.2.3　炔质子化学位移

叁键的各向异性效应使炔质子的化学位移介于烷质子和烯质子化学位移之间。典型炔质子的化学位移 δ 值范围为1.8～2.9（表3.6），其中乙炔质子的 δ 值为2.88。

表 3.6 炔质子的化学位移

结构类型	δ 值	结构类型	δ 值
R—C≡CH	1.73～1.88	$R_2C(OH)$—C≡CH	2.20～2.27
Ar—C≡CH	2.71～3.37	RO—C≡CH	～1.3
R—C═C≡CH	2.60～3.10	—C≡C—C≡CH	1.75～2.27
* X—CO—C≡CH	2.13～2.27	* X—CH_2—C≡CH	2.0～2.4

3.3.2.4 芳香质子化学位移

苯环的各向异性效应使芳香环质子的共振峰比烯质子出现在更低场处（δ=6.5～8.0）。苯环未被取代时，环上6个氢所处的化学环境相同，在δ值为7.27处呈单峰。取代基使苯环质子的化学位移发生改变。不同取代基对苯环质子化学位移的影响不同；即使是同一取代基，对苯环上邻位（ortho）、间位（meta）、对位（para）的质子化学位移的影响程度也不一样。

取代基对苯环质子化学位移的影响常数见表3.7，可用于对取代质子化学位移的计算预测：

$$\delta = 7.27 + \sum S \tag{3.30}$$

式中，常数7.27为未取代苯环质子的δ值，S为取代基对苯环质子（邻、间、对）化学位移的影响常数。

由表3.7中数据可知，大多数取代基对其邻、对位质子的化学位移影响较大。邻二取代时由于空间位阻等效应，预测结构有时不理想。对其他取代苯的预测结果良好。例如：

$$\delta_a = 7.27 + S_{邻}(—OH) + S_{间}(—COCH_3) + S_{邻}(—OCH_3) + S_{对}(—OCH_3)$$
$$= 7.27 - 0.56 + 0.14 - 0.44 - 0.48 = 5.93\ (实测\ 5.88)$$
$$\delta_b = 7.27 + S_{对}(—OH) + S_{间}(—COCH_3) + 2S_{邻}(—OCH_3)$$
$$= 7.27 - 0.45 + 0.14 + 2 \times (-0.48)$$
$$= 6.00\ (实测\ 6.00)$$

表 3.7 取代基对苯环质子化学位移的影响

取代基	$S_{邻}$	$S_{间}$	$S_{对}$	取代基	$S_{邻}$	$S_{间}$	$S_{对}$
—H	0	0	0	—$NHCH_3$	−0.80	−0.22	−0.68
—CH_3	−0.20	−0.12	−0.22	—$N(CH_3)_2$	−0.66	−0.18	−0.67
—CH_2CH_3	−0.14	−0.06	−0.17	—$NHNH_2$	−0.60	−0.08	−0.55
—$CH(CH_3)_2$	−0.13	−0.08	−0.18	—N═N—Ph	0.67	0.20	0.20
—$C(CH_3)_3$	0.02	−0.08	−0.21	—NO	0.58	0.31	0.37
—CF_3	0.32	0.14	0.20	—NO_2	0.95	0.26	0.38
—CCl_3	0.64	0.13	0.10	—SH	−0.08	−0.16	−0.22

续表

取代基	$S_{\text{邻}}$	$S_{\text{间}}$	$S_{\text{对}}$	取代基	$S_{\text{邻}}$	$S_{\text{间}}$	$S_{\text{对}}$
—$CHCl_2$	0	0	0	—SCH_3	−0.08	−0.10	−0.24
—CH_2OH	−0.07	−0.07	−0.07	—S—Ph	0.06	−0.09	−0.15
—CH═CH_2	0.06	−0.03	−0.10	—SO_3CH_3	0.60	0.26	0.33
—CH═CH—Ph	0.15	−0.01	−0.16	—SO_2Cl	0.76	0.35	0.45
—C≡CH	0.15	−0.02	−0.01	—CHO	0.56	0.22	0.29
—C≡C—Ph	0.19	0.02	0	—$COCH_3$	0.62	0.14	0.21
—Ph	0.37	0.20	0.0	—$COC(CH_3)_3$	0.44	0.05	0.05
—F	−0.26	0	−0.20	—CO—Ph	0.47	0.13	0.22
—Cl	0.03	−0.02	−0.09	—COOH	0.85	0.18	0.27
—Br	0.18	−0.08	−0.04	—$COOCH_3$	0.71	0.11	0.21
—I	0.39	−0.21	0	—COO—Ph	0.90	017	0.27
—OH	−0.56	−0.21	−0.45	—$CONH_2$	0.61	0.10	0.17
—OCH_3	−0.48	−0.09	−0.44	—COCl	0.84	0.22	0.36
—O—Ph	−0.29	−0.05	−0.23	—COBr	−0.80	0.21	0.37
—$OCOCH_3$	−0.25	0.03	−0.13	—CH═N—Ph	~0.6	~0.2	~0.2
—OCO—Ph	−0.09	0.09	−0.08	—CN	0.36	0.18	0.28
—OSO_2CH_3	−0.05	0.07	−0.01	—$Si(CH_3)_3$	0.22	−0.02	−0.02
—NH_2	−0.75	−0.25	−0.65	—$PO(OCH_3)_2$	0.48	0.16	0.24

3.3.2.5　芳杂环质子化学位移

当芳香环中引入杂原子（N、O、S）后，由于杂原子的电子效应作用，使芳杂环上质子化学位移的改变比芳环上引入取代基后的变化更大。例如吡啶和呋喃等杂原子对 α 位质子化学位移的影响更为明显：

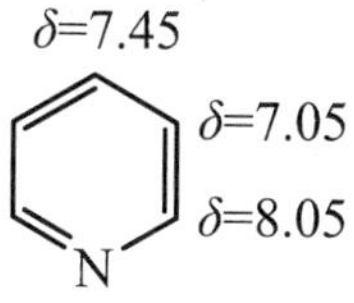

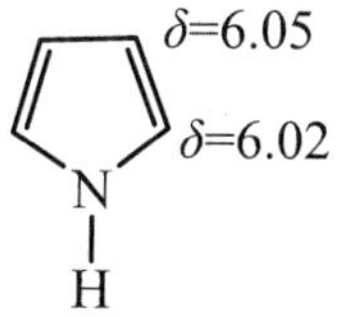

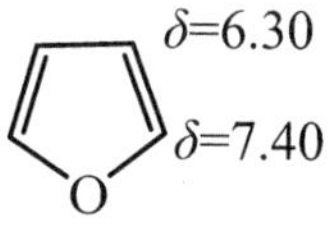

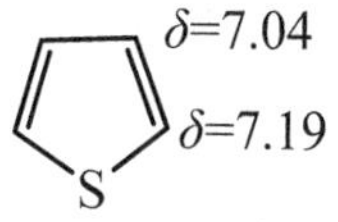

吡啶：δ=7.45，δ=7.05，δ=8.05（N）
吡咯（N—H）：δ=6.05，δ=6.02
呋喃（O）：δ=6.30，δ=7.40
噻吩（S）：δ=7.04，δ=7.19

当杂环中有两个以上的杂原子时，质子化学位移受到的影响就更为显著，例如：

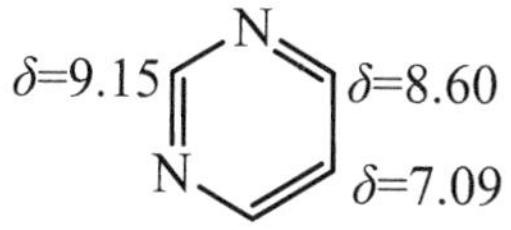

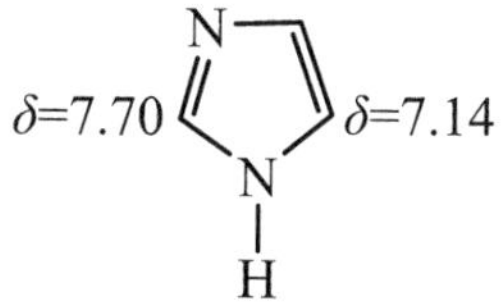

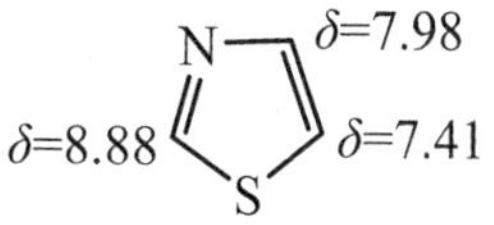

嘧啶（N，N）：δ=9.15，δ=8.60，δ=7.09
咪唑（N，N—H）：δ=7.70，δ=7.14
噻唑（N，S）：δ=7.98，δ=8.88，δ=7.41

3.3.2.6　活泼氢化学位移

与氧、氮、硫等杂原子相连的氢称为活泼氢。活泼氢基团有—OH、—COOH、

$—NH_2$和—SH等。它们的共同特点是可以进行活泼氢交换，普遍存在氢键效应。在溶剂中，氢交换的速度顺序为：$—OH>—NH_2>—SH$。

受氢键效应的影响，它们质子的化学位移随所采用的溶剂、浓度、温度等的不同而改变。例如甲醇质子在不同溶剂中的化学位移如下：

溶剂	$CDCl_3$	CD_3COCD_3	CD_3SOCD_3	$CD_3C≡N$
$—CH_3$	3.40	3.31	3.16	3.28
—OH	1.10	3.12	4.01	2.16

当分子中含有多个活泼氢时，常发生氢快速交换而显示出平均化的质子共振峰。各类活泼氢质子化学位移δ值如图3.6所示。

3.3.3 耦合作用的一般规则

3.3.3.1 核的等价性

在讨论耦合作用的一般规则前，必须理解核的等价性。在核磁共振中，核的等价性分为两个层次，即化学等价和磁等价。

(1) 化学等价。

化学等价又称化学位移等价。当分子中两个相同的原子或基团处于相同的化学环境时，则它们化学等价。化学等价的核具有相同的化学位移。

通过对称性操作可以判断原子或基团的化学等价性。如果两个基团可通过二重旋转轴互换，则它们在任何溶剂中都是等价的。例如，X、Y对位取代化合物1，以通过X、Y取代基的直线为对称轴，旋转180°后H_a和$H_{a'}$互换，H_b和$H_{b'}$互换，所以H_a和$H_{a'}$、H_b和$H_{b'}$都是化学位移等价的。化合物2为X、Y、Y间位取代苯，同样可以通过对称性操作确定H_a和$H_{a'}$是化学等价的；如果两个基团是通过对称面互换的，则它们在非极性手性溶液中是化学等价的，而在手性溶液中不是化学等价的。以化合物3为例，其中R_1和R_2是两个相同的基团，但为了讨论方便，分别标注为R_1和R_2以示区别。若从R_1方向观察另外的三个基团，按顺时针方向的次序为$X—R_2—Y$；若从R_2方向观察，这三个基团按顺时针方向的次序为$X—Y—R_1$，这就像对映异构体通过对称面可以互换一样。因此在手性溶剂中R_1和R_2是化学不等价的，它们的化学位移差值与X、Y取代基的性质以及手性溶剂的种类有关。但是R_1和R_2在非手性溶剂中是等价的。由于在通常情况下不使用手性溶剂，所以一般不太注意这种情况。不能通过上述两种对称操作互换的相同基团都不是化学等价的。

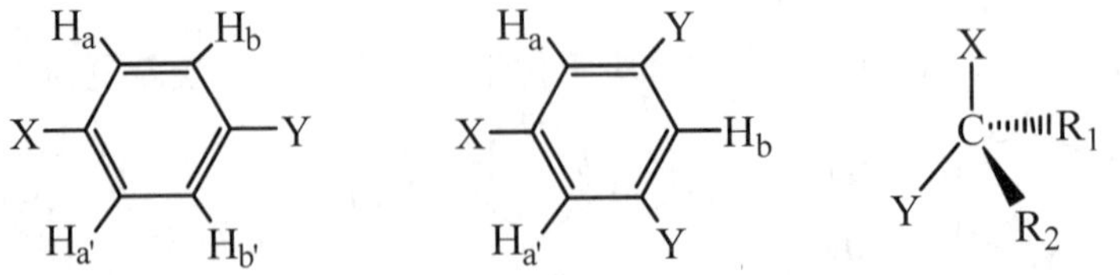

化合物 1　　化合物 2　　化合物 3

化学等价与否的一般情况如下：因单键的自由旋转，甲基上的三个氢或饱和碳原子上三个相同基团都是等价的。亚甲基（$—CH_2$）或同碳上的两个相同的基团情况比较复杂，须具体分析。固定环上的两个氢不是化学等价的，如环己烷或取代环己烷上的$—CH_2$；

与手性碳直接相连的—CH_2上的两个氢不是化学等价的，如图 3.13 中对 2－甲基丁酸乙酯中的 H_b和 H_c；单键不能快速旋转时，同碳原子上的两个相同基团可能不是化学等价的，如 N,N－二甲基甲酰胺中的两个甲基因 C—N 键的旋转受阻而不等价，从而在谱图上出现两个信号。但是，当温度升高，C—N 键旋转速度足够快时，它们就会变成化学等价，在谱图上只出现一个峰。

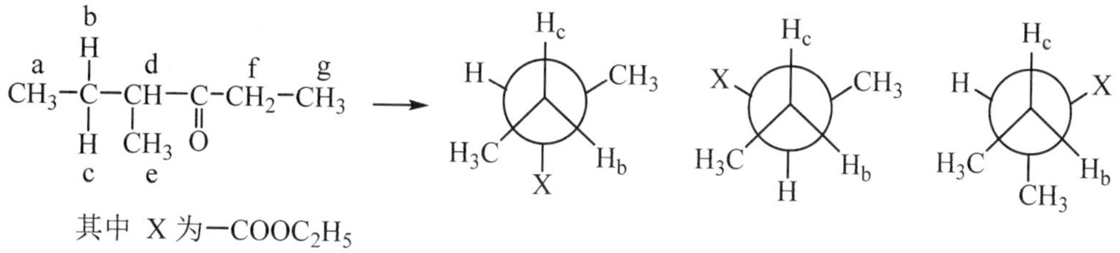

其中 X 为—$COOC_2H_5$

图 3.13　2－甲基丁酸乙酯的结构式及构型

（2）磁等价。

如果两个原子核不仅化学位移相同（即化学等价），而且还以相同的耦合常数与分子中其他核耦合，则这两个原子核就是磁等价的。可见，磁等价比化学等价的条件要高。

例如，乙醇分子中甲基的三个质子有相同的化学环境，是化学等价的，亚甲基的两个质子也是化学等价的。同时，甲基的三个质子与亚甲基每个质子的耦合常数都相等，所以甲基中三个质子是磁等价的，同样地，亚甲基中的两个质子也是磁等价的。又如上面提到的，X、Y 对位取代苯化合物 2 中，H_a和 $H_{a'}$、H_b和 $H_{b'}$是化学等价的，但 H_a与 H_b是间隔三个键的邻位耦合（^3J），$H_{a'}$和 $H_{b'}$是间隔五键的对位耦合（^5J），所以它们不是磁等价的；同样，H_b和 $H_{b'}$是化学等价的，但不是磁等价的。如果是对称的三取代苯化合物 3，则 H_a和 $H_{a'}$是磁等价的，因为它们与 H_b都是间位耦合（^4J），耦合常数相等。

3.3.3.2　耦合作用的一般规则

（1）一组磁等价的核如果与另外 n 个磁等价的核相邻时，这一组核的谱线将被裂分为 $2nI+1$ 个峰，I 为自旋量子数。对于^1H、^{13}C、^{19}F 等核来说，$I=1/2$，裂分峰数目等于 $n+1$ 个，因此通常称为“$n+1$”规律。例如乙醇和乙苯的氢谱中，都有一个三重峰和一个四重峰。这是因为甲基受相邻亚甲基两个磁等价质子的耦合作用裂分成三重峰；而亚甲基受相邻甲基的三个磁等价质子的耦合影响，裂分为四重峰。

（2）如果某组核既与一组 n 个磁等价的核耦合，又与另一组 m 个磁等价的核耦合，且两种耦合常数不同，则裂分数目为（$n+1$）（$m+1$）。

（3）因耦合而产生的多重峰相对强度可用二项式（$a+b$）^{n} 展开系数表示，n 为磁等价核的个数，即相邻有一个耦合核（$n=1$）时，形成强度基本相等的二重峰；相邻有两个磁等价的核（$n=2$）时，因耦合作用形成三重峰的强度为 1∶2∶1；相邻有三个磁等价的核（$n=3$）时，形成四重峰的强度为 1∶3∶3∶1 等。

（4）裂分峰组的中心位置是该组磁核的化学位移值。裂分峰之间的裂距反映耦合常数 J 的大小，确切地说是反映 J 的绝对值，因为 J 值有正负之分，只是 J 值的正负在核磁共振谱图上反映不出来，一般可以不予考虑。在测量耦合常数时应注意 J 的单位为赫兹（Hz），而核磁共振谱图中的横坐标为化学位移值，直接从谱图上量得的裂分距（$\Delta\delta$）必须乘以仪器的频率才能转化为 Hz。

（5）磁等价的核相互之间也有耦合作用，但没有谱裂分的现象。

符合上述规则的核磁共振谱图称为一级谱图。一般认为相互耦合的两组核的化学位移差 $\Delta\nu$（以频率表示，即等于 $\Delta\delta\times$仪器频率）至少是它们的耦合常数的 6 倍以上，即 $\Delta\nu/J>6$ 时测得的谱图为一级谱图。而 $\Delta\nu/J<6$ 时测得的谱图称为高级谱图。$\Delta\nu/J>6$ 的耦合称为弱耦合，而 $\Delta\nu/J<6$ 的耦合称为强耦合。高级谱图中磁核之间耦合作用不符合上述规则。关于高级谱图将在稍后作简要介绍。

3.3.3.3 影响耦合常数的因素

耦合源起于自旋核之间的相互干扰，耦合常数 J 的大小与外磁场强度无关。耦合是通过成键电子传递的，J 的大小不仅与发生耦合的两个（组）磁核之间相隔的化学键数目有关，而且与它们之间的电子云密度以及核所处的空间相对位置等因素有关。所以 J 与化学位移值一样是有机物结构解析的重要依据。根据核之间间隔的距离，常将耦合分为同碳耦合、邻碳耦合和远程耦合三种。

（1）同碳质子耦合常数。

连接在同一个碳原子上的两个磁不等价质子之间的耦合常数称为同碳耦合常数。因为是通过两个化学键传递的，所以用 $^2J_{H\text{-}H}$ 或 ^2J 表示。^2J 是负值，大小变化范围较大，其大小的变化与结构密切相关。不过，总体上同碳质子的耦合种类较少。在 sp^3 杂化体系中由于单键能自由旋转，同碳上的质子大多是磁等价的，只有构象固定或其他特殊情况下才有同碳耦合情况发生。在 sp^2 杂化体系中双键不能自由旋转，同碳质子耦合是常见的。表 3.8 为常见的同碳耦合常数 ^2J。

表 3.8 常见的同碳耦合常数

结构	^2J/Hz	结构	^2J/Hz
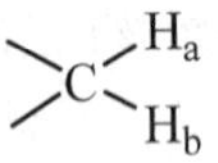 $>C(H_a)(H_b)$	−12～−16	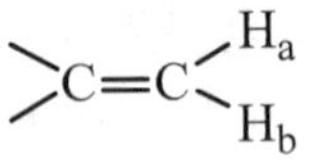 $>C=C(H_a)(H_b)$	−0.5～−3
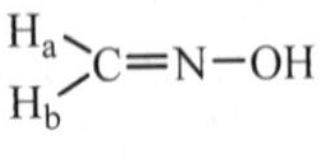 $H_aH_bC=N-OH$	−7.63～−9.95（与溶剂有关）	 环丙烷 H_a，H_b	−3.9～−8.8
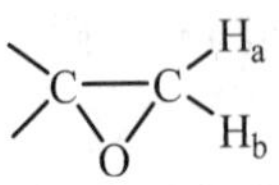 环氧 $>C-C(H_a)(H_b)$（O）	−5.4～−6.3	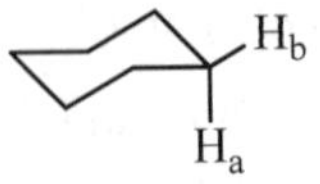 环己烷 H_a，H_b	−12.6

（2）邻碳质子耦合常数。

相邻碳原子上的两个质子之间的耦合常数称为邻碳耦合常数，用 ^3J 表示。在氢谱中，^3J 是最为常见和最为重要的一种耦合常数。在 sp^3 杂化体系中，当单键能自由旋转时，$^3J\approx7$ Hz。例如乙醇、乙苯和氯代乙烷中，甲基和亚甲基之间的耦合常数分别为 7.90 Hz、7.62 Hz 和 7.23 Hz。当构象固定时，^3J 是两面角 θ 的函数。它们之间的关系可以用 Karplus 公式（3.31）表示：

$$^3J = J_0\cos^2\theta + C \quad (0° < \theta < 90°)$$
$$^3J = J_{180}\cos^2\theta + C \quad (90° < \theta < 180°) \tag{3.31}$$

式中，J_0 表示 $\theta=0°$时的 J 值，J_{180}表示 $\theta=180°$时的 J 值，$J_{180}>J_0$；C 为常数。对于乙烷（H—C—C—H），$J_0=8.5$ Hz，$J_{180}=11.5$ Hz，$C=0.28$ Hz。

利用实验所得^3J 值和 Karplus 公式可以推测分子结构。表 3.9 是常见邻碳质子的耦合常数。

表 3.9 常见邻碳质子的耦合常数

结构类型	^3J/Hz	结构类型	^3J/Hz
CH_aCH_b自由旋转	6～8	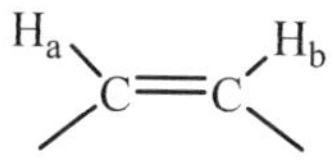 H_a(C=C)H_b（顺式，双键）	6～15
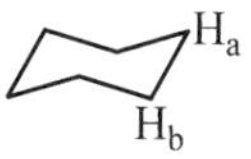 环己烷 H_a、H_b ax-ax ax-eq eq-eq	7～13 2～5 2～5	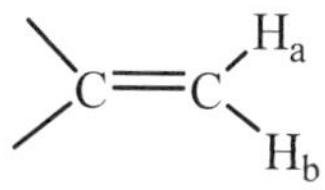 C=C，H_a、H_b 同碳（偕位）	5～11
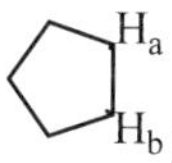 环戊烷 H_a、H_b 顺式或反式	0～7	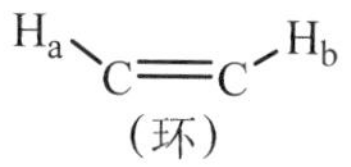 H_aC=CH_b（环）五元环 六元环 七元环	10～13
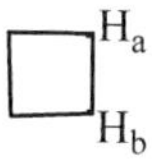 环丁烷 H_a、H_b 顺式或反式	5～10	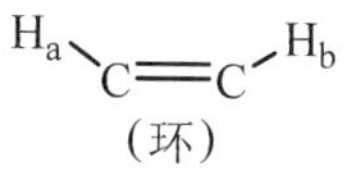 H_aC=CH_b（环）五元环 六元环 七元	3～4 6～9 10～13
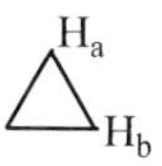 环丙烷 H_a、H_b 顺式 反式 CH_aOH_b无交换反应	7～12 4～8 4～10	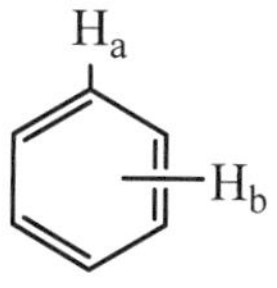 苯环 H_a、H_b J(邻) J(间) J(对)	7～9 1～3 0～0.6
>CH—C(=O)—H_b	1～3	吡咯（1–5位）$J_{(1-2)}$ $J_{(1-3)}$ $J_{(2-3)}$	2～3 2～3 2～3
H_aC=CH_b（反式排列）	5～8	$J_{(3-4)}$ $J_{(2-4)}$ $J_{(2-5)}$	3～4 1～2 1.5～2.5
H_aC=CH_b（顺式排列）	12～20	$J_{(4-5)}$	4～6

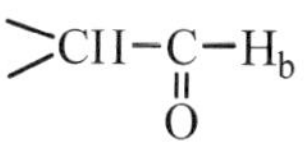

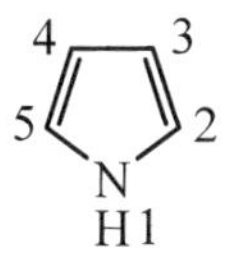

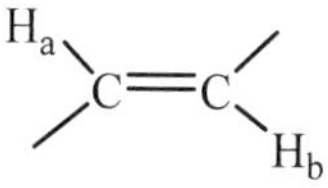

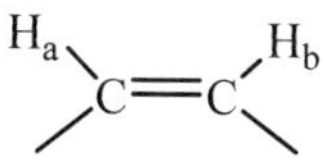

对乙烯型的^3J 而言，因为分子是一平面结构，处于顺位的两个质子，对应的 $\theta=0°$，而处于反位的两个质子，对应的 $\theta=180°$，所以$^3J_{反}$ 总是大于$^3J_{顺}$。两者均与取代基的电负性有关，随着电负性的增大，耦合常数减小。下面有几个典型的例子：

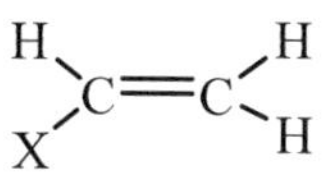

(X)HC=CH_2

取代基 X	—Li	—CH_3	—F
$^3J_{顺}$	19.3	10.0	4.7
$^3J_{反}$	23.9	16.8	12.7

（3）远程耦合。

远程耦合是指超过三个化学键以上的核之间的耦合作用。一般情况下，这种耦合作用很小，可以忽略。但当两个核处于特殊的空间位置时，跨越四个或四个以上化学键的耦合作用仍可以检测到。这种现象在烯烃、炔烃和芳香烃中比较普遍，因为π电子流动性大，使耦合作用可以传递到很远的距离。下面介绍几种常见的远程耦合作用。

①烯丙基型耦合：

例如，跨四键的 $H_aH_bC=C\langle C-H_c$ 和跨五键的 H_a、H_b 的耦合常数为 1～2 Hz。

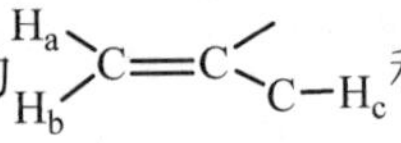

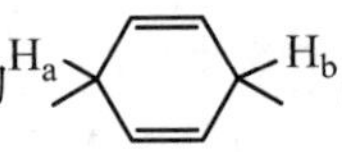

②芳香环和杂环上质子耦合：苯环上邻位质子的耦合是叁键耦合，间位和对位质子的耦合就是跨越四键和五键的远程耦合。它们的耦合常数按邻、间、对位的顺序依次减小：$J_{邻}$为 6～10 Hz，$J_{间}$为 1～3 Hz，$J_{对}$为 0～1 Hz。

③折线形的远程耦合：下面列出几种跨越四键或五键的折线形耦合例子，它们的耦合常数在 0.4～1 Hz，如：

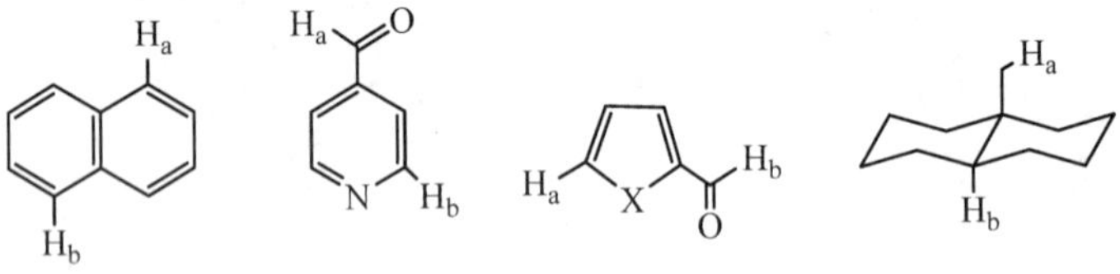

3.3.4 一级谱图的解析

由前所述可知，$\Delta\nu/J>6$ 时所得的谱图即为一级谱图，一张^1H—NMR 谱图能够提供三方面的信息：化学位移值 δ、耦合（包括耦合常数 J 和自旋裂分峰型）及各峰面积之比（积分曲线高度比）。这三方面的信息都与化合物结构密切关联，所以^1H—NMR 谱图的解析就是具体分析和综合利用这三种信息来推测化合物中所含的基团以及基团之间的连接顺序、空间排布等，最后提出分子的可能结构并加以验证。

3.3.4.1 ^1H—NMR 解析的一般步骤

未知化合物^1H—NMR 谱图解析的一般步骤如下：

（1）根据分子式计算化合物的不饱和度 UN，以确定可能的双键或环数。

$$UN=1+n_4+(n_3-n_1)/2$$

式中n_i是化合价为 i 的原子个数。

（2）测量积分曲线的高度，进而确认各峰组对应的质子数目。有几种不同的方法可以采用。例如，测量出积分曲线中每一个台阶的高度（有时仪器直接给出每一组峰面积的数字值），然后折合成整数比；若已知分子式，可将所有吸收峰组的积分高度除以氢原子数目，求得每个质子产生的信号高度，然后求出各个峰组的质子数，也可以用一个已知确定的结构单元为基准，然后计算其他峰组的质子数，常用作基准的结构单元有甲基、单取代苯等。由于积分曲线高度的测量不可能绝对准确，因此在确定每个峰组的质子数时，必须考虑分子中可能存在的对称性以及化学结构上的合理性。例如，在高场的峰组确定为有 4、6、9 个质子，分别表示分子中存在两个 CH_2、两个 CH_3 或三个 CH_2、三个 CH_3，即分子有一定的对称性；而在高场区域一个明显没有重叠的峰组，如果确定为有 5 个或 7 个质子，则显然不合理。

（3）根据每一个峰的化学位移值、质子数目以及峰组裂分情况推测出对应的结构单元。在这一步骤中，应特别注意那些化学貌似等价，而实际上不是化学等价的质子或基团。连接在同一碳原子上的质子或相同基团，因单键不能自由旋转或因与手性碳原子直接相连等原因常常不是化学等价的。这种情况会影响峰组个数，并使裂分峰形复杂化。

(4) 计算剩余的结构单元和不饱和度。分子式减去已经确定的所有结构单元的组成原子，差值就是剩余单元；由 $UN=1+n_4+(n_3-n_1)/2$ 计算得到的不饱和度减去已经确定结构单元的不饱和度，即得剩余的不饱和度。这一步骤虽然简单，但也必不可少，因为不含氢的基团，如羰基、醚、酯基等在氢谱中不产生直接的信息。

(5) 将结构单元组合成可能的结构式。根据化学位移和耦合关系将各个结构单元连接起来。对于简单的化合物有时只能列出一种结构式，但对于比较复杂的化合物则能列出多种可能的结构式，此时应注意排除与谱图明显不符合的结构，以减少下一步的工作量。

(6) 对所有可能的结构进行指认，排除不合理的结构。指认时，峰组的化学位移值可根据3.3.2节的经验公式计算。但是有机化合物结构千变万化，经验公式难以覆盖各种可能，特别是在多取代的情况下，由经验公式计算所得的化学位移值与实测值之间可能存在较大的误差。

(7) 如果依然不能得出明确的结论，则需借助其他波谱分析方法，如紫外、红外、质谱和核磁共振碳谱等。

3.3.4.2 ^{1}H—NMR 解析时的注意事项

(1) 注意区分杂质峰、溶剂峰和旋转边带等非样品峰。

在正常的样品中，杂质的含量远远低于样品，所以杂质峰的面积也远小于样品峰，并且与样品峰面积之间不存在简单的整数比关系。

在进行核磁共振测量时，一般是将样品溶解在某种氘代试剂中。由于氘代溶剂不可能达到100%的同位素纯，其中微量氢也会出现相应的吸收峰。例如氘代氯仿（$CDCl_3$）中微量的氯仿（$CHCl_3$）在7.27处出现吸收峰。溶剂的相对强度与测定时样品溶液的浓度有关，当样品浓度很低时，溶剂峰就很明显。核磁共振中常用氘代溶剂峰的化学位移值如表3.10所示。

表3.10 常用氘代试剂中残留质子的^{1}H信号

溶剂	分子式	^{1}H的δ值	峰的多重性	^{13}C的δ值	峰的多重性	备注
氘代丙酮	CD_3COCD_3	2.04	5	206 29.8	13 7	含微量水
氘代苯	C_6D_6	7.15	1（宽）	128.0 77.7	3 3	含微量水
氘代氯仿	$CDCl_3$	7.24	1	77.7	3	含微量水
重水	D_2O	4.60	1	—	—	—
氘代二氯甲烷	CD_2Cl_2	5.32	3	53.8	5	—
氘代二甲基亚砜	CD_3SOCD_3	2.49	5	39.5	7	含微量水

旋转边带是由于核磁共振测定时样品管的快速旋转而产生的，它是以强谱峰为中心，左右等距离处出现的一对弱峰。它们与强峰之间的距离与样品管的旋转速度有关。通过改变样品管的转速可以方便地确定旋转带。在仪器工作状态良好的情况下，一般不会出现旋转边带。

（2）注意分子中活泼氢产生的信号。

—OH、—NH、—SH等活泼氢的核磁共振峰比较特殊，在解析时应注意。一是活泼氢多数能形成氢键，其化学位移值不固定，随测定条件在一定区域内变动；二是活泼氢在溶液中会发生交换反应。当交换反应速度很快时，体系中存在的多种活泼氢（如样品中既含有羧基，又含有氨基、羟基或者含有几个化学环境不同的羟基，样品和溶剂中含有活泼氢等）在核磁共振图谱上显示一个平均的活泼氢信号，而且它们与相邻含氢的基团不再产生耦合裂分现象。如果使用氘代二甲基亚砜为溶剂，因羟基能与它强烈缔合而使交换速度大大降低，此时可以观察到样品中不同羟基的信号以及羟基与邻碳质子的耦合裂分的信息。根据裂分峰的个数可以区分伯、仲、叔醇。另外，当样品很纯（不含痕量酸或碱）时，交换速度也很慢，羟基同样会被邻碳质子裂分（应注意羟基与邻碳质子的耦合作用是相互的，所以此时邻碳质子也会被羟基耦合，原来的裂分情况会有相应的变化）。

正是因为活泼氢有以上特点，通过实验可以将它们与其他氢的信号区别开来。一种方法是改变实验条件，如样品浓度、测量温度等，吸收峰位置发生变化的就是活泼氢；另一种方法就是前面提到的利用重水进行交换反应。具体做法是，先测定正常的氢谱，然后在样品溶液中滴加1～2滴重水并振荡，再绘一张氢谱。由于活泼氢与重水中的氘快速交换，原来由活泼氢产生的吸收峰便会消失。

（3）注意不符合一级谱图的情况。

一级谱图是有条件的。在许多情况下，由于相互耦合的两种质子化学位移值相差很小，不能满足 $\Delta\nu/J>6$ 的条件。当偏离一级谱图条件很远时，谱图的裂分峰强度比和裂分峰数目均不符合 $n+1$ 规律，这就是后面要讨论的高级谱图。

3.3.5 高级谱图简介

3.3.5.1 高级谱图的特点

当 $\Delta\nu/J\ll6$ 时，产生的谱图与一级谱图有很大的差别，称为高级谱图或二级谱图。与一级谱图相比，高级谱图有以下特点：耦合裂分不符合 $n+1$ 规律，通常裂分峰的数目超过用 $n+1$ 规律计算得到的数目；裂分峰组中各峰的相对强度关系复杂，不符合 $(a+b)^n$ 展开式的系数；化学位移值 δ 和耦合常数 J 一般不能在谱图上读出，需要通过计算才能得到。

高级谱图比较复杂，不能用一级谱图的解析方法来处理。通常是将相互耦合的核组划分成不同的自旋体系，再分别研究它们的谱图特点和规律。

3.3.5.2 自旋体系的分类和命名

自旋体系是指相互耦合的合适组成的体系。体系内部的核相互耦合，而不与体系外的任何核耦合。例如下述化合物：

$$H_3C-C_6H_4-SO_2-NH-CH_2-\overset{O}{\overset{\|}{C}}-O-CH_3$$

可分为三个自旋体系：

$H_3C-C_6H_4-$，$—NH—CH_2—$ 和 $—CH_3$

为了便于分类和研究，不同的自旋体系命名原则如下：

①化学位移相同的核组成一个核组，以一个大写英文字母表示，化学位移不同的核组间用不同的英文字母表示。并且规定化学位移相差大的核组选择字母表中相距远的字母，如 AX、AMX 等，化学位移相近的核组选择字母表中邻近的字母，如 AB、ABC 等。

②核组内磁等价核的数目用阿拉伯数字标注在大写字母的右下角。

③核组内磁不等价的核，则用上标“′”加以区别，如一个核组内有三个磁不等价的核，则表示为 AA′A″。

例如，上述自旋体系 $H_3C-C_6H_4-$ 可以命名为 $A_3MM'XX'$。

（1）二旋体系。

由两个自旋核组成的体系称作二旋体系，是高级谱图中最简单的一种。二旋体系中共有 4 条谱线，呈对称状，每一个自旋核有两条相邻的谱线。若两个核之间的耦合常数为一固定值，随着两个自旋核的化学位移差由大到小变化，内侧的两条谱线强度增强，外侧的两条谱线强度减弱，呈规律性变化。当两个核的化学位移差足够大（即达到 $\Delta\nu/J>6$）时，就是 AX 体系，四条谱线强度基本相等，这就相当于一级谱线谱图；当两个核的化学位移差较小（即 $\Delta\nu/J$ 为 1～6）时，就是 AB 体系，随着两个核化学位移值逐渐靠近，内侧两条谱线重叠为一，外侧谱线强度测量不出，即成为 A_2 体系。

下面以 AB 体系为例，讨论体系参数与各谱线位置之间的关系。图 3.14 为 AB 体系的示意图，从低场到高场四条谱线依次标注为 1、2、3、4，则：

$$J_{AB}=\nu_1-\nu_2=\nu_3-\nu_4 \tag{3.32}$$

$$\Delta\nu_{AB}=\nu_A-\nu_B=\sqrt{(\nu_1-\nu_3)^2-(\nu_1-\nu_2)^2}=\sqrt{(\nu_1-\nu_4)(\nu_2-\nu_3)} \tag{3.33}$$

$$\frac{I_1}{I_2}=\frac{I_4}{I_3}=\frac{\nu_2-\nu_3}{\nu_1-\nu_2} \tag{3.34}$$

式中，ν 为谱线的位置，以 Hz 表示；I 为谱线的强度。由此可见，AB 的耦合常数可以从两条谱线间的距离直接测得，但是 AB 体系的化学位移值不能直接从图中读出，必须通过计算才能得到。AB 体系可以经常看到，如二取代的乙烯、四取代的苯以及脂环结构上孤立的 CH_2 等。

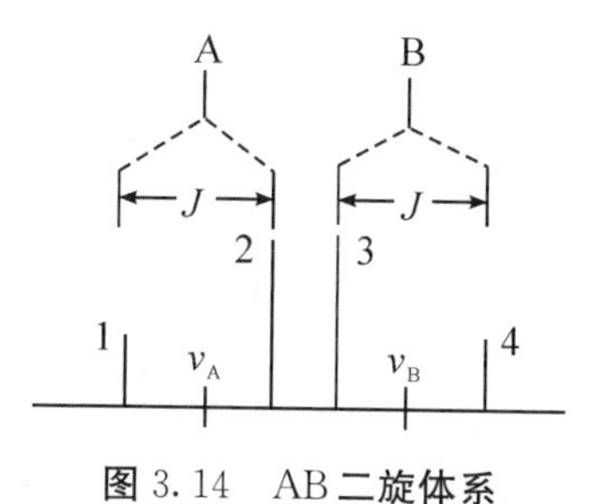

图 3.14　AB 二旋体系

（2）三旋体系。

三旋体系的类型比较多，如有 AX_2、AB_2、AMX、ABX 等。在此仅简单介绍 AX_2 和 AB_2 体系。

AX_2 体系近似于一级谱图，共有 5 条谱线，其中 A 核有 3 条，X 核有 2 条。A、X 核的化学位移基本位于它们的谱线中心，谱线间的裂距即为耦合常数（图 3.15）。

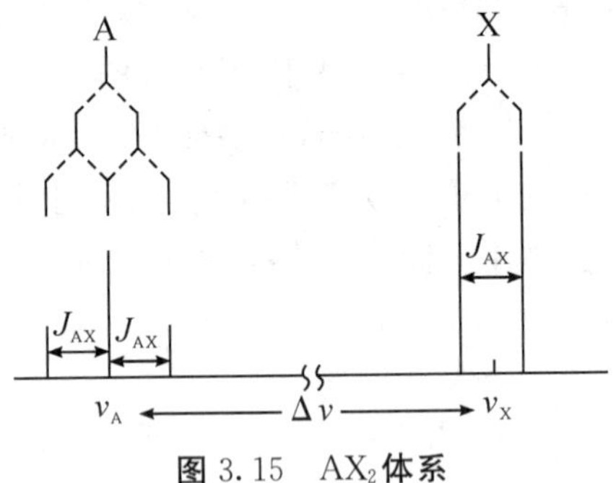

图 3.15　AX_2 **体系**

AB_2 体系最多时有 9 条谱线，其中 A 核有 4 条谱线（即图 3.16 中的标记为 1、2、3、4 的谱线），B 核也有 4 条谱线（即图 3.16 中标记为 5、6、7、8 的谱线），第 9 条是综合谱线，由于强度很弱，大多数情况下观察不到。随着 $\Delta\nu/J$ 比值的不同，这些谱线的分布以及相对强度有很大差异。但是第 3 条谱线的位置总是 A 核的化学位移，第 5 条和第 7 条谱线的中点总是 B 核的化学位移。图 3.16 给出了几种典型的状态。

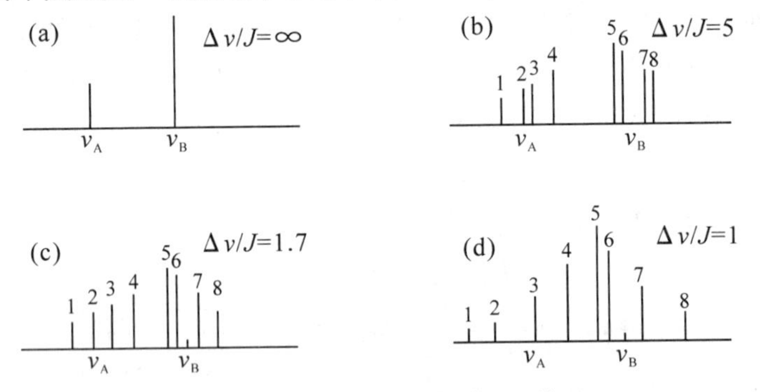

图 3.16　**参数** $\Delta\nu/J$ **改变时** AB_2 **体系**

其他的三旋体系比 AB_2 更复杂，如 ABX 体系最多有 14 条谱线。

3.3.5.3　高频仪器的使用

除上述的二旋体系外，还有四旋体系等包含更多自旋核的体系。由此可见，高级谱图相当复杂，不同自旋核体系中谱图数目、位置、化学位移值和耦合常数的测试方法不同；同一种自旋核体系中，因为参数 $\Delta\nu/J$ 的变化，谱图的线型也会发生很大的变化。因此高级谱图的解析相当困难。

随着高频核磁共振波谱仪的发展和使用，许多高级谱图可以转变成一级谱图，大大简化了谱图解析的难度。从化学位移和自旋耦合的原理可知，耦合常数 J 是分子固有的属性，与谱仪的频率（即外磁场强度）无关；而化学位移以 δ 表示时，也与谱仪的频率无关；但若以 $\Delta\nu$ 表示时（单位为 Hz），则随着谱仪频率的增大，$\Delta\nu$ 也随之增大（因

为 $\Delta\nu=\Delta\delta\times\nu_{仪器}$）。例如1,2,3－三羟基苯，当在60 MHz的仪器上测定时，$\delta_A=6.59$，$\delta_B=6.23$，$\Delta\delta_{AB}=0.36$，$J\approx8$ Hz。在100 MHz的谱仪上测定时，$\Delta\nu_{AB}=36$ Hz，$\Delta\nu/J\approx4.5$，所以是AB_2体系的高级谱图；而在300 MHz的谱仪上测定时，$\Delta\nu_{AB}=108$ Hz，$\Delta\nu/J\approx13.5$，远远大于6，所以是一级谱图。

OH
HO　OH
B　B
A

高频核磁共振波谱仪的分辨率很高，一些δ值相近的谱峰在低频仪器上因重叠合并为一个较宽的峰，而用高频仪器测定时，都能一一分开。

3.4　核磁共振碳谱（^{13}C—NMR）

有机化合物中的碳原子构成了有机物的骨架。因此观察和研究碳原子的信号对于研究有机物有着非常重要的意义。

虽然第一张^{13}C—NMR早在1957年就由P. C. Lautertar测得。但是在当时要使它作为常规方法用于有机化合物结构的测定尚有许多困难。主要是因为自然界丰富的^{12}C自旋量子数$I=0$，没有核磁共振信号，而$I=1/2$的^{13}C核虽然有核磁共振信号，但其天然丰度仅为1.1%，故信号很弱，给检测带来了困难。因此在早期，一般只研究^{1}H—NMR。

直到20世纪70年代脉冲傅里叶变换核磁共振谱仪的问世，才使得^{13}C—NMR的应用有了突破，这期间随着计算机的不断更新发展，核磁共振碳谱的测试技术和方法也在不断改进和增加，如偏共振去耦，可获得^{13}C－^{1}H之间的耦合信息，无畸变极化转移增强（Distortionless Enhancement by Polarization Transfer，DEPT）技术可识别碳原子级数等，因此从碳谱中可以获得极为丰富的信息。本节将重点介绍碳谱化学位移的影响因素以及化学位移的经验计算法，然后将简单介绍碳谱中的耦合现象以及较为典型的耦合常数值，最后介绍碳谱的一般解析方法。

3.4.1　^{13}C—NMR谱的特点

^{13}C—核磁共振的原理与^{1}H—核磁共振的原理基本相同。但是，由于^{13}C和^{1}H的物理性质不同（表3.1），使得碳谱具有与氢谱不同的特点。

（1）化学位移范围宽。^{1}H谱的谱线化学位移δ值（单位ppm）一般为0～10，少数谱图可再超出5，但一般不超过20；而^{13}C谱的谱线化学位移δ值为0～250，特殊情况下甚至会再超出50～100，由于化学位移范围较宽，故对化学环境存在微小差异的核也能区别，这对鉴定分子结构更为有利。

（2）信号强度低。由于^{13}C天然丰度仅为1.1%，^{13}C的磁旋比（γ_C）约为^{1}H的磁旋比（γ_H）的1/4，所以^{13}C的NMR信号要比^{1}H的低得多，大约是^{1}H信号的1/6000。故在^{13}C—NMR的测定中，常常需要进行长时间的累加才能得到一张信噪比较好的图谱。

（3）耦合常数大。由于^{13}C天然丰度仅为1.1%，与它直接相连的碳原子也是^{13}C的概率很小，故在碳谱中一般不考虑^{13}C－^{13}C耦合，而碳原子常与氢原子相连，^{13}C－^{1}H键耦合常数的数值很大，一般为125～250 Hz。因为^{13}C天然丰度很低，这种耦合并不影响^{1}H谱，但在碳谱中是主要的。所以不去耦合的碳谱，各个裂分峰彼此交叠，很难辨识。故常规的碳谱都是质子噪声去耦谱，去掉了全部^{13}C—^{1}H耦合，得到各碳的谱线都是单峰。

（4）弛豫时间长。^{13}C的弛豫时间比^{1}H长得多，有的化合物中的一些碳原子的弛豫时间长达几分钟，这使得测定T_1、T_2等比较方便。另外，不同种类的碳原子弛豫时间差别也比较大，这样便可以通过测定弛豫时间来获得更多的结构信息。

（5）共振方法多。^{13}C—NMR除质子噪声去耦谱外，还有许多其他的共振方法，可获得不同的信息。如偏共振去耦谱，可获得^{13}C—^{1}H耦合信息；门控去耦谱，可获得定量信息等。因此，碳谱比氢谱的信息更丰富，解析结构更清楚。

（6）图谱更简单。虽然碳原子与氢原子之间的耦合常数较大，但由于它们的共振频率相差很大，所以—CH—、—CH_2—、—CH_3等都构成简单的AX、AX_2、AX_3体系。因此即使是不去耦的碳谱，也可以用一级谱图解析，比氢谱简单。

与核磁共振氢谱一样，碳谱中最重要的参数是化学位移、耦合常数、峰面积。另外，氢谱中不常用的弛豫时间如T_1值在碳谱中因与分子大小、碳原子的类型等有着密切的关系而有广泛的应用，如用于判断分子大小、形状、估计碳原子上的取代数、识别季碳原子、解析谱线强度、研究分子运动的各向异性、研究分子链的柔顺性和内运动、研究空间位阻以及有机物分子和离子的缔合及溶剂化等。

3.4.2 影响^{13}C化学位移的因素

在早期的碳谱研究中，化学位移的表示方法各不相同。有的用二硫化碳（CS_2）作参比，也有的用苯作参比。现在碳谱与^{1}H—NMR谱相同，均以TMS为标准。

影响^{13}C核化学位移的主要因素是顺磁性去屏蔽效应（σ_{para}）。基态和激发能级差越小，平均电子激发能ΔE越小，则σ_{para}的绝对值越大，相应碳核的化学位移δ值也越大。当碳原子核外电子云密度增大时，由于电子间相互排斥，使成键轨道扩张，即r_{2p}增大，则σ_{para}绝对值相应减小，相应碳核的化学位移δ值减小。例如：

C═O	$n\rightarrow\pi^*$	$\Delta E\approx7eV$	$\delta_c>160$
C═C，phenyl	$\pi\rightarrow\pi^*$	$\Delta E\approx8eV$	$\delta_c\approx100\sim160$
C—C	$\sigma\rightarrow\sigma^*$	$\Delta E\approx10eV$	$\delta_c<50$

与分子结构相关的影响化学位移的因素包括：杂化类型、电子效应、空间位阻、溶剂效应和动力学影响等。

3.4.2.1 碳的杂化类型

碳核化学位移δ（以TMS为内标）值的范围，在很大程度上取决于碳的杂化类型。sp^3杂化碳在最高场，其次为sp杂化碳，sp^2杂化碳在最低场。例如：

CH_3—CH_3	$\delta_c=5.7$	sp^3	$\delta_c<50$
CH≡CH	$\delta_c=71.9$	sp	$\delta_c\approx70\sim100$
CH_2═CH_2	$\delta_c=123.3$	sp^2	$\delta_c\approx100\sim160$
CH_2═O	$\delta_c=197.0$	sp^2	$\delta_c\approx160\sim210$

这主要是对应价键的平均电子激发能不同所致。可见，不同杂化类型碳核的化学位

移大小顺序与其相连质子的化学位移大小顺序一致。

3.4.2.2　诱导效应

电负性取代基使相邻碳化学位移 δ 值增大，增大的大小随相隔键数的增多而减弱（表 3.11）。这是由于电负性基团的诱导效应，使碳原子 2p 轨道电子云密度减小所致。诱导效应对直接相连碳的化学位移影响最大，即 α 效应。

表 3.11　正构烷烃中末端氢被电负性取代基取代后（X—CH_2…）**烷基**^{13}C **化学位移** δ_c（ppm）

取代基 X—	电负性	α—	β—	γ—
H	2.1	0	0	0
CH_3	2.5	+9	+10	−2
SH	2.5	+11	+12	−6
NH_2	3.0	+29	+11	−5
Cl	3.0	+31	+11	−4
F	4.0	+68	+9	−4

由表 3.11 可见，不同取代基对 β 碳影响的差别不大，对 γ 碳的影响都使其往高场位移。这表明，除取代基的诱导效应外，还有其他因素影响碳核的化学位移。

由于碳原子的电负性比氢原子的大，所以尽管烷基为给电子基团，但是在烷烃化合物中，烷基取代越多的碳原子，其 δ_c 反而越向低场位移。

化合物	CH_4	CH_3CH_3	$CH_2(CH_3)_2$	$CH(CH_3)_3$	$C(CH_3)_4$
δ_c	−2.3	6.5　6.5	16.1　16.3	24.6　23.3	27.4　31.4

3.4.2.3　共轭效应

杂原子基团参与的共轭效应对 π 体系中电子云分布有很大的极化影响，从而显著影响共轭体系中碳核的化学位移。

在取代苯环中，供电子基团取代能使其邻、对位碳的电子云密度增大，对应碳的化学位移 δ 值减小；而吸电子基团取代则使其邻、对位碳的电子云密度减小，对应碳的化学位移 δ 值增大。间位碳电子云密度所受影响不大，故间位碳化学位移 δ 值的变化较小。取代基对直接碳的影响主要由诱导作用产生。例如：

128.5

NH_2 147.7 116.1 129.8 119.0

OCH_3 54.8 159.9 114.1 129.5 120.7

CN 119.5 112.8 132.1 129.2 132.8

NO_2 149.1 124.1 129.8 134.7

在芳香杂环中可观察到类似更强的影响。例如：

136.0 123.8 149.9 N ⟷ N− + ⟷ + N−

由于类似的效应，α，β—不饱和羰基化合物（醛、酮、酸等）与相应的饱和羰基化合物相比，羰基碳的化学位移减小约 10，而 β 位烯碳的化学位移比 α 位烯碳的更大。例如：

这种共轭作用受立体环境的影响。当由于立体障碍共轭体系不能达到共平面时，则羰基碳 δ 值的高场位移的作用减弱。例如：

在共轭多烯中，由于共轭所致的 π 电子离域与杂原子参与的共轭相比要弱得多。但是也使共轭链中间烯碳的屏蔽作用增大，δ 值略有减小，末端烯碳的屏蔽作用减小，δ 值略有增大。例如：

3.4.2.4 取代基对其 γ 碳的空间效应

取代基和空间位置很靠近的碳原子上的氢之间存在范德华力作用，使相关 C—H 键的 σ 价电子移向碳原子，从而使碳核所受的屏蔽作用增大，化学位移 δ 值减小，称为空间效应。取代基对其 γ 碳的空间效应使 γ 碳的共振峰向高场位移称为 γ 效应。取代基（X）和 γ 碳之间主要有两种构象：

取代基与 γCH_2 邻位交叉（γ-gauche）　　**取代基与 γCH_2 对位交叉**（γ-anti）

空间效应使与取代基处于邻位交叉位置碳的共振峰向高场位移，而处于反式位置碳的共振峰的移动很小。

在构象固定的环状结构中，γ—邻位交叉效应非常明显。例如：

3.4.2.5 电场效应

与氨基相邻近的碳核在氨基成盐（质子化）后共振向高场位移，这个现象无法用诱导效应进行解释。这种变化是由于氨基在质子化后可在一定的部位产生局部电场，并由此引起邻近 C—H 的 σ 键极化，使对碳核外的电子云密度增大，致使化学位移减小。我们把带电基团的局部电场作用称为电场效应。

α碳由于诱导效应（向低场位移）和电场效应（向高场位移）的作用相互抵消，因而化学位移变化不大。β碳向高场位移显著。一般情况下基团质子化后，其α和β碳向高场位移0.15～4.00，γ碳和δ碳的位移通常小于1。又如在硝基苯中，硝基为强吸电子取代基，理应使其邻位碳的电子云密度减小而化学位移δ值增加。但实际测得邻位碳的化学位移比间位碳的还小，表明邻位碳受到了更强的屏蔽。显然，这不是诱导效应和共轭效应所致，硝基的电场使其邻位C—H的σ键电子云向碳核靠近所致的屏蔽作用增大抵消了吸电子共轭效应，对应碳核的共振峰向高场位移。而硝基苯中邻位的质子却是由于这种电场的作用，质子共振显著地向低场移动。

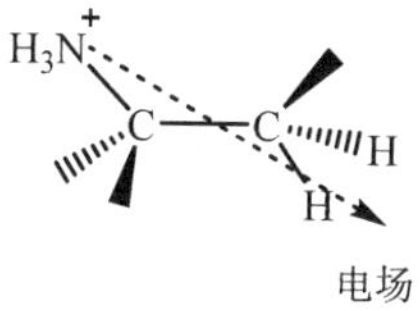

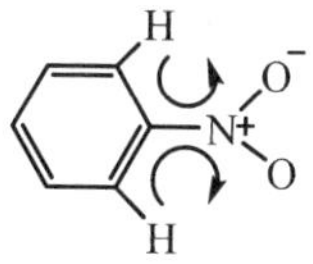

3.4.2.6　重原子效应

电负性取代基对被取代的脂肪碳的屏蔽影响主要为诱导效应。但在电负性重原子碘代烷烃或溴代烷烃中，随着碘或溴取代的增加，碳的化学位移反而显著减小，这种现象被称为重原子效应。这是由于碘等重原子的核外电子较多，原子半径较大，从而使它们的供电子效应有时要比诱导效应更强烈。例如：

	CH_4	CH_3I	CH_2I_2	CHI_3	CI_4
δ_c	−2.3	−21.8	−55.1	−141.0	−292.5
		CH_3Br	CH_2Br_2	$CHBr_3$	CBr_4
δ_c		9.6	21.6	12.3	−28.5

3.4.2.7　分子内氢键作用

分子内氢键可使羰基碳更强地被极化，从而表现出去屏蔽作用。例如水杨酸等化合物有较强的分子内氢键，羰基碳δ值显著增加。

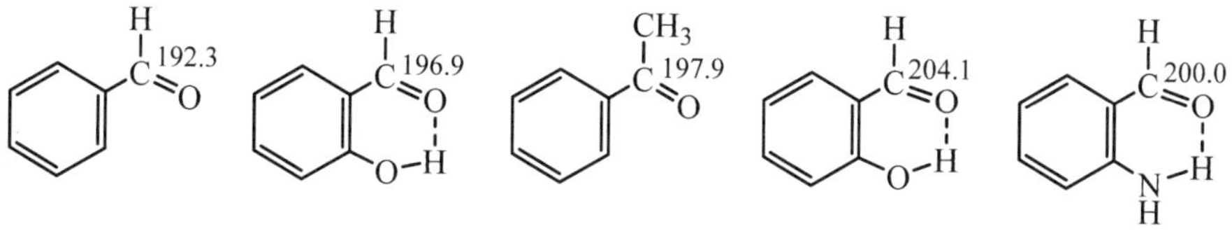

3.4.2.8　介质的影响

^{13}C化学位移受溶剂、pH等变化的影响较明显，尤其是带有极性基团的化合物受介质条件的影响更大。

（1）溶剂位移。

^{13}C信号的溶剂位移一般比^{1}H要大。化合物与溶剂分子间的氢键缔合作用是导致^{13}C信号产生溶剂位移的主要因素。例如，在不同溶剂条件下，对羟基苯甲酸羰基碳的化学位移明显不同（表3.12）。

表 3.12　对羟基苯甲酸羰基碳的化学位移

结构与碳核标号	碳核	δ_c（DMSO—d_6）	δ_c（D_2O）
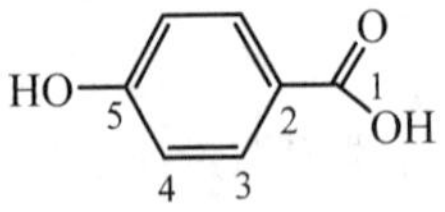 HO—C₆H₄—COOH（对羟基苯甲酸，碳核标号1～5）	1	167.22	170.92
	2	121.44	122.13
	3	131.57	132.96
	4	115.15	116.21
	5	161.64	161.52

此外，由于溶剂效应，TMS 的[13]C 核共振峰也常有 0.1～1.5 ppm 的变动。因此，即使样品的溶剂位移很小，不同溶剂条件下测得同一样品的各振动峰的化学位移通常也略有差异。在对不同溶剂条件下测得同一样品的各振动峰的化学位移进行比较时，通常用环己烷的峰（几乎没有溶剂位移）来矫正 TMS 的 δ 值。

（2）稀释位移。

浓度对[13]C 核的化学位移也有一定的影响。稀释位移可达几个 δ 值。例如乙酸用丙酮作溶剂时，由于乙酸二聚体分子中的羰基一羟基氢键的断裂，及其与溶剂分子间氢键的形成，可观测到羰基碳共振峰向高场位移达 5 ppm 的稀释效应，而乙酸在环己烷中的这种效应却很小。

（3）pH 位移。

含有羰基、氨基的有机酸或碱类化合物，在不同 pH 溶液中的离解情况不同，受电场效应等的影响，使取代基团和 α、β、γ 位碳的化学位移随溶液 pH 的改变有明显的位移。如表 3.13 所示，随 pH 的升高，几种 α—氨基酸中羧基及其相邻碳核的化学位移都向低场移动。

表 3.13　pH 对几种 α—氨基酸[13]C 化学位移 δ 值（ppm）的影响

α—氨基酸	pH	羧氨酸	α	β	γ	δ
L—缬氨酸	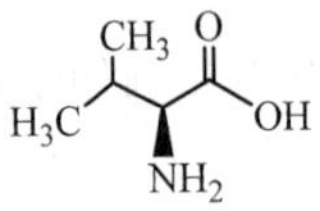 1.34	172.70	59.60	30.04	18.45/17.93	—
	6.73	175.08	61.52	30.12	19.01/17.77	—
	9.58	177.47	61.93	31.40	19.34/1.74	—
L—亮氨酸	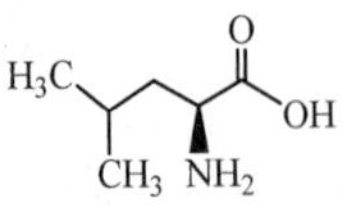 1.15	173.76	52.74	40.01	25.06	22.70/22.13
	6.89	176.38	54.61	40.91	25.30	23.13/22.08
	9.42	177.85	54.80	41.69	25.33	23.1/22.13
L—谷氨酸	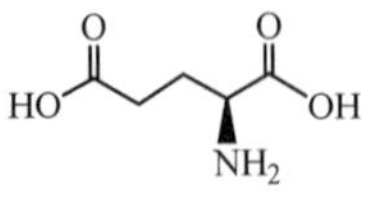 3.34	174.45	54.78	26.39	30.94	177.83
	7.01	175.36	55.64	27.80	34.41	182.05
	9.86	180.27	56.38	30.78	34.80	182.91

（4）构型异构化作用。

某些杂环化合物在不同的溶剂中可能具有不同的分子构型，从而表现出显著的化学位移改变。利用[13]C—NMR 谱可对构型异构体进行具体分析。

综上所述，[13]C 化学位移受多种因素的综合影响。取代基影响[13]C 化学位移的主要特点是取代基对化学位移的贡献具有加和性。因此，在[13]C—NMR 光谱解析及结构测定中，可利用一些经验规则对化合物中不同化学环境碳的化学位移进行计算预测。尤其是脂肪族开链烷烃，取代基的存在分别对其α—、β—、γ—及δ—位碳的化学位移产生加和性影响。

α—碳化学位移变动主要是由诱导效应产生，因此，取代基的电负性决定了α—碳化学位移变动的大小。β—碳位移变动不仅受诱导效应的作用，而且受取代基在分子内的电场效应等多种因素的影响。与α—、β—碳所受的影响不同，γ—碳的化学位移变动主要是由于取代基与其γ—碳原子上相连氢之间的范德华力（Van der Waals）作用的结果。不饱和碳的^{13}C化学位移较易解析、预测，这是因为它们主要取决于局部π电子云密度。当然，其他因素常常也起重要的作用。

3.4.3 ^{13}C化学位移与分子结构的关系

常见的各类有机物官能团的^{13}C化学位移δ值（以TMS为标准），均有一定的特征范围，如表3.14所示：

表3.14 各类有机化合物官能团的^{13}C化学位移δ值（ppm）

类型/化合物		δ_c	类型/化合物		δ_c
烷烃	环丙烷	0～8	不饱和烃	炔	75～95
	环烷烃	5～25		烯	100～143
	RCH_3	5～25		芳环	110～133
	R_2CH_2	22～45	羰基化合物	RCOOR	160～177
	R_3CH	30～58		RCONHR	158～180
	R_4C	28～50		RCOOH	160～185
卤代烷烃	CH_3X	5～25		RCHO	185～205
	RCH_2X	5～38		RCOR	190～220
	R_2CHX	30～62		RC≡N	110～130
	R_3CX	35～75		Ar—X	120～160
胺	CH_3NH_2	10～45		Ar—O	130～160
	RCH_2NH_2	45～55		Ar—N	130～150
	R_2CHNH_2	50～70		Ar—P	120～130
	R_3CNH_2	60～75		RCH_2S	22～42
醚	CH_3OR	45～60		RCH_2P	10～25
	RCH_2OR	42～70			
	R_2CHOR	65～77			

3.4.3.1 开链烷烃碳的化学位移

sp^3杂化的开链烷烃的化学位移δ值一般都小于50。

（1）链烷烃的Grant—Paul经验规律。

一般来说，在直链烷烃中被测碳（以k标记）的α—或β—位每增加一个烷基，都可使其化学位移增大约9 ppm，而在其γ—位每增加一个烷基却使其化学位移减小2.5 ppm。Grant和Paul利用回归分析导出了估算正构烷烃及较少支链烷烃^{13}C化学位移的经验计算式：

$$\begin{array}{ccccccccc} C- & C- & C- & C- & C- & C- & C- & C- & C \\ \gamma & \beta & \alpha & (k) & \alpha & \beta & \gamma & \delta & \varepsilon \end{array}$$

$$\delta_k = B + \sum n_i A_i + \sum S_{k(\alpha)} \tag{3.35}$$

式中，δ_k 为被测碳（k）的化学位移；B 为甲烷碳的化学位移 δ 值（-2.3）；n_i 为被测碳 i 位的碳原子数；A_i 为被测碳 i 位的取代基参数（表 3.15）；$S_{k(\alpha)}$ 为与被测碳相连的 α 位支链的空间位阻校正值（表 3.15），如 $S_{2°(4°)}$ 表示与被测仲碳（2°）相连的为季碳（4°）支链时的校正值（-7.5）。利用 Grant－Paul 规律计算，常有助于对较大烷基碳谱信号归属的确定。

表 3.15　链烷烃的烷基取代参数 A_i 和 $S_{k(\alpha)}$

i（取代基的位置）	$A_i(\delta)$	$S_{k(\alpha)}$					
α	9.1	α 类型		1°	2°	3°	4°
β	9.4	k 类型	1°	0	0	−1.1	−3.4
γ	−2.5		2°	0	0	−2.5	−7.5
δ	0.3		3°	0	−3.7	−9.5	(−15)
ε	0.1		4°	−1.5	−3.8	(−15)	(−25)

（2）官能团取代的影响。

在烷烃 δ_C 的基础上，链状烷烃衍生物各碳原子的 δ_C 值可用经验公式 3.36 进行计算：

$$\delta_k = \delta_k(RH) + \sum A_{ki}(R_i) \tag{3.36}$$

式中，δ_k 为相对于取代基 R_i 在 k 位置（k = α，β，γ，…）的碳原子的 δ 值；$\delta_k(RH)$ 为在未取代的烷基中 k 碳原子的 δ 值；$A_{ki}(R_i)$ 为取代基 R_i 对 k 位碳原子的增量，可从表 3.16 中查得。然而，应注意取代基在烷基链端（n）或在烷基链侧（iso）的位移增量是不同的。

在用式（3.36）进行计算时，应首先计算无取代时的烷烃（参考化合物）各碳原子的 δ 值（或查表找出参考化合物各碳原子的 δ 值），然后用式（3.36）及表 3.16 进行计算。

由于取代基的影响是各种因素的综合影响，因此计算结果与实验值之间会有一些误差，尤其是有多种取代基或有多个取代基存在时，取代效应的加和性使问题更趋复杂，导致计算误差增大。尽管如此，计算结果对谱图的标识仍有极好的参考价值。

表 3.16　链烷烃的官能团取代位移参数 $A_i(\delta)$

X α β γ *n*-:　　　　X α β γ δ ε iso-:

—X	A_α		A_β		A_γ	A_δ	A_ε
	n—	iso—	*n*—	iso—			
—F	70	63	8	6	−7	0	0
—Cl	31	32	10	10	−5	−0.5	0

续表

X α β γ n-:

β δ α γ ε X iso-:

—X	A_α		A_β		A_γ	A_δ	A_ε
	n—	iso—	*n*—	iso—			
—Br	20	26	10	0	−4	−0.5	0
—I	−7	4	11	12	−1.5	−1	0
—O—	57	51	7	5	−5	−0.5	0
—$OCOCH_3$	52	45	6.5	5	−4	0	0
—OH	49	41	10	8	−6	0	0
—SCH_3	20.5	—	6.5	—	−2.5	0	0
—S—	10.5	—	11.5	—	−3.5	−0.5	0
—SH	10.5	11	11.5	11	−3.5	0	0
—NH_2	28.5	24	11.5	10	−5	0	0
—NHR	36.5	30	8	7	−4.5	−0.5	−0.5
—NR_2	40.5	—	5	—	−4.5	−0.5	0
—NH_3^+	26	24	7.5	6	−4.5	0	0
—NR_3^+	30.5	—	5.5	—	−7	−0.5	−0.5
—NO_2	61.5	57	3	4	−4.5	−1	−0.5
—N≡C	27.5	—	6.5	—	−4.5	0	0
—C≡N	3	1	2.5	3	−3	0.5	0
—C≡CH	4.5	—	5.5	—	−3.5	0.5	0
	11.5	—	0.5	—	−2	0	0
	16	—	4.5	—	−1.5	0	0
—CHO	30	—	−0.5	—	−2.5	0	0
—CO—	23	—	3	—	−3	0	0
—$COCH_3$	29	23	3	1	−3.5	0	0
—COCl	33	28	2	2	−3.5	0	0
—COO^-	24.5	20	3.5	3	−2.5	0	0
—$COOCH_3$	22.5	17	2.5	2	−3	0	0
—$CONH_2$	22	—	2.5	—	−3	−0.5	0
—COOH	20	16	2	2	−3	0	0
—Phenyl	23	17	9	7	−2	0	0
—C=CH_2	20	15	6	5	−0.5	0	0

3.4.3.2 环烷烃碳的化学位移

除环丙烷外，环烷烃碳的化学位移受环的大小影响不明显。表 3.17 为常见环烷烃的^{13}C化学位移。环丙烷碳与其他环烷碳相比受到异常强的屏蔽作用，其化学位移与甲烷碳的相近，这种异常屏蔽是由于三元环的张力及价电子环流所致。其他环烷烃的化学位移 δ_C 为 20～30。一般比相应直链烷烃中心碳的化学位移小 3～5。

表 3.17 典型环烷烃的^{13}C化学位移（δ_C）

化合物	环丙烷	环丁烷	环戊烷	环己烷	环庚烷	环辛烷	环壬烷	环癸烷
δ_C	−2.80	22.40	26.05	27.10	28.53	26.90	25.80	25.05

目前在环烷烃的经验计算中对取代烷烃研究得比较充分，计算公式如式（3.37）所示：

$$\delta_k = 27.6 + \sum A_{ks}(R_i) + \text{校正项} \tag{3.37}$$

式中，δ_k 为取代环己烷中所讨论的碳原子 δ 值，该碳原子处于取代基的 k 位置（$k=\alpha, \beta, \gamma, \cdots$）；$A_{ks}$为取代基$R_i$ 对 k 碳原子产生的位移增量。A 有两个脚标，第一个脚标 k 表示取代基相对 k 碳原子的位置；第二个脚标 s 为 a 或 e，它们分别表示取代基沿直立键方向或平伏键方向。校正项仅用于有两个或两个以上甲基取代的时候，其数值取决于两个取代甲基的空间关系。各取代参数可从表 3.18 中查到。

表 3.18 计算取代环己烷 δ_C 的经验参数

—X	$A_{\alpha e}$	$A_{\alpha a}$	$A_{\beta e}$	$A_{\beta a}$	$A_{\gamma e}$	$A_{\gamma a}$	$A_{\delta e}$	$A_{\delta a}$
$—CH_3$	6	1.5	9	5.5	0	−6.5	−0.5	0
$—C_2H_5$	13	8.5	6	3	−0.5	−5.5	0	0
—iso—C_3H_7	17.5	14.1	3	3	0	−5.5	0.5	0
$—CH{=}CH_2$	15	10	5.5	3	−1	−6	0	0
—C≡CH	1.5	1	5	3	−2	−6	−2.5	−1.5
—CH═O	23	19.5	−1.5	−2.5	−1.5	−4.5	0	0
$—COOCH_3$	16.5	12	2.5	0.5	−1	−4	−0.5	−0.5
—C≡N	0.5	−0.5	2	0.5	−2.5	−5	−2.5	−2
—N≡C	25	23.5	7	4	−3	−7	−2	−2
—N═C═S	28.5	26	7	4.5	−2.5	−6.5	−2	−2
—F	64	61	6	3	−3	−7	−3	−2
—Cl	33	33	11	7	0	−6	−2	−1
—Br	5	28	12	8	1	−6	−1	−1
—I	3	11	13	9	2	−4	−2	−1
—OH	43	39	8	5	−3	−7	−2	−1

续表

—X	$A_{\alpha e}$	$A_{\alpha a}$	$A_{\beta e}$	$A_{\beta a}$	$A_{\gamma e}$	$A_{\gamma a}$	$A_{\delta e}$	$A_{\delta a}$
$—OCH_3$	52	47	4	2	−3	−7	−2	−1
—SH	11	9	10.5	6	−0.5	−7.5	−2.5	−1.3
$—NH_2$	24	20	10.5	7	−1	−7	−1	0

注：取代甲基空间因素校正项：$\alpha_a\alpha_e$ −3.8；$\alpha_e\beta_a$ −2.9；$\alpha_e\beta_e$ −2.9；$\alpha_a\beta_e$ −3.4；$\beta_a\beta_e$ −1.3；$\beta_e\gamma_a$ −0.8；$\beta_a\gamma_e$ +1.6；$\gamma_a\gamma_e$ +2.0。

3.4.3.3　烯烃碳的化学位移

烯烃中烯碳的化学位移范围为 100～150，其化学位移值随烷基取代的增多而增大：

$$\delta(=CR_2)>\delta(=CHR)>\delta(=CH_2)$$

末端烯碳的化学位移比连有烷基的烯碳要小 10～20 ppm。

由于取代基的空间位阻效应，顺式烯碳的化学位移比相应反式烯碳要小，对于单取代和二取代烯可用 Dorman 经验规律较好地进行近似计算，各种取代基参数如表 3.19 所示。对多取代烯碳的化学位移估算误差较大，则不适用。

表 3.19　烯碳的取代基位移参数（A_i）

$X—\overset{1}{C}H=\overset{2}{C}H_2$	$\delta_k=123.3+\sum A_i+S$		$X—\overset{1}{C}H=\overset{2}{C}H_2$	$\delta_k=123.3+\sum A_i+S$	
—X	A_1	A_2	—X	A_1	A_2
—H	0	0	$—COCH_3$	15.0	5.9
$—CH_3$	10.6	−0.8	—COOH	4.2	8.9
$—CH_2CH_3$	15.5	−9.7	—COOR	6.0	7.0
$—CH_2CH_2CH_3$	14.0	−8.2	—OR	28.8	−39.5
$—CH(CH_3)_2$	20.3	−11.5	—O—CO—R	18.0	−27.0
$—C(CH_3)_3$	25.3	−13.5	$—NR_2$	16.0	−29.0
$—CH_2Cl$	10.2	−6.0	$—N^+(CH)_3$	19.8	−39.5
$—CH_2Br$	10.9	−4.5	$—NO_2$	22.3	−0.9
$—CH_2OR$	13.0	−8.6	—SR	19.0	−16.0
$—CH=CH_2$	13.6	−7.0	—F	24.9	−34.4
—C≡CR	7.5	8.9	—Cl	2.6	−6.1
—C≡N	−15.1	14.2	—Br	−7.9	−1.4
$—C_6H_5$	12.5	−11.0	—I	−38.1	7.0
—CHO	13.1	12.7			
	$S_{trans}=0$	$S_{cis}=-1.1$	$S_{gem(11)}=-4.8$	$S_{gem(22)}=2.5$	

注：δ_k 为被测烯碳（k）的化学位移 δ 值；123.3 为乙烯的 ^{13}C 化学位移；A_i 为被测烯碳（k）的取代参数（A_1，A_2）；S 为顺反同碳二取代时的立体校正参数。

3.4.3.4 炔烃碳的化学位移

炔碳的 δ 值一般为 60～95。表 3.20 为典型炔烃碳的化学位移。炔键的各向异性效应使得炔碳所受屏蔽比烯碳强而比烷烃弱。与相应的烷烃相比，炔键同时使其 α 烷基碳的化学位移向高场位移 5～15 ppm。

连有取代基的炔碳的共振峰向低场位移。但是，由于共振极化，烷氧基炔类的 β 炔碳的共振峰却显著地向高场移动：

$$R-C\equiv C-O-R' \longleftrightarrow R-\overset{-}{C}=C=\overset{+}{O}-R'$$

$$\underset{83.67\ \ 77.26}{C_6H_5-C\equiv C-H} \qquad \underset{26.51\ \ 90.85\ \ \ 74.61\ \ \ 14.22}{H-C\equiv C-O-CH_2-CH_3}$$

表 3.20 典型炔烃的 ^{13}C 化学位移 δ_C

化合物	C－1	C－2	C－3	C－4	C－5	C－6
戊炔－1	68.2	83.6	20.1	22.1	3.1	—
己炔－1	68.6	86.3	18.6	31.3	22.4	14.1
己炔－2	2.7	74.7	77.9	20.6	22.6	13.1
己炔－3	15.4	13.0	80.9	—	—	—
丁烯－1－炔－3	129.2	117.3	82.8	80.0	—	—
(E)－3－戊烯－1－炔	75.8	82.5	110.1	141.3	18.6	—
(Z)－3－戊烯－1－炔	82.1	80.3	109.4	140.3	15.9	—

3.4.3.5 芳香碳的化学位移

芳香碳与质子不同，它实际上不受环电流所引起的各向异性屏蔽的影响。其化学位移 δ 值与烯碳的在同一范围，即 δ_C 为 90～180。

芳香碳的化学位移主要由取代基的诱导及共轭效应所决定。与取代基直接相连的芳碳还受到取代基的各向异性（—C≡CH，—C≡N）及重原子效应（—Br，—I）的影响。

各种取代基对苯环碳的化学位移的影响见表 3.21。根据该表的数据可预测取代苯上各碳的化学位移值。由于取代基参数都是由单取代苯的化学位移测得，所以在预测多取代苯环碳的化学位移时，特别是取代基具有电性或空间障碍相互作用时，会有明显偏差。

表 3.21 苯环碳的取代基位移参数（A）

（苯环结构式：取代基 X，位置标记 α、o、m、p）　$\delta_k=128.5+\sum A_i$

—X	A_α	A_o	A_m	A_p
$—CH_3$	9.3	0.7	−0.1	−0.3
$—CH_2CH_3$	15.8	−0.4	0.1	−2.6
$—CH_2CH_2CH_3$	14.0	0.1	−0.2	−2.7
$—CH(CH_3)_2$	20.3	−1.9	0.1	−2.4

续表

苯环结构（X 位于 α 位，邻位 o，间位 m，对位 p）	$\delta_k = 128.5 + \sum A_i$			
—X	A_α	A_o	A_m	A_p
$—C(CH_3)_3$	22.4	−3.1	−0.2	−2.8
$—CH{=}CH_2$	7.6	−1.8	−1.8	−3.5
—phenyl	12.1	−1.8	0.5	−1.6
—C≡CH	−5.8	2.9	0.1	0.4
$—CF_3$	−0.9	−2.2	0.3	3.2
$—CH_2F$	8.1	−0.9	0.1	0.2
$—CH_2Cl$	9.4	0.4	0.3	0.1
$—CH_2Br$	9.7	1.0	0.3	0.2
$—CH_2OH$	13.3	−0.8	0.6	−0.4
$—CH_2OCH_2C_6H_5$	10.5	−0.5	0.5	−0.5
$—CH_2NH_2$	14.9	1.4	−0.1	−1.9
$—CH_2NHCH_2C_6H_5$	11.9	−0.5	−0.3	−1.7
$—CH_2SCH_2C_6H_5$	10.5	0.3	0.9	−1.5
—F	35.1	−14.3	0.9	−4.4
—Cl	6.4	0.2	1.0	−2.0
—Br	−5.9	3.0	1.5	−1.5
—I	−32.3	9.9	2.6	−0.4
—OH	26.6	−12.8	1.6	−7.1
$—OCH_3$	31.4	−14.4	1.0	−7.8
$—OC_6H_5$	29.2	−9.4	1.4	−5.3
$—OCOCH_3$	22.4	−7.1	−0.4	−3.2
—OCN	24.6	−13.2	2.2	−1.5
—SH	2.0	0.6	0.2	−3.3
$—SCH_3$	10.1	−1.7	0.3	−3.5
$—SC_6H_5$	7.3	2.4	0.6	−1.6
$—SO_3H$	15.0	−2.2	1.3	3.8
$—NH_2$	20.2	−14.1	0.6	−9.5
$—NHCH_3$	21.9	−16.4	0.6	−12.6
$—N(CH_3)_2$	22.2	−15.8	0.5	−11.8
$—NHC_6H_5$	14.7	−10.7	0.9	−7.6
$—N(C_6H_5)_2$	19.0	−4.6	0.9	−5.8
$—NHCOCH_3$	9.7	−8.1	0.2	−4.4

续表

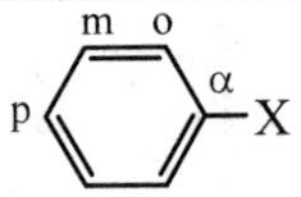

—X	A_α	A_o	A_m	A_p
(p, m, o, α—X 苯环编号)		$\delta_k = 128.5 + \sum A_i$		
$—N{=}CHC_6H_5$	24.5	−6.9	1.0	−1.9
$—N{=}C{=}NC_6H_5$	10.8	−3.6	1.7	−2.2
$—N{=}C{=}O$	5.4	−3.7	1.2	−2.6
$—N{=}C{=}S$	17.4	−2.2	2.0	−0.4
$—NO_2$	20.6	−4.3	1.3	6.2
$—N{=}NC_6H_5$	24.2	−5.5	1.2	3.3
$—N(CH_3)_3^+$	8.8	−8.2	0.2	3.0
$—N{\equiv}N^+$	−12.7	6.0	5.7	16.0
$—C{\equiv}N$	−16.0	3.5	0.7	4.3
$—COCl$	4.8	2.9	0.6	6.9
$—COONa$	10.3	2.8	2.2	5.1
$—COOH$	2.9	1.3	0.4	4.6
$—COOCH_3$	2.0	1.2	−0.1	4.3
$—COOC_2H_5$	2.5	1.0	−0.5	3.9
$—CONH_2$	5.9	−1.1	−0.3	2.7
$—CHO$	8.2	1.2	0.5	5.8
$—COCH_3$	7.8	−0.4	−0.4	2.8
$—COC_6H_5$	9.1	1.5	−0.2	3.8

3.4.3.6 芳杂环碳的化学位移

未取代芳杂环化合物的^{13}C 化学位移 δ 值一般为 105～170 ppm。环中各碳的化学位移与杂环 π 电子的贫（六元环）、富（五元环）及杂原子的特性有关。

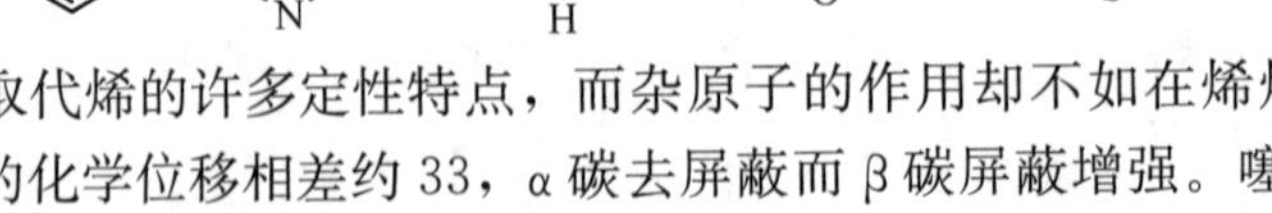

苯 128.5；吡啶 136.2，124.7，149.6（N）；吡咯 108.2，118.5（N—H）；呋喃 110.2，143.6（O）；噻吩 127.3，125.6（S）

芳杂环具有取代烯的许多定性特点，而杂原子的作用却不如在烯烃中的那样明显。呋喃的 α 和 β 碳的化学位移相差约 33，α 碳去屏蔽而 β 碳屏蔽增强。噻吩的 α 碳和 β 碳的化学位移几乎相同，从而与硫取代烯烃类似。

和取代苯环相似，取代芳杂环中与取代基相连碳的化学位移主要受诱导效应的影响，而取代基邻位及对位碳的化学位移则主要受共轭效应的作用。例如：

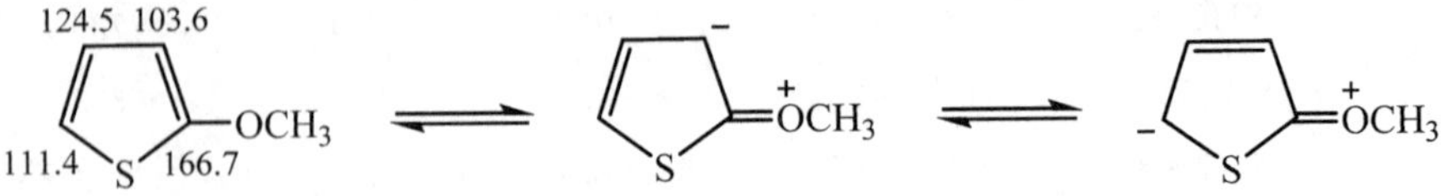

2-甲氧基噻吩（124.5，103.6，111.4，166.7，OCH_3）⇌ $\overset{+}{=}OCH_3$ 共振式 ⇌ $\overset{+}{=}OCH_3$ 共振式

取代基的协同效应则会引起异常的屏蔽或去屏蔽效应。例如：

89.2 CH_3 140.0 HO N 161.6 N H ⇌ - CH_3 HO $\overset{+}{N}$ N H ⇌ - CH_3 $H\overset{+}{O}$ N N H

芳氮杂环化合物的化学位移在有些情况下受介质条件的影响也十分显著。例如：

136.2 124.2 149.6 N　　148.2 129.0 142.5 $\overset{+}{N}$ H

常见五元芳杂环化合物的^{13}C化学位移δ值见表3.22。

表3.22 五元芳杂环化合物的^{13}C化学位移（δ_C）

110.2, 143.6, O	127.3, 125.6, S	108.2, 118.5, N, H	107.6, 121.2, N, CH_3 35.2
125.4, 138.1, N, 150.6, O	125.4, 150.0, 138.1, N, O	143.3, N, 119.6, 153.6, S	123.4, 157.0, 147.8, N, S
121.9, N, 129.1, 135.4, N, H	105.8, 134.6, 134.6, N, N, H	129.6, N, 138.3, N, CH_3	120.0, N, 134.6, $\bar{N}$
126.7, $\overset{+}{N}H$, 145.1, N, H	105.4, 139.0, 129.8, N, N, CH_3 38.2	N, 147.4, 147.4, N, N, H	N, 150.7, 150.7, N, N, CH_3

六元芳杂环化合物中，对吡啶衍生物研究得较多，取代吡啶环碳的化学位移也有一些经验参数预测，此处略。

3.4.4 耦合常数

3.4.4.1 耦合裂分及耦合常数

在氢谱中，^1H—^1H之间的耦合裂分数及耦合常数是一个很重要的信息，可用来判断相邻基团的情况，以此来识别图谱、帮助确定化合物的结构。同样在碳谱中也存在耦合现象。只是由于^{13}C的天然丰度仅为1.1%，因此^{13}C—^{13}C之间的耦合可以忽略，但是^{13}C与其他相邻核之间的耦合则是必须考虑的。由于有机化合物中最主要的元素是C和H，而^1H的天然丰度为99.98%，因此^{13}C—^1H之间的耦合是最重要的。碳谱中谱线的裂分数目与氢谱一样决定于相邻耦合原子的自旋量子数I和原子数目n，可用$2In+1$规律来计算，谱线之间的裂距便是耦合常数J。

3.4.4.2 $^{13}C—^{1}H$ 耦合常数

$^{13}C—^{1}H$ 耦合是碳谱中最重要的耦合作用，而其中又以$^{1}J_{CH}$最为重要。$^{1}J_{CH}$为 120～300 Hz，影响其大小的主要因素是 C—H 键 s 电子成分，$^{1}J_{CH}$值可按下式计算：

$$^{1}J_{CH} \approx 5 \times (s\%) \tag{3.38}$$

式中，s%为 C—H 键中 s 电子云所占的百分数。表 3.23 列出了不同杂化类型碳$^{1}J_{CH}$的实测值和计算值。

表 3.23 不同杂化类型$^{1}J_{CH}$的实测值和计算值

杂化类型	s 所占百分数/%	计算值	$^{1}J_{CH}$实测值					
sp^3	25	125	CH_4	125	CH_3NH_2	133	—	—
sp^2	33	165	$CH_2=CH_2$	156	$CH_2=NH$	175	$C_6H_5—H$	159
sp	50	250	$CH\equiv CH$	249	$CH\equiv N$	269	$CH\equiv C—CH_3$	248

除 s 电子成分影响外，取代基的电负性以及环的大小对$^{1}J_{CH}$也有一定的影响，取代基的电负性越大，$^{1}J_{CH}$值越大，取代基对碳$^{1}J_{CH}$的影响是 α 碳最大，β 碳较小，γ 碳与 α、β 碳方向相反。表 3.24 列出了一些常见烃类化合物的$^{1}J_{CH}$值。

表 3.24 一些常见烃类化合物的$^{1}J_{CH}$值

化合物	$^{1}J_{CH}$	化合物	$^{1}J_{CH}$
	sp^3杂化		
CH_4	126	$CH_3—NO_2$	146
CH_3CH_3	124.9	$CH_3—Si(CH_3)_3$	118
$CH_2(CH_3)_2$	119	$CH_3—OH$	141
$CH(CH_3)_3$	114	$CH_3CH_2—OH$	127
$CH_3—C_6H_5$	129	$CH(CH_3)_2—OH$	143
$CH_3—COOH$	130	$CH_3—F$	149
$CH_2(COOH)_2$	132	$CH_3—Cl$	150
$CH_3C\equiv N$	136	$CH_3—Br$	152
$CH_2(C\equiv N)_2$	145	$CH_3—I$	151
$CH_3—CH=CH_2$	122	CH_2Cl_2	178
$CH_3—C\equiv CH$	132	$CHCl_3$	209
$CH_3—NH_2$	133	CHF_3	239
$CH_3—NH_3^+$	145	$CH_3—S—CH_3$	138
$CH_2=CH_2$	156	$CH_2=O$	172
$C_6H_5CH=CHC_6H_5$	151	$HCONH_2$	188
$CH_2=C=CH_2$	168	HCOOH	222
(aH)(bH)C=C(Hc)(Hd)	157 (a) 154 (b) 152 (c) 126 (d)	C_6H_5—H（苯环）	158

续表

化合物	$^1J_{CH}$	化合物	$^1J_{CH}$
sp^{3}杂化			
$H_aH_bC{=}C(H_c)CN$	165 (a) 163 (b) 177 (c)	甲苯（bH, Ha, cH, CH_3d）	156 (a) 158 (b) 159 (c) 126 (d)
$H_aH_bC{=}C(H_c)Cl$	161 (a) 163 (b) 195 (c)	溴苯（bH, Ha, cH, Br）	166 (a) 162 (b) 161 (c)
$H_aH_bC{=}C(H_c)F$	159 (a) 162 (b) 200 (c)	硝基苯（bH, Ha, cH, NO_2）	168 (a) 165 (b) 163 (c)
呋喃（Ha, Hb）	202 (a) 175 (b)	吡啶（Ha, Hb, Hc）	177 (a) 163 (b) 161 (c)
噻吩（Ha, Hb）	185 (a) 167 (b)	吡啶鎓（Ha, Hb, Hc, $\overset{+}{N}$H）	191 (a) 174 (b) 169 (c)
吡咯（Ha, Hb, N—H）	184 (a) 170 (b)	嘌呤（aH, Hb, Hc, N—H）	207 (a) 187 (b) 213 (c)
sp 杂化			
CH≡CH	249	CH≡C—C_6H_5	251
CH≡C—CH_2OH	248	HC≡N	269

$^2J_{CH}$的变化范围为－5～60 Hz，它与碳的杂化、取代基或杂原子以及构型有关。s电子的成分越大，$^2J_{CH}$值也越大。当取代基或杂原子与耦合核相连，也使$^2J_{CH}$值增大。当化合物构型不同时，$^2J_{CH}$值也会有差异。例如：

(H)(Cl)C=C(Cl)(H)　　$^2J_{CH}=0.8$ Hz

(H)(Cl)C=C(H)(Cl)　　$^2J_{CH}=16$ Hz

$^3J_{CH}$值在几十赫兹之内，与取代基和空间位阻均有关系。在芳环中，通常$|^3J_{CH}|>|^2J_{CH}|$，只有少数情况除外，杂环芳烃的$^2J_{CH}$、$^3J_{CH}$值各有大小，与杂原子的位置有关。

3.4.4.3 其他常见耦合常数

由前可见，$^1J_{CH}$的耦合常数较大，若在测定^{13}C谱时不对^1H进行去耦，则谱线会严重重叠，难于识别，所以通常在^{13}C谱测试中，多采用对^1H去耦的方式。常见的^{13}C谱为质子噪声去耦谱，但是它只去除了^{13}C与^{1}H之间的耦合，当化合物中含有其他丰核如氟、磷时，那么在^{13}C质子噪声去耦谱中还将包括碳与这些核之间的耦合信息。熟悉^{13}C与这些自旋核耦合作用的强度，对于^{13}C—NMR谱的解析有很大帮助。

表3.25和表3.26列出了在碳谱中常会遇到的J_{CF}和J_{CP}的典型值。

表3.25 ^{13}C—^{19}F耦合常数（Hz）

化合物	$^{1}J_{CH}$	$^{2}J_{CH}$	$^{3}J_{CH}$	$^{4}J_{CH}$
FCH_2—…	−158～−180	19～25	0～14	～1
F_2CRR'（sp^3）	−235～−260	19～25	0～14	—
F_3C—C（sp）	−250～−260	～58	—	—
F_3C—C（sp^2）	～−270	32～40	～4	～1
F—C（sp^2 atom）	−230～−262	16～21	6～8	～4
F_3C—X	−260～−350	—	—	—
F_3C—CO—	−280～−290	～15	—	—
F_3CX_2	−280～−360	—	—	—
F—CO—	−300～−370	—	—	—

表3.26 ^{13}C—^{31}P耦合常数（Hz）

类型	化合物	R—	$^{1}J_{CP}$	$^{2}J_{CP}$	$^{3}J_{CP}$	$^{4}J_{CP}$
膦 R_3P	三甲基膦	CH_3—	−13.6	—	—	—
	三丁基膦	n—C_4H_9—	（−）10.9	11.7	12.5	0
	三苯基膦	C_6H_5—	−12.5	19.7	6.8	0.3
鏻盐 $R_4P^+X^-$	四丁基溴化鏻	n—C_4H_9—	47.6	（−）4.3	15.4	0
	甲基三苯基碘化鏻	CH_3—	57.1	—	—	—
		C_6H_5—	88.6	10.7	12.9	3.0
氧化膦 P_3P═O	三丁基氧化膦	n—C_4H_9—	66	5	13	0
	三苯基氧化膦	C_6H_5—	104.4	9.8	12.1	2.0
	三苯基炔丙基氧化膦	C_6H_5—	121.6	11.3	13.4	2.9
		HC═C—CH_2—	174.4	31.4	3.2	—
膦内鎓盐 R_3P=CHR′	三苯基膦亚甲基内鎓盐	C_6H_5—	83.6	9.8	11.6	2.4
		CH_2=	100.0	—	—	—
膦酸酯 R—PO(OR′)$_2$	丁基膦酸二乙酯	n—C_4H_9—	140.9	5.1	16.3	1.2
		C_2H_5O—	—	−6.0	5.8	—
	炔丙基膦酸二乙酯	HC═C—CH_2—	−229.8	53.5	4.8	—
		C_2H_5O—	—	—	−6.3	5.9
亚磷酸酯 P(P═O)$_3$	亚磷酸三苯酯	C_6H_5—	—	3	7	0
	亚磷酸三乙酯	C_2H_5—	—	11	5	—
磷酸酯 O═P(OP)$_3$	磷酸三苯酯	C_6H_5—	—	7	5	1
	磷酸三丁酯	n—C_4H_9—	—	−6.1	7.2	0

3.4.5 ^{13}C—NMR谱的解析

^{13}C—NMR是有机化合物结构鉴定的有力工具。因为碳原子构成有机化合物的骨架，碳谱解析的正确与否在化合物的结构鉴定中至关重要。接下来将着重介绍^{13}C—NMR谱的解析方法。

（1）区分谱图中的溶剂峰和杂质峰。

与氢谱一样，测定液体^{13}C—NMR谱也须采用氘代溶剂，除氘代水（D_2O）等少数不含碳的氘代溶剂外，溶剂中的碳原子在碳谱中均有相应的共振吸收峰，并且由于氘代的缘故在质子噪声去耦谱中往往呈现出多重峰，裂分数符合$2nI+1$，由于氘的自旋量子数$I=1$，故裂分数为$2n+1$个。常用氘代溶剂在碳谱中的化学位移值和峰型可从表3.10中查得。

碳谱中杂质峰的判断可参照氢谱解析时杂质峰的判断。一般杂质峰均为较弱的峰。当杂质峰较强而难以确定时，可用反转门控去耦的方法测定定量碳谱，在定量碳谱中各峰面积（峰强度）与分子结构中各碳原子数成正比，明显不符合比例关系的峰一般为杂质峰。

（2）分析化合物结构的对称性。

在质子噪声去耦谱中每条谱线均表示一种类型的碳原子，故当谱线数目与分子式中碳原子数目相当时，说明分子没有对称性，而当谱线数目小于分子式中碳原子数目时，则说明分子中有某种对称性，在推测和鉴定化合物分子结构时应当加以注意。但是，当化合物较为复杂，碳原子数目较多时，则应考虑不同类型碳原子化学位移值的偶然耦合。

（3）按化学位移值分区确定碳原子类型。

碳谱按化学位移值一般可分为下列三个区域，根据这三个区域可大致归属谱图中各谱线的碳原子类型，如下：

①饱和碳原子区（$\delta<100$）：饱和碳原子若不直接和杂原子（O、S、N、F等）相连，其化学位移值一般小于55。

②不饱和碳原子区（δ为90～100）：烯碳原子和芳碳原子就是在这个区域内出峰。当其直接与杂原子相连时，化学位移值可能会大于160。叠烯的中央碳原子出峰位置也大于160。炔碳原子则在其他区域出峰，其化学位移值的范围为70～100。

③羰基或叠烯区（$\delta>150$）：该区域的基团中碳原子的δ值一般大于160。其中酸、酯和酸酐的羰基碳原子在δ值160～180出峰，酮和醛在δ值200以上出峰。

（4）碳原子级数确定。

测定化合物的DEPT（Distortionless Enhancement by Polarization Transfer）谱并参照该化合物的质子去耦谱对DEPT45、DEPT90和DEPT135谱进行分析，由此确定各谱线所属的碳原子级数。根据碳原子的级数，便可计算出与碳原子相连的氢原子数。若此数目小于分子式中的氢原子数，则表明化合物中含有活泼氢，其数目为两者之差。

（5）对碳谱各谱线进行归属。

根据以上步骤，已经可以确定碳谱中溶剂峰和杂质峰、分子有无对称性、各谱线所属的碳原子的类型以及各谱线所属的碳原子级数，由此可大致推断出化合物的结构或按分子结构归属各条谱线。

若分子中含有较为接近的基团或骨架时，则按照上述步骤也很难将所有谱线进行一一归属，这时可参照氢谱或采用碳谱近似计算的方法。目前核磁共振技术已有了飞速发展，二维核磁共振技术已被广泛应用，利用二维^{13}C—^{1}H相关谱可清楚地确定大部分有机化合物碳谱中的每一条谱线。

3.5 二维核磁共振波谱

二维核磁共振（two－dimensional NMR spectroscopy，2D－NMR）方法的出现和发展，是近代核磁共振波谱学的重要里程碑。二维核磁共振的概念是 Jeener 于 1971 年首次提出的，但在当时并未引起足够的重视。在由 Ernst 等确立了它的理论基础后，2D－NMR 才得到了迅速的发展。自 20 世纪 80 年代初起，2D－NMR 已经成为未知有机物分子结构测定的最有力的辅助工具，能进一步帮助明确核与核之间的关系和位置。

3.5.1 概 述

3.5.1.1 二维核磁共振谱与一维核磁共振谱的区别

一维谱（^{1}H—NMR、^{13}C—NMR）的变量只有一个，即频率。当变化一些实验条件，如浓度、温度、pH 等时，人们便可以得到一系列谱线，虽然所变化的参数可以说是“第二个变量”，但这样的谱线簇仍是一维谱线，因为第二个变量的作用一目了然，无需通过计算表明。

二维核磁共振波谱有两个时间变量，是经两次傅里叶变换得到的两个独立频率变量的谱图。一般用第二个时间变量 t_2 表示采集时间，第一个时间变量 t_1 则是与 t_2 无关的独立变量，是脉冲序列中某一个变化的时间间隔。

在一维 NMR（1D－NMR）谱中，横坐标同时表示化学位移和耦合常数这两种不同性质的核磁共振参数，纵坐标表示峰的积分值（峰强度）。如果将这两种参数分离并在二维坐标轴上分别表示：一个坐标轴仍表示化学位移，另一个坐标轴表示耦合常数，即得一种二维 NMR 谱，则必将方便核磁共振参数的测量和谱图解析。在 2D－NMR 中，一个坐标仍可表示化学位移，另一个坐标表示耦合常数（如 J 分裂谱）。

3.5.1.2 二维核磁共振波谱的分类

二维核磁共振波谱可分为以下三类。

（1）J 分裂谱（Jresolved spectroscopy）：J 分裂谱也称 J 谱，或称为 $\delta-J$ 谱，它把化学位移与自旋耦合的作用分解开来，J 谱包括同核 J 谱和异核 J 谱。它的二维坐标轴一个表示化学位移，一个表示耦合常数。

（2）化学位移相关谱（chemical shift correlation spectroscopy）：化学位移相关谱也称为 $\delta-\delta$ 谱，是二维核磁共振波谱的核心，它表明共振信号的相关性，也是我们目前常用的二维谱，它的二维坐标轴均为化学位移值。有三种位移相关谱：同核耦合、异核耦合、NOE 和化学交换。

（3）多量子谱（multiple quantum spectroscopy）：通常所测定的核磁共振谱线为单

量子跃迁（$\Delta m=\pm 1$），发生多量子跃迁时 Δm 为大于1的整数。用脉冲序列可以检测出多量子跃迁，得到多量子跃迁的二维谱。

3.5.1.3 二维核磁共振波谱的表现形式

（1）堆积图（stacked trace plot）。

堆积图由很多条“一维”谱线紧密排列构成，类似于倒转 T_1 的线簇。堆积图的优点是直观、有立体感；缺点是难以确定出吸收峰的频率，大峰后面可能隐藏较小的峰，而且作这种图耗时较多。

（2）等高线图（contour plot）。

等高线图类似于等高线地图。最中心的圆圈表示峰的位置，圆圈的数目表示峰的强度。最外圈表示信号某一强度的截面积，其内第二、三、四圈分别表示强度依次增大的截面。这种图的优点是易于找出峰的频率，作图快；缺点是低强度的峰可能漏画。尽管如此，它较堆积图优点多，故广为采用，位移相关谱全部采用等高线图。

以上两种图形是二维谱的总体表现形式，对局部谱图还有其他表现方式，如通过某点作截面、投影等。

二维共振波谱的种类很多，有一些不常用，下面就最常用的二维核磁共振波谱进行简单的分类讨论。

3.5.2 常见的二维核磁共振波谱

3.5.2.1 *J* 分裂谱

在通常的一维谱中，往往由于 δ 值相差不大，谱带相互重叠（或部分重叠）。磁场的不均匀性引起峰的变宽，加重了峰的重叠现象。由于峰组的相互重叠，每种核的裂分峰型常常是不能清楚反映的，耦合常数也不易读出。在二维 J 谱中，只要化学位移 δ 略有差异（能分辨开），峰组的重叠即可避免，因此二维 J 谱完美地解决了上述问题。但需说明的是，上面的论述是针对弱耦合体系的。

二维 J 谱包括同核 J 谱与异核 J 谱。弱耦合体系的同核 J 谱中最常见的为氢核的 J 分解谱，其表现形式简单。ω_2 维方向（水平轴）反映了氢谱的化学位移 δ_H，在 ω_2 方向的投影相当于全去耦谱图，化学位移等价的一种核显示一个峰；ω_1 维方向（垂直轴）反映了峰的裂分和 $J_{H\text{-}H}$ 值，峰组的峰一目了然。若为强耦合体系，其同核 J 谱的表现形式将比较复杂。

异核 J 谱常见的为碳原子与氢原子之间产生耦合的 J 分解谱，它的 ω_2 方向（水平轴）的投影类似于全去耦碳谱。ω_1 维方向（垂直轴）反映了各碳原子谱线被直接相连的氢原子产生的耦合裂分：CH_3 显示四重峰，CH_2 显示三重峰，季碳显示单峰。由于DEPT 等测定碳原子级数的方法能代替异核 J 谱，且测试速度快，操作方便，因此异核 J 谱较少应用。

3.5.2.2 化学位移相关谱

化学位移相关谱是二维核磁共振波谱的核心，它可反映共振信号的相关性。测定化学位移相关谱的方法有很多，在这里仅介绍有机化合物结构分析中最常用的几种谱图。

（1）同核位移相关谱。

同核位移相关谱是使用最频繁的 H—H COSY，COSY 是 correlated spectroscopy 的缩写。H—H COSY 是^{1}H 与^{1}H 核之间的位移相关谱，通常简称为 COSY。

COSY 谱的 ω_2（F_2，水平轴）及 ω_1（F_1，垂直轴）方向的投影均为氢谱，一般列于上方及左侧（或右侧）。COSY 谱本身为正方形，当 F_1 和 F_2 谱宽不等时则为矩形。正方形中有一条对角线（一般为↗方向）。对角线上的峰称为对角峰（diagonal peak）。对角线外的峰称为交叉峰（cross peak）或相关峰（correlated peak）。每一个相关峰或交叉峰反映两个峰组间的耦合关系，会与某对角线峰及上方的氢谱中的某峰组相交，它们即是构成此交叉峰的一个峰组。通过该交叉峰作水平线，与另一对角线峰相交，再通过该对角线作垂线，又会与氢谱中另一个峰组相交，此即构成该交叉峰的另一个峰组。由此可见，通过 COSY 谱，从任意交叉峰即可确定相应的两峰组的耦合关系而不必考虑氢谱中的裂分峰形。需要注意的是，COSY 一般反映的是^3J 耦合关系，但有时也会出现少数反映长程耦合的相关峰。此外，当^3J 很小时（如两面角接近 90°，使^3J 很小），也可能没有相应的交叉峰。

（2）异核位移相关谱。

异核位移相关谱中最常见的是 C—H COSY。C—H COSY 是^{13}C 和^{1}H 核之间的位移相关谱。它反映了^{13}C 和^{1}H 核之间的关系。它又分为直接相关谱和远程相关谱，直接相关谱是把直接相连的^{13}C 和^{1}H 核关联起来，矩形的二维谱中间的峰称为交叉峰（cross peak）或相关峰（correlated peak），反映了直接相连的^{13}C 和^{1}H 核，在此谱图中季碳无相关峰。而远程相关谱则是将相隔两至三根化学键的^{13}C 和^{1}H 核关联起来，甚至跨越季碳、杂原子等，交叉峰或相关峰比直接相关谱图多得多，因而对于帮助推测和确定化合物的结构十分有用。

在异核位移相关谱测试技术的基础上又有两种方法：一种是对异核（非氢核）进行采样，这在以前是常用的方法，是正交实验，所测得的谱图称为“C—H COSY”或长程“C—H COSY”、远程^{13}C－^{1}H 化学位移相关谱（Correlation Spectroscopy Via Long Rang Coupling，COLOC）。因是对异核进行采样，故灵敏度低，要想得到较好的信噪比，需加入较多的样品，累加较长的时间。另一种是对氢核进行采样，这种方法是目前常用的方法，为反相实验，所得的谱图为 HMQC（^{1}H 检测的异核多量子相干实验，^{1}H Detected Heteronuclear Multiple Quantum Coherence）、HSQC（^{1}H 检测的异核单量子相干实验，^{1}H Detected Heteronuclear Single Quantum Coherence）或 HMBC（^{1}H 检测的异核多键相关实验，^{1}H Detected Heteronuclear Multiple Boan Correlation）谱。由于是对氢核采样，故对减少样品用量和缩短累加时间很有效果。

HMQC 和 HSQC 对应于“H—C COSY”，反映的是^{1}H 和^{13}C 以$^1J_{CH}$ 相耦合，HMBC 对应于长程“H—C COSY”和 COLOC，反映的是^{1}H 和^{13}C 以$^nJ_{CH}$ 相耦合。无论是正相实验还是反相实验，所测得的谱图形式均是一样的，一维为氢谱，另一维为碳谱。解谱的方法也是相同的。其差别在于正相实验中，ω_2（F_2，水平轴）方向的投影为全去耦碳谱，ω_1（F_1，垂直轴）方向的投影为氢谱；而在反相实验中刚好相反。

（3）空间效应谱（Nuclear Overhause Effect Spectroscopy，NOESY 谱）。

二维空间效应谱简称空间效应谱（NOESY），它反映了有机化合物结构中核与核之间空间距离的关系，而与两者之间相距多少根化学键无关。因此对确定有机化合物结构、构型和构象以及生物大分子（如蛋白质分子在溶液中的二级结构等）有着重要的意义。目前，氢核的NOESY是最常用的二维谱之一。本书仅简单介绍这一类谱。

NOESY的谱图与^{1}H—^{1}H COSY非常相似，它的F_2维和F_1维上的投影均为氢谱，也有对角峰和交叉峰，谱图的解析方法也和COSY相同，唯一不同的是图中的交叉峰并不表示两个氢核之间有耦合关系，而是表示两个氢核之间的空间位置接近。由于NOESY实验是由COSY实验发展而来的，因此在谱图中往往出现COSY峰，即J耦合交叉峰，故在解析时需对照它的^{1}H—^{1}H COSY谱将J耦合交叉峰扣除。在相敏NOESY谱中交叉峰有正峰和负峰，分别表示正的NOE和负的NOE。

当遇到中等大小的分子（相对分子质量为1000～3000）时，由于此时NOE的增益约为零，无法检测到NOESY谱中的相关峰（交叉峰），此时测定旋转坐标系中NOESY则是一种理想的解决方法，这种方法称为ROESY（Rotating Overhause Effect Spectroscopy），由此测得的谱图称为ROESY谱。ROESY谱的解析方法与NOESY相似，同样ROESY谱中的交叉峰并不全都表示空间相邻的关系，有一部分则是反映了耦合关系，因此在解谱时需注意。

（4）总相关谱。

在H—H COSY谱中，质子是通过与邻近的质子耦合相关，一般反映的是^3J耦合关系，而总相关谱原则上可给出同一耦合体系中的所有质子彼此之间全部的相关信息。即可从某一个质子的谱峰出发，找到与它处于同一耦合体系中的所有质子谱峰的相关峰，因此在谱图归属时往往起到比COSY谱更有效的作用。目前常用的总相关谱有TOCSY（Total Corelation Spectroscopy）和HOHAHA（Homonuclear Hartmann－Hahn Spectroscopy）。TOCSY和HOHAHA的用途及谱图外观是一样的，只是实验时所用的脉冲序列不同。TOCSY和HOHAHA的谱图外观与COSY谱类似，其F_2维和F_1维上的投影均为氢谱，也有对角峰和交叉峰（相关峰），谱图解析的方法也和COSY谱相同，只是TOCSY和HOHAHA谱中的相关峰一般比COSY谱中多。

3.5.3 其他二维实验

二维实验除上面介绍的几种常用方法外还有一些，在此再简单地介绍一些有时会遇到的实验名称及用途。

（1）COSYLR（或称LRCOSY）：优化长程耦合的COSY（COSY Optimised for Long Range Coulpings），用于确认^3J耦合以上H与H之间的长程耦合关系。

（2）2D－INADEQUATE（Incredible Natural Abundance Double Quantum Transfer Experiment）：测定^{13}C—^{13}C的耦合，以此确定碳原子连接顺序的实验。但由于实际上^{13}C与^{13}C相邻的概率是万分之一，用于测试这样一张谱需要很长的时间，故目前很少用。

（3）HOESY（Heteronuclear NOE Spectroscopy）：用于测定空间位置相近的两个不同的核。它们的谱图与H—CCOSY相似，只是它的交叉峰反映的是异核与^{1}H之间的NOE关系，即它们在空间的距离是相近的。

3.6 核磁共振波谱的应用举例

3.6.1 未知化合物结构的鉴定

（1）测得某化合物 $C_{11}H_{17}N$ 的 ^1H—NMR 如图 3.17 所示，试推断其分子结构式。

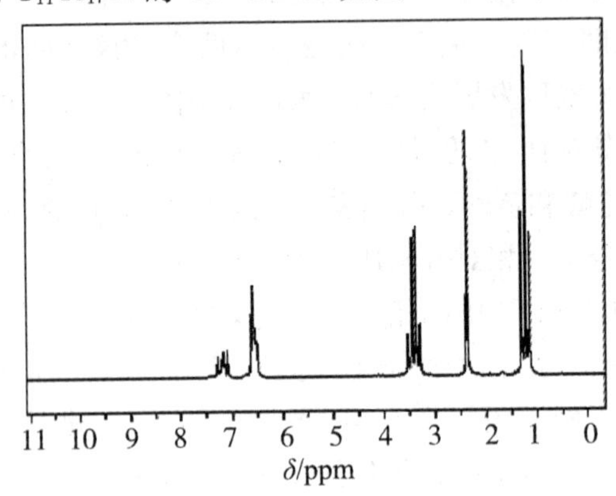

图 3.17 **未知化合物** $C_{11}H_{17}N$ **的** ^1H—NMR **谱**（90 MHz，$CDCl_3$）

解：计算不饱和度 $UN=1+11+1/2\times(1-17)=4$，估计分子中有苯环。

从积分曲线高度比求得高场到低场各峰组的质子数依次为 6、3、4、3、1，共计 17 个质子，与分子式相符，并说明分子有一定的对称性。

结合化学位移值和裂分峰的情况可以确定：

$\delta=1.1$ 的三重峰和 $\delta\approx3.3$ 的四重峰是 CH_3 和 CH_2 构成的乙基，因对应的质子数为 6 和 4，说明分子中有两个化学环境相同的乙基。

$\delta=2.2$，说明三个质子的单峰是一个孤立的 CH_3，即与其相邻的碳上无质子存在。

$\delta=6\sim7$ 区域的吸收峰是苯环上的质子，因为两组峰共有四个质子，所以是二取代苯。从裂分峰形和质子数之比为 1∶3，可排除对位取代的可能。

至此，已确定了两个化学环境相同的 CH_3CH_2，一个 CH_3 和一个二取代苯，共计 11 个 C、17 个 H 和不饱和度 4，剩余基团为一个 N 原子。由这些结构单元可组成两种不同的结构式 1 或 2。

结构式1　　结构式2

两个结构中，苯环上 4 个质子的化学环境均各不相同。用式（3.30）计算出它们的化学位移值如下：

结构 1：$\delta_a=7.0$，$\delta_b=6.56$，$\delta_c=6.99$，$\delta_d=6.58$。

结构 2：$\delta_a=6.50$，$\delta_b=6.48$，$\delta_c=7.08$，$\delta_d=6.58$。

从计算结果可以看出，结构 1 中处于胺基间位的 2 个氢（a 和 c）化学位移值非常接近，处于较低场。而处于胺基邻、对位的 2 个氢（b 和 d）化学位移值相近，且在较高场；在结构 2 中，胺基邻、对位有 3 个氢（a、b、d），它们的化学位移值相近，处于高场，而胺基间位只有 1 个氢，在较低场。所以结构 2 与实际谱图相符。

（2）测得某药物 $C_9H_8O_4$ 的 ^{13}C—NMR 谱（包含偏共振去耦裂分信息）如图 3.18 所示，试推断其分子结构式。

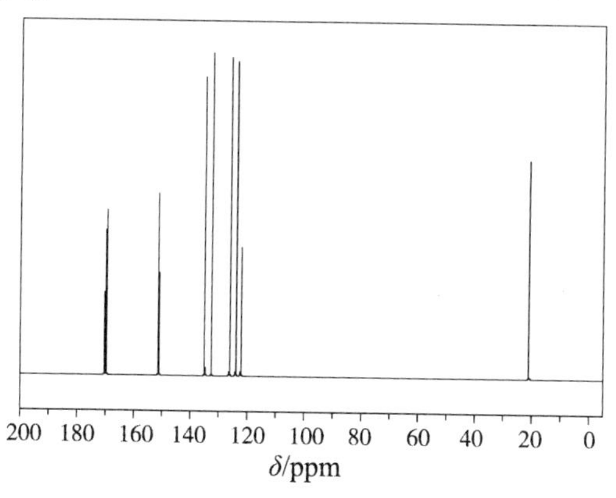

图 3.18　**未知药物** $C_9H_8O_4$ **的** ^{13}C—NMR **谱**（90 MHz，DMSO—d_6）

解：计算不饱和度 $UN=9+1/2\times(2-8)=6$，估计分子中有苯环。

^{13}C—NMR 谱中共出现 9 个峰，与分子式中的 9 个 C 原子相对应，表明分子结构无对称性。

$\delta=120\sim160$ 间的 6 个峰与 sp^2 碳对应。根据 6 个峰的强度可知它们为不对称二取代苯环碳共振峰（—C_6H_4—）。

$\delta=21.0$ 的共振峰，根据化学位移及相对强度可知为与羰基相连的甲基碳峰（CH_3）。

$\delta=170.2$ 和 $\delta=169.8$ 的两个弱峰为羧酸或其衍生物羰基碳的共振峰，结合分子式，分别确定为—COOH 和 CH_3—CO—O—。

根据测得的结构单元，可推测出可能的两种分子结构：

结构1　　　　结构2

对这两种结构中苯环碳的化学位移分别计算，见表 3.27。

表 3.27　**苯环碳的化学位移**

碳核标号	C—a	C—b	C—c	C—d	C—e	C—f
结构 1 计算值 δ	124.3（s*）	152.2（s）	121.8（d）	132.7（d）	125.7（d）	129.4（d）
结构 2 计算值 δ	131.0（s）	122.7（d）	151.3（s）	126.0（d）	128.5（d）	126.6（d）
实际检测值 δ	124.0（s）	151.3（s）	122.3（d）	134.9（d）	126.7（d）	132.5（d）

*：通常用一些英文字母表示裂分峰的数目：s（singlet）表示单峰，d（doublet）表示三重峰，q

(quadruplet) 表示四重峰，m (multiplet) 表示多重峰或者直接用数字表示多重峰的裂分数。

可见，结构 1 的化学位移计算结果与实际测得的共振峰化学位移更接近；结构 2 的化学位移预测结果中 2 个苯环季碳化学位移均较苯环 CH 碳的大，而与实际谱图中两季碳峰几乎位于苯环 CH 碳共振峰的两侧不符。因此，确证未知药物对应的化学结构式为结构 1，即阿司匹林。

3.6.2 判断化学反应是否发生

3.6.2.1 研究小分子化合物的合成

作者课题组曾借助核磁共振波谱研究小分子化合物的反应过程。1－硫代甘油 (TPG) 的巯基与丙烯酸异冰片酯 (IBA) 的乙烯基在路易斯碱催化下发生迈克尔加成反应合成双羟基异冰片酯 [(IBA(OH)$_2$] 的示意图如图 3.19 所示。

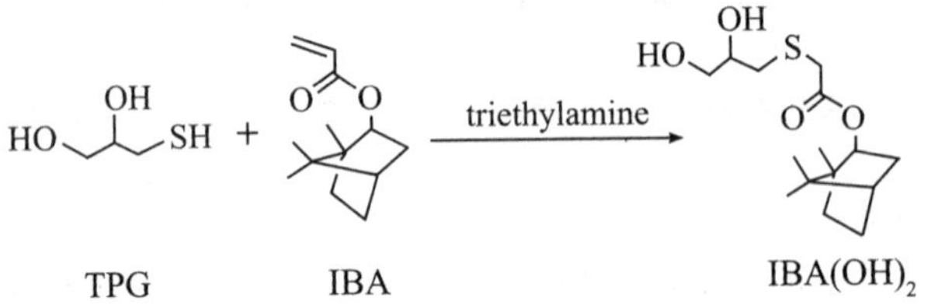

HO–CH$_2$–CH(OH)–CH$_2$–SH + IBA —triethylamine→ IBA(OH)$_2$

TPG　　IBA　　IBA(OH)$_2$

图 3.19　TPG 和 IBA 之间的迈克尔加成反应

图 3.20 中的 A、B 和 C 分别表示 TPG、IBA 和 IBA(OH)$_2$的核磁共振氢谱图。从图中可以看出，A 中 δ=1.77 处的峰为反应物 TPG 中巯基上质子的化学位移；B 中 δ=5.77，6.08 和 6.32 处的峰为反应物 IBA 中双键上质子的化学位移；C 中巯基上质子化学位移 (δ=1.77) 和双键上质子化学位移 (δ=5.77，6.08 和 6.32) 的消失进一步表明了巯基－乙烯基反应的发生。IBA(OH)$_2$结构上质子的化学位移归属如下：

4.68 (f，1H)，3.82 (b，1H)，3.74 (a，2H)，2.82 (e，2H)，
2.61 (c，2H)，1.82 (g，1H)，1.74 (m，1H)，1.69 (n，1H)，
1.57 (h，1H)，1.52 (q，1H)，1.25 (d，2H)，1.15 (k，1H)，
1.08 (j，1H)，0.95 (i，3H)，0.84 (o，3H)，0.84 (P，3H)。

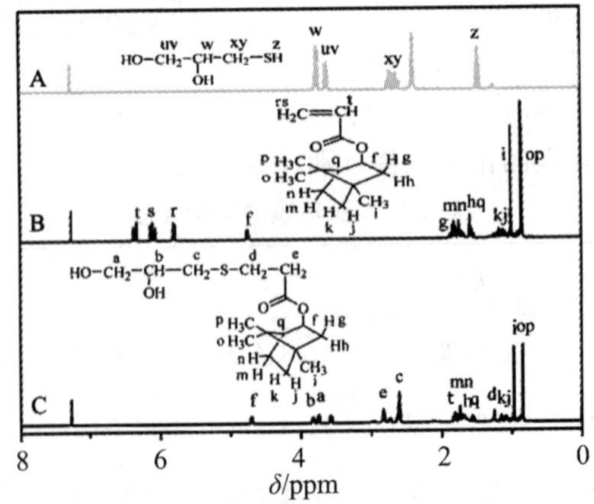

图 3.20　(A) TPG、(B) IBA 和 (C) IBA(OH)$_2$的^{1}H—NMR 谱图 (400MHz，CDCl$_3$)

3.6.2.2 研究高分子共聚物的合成反应

谢庆宜等人以己内酯（CL）和叔丁基疏水甘油醚（BGE）为原材料，在有机非金属单体膦腈碱（t－BuP_4）为催化剂反应合成聚（己内酯－*co*－叔丁基缩水甘油醚）（CL－*co*－BGE）共聚物，然后利用三氟乙酸（TFA）水解 CL－*co*－BGE 共聚物中的叔丁基，经分离提纯后，最终得到聚（己内酯－*co*－缩水甘油）（CL－*co*－GD）共聚物，具体合成路线如图 3.21 所示。

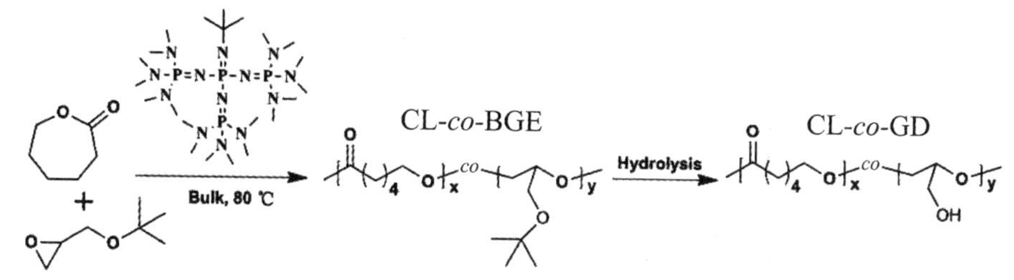

图 3.21 **聚（己内酯**－*co*－**缩水甘油）**（CL－*co*－GD）**共聚物的合成路线图**

图 3.22 为 CL－*co*－BGE 和 CL－*co*－GD 共聚物的^{1}H—NMR 图；与聚己内酯均聚物（PCL）相比，在 δ＝1.14（h），3.33～3.84（e，f，g）处出现的两个新峰归属于 BGE 结构中的质子 [—$CH_2CH(CH_2OC(CH_3)_3$—]，说明在 t－BuP_4的催化下，CL 成功和 BGE 共聚了；对于 CL－*co*－GD 共聚物，δ＝1.14（h）处丁基峰的消失，说明 TFA 脱除叔丁基很完全，与此同时不会破坏聚合物的其他结构。CL－*co*－BGE 共聚物中质子的化学位移归属如下结构（斜体部分）：4.07(2H，—$CO(CH_2)_4C\boldsymbol{H}_2O$—)，2.29(2H，—$COC\boldsymbol{H}_2(CH_2)_4O$—)，1.64(4H，—$COCH_2CH_2CH_2C\boldsymbol{H}_2CH_2O$—)，1.35(2H，—$CO(CH_2)_2C\boldsymbol{H}_2(CH_2)_2O$—)，3.33～3.84(5H，—$C\boldsymbol{H}_2C\boldsymbol{H}(C\boldsymbol{H}_2OC(CH_3)_3)O$—)，1.14(9H，—$CH_2CH(CH_2OC(C\boldsymbol{H}_3)_3)O)$—。CL－*co*－GD 共聚物中氢的化学位移归属如下：4.07(2H，—$CO(CH_2)_4C\boldsymbol{H}_2O$—)，2.29(2H，—$COC\boldsymbol{H}_2(CH_2)_4O$—)，1.64(4H，—$COCH_2CH_2CH_2C\boldsymbol{H}_2CH_2O$—)，1.35(2H，—$CO(CH_2)_2C\boldsymbol{H}_2(CH_2)_2O$—)，3.31～3.82(5H，—$C\boldsymbol{H}_2C\boldsymbol{H}(C\boldsymbol{H}_2OC(CH_3)_3)O)$—。

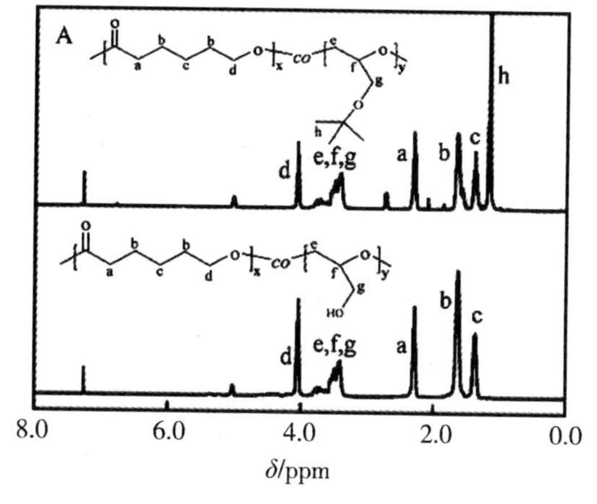

图 3.22 CL－*co*－BGE **和** CL－*co*－GD **共聚物的**^{1}H—NMR **谱图**（400MHz，$CDCl_3$）

图 3.23 为 CL－*co*－BGE 的^{13}C—NMR 谱图。δ＝173 处的放大峰是 PCL 均聚物中

羰基以及 CL 与 BEG 相连处的羰基峰叠加而导致的裂分。$\delta=71$、79 处的裂分峰则是由于 CL 和 BEG 相互连接导致的仲碳和叔碳原子的裂分。这些结果说明 CL 与 BGE 之间反应形成了无规共聚物。CL－*co*－BGE 共聚物结构中碳的化学位移归属如下：

173(—CO($\boldsymbol{C}H_2$)$_5$O—)，64(—CO(CH_2)$_4$$\boldsymbol{C}H_2$O—)，34(—CO$\boldsymbol{C}H_2$($CH_2$)$_4$O—)，$\delta=28$(—CO($CH_2$)$_3$$\boldsymbol{C}H_2$$CH_2$O—)，25(—CO$CH_2$$\boldsymbol{C}H_2$($CH_2$)$_3$O—)；24(—CO($CH_2$)$_2$$\boldsymbol{C}H_2$($CH_2$)$_2$O—)，27(—$CH_2$CH($CH_2$OC($\boldsymbol{C}H_3$)$_3$) O—)，63(—$CH_2$CH($\boldsymbol{C}H_2$OC($CH_3$)$_3$)O—)，71(—$\boldsymbol{C}H_2$CH($CH_2$OC($CH_3$)$_3$) —O)，79(—$CH_2$$\boldsymbol{C}$H($CH_2$OC ($CH_3$)$_3$)O—)，72(—$CH_2$CH($CH_2O\boldsymbol{C}$($CH_3$)$_3$)O—)。

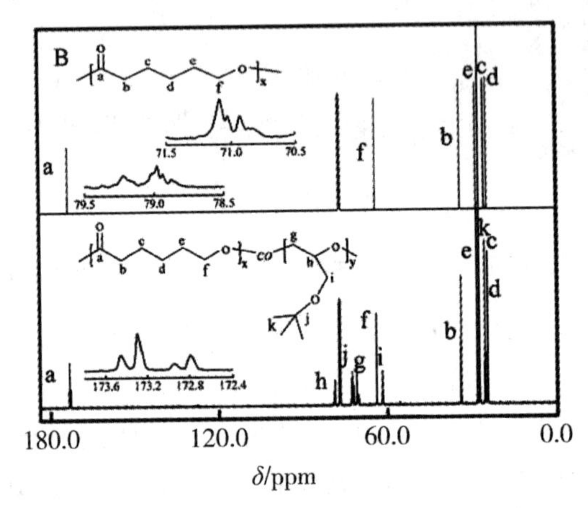

图 3.23 PCL 均聚物和 CL－*co*－BGE 共聚物的 ^{13}C—NMR 谱图（400MHz，$CDCl_3$）

3.6.3 计算聚合物中单体的实际含量

马春风等人曾借助核磁共振光谱计算聚合物中单体的实际含量。图 3.24 为其合成含硅侧链的聚氨酯（PU—S_x）的路线。首先，丙烯酸三异丙基硅烷酯（TIPSA）与 1－硫代甘油（TPG）以一定比例反应生成一类双端羟基的聚丙烯酸三异丙基硅烷酯（PTIPSA－diol），$M_w=1400$ g/mol^{-1}。然后，聚己内酯（PCL）、L－赖氨酸乙酯二异氰酸酯（LDI）、1,4－丁二醇（BDO）可反应生成主链可降解、侧链可水解的新型聚氨酯材料。

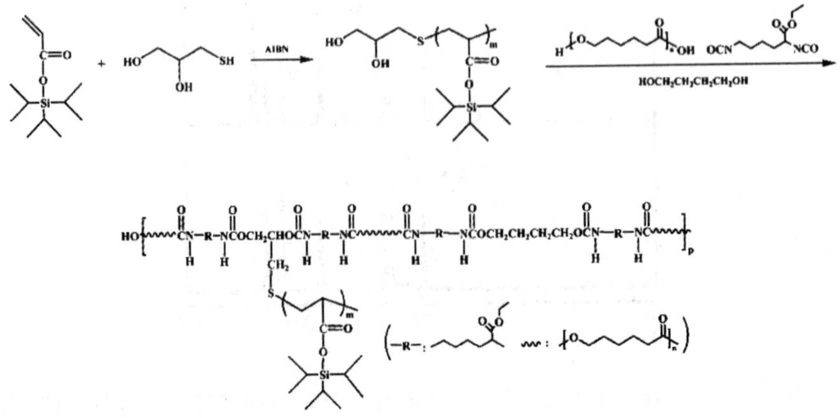

图 3.24 含硅侧链的聚氨酯（PU—S_x）的合成路线

通过改变PTIPSA－diol的投入量，可得到一系列不同侧链含量的主链降解型聚氨酯。不同侧链含量的聚氨酯组成见表3.28。为了方便起见，将目标产物——含硅侧链的聚氨酯记为PU—S_x，其中x表示PTIPSA－diol在聚氨酯中所占质量百分含量，通过^{1}H—NMR测定。

表3.28 不同侧链含量的聚氨酯组成

样品	LDI/PCL/PTIPSA$(OH)_2$/1，4－BD	PTIPSA含量（wt%）
PU—S0	6.6/1/0/5.6	0
PU—S7	6.6/1/0.25/5.35	7.3
PU—S14	6.6/1/0.5/5.1	13.8
PU—S22	6.6/1/0.93/4.67	22.3
PU—S32	6.6/1/1.48/4.12	32.4
PU—S40	6.6/1/2.22/3.38	40.1

图3.25为TPSA、PTIPSA$(OH)_2$和PU—S22的^{1}H—NMR谱图。从图中可以看出，δ=4.20、4.30、1.27、3.15、1.80、1.64和1.50处的峰，分别对应的是LDI单元的质子峰，依次为以下结构中的斜体部分：

$—CHCOOC\boldsymbol{H}_2CH_3$，$—C\boldsymbol{H}COOCH_2CH_3$，$—CHCOOCH_2C\boldsymbol{H}_3$，

$—NC\boldsymbol{H}_2CH_2CH_2CH_2—$，$—NCH_2CH_2CH_2C\boldsymbol{H}_2—$，$—NCH_2C\boldsymbol{H}_2CH_2CH_2$，

$—NCH_2CH_2C\boldsymbol{H}_2CH_2—$。

δ=4.05、2.3、1.64和1.38处的峰，分别对应PCL单元的质子峰，依次为：

$—COCH_2CH_2CH_2CH_2C\boldsymbol{H}_2O—$，$—COC\boldsymbol{H}_2CH_2CH_2CH_2CH_2O—$，

$—COCH_2C\boldsymbol{H}_2CH_2CH_2CH_2O—$，$—COCH_2CH_2C\boldsymbol{H}_2CH_2CH_2O—$

中的斜体部分。δ=3.87、1.52处的峰，分别对应的是BDO单元的质子峰，依次为

$—OCH_2CH_2CH_2CH_2O—$，$—OCH_2CH_2CH_2CH_2O—$中的斜体部分。δ=1.27、1.05处的峰，分别对应的是侧链PTIPSA单元的质子峰，依次为$SiCH(CH_3)_2$，$SiCH(CH_3)_2$中的斜体部分。与在纯TAPSA单体中相比，$SiCH(CH_3)_2$中的质子化学位移在聚氨酯中发生了一定的偏移，说明PTAPSA以化学键的方式连接在了聚氨酯中。

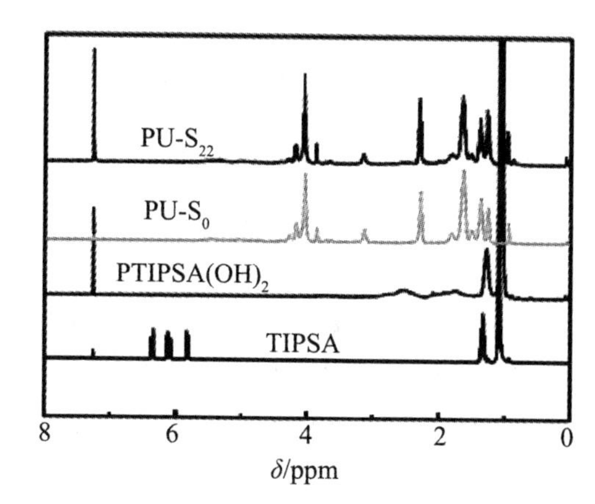

图3.25 TPSA、PTIPSA$(OH)_2$和PU—S22的^{1}H—NMR谱图

根据图 3.26 中不同侧链含量的聚氨酯的 ^1H—NMR 谱图，可以计算出聚氨酯中水解侧链 PTIPSA 和 PCL 软段的实际含量。计算公式分别如下：

$$W_{PTIPSA}=\frac{M_{PTIPSA}\frac{H_{PCL}A_{PTIPSA}}{H_{PTIPSA}A_{PCL}}}{M_{PCL}A_{PCL}+M_{LDI}\frac{H_{PCL}A_{LDI}}{H_{LDI}A_{PCL}}+M_{BDO}\frac{H_{PCL}A_{BDO}}{H_{BDO}A_{PCL}}+M_{PTIPSA}\frac{H_{PCL}A_{PTIPSA}}{H_{PTIPSA}A_{PCL}}} \tag{3.39}$$

$$W_{PCL}=\frac{M_{PCL}A_{PCL}}{M_{PCL}A_{PCL}+M_{LDI}\frac{H_{PCL}A_{LDI}}{H_{LDI}A_{PCL}}+M_{BDO}\frac{H_{PCL}A_{BDO}}{H_{BDO}A_{PCL}}+M_{PTIPSA}\frac{H_{PCL}A_{PTIPSA}}{H_{PTIPSA}A_{PCL}}} \tag{3.40}$$

式中，A 为核磁积分面积，A_{PTIPSA}是 PTIPSA 单元中甲基的质子峰面积（1.05 ppm），A_{PCL}是 PCL 单元中亚甲基的质子峰面积（4.05 ppm），A_{LDI}是 LDI 单元中亚甲基的质子峰面积（4.20 ppm），A_{BDO}是 1,4－丁二醇中亚甲基的质子峰面积（3.87 ppm）。M_{PTIPSA}、M_{PCL}、M_{LDI} 和 M_{BDO} 分别是 1400 g·mol^{-1}、2000 g·mol^{-1}、226 g·mol^{-1} 和 90 g·mol^{-1}。H_{PTIPSA}、H_{PCL}、H_{LDI}和 H_{BDO}分别是各单元对应的质子个数，依次为 108、36、2 和 4。

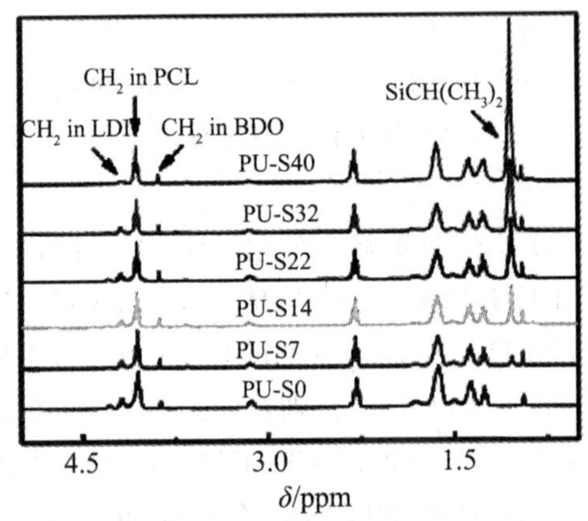

图 3.26 PU—S$_x$ 的 ^1H—NMR 谱图（400MHz，$CDCl_3$）

经过计算，对于 PU—S0、PU—S7、PU—S 14、PU—S 22、PU—S 32 和 PU—S 40，水解侧链 PTIPSA 的实际含量（wt%）依次为 0、7.3、13.8、22.3、32.4 和 40.1（表 3.28）；PCL 链段的含量（wt%）分别为 56.4、56.1、51.6、46.8、41.0 和 37.3。

3.6.4 聚合物降解速率的测定

许进宝等借助核磁共振光谱研究了聚合物降解速率。聚合物基海洋防污材料（SiMA－MDO）是由甲基丙烯酸双（三甲基硅氧烷基）甲基硅氧烷酯（$MATM_2$）、甲基丙烯酸三异丙基硅烷酯（TIPSiMA）、甲基丙烯酸三正丁基硅烷酯（TBSiMA）中的一种与 2－亚甲基－1,3－二氧杂环庚烷（MDO）在二氧六环（Dioxane）为溶剂偶氮二异丁腈（AIBN）为催化剂的条件下，通过自由基开环共聚反应得到的，其具体合成路线如图 3.27 所示。

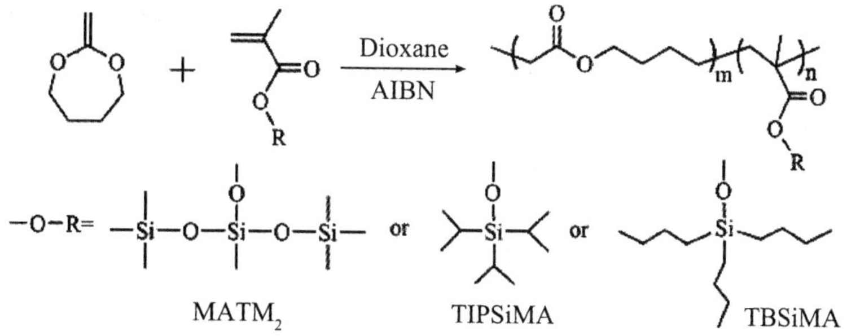

图 3.27　MDO 与 SiMA 共聚的合成路线

图 3.28 为经纯化后的 SiMA－MDO 共聚物的^{1}H—NMR 谱图。从图中可以看出，三种共聚物的质子均可与谱图中的峰一一对应在三种共聚物中，δ＝4.0 处的峰归属于 MDO 开环后的聚酯结构—$COOCH_2$－中的质子，PMTO 中 δ＝0.2 处的峰归属于硅烷酯－$(O)_3SiCH_3$－中的质子（均聚物 PMT 中的质子归属与 PMTO 中 $MATM_2$结构的归属一致），PTBO 中 δ＝0.9 处的峰归属于—$OSi(CH(CH_3)_2)_3$－中的质子。通过对峰面积进行积分，按照公式（3.39）或（3.40），可计算出每一种共聚物的组成成分，结果如表 3.29 所示。

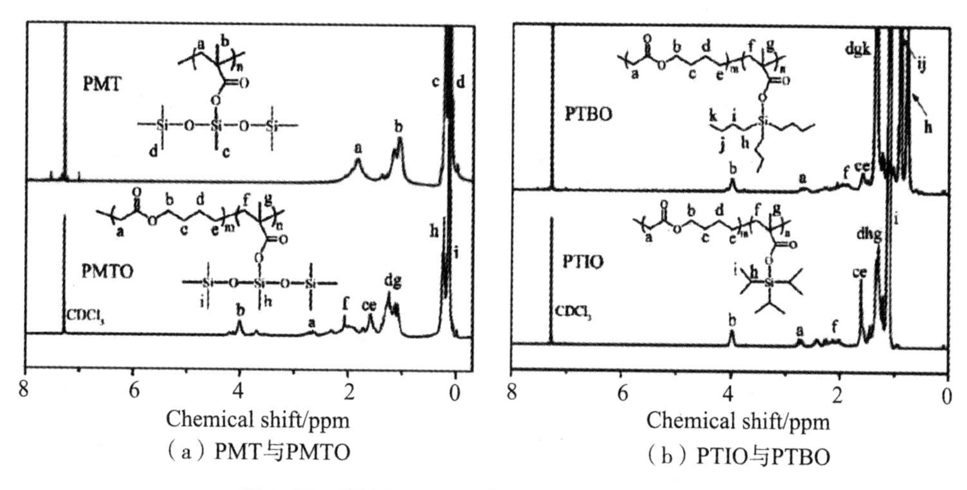

（a）PMT与PMTO　（b）PTIO与PTBO

图 3.28　SiMA－MDO 共聚物的^{1}H—NMR 谱图

表 3.29　SiMA－MDO 共聚物的表征数据

样品	组成成分[a]		摩尔组成比[c]
	SiMA[b]	MDO	SiMA/聚酯
PMT	97%	/	100/0
PMTO	96%	68%	66/34
PTIO	94%	65%	69/31
PTBO	99%	74%	67/33

注：a. 通过^{1}H—NMR 计算；b. PMT 和 PMTO 的单体为 $MATM_2$，PTIO 的单体为 TIPSiMA，PTBO 的单体为 TBSiMA；c. 当单体投料比为 50/50 时，以纯化共聚物单体摩尔组成。

SiMA－MDO 共聚物可通过主链降解和侧基水解实现在海水中的自更新（反应式如

图 3.29 所示)。其中侧基硅烷酯的水解会产生二聚体，图 3.30 展示了其水解产物在 THF－d_8 中的 ^{1}H—NMR 谱图。通过对质子峰的归属以及峰面积的积分可计算出 SiMA 的水解摩尔百分比［见公式（3.41）］，式中 A 为核磁峰的积分面积，a，b 等具体峰见图 3.30。

$$
\begin{aligned}
P_{\mathrm{PMTO}}&=\frac{A_d/36}{A_d/36+A_b/18}\times 100\% \\
P_{\mathrm{PTIO}}&=\frac{A_d/36}{A_d/36+A_b/18}\times 100\% \\
P_{\mathrm{PTBO}}&=\frac{A_e/12}{A_e/12+A_a/6}\times 100\%
\end{aligned}
\qquad (3.41)
$$

Seawater

R-O-R:

or

or

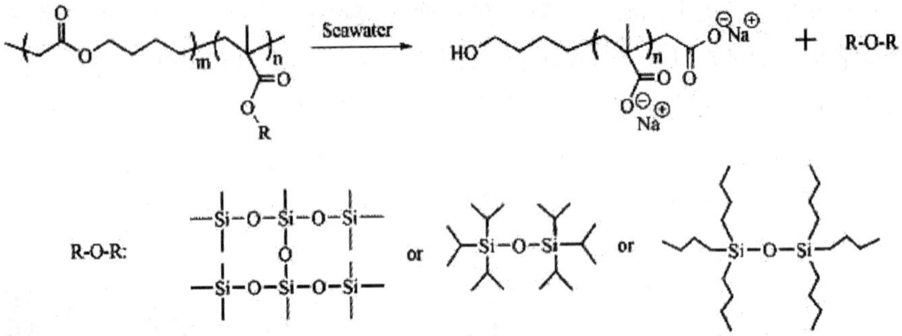

图 3.29　海水中 SiMA－MDO 共聚物的侧基水解及主链降解反应过程

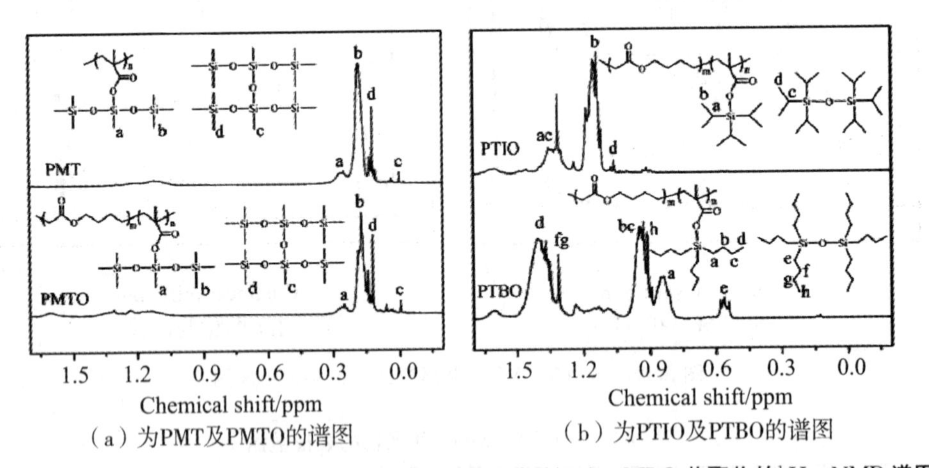

（a）为PMT及PMTO的谱图　　（b）为PTIO及PTBO的谱图

图 3.30　已水解的 THF－d_8 与人工海水中的 PMT 和 SiMA－MDO 共聚物的 ^{1}H—NMR 谱图

图 3.31 是通过式（3.41）计算得到的聚合物中硅烷酯在人工海水中的水解摩尔百分比随时间的变化规律。PMT 中的 $MATM_2$ 水解速率最快，接触人工海水 11 天后已有 98%硅烷酯水解。而 PMTO 中 $MATM_2$ 水解速率与 PMT 中的接近，表明主链聚氨酯的引入并不影响侧基硅烷酯的水解。PTBO 中的 TBSiMA 同样具有较快的水解速率，接触人工海水 14 天后硅烷酯水解率已经超过 70%，但 PTIO 中的 TIPSiMA 在 14 天后仅有约 3 mol%的硅烷酯水解。这是因为 TIPSiMA 的空间位阻比 $MATM_2$ 和 TBSiMA 大，不易受水分子的进攻。结果表明，该材料具有类似传统聚丙烯酸硅烷酯的自抛光性能。

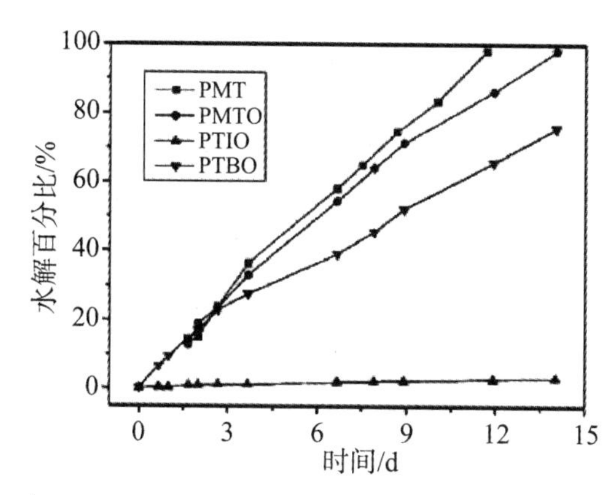

图3.31　在 THF－d_8 与人工海水的 PMT 和 SiMA－MDO 共聚物中已水解的硅烷酯摩尔百分比随时间的变化

参考文献

[1] 张正行. 有机光谱分析 [M]. 北京：人民卫生出版社，2009.
[2] 刘宏民. 实用有机光谱解析 [M]. 郑州：郑州大学出版社，2008.
[3] 潘铁英，张玉兰，苏克曼. 波谱解析法 [M]. 上海：华东理工大学出版社，2002.
[4] 谢庆宜. 海洋静态防污材料的制备 [D]. 广州：华南理工大学，2018.
[5] Wu JH，Wang CH，Mu CD，et al. A waterborne polyurethane coating functionalized by isobornyl with enhanced antibacterial adhesion and hydrophobic property [J]. European Polymer Joural，2018，108：498－506.
[6] 吴尖辉. 异冰片改性聚氨酯及其抗菌性能研究 [D]. 成都：四川大学，2019.
[7] 许进宝. 有机非金属催化的生物降解聚合物合成 [D]. 广州：华南理工大学，2014.
[8] Xu J，Yang J，Ye X，et al. Synthesis and properties of amphiphilic and biodegradable poly（epsilon-caprolactone－*co*－glycidol）copolymers [J]. Journal of Polymer Science Part A-Polymer Chemistry，2015，53（7）：846－853.
[9] Xie Q，Ma CF，Zhang GZ，et al. Poly（ester）－poly（silyl methacrylate）copolymers：synthesis and hydrolytic degradation kinetics [J]. Polymer Chemistry，2018，9（12）：1448－1454.
[10] Xu W，Ma CF，Ma J，et al. Marine biofouling resistance of polyurethane with biodegradation and hydrolyzation [J]. ACS Applied Materials & Interfaces 2014，6（6）：4017－4024.

思考题

1. 什么是核磁共振？产生核磁共振的条件是什么？举例说明核磁共振在我们日常就医方面的应用。

2. 试与第1章和第2章所学知识相结合，从能级跃迁类型角度思考核磁共振波谱与紫外一可见光谱和红外吸收光谱的区别。

3. 核磁共振氢谱法的原理是什么?

4. 什么是化学位移?影响化学位移的因素有哪些?

5. 请思考常见核磁共振图谱中为什么用化学位移(ppm)表示峰位而不用共振频率的绝对值(Hz)来表示?

6. 核磁共振波谱为什么需要用基准物质(内标物)?表示化学位移时为什么常选择四甲基硅烷(TMS)作为基准物质(内标物)?

7. 核磁共振波谱法中,什么是屏蔽效应和去屏蔽效应?什么是屏蔽常数?它与哪些因素有关?

8. 核磁共振氢谱中,氢谱的耦合有哪几种?

第4章　有机质谱

4.1　概　述

质谱分析法（Mass Spectrometry，MS）是在高真空系统中测定样品的分子离子及碎片离子质量，以确定样品的相对分子质量及分子结构的方法。化合物分子受到电子流冲击后形成带正电荷分子离子及碎片离子，按照其质量 m 和电荷 z 的比值 m/z（质荷比）大小依次推断而被记录下来形成的图谱，称为质谱。

自1919年英国科学家阿斯顿（F. W. Aston，1877—1945）制成第一台质谱仪以来，先后有13位从事质谱相关研究的学者荣获诺贝尔奖。在质谱技术发展的初期，它主要被用于同位素的测定。到20世纪40年代，质谱研究转向有机物，60年代出现了气象色谱一质谱联用仪，并得到了迅猛的发展。80年代以后，新的质谱技术尤其是快原子轰击电离（FAB）、电喷雾电离（ESI）、基质辅助激光解吸电离（MALDI）的发展使质谱研究跨入生物大分子领域，成为蛋白质组学及代谢组学的主要研究手段，这三种技术的共同特点是能把不挥发但热稳定性差的生物大分子电离成气相离子。在20世纪后期，无机质谱也得到了长足的发展和更为广泛的应用。质谱分析法有如下特点：

（1）应用范围广。测定的样品可以是无机物，也可是有机物。应用上可做化合物的结构分析、测定原子量和相对分子量、同位素分析、环境检测、热力学与反应性动力学分析。被分析的样品状态可以是气体，也可以是液体和固体。

（2）灵敏度高、样品用量少。在鉴定有机物的四大谱（UV、IR、NMR和MS）中，质谱是检出灵敏度最高的方法，检出限最低可达 10^{-14} g，也是唯一可用于确定分子量和分子式的方法（测量精度达0.0001）。

（3）分析速度快，可实现同组分同时测定，且可提供多维结构的信息，可与多种色谱分离系统联用，应用范围十分广泛，是复杂样品分离分析的强大手段，在有机、石油、地球、药物、生物、食品、农业和环保等化学领域得到了广泛的应用。

目前质谱技术已经发展成为三个分支，即同位素质谱、无机质谱和有机质谱。在有机物的研究中，有机质谱法是主要的研究方法之一。因此，本章主要讨论有机质谱的原理及其在有机物分子结构鉴定中的应用。

4.2　有机质谱中的离子及碎裂

4.2.1　质谱的表示方法

通常化合物的质谱图是以棒状图的形式来记录电离后收集到的各种不同质荷比的离

子及其相对丰度（或强度）。图 4.1 为正十二烷的质谱图（离子源，EI），其横坐标表示质荷比，从左到右依次增大，单电荷质谱的横坐标实际上即为离子质量，如图所示正十二烷的分子离子峰（$M^{+}\cdot$）为 170。纵坐标表示各离子的相对强度（也称相对丰度）。相对强度的计算是以强度最大的一个峰（称为标准峰或基峰）的高度作为 100%，图中基峰为 $m/z=57$，其余的峰按峰高比例计算出相对的百分强度表示。

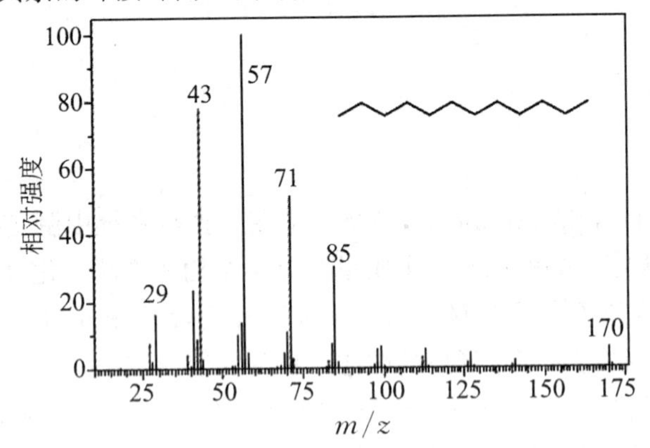

图 4.1 正十二烷的 EI 质谱图

4.2.2 质谱中的离子

一般来说，在有机质谱中出现的离子有分子离子、碎片离子、同位素离子、亚稳离子、重排离子和多电荷离子等。

4.2.2.1 分子离子

样品在高能电子的轰击下，丢失一个电子形成的离子叫做分子离子，其所产生的峰称为分子离子峰或母峰，一般用符号 $M^{+}\cdot$ 表示，其中“+”代表正离子，“·”代表不成对电子，如：

$$M+e^{-}=M^{+}\cdot+2e^{-} \tag{4.1}$$

分子离子峰的 m/z 就是该分子的分子量。

形成分子离子峰时，电子失去的难易程度是不一样的，有机化合物中原子的价电子一般可以形成 σ 键、π 键，还可以是未成对电子 n（即孤对电子），这些类型的电子在电子流撞击下失去的难易程度是不一样的。一般来说，含有杂原子的有机分子，其杂原子的未成键电子最易失去，其次是 π 键，再次是碳碳相连的 σ 键，最后是碳氢相连的 σ 键。

分子离子峰的强度随化合物结构的不同而变化，因此可以用于推测被测化合物的类型。凡是能使分子离子具有稳定结构的化合物，其分子离子峰就强，例如芳烃或具有共轭结构体系的化合物、环状化合物；反之，若分子的化学稳定性差，则分子离子峰就弱，如化合物中含有—OH、—NH_2 等杂原子基团或带有侧链，都能使分子离子峰减弱，甚至有些化合物的分子离子峰在谱图上不能被显示。碳链越长，分子离子峰越弱；存在支链会导致分子离子峰裂解，故分子离子峰很弱；饱和醇类及胺类化合物的分子离子峰弱；有共轭体系的分子离子稳定，分子离子峰强；环状分子一般有较强的分子离子峰。综合上述规律，有机化合物在质谱中的分子离子的稳定性顺序如下：

芳香环>共轭烯烃>烯烃>环状化合物>羰基化合物>醚>酯>胺>酸>醇>高度支化的烃类。

4.2.2.2　碎片离子

碎片离子是由分子离子峰进一步裂解产生的。生成的碎片离子可能再次裂解，生成质量更小的碎片离子。另外在裂解的同时也可能发生重排，所以在化合物的质谱中，常可看到许多碎片离子峰。由于分子离子碎裂的过程遵循一般的化学反应原理，所以碎片离子的形成与分子结构紧密相关，一般可根据反应中形成的几种主要碎片离子推断原来化合物的结构。

4.2.2.3　亚稳离子

质谱中的离子峰不论强弱，绝大部分是尖锐的，但也存在少量较宽（一般要跨2～5个质量单位）、强度低，且 m/z 不是整数值的离子峰，这类峰称为亚稳离子峰。

正常的裂解都是在电离室中进行的，在电离过程中，一个碎片离子m_1^+能碎裂成一个新的离子m_2^+和一个中性碎片。一般称m_1^+为母离子，m_2^+为子离子。如果质量为m_1的离子的寿命远小于 5×10^{-6} s，上述碎裂过程是在离子源中完成的，因此我们测量的是质量为m_2的离子，测不到质量为m_1的离子。如果质量为m_1的离子的寿命远大于 5×10^{-6} s，上述反应还未进行，离子就已经到达检测器，测得的只是质量为m_1的离子。但如果质量为m_1的离子的寿命介于上述两种情况之间，在离子源出口处，被加速的是m_1质量的离子，而到达分析器时m_1^+碎裂成m_2^+。所以，在分析器中，离子是以m_2的质量被偏转，故它将不在m_2处被检测出，而是出现在质荷比小于m_2的地方，这就是产生亚稳离子的原因。一般亚稳离子用 m^* 来表示。

m_1、m_2 和 m^* 之间存在如下关系：

$$m^*=\frac{m_2^2}{m_1} \tag{4.2}$$

亚稳离子只有在磁质谱中才能测定，亚稳离子峰对寻找母离子和子离子以及推测碎裂过程都是很有用的。亚稳离子峰的出现，可以确定存在$m_1^+\rightarrow m_2^+$的开裂过程。但应该注意，并不是所有的开裂都会产生亚稳离子。所以没有亚稳离子峰的出现，并不能否定某种开裂过程的存在。

4.2.2.4　同位素离子

组成有机化合物的大多数元素在自然界是以稳定的同位素混合物的形式存在的。通常，轻同位素的丰度最大，如果质量数用 M 表示，则其重同位素的质量大多数为 M+1、M+2 等。常见元素相对其轻同位素的丰度见表 4.1，该表是以元素轻同位素的丰度为 100 作为基准的。

这些同位素在质谱中所形成的离子，称为同位素离子，在质谱图中往往以同位素峰组的形式出现，分子离子峰由丰度最大的轻元素组成。在质谱图中同位素峰组强度比与其同位素的相对丰度有关，可用下列二项式的展开项来表示：

表 4.1 常见元素相对轻元素的丰度

元素	轻同位素	M+1	丰度	M+2	丰度
氢	^{1}H	^{2}H	0.016	—	—
碳	^{12}C	^{13}C	1.08	—	—
氮	^{14}N	^{15}N	0.38	—	—
氧	^{16}O	^{17}O	0.04	^{18}O	0.20
氟	^{19}F	—	—	—	—
硅	^{28}Si	^{29}Si	5.10	^{30}Si	3.35
磷	^{31}P	—	—	—	—
氯	^{35}Cl	—	—	^{37}Cl	32.5
溴	^{79}Br	—	—	^{81}Br	98.0
碘	^{127}I	—	—	—	—

$$(a+b)^n \tag{4.3}$$

式中，a 代表轻同位素的丰度；b 代表同一元素重同位素的丰度；n 指分子中该元素的原子个数。例如，$^{13}C:{}^{37}C\approx3:1$。若分子中含有一个氯，同位素峰组 M：(M+2) ≈ 3：1；若含两个氯，则（4.3）式的展开项为 $a^2+2ab+b^2$，同位素峰组强度比 M：(M+2)：(M+4) ≈9：6：1。

因此，在进行一般有机化合物分子鉴定时，可以通过同位素的统计分布来确定其元素组成，分子离子的同位素离子峰对强度比总是符合统计规律的。例如，在 CH_3Cl、C_2H_5Cl等分子中，$Cl_{M+2}/Cl_M=32.5\%$，而在含有一个溴原子的化合物中，$(M+2)^+$峰的相对强度几乎与 $M^{+}\cdot$ 的峰相等。同位素离子峰可用来确定分子离子峰。

4.2.2.5 重排离子

重排离子是由原子迁移产生重排反应而形成的离子。在重排反应中，发生变化的化学键至少有两个或更多。重排反应可导致原化合物碳链的改变，并产生原化合物中并不存在的结构单元离子。例如，典型的“麦氏重排”对醛、酮、酸、酯这些化合物，因羰基的 γ—C 原子上含有氢原子，经过六元环迁移，生成烯烃的碎片离子。

$$\text{(γ) }H_2C(H)-\text{(β) }H_2C-\text{(α) }CH_2-C(=O)R \xrightarrow{-CH_2=CHR} H_2C=C(\overset{+}{O}H)R$$

4.2.2.6 多电荷离子

若分子非常稳定，可以被去掉两个或更多的电子，形成 $m/2z$ 或 $m/3z$ 等质荷比的离子。当有这些情况出现时，说明化合物异常稳定。一般来说，芳香族和含有共轭体系的分子能形成稳定的多电荷离子。

4.2.3　离子的裂解类型

有机化合物在质谱仪中的裂解类型主要有简单断裂、重排开裂、复杂开裂和骨架重排。

4.2.3.1　简单断裂

简单断裂是指分子离子中某一化学键发生断裂，生成一个中性碎片和一个碎片正离子。常见的是奇电子分子离子的一根键断裂，得到一个自由基中性碎片和一个新的偶电子碎片。简单断裂有三种：σ—断裂、α—断裂和 i—断裂（诱导断裂）。

（1）σ—断裂。

分子中 σ 键在电子轰击下，失去一个电子，随后分子开裂生成碎片离子和游离基的过程称为 σ—断裂。σ—断裂多发生在烷烃，如正己烷（$C_{10}H_{22}$）的简单开裂，可得到一系列奇质量数的 C_nH_{2n+1} 的正离子。其他 C—H、C—O、C—N 和 C—X（卤素）键的 σ—断裂也均会产生相应的正离子和自由基。

（2）α—断裂。

分子离子中的自由基有强烈的电子配对倾向，使自由基的 α 位化学键较容易发生均裂，此即 α—断裂。它广泛存在于有机化合物的质谱碎裂过程中。特别是具有 C—X 或 C＝X 键（X 为 N、O、S、F、Cl、Br、I 等）的有机化合物的裂解（如图 4.2）。

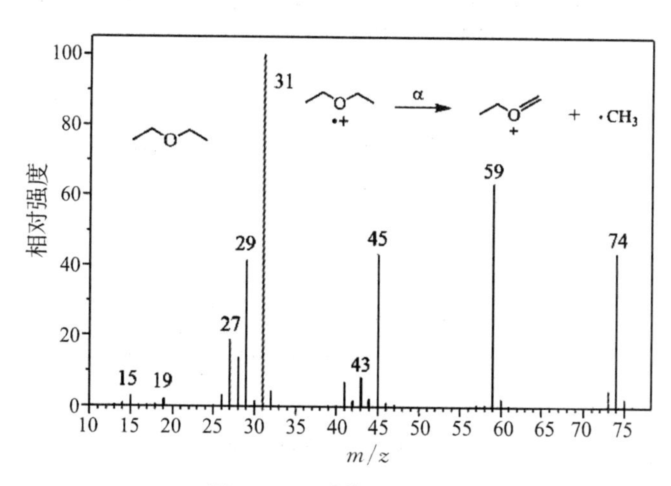

图 4.2　乙醚的 EI 质谱图

酮也易发生 α—断裂，其断裂与其相连的基团密切相关：

$$R_1-\overset{\overset{\cdot+}{O}}{\overset{\|}{C}}-R_2 \xrightarrow{\alpha} \cdot R_1 + \overset{+}{O}\equiv C-R_2 \text{ 和 } R_1-C\equiv\overset{+}{O} + \cdot R_2$$

烯烃的断裂能诱导氢重排，如 1－戊烯的断裂（图 4.3）。

$$R-CH_2-CH=CH_2 \xrightarrow{-e} R-CH_2-CH\overset{\cdot+}{—}CH_2 \xrightarrow{\alpha} R\cdot + CH_2=CH-\overset{+}{C}H_2$$

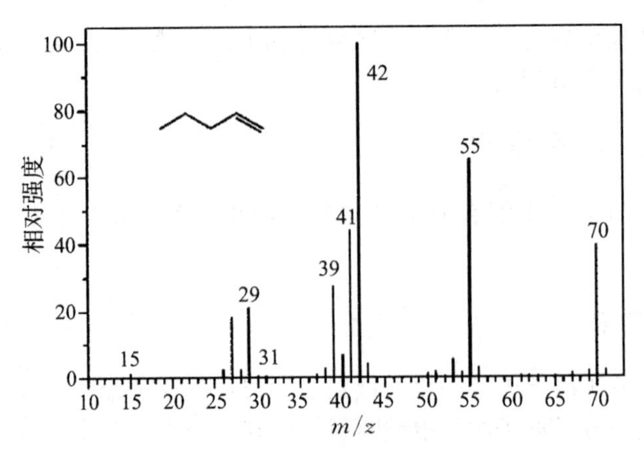

图 4.3 1—戊烯的 EI 质谱图

(3) i—断裂（诱导断裂）。

由正电荷吸引一对电子，引起一对电子的转移，发生化学键的异裂，此即诱导断裂，简称 i—断裂。如醚类和酮类经常会发生下面的 i—断裂：

$$\text{CH}_3\text{CH}_2\overset{\cdot +}{\text{O}}\text{CH}_2\text{CH}_3 \xrightarrow{i} \text{CH}_3\text{CH}_2\text{O}\cdot + \overset{+}{\text{C}}\text{H}_2\text{CH}_4$$

$$\text{R}_1\text{—}\overset{\overset{\cdot +}{\text{O}}}{\overset{\|}{\text{C}}}\text{—R}_2 \xrightarrow{i} \overset{+}{\text{R}}_1 + \dot{\text{O}}\equiv\text{C—R}_2 \text{ 和 } \text{R}_1\text{—C}\equiv\dot{\text{O}} + \overset{+}{\text{R}}_2$$

i—断裂与 α—断裂是相互竞争的反应，卤素有很强的 i—断裂反应趋势，如 1—溴丁烷发生 i—断裂产生的碎片（$C_4H_9^{+}\cdot$，57）是峰度最大的基峰（图 4.4）。

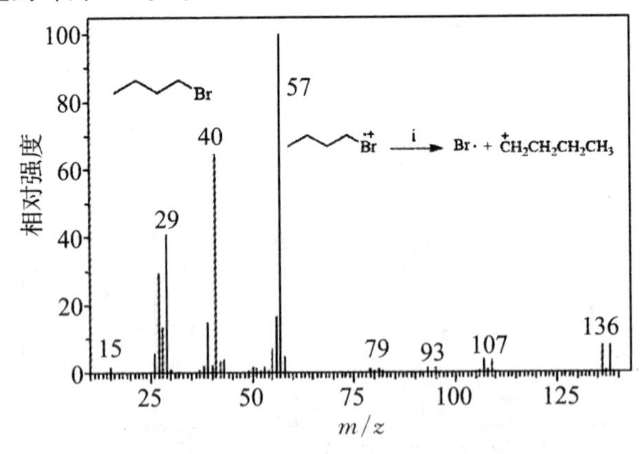

图 4.4 1—溴丁烷的 EI 质谱图

4.2.3.2 重排开裂

重排开裂时涉及两个键的断裂，脱去一个中性分子，同时发生 H 重排。重排的结果是产生了原化合物中不存在的结构单元的离子。重排主要包括以下几种类型：

(1) 麦氏重排（Mclafferty Rearrangement）。

分子离子或碎片离子结构中有双键，且在 γ 位上有 H 原子的正离子都能发生麦氏重排。在开裂中，γ 位上的 H 通过六元环过渡态迁移到电离的双键碳或杂原子上，同时烯丙键断裂，生成中性分子和碎片离子，其断裂方式可用如下通式表示：

X = C, S, P
Y = O, N
Z = H, R, OH, OR, NH_2

醛、酮、羧酸、酯、酰胺、碳酸酯、磷酸酯、烯、炔以及烷基苯等含有 γ—H 的有机化合物很容易发生麦氏重排。以长链羧酸甲酯为例（图 4.5），其裂解过程如下所示：

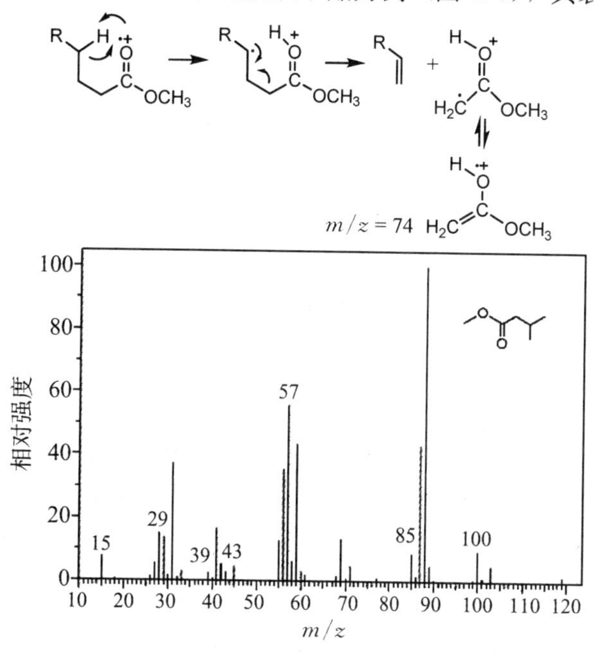

图 4.5　2—甲基丙酸甲酯的 EI 质谱图

（2）逆狄尔斯—阿尔得重排（Retro Diels—Alder Fragmentation，RDA）。

具有环内双键结构化合物能发生 RDA 开裂，一般生成一个带正电的共轭二烯自由基和一个中性分子（图 4.6）。

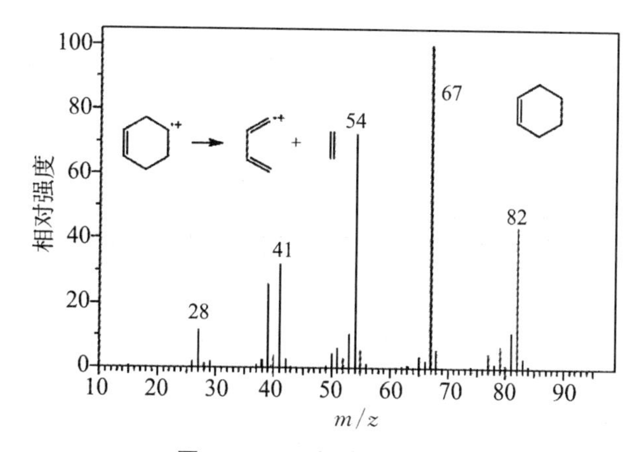

图 4.6　环己烯的 EI 质谱图

（3）脱去小分子化合物的重排。

在一些醇类、硫醇类、卤代烃等有机化合物分子的质谱中，经常出现脱去水、硫化氢、卤化氢等小分子化合物而生成碎片离子。醇非常容易脱去水分子，所以醇类化合物的分子离子峰相对丰度很小，甚至不出现分子离子峰，如 2－甲基丁醇可发生 1,3－消除脱水，生成的峰为基峰（m/z），这种重排过程如图 4.7 所示。

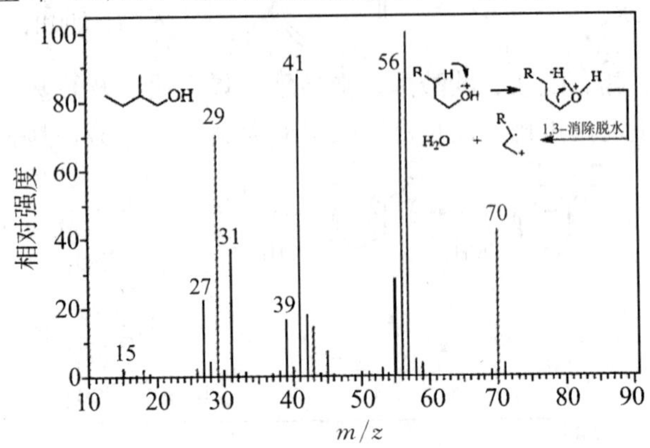

图 4.7　2－甲基丁醇的 EI 质谱图

4.2.3.3　复杂开裂

复杂开裂是指有机化合物的质谱中，经常出现离子中两个或两个以上化学键连续发生断裂生成碎片的过程。除重排反应外，环状化合物的质谱碎裂也是如此。复杂断裂有时涉及一个氢原子的转移，如溴代环己烷（图 4.8）、环己烯、环己醇、环己胺的碎裂过程如下：

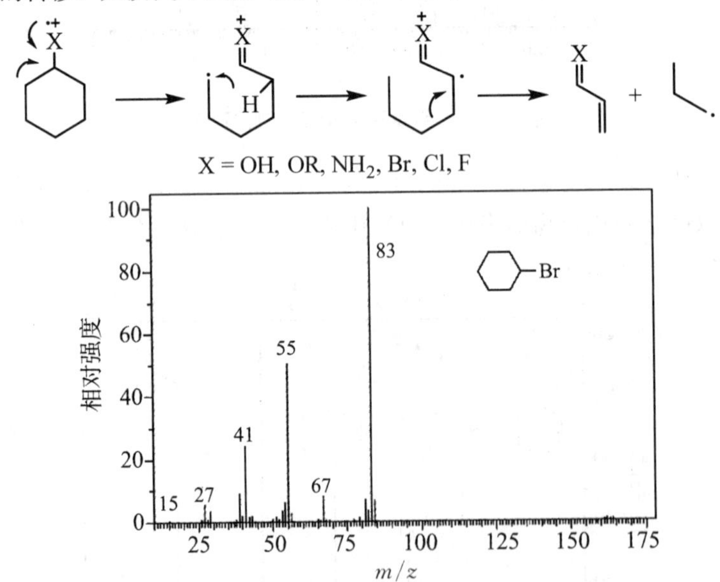

图 4.8　溴代环己烷的 EI 质谱图

4.2.3.4　骨架重排

骨架重排是指在有机化合物裂解过程中，部分基团如甲基、芳香基以及含 O、N、S 等的基团发生迁移，生成一些小的中性碎片、自由基离子等的过程。常见的中性碎片如 CO、SO、SO_2、S_2、CH＝CH 等。如蒽醌发生芳基迁移，存在下列裂解，产生碎片峰为 180 的基峰（图 4.9）。

−CO
$m/z = 180$

蒽醌甚至可以发生连续的芳基转移，得到 m/z 为 152 的碎片离子：

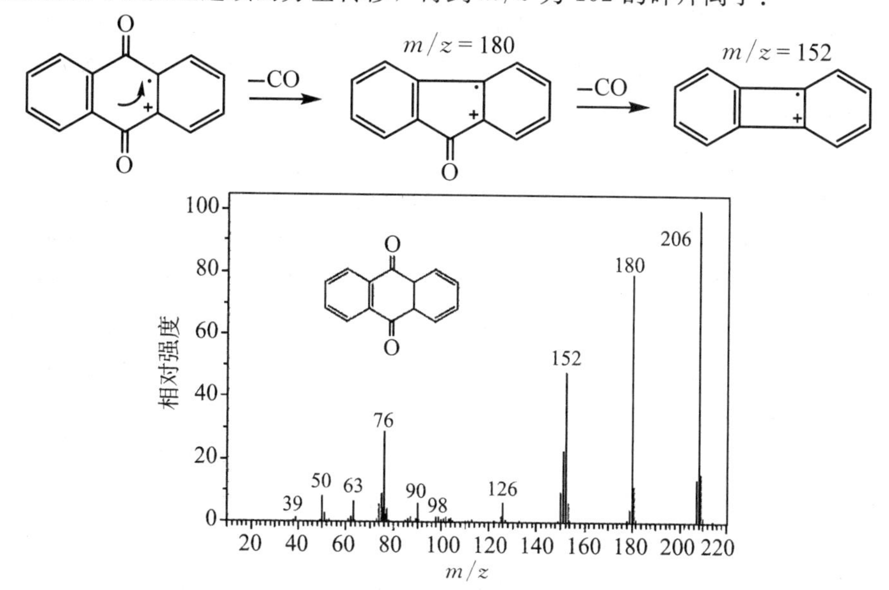

图 4.9 蒽醌的 EI 质谱图

4.3 分子量的测定

质谱最重要的应用是测定物质的准确分子量。根据离子源的不同，质谱可分为两大类：电子电离源（EI）质谱和软电离源质谱（软电离源包括化学电离、快原子轰击、电喷雾和大气压化学电离）。二者的谱图有很大不同，在此分别介绍。

4.3.1 EI 质谱的解释

只要在质谱图上确定了分子离子峰，就可以获得被测物的分子量。分子离子是有机化合物分子受电子轰击后失去一个电子而形成的带正电荷的离子。由于有机分子的电子是偶数，所以单电荷的分子离子是一个自由基离子（奇电子离子）。

$$M + e \rightleftharpoons M^{+} \cdot$$

分子离子峰的判别需要注意：

（1）在质谱中最高质量数的质谱峰有时反映的是同位素峰，但它一般较弱。醚、酯、胺、酰胺、氰化物、氨基酸酯、胺醇等的 $[M+1]^{+}$ 峰可能明显强于 M^{+} 峰，芳醛、某些醇或某些含氮化合物则可能 $[M-1]^{+}$ 峰强于 M^{+} 峰。

（2）分子不够稳定，在质谱上不出现分子离子峰。当分子具有大的共轭体系时，分子离子稳定性高，含有 π 键的分子离子峰稳定性也较高。在各类化合物的 EI 质谱中，M^{+} 稳定性次序大致如下：

芳香环（包括芳香杂环）＞共轭烯＞烯＞脂环＞硫醚、硫酮＞酰胺＞酮＞醛＞直链烷烃＞醚＞酯＞胺＞羧酸＞腈＞伯醇＞仲醇＞叔醇＞高度支链烃。

胺、醇等化合物的 EI 质谱中往往得不到分子离子峰。所以在测 EI 谱图之后，最好能再测一次软电离质谱，以确定分子量。

解析时，一般把谱图中最高质荷比的离子假设为分子离子，然后用分子离子的判断标准一一对比，若被检查离子不符合其中任何一条标准，则它一定不是分子离子；若被检查离子符合所有条件，则它有可能是分子离子。分子离子的判别可以参考如下标准：

①分子离子必须是奇电子离子：由于有机分子都是偶电子，所有失去一个电子生成的分子离子必是奇电子离子。

②是否符合氮规则（Nitrogen Rule）：有机化合物的分子量是偶数或奇数与所含氮原子的数目有关。凡不含氮原子或含偶数个氮原子的化合物，其分子量必为偶数，而含奇数个氮原子的化合物，其分子量必为奇数，这就是氮规则。也就是说，只由 C、H、O 组成的有机化合物，其分子离子峰的 m/z 一定是偶数。在含氮的有机物（氮的化合价为奇数）中，氮原子个数为奇数时，其分子离子峰 m/z 一定是奇数；氮原子个数为偶数时，其分子离子峰 m/z 一定是偶数。

③合理的中性碎片丢失：这些中性碎片可能是小分子或者自由基基团，它们有着特殊的质量数，m/z 最高值与邻近碎片离子之间应有一个合理的质量差。例如，M^+ 丢失一个质子 H ［M－1］、CH_3 ［M－15］、H_2O ［M－18］、C_2H_4 ［M－28］ 等是合理的。如果这个质量差落在 4～14 和 21～25 之间就是不合理的，也即如果在 M－4 到 M－13 的范围内存在峰，则说明假定的分子离子峰并不是实际的分子离子峰。

4.3.2 软电离源质谱的解释

（1）化学电离（CI）质谱。

以甲烷作为反应气，对于正离子 CI 质谱，既可以有 $[M+1]^+$，又可以有 $[M-1]^+$，还可以有 $[M+C_2H_5]^+$、$[M+C_3H_5]^+$；以异丁烷作为反应气，既可以生成 $[M+H]^+$，又可以生成 $[M+C_4H_9]^+$；用氨作为反应气则可以生成 $[M+H]^+$ 和 $[M+NH_4]^+$。

如果化合物中含有电负性强的元素，通过电子捕获可以生成负离子，或捕获电子之后又产生分解形成负离子，常见的有 M^-、$[M-H]^-$ 及其分解离子。CI 源也会形成一些碎片离子，碎片离子又会进一步进行离子—分子反应。利用 CI 谱主要可得到分子量信息。解释 CI 谱时，要综合分析 CI 谱、EI 谱和所用的反应气，判断出准分子离子峰。

（2）快原子轰击（FAB）质谱。

快原子轰击主要生成准分子离子，碎片离子较少。FAB 源既可以得到正离子，又可以得到负离子。常见的离子有 $[M+H]^+$、$[M-H]^-$。此外，还会生成加和离子，最主要的加和离子有 $[M+Na]^+$、$[M+K]^+$ 等。

（3）电喷雾（ESI）质谱。

电喷雾质谱谱图中只有准分子离子，碱性化合物如胺易生成质子化的分子 $[M+H]^+$，而酸性化合物，如磺酸能生成去质子化离子 $[M-H]^-$。某些化合物易受到溶液中存在的离子的影响，形成加和离子。常见的加和离子有 $[M+Na]^+$、$[M+K]^+$ 和

$[M+NH_4]^+$等。

(4) 大气压化学电离(APCI)质谱。

由大气压化学电离质谱得到的主要是单电荷离子，通过质子转移，样品分子可以生成$[M+H]^+$或$[M-H]^+$等离子。

4.4 分子式的确定

由质谱推导分子式有两种不同的方法，分别是同位素丰度法和高分辨质谱法。

4.4.1 同位素丰度法

同位素丰度法主要是利用同位素离子丰度推导分子式。在有机化合物中，多数元素具有天然同位素，其相对丰度见表4.1。

正是由于天然同位素的存在，使有机化合物的质谱中，比最丰同位素（如^{1}H、^{12}C、^{14}N、^{16}O、^{32}S、^{35}Cl、^{79}Br等）分子离子或碎片离子的质量大于1、2、3、4或更高质量单位的峰，相对于M^+，记为$[M+1]^+$、$[M+2]^+$、$[M+3]^+$等。同位素峰的相对强度由同位素原子及其天然丰度决定。

4.4.1.1 通用分子式的计算

一般来说，由C、H、N、O元素组成的化合物，其通用分子式为$C_xH_yN_zO_w$（x、y、z、w分别为C、H、N、O的原子数)，其同位素峰簇相对强度的计算公式如下：

$$\frac{[M+1]}{[M]}\times 100=1.1x+0.37z \tag{4.4}$$

$$\frac{[M+2]}{[M]}\times 100=(1.1x)^2+0.2w \tag{4.5}$$

由于碳原子的同位素$^{13}C/^{14}C=1.1\%$，从$\frac{[M+1]}{[M]}$可估算分子中碳原子的数目，其计算公式如下：

$$\text{C 原子数}=\frac{[M+1]}{[M]}\div 1.1\%\ \text{（结果取整数）} \tag{4.6}$$

4.4.1.2 分子中氯、溴原子的识别和原子数目的确定

氯、溴是A+2类元素，重同位素丰度特别高，$^{35}Cl:{}^{37}Cl=100:32.5$，近似于3∶1；$^{79}Br:{}^{81}Br=100:98$，近似于1∶1。若分子中含氯或溴，其同位素峰簇相对丰度按$(a+b)^n$的展开式的系数推算。若两者共存，按$(a+b)^m(c+d)^n$的展开式计算。式中，a、b和c、d分别为两种同位素的丰度近似比3∶1和1∶1；m，n分别为分子中氯、溴原子的数目。其计算公式如下：

$$\text{Cl 原子数}=\frac{[M+2]}{[M]}\div 32.5\%\ \text{（结果取整数）} \tag{4.7}$$

$$\text{Br 原子数}=\frac{[M+2]}{[M]}\div 98\%\ \text{（结果取整数）} \tag{4.8}$$

4.4.1.3 分子中硫、硅原子的识别和原子数目的确定

硫硅也是 A+2 类元素，但丰度较小，其中$^{34}S/^{32}S=4.4\%$，$^{30}Si/^{28}Si=3.4\%$，其计算公式如下：

$$S原子数=\frac{[M+2]}{[M]}\div 4.4\%（结果取整数） \quad (4.9)$$

$$Si原子数=\frac{[M+2]}{[M]}\div 3.4\%（结果取整数） \quad (4.10)$$

4.4.2 高分辨质谱法

利用高分辨质谱仪，可以测出分子离子或碎片离子的 m/z 精确值。现代高分辨质谱仪可测量离子的质量到小数点后第四位，因此可以得到分子式或碎片离子的元素组成。例如，分子量同为 184 的 $C_{11}H_{20}O_2$ 和 $C_{22}H_{24}N_2$，它们的精确分子量分别为 184.1468 和 184.1939，若经测定其分子离子峰的 m/z 为 184.1944，那么可以推定该离子的元素组成为 $C_{22}H_{24}N_2$。一般仪器的分辨率越高，测量误差越小，得到的结果越可靠。

通过高分辨质谱仪与计算机联用，从质谱仪得到的准确质量经计算机拟合计算，可以得到整个质谱的各个离子的元素组成，从而可以确定分子式。从分子离子和碎片离子元素组成的差值，也可以推断分子离子分裂的途径。

4.5 常见有机化合物的质谱图

各种有机化合物由于其特有的官能团结构信息，使得它们的质谱裂解也有各自的特征和规律，例如羰基化合物往往有 $m/z=43$ 的碎片离子（$CH_3C{=}O^+$），伯胺类化合物的质谱中一般会出现 $m/z=30$ 的碎片离子（CH_4N^+）。下面就常见的各类有机化合物的质谱裂解特性做一些简单的介绍。

4.5.1 烃 类

4.5.1.1 烷烃类

对直链烷烃而言，直链烷烃分子离子（M^+）峰很弱，其强度随分子量增大而减小，有时观察不到，如葵烷（图 4.10）。直链烷烃中由于 C—C 键相差不大，每个 C—C 键都可能发生断裂。$[M-15]^+$ 及一系列 C_nH_{2n+1}（$m/z=29$、43、57 等）峰，并伴有较弱的 C_nH_{2n-1} 及 C_nH_{2n} 峰群，相邻的对应峰 $\Delta m=14$。其中正丙基峰 $m/z=43$ 和正丁基峰 $m/z=57$ 的相

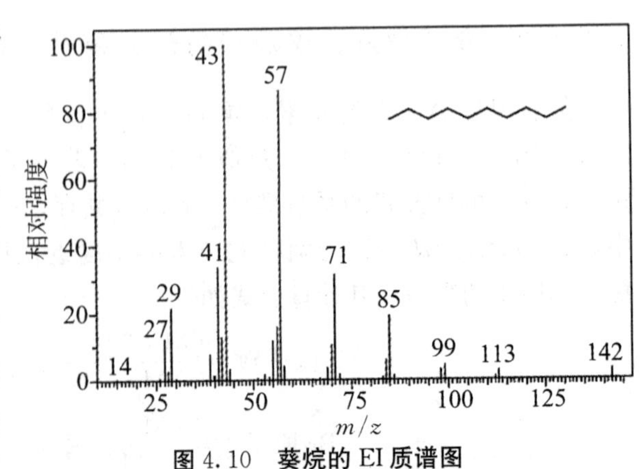

图 4.10 葵烷的 EI 质谱图

对强度较大，往往都是基峰，这是由于可异构化为稳定性高的异丙基离子和叔丁基离子。随着 m/z 的增大，其相对强度依次减弱。

支链烷烃的分子离子峰丰度明显下降，支化程度高的烷烃则可能检测不到分子离子峰。一般在支链处优先断裂，优先失去大基团，生成稳定性较高的叔碳离子和仲碳离子，峰强度也较大。烃类化合物若出现［M－15］峰，说明化合物可能含有侧甲基（图4.11）。

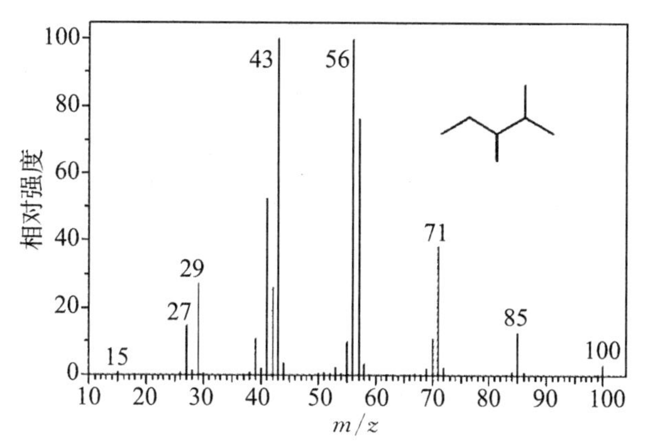

图4.11 2，3－二甲基戊烷的EI质谱图

4.5.1.2 环烷烃类

与直链烷烃相比，环烷烃分子离子峰相对丰度较强。环的碎裂需断裂两个或两个以上的化学键，经常伴有氢原子重排，属于复杂断裂。例如饱和脂环烃的裂解过程如下：首先发生 σ－断裂，引起环的开裂，接着发生 α－断裂和逆狄尔斯－阿尔得（RDA）重排，产生［$M-C_2H_4$］$^+$·离子及［$M—C_nH_{2n}$］$^+$·（n＝3，4，…）等奇电子离子系列，即 m/z＝42，56，72，…（图4.12）。

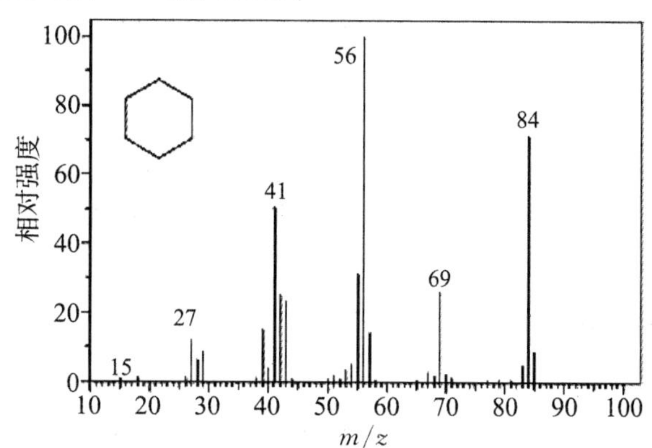

图4.12 环己烷的EI质谱图

4.5.1.3 烯烃与炔烃类

烯烃中双键的引入，使得分子离子丰度比同碳原数烷烃强，易发生烯丙基断裂（即α－断裂）。直链烯烃质谱中出现系列 C_nH_{2n-1}、C_nH_{2n} 和 C_nH_{2n+1} 峰群，相邻的对应

峰 $\Delta m=14$，其中 C_nH_{2n-1} 峰群较强，即 $m/z=41$，55，69，…（图 4.13）。支链烯烃的分子离子峰丰度降低。

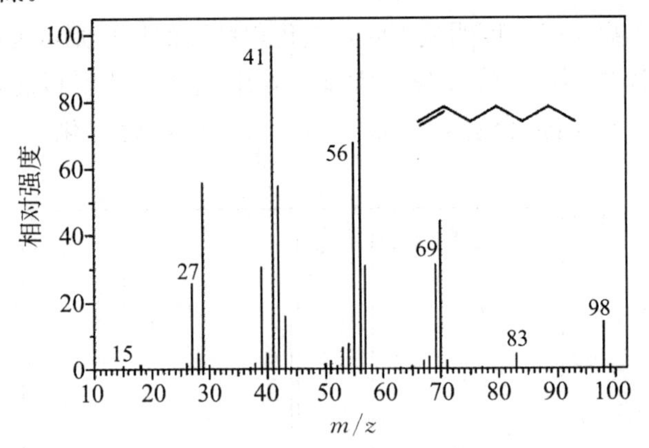

图 4.13 1－庚烯的 EI 质谱图

炔烃是由两个 π 键和一个 σ 键（sp 杂化）构成，乙烷、乙炔、乙烯的电离电位分别为 11.52 eV，11.40 eV 和 10.51 eV；由此推测，炔烃中炔键发生电离是较为有利的，并构成诱导碎裂中心；其裂解生成的系列分子通式为 C_nH_{2n-3}，其中 $m/z=81$ 或 $m/z=67$ 离子的丰度最高。由 α－断裂可生成 $CH_2=C=CH^+$ 离子（$m/z=39$）。其余离子可能是通过 RDA 反应得到的，其中 $m/z=81$ 及 $m/z=67$ 离子对应于较稳定的六元环和五元环，因而丰度很高（图 4.14）。

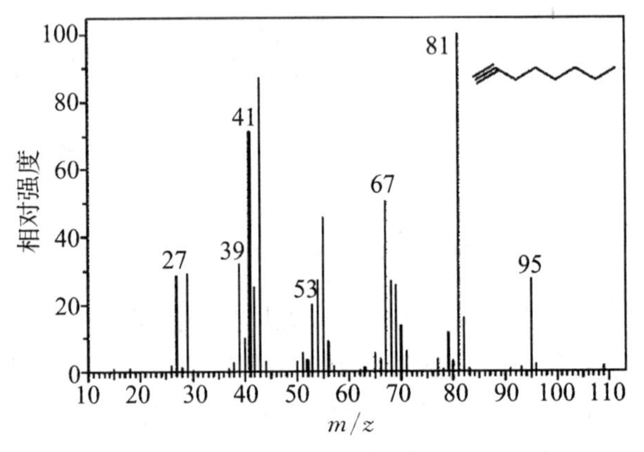

图 4.14 1－辛炔的 EI 质谱图

4.5.1.4 芳香烃类

烷基苯是一类常见的芳香烃，其质谱特征是有显著的分子离子峰，而且苯环上的 π 电子被电离后，在游离基的诱导下发生 σ－断裂产生丰度很高的碎片离子。例如，正十二烷基苯分子离子（$m/z=246$）的丰度为 11.2%，在游离基诱导下发生 α－断裂产生的碎片离子（$m/z=91$）丰度为 69.6%。此外，对于正构烷基苯，烷基上的 γ 氢能够重排到苯环上并发生 α－断裂而得到 $m/z=92$ 离子，丰度也很高，其余峰的丰度低于 20%（图 4.15）。

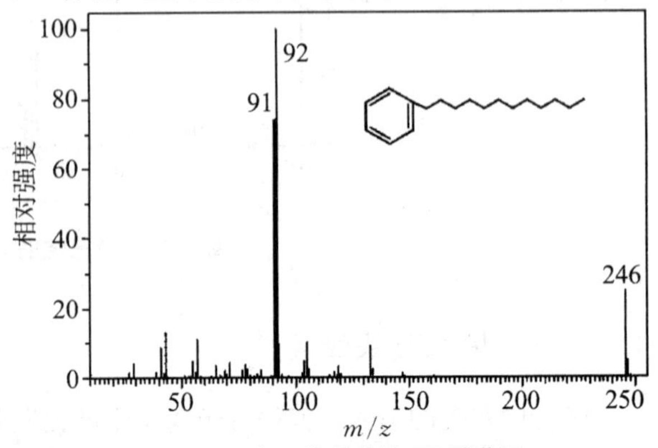

图 4.15 正十二烷基苯的 EI 质谱图

若烷基链上有相邻两个仲碳，则能发生此两碳间的 σ 断裂而得到烷基系列离子。例如，2,3－二甲基十烷基苯的质谱图中，有较强的 $m/z=43$，57，71，85，99，113 的离子。当然，还有 $m/z=92$ 及 $m/z=91$ 的烷基苯的特征离子。

4.5.2　醇、酚、醚

4.5.2.1　醇

（1）醇类化合物分子离子峰弱或不出现，特别是叔醇类化合物。

（2）所有伯醇（甲醇除外）及高分子量仲醇易脱水形成 $[M-18]^+$。

（3）开链伯醇可能发生 H—重排裂解，同时脱水和脱烯，如：

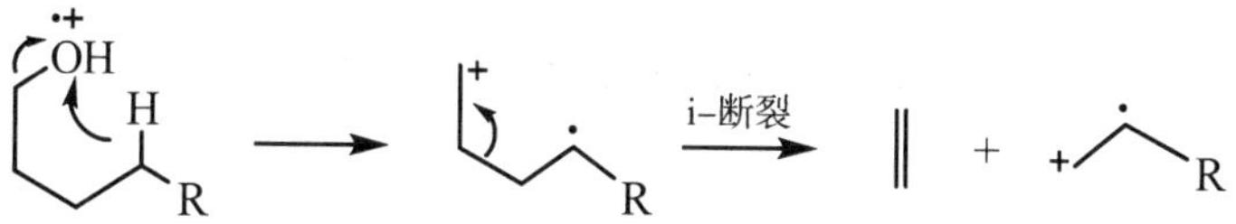

（4）易发生 α—断裂，生成特征的氧鎓离子，形成较强的特征峰 $m/z=31$ 峰（$CH_2=O^+H$，伯醇），这些峰对鉴定醇类极为重要。仲叔醇 α—断裂产物 $RR'CH=O^+H$ 中，如果 R 或 R′足够长，则氢原子可发生重排并消除 C_nH_{2n} 生成质谱中低质量系列离子峰（$m/z=31+14n$ 峰）。图 4.16 为正丁醇的 EI 质谱图。

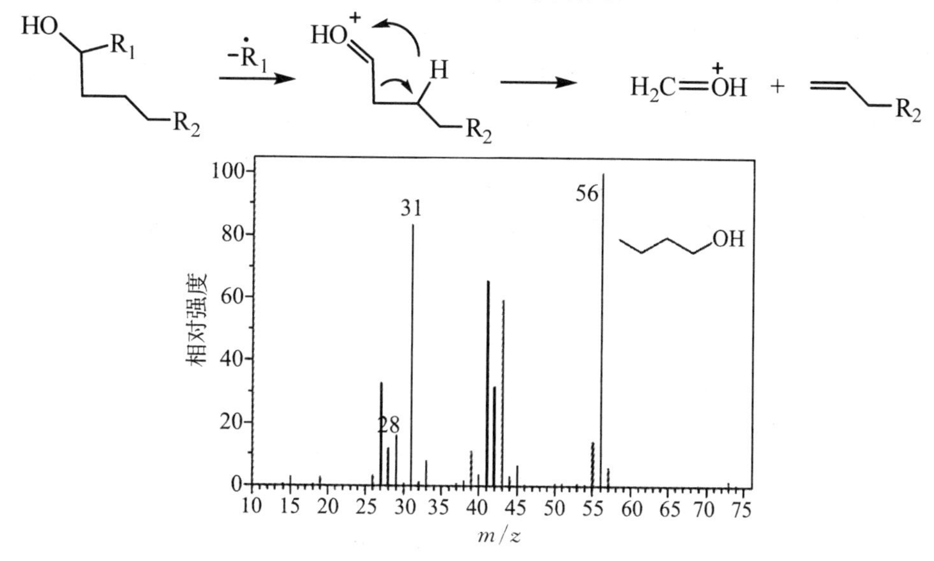

图 4.16　正丁醇的 EI 质谱图

4.5.2.2　酚

（1）酚的 M^+ 峰很强，其 M^+ 峰往往是它的基峰。

（2）苯酚的 $[M-1]^+$ 峰不强，而甲基苯酚的 $[M-1]^+$ 峰很强，因为产生了较稳定的氧鎓离子。

（3）酚类最特征的峰是失去 CO 和 CHO 所形成的 $[M-28]^+$ 和 $[M-29]^+$ 峰。

（4）甲基苯酚类和二元酚类以及甲基取代的苄醇可失水形成 $[M-18]^+$ 峰，当取代基互为邻位时更容易发生（邻位效应）。

图 4.17 为邻甲基苯酚的 EI 质谱图。

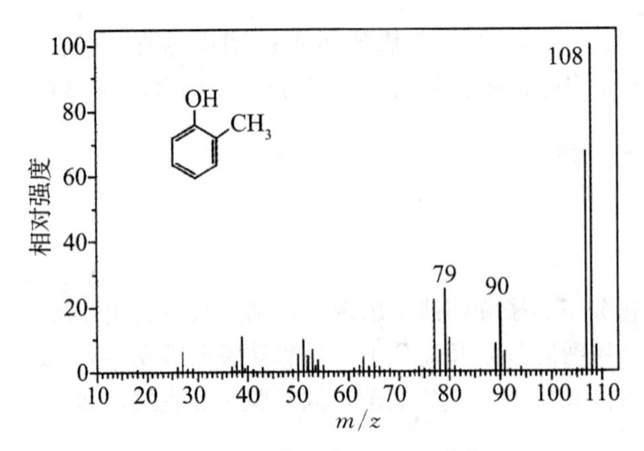

图 4.17 邻甲基苯酚的 EI 质谱图

4.5.2.3 醚

（1）脂肪醚。

脂肪醚的分子离子峰很弱，但一般可以观察到。使用 CI 离子源使 $[M+1]^+$ 峰的强度增大。脂肪醚一般有以下三种裂解方式。

①α－裂解：正电荷留在氧原子上，取代基多的基团优先丢失。

②i－裂解：这种正电荷诱导的裂解在醇中较难发生，醚裂解后形成的烷氧基 RO·比·OH 稳定，故较易发生。这样的裂解形成 $m/z=29$，43，57 和 71 等峰。

$$R-\overset{\cdot+}{O}-R' \xrightarrow{\text{i-裂解}} R-O\cdot + \overset{+}{R'}$$

③重排 α－裂解：该裂解导致形成比不重排 α－裂解碎片少一个质量单位的峰，如 $m/z=28$，42，56 和 70 等峰，例如：

$$R-CH_2-CH(H)-CH_2-\overset{\cdot+}{O}-CH_2CH_3 \longrightarrow R\overset{\cdot}{C}H-\overset{+}{C}H_2 + HO-CH_2CH_3$$

图 4.18 为正丁醚的 EI 质谱图。

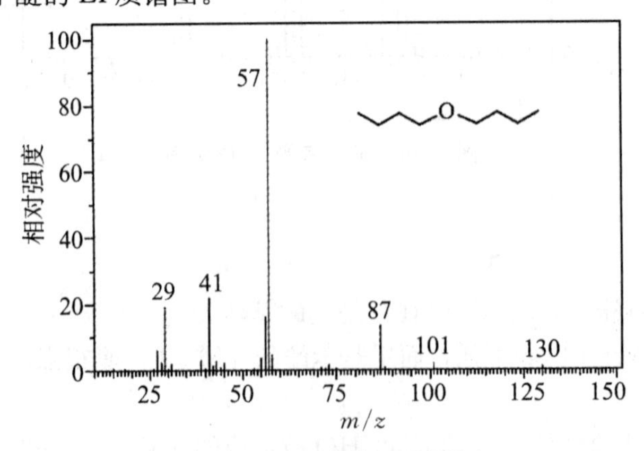

图 4.18 正丁醚的 EI 质谱图

（2）芳香醚。

芳香醚的 $M^{+}\cdot$ 峰较强，裂解方式与脂肪醚类似，可见 $m/z=77$，65，39 等苯的特征离子峰。例如正丁基苯醚：

此外，也有可能发生 H—迁移重排裂解，得到 $m/z=94$ 的奇电子碎片离子：

图 4.19 为正丁基苯的 EI 质谱图。

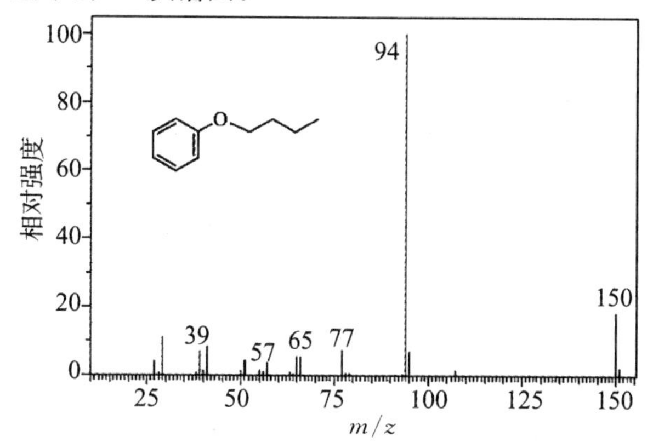

图 4.19　正丁基苯的 EI 质谱图

4.5.3　羰基化合物

羰基化合物（醛、酮、酸、酯、酰胺等）质谱的共同特点是分子离子峰一般都可见。主要裂解如下：

$$RCH_2-C(=\overset{+\cdot}{O})-X \xrightarrow{\alpha} O\equiv C-X \xrightarrow{-CO} X^+$$

$$RCH_2-C(=\overset{+\cdot}{O})-X \xrightarrow{\alpha} R\overset{+}{C}H_2$$

$$RCH_2-C(=\overset{+\cdot}{O})-X \longrightarrow H_2C=C(\overset{+\cdot}{O}H)-X \rightleftharpoons CH_3-C(=\overset{+\cdot}{O})-X$$

$X = H, R, OH, OR, NH_2, NHR$

4.5.3.1　醛

（1）脂肪醛有明显的分子离子峰，但在同系物中 C_4 以上随分子量增大，分子离子峰强度迅速下降，芳香醇的分子离子峰很强。

（2）脂肪醛 α 裂解生成 $[M-1]^+$、$[M-29]^+$ 和较强的 $m/z=29$ 的 $[HCO]^+$ 的离子峰，同时伴有 $m/z=43$，57，71 等烃类的特征离子碎片峰。

$$R-C(=\overset{+\cdot}{O})-H \longrightarrow H\cdot + R-C\equiv O^+ \xrightarrow{-CO} R^+$$

$$R-C(=\overset{+\cdot}{O})-H \longrightarrow H-C\equiv O^+ + R\cdot$$

脂肪醛的 $[M-1]^+$ 峰强度一般与 M 峰近似，而 $m/z=29$ 往往很强。芳香醛则易产生 R^+ 离子 $[M-29]^+$，因为正电荷与苯环共轭而致稳。

（3）脂肪醛发生 γ—H 重排时，生成 m/z 为 44 或 $44+14n$ 的奇电子离子峰。发生 i—裂解生成的 $[M-29]^+$ 只有在分子量较大的醛中才比较重要。

图 4.20 为正丁醛的 EI 质谱图。

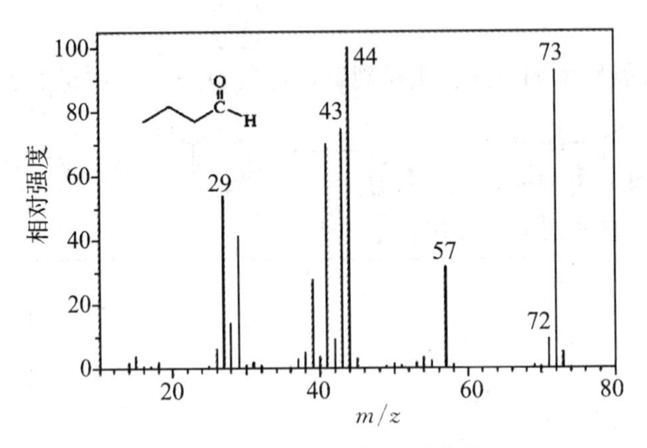

图 4.20 正丁醛的 EI 质谱图

4.5.3.2 酮

（1）酮类化合物分子离子峰较强。

（2）脂肪酮主要裂解片峰由麦氏重排裂解（i—裂解）产生，当 $R \geqslant C_3$ 时，可再发生一次重排，形成 $m/z=58$ 的离子。例如：

R—(H)…$\overset{+\cdot}{O}$=C—C_3H_7 $\xrightarrow{\gamma\text{-H重排}}$ $\xrightarrow{\alpha}$ R—CH=CH₂ + $\overset{+}{O}H$ (H) $\xrightarrow{\gamma\text{-H重排}}$ $\xrightarrow{\alpha}$ $H_3C-\overset{\overset{+\cdot}{O}H}{C}=CH_2$ + $CH_2=CH_2$

（3）芳香酮分子离子峰明显增强。芳香酮由芳基和羰基相连形成，因此在 α 裂解和 i 裂解生成的两对离子中，芳酰基离子（$Ar-C\equiv O^+$）的稳定性远远超过其他离子，其丰度在质谱中占绝对优势。图 4.21 为甲基—对甲苯基酮 EI 质谱图。

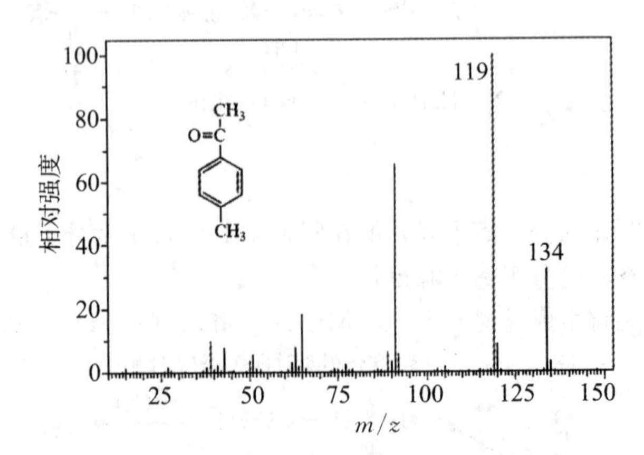

图 4.21 甲基—对甲苯基酮的 EI 质谱图

4.5.3.3　羧酸和羧酸酯

（1）支链脂肪族羧酸及酯有明显的分子离子峰，且随着分子量增大丰度增大。

（2）脂肪族羧酸和羧酸酯最大的特征峰是 $m/z=60$ 的峰，由麦氏重排裂解（i 裂解）产生。

$$\text{HC}(=\overset{+\cdot}{\text{O}}\cdots\text{H})\text{—CH}_2\text{—CH}_2\text{—CH(H)—R} \longrightarrow \text{HO—C}(=\text{CH}_2)\text{—}\overset{\cdot +}{\text{O}}\text{H}_2 + \text{H}_2\text{C}{=}\text{CHR}$$

$m/z=45$ 的离子峰（α 裂解，失去 R·，成为 $[CO_2H]^+$）也很明显。低级脂肪酸常有 $[M-17]^+$（失去 OH）和 $[M-18]^+$（失去 H_2O）等峰。图 4.22 为正丁酸的 EI 质谱图。

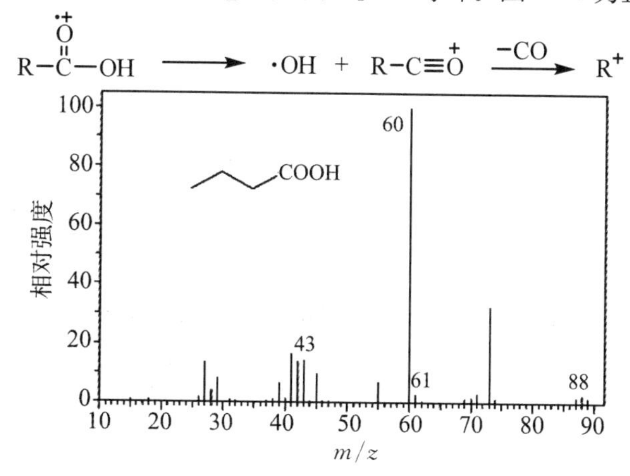

图 4.22　正丁酸的 EI 质谱图

4.5.4　卤化物

（1）脂肪族卤代烃分子离子峰较弱（图 4.23），芳香族卤代烃分子离子峰较强（图 4.24）。分子离子峰强度随 F、Cl、Br、I 的顺序依次增大。

（2）氯化物和溴化物的同位素峰的特征性很强，一氯化物有 $[M+2]^+$ 峰，其强度相当于 M 峰的 1/3，一溴化物有与 M 峰相等的 $[M+2]^+$ 峰（图 4.24）。

（3）卤化物质谱中通常有明显的 X^+、$[M—X]^+$、$[M-HX]^+$、$[M-H_2X]^+$ 峰。

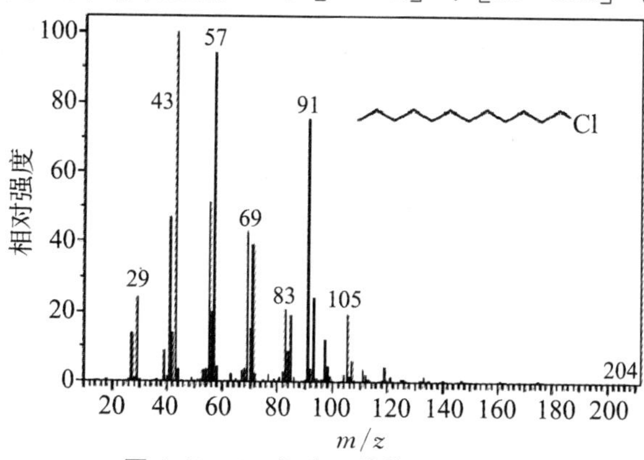

图 4.23　1—氯十二烷的 EI 质谱图

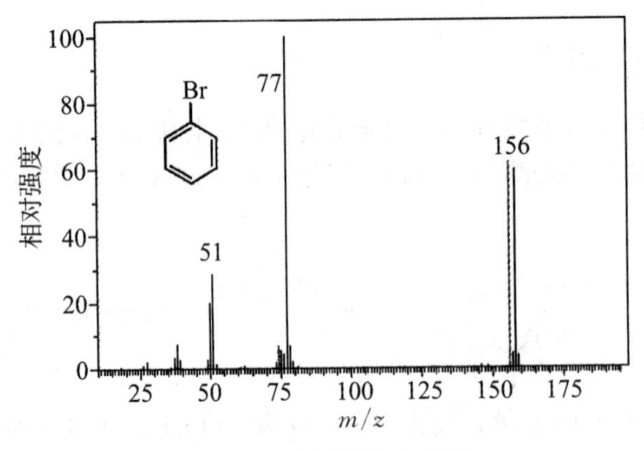

图 4.24　溴苯的 EI 质谱图

4.5.5　含氮化合物

4.5.4.1　胺

（1）脂肪胺的分子离子峰很弱（仲胺）。对于叔胺或较大分子量的伯胺，其分子离子峰往往不出现。

（2）胺最重要的峰是 α 裂解峰。大多数情况下，这种裂解离子峰往往是基峰。α 裂解形成胺的特征离子（m/z 为 $30+14n$），且其断裂位置不止一个，其中优先失去较大的烷基，生成丰度较大的碎片离子。由于氮对相邻碳原子的稳定能力大于氧，所以胺的上述特征更为明显。

$$R-\overset{|}{\underset{|}{C}}-\overset{\cdot+}{N}\lt \longrightarrow R\cdot + \gt C=\overset{+}{N}\lt$$

（3）α 裂解生成的偶电子碎片离子可进一步发生类似麦氏重排的过程。消除一分子烯烃，形成二级碎片离子。

$$R-CH_2-\overset{+\cdot}{N}H-CH_2-CH_2R' \xrightarrow{-R\cdot} H_2C=\overset{+}{N}H\underset{CH_2-CHR'}{}\overset{H}{} \xrightarrow{-CH_2=CHR'} CH_2=\overset{+}{N}H_2$$

（4）芳香胺的碎裂类似酚，依次失去 HCN 和 H· 形成一个五元环离子。芳香胺还可直接失去 H·，生成很强的 $[M-H]^+$（图 4.25）。

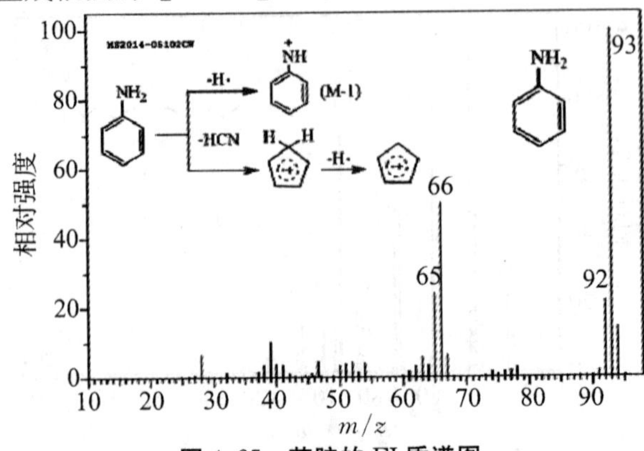

图 4.25　苯胺的 EI 质谱图

4.5.5.2　酰胺

（1）酰胺类化合物有明显的分子离子峰，其裂解反应与酯类化合物类似。

（2）长链的脂肪族酰胺易发生麦氏重排，生成的 m/z 为 $59+14n$ 的奇电子离子非常突出，对 α 裂解有抑制作用。

$$\text{R-CH(H)-CH}_2\text{-CH}_2\text{-C(=}\overset{+\cdot}{\text{O}}\text{)NHR'} \longrightarrow \text{H}_2\text{C=C(}\overset{+\cdot}{\text{O}}\text{H)NHR'} + \text{R-CH=CH}_2$$

（3）长链脂肪族酰胺也能发生 γ 裂解，产生较弱的峰 $m/z=72$（无重排）或 73（有重排）。

（4）芳香族酰胺与其他芳香族羰基化合物类似，分子离子峰丰度大，由 α 裂解形成的芳酰基（Ar—C≡O^+）在谱图中非常突出（图 4.26）。

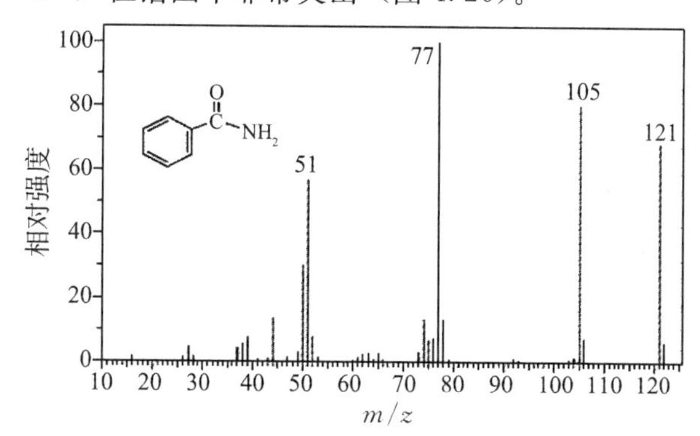

图 4.26　苯酰胺的 EI 质谱图

4.5.5.3　腈

（1）脂肪腈类化合物的分子离子峰非常弱，甚至看不到；芳香腈有较强的分子离子峰。

（2）脂肪腈容易失去一个 α－H，这个氢也容易与分子离子作用，生成准分子离子。因此，脂肪腈类化合物有明显的 $[M-1]^+$ 和 $[M+1]^+$ 峰（图 4.27）。

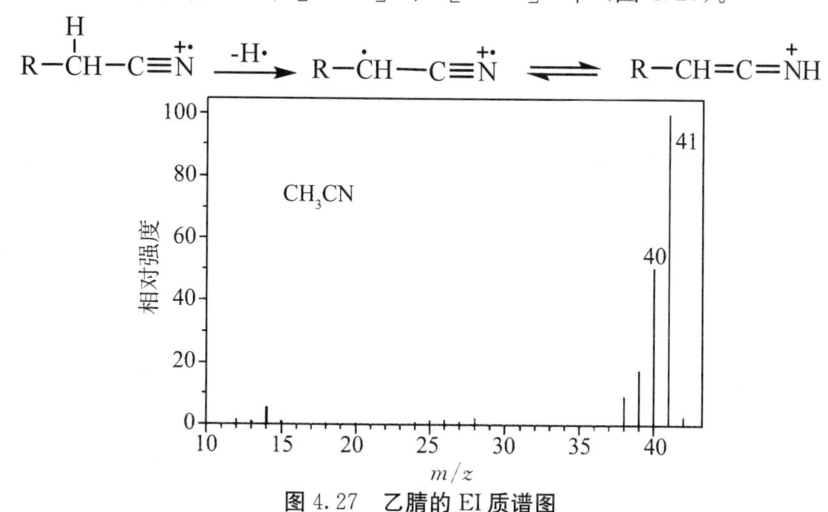

图 4.27　乙腈的 EI 质谱图

(3) 长链的脂肪族腈易发生麦氏重排，生成 $[CH_2=C=NH]^{+\cdot}$ ($m/z=41$) 奇电子离子。

(4) 芳香腈类化合物裂解出现 $[M-CN]^+$ ($m/z=M-26$) 和 $[M-HCN]^+$ ($m/z=M-27$) 峰。

4.5.5.4 硝基化合物

(1) 脂肪族硝基化合物通常不出现分子离子峰；脂肪族硝基化合物 $R-NO_2$ 裂解时通常失去 NO_2 得到 R^+，R^+ 中的 C—C 还会进一步裂解。当然也经常出现丰度较小的 $m/z=30(NO^+)$ 和 $m/z=46(NO_2^+)$ 峰。

(2) 芳香族硝基化合物有较强的分子离子峰。芳香族硝基化合物裂解时会出现 $[M-NO_2]^+$ ($m/z=M-40$) 和 $[M-NO]^+$ ($m/z=M-30$) 峰（图 4.28）。

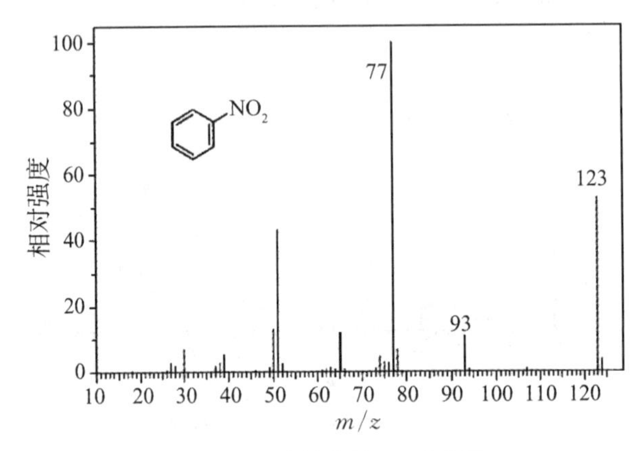

图 4.28 硝基苯的 EI 质谱图

4.6 质谱图的解析

通过质谱可以获得分子量、分子式、组成分子的结构单元及连接次序等信息，因此可以单独用于确定有机物的结构，尤其适用于分子量小、结构不太复杂化合物的结构推测。对于较为复杂的有机化合物，还需要结合其他波谱信息来推测其结构。解析质谱图的一般方法如下：

(1) 找出分子离子峰，确定分子量。根据同位素丰度或高分辨率质谱数据推算分子式（元素组成），并计算饱和度。

(2) 研究谱图概貌，推测化合物分子稳定性。根据质谱图中分子离子的质量和相对丰度，可以推测分子的大小和稳定性；根据谱图中丰度较大的碎片离子的质量及其分布情况来推测有机化合物的类型以及含有的官能团信息。

(3) 研究质谱中低质量离子系列，推测化合物的类型。在质谱图的低质量区，一个特定的低质量离子只有少数几种可能的元素组成和离子结构，例如，$m/z=15$ 为 CH_3^+，$m/z=29$ 可能为 $C_2H_5^+$ 或 CHO^+。因此，低质量离子系列常常揭示该化合物可能属于哪一类化合物的信息。常见的低质量离子系列见表 4.2。

表 4.2　常见的低质量离子系列

质荷比（m/z=）	元素组成	化合物类型
15，29，43，57，71，85，…	C_nH_{2n+1}	烷基
24，41，55，69，83，…	C_nH_{2n-1}	烯基、环烷烃
39，53，67，81，…	C_nH_{2n-1}	炔烃、二烯、环烯烃
31，45，59，73，87，101，…	$C_nH_{2n+1}O$	醇、醚
33，47，61，75，89，…	$C_nH_{2n+1}S$	硫醇、硫醚
30，44，58，72，86，…	$C_nH_{2n+2}N$	脂肪胺
56，70，84，98，112，…	$C_nH_{2n}N$	烯胺、环烷胺、环状胺、异氰酸酯
44，58，72，86，…	$C_nH_{2n}NO$	酰胺
31，45，59，73，87，101	$C_nH_{2n-1}O_2$	酸、酯、环状缩醛、缩酮
38，39，50～52，63～65，75～78，…	$C_nH_{\leqslant n}$	芳烃
51，65，77，93，…	$C_nH_{\leqslant n}NO_2$	硝基芳烃
72，86，100，144	$C_nH_{2n}NCS$	异硫氰酸酯
63，77，91，…	$C_nH_{2n+1}O_3$	碳酸酯
54，68，82，96，100，…	$C_nH_{2n}CN$	氰

（4）根据质谱图中高质量端离子及丢失的中性碎片和特征离子来推测化合物所含结构信息，如官能团等。

质谱图中高质量端离子在发生裂解的同时会丢失一些中性碎片，研究这些中性碎片的来源对谱图解析有重要的意义，特别是可以用来推测该化合物可能含有哪些官能团。常见的中性碎片及其包含的结构信息见表 4.3。

表 4.3　分子离子丢失的常见中性碎片

丢失的质量数	中性碎片	可能的结构信息
1	H·	含有不稳定的氢、醛、某些酯胺和腈
15	CH_3·	有易丢失的甲基、支链烷烃、醛、酮
16	CH_3·+H 或 O 或·NH_2	高度支链烷烃、硝基化合物、酰胺
17	HO·	醇、酸
18	H_2O、·NH_4	醇、醛、酮、胺
19	F·	氟化物
20	HF	氟化物
26	CN·、CH≡CH	脂肪腈、芳烃
27	HCN	氮杂环、芳胺
27	CH_2=CH·	酯、仲醇重排
28	CH_2=CH_2	麦氏重排、逆 Diels－Alder 重排

续表

丢失的质量数	中性碎片	可能的结构信息
28	CO	酚、芳香醛、醌、甲酸酯等
29	$C_2H_5\cdot$	高度分支化的烷烃、环烷烃
29	CHO	醛、酚
30	C_2H_6	高度分支化的烷烃
30	CH_2O	芳香甲醚、环醚
30	NO	芳香族硝基化合物、硝酸酯
31	OCH_3	醚、酯
31	CH_3NH_2	胺
32	CH_3OH	甲酯、能发生消除反应的醚
32	S	硫化物
33	H_2O+CH_3	醇
33	$HS\cdot$	芳香硫醇、硫醚、异硫氰酸酯
34	H_2S	硫醇
35	$Cl\cdot$	有机氯化物
36	HCl	有机氯化物
39	C_3H_3	烯丙基、炔烃
40	$CH_3C\equiv CH$	芳香族化合物
42	$\cdot CH_2CO$	甲基酮、芳基乙酸酯、$ArNHCOCH_3$
44	$\cdot CONH_2$、CO_2	酰胺、酯碳架重排、酐
45	$\cdot COOH$、$C_2H_5O\cdot$	羧酸、乙基醚、乙基酯
60	CH_3COOH	醋酸酯
77	$C_6H_5\cdot$	芳香化合物
91	$C_7H_7\cdot$	苄基化合物

一张质谱图中有许多离子是随机碎裂过程产生的，对谱图的结构解析意义不大，但有些离子只有特定的化合物或特定的官能团才能产生，这种特征离子能给出化合物结构的明确信息，常见的特征离子见表 4.4。

表 4.4 常见的特征离子

质荷比	离子组成	涉及化合物
30	CH_2NH_2	伯胺（α 裂解）
31	CH_2OH	伯醇（α 裂解）
33	SH	硫醇

续表

质荷比	离子组成	涉及化合物
34	H_2S	硫醇
44	CH_2CHO+H	脂肪醛
44	NH_2CO 或 C_2H_6N	酰胺、仲胺
45	$COOH$ 或 C_2H_5O	羧酸、仲醇
46	NO_2	脂肪族硝基化合物
47	CH_2S	硫醇
50	CF_2	氟代烃
51	CHF_2	氟代烃
54	$C_2H_4C{\equiv}N$	脂肪腈
58	CH_3COCH_2+H	脂肪族甲酮（麦氏重排）
59	CH_2CONH_2+H	长链脂肪酰胺（麦氏重排）
60	$CH_2COOH+H$	长链脂肪酸（麦氏重排）
61	$CH_3COO+2H$	乙酸酯
61	C_2H_4SH 或 CH_3SCH_2	硫醇或硫醚
74	CH_2COOCH_3+H	长链脂肪酸甲脂（麦氏重排）
75	$C_2H_5COO+2H$	丙酸酯
77	C_6H_5	苯衍生物
80	$C_4H_4N—CH_2$	烷基吡咯（α 裂解）
81	$C_4H_3O—CH_3$	烷基呋喃（α 裂解）
91	$C_6H_5—CH_2$	烷基苯
92	$C_6H_5—CH_2+H$	长链烷基苯（麦氏重排）
93	C_7H_9	萜烯
94	$C_6H_5—O+H$	芳香族醚、酯（麦氏重排）
94	$C_4H_4N—CO$	吡咯基醛、酮、酸、酯等
95	$C_4H_3O—CO$	呋喃基醛、酮、酸、酯等
97	$C_4H_3S—CH_2$	噻吩衍生物
105	$C_6H_5—CO$	苯基醛、酮、酸及其衍生物
149	$C_6H_4(CO)_2OH$	邻苯二甲酸及其酯

（5）列出可能的结构，并与已有的标准谱图库对照；或运用离子裂解机理和规律来确认谱图中主要碎片离子。

（6）必要时与其他波谱数据结合，相互印证分子结构。

4.7 有机质谱仪

4.7.1 有机质谱仪的主要组成

有机质谱仪各部分的组成如图 4.29 所示。有机质谱仪包括进样系统、离子源、质量分析器、检测器和真空系统。由于计算机的发展，近代质谱仪一般还带有一个数据处理系统，用于有机质谱数据的收集、谱图的简化和处理。

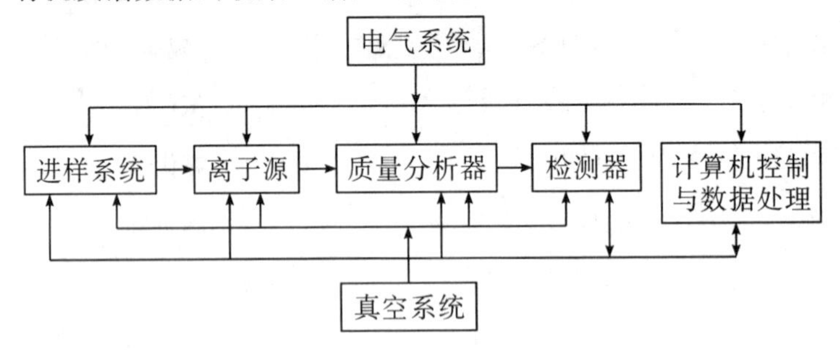

图 4.29 有机质谱仪的构成

4.7.1.1 进样系统

其主要作用是把处于大气环境中的样品送入高真空状态下的质谱仪中，并加热使样品成为蒸汽分子。对进样系统的要求是重复性好、不引起真空度降低，间接进样适用于气体、沸点低且易挥发的液体、中等蒸气压的固体。直接探针进样适用于高沸点液体及固体样品。探针杆的末端通常有一个装样品的黄金杯（坩埚），利用探针杆通过真空闭锁系统将样品引入。其优点是引入样品量少，这样样品蒸气压便可以很低，从而可以分析复杂的有机化合物。另外，联用分析技术采用色谱流出端进样，利用气相和液相色谱的分离能力，进行多组分复杂混合物分析，已得到广泛的应用。

4.7.1.2 离子源

离子源是样品分子的离子化场所，某些离子会在离子源中裂解为碎片离子。离子源种类很多，目前常用的离子源有如下几种。

(1) 电子电离源（Electron Ionization）：又称 EI 源，主要用于挥发性样品的电离，得到的质谱信息多，绝大多数有机化合物的标准质谱图都是在电子轰击能量如 70 eV 条件下得到的。对于一些不稳定的化合物，在 70 eV 的电子轰击下很难得到分子离子，可采用软电离的方式。

(2) 化学电离源（Chemical Ionization，CI）：用于挥发性样品的电离。CI 源与 EI 源相比要温和一些，CI 源工作过程中要引进一种反应气体，可以是甲烷、异丁烷和氨等。一定能量的电子能电离反应气，反应气离子与样品分子反应。CI 源有正 CI 源和负 CI 源两种。

(3) 快原子轰击源（Fast Atomic Bombardment，FAB）：是一种软电离源，用于极性强、分子量大的样品分析。FAB 源得到的质谱不仅有较强的准分子离子峰，而且有较丰富的结构信息。

(4) 电喷雾电离源(Electrospray Ionization, ESI):是一种软电离源,适用于中等及强极性的样品分析,既可用于小分子,又可用于大分子,可得到样品准分子离子峰,较少或没有碎片离子峰产生。对于相对分子质量小于1000的小分子,通常是生成单电荷离子,少量化合物有双电荷离子。对于极性大分子,利用电喷雾电离源常会生成多电荷离子,拓宽了质谱的检测范围。

(5) 大气压化学电离源(Atmospheric Pressure Chemical Ionization, APCI):是一种软电离源,适用于非极性的样品分析,APCI是ESI的补充。APCI主要产生的是单电荷离子,可得样品准分子离子峰,碎片离子较少,所以分析的化合物分子量一般小于1000。

(6) 基质辅助激光解吸电离源(Matrix Assisted Laser Desorption Ionization, MALDI):是一种软电离源,被分析的样品置于涂有基质的样品靶上,将激光照射到样品靶上,基质分子吸收激光能量,与样品分子一起蒸发到气相并使样品分子电离,可得样品准分子离子峰,较少碎片产生。适用于分析生物大分子,如肽、蛋白质和核酸等。

气相色谱质谱联用仪(GC－MS)一般采用EI源或CI源,液相色谱质谱联用仪(LC－MS)较多采用ESI源、APCI源。

4.7.1.3 质量分析器

质量分析器是质谱仪的重要组成部分,在离子源生成并经加速电压加速后的各种离子在质量分析器中按其质荷比(m/z)的大小进行分离并加以聚焦,产生可以被快速测量的离子流。质量分析器主要有四级杆滤质器、离子阱、飞行时间质量分析器等。四级杆滤质器最为常见,其全扫描模式用于定性,选择离子扫描模式用于定量;离子阱的优势是可以做多级质谱分析,适用于化合物结构的鉴定;飞行时间质量分析器灵敏度高,可以做精确分子量的测定。

4.7.1.4 检测器

经过质量分析器分离后的离子束,按质荷比的大小先后通过出口的狭缝,到达收集器,它们的信号经电子倍增器放大后,由计算机采集得到相应的质谱图。

4.7.1.5 真空系统

离子源、质量分析器和检测器都须在真空下操作,真空系统为离子提供离子源到检测器的自由程。一般的真空度为$10^{-4}\sim10^{-5}$ Torr。质谱仪之所以要维持这要高的真空度,其目的是避免气相离子与分子气体的相互碰撞。

4.7.2 质谱仪的主要性能指标

4.7.2.1 分辨率

分辨率是指仪器对质量非常接近的两种离子的分辨能力。一般定义是对两个相等强度的相邻峰,当两峰间的峰谷不大于其峰高的10%时,则认为两峰已经分开,其分辨率(Resolution, R)定义为:

$$R=\frac{m_1}{m_2-m_1}=\frac{m_1}{\Delta m} \tag{4.11}$$

式中，m_1和m_2为质量数，且$m_1<m_2$，故两峰质量数越小，要求仪器的分辨率越高。但是在实际工作中，有时很难找到相邻且峰高相等的两个峰，同时峰谷又为峰高的10%。在这种情况下，可以选择任意一单峰，测其峰高5%处的峰宽$W_{0.05}$，即可当作式（4.11）中的Δm，此时分辨率定义为：

$$R=\frac{m_1}{W_{0.05}} \tag{4.12}$$

4.7.2.2 质量范围

质量范围是指质谱仪能测量的最大m/z值，它决定仪器所能测量的最大相对分子质量。自从质谱进入大分子研究领域以来，质量范围已经成为被关注和感兴趣的焦点。不同的质谱仪具有不一样的质量范围，目前质量范围最大的质谱仪是基质辅助激光解吸电离飞行时间质谱仪，这种仪器测定的分子质量可高达1000000 D以上。测定气体用的质谱仪，一般质量测定范围在2～100 D，而有机质谱仪一般可达几千D。

4.8 质谱与其他仪器联用技术简介

质谱法是一种重要的定性鉴定和结构分析方法，但没有分离能力，这一点与色谱法刚好相补，后者是一种很好的分离方法，特别适合于复杂混合物的分离，但对组分的定性鉴定困难。将两种方法结合起来就可以发挥两者的优点，解决混合物的分离与鉴定。现在已发展的气相色谱－质谱联用（Gas Chromatography－Mass Spectrometry，GC－MS)、液相色谱－质谱联用（High Performance Liquid Chromatography－Mass Spectrometry，HPLC－MS）都成为有机化合物重要的分析手段。

4.8.1 气相色谱—质谱联用（GC－MS)

气相色谱—质谱联用仪（GC－MS）一般采用EI源或CI源作为电离源。气相色谱—质谱联用时，质谱可看成气相色谱的一个检测器，计算机把采集到的每个质谱的所有离子相加得到总离子强度，总离子强度随时间变化的曲线就是总离子流图。总离子流图的横坐标是出峰时间，纵坐标是总离子强度。图中每个峰表示样品的一种成分，通过每个峰可以得到相应化合物的质谱图；峰面积和相应组分的含量成正比，可用于定量。由GC－MS得到的总离子流图与一般色谱仪得到的色谱图基本上是一样的。只要所用色谱柱相同，样品的出峰顺序就会相同。

4.8.2 液相色谱—质谱联用（LC－MS)

GC－MS不适用于非挥发性、热不稳定性、极性大及大分子化合物的分析。而液相色谱－质谱联用（LC－MS）可分离分析这些化合物。LC－MS与GC－MS在样品的检测中互为补充。

LC－MS通过采集质谱也可以得到总的离子流图，其总离子流图与由紫外检测器得到的色谱图可能有些不同。因为有些化合物并没有紫外吸收，用液相色谱分析不出峰，但用 LC—MS 分析时会出峰；有些样品有紫外吸收，液相色谱分析出峰，因为不能离子化，故 LC—MS 分析时不出峰。通常所配的电喷雾（ESI）是一种软电离源，很少或没有碎片，谱图中有准分子离子，能提供未知化合物的分子量信息。

4.9　有机质谱的应用举例

4.9.1　未知化合物结构的鉴定

（1）某未知化合物的分子式为 $C_4H_{10}O$，其质谱图如图 4.30 所示，试推断其化学结构。

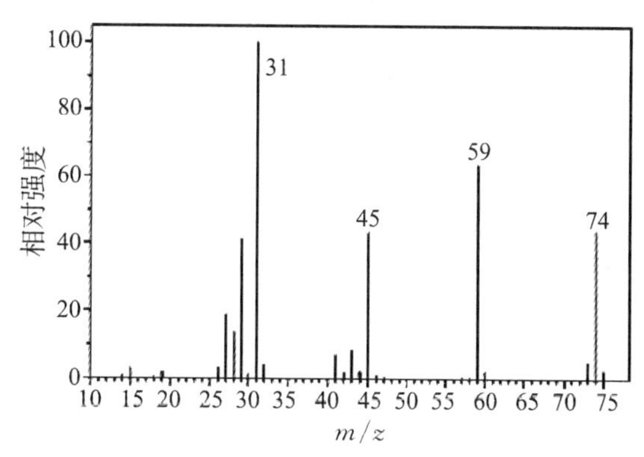

图 4.30　**未知化合物的 EI 质谱图**

解：计算不饱和度 $UN=1+4+1/2\times(0-10)=0$，表明结构中不含有不饱和基团，推测可能为脂肪族醇或醚类化合物。

由分子式可知其分子量为 74，因此可以判定 $m/z=74$ 的峰为分子离子峰。

从碎片离子分析，$m/z=59$ 的峰 $[M-15]^-$ 离子表明分子中应含有甲基。查表 4.2 可知由 $m/z=31$、45、59 组成的系列峰可能为 $C_nH_{2n+1}O$ 或 $C_nH_{2n-1}O_2$ 的碎片峰，但后者不可能产生 $m/z=31$ 的基峰，而且此碎片峰含有双键，与所计算的不饱和度不相符，因此只能是前者。考虑到应含有—CH_3，可以列出可能的结构式：

（a）$C_2H_5—O—C_2H_5$；

（b）$CH_3—O—CH_2—CH_2—CH_3$；

（c）$HO—CH_2—CH_2—CH_2—CH_3$。

如果是化合物（c），应该有 $[M-18]^-$ 离子的峰，但图中未出现，因此可以排除。化合物（b）的 $[M-15]^-$ 离子峰不可能很强，因此可能性最大的是化合物（a），进一步验证如下：

$$C_2H_5-\overset{\cdot+}{O}-C_2H_5 \xrightarrow{-CH_3} \underset{(m/z=59)}{C_2H_5-\overset{+}{O}=CH_2} \xrightarrow{-C_2H_4} \underset{(m/z=31)}{H\overset{+}{O}=CH_2}$$

$$C_2H_5-\overset{\cdot+}{O}-C_2H_5 \xrightarrow{-H} C_2H_5-O=CHCH_3 \xrightarrow{-C_2H_4} \underset{(m/z=45)}{HO=CHCH_3}$$

(2) 图 4.31 为化合物 $C_8H_{18}O$ 的 EI 质谱图，试推断其结构。

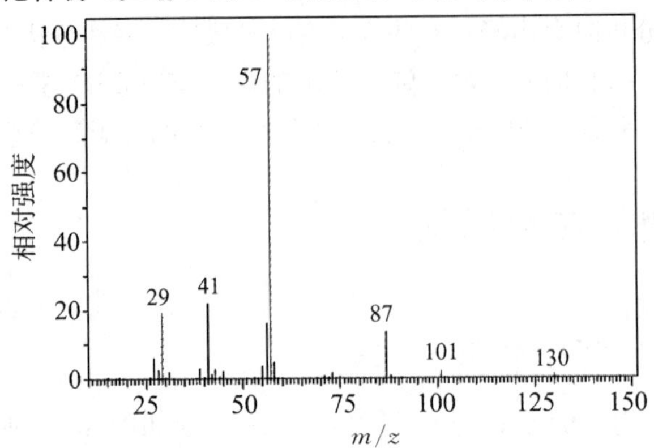

图 4.31 化合物 $C_8H_{18}O$ 的 EI 质谱图

解：分子离子峰（$m/z=130$）丰度较小，可能是脂肪族化合物。

计算不饱和度 $UN=1+8+\frac{1}{2}\times(0-18)=0$，可以知道此化合物为饱和无环状结构的含氧化合物，故属于脂肪醇或脂肪醚。

若是醇，则将有 $[M-18]^-$ 的脱水产物的离子峰。但图中没有 $M-18=130-18=112$ 这一明显的碎片离子峰，说明不是醇，而是脂肪醚。

若是醚，将有 α 裂解和 i 裂解两种方式，即

$$R-CH_2-\overset{+\cdot}{O}-CH_2-R' \xrightarrow{\alpha} H_2C=\overset{+}{O}-CH_2-R' + \cdot R \quad 和(或) \quad R-CH_2-\overset{+}{O}=CH_2 + \cdot R'$$

$$R-CH_2-\overset{+\cdot}{O}-CH_2-R' \xrightarrow{i} \cdot O-CH_2-R' + R-CH_2^+ \quad 和(或) \quad R-CH_2-O\cdot + R'-CH_2^+$$

图 4.31 中 $m/z=87$ 与 $m/z=130$ 相差 43，根据表 4.2 可知，与 43 相应的特征丢失可能是 C_3H_7。故分子离子脱去一个丙基自由基而形成 $m/z=87$ 的正离子：

$$\underset{(m/z=130)}{H_3C-CH_2-CH_2-CH_2-\overset{+\cdot}{O}-CH_2-R'} \xrightarrow{\alpha} \underset{(m/z=87)}{H_2C=\overset{+}{O}-CH_2-R'} + C_3H_7\cdot$$

若上述设想正确，且生成含氧离子的 m/z 为 87，故 R′也应该为丙基（C_3H_7），因此，该化合物可能是正丁醚。

正丁醚分子离子 i 裂解将脱去一个丁氧基游离基，生成 $m/z=857$ 的离子：

$$\underset{(m/z=130)}{H_3C-CH_2-CH_2-CH_2-\overset{+\cdot}{O}-CH_2-CH_2-CH_2-CH_3} \xrightarrow{i} \cdot O-CH_2-CH_2-CH_2-CH_3 + \underset{(m/z=57)}{H_2\overset{+}{C}-CH_2-CH_2-CH_3}$$

图 4.31 中 $m/z=57$ 离子的存在证明这一推想是正确的，即此化合物是正丁醚。

此化合物只可能是正丁醚，不可能带有支链。因为图 4.31 中虽有 $m/z=101$ 的

峰，但这是由于分子离子脱去乙基游离基而生成的。若是有支链的丁醚，则 $[M—C_2H_5]^+$ ($m/z=101$) 峰应该相对更强。

$$H_3C-CH_2-CH_2-\underset{\underset{CH_3}{|}}{CH}-\overset{+\cdot}{O}-\underset{H_2}{C}-CH_2-R' \xrightarrow[-C_2H_5\cdot]{\alpha} H_2C=\overset{+}{O}-CH_2-R' \quad (m/z=101)$$

同时，也还有 $[M—CH_3]^+$ ($m/z=115$) 的峰出现。

$$H_3C-CH_2-CH_2-\underset{\underset{CH_3}{|}}{CH}-\overset{+\cdot}{O}-\underset{H_2}{C}-CH_2-R' \xrightarrow[-CH_3\cdot]{\alpha} H_3C-CH_2-\underset{H}{C}=\overset{+}{O}-CH_2-R' \quad (m/z=115)$$

但在质谱中未见有 $[M-15]^-$ ($m/z=115$) 的离子峰出现，进一步表明此化合物为正丁醚。

4.9.2　判断化学反应是否发生

本书第 2 章中图 2.13 为作者课题组合成含双羟基的抗生物污损前体 $DMA(OH)_2$ 的路线图，虽然已经通过红外光谱（图 2.14）初步推断出发生了巯基—乙烯基点击反应，合成了含双羟基的抗生物污损前体 $DMA(OH)_2$，但还不能下最终的结论。接下来通过高分辨质谱来进行最终的判断。

图 4.32 为 $DMA(OH)_2$ 高分辨质谱图。根据图 2.13 中的合成路线，产物 $DMA(OH)_2$ 的理论分子式为 $C_{11}H_{23}NO_4S$，理论分子量为 265.1348。实验测定产物 $DMA(OH)_2$ 的质荷比 m/z 为 266.1421，对应于 $[M+H]^+$ 的离子，与理论值是相符的。其中 H^+ 是由于测定时利用甲醇对样品的离子化所引起的。此外，图中 m/z 为 267.1451 和 268.1402 的峰值是归因于 $DMA(OH)_2$ 的结构中的同位素峰。高分辨质谱的精确测定最终表明成功通过巯基—乙烯基反应合成了 $DMA(OH)_2$。

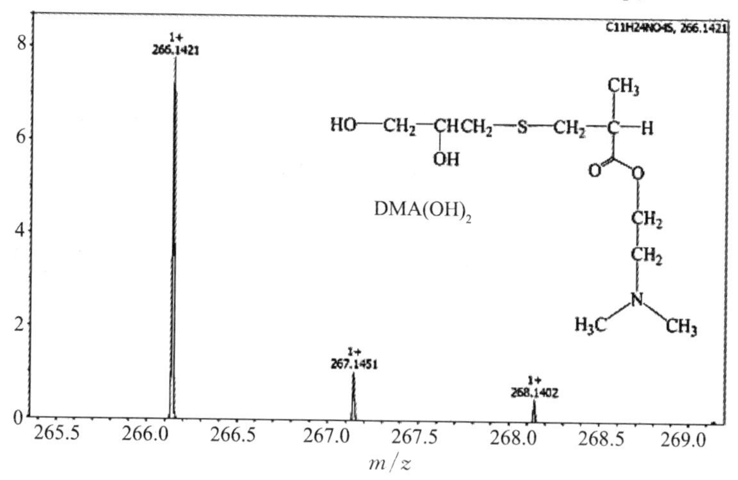

图 4.32　$DMA(OH)_2$ 高分辨质谱图

同样地，对于本书第 2 章中作者课题组所合成的反—1,4—双［2—(辛氧酰基亚甲基)二乙基］—2—丁烯二溴化铵（图 2.15），也借助于 EI 质谱来进行最终判断，看是否成功合成了目标产物。

图 4.33 为反－1,4－双［2－(辛氧酰基亚甲基)二乙基］－2－丁烯二溴化铵的 EI 质谱图。根据图 2.15 中的合成路线，产物反－1,4－双［2－(辛氧酰基亚甲基)二乙基］－2－丁烯二溴化铵理论的分子式为 $C_{34}H_{64}N_2O_4Br_2$，理论分子量为 700.32。从图中可以看出，m/z＝620.67 为其失去一个 Br^- 产生的碎片离子峰［$(M—Br)^+/1$］，m/z＝270.41 为其失去两个 Br^- 产生的碎片离子峰［$(M-2Br)^{2+}/2$］。其裂解过程如下所示：

$$\left[C_8H_{17}O\overset{O}{\overset{\|}{C}}CH_2-\overset{+}{N}(C_2H_5)_2-CH_2CH{=}CHCH_2-\overset{+}{N}(C_2H_5)_2-CH_2\overset{O}{\overset{\|}{C}}OC_8H_{17}\right]\cdot 2Br^- \xrightarrow{i} \left[C_8H_{17}O\overset{O}{\overset{\|}{C}}CH_2-\overset{+}{N}(C_2H_5)_2-CH_2CH{=}CHCH_2-\overset{+}{N}(C_2H_5)_2-CH\overset{O}{\overset{\|}{C}}OC_8H_{17}\right]\cdot Br^- + \cdot Br$$

$$(m/z=620.39)$$

$$\xrightarrow{i} 2C_8H_{17}O\overset{O}{\overset{\|}{C}}CH_2-\overset{+}{N}(C_2H_5)_2-\underset{H}{C}{=} \quad + 2\cdot Br$$

$$(m/z=270.43)$$

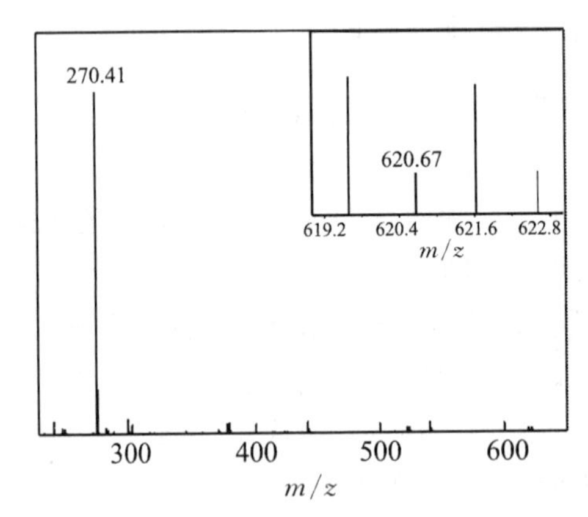

图 4.33　反－1,4－双［2－(辛氧酰基亚甲基)二乙基］－2－丁烯二溴化铵 EI 质谱图

参考文献

［1］王光辉，熊少祥. 有机质谱解析［M］. 北京：化学工业出版社，2005.

［2］朱为宏，杨雪艳，李晶. 有机波谱及性能分析方法［M］. 北京：化学工业出版社，2007.

［3］潘铁英，张玉兰，苏克曼. 波谱解析法［M］. 上海：华东理工大学出版社，2002.

［4］张正行. 有机光谱分析［M］. 北京：人民卫生出版社，2009.

［5］王春华. 防污自清洁聚氨酯的结构与性能研究［D］. 成都：四川大学，2017.

［6］Wang CH，Ma CF，Mu CD，et al. A novel approach for synthesis of zwitterionic polyurethane coating with protein resistance［J］. Langmuir，2014，30（43）：12860－12867.

［7］张龙. 可生物降解双子季铵盐杀菌剂的制备及其在制革中的应用［D］. 成都：四川大学，2019.

思考题

1. 结合前 3 章所学知识，试总结思考四大谱图（UV、IR、NMR 和 MS）对有机物结构推断所起的作用。为何一般采用质谱对其进行进一步的结构验证？

2. 在质谱图中，离子的稳定性与其相对丰度有何关系？

3. 有机化合物在质谱仪中的裂解类型有哪些？

4. 为什么说质荷比最大的峰不一定是分子离子峰，但分子离子峰一定是质谱图中质荷比最大的峰？判断某一个质荷比最大的碎片峰是不是分子离子峰需要遵循的原则有哪些？

5. 简述质谱仪的组成部分及其作用。

6. 衡量质谱仪主要性能的指标有哪些？各自代表的意义是什么？

7. 对于一张质谱图，其一般的解析方法和步骤是什么？

8. 试分析 5－甲基－3－庚烯的主要开裂方式及产物，说明 $m/z=97$ 和 $m/z=83$ 两个碎片离子的产生过程。

第5章　分子荧光光谱法

5.1　概　述

荧光、磷光和化学发光统称为分子发光。分子发光指的是物质分子吸收了辐射之后被激发到较高的电子能态，而这种处于激发态的分子是不稳定的，它可以经由多种衰变途径而跃迁回基态，同时将这部分能量以光的形式释放出来的现象。基态分子被激发到激发态，所需激发能可由光能、化学能或电能等供给。若分子吸收了光能而被激发到较高的能态，在返回基态时，发射出与吸收光波长相等或不等的辐射，这种现象称为光致发光。荧光分析和磷光分析就是基于这类光致发光现象建立起来的分析方法。物质的基态分子受某激发光源照射，跃迁至激发态后，在返回基态时，产生波长与入射光相同或较长的荧光，通过测定物质分子产生的荧光强度进行分析的方法称为荧光分析。分子荧光光谱法（molecular fluorescence spectroscopy）又简称为荧光光谱法或荧光分析法，是以物质分子所发射的荧光的强度与浓度之间的线性关系为依据进行的定量分析，以荧光光谱的形状和荧光峰对应的波长进行的定性分析。

当物质受到紫外线照射时会发出不同颜色和强度的光，照射停止后，发光会很快随之消失，这种光就是荧光。1575年，西班牙的内科医生和植物学家N. Monardes记录了一种木头切片的水溶液呈现出极为可爱的天蓝色，这被定义为人类第一次有记录的荧光现象。在此之后，不断有关于荧光的报道，但对于发射这种光的机理没有深入的研究。直到1852年，Stokes在考察奎宁和绿色素的荧光时，用分光计观察到其荧光的波长比入射光的波长稍微长些，才确定荧光不是由光的漫反射引起的，从而引入荧光是光发射的概念。他还依据发荧光的“萤石”提出“荧光”这一术语。Stokes也是第一个提出应用荧光作为分析手段的学者。1867年，Goppelsmde应用铝－桑色素配位化合物的荧光测定铝，这是历史上首次进行的荧光分析工作。1905年，Wood发现气体分子的共振荧光。1926年，Gaviola测定了荧光的寿命。进入20世纪60年代，激光、光电倍增管、放大器、光谱仪和计算机的发明，促使荧光分析仪器的开发和应用产生了质的飞跃。随着荧光分析仪器的不断改进和发展，到20世纪70年代，荧光分析法已被人们广泛应用在材料、环境、医药、农业、卫生和生物科学等领域。

荧光分析法之所以发展如此迅速，应用日益广泛，其原因之一是它具有很高的灵敏度。荧光光谱分析法不仅可以用作组分的定性检测和定量测量的手段，而且被广泛地作为一种表征技术应用于表征所研究体系的物理、化学性质及其变化情况。例如，在生命科学领域的研究中，人们经常利用荧光检测的手段，通过测定某种荧光特性参数（如荧光的波长、强度、偏振和寿命）的变化情况来表征生物大分子在性质和构象上的变化。荧光光谱法的主要特点如下：

（1）灵敏度高。

荧光辐射的波长比激发光的光波长，测量到的荧光频率与入射光的频率不同；荧光在各个方向上都有发射，因此可以在与入射光成直角的方向上检测。这样，荧光不受来自激发光的本底的干扰，灵敏度大大高于紫外一可见吸收光谱检出限为 10^{-9}～10^{-7} g/mL，比紫外一可见分光光度法高 10～1000 倍。

（2）信息量较大。

荧光光谱能够提供较多的参数，例如激发谱、发射谱、峰位、峰强度、荧光寿命、荧光偏振度等。荧光光谱还可以检测一些紫外一可见吸收光谱检测不到的时间过程。紫外和可见荧光涉及的是电子能级之间的跃迁，荧光的产生包括两个过程：吸收以及随之而来的发射。每个过程发生的时间与跃迁频率的倒数是同一量级（约为 10^{-15} s），但两个过程中有一个时间延搁，大约为 10^{-8} s，这段时间内分子处于激发态。激发态的寿命取决于辐射与非辐射之间的竞争。由于荧光有一定的寿命，因此可以检测一些时间过程与其寿命相当的过程。例如，生色团及其环境的变化过程在紫外一可见吸收光谱的 10^{-15} s 的过程中基本上是静止不变的，因此无法用紫外一可见吸收光谱检测，但可以用荧光光谱法检测。

（3）选择性强。

吸收光的物质并不一定能产生荧光，且不同物质由于结构不同，虽吸收同一波长，但产生的荧光强度也不同。

然而，由于很多物质本身不发荧光，不能进行直接的荧光测定，从而妨碍了荧光分析应用范围的扩展。因此，对于荧光的产生与化合物结构的关系还需要进行更深入的研究，以便制备为数更多的灵敏度高、选择性好的新荧光试剂，使荧光分析的应用范围进一步扩大。

5.2 荧光光谱的基本原理

5.2.1 分子的激发态

根据 Pauli 不相容原理，每个处于基态的分子都含有自旋配对的电子。在某一给定的轨道中，两个电子的自旋方向相反。一个所有电子自旋都配对的分子的电子能态称为基态单重态（singlet state），以 S_0 表示，如图 5.1（a）所示。处于分子基态单重态的电子对，当其中一个电子激发到某一较高能级时，将可能形成两种激发态：一种是受激电子的自旋方向仍然与基态电子的自旋方向相反，称为激发单重态（用 S 表示）；另一种是两个电子的自旋方向都相同，则称为激发三重态（用 T 表示）。两种电子的激发分别如图 5.1（b）和（c）所示。

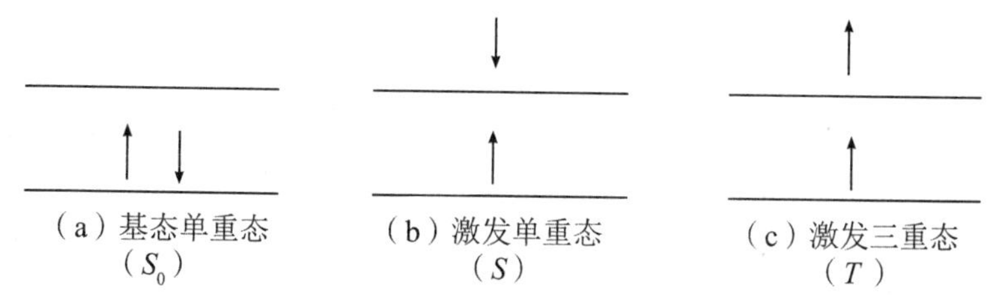

图 5.1　单重态和三重态的激发示意

激发三重态与激发单重态的性质明显不同。①激发单重态的分子是抗磁性分子，而激发三重态的分子则是顺磁性分子。②激发单重态的平均寿命很短，仅约为 10^{-8}s，而激发三重态的平均寿命长达 10^{-4}～100 s。③由基态单重态（S_0）向激发三重态的跃迁不容易发生，属于禁阻跃迁；而基态单重态到激发三重态的跃迁则很容易发生，属于允许跃迁。

5.2.2 分子的去激发

分子的去激发是指分子中处于激发态的电子以辐射跃迁或无辐射跃迁的方式回到基态。辐射跃迁主要是荧光或磷光的发射；无辐射跃迁则主要是指分子以热的形式失去多余的能量，包括振动弛豫、内转移、体系间跨越和外转移等，如图 5.2 所示。各种跃迁方式发生的可能性及程度与荧光分子本身的结构及激发时的物理和化学环境等因素有关。

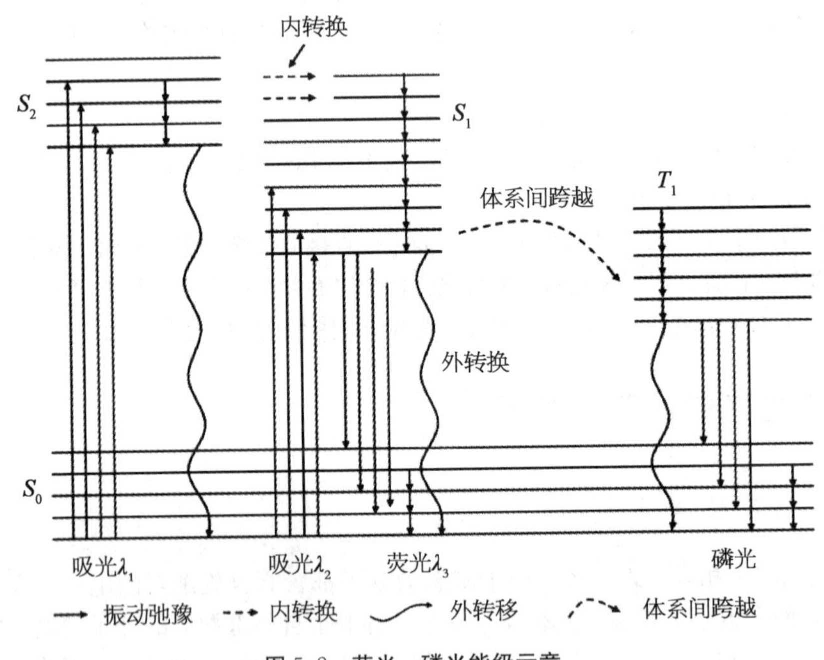

图 5.2 荧光、磷光能级示意

当处于基态单重态（S_0）中的电子吸收波长λ_1和波长λ_2的辐射光后，分别被激发到第二激发单重态（S_2）和第一激发单重态（S_1），在每一个电子能级中，又包含了许多振动能级，电子可以被激发到任何一个振动能级，而后发生下述去激发过程。

5.2.2.1 振动弛豫

振动弛豫是指在同一电子能级中，电子由高振动能级跃迁至低振动能级，而将多余的能量以热的形式释放（如传给溶剂分子）。发生振动弛豫的时间在 10^{-12} s 数量级，比电子激发态的平均寿命（单重态 10^{-8} s，三重态 10^{-4}～100 s）短得多，也比下面将要讨论的其他过程快得多，即在其他过程发生前，电子已经完成由较高能级跃迁至同一电子能级最低振动能级的振动弛豫过程。在图 5.2 中，各振动能级间的小箭头表示振动弛豫。

5.2.2.2　内转换

当两个电子能级非常靠近以至于它们的振动能级有重叠的时候，常发生电子由高电子能级以无辐射跃迁的方式跃迁至低电子能级的分子内过程，如图5.2所示。被激发到高电子激发单重态（如S_2、S_3等）的电子，通过内转换及振动弛豫，均可跃迁而回到第一激发单重态（S_1）的最低振动能级。此过程一般只需要10^{-13}～10^{-11} s。

5.2.2.3　荧光发射

处于第一激发单重态（S_1）最低振动能级中的电子跃迁回到基态（S_0）的各振动能级时，将发射波长为λ_3的荧光。显然，荧光的波长λ_3比激发光的波长λ_1或λ_2都要长，而且不论电子被激发到什么能级（S_2，S_3，…），由于存在速率很快的内转换，所以通常可以观察到发射波长为λ_3（$S_1 \rightarrow S_0$跃迁）的荧光。荧光的产生在10^{-9}～10^{-6} s内完成。

5.2.2.4　体系间跨越

体系间跨越指激发单重态与激发三重态之间的无辐射跃迁。在图5.2中，$S_1 \rightarrow T_1$就是一种体系间的跨越，实质上是S_1的受激电子的自旋发生了倒转而变成了T_1。发生体系间跨越时，电子通常由S_1的较低振动能级转移到T_1的较高振动能级，再通过振动弛豫到达T_1的最低能级。与内转移一样，如果两个能态的振动能级相重叠，则体系间的跨越概率将增大。

5.2.2.5　磷光

当电子由激发单重态（S_1）经体系间跨越（$S_1 \rightarrow T_1$）转变为激发三重态（T_1），并经振动弛豫回到T_1的最低振动能级后，由$T_1 \rightarrow S_0$的跃迁就可以发射磷光。磷光发光速率较慢，约为10^{-4}～100 s。因此，这种跃迁所发出的光，在光照停止之后，仍可持续一段时间，这也是磷光和荧光的区别之一。

5.2.2.6　外转移

外转移是指激发分子与溶剂分子或其他溶质分子的相互作用和能量转移，使荧光或磷光强度减弱甚至消失，这一现象称为“熄灭”或“猝灭”。图5.2中的波形线表示以外转移的方式进行的无辐射跃迁。

5.2.3　分子发光的类型

分子发光的类型，可按激发模式及提供激发能的方式来分类，也可按分子激发态的类型来分类。按激发模式分类时，如果分子通过吸收辐射能而被激发，则所产生的发光称为光致发光；如果分子的激发能量是由反应的化学能或由生物体释放出来的能量所提供，则其发光分别称为化学发光或生物发光。此外，还有热致发光、场致发光和摩擦发光等。

按分子激发态的类型分类时，由第一电子激发单重态所产生的辐射跃迁而伴随的发光现象称为荧光；而由最低的电子激发三重态产生的辐射跃迁所伴随的发光现象则称为磷光。应当指出的是，荧光和磷光之间并不总是能够很清楚地加以区分，例如某些过渡金属离子与有机配体的配合物，显示了单一三重态的混合态，它们的发光寿命处于400 ns—数微秒间。荧光可分为瞬时（prompt）荧光（即一般所指的荧光）和迟滞（delayed）荧光。瞬时荧光是由激发过程最初生成的S_1激发态分子或S_1激发态分子与基态分子形成的激发态二聚体（excimer）所产生的发射。这两种过程可分别表示如下：

$$S_1 = S_0 + h\nu \tag{5.1}$$

$$S_1 + S_0 \equiv (S_1S_0)^* \rightarrow 2S_0 + h\nu \tag{5.2}$$

这两种过程产生的荧光现象有所差别，后者的荧光光谱相对红移，且缺乏结构特征。

某些物质在浓度较高的溶液中，可能观察到激发态二聚体的荧光现象。偶尔在刚性的或黏稠的介质中，可以观察到磷光和迟滞荧光的现象。迟滞荧光发射的谱带波长与瞬时荧光的谱带波长相符，但其寿命却与磷光相似。迟滞荧光有以下三种类型。

5.2.3.1 E型迟滞荧光

它是由处于T_1电子能态的分子经热活化提高能量后处于S_1电子能态，然后自S_1态经历辐射跃迁而发射荧光。在这种情况下，单重态与三重态的布局是处于热平衡的，因而E型迟滞荧光的寿命与伴随的磷光的寿命相同。该过程可简单表示如下：

$$T_1 \xrightarrow{\text{热活化}} S_1 \rightarrow S_0 + h\nu \tag{5.3}$$

5.2.3.2 P型迟滞荧光

这种类型的荧光是由两个处于T_1态的分子相互作用（这种过程称为三重态一三重态粒子湮没），产生一个S_1态分子，再由S_1态发射的荧光。其过程可表示如下：

$$T_1 + T_1 \rightarrow S_1 + S_0 \tag{5.4}$$

$$T_1 + T_1 \rightarrow S_1 \rightarrow S_0 + h\nu \tag{5.5}$$

5.2.3.3 复合荧光

这种荧光是与S_1态的布居分布有关（即 population，也即电子在分子中的分布情况），它是由自由基离子和电子复合或具有相反电荷的两个自由基离子复合而产生的。

根据荧光在电磁辐射中所处的波段范围，又有X射线荧光、紫外荧光、可见荧光和红外荧光之分。而从比较荧光和激发光的这一角度出发，荧光又可分为斯托克斯（Stokes）荧光、反斯托克斯荧光和共振荧光。斯托克斯荧光一般是在溶液中观察到的荧光，指的是最初生成的激发态分子S_1经历分子碰撞引起部分能量损失后回到基态S_0过程发射的荧光，此种荧光的波长比激发光的波长要长。如果在吸收光子的过程中又同时附加热能给予激发态分子，则其发射的荧光波长比激发光的波长短，则称为反斯托克斯荧光，这种荧光可在高温的稀薄气体中观察到。共振荧光是指具有与激发光相同波长的荧光，可在气体和晶体物质中观察到。

5.2.4 荧光寿命和效率

分子产生荧光必须具备两个条件：第一是分子必须具有与所照射的辐射频率相适应的结构，才能吸收激发光；第二是吸收了与分子本身特征频率相同的能量后，必须具有一定的荧光量子产率，这是因为许多吸光物质不一定会发出荧光，因为在去激发过程中，除荧光发射外，还有其他非辐射跃迁存在。

如前所述，激发态的分子可以通过几种去激发途径回到基态，但只有$S_1 \rightarrow S_0$跃迁可以产生所需要的荧光。显然，如果$S_1 \rightarrow S_0$跃迁的过程比其他去激发过程更快，那么就可以观察到荧光的发射；相反，若其他的去激发过程更快，则荧光将会减弱甚至消失。为描述这一问题，引入荧光寿命和荧光效率的概念。

荧光寿命（τ）是指当激发光切断后，分子的荧光强度衰减至激发时最大荧光强度I_0的 1/e 所需要的时间，表示荧光分子的激发态的平均寿命。如图 5.3 所示，荧光强度的衰减符合指数衰减的规律：

$$I_t = I_0 e^{-kt} \tag{5.6}$$

式中 I_0 是激发时的最大荧光强度，I_t 是时间 t 时的荧光强度，k 是衰减常数。假定在 τ 时间内测得的 I_t 刚好是 I_0 的 1/e，则 τ 即是我们定义的荧光寿命。

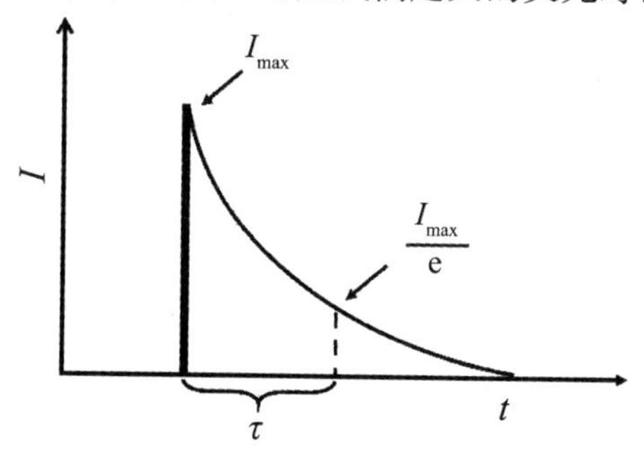

图 5.3 荧光寿命示意

如果激发态分子只以发射荧光的方式丢失能量，那么荧光寿命与荧光发射速率的衰减常数成反比，荧光发射速率即为单位时间内发射的光子数，因此有：

$$\tau_f = 1/K_f \tag{5.7}$$

式中 τ_f 为荧光分子的固有荧光寿命，K_f 表示荧光发射速率的衰减常数，其取决于物质的化学结构。

然而在实际中，处于激发态的分子，除了通过发射荧光回到基态，还会通过一些其他去激发过程（如振动弛豫和外转移等）回到基态。荧光的实际寿命 τ 和去激发过程的速率常数有关，总的去激发过程的速率常数 K 可以用所有去激发过程的速率常数之和来表示：

$$K = k_f + \sum k_i \tag{5.8}$$

式中 k_i 代表各种分子内的非辐射衰变过程的速率常数的总和，其主要取决于产生荧光的化学环境，同时也与物质的化学结构有关。于是，荧光的实际寿命（τ）为：

$$\tau = \frac{1}{K} = \frac{1}{k_f + \sum k_i} \tag{5.9}$$

比较式（5.7）和式（5.9）可知，由于 $\sum k_i$ 恒大于零，因此 τ 恒小于 τ_f，且 τ 的值随着非辐射衰变速率的加快而减小，直至趋向于零。

值得注意的是，在讨论寿命时，不要把寿命与跃迁时间混淆起来。跃迁时间是跃迁频率的倒数，而寿命是指分子在某种特定状态下存在的时间。通过量测寿命，可以得到有关分子结构和动力学方面的信息。

荧光效率通常用 φ_f 来表示，定义为发射荧光的分子总数和激发分子总数之比，即由荧光发射造成的去激发分子在全部去激发分子中所占的比例，又称为荧光量子产率。荧光效率可以用式（5.10）表示：

$$\varphi_f = \frac{\text{发射荧光的分子总数}}{\text{激发分子总数}} \tag{5.10}$$

φ_f 值在 0～1 之间，其值越大，表明荧光效率越高，分子产生荧光的能力越强。

例如罗丹明 B 乙醇溶液的 $\varphi_f = 0.97$，荧光素水溶液的 $\varphi_f = 0.65$，蒽乙醇溶液的 $\varphi_f = 0.30$，菲乙醇溶液的 $\varphi_f = 0.10$ 等。许多吸光物质不一定发出荧光，因为在去激发过程中，除荧光发射外，还有其他非辐射跃迁存在。

对于强荧光分子，如罗丹明 B，其 φ_f 值在一定条件下接近 1，说明荧光的发射过程发生很快，与其他去激发过程相比，荧光发射过程占绝对优势。显然，凡是能使荧光发射过程加快的因素，都可使 φ_f 值增大，荧光强度增强。

一般来说，荧光发射过程的快慢主要取决于分子的化学结构，而其他去激发过程除了与分子结构有关，化学环境的影响也非常大。

5.2.5 荧光光谱特征

荧光是一种光致发光现象，由于分子对光的选择性吸收，不同波长的入射光便具有不同的激发效率。物质在光的辐射作用下，吸收一定的能量，跃迁到激发态：

$$MX + \sum_{i=1}^{n} h\nu_i \Rightarrow MX^* \tag{5.11}$$

物质从激发态回到基态，发出荧光：

$$MX^* \Rightarrow MX + \sum_{j=1}^{n} h\nu_j \tag{5.12}$$

任何荧光都具备两种特征光谱：激发光谱和发射光谱，它们是荧光定性分析的基础。

激发光谱：固定荧光的发射波长（即测定波长）而不断改变激发光（即入射光）的波长，并记录相应的荧光强度，所得到的荧光强度对激发波长的谱图称为荧光的激发光谱，简称激发光谱。实际上，荧光物质的激发光谱就是它的吸收光谱。荧光激发光谱与紫外—可见吸收光谱类似。

发射光谱：在光辐射的作用下，荧光物质发射出不同波长的荧光。固定激发光的波长和强度，不断改变荧光的测定波长（即发射波长）并记录相应的荧光强度，所得到的荧光强度对发射波长的谱图称为荧光的发射光谱，简称发射光谱。一般情况下，荧光光谱选用在激发光谱中最大吸收处的波长作为固定的激发光的波长来检测物质所发射的荧光的波长和强度。

激发光谱反映了在某一固定的发射波长下所测量的荧光强度对激发波长的依赖关系，而发射光谱反映了在某一固定的激发波长下所测量的荧光的波长分布。激发光谱和发射光谱可用来鉴别荧光物质，并可作为进行荧光测定时选择合适的激发波长和测定波长的依据。

化合物溶液的荧光光谱通常具有如下特征。

5.2.5.1　斯托克斯位移

在溶液的荧光光谱中，所观察到的荧光的波长总是大于激发光的波长。斯托克斯在1852年首次观察到这种波长移动的现象，因而称为斯托克斯位移。斯托克斯位移说明了在激发与发射之间存在着一定的能量损失。首先，激发态分子在发射荧光前，很快经历了振动弛豫或内转换的过程而损失部分激发能，致使发射相对于激发有一定的能量损失，这是产生斯托克斯位移的主要原因。其次，辐射跃迁可能只使激发态分子衰变到基态的不同振动能级，然后通过振动弛豫进一步损失振动能量，这也导致了斯托克斯位移。此外，溶剂效应以及激发态分子所发生的反应，也将进一步加大斯托克斯位移现象。应当提及的是，在以激光为光源双光子吸收的情况下，会出现荧光测定波长（发射波长）比激发波长短的情况。

5.2.5.2　发射光谱与激发光波长无关

无论引起物质激发的波长是λ_1还是λ_2，荧光发射的波长都为λ_3（图5.2），这是因为分子吸收了不同能量（波长）的光子后，由基态激发到不同的电子激发能级并产生了几个吸收带。因处于较高电子激发能级的电子通过内转换及振动弛豫回到第一激发单重态（S_1）的概率很高，远远大于由高能级激发态直接发射光子的速度，故在荧光发射时，无论用哪一个吸收波长的光辐射来激发，电子都从第一激单发重态（S_1）的最低振动能级返回到基态的各个振动能级，所以荧光发射光与激发光波长无关，只出现一个荧光光谱。

5.2.5.3　镜像对称关系

发射光谱与吸收光谱间存在着镜像对称的关系，这是因为荧光发射通常是由处于第一激发单重态（S_1）最低振动能级的激发态分子的辐射跃迁而产生的，所以发射光谱的形状与基态中振动能级间的能量间隔情况有关。吸收光谱中的第一吸收带是由于基态分子被激发到第一激发单重态（S_1）的各个不同振动能级而引起的，而基态分子通常是处于最低振动能级的，因此第一吸收带的形状与第一激发单重态中振动能级的分布情况有关。一般情况下，基态和第一激发单重态中振动能级间的能量间隔情况彼此相似。此外，根据Frank－Condon原理可知，如吸收光谱中某一振动带的跃迁概率大，则在发射光谱中该振动带的跃迁概率也大。由于上述两个原因，荧光发射光谱与吸收光谱的第一吸收带之间呈现镜像对称。

根据镜像对称原则，如果不是吸收光谱镜像对称的荧光峰出现，则表示有散射光或杂质荧光存在。

5.2.6 影响荧光强度的因素

5.2.6.1 分子结构

（1）跃迁类型。

实验证明，对于大多数荧光物质而言，一般是先经历 $\pi\to\pi^*$ 或 $n\to\pi^*$ 的激发，然后发生 $\pi^*\to\pi$ 或 $\pi^*\to n$ 跃迁而得到荧光。相比之下，$\pi\to\pi^*$ 的跃迁通常能产生较强的荧光（φ_f 值较大）。这是因为：第一，$\pi\to\pi^*$ 跃迁的摩尔吸收系数比 $n\to\pi^*$ 跃迁的大 100～1000 倍（即 $\pi\to\pi^*$ 跃迁的概率较大），对激发光吸收强，激发效率高；第二，$\pi\to\pi^*$ 跃迁的寿命约为 $10^{-9}\sim10^{-7}$ s，比 $n\to\pi^*$ 跃迁的寿命 $10^{-7}\sim10^{-5}$ s 要短。激发态寿命越短，则其他非荧光过程发生的概率也越小，对荧光发射过程的产生越有利。总之，$\pi\to\pi^*$ 跃迁是产生荧光的主要跃迁类型，含 $\pi\to\pi^*$ 共轭体系的分子是荧光分析的主要对象。

（2）共轭效应。

实验表明，容易实现 $\pi\to\pi^*$ 跃迁的芳香族化合物容易产生荧光。一般情况下，体系的共轭程度增大，荧光效率也随之增大。例如，在多烯结构中，$ph(CH=CH)_3ph$ 和 $ph(CH=CH)_2ph$ 在苯溶液中的 φ_f 值分别为 0.68 和 0.28。这主要是由于共轭效应增大荧光物质的摩尔吸光系数，产生更多的激发态分子，从而有利于荧光的产生。

（3）刚性平面结构和共平面效应。

一般来说，荧光物质分子的刚性和共平面性增大，可使 π 电子共轭程度增大，荧光效率增大。例如，芴与联二苯的荧光效率分别为 1.0 和 0.2，这主要是因为芴的刚性和共平面性高于联二苯。

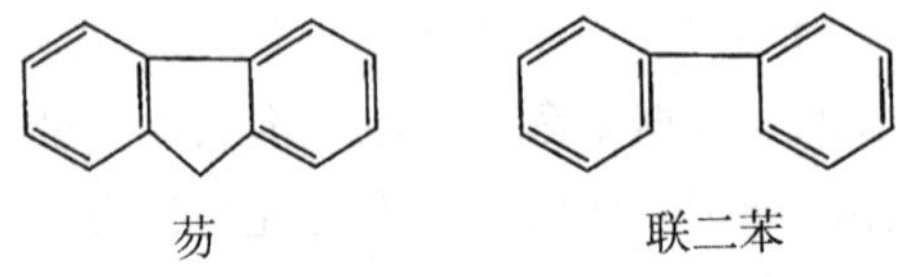

某些金属离子螯合物的荧光也可以用刚性和共平面性来解释。例如 2,2'－二羟基偶氮苯自身不产生荧光，但与 Al^{3+} 形成螯合物后便能发出荧光。利用这一性质可以测定许多本身不发荧光的物质。

（4）取代基效应。

芳香族化合物具有不同取代基时，其荧光强度差别很大。表 5.1 中列出了部分取代基对苯的荧光效率和荧光波长的影响。

表 5.1 苯环取代基在乙醇溶液中的荧光相对强度

化合物	分子式	荧光波长/nm	荧光相对长度
苯	C_6H_6	270～310	10
甲苯	$C_6H_5CH_3$	270～320	17
丙基苯	$C_6H_5C_3H_7$	270～320	17
氟代苯	C_6H_5F	270～320	10
氯代苯	C_6H_5Cl	275～345	7

续表

化合物	分子式	荧光波长/nm	荧光相对长度
溴代苯	C_6H_5Br	290～380	5
碘代苯	C_6H_5I	—	0
苯酚	C_6H_5OH	285～360	18
酚离子	$C_6H_5O^-$	310～400	10
苯甲醚	$C_6H_5OCH_3$	285～345	20
苯胺	$C_6H_5NH_2$	310～405	20
苯胺离子	$C_6H_5NH_3^+$	—	0
苯甲酸	C_6H_5COOH	310～390	3
硝基苯	$C_6H_5NO_2$	—	0

一般来说，取代基为给电子取代基的有机化合物可以增强荧光。属于这类基团的有—NH_2，—NHR，—NR_2，—OH，—OR，—CN等。由于这些基团上的n电子云几乎与芳环上的π电子轨道平行，因而实际上它们共享了共轭π电子，形成了p－π共轭，扩大了共轭体系。因此，这类化合物的荧光强度增大。吸电子基团使荧光减弱，属于这类基团的有羰基、硝基和重氮基等。这类基团都会发生n→π* 的禁阻跃迁，且S_1-T_1体系间的跨越也很强烈，最终导致荧光减弱。

5.2.6.2　外部环境因素

（1）溶剂的影响。

同一种荧光物质在不同极性的环境中，其荧光的最大发射波长λ_{max}可能会有所差别。溶剂影响的结果可以用Lippert方程来描述：

$$\sigma_a-\sigma_f\cong\frac{2}{hc}\left(\frac{\varepsilon-1}{2\varepsilon-1}-\frac{n^2-1}{2n^2-1}\right)\frac{(\mu^*-\mu)^2}{a^3}+C \tag{5.13}$$

式中，σ_a与σ_f分别为荧光分子的吸收波数与发射波数，$\sigma_a-\sigma_f$反映了吸收光与发射光能量的差别；ε为溶剂的介电常数；h为普朗克常数；c为光速，a为荧光分子在溶剂中的半径，n为折射率，μ^*与μ分别为荧光分子处于激发态和基态时的偶极矩，C为常数。

由式（5.13）可见，介电常数增大会使能量差增大，而折射率增大使能量差减小。由于荧光分子激发态的偶极矩μ^*一般要大于基态偶极矩μ，荧光分子偶极矩的增大与溶剂分子相互作用，使溶剂分子的电子分布和偶极子取向发生变化。溶剂偶极子的重新取向需要比电子重新分布长得多的时间。介电常数ε不仅与偶极子的取向有关，也与电子的取向有关，式（5.13）中第一项$\frac{(\varepsilon-1)}{(2\varepsilon-1)}$是电子和偶极子重新取向的结果；折射率$n$与电子重新分布有关，因此式中第二项是电子重新分布的结果。由于非极性溶剂分子没有偶极矩，因此没有在激发态荧光分子的作用下偶极子重新取向的问题，$\varepsilon\approx n^2$，$\sigma_a-\sigma_f$很小。而在极性溶剂中，$\sigma_a-\sigma_f$较大，λ_{max}产生红移。

一般来说，激发态的极性比基态要强，因此被激发的荧光分子将趋向于与极性溶剂（或极性环境）相互作用，使溶剂分子的电子分布发生变化，偶极子重新取向，而这又会反过来影响荧光分子的基态和激发态能级，减少激发态的能量，引起发射谱的红移。例如，当溶剂的极性依次减小时（由乙二醇、甲醇、异丙醇到辛醇），ANS（1－氨基－8－萘磺酸酯，一种荧光探针，常用于与蛋白质非共价结合）的荧光谱发生蓝移，量子产率提高。上面提到的“环境极性加强，λ_{max}红移”的规律，并不是绝对的。例如，如果在激发态的寿命之内，分子没有足够的时间来重新排列并降低激发态的能量，则可能发生λ_{max}蓝移的情况。这种现象称为“路经约束”。因此在利用λ_{max}作为环境极性的探针时要十分谨慎。

（2）温度的影响。

一般来说，溶液的荧光强度随温度的降低而增强，温度的升高与荧光强度的减弱在一定范围内是线性关系。温度每升高 1 ℃，荧光减弱的百分数称为温度系数。一般荧光物质的温度系数大约为1%，但有些荧光物质可达到 5%。温度升高，荧光强度减弱的原因主要是溶液的黏度减小，溶剂与溶质分子的动能增加，使得荧光分子与其他分子之间碰撞的概率增加，激发态荧光分子通过分子间碰撞或分子内能量的转移，将自己的能量转移出去。以非荧光发射的形式回到基态，会造成荧光猝灭、量子产率降低的情况。如果溶液中有猝灭剂存在，则猝灭剂的作用也会随温度升高而增大。为减少温度对荧光强度的影响，可采用恒温样品架维持样品温度的恒定。

（3）酸度的影响。

如荧光物质为弱酸或弱碱，则溶液 pH 值的改变常对荧光强度有较大影响。利用这些物质对 pH 值的敏感性，可以将它们用作 pH 指示剂，或利用它们在不同 pH 值溶液中荧光强度的改变来判断酸碱滴定的终点（特别是在有色或混浊的溶液中）。例如苯胺，其电离平衡如下：

$$C_6H_5NH_3^+ \underset{H^+}{\overset{OH^-}{\rightleftharpoons}} C_6H_5NH_2 \rightleftharpoons C_6H_5NH^-$$

pH＜2 无荧光　　pH＝7~12 蓝色荧光　　pH＞13 无荧光

苯胺在 pH＝7～12 的溶液中，主要以分子形式存在，能产生蓝色荧光；但在 pH＜2 或 pH＞13 的溶液中均以离子形式存在，不产生荧光。

（4）样品物质的浓度的影响。

在样品浓度较低时，荧光强度与荧光物质的浓度成正比。但到了一定浓度后，就不再存在这种正比关系。这是因为，荧光强度 $F=K\varphi\varepsilon I_0\ (l-e^{\varepsilon}/c)$，这里 K 是仪器常数，φ 是量子产率，I_0 是激发光强度，ε 是分子消光系数，l 是样品池直径，c 是样品浓度。浓度增大到一定程度后，$e^{\varepsilon/c}$ 接近零，浓度继续增大，荧光强度不再增加。

荧光浓度过大时，常常发生猝灭现象。这样就使荧光强度反而大大低于接近饱和时的荧光强度。对于浓度猝灭产生的原因，最简单的解释是：激发态分子在发出荧光之前就和未激发的荧光物质分子碰撞而自猝灭。浓度过高，可能形成样品分子的二聚体或多聚体，因而降低荧光强度。产生浓度猝灭的另一个重要原因是：当溶液浓度较大时，激发光一进入溶液，就被靠近光源一侧的样品池壁的荧光分子大量吸收，这样越进入溶液内部，被激发的荧光分子越少，样品池中心区域内能被激发的荧光分子的数量就很有限了。即使是样品池中心区域内能被激发的荧光分子，它们发出的荧光又可能被它们与检测器之间的荧光分子吸收（如果物质本身的吸收光谱和发射光谱有重叠），大部分荧光分子发射的荧光在离开吸收池前就又被吸收。

解决浓度淬灭的办法之一，是将样品尽量稀释到荧光强度与荧光染料浓度呈线性关系的范围内来测量。浓度淬灭的现象有时也可以加以利用，例如在脂质体里包裹高浓度的荧光染料，由于浓度淬灭，包裹在脂质体内的荧光染料的荧光强度很低。一旦荧光染料从脂质体内泄漏出来，由于荧光染料浓度下降，进入线性区，则会使荧光强度大大增加。

（5）杂质。

除荧光分子外，其他分子与荧光分子的相互作用使荧光量子产率减少的现象统称为杂质淬灭，引起杂质淬灭的物质称为淬灭剂。例如中性的0.1 mol·L^{-1}磷酸缓冲液能淬灭酪氨酸的荧光。几种杂质淬灭的形式如下：

①碰撞淬灭：溶液中荧光分子与淬灭剂分子碰撞，荧光分子损失能量而导致量子产率减少，荧光强度降低。

②组成化合物导致荧光淬灭：一部分荧光分子与淬灭剂分子作用而形成络合物。这种络合物本身可能不发荧光，也可能具有吸收激发光能或荧光物质所发射的荧光光能的能力，从而减少观察到的荧光（内滤光效应）。

③含溴、含碘化合物、硝基化合物、重氮化合物、羰基化合物、羧基化合物及某些杂环化合物容易由单线态转变为三线态。转入三线态的分子在常温下不发光，它们把多余的能量消耗在与其他分了的碰撞中，引起荧光淬灭。

④发生电子转移反应的淬灭：某些淬灭剂分子与荧光物质分子相互作用时会发生电子转移反应，即氧化一还原反应，从而引起荧光淬灭。甲基蓝荧光溶液被Fe^{2+}淬灭就是一个例子。发生电子转移反应的淬灭剂并不限于金属离子。I^-、Br^-等易于给出电子的阴离子对奎宁、罗丹明及荧光素钠等有机荧光物质也会发生淬灭作用。

总的来说，为克服杂质淬灭带来的问题，对所使用的溶剂或缓冲液，首先要考虑其对所使用的荧光物质是否有直接作用。另外必须考虑溶剂的纯度。如洗液中的重铬酸钾，其两个吸收峰恰好在色氨酸的激发和发射峰附近，会吸收色氨酸的激发能及其发射的荧光（内滤光效应），因此荧光器皿不能用洗液来洗。

5.2.7　定量依据与测量方法

5.2.7.1　定量依据

按荧光发生机理可知，溶液的荧光强度I_F与该溶液吸收光的强度I_a以及荧光物质的荧光效率φ成正比：

$$I_F=\varphi I_a \tag{5.14}$$

根据朗伯一比尔定律，有

$$A=\lg\frac{I_0}{I_t}=\varepsilon bc \tag{5.15}$$

或

$$I_a=I_0-I_t=I_0(1-10^{-\varepsilon bc}) \tag{5.16}$$

则

$$I_F=\varphi I_0(I_0-10^{-\varepsilon bc})=\varphi I_0(1-e^{-2.303\varepsilon bc}) \tag{5.17}$$

式（5.14）～（5.17）中，I_0是激发光强度，ε 是荧光物质的摩尔吸光系数，b 是样品池的光程，c 是样品的浓度。将 $e^{-2.303\varepsilon bc}$ 按 Taylor 级数展开有

$$e^{-2.303\varepsilon bc}=1-2.303\varepsilon bc-\frac{(-2.303\varepsilon bc)^2}{2!}-\frac{(-2.303\varepsilon bc)^3}{3!}-\cdots \qquad (5.18)$$

对于很稀的溶液，当 $\varepsilon bc \leqslant 0.05$ 时，可省略式（5.18）中第二项后的各项，从而有

$$I_F=\varphi I_0[1-(1-2.303\varepsilon bc)]=2.303\varphi I_0\varepsilon bc \qquad (5.19)$$

式（5.19）为荧光分析的定量基础。但这只适用于在极稀的溶液中，当 $\varepsilon bc \leqslant 0.05$ 时成立。对于某种荧光物质的稀溶液，在一定的频率及强度的激发光照射下，当溶液的浓度足够小使得对激发光的吸光度很低时，所测溶液的荧光强度才与该荧光物质的浓度呈线性关系。然而，对于 $\varepsilon bc > 0.05$ 的较浓的溶液，由于荧光猝灭现象和自吸收等因素，使得荧光强度与浓度不呈线性关系，荧光强度与浓度的关系向浓度轴偏离。随着溶液浓度的进一步增大，将会出现荧光强度不仅不随溶液浓度线性增大，甚至随着浓度的增大而下降的现象，这是由浓度效应而导致的。这种浓度效应可能是由以下两个方面的因素造成。

（1）内滤效应。

当溶液浓度过高时，溶液中的杂质对入射光的吸收作用增大，相当于降低了激发光的强度。另外，浓度过高时，入射光被液池前部的荧光物质强烈吸收后，处于液池中、后部的荧光物质，则因受到的入射光大大减弱而使荧光强度大大下降；而仪器的探测窗口通常是对准液池中部的，从而导致检测到的荧光强度大大下降。

（2）溶质间的相互作用。

在较高浓度的溶液中，可能发生溶质间的相互作用，产生荧光物质的激发态分子与其基态分子的二聚物（excimer）或与其他溶质分子的复合物（exciplex），从而导致荧光光谱的改变或荧光强度的下降。当浓度更大时，甚至会形成荧光物质的基态分子聚集体，导致荧光强度更严重地下降。假如荧光物质的发射光谱与其吸收光谱呈现重叠，便可能发生所发射的荧光被部分再吸收的现象，导致荧光强度下降，溶液的浓度增大时会促使再吸收的现象加剧。

5.2.7.2 测量方法

荧光分析法的定量测定方法较多，可分为直接测定法和间接测定法两类。

（1）直接测定法。

利用荧光分析法对被分析物质进行浓度测定，最简单的便是直接测定法。某些物质只要本身能发荧光，只需将含这类物质的样品做适当的前处理或分离除去干扰物质，即可通过测量它的荧光强度来测定其浓度。具体方法有两种。

①标准曲线法：将已知含量的标准品经过和样品同样的处理后，配成一系列标准溶液，测定其荧光强度，以荧光强度对荧光物质含量的关系绘制标准曲线。再测定样品溶液的荧光强度，由标准曲线便可求出样品中待测荧光物质的含量。为了使每次所绘制的标准曲线能重合一致，应以同一标准溶液对仪器进行校正。如果该溶液在紫外光照射下不够稳定，则必须改用另一种稳定而荧光峰相近的标准溶液来进行校正。例如，测定维生素 B_1时，可用硫酸奎宁溶液作为基准；测定维生素 B_2时，可用荧光素钠溶液作为基

准来校正仪器。

②标准对比法：如果荧光物质的标准曲线通过零点，就可以在其线性范围内，用标准对比法进行测定。先测定某标准溶液（c_s）的荧光强度I_{Fs}，再在相同条件下测得样品溶液（c_x）的荧光强度I_{Fx}，则

$$I_{Fs}-I_{F0}=K\,c_s \tag{5.20}$$

$$I_{Fx}-I_{F0}=K\,c_x \tag{5.21}$$

式（5.20）和（5.21）中I_{F0}为空白溶液的荧光强度，对同一荧光物质且测定条件相同时，有

$$\frac{I_{Fs}-I_{F0}}{I_{Fx}-I_{F0}}=\frac{K\,c_s}{K\,c_x},\quad c_x=c_s\frac{I_{Fx}-I_{F0}}{I_{Fs}-I_{F0}} \tag{5.22}$$

（2）间接测定法。

有许多物质本身不能发荧光，或者荧光效率很低，仅能显现非常微弱的荧光，无法直接测定，这时可采用间接测定法。间接测定法有以下几种。

①化学转化法：通过化学反应将非荧光物质转化为适合测定的荧光物质。例如金属与螯合剂反应生成具有荧光的螯合物。有机化合物可通过光化学反应、降解、氧化还原、偶联、缩合或酶促反应而转化为荧光物质。

②荧光猝灭法：这种方法是利用本身不发荧光的被分析物质能使某种荧光化合物的荧光猝灭的性质，通过测量荧光化合物荧光强度的下降，间接地测定该物质的浓度。

③敏化化学发光法：对于浓度很低的分析物质，如果采用一般的荧光测定方法，其荧光信号太弱而无法检测，可使用一种物质（敏化剂）以吸收激发光，然后将激发光能传递给发荧光的分析物质，从而提高被分析物质测定的灵敏度。

上述三种方法均为相对测定方法，在实验时须采用某种标准进行比较。

5.2.7.3 测量条件

（1）线性范围选择。

由上可知，只有当荧光物质的浓度较低（$\varepsilon bc\leqslant 0.05$）时，荧光强度与物质浓度才呈线性关系。在浓度较高时，由于存在荧光自熄灭和自吸收等原因，使荧光强度与物质浓度呈非线性关系。分析时应在标准曲线的线性范围内进行，否则会产生偏差。

（2）激发光波长与荧光发射波长的选择。

荧光是一种光致发光现象，因此必须选择合适的激发光波长。将不同波长的激发光依次通过荧光物质溶液，测定相应的荧光强度，以荧光强度对激发光波长作图得到激发光谱图，从图中选择能产生最强荧光的激发波长在分析时使用。

选择荧光发射波长时，是用一定波长的激发光照射荧光物质，物质发射的荧光具有一定的波长范围。选用最大激发波长的激光照射荧光物质溶液，依次测得所发射的各荧光波长下的荧光强度，以荧光强度对荧光波长作图绘制荧光发射光谱。分析时，选用荧光光谱中荧光强度最大的波长作为荧光发射波长。

（3）瑞利散射光和拉曼散射光的排除。

荧光分析中会有一小部分激发光由于光子与物质分子相碰撞而向不同方向散射，这种光称为散射光，包括瑞利散射光和拉曼散射光。前者由溶剂、胶体和容器壁等散射引

起，其波长与激发光波长很接近；后者由空白溶液引起，其波长与荧光波长几乎相同。

这两种散射光对荧光的测定会产生干扰，特别是拉曼散射光，因为其波长与荧光的波长很接近，干扰较大，应设法消除。

消除的方法是，在测定前先测一下空白溶剂的荧光发射光谱，选择合适的激发波长。因为不同波长的激发光照射到某一荧光物质时，荧光波长与激发波长无关，但拉曼散射光随激发光的波长改变而改变。拉曼散射光主要来源于溶剂，对同一波长的激发光，不同溶剂产生的拉曼散射光波长不同，故对溶剂进行选择可消除拉曼散射光的影响。

5.3 荧光分光光度计的结构及实验技术

5.3.1 荧光分光光度计的基本结构

图 5.4（a）为上海棱光技术有限公司研发的 F98 荧光分光光度计的外观，与其他光谱分析仪一样，荧光分光光度计主要由光源（激发光源）、单色器、样品池及检测器四部分组成。不同的是，其需要两个独立的波长选择系统：一个为激发单色器，可对光源进行分光，选择激发波长；另一个用来选择发射波长，或扫描测定各发射波长下的荧光强度，以获得试样的发光光谱。此外，其光源与检测器通常成直角，基本结构如图 5.4（b）所示。荧光分光光度计操作的基本流程为：由激发光源发出的光，经激发单色器使特征波长的激发光通过，照射到样品杯里的样品使荧光物质发射出荧光，再经发射单色器对待测物质所产生的荧光进行分光或者过滤，使特征荧光照射到检测器（一般使用光电倍增管）产生光电流，经电路放大、AD 转换、数字处理等方式显示出相应的荧光值。

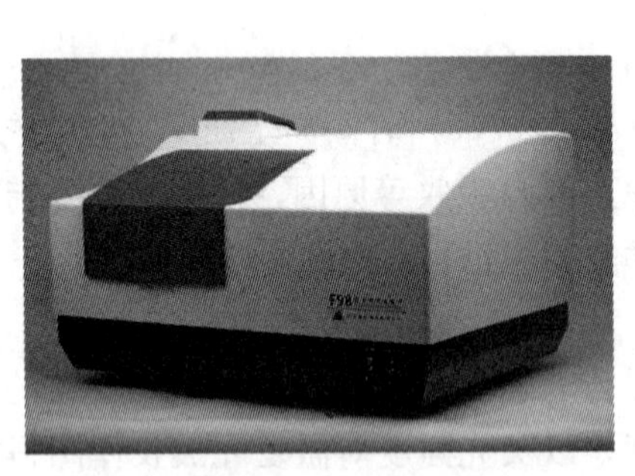

（a）上海棱光技术有限公司研发的 F98 荧光分光光度计外观

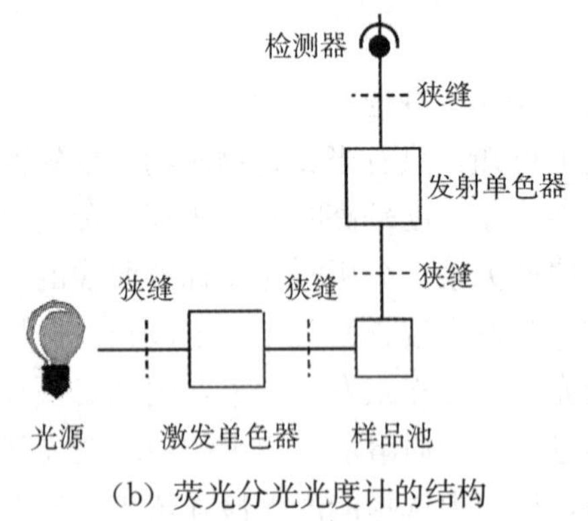

（b）荧光分光光度计的结构

图 5.4 荧光分光光度计

5.3.1.1 激发光源

由于荧光体的荧光强度与激发光的强度成正比，因此作为一种理想的激发光源应具备如下各点：①足够的强度；②在所需光谱范围内有连续的光谱；③其强度与波长无关，即光源的输出应是连续平滑等强度的辐射；④光强要稳定。然而实际上，完全符合这些要求的光源是不存在的，接近上述要求的光源主要有氙灯、汞灯、氙－汞弧灯、激光器以及闪光灯等，因此这些光源也常用作荧光分光光度计的激发光源。

高压汞灯是荧光分光光度计中应用最为广泛的一种光源，它是一种短弧气体放电灯，外套为石英，内充氙气，室温时其压强为 5 atm，工作时其压强约为 20 atm，250～800 nm 光谱区呈连续光谱。工作时，在相距约 8 mm 的钨电极间形成一股强的电子流（电弧），氙原子与电子流相撞而解离为氙正离子，氙正离子与电子复合而发光。氙原子在解离时发射连续光谱，而激发态的氙原子则发射分布于 450 nm 附近的线状光谱。有的氙弧灯为无臭氧灯，即工作时氙灯周围不产生臭氧，这种灯所用的石英外套不透射波长短于 250 nm 的光，但这种灯的输出信号强度随波长缩短而迅速下降。由于氙灯在工作时的灯光强度很大，其射线会损伤视网膜，紫外线会损伤眼角膜，因此工作时应避免直视光源。

5.3.1.2 单色器

荧光分光光度计需要两个单色器，即激发单色器和发射单色器，两者都要求有比较高的精度。

（1）激发单色器。

激发单色器位于光源和样品池之间，其作用是筛选出适合样品的激发光，主要有滤光片模式和光栅模式。使用滤光片的结构相对简单，在激发谱扫描过程中，通常选择比发射波长短，比激发谱的最大波长长的滤光片。滤光片模式的缺点是可选用的激发光源较少。使用光栅模式的单色器结构比较复杂，但是可选用的激发光源较多。

（2）发射单色器。

发射单色器位于试样与探测器之间，其作用是把激发光所发生在容器表面的杂散光滤去，使荧光物质发出的荧光照射到检测器上，便于分析样品发射出的荧光。发射单色器也有滤光片模式和光栅模式。使用滤光片模式的仪器检测样品时，在发射谱扫描过程中，通常选择比激发波长要长，比发射谱的最短波长要短的滤光片。使用光栅模式的仪器一般是通用仪器，可以根据不同样品发出的荧光做出相应的分光。光栅结构的仪器一般结构比较复杂。

（3）狭缝。

在仪器上，狭缝是用来调节一定的光通量和单色性的装置。光路狭缝太大，荧光信号太强，容易超出仪器检测范围，损伤仪器。狭缝越小，单色性越好，但光强和灵敏度降低，荧光信号又太弱，检测比较困难。因此，通常狭缝应调节到既有足够大的光通量，同时也有较好的分辨率为宜。

5.3.1.3 样品池

荧光分光光度计样品池的材质必须是弱荧光材料，常用石英池。荧光分析的样品池与紫外－可见分光光度计的吸收池不一样，前者是四面透光，后者是两面透光。有的荧光分光光度计附有恒温装置。测定低温荧光时，在石英池外套一个盛有液氮的石英真空瓶，以便降低温度。

5.3.1.4 检测器

荧光分光光度计的检测器一般使用光电倍增管来接收样品发出的荧光。这是因为荧光的信号一般都很微弱，因此要求检测器具有较高的灵敏度。使用其他检测器如光电池接收器来接收荧光效果比较差。荧光的一个重要指标是信噪比，使用其他接收器会对这项指标产生较大的影响。为了改善信噪比，通常采用冷却检测器的方法。二极管阵列和电荷转移检测器的使用，在很大程度上提高了仪器测定的灵敏度，并可以快速积累激发和发射光谱，还可以积累三维荧光光谱图。

5.3.2 荧光分光光度计的实验技术

5.3.2.1 样品制备

较为先进的荧光分光光度计既能测定液体样品，也能测定固体样品。不同的样品准备和注意要求不一样。主要的样品制备要求如下：

（1）块状样品。

为了获取尽可能理想的光谱，减小内外表面因素的干扰，最好将样品切成规则形状，并进行抛光。如果要做系列样品特性的对比，应尽量在尺寸和光洁度上将其制为同一规格。对于与各向异性有关的测试，务必注意光轴的位置。对于有自吸收特性的样品，要注意其对测试结果的影响。

（2）粉体和微晶。

粉体和微晶样品一般夹在石英玻璃片上进行测试，在制样中应避免混入诸如滤纸纤维、胶水等杂质，以免其发光对测试结果产生影响。样品应尽量保存在不会引入杂质又防潮避光的样品管（盒）中。对于强光下不稳定的化合物，测试时应特别注意控制入射光的强度，避免破坏样品。

（3）液体样品。

液体样品一般放在带盖的侧面全透明型石英比色皿（与紫外测试所用比色皿不同）中进行测试。样品配置选择透明的玻璃化溶液，避免在这种汇聚式光路中由于比色皿中溶液的前后吸收不均导致光谱失真。

此外，要慎重选择溶剂，一般选择非极性或极性小的溶剂，同时溶剂本身的吸光度要低。对于使用挥发性剧毒溶剂的测试，一定要有合适的防护。易挥发、易变质的溶液最好现配现测。

5.3.2.2 注意事项

（1）进行荧光分析时，在实验样品受到激发的情况下，通过选择合适的探测器和工作模式，记录下发射光强与激发源特性、样品特性以及温度、时间、空间、能量等相关特性之间的关系，以此来更好地研究或利用发光过程。

（2）由于物质的发射特性和吸收特性是紧密相关的，所以应提前做好吸收谱，以有效缩短荧光测试的摸索时间。

（3）对于不知道相关特性的样品，吸收谱（即激发光谱）的测试比荧光光谱（即发射光谱）的测试要容易很多。先测一下样品的吸收谱，并从中找出感兴趣的吸收峰和特性，在荧光测试时可以参考。

5.4　分子荧光光谱法的应用举例

5.4.1　检测化合物的含量

对于有机化合物，特别是芳香族化合物，因其具有共轭的不饱和体系，多数能发荧光，可直接用荧光法进行测定。而一般的芳香族化合物的分子结构比较简单，本身不发光，则需要与某些试剂反应才能进行荧光分析。荧光光谱法测定化合物含量的方法与紫外吸收光谱类似，首先应建立发射光谱标准曲线，然后测定特定样品中的荧光强度，最后对照标准曲线测定样品中化合物的浓度和含量。

对于无机化合物，能直接产生荧光并应用于测定的为数不多，但与有机化合物生成能发荧光的有机配合物后进行荧光分析的元素可达 70 多种，其中常用荧光法测定的元素有 Be、Al、B、Ga、Se、Mg、Zn、Cd 及某些稀土元素（如 La）。荧光光谱法具有良好的选择性和较高的灵敏度，因而在稀土元素分析方面的应用较多，下面以荧光光谱法测定镧（La）的含量举例进行说明。测定镧主要是基于镧能够与不同的配合物形成络合物。其主要分为两大类：一类是利用镧与相应试剂络合导致体系荧光增强而建立增敏体系，由于 La^{3+} 属于发光型的吸收离子，它具有稳定的电子构型，本身不发光，但与具有吸光结构的有机配体络合时，会使原来无荧光或弱荧光的有机配体转化为发强荧光的有机配合物，据此可设计测定 La^{3+} 的体系。另一类是利用镧与强荧光试剂络合导致荧光猝灭而建立的猝灭体系。孙小星等利用纸上高压电泳法分离稀土元素，分离后稀土离子在纸上与桑色素形成络合物，在 pH＝4.0 条件下于 426/494 nm 处测定络合物荧光强度，从而测定稀土中镧的含量。此方法试液用量少，操作简单，可成功用于分离、测定人工合成样品中稀土元素的含量。

5.4.2　研究物质的荧光特性

利用物质的荧光特性，可以将其与其他仪器如荧光显微镜和激光共聚焦显微镜结合，以便进行后续的研究分析。作者课题组在研究明胶的化学修饰的过程中，就发现改性明胶纳米微球具有自荧光特性，并利用该特性进行了相关研究。主要是将明胶制备成可生物降解的纳米颗粒，并探究其作为有机交联剂制备微球复合水凝胶的可行性，其制备路线图如图 5.5 所示。以甲基丙烯酸酐（MA）与明胶反应后生成的明胶衍生物为原料，以戊二醛为交联剂，通过两步去溶剂法制备了改性明胶纳米颗粒（Gelatin nanoparticles，MA－GNP）。然后将其作为交联剂用于引发丙烯酰胺（AAm）的聚合，形成复合水凝胶。

实验中发现制备的明胶纳米颗粒分散液呈现红色，我们推测这与明胶链上的自由氨基与戊二醛上的醛基交联形成 Schiff 碱，也即形成新的化学键（C＝N 键）有关。进一步，我们借助荧光光谱法对其进行检测。图 5.5 为 MA－GNP 在不同激发波长下的荧光谱图（激发波长分别为 365 nm、488 nm 和 543 nm），发射光谱记录范围为 355～

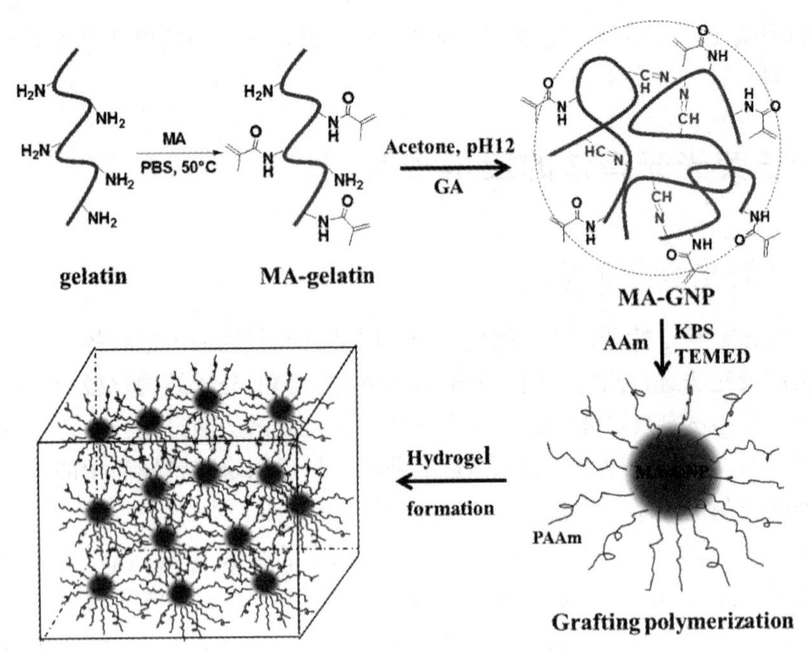

图 5.5 改性明胶纳米微球交联的复合水凝胶的制备过程

650 nm。我们发现所制备的明胶纳米颗粒有两个荧光发射峰。其中 460 nm 处出现的发射谱带主要来源于其结构中 C═C 不饱和双键在受激发时发生的 $\pi-\pi^*$ 电子跃迁的贡献，560 nm 处出现的发射谱带则主要来源于其结构中新形成的 C═N 在受激发时发生的 $n-\pi^*$ 电子跃迁的贡献。此荧光激发光谱图表明，在激发波长为 543 nm 时，明胶纳米微球具有最强的发射强度。改性明胶纳米微球的这种自发荧光特性使得它无需与其他荧光染料发生反应，非常便于实验中的后续检测。

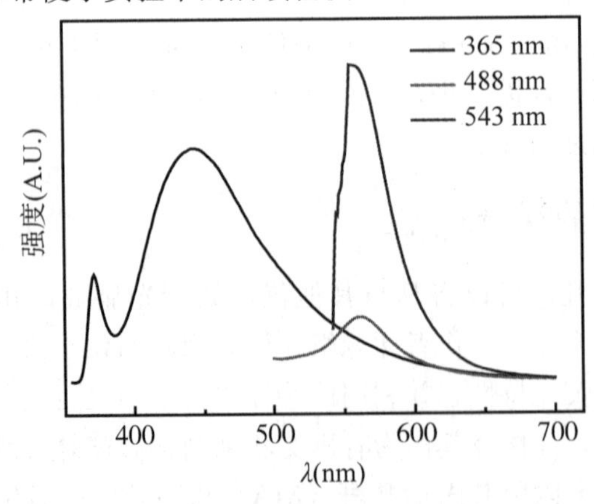

图 5.6 MA—GNP 在不同激发波长下的荧光谱图

接着，利用明胶纳米颗粒的自发荧光特性，借助激光共聚焦扫描显微镜（CLSM）对复合水凝胶进行观察，以分析这种新制备的微球交联剂——明胶纳米微球在复合水凝胶中的分布情况。基于上述荧光激发光谱实验，我们选择 543 nm 处作为激发波长。图 5.7 是 MA—GNP 用量分别为 5%和 20%时制备的复合水凝胶的 CLSM 图。图中红色的荧光部分代表改性微球。从图中可以看出，随着改性明胶纳米微球用量的增大，制备复合水凝胶的交联密度也随之增大，并呈现较为均匀的分布。

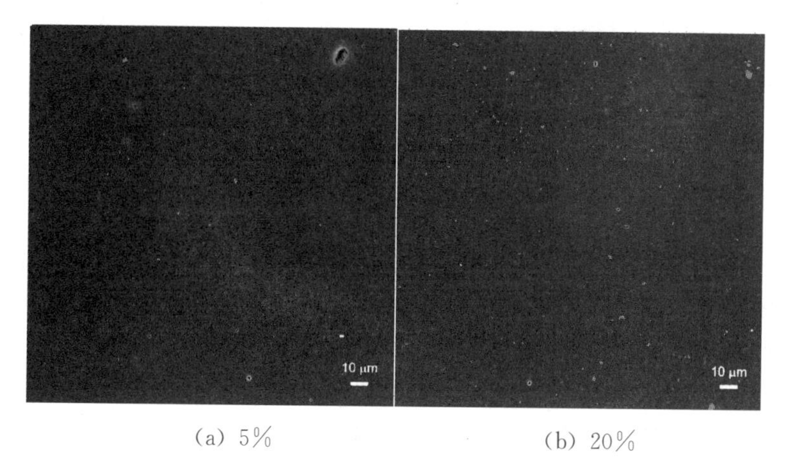

(a) 5%　　(b) 20%

图5.7 不同MA−GNP用量的复合水凝胶的CLSM图

5.4.3 研究生物大分子——蛋白质的结构

荧光光谱是研究蛋白质折叠和构象动态变化的一种有力工具，其原因在于该技术具有三大基本性质。第一，荧光信号对荧光发色团的局部环境极其敏感，在蛋白质去折叠过程中变化显著；第二，荧光光谱技术的信噪比很高；第三，荧光发射时间在纳秒范围内。在这里，我们着重举例介绍荧光分光光度计在研究胶原蛋白构象方面的应用。

胶原的三维荧光等高线谱图如图5.8所示，可以看出，在所测试的范围内，胶原存在一个荧光特征峰，主要的荧光区域出现在λ_{ex}=275～285 nm，λ_{em}=290～305 nm。如前所述，能产生天然荧光的分子必须具有共轭π键结构，而蛋白质的荧光主要由色氨酸(Trp)、酪氨酸（Tyr）和苯丙氨酸（Phe）贡献。胶原蛋白含有除Trp和半胱氨酸(Cys)外的18种氨基酸，芳香族氨基酸只有Phe和Tyr两种，这两种氨基酸的相对荧光强度之比为1∶18。由于Phe的吸收强度很低，故胶原的荧光主要来自Tyr残基的贡献。Tyr残基是一种中度疏水基团，胶原中Tyr的性质及其周围微环境的变化可以由胶原的天然荧光光谱及其变化直接反映。当胶原分子处于伸展状态时，同一胶原分子侧链上相邻的Tyr残基之间的距离较远，不利于残基间共振能量的传递，荧光强度减弱；当胶原分子链处于收缩状态时，不仅有利于缩小胶原分子链上相邻的Tyr残基间距，而且会促使相邻的胶原分子靠近，从而使得Tyr残基间距减小甚至产生层叠，残基间的相互作用增强，荧光强度增强。此外，由于相互作用或者溶剂环境的变化等使Tyr残基进一步外露，也会使荧光强度增强。因此，通过测定不同状态下胶原的荧光光谱，对比其荧光发射波长和荧光强度，就可判断胶原的构象变化。

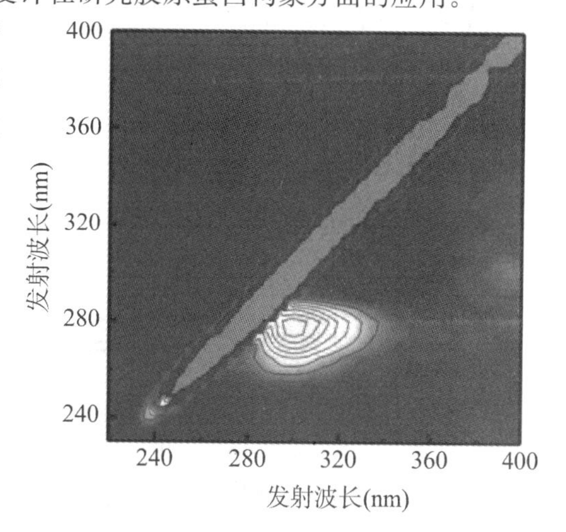

图5.8 胶原的三维荧光等高线谱图

此外，从胶原的三维荧光等高线谱图中，我们可以得出胶原荧光光谱的激发波长（λ_{ex}）和发射波长（λ_{em}）的测试范围：对胶原样品进行分析时，可选取的λ_{ex}为276 nm，λ_{em}的测试范围为280～500 nm。

5.4.4 研究物质间的相互作用

研究小分子渗透剂与生物大分子如胶原蛋白的作用机制，对了解生物体如何适应外界环境的变化具有非常重要的意义。作者课题组利用荧光分光光度计研究小分子渗透剂——甘油对胶原蛋白折叠和构象的影响，推测二者间的相互作用。

图5.9为甘油对Ⅰ型胶原荧光光谱的影响。结果表明，在胶原溶液中，甘油的加入对胶原的荧光发射强度和荧光最大发射波长都有影响。未加入甘油时，Ⅰ型胶原在302 nm左右出现荧光最大发射峰，随着甘油浓度逐渐增大，胶原的最大发射波长逐渐红移。当甘油的浓度达到2 mol·L^{-1}时，最大发射波长红移至305 nm。这说明甘油的存在对Tyr的微环境产生了一定的影响。此外，通过对应的荧光强度图可以看出［图5.9(b)］，在所研究的甘油浓度范围内，胶原的荧光发射峰强度明显增强，且出现线性增大的趋势。这主要是由于在胶原溶液中加入甘油后，甘油会与水分子形成氢键，在甘油分子表面形成水化层，从而使其在溶液中占据一部分的体积。甘油的优先排阻作用驱使溶液中胶原的结构更加紧密，减小了Tyr残基之间的距离，从而增强了残基间的能量传递。因此，随着甘油含量的增加，胶原的荧光发射峰强度也会增强。

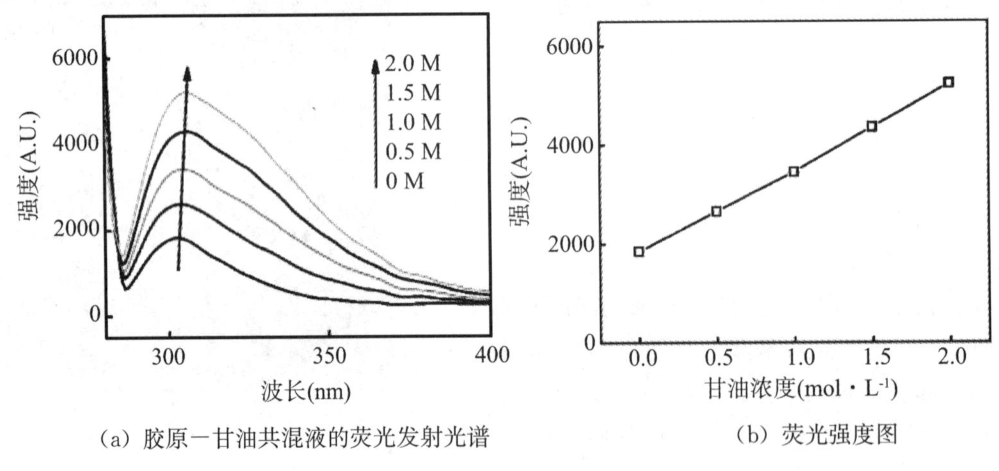

(a) 胶原—甘油共混液的荧光发射光谱　　(b) 荧光强度图

图5.9

5.4.5 研究外界环境对蛋白质构象的影响

大分子拥挤剂能够促进细胞外基质中的胶原蛋白和生长因子等的沉积，从而促进成骨细胞的生长、迁移、黏附和分化。因此，研究大分子拥挤环境对胶原蛋白结构的影响有利于进一步了解生物相关实验中的胶原结构变化，从而为胶原蛋白的研究和应用提供一定的理论基础。同样地，作者课题组选择聚乙二醇（PEG）作为大分子拥挤剂，利用荧光分光光度计研究PEG对胶原蛋白折叠和构象的影响。

图5.10为胶原—PEG共混液的荧光发射光谱图。结果表明，胶原的最大荧光发射峰约在303 nm处。胶原—PEG共混液中大分子拥挤剂PEG的分子量和浓度不同，胶原

的荧光发射光谱也有差异。PEG 拥挤环境下胶原的最大荧光发射峰强度由图 5.11 所示，当在胶原溶液中加入的 PEG 浓度小于 0.05 g/mL 时，PEG 对胶原的荧光强度增强效果不明显。这是由于胶原溶液中的 PEG 含量较少，相应产生的空间排斥作用也较小，因此对 Tyr 所处的微环境影响较小。而当 PEG 浓度高于 0.05 g/mL 时，随着 PEG 浓度的增加，胶原的荧光光谱强度也逐渐增加。这可能是由于 PEG 链的空间排斥作用驱使溶液中的胶原结构更加紧密，侧链 Tyr 残基更为靠近。PEG 拥挤环境促使胶原结构更加紧凑。

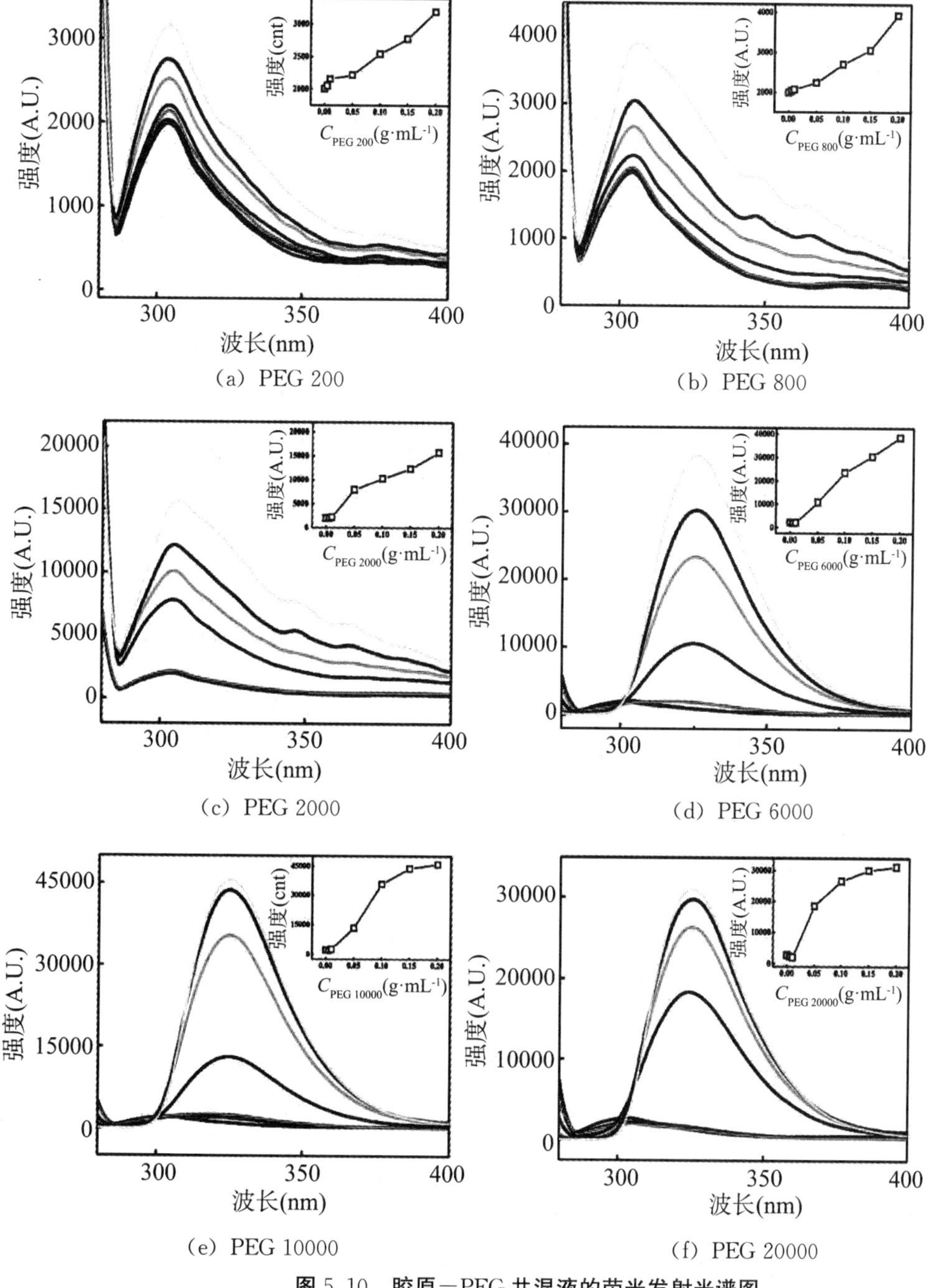

(a) PEG 200　(b) PEG 800

(c) PEG 2000　(d) PEG 6000

(e) PEG 10000　(f) PEG 20000

图 5.10　胶原—PEG 共混液的荧光发射光谱图

如图 5.11（a）所示，当 PEG 分子量小于 10000 时，随着 PEG 分子量的增加，胶原的荧光强度显著增加。这是由于 PEG 分子链越长，在溶液中其对胶原产生的空间排斥作用就越大。值得注意的是，当 PEG 浓度$\geqslant$0.10 g·mL^{-1}，随着 PEG 分子量从 10000 增加至 20000 时，胶原的荧光强度反而下降；当浓度为 0.20 g·mL^{-1}时，PEG 20000 对胶原的荧光强度的增强效果甚至弱于 PEG 6000。这是由于在浓度足够高的条件下，高分子量 PEG 20000 分子链间的疏水相互作用使其自身结构更加致密，与相对舒展的 PEG 6000 和 PEG 10000 分子链相比，这种结构的有效排斥体积反而会减小，因而表现出对胶原的荧光增强效果减弱。图 5.11（b）是浓度以 g·mL^{-1}表示时的胶原/PEG 混合液的荧光强度，结果表明，PEG 的分子量对胶原荧光强度的影响呈现出更明显的效果。

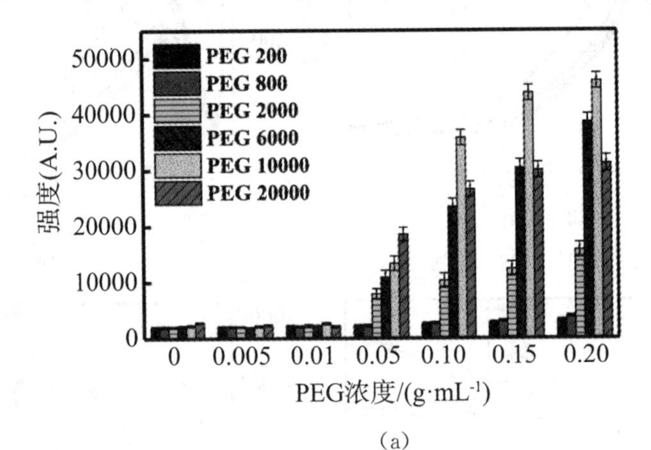

(a)

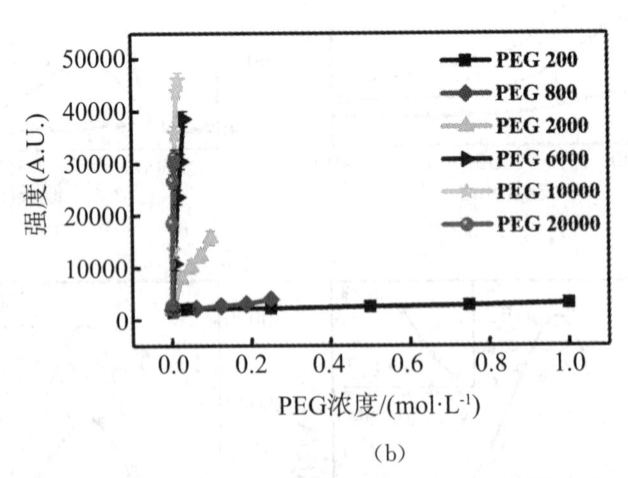

(b)

图 5.11　PEG 拥挤环境下胶原的最大荧光发射峰强度图

PEG 拥挤环境下胶原蛋白的最大荧光发射波长如图 5.12 所示。当分子量$\leqslant$2000 时，PEG 拥挤环境下胶原的最大发射波长（Max λ_{em}）基本不变，表明低分子量的 PEG 对胶原分子构象影响较小。而当 PEG 分子量$\geqslant$6000 时，Tyr 的最大激发波长（Max λ_{ex}）从 303 nm 逐渐红移到 325 nm。这可能是由于在 PEG 拥挤环境下，随着 PEG 分子量的逐渐增加，大分子拥挤剂 PEG 产生的拥挤效应明显，使得胶原蛋白结构中 Tyr 残基微环境发生了较大的变化。

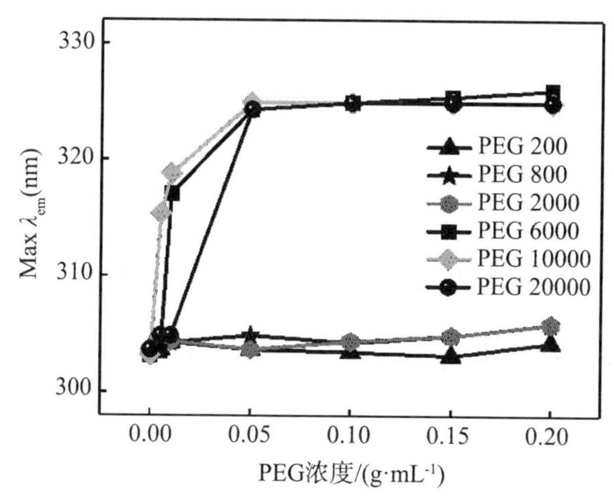

图5.12 PEG拥挤环境下胶原的最大发射波长

参考文献

[1] 袁存光，祝优珍，田晶，等. 现代仪器分析 [M]. 北京：化学工业出版社，2012.

[2] 白玲，石国荣，王宇昕. 仪器分析实验 [M]. 北京：化学工业出版社，2017.

[3] 魏福祥，韩菊，刘宝友. 仪器分析原理及技术 [M]. 2版. 北京：中国石化出版社，2011.

[4] 卢亚玲，汪河滨. 仪器分析实验 [M]. 北京：化学工业出版社，2019.

[5] 刘密新，罗国安，张新荣，等. 仪器分析 [M]. 北京：清华大学出版社，2007.

[6] 孙小星，廉志红. 纸上高压电泳分离——荧光光度法测定钇镧镥 [J]. 冶金分析，2006，26 (2)：76—78.

[7] 杨岚. 改性明胶纳米微球交联的复合水凝胶的制备及性能 [D]. 成都：四川大学，2017.

[8] 胡利媛，梁玉可，王春华，等. PEG拥挤环境对胶原蛋白构象的影响研究 [J]. 皮革科学与工程，2020，30 (1)：1—6.

[9] Jan K，Usami S，Chien L. The disaggregation effect of dextran—40 on aggreation in macromolecular suspensions [J]. Biorheology，1982，19 (4)：543—554.

[10] Sudhakar K，Wright W W，Williams S A，et al. Phenyla lanine fluorescence and phosphorescence used as a probe of conformation for cod parvalbumin [J]. Journal of Fluorescence，1993，3 (2)：57—64.

[11] Sukenik S，Sapir L，Gilman Politi R，et al. Diversity in the mechanisms of cosolute action on biomolecular processes [J]. Faraday Discussions，2013，160：225—237.

[12] Cleland J L，Builder S E，Swartz J R，et al. Polyethylene — glycol enhanced protein refolding [J]. Bio—Technology，1992，10 (9)：1013—1019.

思考题

1. 何谓分子发光？分子发光的类型有哪些？

2. 为什么说荧光发射光谱与选用的激发光波长无关？

3. 试阐述荧光光谱的基本原理。

4. 比较分子荧光发射光谱与激发光谱的异同。如何理解激发光谱和发射光谱呈镜像关系？

5. 分子产生荧光必备的两个条件是什么？具有哪种化学结构的物质分子倾向于发射荧光？

6. 荧光光谱的定量依据是什么？

7. 影响荧光强度的主要因素有哪些？

8. 试思考如何进行多组分混合物的荧光分析。

第6章　圆二色光谱法

6.1　概　述

圆二色光谱法（Circular Dichroism，CD）是利用电磁波（即偏振光）和手性物质相互作用的信息来研究化合物的立体结构的分析方法。当平面偏振光照射到手性化合物样品中时，不仅组成平面偏振光的左、右圆偏振光传播速率发生变化，而且手性化合物对左、右圆偏振光的吸收程度也有差别而产生椭圆偏振光。前者在宏观上表现为旋光性，后者为圆二色性。旋光谱和圆二色光谱是同一现象的两个方面。具有旋光性和圆二色性的物质称为光活性物质。旋光色散和圆二色性作为研究手性物质结构和性能的主要手段，可以从不同角度获得手性分子的光学信息，二者是手性现象的不同光学性质的表现方式。

圆二色光谱是一种差吸收光谱，是通过测量光学活性物质对左、右旋圆偏振光的吸收程度的差异来反映物质的结构的。这种吸收差异与光的波长的关系曲线即为圆二色光谱曲线。因为左旋光和右旋光互为镜面对称，所以镜面对称的结构对于左、右旋光的吸收不表现差异性。只有镜面不对称的结构（手性结构）才有可能对左、右旋光的吸收表现出差异性。目前测定化合物或生物大分子立体结构（手性结构）常用的方法有：化学转化法、旋光比较法、圆二色光谱和旋光谱（optical rotatory dispersion，ORD）、单晶X一衍射法和核磁共振法等。其中化学转化法是一种消耗性测定法，样品用量大；旋光法则需要有已知化合物或类似物作为对照；单晶X一衍射法要求化合物能够得到合适的单晶，并需要专业人员测试和处理数据；核磁共振法需要昂贵的手性试剂。相比之下，圆二色光谱法的样品用量少且可以回收，操作简单，数据处理容易，能测定非结晶性化合物的立体结构，且使用的溶剂一般都是常用的有机溶剂。此外，CD更适合于测定有机化合物，特别是天然产物的立体结构。因此，圆二色光谱法是目前应用最广泛的手性分子结构测定方法。

其实偏振光早在17世纪就被Huggens发现了，不过到19世纪才开始被用来研究分子的旋光构象。Biot于1881年发现石英能使偏振光的偏振面旋转，之后在松节油等液体和某些气体中也观察到了这种现象。Biot在石英中发现旋光现象的同时，在电气石中也观察到了圆二色性。后来将旋光色散和圆二色性这两种现象的相互关系称为科顿效应。19世纪中期许多关于旋光性的定律已经基本公式化，这些定律对于19世纪末有机立体化学和有机结构理论的发展都起了直接推动作用。又过了将近一个世纪，1934年Lowry发表了第一本完整的有关旋光色散的书*Optical Rotatory Power*。直到1953年，Djerasi在实验室里建立了第一台普通的偏振光检测仪后，旋光谱仪才被广泛用来研究有机分子和生物大分子。20世纪60年代，圆二色光谱仪开始发展，当仪器的改进能测出远紫外区的信号时，圆二色光谱仪就逐步取代了旋光谱仪，成为研究有机化合物和生物大分子溶液构象的有力工具。

圆二色光谱是特殊的吸收光谱，它比一般的吸收谱（如紫外一可见吸收光谱）弱几个量级，但由于它对分子结构十分敏感，因此近十几年来，CD已成为研究分子构型（象）和分子间相互作用的最重要的光谱分析法之一，广泛应用于生物化学、有机化学、配位化学和药物化学等领域。

6.2 圆二色光谱法的基本原理

6.2.1 光的偏振

6.2.1.1 光波、谐振动及其合成

光具有波粒二象性，光波是电磁波的一种特殊形式。它们在真空中的传播速度为3×10^8 m/s。电磁波包含电场矢量$\boldsymbol{E}$和磁场矢量$\boldsymbol{H}$这两个振动。这两个矢量以相同的位相在两个相互垂直的平面内振动。而传播速度V的方向又与$\boldsymbol{E}$和$\boldsymbol{H}$垂直。就$\boldsymbol{E}$或$\boldsymbol{H}$来看，光是一种横波，如图6.1所示。

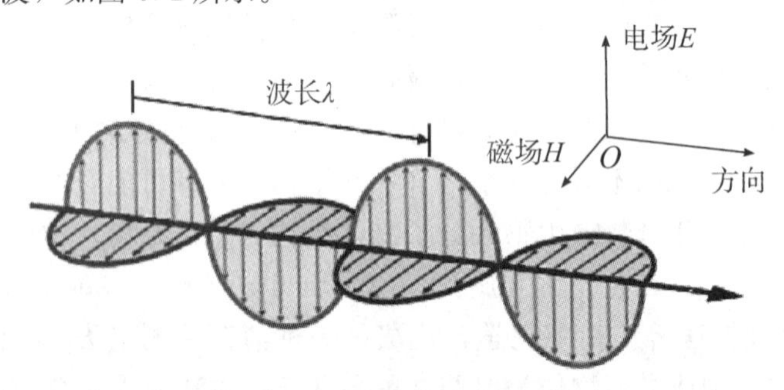

图6.1 光的传播示意图

可以将光的运动看成光量子的简谐运动。例如有两个简谐振动，它们的频率相同，但振动方向互相垂直。它们的前进方向都是Z轴，而各自的振动面都分别与$X-Y$或$Y-Z$平面叠合。这两个简谐振动可以用下列式子表示：

$$X=A_x\cos(\omega t+\psi_1) \tag{6.1}$$

$$Y=A_y\cos(\omega t+\psi_2) \tag{6.2}$$

式中，ω是角频率，t是时间，A_x和A_y分别是两个谐振最大振幅的绝对值。X和Y分别是t时刻谐振在相应轴上的振幅。ψ_1与ψ_2是初位相。

两个简谐振动可以合成一个同频率、同相位的谐振动。综合谐振的振幅如投影到$X-Y$平面上，振幅点的运动轨迹方程可以将式（6.1）和（6.2）合并消去t而得到：

$$\frac{x^2}{A_x^2}+\frac{y^2}{A_y^2}-2\frac{x}{A_x}\cdot\frac{y}{A_y}\cos(\psi_2-\psi_1)=\sin(\psi_2-\psi_1) \tag{6.3}$$

由于式（6.3）为一个椭圆方程，故上述简谐运动合成的结果成为一个椭圆运动。

椭圆的形状由相差($\psi_2-\psi_1$)决定。当$\psi_2-\psi_1=\pm 2n\pi$，$n=0$，1，2，…时，式（6.3）变成直线方程，合成的谐振是直线的谐振。当相差$\psi_2-\psi_1=\pm(2n+1)\pi/2$，$n=0$，1，2，…，并且$|A_x|=|A_y|$时，合成的谐振为圆运动。上式合成的圆谐振中$\psi_2-\psi_1=+(2n+1)\pi/2$和$\psi_2-\psi_1=-(2n+1)\pi/2$，正好是旋转方向相反的两种圆谐振。

6.2.1.2　偏振光、椭圆偏振及圆偏振

先看一束光通过电气石晶体的现象，如图 6.2 所示，从电气石晶体切出一个晶片 T_1，T_1 的面平行于晶体内主轴方向。使一束自然光沿垂直晶片平面的方向通过 T_1。同时，让 T_1 绕入射光方向旋转，可看到透射光强度不变。如在光线路径上再放上第二个同样的晶片 T_2，它的晶面与 T_1 的晶面平行，并使两个晶片之一绕光线方向旋转，可观察到透射光强度随着旋转而自由变化。当两个晶片的晶轴相互平行时，透射光的强度最大，而两个晶片的晶轴相互垂直时，透射光的强度为零；当两个晶片的晶轴夹角为 α 时，透射光的强度与$\cos^2\alpha$ 成正比。

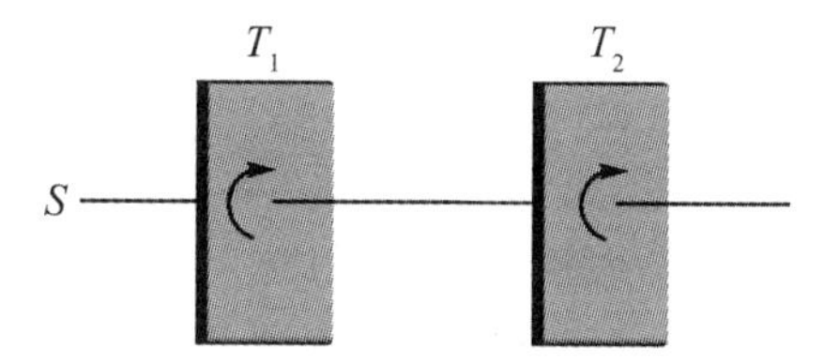

图 6.2　光通过电气石晶片的偏振

发光体辐射的波长是这个物体中大量分子和原子辐射出来的电磁波的混合光波。由于分子或原子辐射过程中的间歇性，每一瞬时光波上在某一点的矢量 $\boldsymbol{E}$ 和 $\boldsymbol{H}$ 仍相互保持垂直，并垂直于光的传播方向，但是 $\boldsymbol{E}$ 和 $\boldsymbol{H}$ 的振动方向都经过迅速而极不规则的改变。在任何时刻，$\boldsymbol{E}$ 和 $\boldsymbol{H}$ 在垂直于波前进方向上的平面 P 上，如图 6.3 所示，可以取所有可能的方向，而且没有一个方向较其他方向占优势，这种光称为自然光，光波中产生的感光作用主要是由电场 $\boldsymbol{E}$ 引起的，因此一般就把电场矢量 $\boldsymbol{E}$ 作为光波的振动矢量。振动矢量与光波传播方向所决定的平面叫作振动面，自然光的振动面是迅速地、不规则而随机地变化着的。

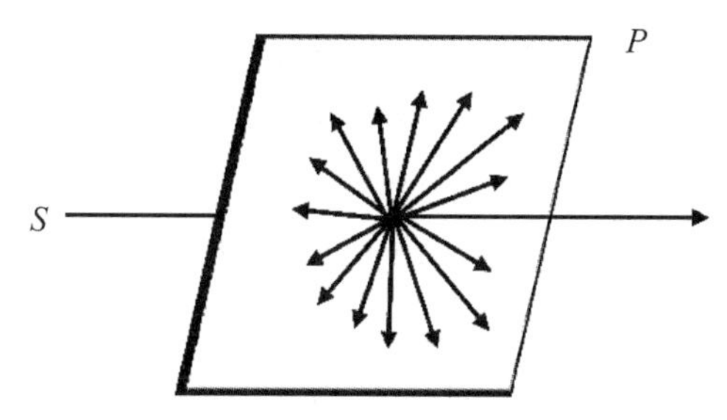

图 6.3　自然光中电场矢量的方向 $\boldsymbol{E}$ 是光的电场矢量，P 是与光传播方向垂直的平面

当自然光入射到电气石晶片时，晶片强烈地吸收振动面与晶轴垂直的光波，而只允许振动面平行于晶轴的光波通过。因此通过晶片的光就变为具有一定振动面（与晶轴平行）的光，叫作平面偏振光或线性偏振光。自然光经过某种晶体后振动面成为特定的，这种现象称为光的偏振。

在图 6.2 中，T_1 将自然光变为偏振光，因此 T_1 被叫作起偏器，透射的偏振面与 T_1 的晶轴平行。当偏振光射至 T_2时，通过 T_2的光的强度与这两个晶片的晶轴夹角 α 有关。故 T_2起检查偏振光的作用，叫做检偏器。目前，产生偏振光主要有以下方法。

（1）符合布儒斯特角的反射光即是偏振光。

如图 6.4 所示，当一束光射到两种介质的界面时，会发生反射和折射，反射光和折射光的偏振情况是不同的。如果入射光、反射光和折射光的电矢量振幅分别是 $\boldsymbol{E}_1$、$\boldsymbol{E}_2$ 和 $\boldsymbol{E}_3$，它们与三束光所成的平面（入射面）垂直的分量分别为$\boldsymbol{E}_{0,\perp}$、$\boldsymbol{E}_{1,\perp}$和$\boldsymbol{E}_{2,\perp}$，与入射面平行的分量分别为$\boldsymbol{E}_{0,/\!/}$、$\boldsymbol{E}_{1,/\!/}$和$\boldsymbol{E}_{2,/\!/}$，入射角、反射角和折射角分别为 i_0、i_1 和 i_2，入射光与反射光经过的介质的折射率是 n_1，折射光经过的介质的折射率是 n_2。

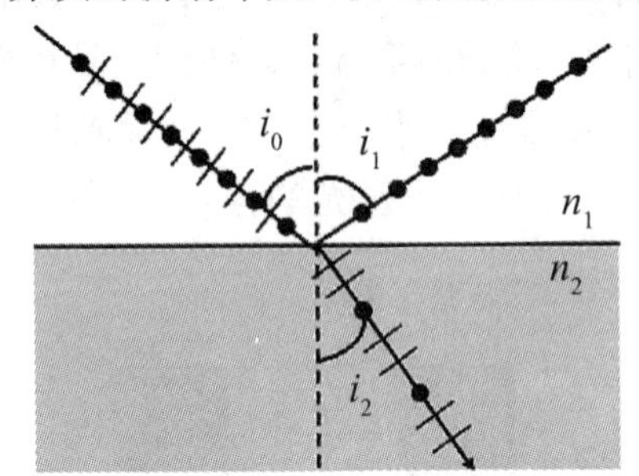

图 6.4 布儒斯特角示意图

i_0 是入射角，i_1 是布儒斯特角（$i_1=i_0$），i_2 是折射角，$i_1+i_2=\pi/2$。图中入射角是自然光，有各种偏振方向；折射光是部分偏振光；反射光是全平面偏振光，其偏振面与纸面垂直

菲涅耳于 1823 年证明，这些参数间存在下列关系：

$$\boldsymbol{E}_{1,/\!/}=\frac{n_2\cos i_0-n_1\cos i_2}{n_2\cos i_0+n_1\cos i_2}\cdot\boldsymbol{E}_{0,/\!/}=\frac{\tan(i_0-i_2)}{\tan(i_0+i_2)}\cdot\boldsymbol{E}_{0,/\!/} \tag{6.4a}$$

$$\boldsymbol{E}_{1,\perp}=\frac{n_1\cos i_0-n_2\cos i_2}{n_1\cos i_0+n_2\cos i_2}\cdot\boldsymbol{E}_{0,\perp}=-\frac{\sin(i_0-i_2)}{\sin(i_0+i_2)}\cdot\boldsymbol{E}_{0,\perp} \tag{6.4b}$$

$$\boldsymbol{E}_{2,/\!/}=\frac{2n_1\cos i_0}{n_2\cos i_0+n_1\cos i_2}\cdot\boldsymbol{E}_{0,/\!/}=\frac{2\sin i_2\cos i_0}{\sin(i_0+i_2)\cos(i_0-i_2)}\cdot\boldsymbol{E}_{0,/\!/} \tag{6.4c}$$

$$\boldsymbol{E}_{2,\perp}=\frac{2n_1\cos i_0}{n_1\cos i_0+n_2\cos i_2}\cdot\boldsymbol{E}_{0,\perp}=\frac{2\sin i_2\cos i_0}{\sin(i_0+i_2)}\cdot\boldsymbol{E}_{0,\perp} \tag{6.4d}$$

因此，将此四个公式称为菲涅耳公式。从中可以看出，$E_{1,/\!/}/E_{1,\perp}$及 $E_{2,/\!/}/E_{2,\perp}$二者与 $E_{0,/\!/}/E_{0,\perp}$ 的比值都不相同，即与入射光的偏振性质相比，其余二者都是不一样的。

从式（6.4a）看，当 $i_0+i_2=\pi/2$，$\tan(i_0+i_2)=\infty$时，$E_{1,/\!/}=0$。即反射光中，平行于入射面的电矢量等于零。因此反射光是电矢量与入射面垂直的平面偏振光。如此时的入射角 $i_0=i_1$，则有

$$\sin i_2=\sin\left(\frac{\pi}{2}-i_1\right)=\cos i_1 \tag{6.5}$$

再根据折射定律有

$$n_1\sin i_1=n_2\cos i_1\Rightarrow\frac{n_2}{n_1}=\frac{\sin i_1}{\cos i_1}=\tan i_1 \tag{6.6}$$

i_1 这一特殊的角度称为布儒斯特角。实验证明，入射光以布儒斯特角射到两相界面上时，反射光是平面偏振光。因此可以利用物质的这一特性来制造起偏器。

（2）利用双折射现象产生偏振光。

光经过各向同性介质（如玻璃）所产生的折射光只有一束，而对于各向异性的一些晶体（或其他状态的介质），一束入射光常被分解两束折射光，这种现象称为双折射。

由双折射所产生的两束光性质不同，其中一束在晶体内的传播方向遵循折射定律，这个光叫做寻常光，简写作 o 光；另一束光线在晶体内的行进方向与折射定律不符，这种光称为非寻常光，简写为 e 光。通过研究 o 光和 e 光发现，这两种光都是线偏振光，但是它们的电矢量的振动方向不同。o 光是一个电矢量的振动方向垂直于自己的主截面（即包含晶体光轴和光前进方向所夹成的平面）的平面偏振光；e 光则为电矢量的方向在自己的主截面内的平面偏振光。

在某些晶体内，o 光和 e 光被晶体吸收的程度有很大不同。电气石是一种晶体，它对 o 光有强烈的吸收作用，而对 e 光则吸收得很少。于是当自然光射在电气石晶片上时，在晶体内所产生的 o 光和 e 光受到不同的吸收，在很短的路程上 o 光会全部被吸收。因此透射的光是与晶体内 e 光相应的线偏振光。电气石对 o 光和 e 光的不同吸收现象称为晶体的二向色性（dichroism）。除电气石外，已知还有一些有机化合物晶体，如碘化硫酸奎宁也具有二向色性。

双折射产生的 o 光和 e 光是两束频率相同且振动方向相互垂直的平面光。如有一各向异性的晶体，它的表面与该晶体的光轴平行。有一束平面偏振光以与晶体表面垂直的方向射入晶体，其偏振面与晶体的光轴夹角为 θ 角，如图 6.5 所示。

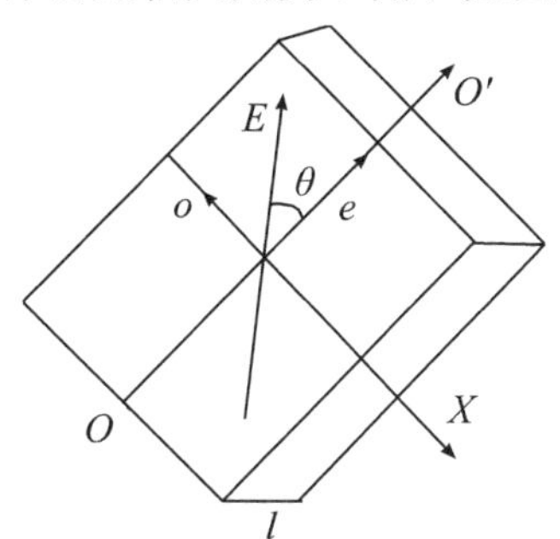

图 6.5　平面偏振光射入各向异性晶体中，E 是入射的平面偏振光的电矢量，它与晶体 OO' 的夹角为 θ，e 和 o 是 E 分解的非寻常光与寻常光

当入射光的振幅是 $\boldsymbol{E}$，寻常光与非寻常光的振幅 $\boldsymbol{E}_o$ 和 $\boldsymbol{E}_e$ 将是

$$\boldsymbol{E}_o=\boldsymbol{E}\sin\theta;\ \boldsymbol{E}_e=\boldsymbol{E}\cos\theta \tag{6.7}$$

由于两束光在介质内的传播速度不同，因此在晶体内两列光波的振动将是

$$\boldsymbol{E}_{ot}=\boldsymbol{E}_{ot}\cos\left[2\pi\left(\frac{t}{T}-\frac{r}{\lambda_o}\right)\right];\ \boldsymbol{E}_{et}=\boldsymbol{E}_{et}\cos\left[2\pi\left(\frac{t}{T}-\frac{r}{\lambda_e}\right)\right] \tag{6.8}$$

这里，λ_o 和 λ_e 分别为寻常光和非寻常光在晶体中的波长，r 表示光在晶体内所经过的光程，$\boldsymbol{E}_{ot}$ 和 $\boldsymbol{E}_{et}$ 是在 t 时的振幅。从式（6.3）可知，两束光的相位差是

$$\Delta\varphi=\varphi_e-\varphi_o=2\pi\left(\frac{t}{T}-\frac{r}{\lambda_e}\right)-2\pi\left(\frac{t}{T}-\frac{r}{\lambda_o}\right)=2\pi r\left(\frac{1}{\lambda_o}-\frac{1}{\lambda_e}\right) \tag{6.9}$$

同时还有下列关系：

$$n_o=\frac{c}{v_0}=\frac{\lambda}{\lambda_0};\ n_e=\frac{c}{v_e}=\frac{\lambda}{\lambda_e} \tag{6.10}$$

式中，v_0和v_e是相应光在晶体中的速度，λ 是光在真空中的波长，n_o和n_e是相对于两束光的折射率。于是有

$$\Delta\varphi=\frac{2\pi r}{\lambda}(n_o-n_e) \tag{6.11}$$

如果晶体厚度为 l，则两束光离开晶体后，维持一恒定的相位差是

$$\Delta\varphi=\frac{2\pi l}{\lambda}(n_o-n_e) \tag{6.12}$$

由此可见，两束光在离开晶体时合成的椭圆偏振光的长短轴取向和形状取决于两种折射率的差、晶体的厚度以及入射光的波长。这些关系可以用图形表示，如图 6.6。

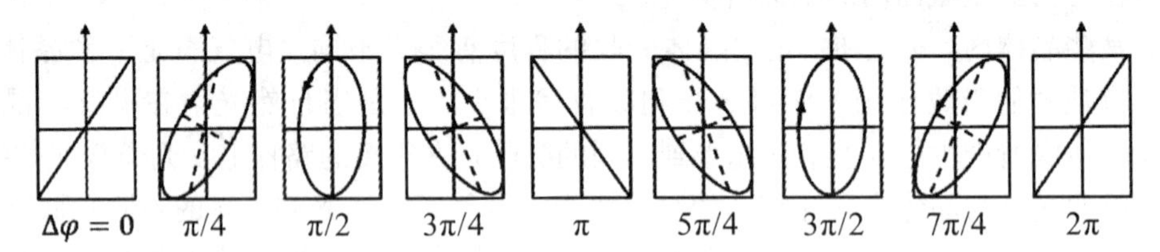

图 6.6 非寻常光和寻常光的相位差以及合成椭圆偏振光的关系 $\Delta\varphi$ 为非寻常光的相位差

(3) 利用 1/4 波片产生偏振光。

能使寻常光和非寻常光的光程相差 $\pi/4$ 的晶片称为 1/4 波片，从式 (6.12) 可知其厚度应为

$$l=\pi/4\ (n_o-n_e) \tag{6.13}$$

此时 $\Delta\varphi=\pi/2$，所以透射的合成光是长轴与光轴重叠的正椭圆偏振光。

假如射入 1/4 波片的平面偏振光的偏振面与光轴成 45°角，则$E_o=E_e$。因此透射的合成光就是圆偏振光。1/4 波片是产生圆偏振光的重要器件。但一般只能制成$(2k+1)\cdot\pi/4$ 的晶片，其中 k 为任意整数。

6.2.1.3 旋光

光在晶体内沿其光轴方向的传播应该像在各向同性的均匀介质中传播一样，不产生双折射。但对某些晶体如石英或某些物质的溶液，当平面偏振光沿其光轴方向传播时，出射光虽然仍然为平面偏振光，但其振动面相对于原入射光的振动面旋转了一个角度，如图 6.7，这种现象称为偏振光振动面的旋转或旋光，能使偏振面旋转的物质称为旋光物质。

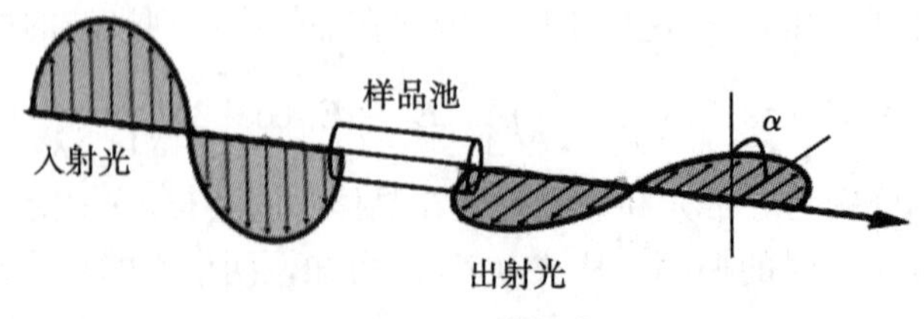

图 6.7 旋光现象

入射光是平面光，由于样品溶液是右旋的，使出射光虽然仍为平面偏振光，但振动平面偏转了一个角度 α。

设 α 为有旋光性质的介质对于某一单色的平面偏振光所产生的振动面的旋转角

度，由实验可知，它正比于光在该介质中所走的路程。对于有旋光性物质的溶液，旋转角度 α 除与路程长度 l 有关外，还正比于溶液中旋光性物质的浓度 c，因此有：

$$\alpha=[a]lc\Rightarrow[a]=\frac{\alpha}{lc} \tag{6.14}$$

式中，$[a]$为比例常数，称为介质的旋光率，单位为°·cm^{-1}·g^{-1}。对于同一介质，$[a]$值与偏振光的波长有关。也就是说，对于给定光的路径长度的旋光介质，不同波长的偏振光的旋光角度不同。旋光率与波长的这种关系称为旋光色散。固体介质的旋光率$[a]$在数值上等于单位光径长度的旋光介质所引起的偏振光振动面的旋转角度；溶液的旋光率在数值上等于单位光程长度（一般采用 1 分米为长度单位）单位浓度所引起的偏振面旋转的角度。

此外，偏振光偏振面的旋转具有方向性。如面对光的入射，有些光学活性物质使迎射来的光线偏振面沿顺时针方向旋转，称为右旋；而另一些光学活性介质，使迎射来的光线的偏振面沿逆时针方向旋转，称为左旋，见图 6.8。通常右旋用正号表示，左旋用负号表示。

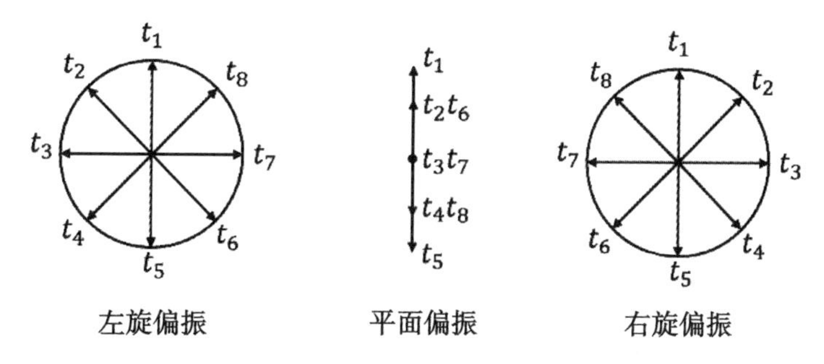

图 6.8　平面偏振光和圆偏振光箭头指出的是光在t_1，t_2，…时电向量的方向，光向纸外面运动

在描述旋光色散曲线时，最常用的量并不是旋光率$[a]$，而是摩尔旋光比$[\Phi]$，二者的关系如下：

$$[\Phi]=[a]\times\frac{M}{100} \tag{6.15}$$

式中，M 为溶质的分子量。

6.2.1.4　旋光现象与圆双折射

两束光的合成是它们的 $\boldsymbol{E}$ 的矢量和。两束旋转方向相反而振幅（$|\boldsymbol{E}|$）相同的圆偏振光相叠加，结果成一平面偏振光。反之，一束平面偏振光可以分解成两束振幅相同、旋转方向相反的圆偏振光（如图 6.5 所示）。

某种物质对于两束振幅相同但旋转方向相反的圆偏振光来说，各有自己的折射率 n_L 和 n_R，L 和 R 分别表示左旋和右旋。如果 $n_L=n_R$，则此物质是光学各向同性物质。但如果 $n_L\neq n_R$，则此类物质称为光学各向异性物质，此时：

$$\Delta n=n_L-n_R \tag{6.16}$$

即所谓的双折射。按照折射的定义，$n=c_o/v$，其中 c_o 是真空中的c，v 是光在某物质中传播的速度。某样品存在圆双折射，左圆和右圆偏振分量将以不同的传播速度旋转。这就意味着虽然左和右的分量在进入样品时均在 t_1 相位，它们在离开样品时就不再是 t_1

时的相同相位，如上图 6.8 所示，如果左圆偏振分量慢（$n_L>n_R$），当右圆偏振分量到达 t_1 时，左、右偏振分量仍在 t_8，这个效应使得从样品中出射的光是在顺时针方向偏振和旋转，旋转的角度由相位差（$\psi_L-\psi_R$）决定。

假如左圆偏振光与右圆偏振光在进入样品池时都在 t_1 的相位，经时间 t 后从样品射出，射出光程为 l。两束圆偏振光在样品中分别旋转了 ψ_R 和 ψ_L 的角度，写成时间的函数，则

$$\psi_R=\omega\left(t-\frac{l}{V_R}\right)=\omega\left(t-\frac{l}{c_o/n_R}\right) \tag{6.17}$$

$$\psi_L=\omega\left(t-\frac{l}{V_L}\right)=\omega\left(t-\frac{l}{c_o/n_L}\right) \tag{6.18}$$

由于 $n_R\neq n_L$，所以 $\psi_R\neq\psi_L$，如果射出的光又重新合成平面偏振光，此平面偏振光与入射的平面偏振光的偏振面夹角为 φ，则

$$\varphi=\frac{\psi_R-\psi_L}{2}=\frac{\omega l}{2c_o}(n_L-n_R) \tag{6.19}$$

设入射光在真空中的波长为 λ，频率为 f，则有

$$c_o=\lambda f,\ \omega=2\pi f$$

将其代入式（6.19）后有

$$\varphi=\frac{\pi l}{\lambda}(n_L-n_R) \tag{6.20}$$

这就解释了右旋晶体的旋光作用。同理也可解释左旋晶体的旋光性。

由式（6.20）可见，旋光现象是双折射的一种特殊形式。旋光物质的存在使得左、右圆偏振光的速度不一样，即标志其色散大小的折射率不一样。旋光现象的产生是由于光学的各向异性物质的折射率 $n_R\neq n_L$ 的结果。

6.2.2 圆二色性与旋光色散

6.2.2.1 圆二色性

一种光学活性物质对各种波长的光都会产生旋光。但假如该光学活性物质有吸收峰，对某一波长的光产生吸收，这时如果有一平面偏振光，它的波长与该物质的吸收带相应，当它入射到该物质时，除产生旋光外，还有光吸收性质及各向异性。可以将上述平面偏振光分解成两束相位相同、振幅绝对值相等、旋转方向相反的圆偏振光。光吸收的各向异性可表现在对此两束圆偏振光的吸收率 A_L 和 A_R 不相等，此时可以有：

$$\Delta A=A_L-A_R\neq 0$$

物质对于圆偏振光所表现的光吸收的各向异性称为圆二色性。ΔA 可以用来定量描述物质的圆二色性。

当两束旋转方向相反、相位相同且振幅绝对值相等的圆偏振光透过一光学活性物质，其波长正好能产生圆二色性时，透射的两束圆偏振光有两点变化：首先是相位变化，其改变量与 n_L-n_R 有关；其次是振幅改变。但是这两束圆偏振光的频率即波长不会发生改变。设两个长度不等的矢量 $\boldsymbol{E}_1$，$\boldsymbol{E}_2$，它们有共同的原点，如果这两个矢量以相等的角速度但旋转方向相反进行旋转，矢量的端点各扫出两个圆的轨迹。它们的合成

端点轨迹是椭圆。如图 6.9 所示，椭圆的长轴是 E_1+E_2，短轴是 E_1-E_2。因此如前所述，从光学各向异性物质透射的两束圆偏光振叠加的结果已不是平面偏振光而是椭圆偏振光。此椭圆的长轴与入射的平面偏振光夹角即为该时刻的旋光角。由此可见，由于物质的圆二色性，一束平面偏振光或由它分解成的两束圆偏振光射入物质时，物质的圆二色性既可以直接用 $\Delta A=A_L-A_R$ 表示，也可以用所成椭圆的特征来表示。

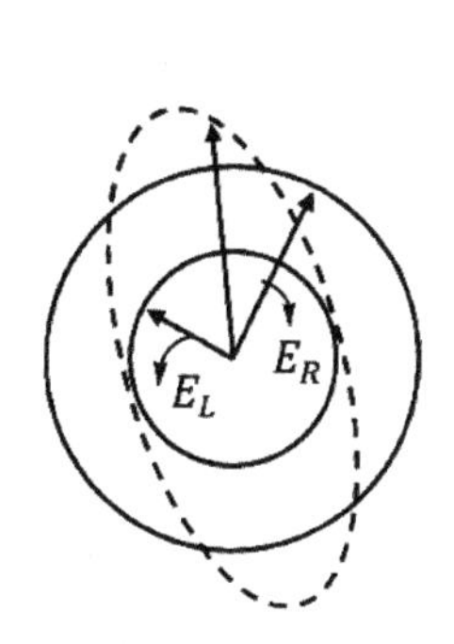

(a) 圆偏振的叠加，频率、波长不变，但 $E_L \neq E_K$ 时，叠加后的轨迹用虚线表示，是椭圆

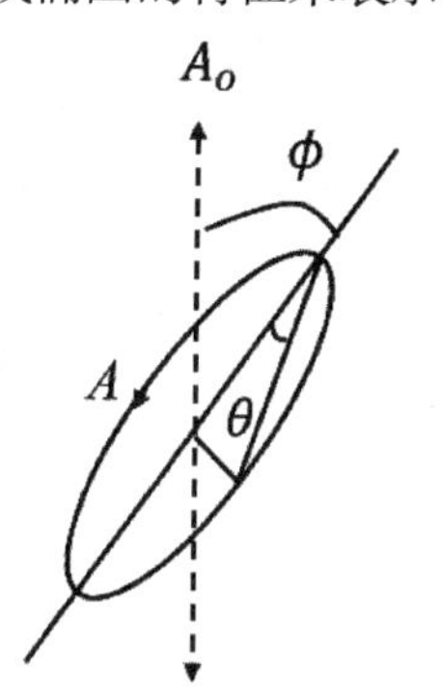

(b) 为偏振光的旋转角 φ 和椭圆值 θ 的示意图，虚线 A_o 表示入射在样品上的平面偏振光，光是向着读者。实际 A 是出射光，为椭圆偏振光逆时针旋转的情况，旋光值为正，而椭圆是负的（如实现 A 上箭头所指），习惯上将此定义为左圆偏振光

图 6.9　合成端点轨迹

因此，定义一椭圆值 θ：

$$\theta=\tan^{-1}\frac{短轴}{长轴} \tag{6.21}$$

θ 是此椭圆的特征值，它与 φ 的关系如图 6.9（b）所示，此外从图 6.9（b）中还可以看出，E_L 和 E_R 之间的关系为：长轴 $=E_L+E_R$；短轴 $=E_L-E_R$，从而可以推出：

$$\frac{短轴}{长轴}=\frac{E_L-E_R}{E_L+E_R} \tag{6.22}$$

从 Lambert-Beer 定律得：

$$E_L=\frac{E_{o\lambda}}{2}\exp\left(\frac{-2.303A_L}{2}\right)；\ E_R=\frac{E_{o\lambda}}{2}\exp\left(\frac{-2.303A_R}{2}\right) \tag{6.23}$$

将 E_L 和 E_R 的值代入式（6.22）得

$$\tan\theta=\frac{\exp\left(\frac{-2.303A_R}{2}\right)-\exp\left(\frac{-2.303A_L}{2}\right)}{\exp\left(\frac{-2.303A_R}{2}\right)+\exp\left(\frac{-2.303A_L}{2}\right)}=\tan h\left[\frac{2.303(A_L-A_R)}{4}\right) \tag{6.24}$$

由于圆二色性，(A_L-A_R) 总是小于平均吸收，而且椭圆值是很小的，故可以按泰勒级数展开，给出下面的近似方程：

$$\tan\theta\approx\theta\approx\tan h\theta \tag{6.25}$$

令

$$\theta'=\frac{2.303(A_L-A_R)}{4} \tag{6.26}$$

将式（6.26）中的角度单位弧度转化为度，从而得到摩尔椭圆值：

$$[\theta]=\frac{180\times100}{\pi cl}\times\theta'=3300(E_{\mathrm{L}}-E_{\mathrm{R}}) \tag{6.27}$$

如果使用单位浓度与单位光程长度时，有：

$$[\theta]=3300(A_{\mathrm{L}}-A_{\mathrm{R}}) \tag{6.28}$$

此式说明，圆二色性的椭圆值或 ΔA 两者是等价的，只是相差一个分摩尔系数3300。$[\theta]$的单位是$^\circ\cdot\mathrm{cm}^2\cdot\mathrm{dmol}^{-1}$。

综上所述，当平面偏振光在介质中传播时，可以看成是左、右偏振两束光的传播，两者的传播速度不同（色散）导致产生旋光现象；两者被物质（介质或样品）吸收的程度不同导致产生圆二色性现象。

6.2.2.2 圆二色性与旋光色散的单位

在研究生物高分子的时候，圆二色性和旋光色散的单位与小分子有机化合物有所不同。

在6.2.1.3节中介绍了旋光率，旋光率的单位常根据实验体系而定。对于多聚体如蛋白质或核酸，一般用摩尔旋光比$[\Phi]$，如式（6.15），它的量纲是$^\circ\cdot\mathrm{cm}^2\cdot\mathrm{dmol}^{-1}$，分子量$M$的选择取决于测量的目的。如想知道平均残基对旋光的贡献，就须用平均残基旋光$[m]$，此时M用平均残基分子量为质量单位。研究生物高分子构象，感兴趣的是每一个残基或核苷酸的平均环境。一般蛋白质平均残基分子量在110～115。这样，分子量大小相差很大的生物高分子之间的质量单位数值相互靠近，容易比较蛋白质之间的构象的差别。对于核酸，不仅必须知道其基本组成，还须联系每个磷原子的光吸收。如果研究者感兴趣的是特征生色基团的旋光，就应该使用它的摩尔浓度，例如在特定的波长范围内的每个血红色素基团或每个酪氨酸残基的摩尔旋光。如果在一个复杂的体系中，在认识到哪些成分是光学活性的贡献值，其余都是非光学活性基团时，最好使用有效残基摩尔的平均残基旋光$[m]$，即只计算有贡献的基团的浓度。有的书上将$[m]$表示为$[\Phi]$或$[R]$等。

光吸收是一个比值的对数，没有单位，因此吸收率的单位由浓度与光径长度组成。圆二色性的单位与吸收率的单位相同。对一般化合物而言，浓度用摩尔浓度。但对生物高分子来说，蛋白质用摩尔残基浓度，核酸用摩尔核苷浓度。从原则上讲，上述浓度表达法适合用于远紫外圆二色性。对于近紫外区，应采用有效摩尔残基浓度。但是一般习惯也都用摩尔残基浓度。这是因为有时候近紫外圆二色光谱贡献难以确定，此时无法用有效摩尔残基浓度。

早期在利用圆二色性来分析蛋白质的结构时，有人提出，从理论上讲光的有效电场受物质介质的影响，因此要考虑溶剂的折射率对圆二色性的影响。这样在比较同一样品在不同溶剂中的圆二色光谱时，必须校正溶剂对样品圆二色性值大小的影响，从而定义了一种对比摩尔旋光和对比椭圆值，即$[\Phi]$或$[\theta]$被$\left(\frac{2}{n^2+2}\right)$乘：

$$[\varphi']=[\varphi]\left(\frac{2}{n^2+2}\right),\quad[\theta']=[\theta]\left(\frac{2}{n^2+2}\right) \tag{6.29}$$

式中，n是溶剂的折射系数，$\left(\frac{2}{n^2+2}\right)$被称为劳伦兹（Lorentz）因子。

然而实验结果表明，没有必要引入这一校正因子。许多蛋白质晶体结构数据显示，只有和激发电子临近的微环境才能对电子跃迁产生影响，而这种影响目前还无法测量。事实证明，溶剂对样品圆二色性值的影响主要反映样品构象的变化。例如相对于水溶液而言，一些有机溶剂能促使蛋白质进一步蜷曲。三氟乙醇和氯乙醇是其中的突出代表，它们对于蛋白质远紫外圆二色性都有明显影响，但不是直接对电子跃迁产生影响，所以劳伦兹因子不再适用。

值得注意的是，在比较两个实验数据之前，必须弄清楚它们计算时使用的折射系数以及其他单位是否一致。

6.2.3 产生圆二色性的本质——电子跃迁的光学活性

6.2.3.1 光学活性跃迁和旋转强度

从上面讨论中可以看出，旋光色散和圆二色性是以圆偏振辐射与光学活性物质相互作用为基础的，它们之间有着密切的联系。圆二色性本质上反映光与物质分子间能量的交换。物质分子的光学活性来自分子跃迁的电偶极矩和跃迁磁偶极矩的各向异性。电磁感应使得光学活性物质的电荷同时产生线性位移和圆的位移，这是一个分子能级光学活性的特征。量子力学指出，一个光学活性跃迁实际上将有一个允许的电跃迁偶极矩：

$$\boldsymbol{\mu}_{0a}=\int \Phi_0{}^{*}\boldsymbol{\mu}\Phi_a\,\mathrm{d}t \tag{6.30}$$

和一个允许的磁跃迁偶极矩：

$$\boldsymbol{m}_{0a}=\int \Phi_0{}^{*}\boldsymbol{m}\Phi_a\,\mathrm{d}t \tag{6.31}$$

上式中波函数Φ_0和Φ_a分别表示分子的基态0和激发态a，二者被假定为实数，积分是指所有的空间，dt为一个体积元。电偶极矩算符μ定义为：

$$\boldsymbol{\mu}=-e\sum_{i=1}\boldsymbol{r}_i \tag{6.32}$$

式中，$-e$是一个电子电荷（e本身是正值），r_i是在一特定坐标系中标明电子位置的位置符号。求和是指包括分子的所有电子，同样，磁偶极矩算符m定义为：

$$\boldsymbol{m}=\left(\frac{-e}{2mc_0}\right)\sum_{i=1}\boldsymbol{r}_i\times p_i \tag{6.33}$$

式中，m是电子质量，c_0是光在真空中的速度，故电跃迁偶极矩与磁跃迁偶极矩可写成：

$$\boldsymbol{\mu}_{0a}=-e\int\Phi_0{}^{*}\sum_{i=1}\boldsymbol{r}_i\Phi_a\,\mathrm{d}t \tag{6.34}$$

$$\boldsymbol{m}_{0a}=\frac{e}{2mc_0}\int\Phi_0{}^{*}\sum_{i=1}(\boldsymbol{r}_i\times p_i)\,\Phi_a\,\mathrm{d}t \tag{6.35}$$

折射和吸收是同一个现象的两个方面，它们都反映偏振光和不对称分子结构相互作用这一事实。它们的表达形式虽然不同，但都涉及分子结构的相同参数。光学活性量子力学用旋转强度（Rotational strength）对其进行描述。分子的旋光性及圆二色性都与其旋转强度R_{0a}有关，Rosenfeld（1928年）将旋转强度定义如下：

$$\boldsymbol{R}_{0a}=I_{0a}(\boldsymbol{\mu}_{0a}\boldsymbol{m}_{a0}) \tag{6.36}$$

旋转强度是电跃迁偶极矩和磁跃迁偶极矩矩点乘积的虚数部分。式中$\boldsymbol{m}_{a0}=-\boldsymbol{m}_{0a}(\boldsymbol{\mu}_{a0}=\boldsymbol{\mu}_{0a})$，是实波函数。方程（6.36）也指出了这样一个事实，光学活性分子对左偏振光和右偏振光表现出不同的跃迁概率，这也是其对左、右偏振光产生不同程度吸收的原因。我们可以说，从量子力学的微观角度看，旋光性和圆二色性都是和电子跃迁有关的。当电子由基态 0 跃迁到激发态 a 时，必然使光的强度减弱。对分子而言，则激发的结果使整个电荷分布发生改变，即产生极化。这种电荷分布与光波电磁场的相互作用又必然影响光的传播速度及折射率。

从R_{0a}的定义来看，它的性质与一个电子跃迁偶极强度相似。R_{0a}有正负值，相应给出正的或负的科顿效应，这一点又与偶极强度不同。R_{0a}在光学活性理论中是一个主要参数，一方面，它将分子与光谱现象联系在一起；另一方面，它又使立体结构信息转换为光学活性跃迁来表征，即R_{0a}又将分子的电跃迁偶极矩和磁跃迁偶极矩与分子的构象和环境联系起来。R_{0a}的另一个重要特征是：一个分子的完全跃迁对R_{0a}的贡献的总和为零，即 $\sum_{0a} \boldsymbol{R}_{0a}=0$。实验有时很难证明这一点，因为有些跃迁在远紫外区无法测出。从这一加和规则出发可以理解，有些跃迁的贡献者失去后，虽然分子构象不变，但也可能为了补偿 R_{0a}的变化，导致 CD 或 ORD 谱变化。

从$\boldsymbol{R}_{0a}$的定义看，如果要出现光学活性，即要求 $\sum_{0a} \boldsymbol{R}_{0a} \neq 0$。为了满足这一条件，就要求电子在跃迁时产生的电偶极矩和磁偶极矩相互间方向不是垂直的。当一个电子受激发而跃迁时，如电子沿着某一个轴旋转前进，则因电荷沿轴的线性方向有前进位移，会出现电偶极矩。电荷绕轴旋转出现磁偶极矩，其方向与电偶极矩相同，因此只要电偶极矩与磁偶极矩相互不垂直，即有 $\sum_{0a} \boldsymbol{R}_{0a} \neq 0$。所以说光学活性的基本要求是：电子跃迁时，电子既沿轴有前进位移，又要绕轴旋转。如磁跃迁偶极矩和电跃迁偶极矩互相垂直，分子就是非光学活性的，化合物六苯并苯就是这样的例子。

实际上，大部分对称基团在不对称环境里被诱导出圆二色性是一种普遍的现象。物质的光学活性是由于其主要生色基团的对称性受邻近基团的微扰所引起，而且各个邻近基团所引起的微扰贡献的大小和符号都不相同，因此尽管旋光方法最早用于研究分子结构，但从量子力学理论来探讨它与分子结构的定量关系时存在许多困难和近似性，有时甚至只能导出旋光值的符号。

为了具体解释在光学物质中出现的上述情况，Kuhn（1930）和 Kirkwood（1937）提出了偶联振荡子的机理。他们设想有两个强的电子跃迁，它们的跃迁偶极子不在同一个平面上，相互间相隔一定的空间。二者因偶极矩面偶联，于是引起同步运动。这种类型的相互作用可能导致电荷沿轴做轴向位移，同时又绕轴旋转。这正是出现光学活性所必需的条件。在对称分子中，对一些强的吸收带观察到的旋光可用这种机理来解释。例如肽键的 $\pi-\pi^*$ 即属于此类。这种偶联引起的旋转强度为：

$$\boldsymbol{R}_{ij}=\frac{2\pi(v_{ij}\lambda_i\lambda_j\boldsymbol{r}_{ij}\boldsymbol{\mu}_i\times\boldsymbol{\mu}_j)}{h(\lambda_i{}^2-\lambda_j{}^2)} \tag{6.37}$$

式中，h 为普朗克常量，$\boldsymbol{R}_{ij}$是第 i 个跃迁与第 j 个跃迁偶联的旋转强度，v_{ij}是跃迁偶极矩间的相互作用势。$\boldsymbol{\mu}_i$ 和 $\boldsymbol{\mu}_j$ 是相应跃迁的偶极矩矢量，$\boldsymbol{r}_{ij}$是跃迁矩原点的矢量距离。根据旋转强度的加和规则，第 j 个和第 i 个跃迁偶联的旋转强度为$\boldsymbol{R}_{ji}$，则应该有

$$\boldsymbol{R}_{ij}=-\boldsymbol{R}_{ji} \tag{6.38}$$

Kuhn 的机理解释某些分子时有一定的成功，但对于只有一个生色基团而有光学活

性的分子不能解释，也不能解释那些很弱的磁场允许的而电场不允许的跃迁生成的强的光学活性，如羰基的 $n-\pi^*$ 跃迁。于是 Condon（1937）提出了单电子理论机理。这一理论指出，不对称的偶极子（如电荷）对分子的某一相应的轨道会产生静态效应，于是使得跃迁时获得一小的磁矩。磁跃迁总是包含了电荷的圆运动，而不对称的环境还使电荷做小的线性位移，于是在这种体系中也表现出光学活性。对于肽键的 $n-\pi^*$ 跃迁的光学活性即可用这一机理来解释。

对于静电荷而言，光学活性与 r^{-3} 到 r^{-4} 成正比，因此这一机理只是对短程相互作用才十分重要。例如肽键中，电荷不在对称平面上的情况就是如此。可是对于偶联振荡机理讲是与此不同的，它必须考虑整个激发系统。另外 Schellman 指出，象限应用于羰基生色基团，并且出现大的科顿效应时，要求分子是坚固的，并且在低介电常数的环境中，邻近还要有电荷围绕着。对于小分子的酰胺化合物而言，这种条件不一定出现，但是在蛋白质的 α 螺旋中，肽键的 $n-\pi^*$ 跃迁正好具备这种条件。

Tinoco（1962）曾给出一个高分子的光学活性的一般机理，在他的理论中将上述两个机理糅合成统一的整体。Tinoco 提出的第三种解释光学活性现象的机理，适用于对称生色基团产生光学活性的分子——强的电跃迁矩与磁跃迁矩偶联的机理。蛋白质或多聚氨基酸中的 β 折叠的光学活性即属于此类，它们是 $\pi-\pi^*$ 与 $n-\pi^*$ 偶联的结果。这种磁—电偶联是一种短程相互作用，与 r^{-4} 成正比例，因此对局部的几何形状非常敏感。在计算蛋白质的光学活性时，Tinoco 理论是一个基础，因此相当重要。

6.2.3.2　Kronig—Kramer 转换式

与物质的折射率 n 和吸收系数 ε 类似，n_L、n_R、A_L 和 A_R 均是波长 λ 的函数。为了更完全地描述光学活性物质的特征，就必须在不同波长下研究它们的旋光曲线（ORD）和圆二色光谱（CD）曲线。一般来说，它们的曲线如图 6.10 所示。折射率在吸收带的外侧随着波长的减小而增大，在吸收带的范围内迅速降低，在最大吸收波长 λ 处折射率对一个电子跃迁的贡献为零，这就是科顿效应。科顿效应分为正、负两种，可由圆二色光谱的谱带符号或根据旋光色散曲线的峰位来确定。当圆二色光谱谱带的符号为正值或正的旋光色散峰在较长波长方向时，称为正的科顿效应（正 S 型）；当圆二色光谱的谱带符号为负值或正的旋光色散峰在较短波长方向时称为负的科顿效应（反 S 型）。理论研究证明，当生色团的电跃迁偶极矩与磁跃迁偶极矩方向相同（即跃迁时电荷沿右手螺旋途径运动）时，出现正的科顿效应，反之则出现负的科顿效应。

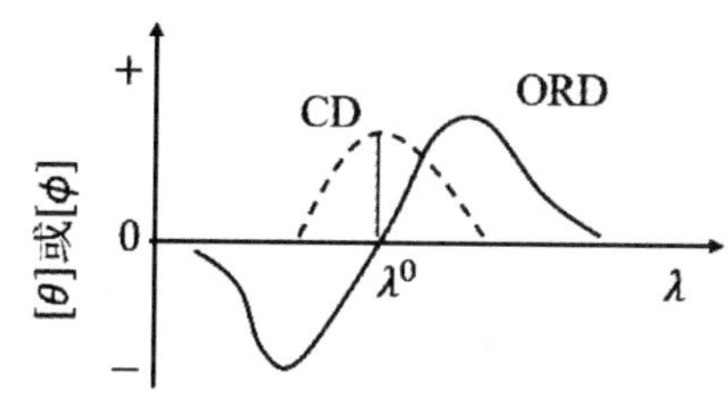

(a) ORD 曲线在波长比 λ^0 长的一边有正峰的称为正的科顿效应，并对应正的 CD 曲线；

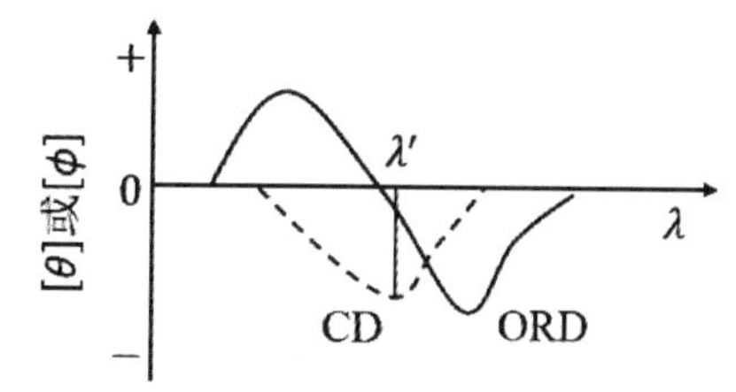

(b) ORD 曲线在波长比 λ' 长的一边有负峰的称为负的科顿效应，并对应负的 CD 曲线

图 6.10

Kronig（1926）和 Kramer（1927）各自独立导出了极化和电场的因果关系，也即色散关系。Kronig－Kramer 关系具有普遍意义。例如从研究吸收得到的虚部经验数据，可以用 Kronig 方程计算其实部，当然这种关系也包括图 6.10 所示的吸收与色散的关系。用 Kronig－Kramor 关系将圆二色性与旋光色散直接联系起来，就可以得出从 CD 来计算 ORD 的关系式：

$$[\Phi]_\lambda=\frac{2}{\pi}\int_0^\infty\frac{[\theta]_\lambda\lambda_1{}'}{(\lambda^2-\lambda_1{}^2)}\mathrm{d}\lambda_1 \tag{6.39}$$

同样，从 ORD 计算 CD 的关系是为

$$[\theta]_\lambda=-\frac{2}{\pi\lambda}\int_0^\infty\frac{[\Phi]_\lambda\lambda_1{}'}{(\lambda^2-\lambda_1{}^2)}\mathrm{d}\lambda_1 \tag{6.40}$$

CD 和 ORD 现象正好是同一基本行为的不同表现。也就是说，使入射光偏振面旋转的一个样品，在它的吸收带中必然显示出圆二色性；而一个具有圆二色性的样品也必然使偏振光的偏振面旋转，因此二者关系的建立是重要的。从实验上看，有了这种关系，只要有一种谱就可以转换成另一种谱。需要注意的是，两个转换式中都是零到无穷大的积分，这就给实验带来了困难。为了解决这一困难，可以将 ORD 谱（或 CD 谱）的每一组分分别积分，然后将这些积分求和，就可以转换成 CD 谱。

由于在吸收带以外依旧有旋光值，从 ORD 计算 CD 相对来说要困难一些。可以有几种方法来解决这一困难。一种方法是先对 CD 谱带各组元假设一个值，然后从假设值计算 ORD 谱，再用最小二乘法将假设值不断修正，使计算的 ORD 谱与实际测的 ORD 谱逼近，直至二者相适应到最佳状况，即认为用假设值作出的 CD 谱是真实的。

再考虑从 CD 谱计算 ORD 谱。原则上来说，不管任何谱型，从实验数据进行直接积分即可。但如果谱型有特征，如 CD 带的峰型是高斯（Gaussian）分布的，那么对于第 i 个 CD 带来说，有下列关系：

$$[\theta_i]_\lambda=[\theta_i{}^0]_\lambda\exp\left[-\frac{(\lambda-\lambda_i{}^0)}{(\Delta_i{}^0)^2}\right] \tag{6.41}$$

式中，$[\theta_i{}^0]_\lambda$是在波长$\lambda_i{}^0$处θ_i的极值，$\Delta_i{}^0$是波长半宽，即$[\theta]=\frac{[\theta_i{}^0]}{e}$时，两个波长 λ 间的波长差。

将式（6.41）代入 Kronig－Kramer 方程可以得到：

$$[\Phi_i]_\lambda=\frac{2[\theta_i{}^0]_\lambda}{\sqrt{\pi}}\left\{\mathrm{e}^{-C^2}\int_0^C\mathrm{e}^{x^2}\mathrm{d}x-\frac{\Delta_i{}^0}{2(\lambda+\lambda_i{}^0)}\right\} \tag{6.42}$$

式中，$C=\frac{(\lambda-\lambda_i{}^0)}{\Delta_i{}^0}$，$\mathrm{e}^{-C^2}\int_0^C\mathrm{e}^{x^2}\mathrm{d}x$ 与 C 值的关系可以从表中查出来。利用这一关系就可以从 CD 谱的带算出相应的 ORD 谱。ORD 和 CD 在没有对带的形状和带的数量进行任何假定时，也能通过对总的 CD 或 ORD 曲线直接积分来计算。只是积分不是从零到无穷大，故这种方法不是严格有效的。

当$\lambda-\lambda_i{}^0\gg\Delta_i{}^0$，即远离吸收带时，式（6.42）可简化为：

$$[\Phi_i]_\lambda=2[\theta_i{}^0]_\lambda\pi^{-\frac{1}{2}}\frac{\Delta_i{}^0\lambda_i{}^0}{(\lambda^2-\lambda_i{}^{02})} \tag{6.43}$$

实际上，CD 与 ORD 谱的相互换算主要在于理论意义，实际意义并不大。CD 谱的

优点是谱带与吸收带重叠，因此找寻它的贡献者很容易。ORD 由于在所有波长都有数值，它的科顿效应又与吸收峰不一致，如果包含一系列复杂的旋光带就很难分辨，如图 6.11 所示，因此解释起来有较大的困难。科顿效应曲线总是发生在光学活性物质的吸收带附近，这时光学活性物质也总是表现出圆二色性。因此不难想象，当化合物在所研究的波长范围内不存在光学活性吸收带时，就会导致平坦型色散。

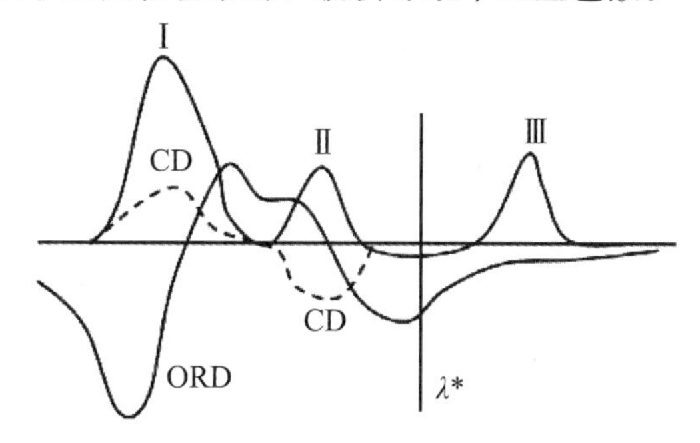

Ⅰ、Ⅱ、Ⅲ是吸收峰，CD 表示圆二色光谱，ORD 表示旋光谱，在复杂分子中，并不是所有的跃迁吸收带都是光学活性的，如峰Ⅲ就不是，CD 谱清楚地将带Ⅰ的正圆二色性与Ⅱ的负圆二色性分开，但Ⅰ所伴随的正科顿效应和负科顿效应表现在 ORD 曲线上就很难解释。

图 6.11　一种假想物质的吸收光谱：圆二色光谱和旋光谱

6.3　圆二色光谱仪及实验技术

6.3.1　圆二色光谱仪的结构

利用旋光色散研究蛋白质的构象虽然有过较大的进展，但是存在两个困难。首先是在旋光谱中，科顿效应的极值都在吸收带极值的旁边，而不在吸收带的顶端，这对分析科顿效应的归属带来了困难。其次是残基本身有旋光值。要讨论 ORD 与构象的关系时，有必要将残基的旋光扣除。但是我们只能测出氨基酸的旋光值而无法测出残基的旋光值，因此这种扣除是很困难的。这两个缺点是 ORD 自身性质所决定的。自 Holzwarth 与 Doty 发表了他们利用圆二色光谱来确定多聚氨基酸和肌红蛋白的构象工作后，就逐渐有一些工作者从旋光色散转向用圆二色光谱来研究蛋白质。

相比于 ORD 的缺点，CD 谱有许多有利的方面。首先它的峰或负峰的位置与吸收峰的位置基本重叠，因此每一个谱峰的贡献者都可以利用吸收光谱的知识寻找到。其次是肽键上与 α 碳原子相关的价电子不表现出任何吸收带，因此也没有它的 CD 带。这样，残基除非有生色基团的侧链，不然就不提供 CD 谱。可以看出，ORD 的缺点在 CD 谱中是可以完全避免的。CD 谱和 ORD 谱是同一现象的两个方面，都是检测化合物的光学活性的光谱；但与 ORD 谱相比，CD 谱简单明了，更容易被解析，因此应用也更为广泛。在本节中我们着重介绍圆二色光谱仪的基本结构与工作原理。

圆二色光谱仪是一个差吸收光谱仪。圆二色光谱仪的设计和制作远比一般的吸收光谱仪的设计和制作复杂。首先，圆二色光谱仪的光谱范围宽。很多生物大分子，如蛋白质分子的手性结构所引起的圆二色性主要在远紫外波段，最小波长到 190 nm，因此，圆二色光谱仪的光谱范围也要能够覆盖这个波段。同样，有些色素分子的圆二色性在近红外波段，因此圆二色光谱仪的波长范围要覆盖 190～900 nm。为满足这个指标，圆二色光谱仪的光源、光学器件和探测器的技术要求都要比吸收光谱仪高。其次，圆二色光谱仪需要设计专门的起偏器件，这个起偏器件要能够生成左旋圆偏振光和右旋圆偏振光。再次，由于圆二色光谱是差吸收光谱，其信号要比一般的吸收光谱弱很多，这对仪器的检测器和放大器都提出很高的要求。吸收光谱仪一般用光电管作检测器，而在圆二色光谱仪中的检测器均用光电倍增管。由于光谱范围的要求，在近红外段，还需要更换对红外光敏感的光电倍增管。在放大器部分，需要采用一定的调制技术来提高信噪比。

图 6.12 是英国 Applied Photophysics 公司型号为 Chirascan™圆二色光谱仪的外观图，其主要由光源、单色仪、起偏器、调制器、光探测器等单元组成。①光源：一般采用氙灯。②起偏器：一般是尼科耳棱镜（材质为天然方解石制成）或者 Rochon 棱镜，材质为结晶状石英。③调制解调器（CDM）：在其上施加几万赫兹的高频交变电压，作用是将单色的平面偏振光以这种频率交替地变化为左、右旋圆偏振光。当调制电压过其峰值（正和负）时，$\varepsilon_R > \varepsilon_L$，透过的右旋圆偏振光的光强对应于最大值，而左旋最小；$\varepsilon_R < \varepsilon_L$ 时，透过的左旋圆偏光的光强对应于最大值，而右旋最小。④光电倍增管（PM）：PM 由一个阴极和一个阳极构成，两极间放置若干个（11～14 个）倍增极（二次发射体），主要起将光强信号转换为电流信号的作用。⑤样品池：由高度均匀的熔融石英制作而成，不会带来附加的圆二色性，也不会对光产生散射。样品浓度要与样品池的光径配合，使待测样品的 OD 值不大于 2。

图 6.12 **英国** Applied Photophysics **公司型号为** Chirascan™**圆二色光谱仪的外观图**

圆二色光谱仪的结构示意图如图 6.13 所示，其工作原理如下：从光源发出的光先经过单色器、偏振器和 CD 调制器变成变化的左、右旋单色圆偏振光。图中 S1 入口狭缝和 S2 中间狭缝间的光学系统称为第一单色仪，S2 中间狭缝和 S3 出口狭缝间的光学系统称为第二单色仪，这种光学系统构成了双单色仪，它对 CD 检测降低杂散光的能力是必不可少的。水晶棱镜（P1 和 P2）的棱镜轴向不同，通过单色仪的光线不仅是单色的，而且为线性偏振，并在水平方向上振荡。当光源发出的光被 M1 镜聚集于 S1 入口狭缝时，穿过双单色仪，并被水晶棱镜转变线性偏振单色光，然后，穿过透镜和滤光器，到 CDM 被调制为左旋圆偏振光和右旋圆偏振光束，这是因为根据压电效应，调制器使石英产生机械应变，使晶体产生了圆偏振。当光学活性物质放置到样品室中时，则会不同程度地吸收左旋圆和右旋圆偏振光，出射的光就是椭圆偏振的，之后被光电倍增管检测到。光电倍增管把光强转换为电流，也将变化的光强信号转换为交流信号。这个交流信号的强度就反映了样品在这个波长下的圆二色性的数值大小。光强度的变化在检测器上以交流或直流信号显示出来，采用多级选频，交、直流分路放大的原理，使 CD 信号由 μV 级提高到 mV 级，信噪比大大改善，再通过锁相放大器就采集到稳定的 CD 信号。对不同波长，样品的 CD 值也不同，由步进电机控制单色器进行波长扫描，就得到了该样品的 CD 谱。利用计算机数据自动采集系统，可将所需数据采集存储起来，也可实时在记录仪上画出 CD 曲线，供进一步分析用。

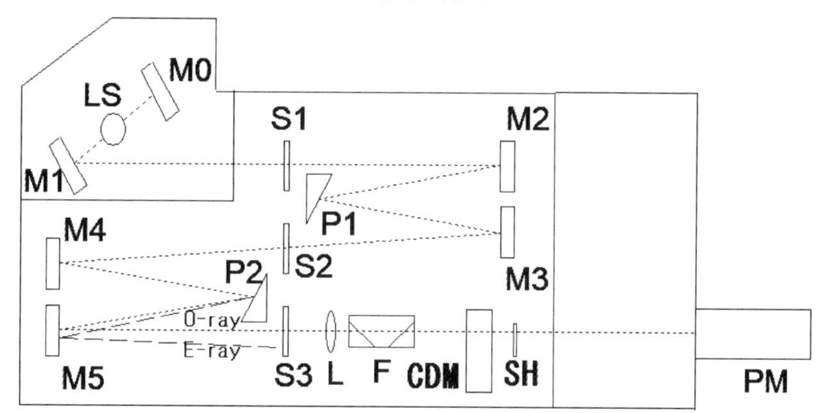

LS 为光源（氙灯 150 W；S1～S3 为狭缝）；M：球面反光镜；P：晶体石英棱镜，P1—第一棱镜（水平光轴），P2—第二棱镜（垂直光轴）；O-ray—普通光线；E-ray—特殊光线；L：透镜；F：滤光器；CDM—压电装置调节器；SH—遮光器（shutter）；PM—光电倍增管

图 6.13　圆二色光谱仪的结构示意图

圆二色光谱仪与其他光谱仪相比所具有的特点如下：

（1）圆二色光谱仪的光谱覆盖范围是 190～900 nm，因此，圆二色光谱仪的光源、光学器件、探测器技术要求都比较高。

（2）需要设计专门的起偏器件来确保同时生成左、右旋偏振光。

（3）由于圆二色光谱是差吸收光谱，因此对检测器和放大器的要求较高，需要对近红外光较敏感的光电倍增管作为检测器。

（4）需要特定的调制技术来提高信噪比。

6.3.2　圆二色光谱仪的实验技术

圆二色光谱本质上仍是吸收光谱，所以朗伯－比尔定律也适用于圆二色光谱。在一定范围内，圆二色信号的强度和样品的浓度与光径成正比。用 CD 测试样品时的注意事项如下：

（1）用氮气除臭氧和氧气。

（2）选择合适的样品浓度。建议在测量 CD 前，先测样品的吸收光谱。CD 光谱与紫外－可见光谱一样，应使其吸光度值为 0.6～1.2，可得到较好的信噪比。通常样品或溶剂吸收值大于 2 时，不易得到正确的数据。对于多肽或蛋白质来说，一般在相对低（0.01～0.2 mg・mL^{-1}）的稀溶液中进行，溶液的最大吸收值不能超过 2，池的长度为 1 mm，池体积为 350 mL。

（3）选择合适的缓冲溶液。缓冲溶液必须尽量透明。大部分有意义的结构信号在近紫外区，但一些溶剂或缓冲溶液具有较高的吸收值，会遮蔽 CD 信号，故需慎重选择溶剂体系。对于大部分工作而言，10 mmol·L^{-1}磷酸钾是一个很好的选择。可以用适当比例的KH_2PO_4和K_2HPO_4混合，达到理想的 pH。不能用 HCl 来调节 pH，因为在低的 UV 波段，Cl^-离子会干扰 CD 的测定。如有需要，辅助离子不能使用 NaCl，可以用Na_2SO_4或 NaF。不同溶剂对光径比色皿的短波限（即最短波长值）不同，了解其性质对样品的空白选择有指导意义。

（4）选择合适的狭缝带宽（SBW）。SBW 应保持至少为被扫描物质的自然带宽（NBW）的 1/10；在远紫外一般为 2 nm；如果 NBW 不知道，可选择不同的 SBW 进行实验。

（5）比色皿。常用 CD 的比色皿有圆形和直角形，圆形 CD 比色皿是标准用池，它的空白值比直角池要低。1 cm 直角池是常用池，用于处理一些简单的样品，当需考虑统计及样品浓度的影响时，可考虑使用小光径的比色皿。因为小光径的比色皿可以明显降低溶剂的吸收，并且可扫描至较短波长，但样品浓度要适当提高，才能准确定性。比色皿的清洗不容忽视，不洁净或受污染的池会使空白基线严重歪曲。可用商用洗涤剂、有机溶剂或硝酸等浸泡冲洗，每次冲洗尽可能控干或吹干，重复 10 次以上。不能使用强碱、氢氟酸或磷酸。不要接触比色皿的表面。比色皿外表的水分，只能用镜头纸吸干，严禁用力擦拭。拿取时一般拿比色皿的不透光面，四面透光的拿棱镜部分。

（6）过滤。将样品通过 0.2 μm 或 0.45 μm 过滤膜过滤，可除去影响 CD 测量的灰尘、凝集的蛋白质及其他粒子。

（7）固定样品压片。当测试样品为固体粉末时，压片技术要求非常高，即要求非常透明，且无破损。样品需经充分研细后与空白样（如氯化钾、溴化钾或碘化铯）按一定比例混合均匀，再经压片机压制成透明片膜，其比例既要能保证手性样品的定性浓度，又要达到 CD 光谱仪的检测要求。常用空白氯化钾的短波限可达到 190 nm，溴化钾只能达到 220 nm。当样品在近紫外区出峰时，选用氯化钾比较合适。使用之前应将分析纯的氯化钾或溴化钾充分研细，于真空干燥器中干燥 5 h，冷却后装瓶，并置于干燥器中保存备用。压样时需在红外灯箱内照射，若样品对光和热敏感，应尽量减少照射时间。

（8）测量蛋白质的圆二色光谱时，还要注意以下几个问题。

①在远紫外波段，除了蛋白质本身的酰胺键有吸收，其他很多有机分子和基团也有吸收，尤其是一些有机分子的缓冲液，缓冲液分子本身对远紫外光就有吸收。在这种情况下，加大光径，同时也加强了缓冲液的吸收，使得进入光电倍增管的信号大幅度减小，信号的信噪比大幅度下降。在实验中，为了提高圆二色光谱的信噪比，反而必须减小光径，可降低缓冲液本身吸收带来的影响。由于减小光径带来蛋白质信号的减弱，则需要通过增加蛋白质浓度来补偿。

②样品制备时应尽量保证蛋白质的纯度和透明度，避免含有光吸收的杂质，特别是类似 EDTA 等纯化过程中的有机溶剂应尽量去除。缓冲液可选 50～100 mmol·L^{-1}三羟甲基氨基甲烷－盐酸（Tris－HCl）缓冲液或者磷酸盐（PBS）缓冲液等透明度较高的溶液。

③蛋白质浓度与使用的光径厚度和测量区域有一定关系，对于测量远紫外区的氨基酸残基微环境的蛋白质而言，浓度范围在 0.1～1.0 mg·mL^{-1}，则光径可选择 0.1～0.2 cm，溶液体积则在 200～500 mL。而测量近紫外区的蛋白质的三级结构，所需浓度至少要比远紫外区的浓 10 倍才能检测到有效信号，且一般光径的选择均在 0.2～1.0 cm，相应的体积也需增加至 1～2 mL。

6.4　圆二色光谱法的应用举例

圆二色光谱不仅可用于光学活性物质的纯度测量、药物定量分析，更是研究蛋白质结构、蛋白质构象、DNA/RNA 反应、酶动力学等的重要工具。尤其是对于研究蛋白质的结构，远紫外 CD 数据能快速地计算出溶液中蛋白质的二级结构；近紫外 CD 光谱可灵敏地反映出芳香氨基酸残基、二硫键的微环境变化，蕴含着丰富的蛋白质三级结构信息。蛋白质的圆二色性主要有活性生色基团及折叠结构两方面的圆二色性的总和。另外，CD 光谱还能结合紫外光谱、荧光光谱等分析手段，了解蛋白质配体的相互作用，监测蛋白质分子在外界条件诱导下发生的构象变化，探讨蛋白质折叠、失活过程中的热力学与动力学等多方面的研究。因此，下面我们以氨基酸、蛋白质为例，介绍圆二色光谱的应用。

6.4.1　研究多聚氨基酸的构象

与蛋白质相比，多聚氨基酸的化学结构比较简单，只含有一种或者几种氨基酸，因此研究它的构象比较容易。许多人曾详细地用其他办法（如红外等）研究过它的构象，了解到在何种条件下，它们以哪种构象存在，因此，蛋白质的 CD 谱可以利用多种多聚氨基酸作为模型化合物来着手研究。

Holzwarth 与 Doty 最早发表的 CD 谱是关于多聚 L 谷氨酸（PLGA）的。他们通过研究发现，在 0.1 mol・L^{-1}NaF 溶液中，当 pH=7.3 时，PLGA 给出 202 nm 的负峰；但当 pH=4.3 时，在 210～220 nm 范围给出的峰为一宽的负峰；在接近 195 nm 处给出一正峰。正峰的大小约是负峰的一倍，如图 6.14 所示。

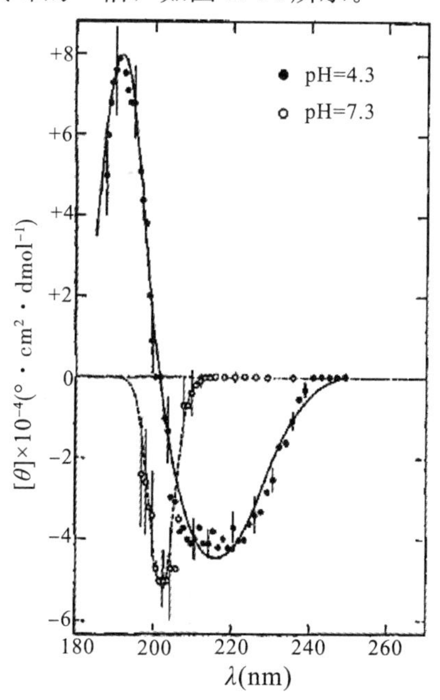

对螺旋而言，曲线是 $8.5\times10^4\exp\{-(\lambda-192)^2/(6.5)^2\}-4.5\times10^4\exp\{-(\lambda-216)^2/(16)^2\}$；对无规卷曲而言，曲线是 $-5.2\times10^4\exp\{-(\lambda-202)^2/(4.6)^2\}$。没有对椭圆值进行修正

图 6.14　多聚—L—谷氨酸（PLGA）在 0.1 mol・L^{-1}NaF 溶液中的圆二色光谱

他们又研究了多聚一γ一甲基一L一谷氨酸（PMLG）的CD谱，并将它们的紫外吸收光谱（图6.15）与CD谱（图6.16）进行了比较。在三氟乙醇溶液中，PMLG呈现出完全的α一螺旋构象，将两种谱线都作成高斯分布的解析，各得三个峰，分别由n一π、平行偏振$\pi^0-\pi^-$及垂直偏振$\pi^0-\pi^-$三种跃迁所提供。因此认为双负峰CD谱是α一螺旋的反映，其222 nm峰由n一π所贡献，206～208 nm峰由$\pi-\pi^-$所贡献。

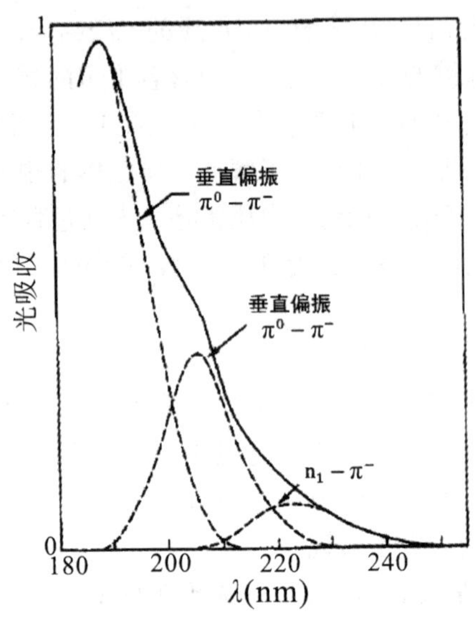

图6.15 聚一γ一甲基一L一谷氨酸在三氟乙醇中呈现出α一螺旋构象时的紫外光谱

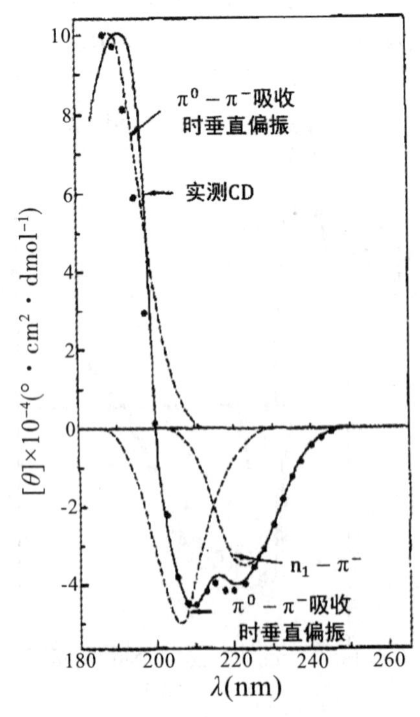

将观察到的曲线分解为与吸收谱相关的三个圆二色带。

实线为测量的CD谱，黑点为三个CD带的加和结果

图6.16 α一螺旋的聚一γ一甲基一L一谷氨酸在三氟乙醇中的圆二色光谱

Woody 等人测定了多聚－L－丙氨酸（PLA）的远紫外 CD 谱。用其他方法证明，PLA 在三氟乙醇－三氟乙酸（98.5∶1.5，V/V）的混合溶液中，分子的全部残基都处在 α－螺旋状态。在该条件下，测得的远紫外 CD 谱呈负峰，峰顶在 208 nm 和 222 nm 处；此外，在 193 nm 处还有一正峰，两个负峰峰顶的$[\theta]$约为-4×10^{4}°·cm^2·$dmol^{-1}$。关于 α－螺旋结构的远紫外 CD 谱，Woody 等人和 Urry 等人都从理论上进行过计算，结果也说明应是双负峰。

用许多其他方法证明，多聚－L－赖氨酸（PLL）在 pH 不同时有不同的构象。在水溶液中，pH＝11，室温时，它是 α－螺旋构象，当在 52 ℃下加热 15 分钟后即转变为 β－折叠构象；而在 pH＝5.7 时，它是无规卷曲。Greenfield 与 Fasman 利用这一特点测定了 PLL 在不同构象状态下的 CD 谱，其结果如图 6.17 所示，对于 α－螺旋来说，它的曲线与 PMLG、PLA 等相同，也是双负峰。Holzwarth 等证明，谷氨酸、赖氨酸与丙氨酸的共聚物在 α－螺旋构象时也呈相同曲线。此后，Beychok 测定的多聚氨基酸的 CD 曲线也相同。因此认为，远紫外双负峰是 α－螺旋的典型谱形。Gratzer 与 Cowburn 在总结 1969 年工作后指出，222～223 nm 的负峰是肽链处于 α－螺旋构象时肽键 $n-\pi^*$ 跃迁所贡献。但是极值处$[\theta]$的数值与所用多聚氨基酸的不同而有所差异，大约有 10%的差别。208～209 nm 的负峰也是肽链处于 α 螺旋构象时肽键的 $\pi-\pi^*$ 跃迁的贡献。

PLL 在 β－折叠构象时给出的曲线是在 215 nm 处的负峰。在中性 pH 时的 SDS 溶液中，PLL 也呈现 β－折叠构象。此时它的 CD 谱在 218 nm 有负峰，但$[\theta]_{218}$相应变小。许多工作者也发现，β－折叠结构的 CD 谱与溶剂有较密切的关系，因此相应地看，β－折叠结构的椭圆值不如 α－螺旋那样恒定。但是从谱线形状来看，图 6.17 中曲线 2 是典型的。基于这种实验基础，一般认为，该曲线反映了多聚氨基酸的 β－折叠结构。

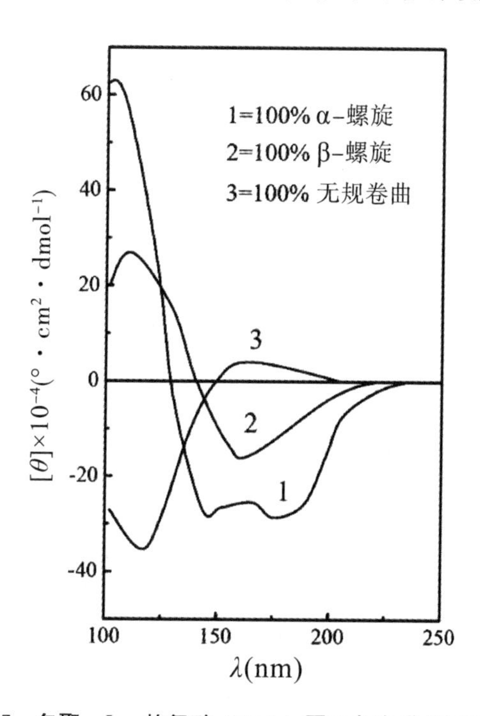

图 6.17　多聚－L－赖氨酸（PLL）圆二色光谱的三种构象

6.4.2 计算α—螺旋的含量

从多聚氨基酸的研究中得出了肽键在三种构象时的典型曲线，从蛋白质的CD谱看也有类似曲线。例如，肌红蛋白、胰岛素、溶菌酶等都给出类似于α—螺旋的曲线。免疫球蛋白的CD谱类似于多聚氨基酸β—折叠的谱形。因此可以设想不仅可以用多聚氨基酸为模型定性地研究蛋白质分子主要包含什么构象，还可定量地研究蛋白质分子中各种构象的含量。

CD谱图上，α—螺旋在208 nm与222 nm有两个负的吸收峰。Greenfield和Fasman发现，对于多聚—L—赖氨酸（PLL）来说，β—折叠与无规卷曲两种构象状态的CD谱相交在208 nm。在交点上其平均椭圆值$[\theta]_{208}=-4000°\cdot cm^2\cdot dmol^{-1}$。在α—螺旋态时，$[\theta]_{208}^{\alpha}=-32600\pm4000°\cdot cm^2\cdot dmol^{-1}$。因此建议用下列公式来计算α—螺旋的含量：

$$X^H=\frac{-[\theta]_{208}-4000}{33000-4000} \tag{6.44}$$

当时由于已经解出了一些蛋白质的晶体结构，因此将计算结果与晶体结构的结果相比，得到了比较满意的结果。

Fasman等人还提出了β—折叠含量的计算方法。其原则是根据$[\theta]_{208}$计算出α—螺旋，然后假设不同的β—折叠的含量X^β，并令

$$X^H+X^R+X^\beta=1 \tag{6.45}$$

其中X^R是无规卷曲的含量。于是认为各不同波长时的$[\theta]_\lambda$是各构象组分的贡献加和。于是利用计算机算出各波长的$[\theta]_\lambda$，得出计算曲线。假设一些不同的X^β值，分别求出它们相应的计算曲线，找出与实验曲线最接近的曲线。相应于该最接近曲线的X^β及X^R即认为是该蛋白质的相应结构的含量。此法被Fasman称为方法Ⅰ。

为了改进计算精度，他们还利用计算机将公式（6.44）及从方法Ⅰ中得到的X^β及X^R值进行反复修正，使最后的综合曲线与实验曲线之差变得最小，于是得到更为可靠的X^H、X^β及X^R值。这种修正的方法被Fasman称为方法Ⅱ，其结果与X射线晶体结构的结果比较如表6.1所示。从表6.1中可以看出，α—螺旋含量高的蛋白质数据比较好，对于α—螺旋含量低、β结构含量较高的蛋白质，数据则不够理想。

表6.1 用$[\theta]_{208}$计算的结构含量（%）（方法Ⅱ）

蛋白质	α—螺旋度		β—折叠		无规卷曲	
	X射线晶体	CD法	X射线晶体	CD法	X射线晶体	CD法
肌红蛋白	85～72.77	68.3	0	4.7	32～33	27
溶菌酶	28～42	28.5	10	11.1	62～48	58.1
羧肽酶A	23～30	13.0	18	30.6	69～52	58.4

6.4.3 计算蛋白质的各构象含量

Fasman等的计算方法虽然结果比较满意，但是他们所用的单一构象的参考数值及曲线来自多聚氨基酸。蛋白质是包括了多种氨基酸的、有特定顺序（即一级结构）的大

分子，二者结构不同，因此 Fasman 所使用的参考数值能否用于蛋白质是一个疑问。由于变性蛋白质的 CD 谱与 PLL 无规卷曲的 CD 谱相比，两者有很大的不同，因此提出了解出蛋白质的参考曲线问题。最早 Wetlaufer 等于 1970 年提出下列公式：

$$[\theta]_{\lambda}=X^{H}[\theta]_{H,\lambda}+(1-X^{H})[\theta]_{\mu,\lambda} \tag{6.46}$$

其中，$[\theta]_{\mu,\lambda}$是伸展态的参考值，可以在蛋白质变性的时候将其测出。他们利用 228～212 nm 间的谱线，每隔 2 nm 的$[\theta]_{\lambda}$值进行计算，解出 X^{H}，得到的结果比较满意。于是 Saxena 与 Wetlaufer 提出，可以利用已解出晶体结构的蛋白质，算出它们的含量，然后测定这些蛋白质的远紫外 CD 谱，在这一基础上解出蛋白质在三种构象状态下的参考价值。

首先他们假设，每一波长的椭圆值是三种构象在该波长的贡献的加和，即

$$[\theta]_{\lambda}=X^{H}[\theta]_{H,\lambda}+X^{\beta}[\theta]_{\beta,\lambda}+X^{R}[\theta]_{R,\lambda} \tag{6.47}$$

同时服从方程（6.45）。$[\theta]_{H,\lambda}$、$[\theta]_{\beta,\lambda}$及$[\theta]_{R,\lambda}$分别是蛋白质的残基全部处于相应的构象时在该波长的椭圆值。X^{H}、X^{β}、X^{R} 可以由晶体结构解出。由于该方程式有三组未知数，即$[\theta]_{H,\lambda}$、$[\theta]_{\beta,\lambda}$及$[\theta]_{R,\lambda}$，因此只要有三个蛋白质，即可解出这三条参考曲线。Wetlaufer 等用肌红蛋白、溶菌酶及核糖核酸酶三个蛋白质的实验结果算出了三条参考曲线，如图 6.18 所示。图中同时列出了 Fasman 从 PLL 来的相应曲线。两组曲线相比，颇为相似。在蛋白质中，α—螺旋的双负峰的位置也是 222 nm 及 208 nm，但蛋白质的$[\theta]_{222}$比 PLL 的$[\theta]_{222}$更负，从 β—折叠看，蛋白质的 CD 谱与 PLL 的比较有显著不同，即负峰移到 220 nm；但 195 nm 的正峰与 α—螺旋相似；对于无规卷曲来说，差异则更加明显，蛋白质的负峰移至 192～193 nm 处，其$[\theta]$只有 PLL 的 2/3，在 222 nm 处出现正峰，$[\theta]_{222}$相当于 PLL 的 4 倍。

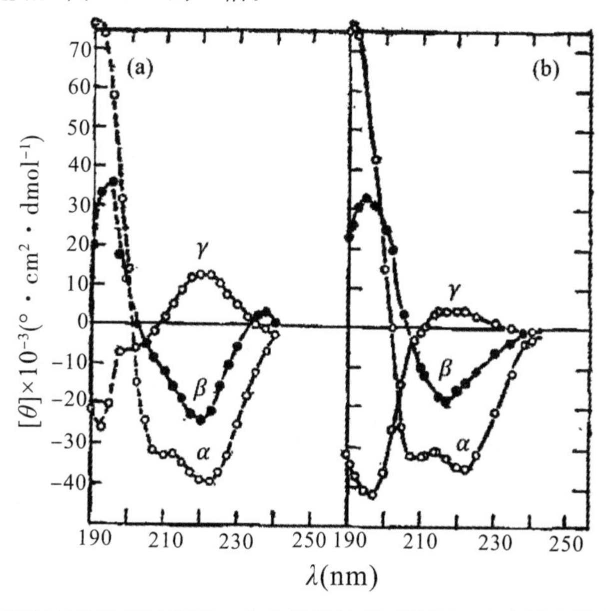

(a) 由 X 射线衍射结构数据计算的三个多肽结构模型的圆二色光谱和溶菌酶、肌红蛋白、核糖核酸酶的实验圆二色光谱

(b) 实验测定的多聚—L—赖氨酸三种结构形式的圆二色光谱

图 6.18

他们利用这三条参考曲线，再利用公式（6.47）计算了羧肽酶 A、α 胰凝乳蛋白酶及胰凝乳蛋白酶原的构象含量，与 X 射线晶体结构相比，结果相当满意，见表 6.2。

表 6.2 用 Wetlaufer 的方法计算构象含量（%）

蛋白质	方法	α一螺旋	β一折叠	无规卷曲
羧肽酶	X 射线衍射	23～30	18	59～52
	CD（本方法）	26	18	56
	CD（Fasman PLL）	13～16	31～40	66～44
α 胰凝乳蛋白酶	X 射线衍射	8	22	70
	CD（本方法）	20	20	50
	CD（Fasman PLL）	12～13	23～32	65～55
胰凝乳蛋白酶原	CD（本方法）	15	29	56
	CD（Fasman PLL）	14～17	25～29	61～54

6.4.4 比较研究不同蛋白质的结构和构象

如本书第 1 章所述，胶原作为一种天然蛋白，已经广泛应用于多个领域。已商品化的明胶是胶原的水解产物，二者具有同源性。胶原具有完整的三股螺旋结构，明胶是天然胶原三股螺旋结构被破坏后形成的单链分子。虽然二者氨基酸组成成分相同，但是二者的结构和性能有明显的差异。低温下溶液中的明胶也可以自组装成具有双链或三链的聚集体。圆二色光谱是研究蛋白结构和构象的重要方法，作者课题组曾利用 CD 研究二者结构和构象上的差异。对于胶原蛋白的三股超螺旋结构，CD 则有特殊的吸收，即在 220 nm 左右会有正吸收，在 198 nm 左右会有一个更强的负吸收。胶原的三股螺旋结构的破坏会导致其 CD 谱图在 198 nm 处的负峰发生红移及在 220 nm 处的正峰消失。胶原蛋白完全变性，失去三股螺旋结构后，CD 曲线将变得平滑。图 6.19 为胶原蛋白溶液和明胶溶液的 CD 全吸收谱图。由图可以看出，胶原在 198 nm 和 220 nm 处都有较强的吸收，而明胶溶液在这两处则几乎没有吸收，表明自制的胶原很好地保留了其三股螺旋结构。

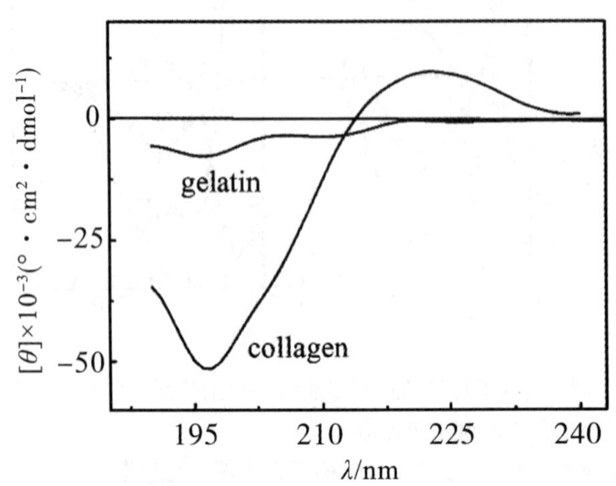

图 6.19 胶原蛋白溶液和明胶溶液的 CD 谱（190～240nm）

6.4.5 研究蛋白质的变性过程

研究蛋白质的变性过程，认识其变性机理，一直是相关研究领域重点关注的课题。作者课题组利用圆二色光谱（CD）研究了胶原在不同温度下的变性过程。图6.20是胶原溶液在220 nm处CD吸收值随温度的变化规律，插图是胶原溶液25 ℃、40 ℃和50 ℃时的CD全吸收谱图。胶原在220 nm处的吸收峰的高低可表征胶原三股螺旋结构的多少。由图可知，实验提取的胶原在25 ℃时完整地保留了其三股螺旋结构，而在较高温度时其三股螺旋结构减少。在50 ℃时，220 nm处吸收峰变得平滑，表明胶原三股螺旋结构遭到完全的破坏。图6.20显示胶原溶液的[θ]在25～34 ℃范围内慢慢减小，表明胶原三股螺旋结构逐渐遭到破坏；在35～42 ℃范围内[θ]减小幅度增大；在40～44 ℃范围内[θ]急剧减小；当温度高于45 ℃时，胶原[θ]不再变化，表明胶原彻底变性。值得注意的是，图6.20中在34 ℃时[θ]有较小的转变，这个轻微的转变发生在胶原变性之前，可能归因于胶原的去纤维化，也即胶原聚集体之间的氢键遭到破坏所致。

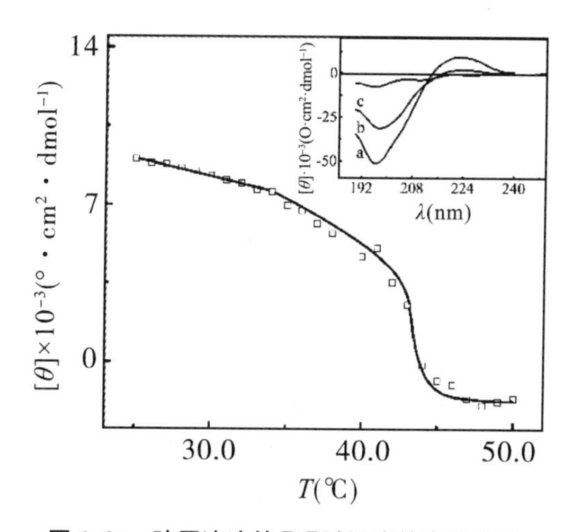

图6.20 胶原溶液的[θ]随温度的变化曲线

在上述基础上，作者课题组进一步借助CD研究了传统油浴加热与微波辐照对胶原变性的影响。图6.21（a）为胶原醋酸溶液用油浴分别加热至25 ℃、40 ℃和50 ℃时的CD图。CD图中223 nm处的正吸收和198 nm处的负吸收是胶原三股螺旋结构的特征吸收峰。由图可知，胶原在25 ℃时三股螺旋结构保存完好，并随着温度的升高而不断减少。当温度达到50 ℃时，223 nm处没有吸收值，说明胶原三股螺旋结构遭到完全破坏。

图6.21（b）是胶原溶液受到140 W微波辐照至25 ℃、35 ℃和40 ℃时的CD图。可以看出，胶原的三股螺旋结构随着温度的升高不断减少。不过油浴加热至50℃时胶原三股螺旋结构完全消失，而微波辐照至40 ℃时胶原三股螺旋结构就完全消失。这说明

微波辐照可以加速胶原的变性，热效应在较低温度就具有较大效果。在相同温度时，微波辐照对胶原造成的破坏大于油浴加热，说明这里微波辐照不仅仅是热效应。

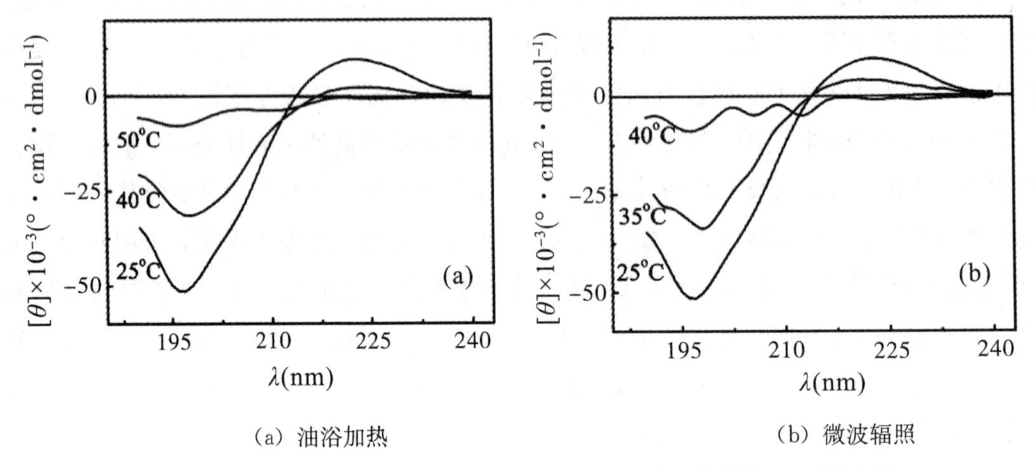

(a) 油浴加热　　(b) 微波辐照

图 6.21　油浴加热和微波辐照至不同温度时胶原溶液的 CD 吸收光谱

6.4.6　研究小分子物质与蛋白质间的相互作用

鞣制是使皮变成革的关键工序，这个质变过程引起的一个明显变化是胶原增加的变性温度。长期以来，硫酸铬因其能赋予革较高的热稳定性和良好的综合性能而备受关注，而硫酸铝鞣革不耐水洗，且具有较低的收缩温度。因此，自 1885 年以来，铬盐是制革工业中主要使用的鞣剂，而铝盐的使用较少，这与金属离子与胶原的相互作用机制不同有关。然而，关于 Cr^{3+} 和 Al^{3+} 与胶原的相互作用及其对胶原稳定性差异的本质还不是非常清楚。

为了探测金属离子（Cr^{3+} 和 Al^{3+}）与胶原的相互作用及其构象的变化，作者课题组曾借助 CD 对 Cr^{3+}－胶原溶液和 Al^{3+}－胶原溶液进行了分析研究。如上所述，胶原的完全变性或其三股螺旋结构的破坏会引起其在 CD 光谱中～198 nm 处的负峰红移以及在～220 nm 处的正峰消失；部分变性胶原的 CD 光谱显示低的吸收峰值（特别是在～220 nm 处）、较小的 R_{pn}（正峰吸收值与负峰吸收强度的比值）。反之亦然，增加的 R_{pn} 值意味着胶原发生了聚集。图 6.22 表明 Cr^{3+} 或 Al^{3+} 的加入并没有明显改变胶原溶液的 CD 光谱。这说明金属离子与胶原的作用可能主要发生在可接触到的蛋白质表面，胶原的主链结构并没被改变。在较高的 Al^{3+} 浓度范围时，R_{pn} 轻微地从 0.13 增加到 0.16，这可能是由于盐析引起的胶原聚集。然而，当 Cr^{3+} 的浓度更高时，胶原溶液 R_{pn} 值反而减小，这意味着胶原的有些构象发生了扭曲。结合其热学分析结果：Cr^{3+} 的结合胶原的部分氢键被破坏。因此，CD 显示胶原仍然保留着三股螺旋的构象，表明 Cr^{3+} 没有破坏胶原的构象，但通过取代分子周围的自由水而达到稳定胶原的效果。这个现象与之前报道的胶原纤维经硝酸铬处理后的结果是一致的。

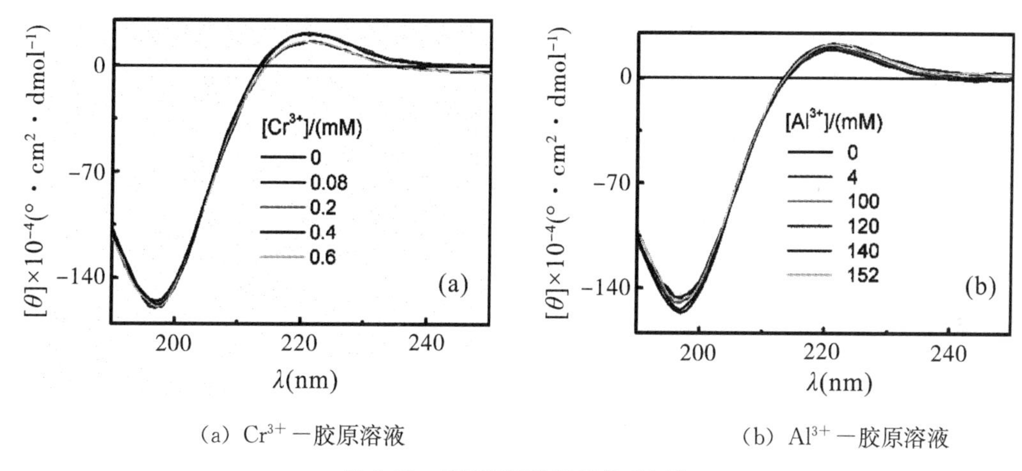

(a) Cr^{3+}—胶原溶液　　　　(b) Al^{3+}—胶原溶液

图 6.22　胶原溶液的远紫外 CD 谱

参考文献

[1] 鲁子贤，崔涛，施庆洛. 圆二色性和旋光色散在分子生物学中的应用 [M]. 北京：科学出版社，1987.

[2] Holzwarth G，Doty P，Gratzer W. Optical activity of polypeptides in far ultraviolet [J]. Journal of the American Chemical Society，1962，84 (16)：3194—3196.

[3] Holzwarth G，Doty P. Ultraviolet circular dichroism of polypeptides [J]. Journal of the American Chemical Society，1965，87 (2)：218—228.

[4] Saxena V P，Wetlaufer D B. Formation of 3—dimensional structure in proteins. I. Rapid nonenzymic reactivation of reduced lysozyme [J]. Biochemistry，1970，9 (25)：5015—5023.

[5] Fasman G D，Foster R J，Beychock S. The conformational transition associated with the activation of coymotrypsinogen to chymotrypsingen to chymotrypsin [J]. Journal of Molecular Biology，1966，19 (2)：240—253.

[6] 朱欣星，安然，李昌朋，等. 胶原与明胶的结构研究：方法，结果与分析 [J]. 皮革科学与工程，2012，22 (5)：9—14.

[7] Brown E M，Farrell H M，Wildermuth R J. Influence of neutral salts on the hydrothermal stability of acid — soluble collagen [J]. Journal of Protein Chemistry，2000，19 (2)：85—92

[8] 李德富. 热和辐照对胶原变性的影响及明胶蛋白凝胶纺丝 [D]. 成都：四川大学，2010.

[9] Mu C D，Li D F，Lin W，et al. Temperature induced denaturation of collagen in acidic solution [J]. Biopolymers，2007，86 (4)：282—287.

[10] He L R，Cai S M，Wu B，et al. Trivalent chromium and aluminum affect the thermostability and conformation of collagen very differently [J]. Journal of inorganic biochemistry，2012，117：124－130.

[11] Mogilner I G，Ruderman G，Grigera J R. Collagen stability，hydration and native state [J]. Journal of Molecular Graphics and Modelling，2002，21 (3)：209－213.

思考题

1. 何为物质的圆二色性？何为旋光现象？

2. 含有什么结构的物质会有光学活性？如何判断一种物质是否有光学活性？

3. 物质会产生圆二色性的本质原因是什么？试从量子力学角度思考并阐述。

4. 如何判断一种物质是否有光学活性？

5. 如何理解圆二色性（CD）和和旋光现象（ORD）正好是同一基本行为的不同表现？二者的区别与联系有哪些？

6. 产生偏振光的方法有哪些？

7. 圆二色光谱仪包括哪些基本结构？试阐述圆二色光谱仪的工作原理。

8. 在进行圆二色光谱实验操作时，要想获得准确的圆二色光谱图需要注意哪些方面？

9. 圆二色光谱法在研究生物大分子结构方面有哪些应用？

第7章　激光光散射法

7.1　概　述

光散射是指一束光线通过介质时在入射光以外的方向上观测到光辐射的现象。光散射源于电磁波（光线）的电场振动而导致的散射体（介质）分子中电子产生的受迫振动所形成的偶极振子。根据电磁理论，振动着的偶极振子是一个二次波源，它向各个方向发射的电磁波就是散射波。光散射与介质的不均匀性有关，除真空外的其他所有介质都有一定程度的不均匀性，从而产生散射光，只是由于介质中粒子大小不同，产生不同种类的散射。在光散射中，没有频率位移（无能量变化）的光散射称为弹性光散射（elastic light scattering），即仅测定散射光强及角度依赖性的光散射，也常称静态光散射（static light scattering，SLS）或经典光散射（classical light scattering）；测定由分子跃迁（拉曼散射，Raman scattering）、热声波（布里渊散射，Brillouin scattering）而引起散射光频率位移（能量变化）的光散射为非弹性光散射（inelastic light scattering）；由多普勒（Doppler）效应引起散射光频率微小位移及其角度依赖性的光散射称为准弹性光散射（quasi－elastic light scattering）或动态光散射（dynamic light scattering，DLS）。在散射光成分中，弹性光散射占绝大部分，其他各种类型都同时存在且不可分割，可以通过相应的检测手段来测定某一类型的散射光。但是由于信号很弱，后两种类型的散射也只有在激光出现后，才开始成为探索亚微观世界奥秘的有力工具。

现代的激光光散射技术主要包括静态（经典）和动态两个部分，而静态光散射是最为经典的光散射技术。在静态光散射中，通过测定平均散射光强的角度与浓度的依赖性，可以精确地得到高聚物的重均分子量M_w、根均方旋转半径$(R_g^2)^{1/2}$和第二维里系数A_2；在动态光散射中，利用快速数字时间相关仪记录散射光强随时间涨落，即时间相关函数，可以得到散射光的特性衰减时间，进而求得平动扩散系数D和与之相对应的流体力学半径R_h。在使用过程中，静态和动态光散射有机地结合可用来研究高分子以及胶体粒子在溶液中许多涉及质量和流体力学体积变化的过程，如聚合与分散、结晶与溶解、吸附与解吸、高分子链的伸展与蜷缩以及蛋白质长链的折叠，并得到许多独特的微观分子参数。

静态光散射发展简史：研究物体对光的散射最初是来自对光线经过胶体时所形成的明亮的光路的观察。1869年，丁达尔（Tyndall）研究了自然光经过溶胶颗粒时的散射，注意到散射光呈淡淡的蓝色，并由此提出为什么天空呈现蓝色的问题。其后，Lord Rayleigh运用经典的电磁理论成功地解释了气体分子和任意大小的球状粒子对光的散射现象，并提出在无吸收、无相互作用条件下，光学各向同性的小粒子的散射光强与波长的 4 次方成反比。然而 Rayleigh 理论对凝聚体系的散射的预测结果却比实际结果要高出一个多数量级，这是由于当时缺乏造成这种差别的干涉效应知识。1910 年，Smoluehowski 和 Einstein 发展起来的涨落理论解决了这个问题，此理论认为液体是局部不均匀的连续介质，其局部密度和浓度存在着涨落，而散射光就是由于这种微观上的密度或浓度的涨落造成的，密度或浓度的涨落可以通过等温压缩系数和渗透压等宏观量来测定。1944 年，Debye 将涨落理论应用到高分子溶液，测定了橡胶的相对分子质量。1948 年，Zimm 在一张图上同时将角度和浓度外推到零，提出了著名的 Zimm 作图法，这为光散射技术用于测定分子量和研究高分子溶液性质奠定了基础。1949 年，Debye—Bueche 将涨落理论首先应用于固体，建立起了各向同性非均匀光散射理论，并将该理论应用于光学玻璃一聚甲基丙烯酸甲酯的光散射行为研究中。1955 年，Coldstein 和 Michalik 将这一理论扩展到各向异性的固体体系。1955—1960 年，Stein 及其同事发展了固体的光散射理论，用模型建立了球晶、形变球晶、棒状球晶以及无规取向球晶等的光散射理论、实验方法和仪器。1970 年，Moritani 等阐明了材料非均匀性对高分子共混物聚集态结构的依赖性。

动态光散射发展简史：1934 年，Landau 和 Placzck 以不传播的局部温度涨落理论来解释准弹性散射成分（也即“中心成分”），但由于缺乏强的单色光源及高分辨的频谱仪，所以 Landau—Placzck 的涨落理论直到 1965 年才得到精确的实验测定。在 1964 年 Chiao 的观察中，即使用分辨率最高的频谱仪，对临界乳光系统很窄的中心成分的测量也显得分辨率不足。于是 Ford、Benedek 和 Cummins 等分别于 1964 年和 1965 年将光学混频技术首先成功地用于测定这种已被展宽但仍很窄的中心部分，随后动态光散射迅速发展。1972—1974 年，Pecora 和 Chu 先后撰写了相关专著，从理论到实验技术上逐渐形成了较完整的动态光散射技术。

由上可见，静态光散射和动态光散射技术都经历了漫长的发展岁月，但其共同特点是，由于激光这一理想散射光源的出现，它们都进入了新的发展时期，取得了许多突破性的进展，并在物理、化学、医学等领域探讨亚微观世界自然规律中发挥出越来越重要的作用。

7.2 激光光散射的基本原理

散射就是一束光在通过介质时，在入射光方向以外的各个方向也能观察到光强的现象（图 7.1）。

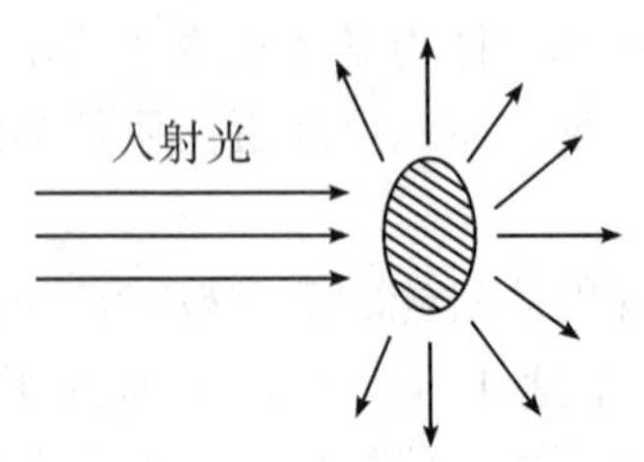

图 7.1 光散射示意图

从光的电磁波本质不难了解这种现象中光波的电磁场与介质中分子相互作用的过

程。当一束单色、相干的光入射到散射体时，散射体分子的电子云在光场的作用下发生极化并形成诱导偶极子，接着诱导偶极子随光场发生振动，它作为二次波源向各个方向发射电磁场，即形成散射光。在均匀介质中，光只能沿着折射光线方向传播，在这种情况下，光朝各个方向散射是不可能的。这是因为当光通过光学均匀的介质时，介质中偶极子发出的次波具有与入射光相同的频率，并且偶极子之间有一定的位相关系，它们是相干光，在跟折射光不同的一切方向上，它们互相抵消，因此均匀介质是不能散射光的。而各种不均匀的结构，按其性质与物理意义来说可以是不同的，因而总会引起光的散射。混浊介质就是一个最简单的例子，乳状液、悬浮液、胶体溶液等，都是这样的体系。具有上述性质的散射质点的无规排布所引起的光的散射称丁达尔（Tyndall）散射。而那些在表面上看来是均匀的纯净介质中也能观察到的散射光，只是远不如混浊介质所引起的散射那么强烈，这类散射通常称为分子散射。建立在经典电磁理论上的 Rayeligh－Debye 理论和分别建立在量子动力学和涨落理论基础上的光散射理论都可以对大多数散射现象给出合理的解释和预测。在本章中，我们只讨论在现代的激光光散射中应用最为广泛的两个部分：静态（经典）光散射和动态光散射。

7.2.1　静态光散射原理

如前所述，静态光散射针对的是弹性光散射部分。高分子溶液的散射光远远高于纯溶剂，并且强烈地依赖于高聚物的分子量、链形态（构象）、溶液浓度、散射光角度和折光指数增量。因此，通过测定平均散射光强的角度与浓度的依赖性，从而得到颗粒粒度大小与形状的信息，进而利用 Zimm 图（或其他类似的方法，如 Debye 和 Berry 作图法），可以得到样品的绝对重均分子量 M_w、根均方旋转半径 $(R_g^2)^{1/2}$ 和第二维里系数 A_2。其中，R_g 与高分子链实际伸展到的空间有关；而第二维里系数 A_2 可看作高分子链与链段之间及高分子与溶剂分子间相互作用的一种量度，它与溶剂化作用和高分子在溶液里的形态有密切关系。在良溶剂中，高分子链由于溶剂化作用而扩张，高分子线团伸展，A_2 为正值；在不良溶剂里，高分子链紧缩，A_2 为负值；在理想的溶剂里，$A_2=0$。下面将详细介绍其测量理论依据。

如图 7.2 所示，频率为 ν 的入射光在 O 点的交变电场为

$$\boldsymbol{E}=\boldsymbol{E}_0\sin(2\pi\nu t-\varphi) \tag{7.1}$$

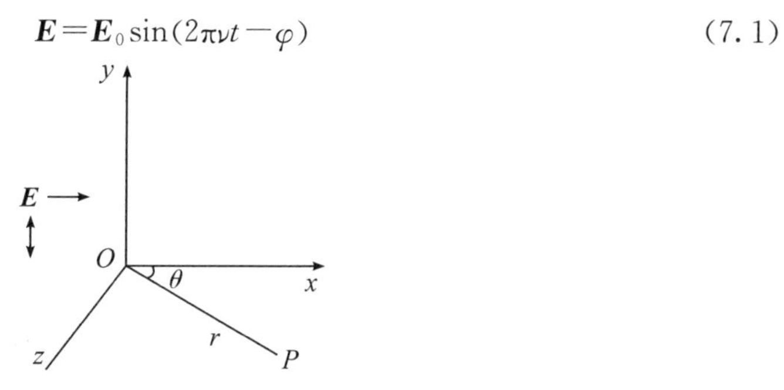

图 7.2　散射体系坐标图。O 点为散射源，P 点为水平面上的观察点；入射光电场矢量沿垂直方向振动

在真空中，位于 O 点的一个光学各向同性的小粒子（如高分子和胶体粒子）中电子

将随着电场的变化而出现周期性振荡，产生交变的极化偶极矩（诱导偶极矩）。在这一过程中，原子核则因质量较大而无法响应高度变化的电场，故其位置不受电场的影响。当电场不是特别强时，诱导偶极矩 $\boldsymbol{\mu}$ 正比于电场强度，即

$$\boldsymbol{\mu}=\alpha\boldsymbol{E}=4\pi\varepsilon_0\alpha'\boldsymbol{E} \tag{7.2}$$

式中，比例系数α'为分子的体积极化率（polarizability volume of a molecule），具有 L^3（长度）的量纲；α 为极化率（$C^2\cdot m^2\cdot J^{-2}$），ε_0为中空介电常数。

诱导偶极子的振荡使得每个小粒子成为一个二次光源，向各个方向辐射电磁波，形成散射光。从 Maxwell 方程组可知，在距 O 点为 r 的 P 点，散射光电场 $\boldsymbol{E}_s$ 为

$$\boldsymbol{E}_s=\frac{\mathrm{d}^2\boldsymbol{p}/\mathrm{d}t^2}{4\pi\varepsilon_0 rc^2}=\frac{\mathrm{d}^2(\boldsymbol{\mu}_0+\boldsymbol{\mu})/\mathrm{d}t^2}{4\pi\varepsilon_0 rc^2}=-\frac{4\pi^2\alpha'}{r\lambda_0^2} \tag{7.3}$$

式中，λ_0 是真空中光的波长，$\boldsymbol{p}$ 是总偶极矩，包含永久偶极 $\boldsymbol{\mu}_0$ 和诱导偶极 $\boldsymbol{\mu}$ 两部分。在室温下 $\boldsymbol{\mu}_0\ll\boldsymbol{\mu}$。另外，在高频交变电场中，永久偶极的取向不随电场的变化而变化，因此，$\mathrm{d}^2\boldsymbol{p}/\mathrm{d}t^2=\mathrm{d}^2\boldsymbol{\mu}/\mathrm{d}t^2$。由式（7.3）可知一个粒子在 P 点的平均散射光强 i，即单位时间内射到单位面积上的散射光的能量（$kJ\cdot m^{-2}\cdot s^{-1}$）为

$$i=\varepsilon_0 c\langle E_s^2\rangle=\frac{16\pi^4\alpha'^2}{\lambda_0^4 r^2}(\varepsilon_0 c\langle E^2\rangle)=\frac{16\pi^4\alpha'^2}{\lambda_0^4 r^2}I_0 \tag{7.4}$$

式中，c 为真空中的光速，I_0为入射光的光强。如散射体积 V 中有 N 个独立且具有相同 α 的小粒子，单位体积的总散射光强则为 N/V 个小粒子散射光强的简单加和，即

$$I=i(N/V)=\frac{16\pi^4 N\alpha'^2}{V\lambda_0^4 r^2}I_0 \tag{7.5}$$

式中，Ir^2/I_0 被定义为 Rayleigh 散射因子 R，即

$$R=\frac{16\pi^4 N\alpha'^2}{V\lambda_0^4} \tag{7.6}$$

R 是一个与散射粒子本身性质及颗粒尺寸、浓度有关的物理量，其量纲为L^{-1}。如果粒子较大（直径大于$\lambda/20$），就应考虑粒子内部各部分散射光之间的干涉，即将体积为 V 的大粒子视为 N'个体积相等、体积极化率（α_0'）相同的散射单元，每一个散射单元在观察点 P 的散射电场仍可由式（7.3）表示。整个粒子在 P 点散射光电场应为N'个散射单元的矢量加和，即

$$\boldsymbol{E}_s=\sum_{l=1}^{N'}\boldsymbol{E}_{s,l}=-\frac{4\pi^2}{\lambda_0^2 r}\alpha_0'\boldsymbol{E}_0\sum_{l=1}^{N'}\sin(2\pi\nu t-\varphi_l) \tag{7.7}$$

因此，时间平均光散射光强为

$$i=\varepsilon_0 c\langle E_s^2\rangle=\frac{16\pi^4\alpha_0'^2}{\lambda_0^4\lambda^2}I_0\sum_{l=1}^{N'}\sum_{m=1}^{N'}\cos(\Delta\varphi_{lm}) \tag{7.8}$$

式中，$\Delta\varphi_{lm}=\varphi_l-\varphi_m$ 是第 l 个和第 m 个散射单元在 P 点散射电场的相位差，示意图如图 7.3 所示，方程式如式（7.9）所示。

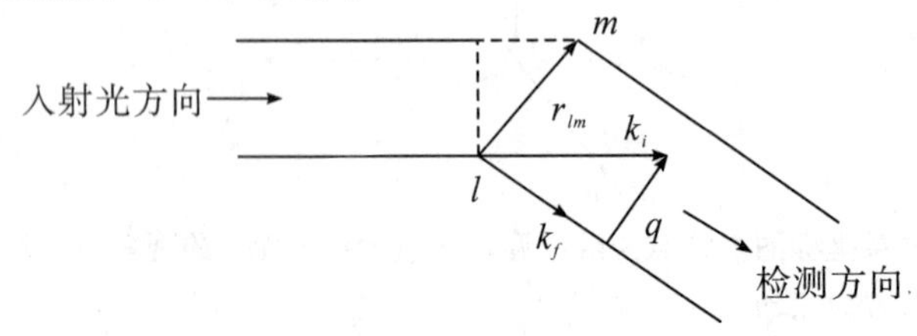

图 7.3 散射矢量 q 与大粒子散射光的干涉

$$\Delta \varphi_{lm} = \frac{2\pi}{\lambda} q r_{lm} \tag{7.9}$$

其中散射矢量 $\boldsymbol{q} = \boldsymbol{k}_i - \boldsymbol{k}_f$，其模量为

$$q = \frac{4\pi n}{\lambda_0} \sin(\theta/2) \tag{7.10}$$

式中，n 为介质的折光指数。依式（7.8）对 r_{lm} 所有可能的取向求平均，可得

$$i(\theta) = \frac{16\pi^4}{r^2 \lambda_0^4} I_0 \alpha_0'^2 \sum_{l=1}^{N'} \sum_{m=1}^{N'} \frac{\sin(q r_{lm})}{q r_{lm}} \tag{7.11}$$

当 $\theta \to 0$ 时，

$$i(\theta \to 0) = \frac{16\pi^4}{r^2 \lambda_0^4} I_0 \alpha_0'^2 N'^2 \tag{7.12}$$

式中，$N'\alpha_0' = \alpha'$，故式（7.12）与式（7.4）相同。进而，定义

$$P(\theta) = \frac{R(\theta)}{R(0)} = \frac{1}{N'^2} \sum_{l=1}^{N'} \sum_{m=1}^{N'} \frac{\sin(q r_{lm})}{q r_{lm}} \tag{7.13}$$

为结构因子，将 $\sin(q r_{lm})$ 用 Maclaurin 级数展开后，可得

$$P(\theta) = 1 - \frac{q^2}{6N'^2} \sum_{l=1}^{N'} \sum_{m=1}^{N'} r_{lm}{}^2 + \cdots \tag{7.14}$$

式中，$\frac{1}{2N'^2} \sum_{l=1}^{N'} \sum_{m=1}^{N'} r_{lm}{}^2$ 为均方旋转半径 $\langle R_g{}^2 \rangle$，因此，

$$P(\theta) = 1 - (1/3) \langle R_g{}^2 \rangle \, q^2 + \cdots \tag{7.15}$$

对散射体积 V 中的 N 个互相独立的大粒子而言，式（7.11）可改写成

$$P(\theta) = \frac{16\pi^4 N}{V \lambda_0^4} \alpha' P(\theta) \tag{7.16}$$

由以上讨论可知，在理论上，各向均匀的纯物质的气体或液体的散射光强应为零，因为在其中任意选定一个小的散射体积元，总可以找到另一个相对应的散射体积元，使得二者在 P 点的散射电场恰好因干涉而完全抵消。然而，在事实上，由于分子处于不停的无规则运动状态，纯物质的气体或液体的内部各种性质总是围绕着其平衡值随时间和空间涨落。在每一瞬间体积元的极化率 α_l' 都会不同程度地偏离其平均值 α_0'，即 $\alpha_l' = \alpha_0' + \delta\alpha_l'$。正是由于 $\delta\alpha_l'$ 的存在，使得我们可以观察到纯物质的气体或液体的散射。沿用前述对大粒子的处理方法，将散射体积 V 分成 N 个体积元，并将式（7.7）中 α_0' 换成 $\alpha_0' + \delta\alpha_l'$，其中与 α_0' 有关的一项由于完全干涉相消而不产生净的散射光，因此只需考虑 $\delta\alpha_l'$ 项，即式（7.7）成为：

$$\boldsymbol{E}_s = \sum_{l=1}^{N} \boldsymbol{E}_{s,l} = -\frac{4\pi^2}{\lambda_0^2 r} \boldsymbol{E}_0 \sum_{l=1}^{N} \delta\alpha_l' \sin(2\pi\nu t - \varphi_l) \tag{7.17}$$

沿用 Rayleigh 散射因子的定义，式（7.17）可改写为

$$R(\theta) = \frac{16\pi^2}{V\lambda_0^2} \sum_{l=1}^{N} \sum_{m=1}^{N} \delta\alpha_l' \delta\alpha_m' \cos(\varphi_l - \varphi_m) \tag{7.18}$$

式中，$\delta\alpha_l'$，$\delta\alpha_m'$ 是时间 t 的随机函数。对时间求平均，并将 $\langle \delta\alpha_l'、\delta\alpha_m' \rangle$ 分解成 $l=m$ 和 $l \neq m$ 两项，可得

$$R(\theta) = \frac{16\pi^4}{V\lambda_0^4} \left[\sum_{l=1}^{N} \sum_{m=1}^{N} \langle (\delta\alpha_l')^2 \rangle + \sum_{l \neq m}^{N} \sum_{m=1}^{N} \langle \delta\alpha_l' \delta\alpha_m' \rangle \cos(\varphi_l - \varphi_m) \right] \tag{7.19}$$

由于$\delta\alpha'_l$和$\delta\alpha'_m$互相独立，且$\langle\delta\alpha\rangle=0$，所以$\langle\delta\alpha'_l\delta\alpha'_m\rangle=\langle\delta\alpha'_l\rangle\cdot\langle\delta\alpha'_m\rangle=0$。式（7.19）成为

$$R(\theta)=\frac{16\pi^4}{V\lambda_0^4}\left[\sum_{l=1}^{N}\sum_{m=1}^{N}\langle(\delta\alpha'_l)^2\rangle\right] \tag{7.20}$$

小体积元体积极化率的涨落的时间平均值$\langle(\delta\alpha'_l)^2\rangle$应是一个常数，记作$\langle(\delta\alpha'_0)^2\rangle$，则$\sum_{l=1}^{N}\sum_{m=1}^{N}\langle(\delta\alpha'_l)^2\rangle=N^2\langle(\alpha'_0)^2\rangle$，式（7.19）成为

$$R=\frac{16\pi^4}{V\lambda_0^4}N^2\langle(\alpha'_0)^2\rangle=\frac{16\pi^4}{V\lambda_0^4}\langle(\delta\alpha'_0)^2\rangle \tag{7.21}$$

式中，$\delta\alpha'_l=N\delta\alpha'_0$。如果考虑一种高分子或者胶体粒子的稀溶液，$\alpha'$是浓度$c$和密度$\rho$的二元函数，$\delta\alpha'=\left(\frac{\partial\alpha'}{\partial c}\right)\mathrm{d}c+\left(\frac{\partial\alpha'}{\partial\rho}\right)\mathrm{d}\rho$。因$c$和$\rho$互相独立，则有

$$\langle(\delta\alpha')^2\rangle=\left(\frac{\partial\alpha'}{\partial c}\right)^2\langle(\delta c)^2\rangle+\left(\frac{\partial\alpha'}{\partial\rho}\right)^2\langle(\delta\rho)^2\rangle \tag{7.22}$$

因此，对稀溶液而言，式（7.21）变成

$$R_{\text{solution}}=\frac{16\pi^4}{V\lambda_0^4}\left(\frac{\partial\alpha'}{\partial c}\right)^2\langle(\delta c)^2\rangle+\frac{16\pi^4}{V\lambda_0^4}\left(\frac{\partial\alpha'}{\partial\rho}\right)^2\langle(\delta\rho)^2\rangle \tag{7.23}$$

式中，$\frac{16\pi^4}{V\lambda_0^4}\left(\frac{\partial\alpha'}{\partial c}\right)^2\langle(\delta c)^2\rangle$和$\frac{16\pi^4}{V\lambda_0^4}\left(\frac{\partial\alpha'}{\partial\rho}\right)^2\langle(\delta\rho)^2\rangle$分别为溶液的超额 Rayleigh 散射因子$R_{\text{excess}}$和溶剂的 Rayleigh 散射因子$R_{\text{solvent}}$。$R_{\text{excess}}$是扣除了溶剂贡献之后溶质的净散射光强大小的量度。利用 Clausius－Mossotti 公式，$\varepsilon_r-1=4\pi\alpha'/V$以及$\varepsilon_r=n^2$可得

$$\left(\frac{\partial\alpha'}{\partial c}\right)=\left(\frac{\partial\alpha'}{\partial\varepsilon_r}\right)\left(\frac{\partial\varepsilon_r}{\partial n}\right)\left(\frac{\partial n}{\partial c}\right)=\frac{Vn}{2\pi}\left(\frac{\mathrm{d}n}{\mathrm{d}c}\right) \tag{7.24}$$

另外，由热力学可知，$\langle(\delta c)^2\rangle=\frac{k_BT}{(\partial^2A/\partial c^2)_{T,V}}$，以及$\left(\frac{\partial^2A}{\partial c^2}\right)_{T,V}=-\frac{V}{cV_m}\cdot\left(\frac{\partial\mu}{\partial c}\right)_{T,V}$，其中$V_m$和$\mu$分别是溶剂的偏摩尔体积及化学势。浓度变化可引起渗透压$\pi=P_0-P$的变化，即

$$\left(\frac{\partial\mu}{\partial c}\right)_{T,V}=\left(\frac{\partial\mu}{\partial\pi}\right)_{T,V}\left(\frac{\partial\pi}{\partial c}\right)_{T,V}=-\left(\frac{\partial\mu}{\partial P}\right)_{T,V}\left(\frac{\partial\pi}{\partial c}\right)_{T,V}=-V_m\left(\frac{\partial\pi}{\partial c}\right)_{T,V}$$

对高分子稀溶液$\frac{\pi}{c}=\frac{RT}{M}(1+A_2cM+\cdots)$，其中$A_2$为第二维里系数，于是有

$$\left(\frac{\partial\pi}{\partial c}\right)_{T,V}=\frac{RT}{M}(1+2A_2cM+\cdots)\text{；}\langle(\delta c)^2\rangle=\frac{cM}{N_AV(1+2A_2cM+\cdots)} \tag{7.25}$$

利用式（7.24）和式（7.25）可得

$$R_{\text{excess}}=\frac{4\pi^2n^2}{\lambda_0{}^4N_A}\left(\frac{\mathrm{d}n}{\mathrm{d}c}\right)^2\frac{cM}{1+2A_2cM+\cdots} \tag{7.26}$$

令$K=4\pi^2n^2(\mathrm{d}n/\mathrm{d}c)^2/(N_A\lambda_0{}^4)$，重排上式，得

$$\frac{Kc}{R}=\frac{1}{M}+2A_2c+\cdots \tag{7.27}$$

为简化起见，省去R_{excess}的下标“excess”。对于尺寸较大的高分子，必须引入结构

因子$P(\theta)$，即

$$\frac{Kc}{R(\theta)}=\frac{1}{MP(\theta)}+2A_2c \tag{7.28}$$

对于一个多分散的高分子溶液或胶体溶液，M 被 M_w 取代，即

$$\frac{Kc}{R(\theta)}=\frac{1}{M_wP(\theta)}+2A_2c \tag{7.29}$$

如果 $q^2\langle R_g^2\rangle_z \ll 1$，那么 $P(\theta)\approx 1-(1/3)q^2\langle R_g^2\rangle_z$。

其中，$\langle R_g^2\rangle_z=\sum_i c_iM_iR_{g,i}^2/\sum_i c_iM$ 为 z—均方旋转半径，式（7.29）可近似写成

$$\frac{Kc}{R(\theta)}=\frac{1}{M_w}\left[1+\frac{1}{3}q^2\langle R_g^2\rangle_z\right]+2A_2c \tag{7.30}$$

实验中，采用相对的方法测定$R(\theta)$，即选择一种已知$R(\theta)$的液体作标准，例如甲苯，在25 ℃和$\theta=90^0$时，R_0（90°）$=2.698\times10^{-5}\text{cm}^{-1}$（注意纯液体的Rayleigh比不随角度改变而改变）。在相同条件下，分别测得标准液体、纯溶剂和溶液的散射光强$I_0(\theta)$、$I_B(\theta)$和$I(\theta)$，根据$R(\theta)$的定义可得

$$R(\theta)=R_0(90^\circ)\frac{I(\theta)-I_B(\theta)}{I_0(\theta)}\left(\frac{n}{n_0}\right)^\gamma y \tag{7.31}$$

式中，n 和n_0分别为溶剂和标准液体的折光指数，$(n/n_0)^\gamma$为散射体积的修正项。用狭缝取散射体积时，$\gamma=1$；用圆孔取散射体积且圆孔直径远小于光束直径时，$\gamma=2$；否则，$1<\gamma<2$。K 中的微分折光指数 dn/dc 可用微分折光仪测出。因此，对于一个给定的浓度c，式（7.29）的左边可以测得，从$Kc/R(\theta)$的角度和浓度依赖性可分别得到$\langle R_g{}^2\rangle_z$和A_2。当$c\to0$和$q\to0$时，$Kc/R(\theta)\to1/M_w$，从而可得高聚物的重均分子量M_w，这就是静态光散射的基本应用。

7.2.2 动态光散射原理

简单地说，动态光散射技术（dynamic light scattering，DLS）是指通过测量样品散射光强度起伏的变化来得出样品颗粒大小信息的一种技术。与静态光散射相比，动态光散射不是测量平均散射光强，而是测量散射光强随时间的涨落，因此称作“动态”。我们知道，散射成分中有丰富的频率位移信息，准弹性部分即“中心”成分，是指频率位移最小的那一类。散射光的频率本来应该和入射光相同，然而实际上，由于散射质点的布朗（Brown）运动，更确切地讲，在准弹性光散射中，这种热运动的影响是指在恒压条件下，不传播热的运动导致熵的涨落而引起散射光频率的微小位移。而涨落引起的频率位移实质原因是多普勒效应，根据该效应，对处于静止参考体系中的观察者来说，运动质点辐射的次波频率（即散射光频率）要发生变化，即要发生相对于入射光频率的移动。该频率位移的方向及大小与质点的运动方向和速度有关。

涨落现象的一个最典型的例子是做布朗运动的粒子。质点的运动有快有慢，这使得频率位移有个分布范围，结果是散射光场以入射光频率为中心而展宽，即形成频率位移不大的散射光“中心成分”，一般频率位移范围在$1\sim10^6$ Hz。由于散射质点不停地做热运动，Brown粒子在某一瞬间所受的力不均衡，导致它的位置和动量时刻发生变化。依

赖于体系中粒子的位置和动量的物理量 $A(t)$，即涨落量。物理量 $A(t)$ 随时间的变化通常所说的物理量的值实际上是其平均值，或时间平均值或系综平均值。时间平均值是指某一物理量 $A(t)$ 在长时间内的平均，而系综平均值是指物理量 $A(t)$ 各种可能的微观态的平均，它是在统计物理中通常所指的平均方式。如果物理量 $A(t)$ 所描述的是一个各态历经体系，则根据 Birkhoff 各态历经定理，$A(t)$ 的时间平均和系综平均是等同的。除了关心其平均值外，一般我们还会要求更加细致地描述这种涨落现象，这就是相关函数的方法。相关函数是用来研究涨落等现象的一种统计方法。对于时间相关函数，是表示体系中的一特定的涨落量，在它衰减至零之前所持续的时间的数学表达式。

下面，让我们具体地讨论一下，散射光强随时间涨落的起源。设想，在散射体积 V 中有 N 个高分子或胶体粒子。如前所述，每个散射粒子都形成一个二次光源。因此，在检测点 P 处所检测到的散射光来自 N 个二次光源。与式（7.7）相似，

$$\boldsymbol{E}(t)=\sum_{i=1}^{N}\boldsymbol{E}_i(t)=-\frac{4\pi^2}{\lambda_0{}^2}\alpha'_0\boldsymbol{E}_0\sum_{i=1}^{N}\sin[2\pi\nu t-\varphi_i(t)] \tag{7.32}$$

值得注意的是，其中$\varphi_i(t)$代表第 i 个高分子或粒子。另外，由于高分子或粒径的无规则热运动，$\varphi_i(t)$是时间的函数，因此，在 P 点的散射光强也是一个时间的函数，即

$$I(t)\propto\sum_{i=1}^{N}\sum_{j=1}^{N}\cos[\Delta\varphi_{ij}(t)] \tag{7.33}$$

式中，$\Delta\varphi_{ij}(t)=\dfrac{2\pi}{\lambda}\boldsymbol{q}\boldsymbol{r}_{ij}(t)$，$\boldsymbol{r}_{ij}(t)$相当于图 7.3 中的 $\boldsymbol{r}_{lm}(t)$。$I(t)$在每一瞬间将会因 $\boldsymbol{r}_{ij}(t)$的不同而发生变化，换言之，将随时间涨落。显然，$I(t)$粒子运动越快，涨落的频率也就越快。如果所有的粒子都处于静止状态，$\boldsymbol{r}_{ij}(t)$就是一个仅与粒子位置有关而与时间无关的矢量，从而导致 $I(t)$是一个常数。另外，如果对时间取平均，并假定粒子的运动是一个随机过程，那么 $I(t)$仍是一个常数，即回到了静态光散射。在动态光散射中，通过测量散射光强的涨落，我们可以得到高分子或胶体粒子运动快慢的信息。

此外，动态光散射也可以利用多普勒（Dopplar）效应来阐述。当单一频率（$\sim10^{15}$ Hz）的入射光被散射时，如果粒子处于静止状态，那么散射光的频率将会同入射光的频率相同，即弹性散射。实际上，由于粒子的无规则运动（布朗运动），散射光的频率将会随着粒子朝向或者背向检测器的运动面出现极微小（$10^5\sim10^7$ Hz）的增加或减少，使得散射光的频谱变宽。显然，频率变宽的幅度（限宽）是同粒子运动的快慢联系在一起的。如果测得线宽，就可以得到粒子运动快慢的信息，然而与光速相比，粒子的布朗运动实在太慢，所引起的 Dopplar 效应（即频率变宽）仅有一亿分之一左右，不用说人眼无法察觉，就是用滤波能力最强的 Fabry—Perot 干涉仪也很难将其测出。由于散射光的频率发生了非常微小的相对移动，所以动态光散射又称为准弹性光散射。频率空间中无法直接测量的微小频率增宽可以利用快速光子相关仪在时间空间中通过时间相关函数来测得。

由于无规的布朗运动，粒子向各个方向运动的概率相等，因此散射光频率增宽是以入射光频率 ω_0（圆频率 $2\pi\nu$）为中心的 Lorentz 分布

$$S(\omega)=\frac{2\Gamma}{\Gamma^2+(\omega-\omega_0)^2} \tag{7.34}$$

如图 7.4 所示，当 $\omega=\omega_0$ 时，$S(\omega)=2/\Gamma$；当 $\omega=\omega_0\pm\Gamma$ 时，$S(\omega)=1/\Gamma$，即当频率偏移了 Γ 时，功率谱密度降为峰值的一半，因而称 Γ 为半高半宽，简称线宽。Γ 的量纲为T^{-1}。如前所述，$\Gamma\ll\omega_0$，很难在频率空间直接测得 $S(w)$，所以，不得不通过光强的时间自相关函数$G^{(2)}(t)\equiv[\langle I(0)I(t)\rangle]$来求得 Γ_C。数学上可以证明，功率谱密度 $S(w)$与散射光电场一电场自相关函数 $\langle E(0)E^*(t)\rangle$ 是一个 Fourier 变换对，即

$$\langle E(0)E^*(t)\rangle=\int_{-\infty}^{\infty}S_x(\omega)\exp(-i\omega t)\,\mathrm{d}\omega \tag{7.35}$$

$$S(\omega)=\frac{1}{2\pi}\int_{-\infty}^{\infty}\langle E(0)E^*(t)\rangle\exp(-i\omega t)\,\mathrm{d}t \tag{7.36}$$

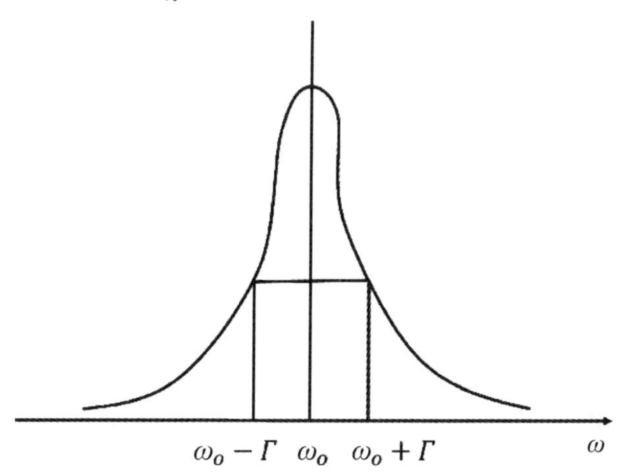

图 7.4　散射光频谱的 Lorentz 分布

这两个方程称 Wiener—Khintchine 理论。$S(w)$和 $\langle E(0)E^*(t)\rangle$ 这两个分别处于时间和频率空间的函数，通过数学上的 Fourier 变换联系在一起。

动态光散射中的另一个重要公式为 Siegert 关系式，即当散射光电场 $E(t)$服从高斯(Gauss) 统计规律时，有：

$$g^{(2)}(t)=1+|g^{(1)}(t)|^2 \tag{7.37}$$

式中，$g^{(1)}(t)\equiv[\langle E(0)E^*(t)\rangle/\langle E(0)E^*(0)\rangle]$ 和 $g^{(2)}(t)\equiv[\langle I(0)I(t)\rangle/\langle I(0)\rangle^2]$ 分别为归一化的电场一电场自相关函数和归一化的光强一光强自相关函数，因此

$$G^{(2)}(t)=\langle I(0)I(t)\rangle=\langle I(0)\rangle^2 g^{(2)}(t)=\langle I(0)\rangle^2(1+|g^{(1)}(t)|^2) \tag{7.38}$$

式中，$G^{(2)}(t)$和 $\langle I(0)\rangle$ 可以在实验中测得。实际应用中，由于检测器上的检测面积不可能是一个无限小的点，所以不可能达到 100%相干。因此，不得不在$|g^{(1)}(t)|^2$前面引入一个与检测光路有关的仪器参数 β，即

$$G^{(2)}(t)=A\ (1+\beta\,|g^{(1)}(t)|^2) \tag{7.39}$$

式中，$0<\beta<1$，$|g^{(1)}(t)|=\mathrm{e}^{-\Gamma t}$。对于一个多分散体系，$g^{(1)}(t)$包含了所有散射粒子的贡献，即

$$g^{(1)}(t)=\int_0^{\infty}G(\Gamma)\,\mathrm{e}^{-\Gamma t}\,\mathrm{d}\Gamma \tag{7.40}$$

$G(\Gamma)$为线宽分布函数，$G(\Gamma)\mathrm{d}\Gamma$ 即是线宽为 Γ 的粒子的统计权重。由式 (7.39) 可知，$g^{(1)}(t)$的 Laplace 反演可得 $G(\Gamma)$。$G(\Gamma)$分布获得之后，扩散系数以及粒子大小

的分布就水到渠成了。如果粒子的平均扩散（即布朗运动）是散射光强涨落的唯一因素，那么，$\Gamma=Dq^2$。频动扩散系数 D 可进一步同粒子的流体力学半径 R_h 联系起来，即 $R_h=k_dT/(6\pi\eta D)$，式中 k_d 为 Boltzman 常数，T 为绝对温度，η 为溶剂的黏度。R_h 是一个与高分子具有相同的平动扩散系数 D 的等效硬球的半径。因此，$G(\Gamma)$ 可转化为平动扩散系数分布 $G(D)$ 或流体力学半径分布 $f(R_h)$。

对高分子稀溶液而言，Γ 对浓度 c 和测量角度 θ 的依赖性如下：

$$\Gamma/q^2=D\ (1+k_Dc)\ [1+f(R_g^2)q^2] \tag{7.41}$$

式中，D 是角度和浓度外推到零时的扩散系数，k_D 是平动扩散的第二维里系数，f 是一个与高分子构型、分子内运动以及溶剂性质有关的常数。

由动态光散射可以得到线宽分布函数 $G(\Gamma)$、平动扩散系数分布 $G(D)$、流体力学半径分布 $f(R_h)$、平动扩散系数 D 和流体力学半径 R_h。

7.3 激光光散射仪器及其实验技术

7.3.1 激光光散射仪器的基本结构

目前在我国市面上可购买的实用激光光散射仪主要有两种类型。一种是多角度激光光散射仪，该类仪器样品池和检测器均为固定的，检测器为固定在不同角度的光电二极管，依光电二极管的个数将激光光散射仪分为三角度、八角度和十八角度等类型。该仪器的激光光源为半导体激光器，波长和功率固定，并将其中一个角度与动态光散射仪相连，可测定聚合物的静态光散射和动态光散射。该类仪器可单独使用，还可与折光仪、黏度仪、凝胶渗透色谱系统等联用，从而可得到混合物的分子量和分布信息，特别适合于测定聚合物分子量、支化比，研究分子形状等，研究聚合物散射光强与角度的依赖性则有一定局限性。图 7.5（a）所示是美国怀特（Wyatt）公司生产的 DAWNEOS 型十八角度激光光散射仪。

(a) DAWNEOS 型十八角度激光光散射仪外观图

(b) BI—200SM 型广角光散射仪外观图

图 7.5

另一种类型的仪器为广角激光光散射仪，这类仪器的激光光源可根据需要选择配置，波长和功率均有一定可调幅度。检测器装在一个转臂上，通过转臂旋转调整检测器角度，可检测 8°～160°任意角度的散射光强和时间相关函数。转臂平稳性要求极高，即在所测角度范围内，上下位置波动不超过±5 μm，故仪器一般需放置在光学平台上。且每次只能检测一个角度，较适于研究聚合物散射光强与角度的依赖性，测定聚合物分子量则较为麻烦。该仪器不能与其他相关仪器设备联用，只能单独使用。测定微分折光指数（dn/dc）的折光仪需另外配置。图7.5（b）所示是由美国布鲁克海文（Brook－Heven）仪器公司生产配备BI－9000AT数字相关器的BI－200SM型广角光散射仪。

一台现代光散射仪通常包括激光光源、恒温样品架、快速光电倍增管和数字时间相关器。图7.6为我国香港中文大学吴奇教授实验室里经过改装的德国ALV公司的激光光散射仪的平面配置图，该散射仪可以同时进行静态和动态光散射以及测定微分折光指数（dn/dc），下面分别就仪器的每一个部分作一个简略介绍。

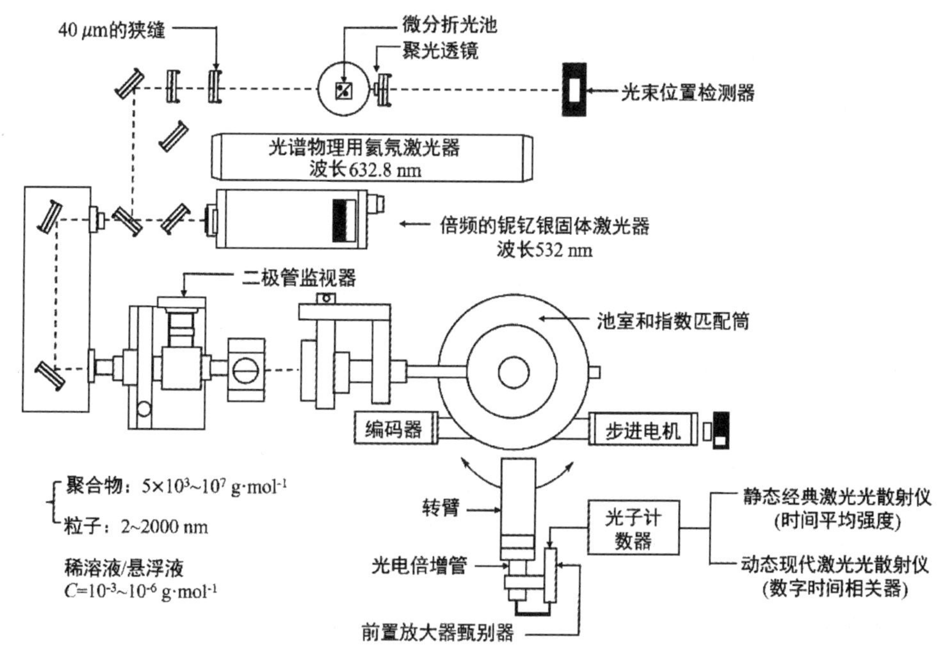

图7.6　含有微分析射仪的ALY－5000型激光光散射仪

（1）光源。

早期的光源为汞灯，现在一般都使用激光光源。常见的有氦氖和氩离子等气体激光器。近年来，气体激光器被小巧且稳定的固体激光器所取代，最常见的为经过倍频的铌钇银固体激光器。光源的功率介于5～1000 mW之间，对高分子稀溶液，光源的功率则应大于10 mV。同时光强的波动应不大于±1%。通常，入射光强通过一个衰减器加以调节，会聚透镜的焦距一般为30～50 cm，经过会聚的光束束腰为100～300 μm。

激光作为光散射的光源有其突出的优点：①激光是高亮度的光源，可测量浓度很低的散射体系。高亮度的入射光也使测量与溶剂对比度小的样品成为可能；②激光高的单色性使我们可以准确地测量和分析散射谱；③高相干性的激光可以提高测量的精度和缩短测量时间；④高偏振度的激光输出使得实验的数据处理较为简单，并且使得对各向异性散射体的研究成为可能；⑤当前的激光技术保证了激光输出的长时间稳定性，使得动态光散射中的数据累积成为可能，极大地提高了实验数据的信噪比，保证了实验数据的准确度和精度。

（2）散射架。

样品池的截面通常是正方形（10 mm×10 mm）或圆形（直径为10～20 mm）。正方形的样品池常用于一个固定角度（90°）的动态光散射。圆形的样品池的圆心要求与检测器的旋转中心重合。通常，样品池固定在一个中空的恒温铜块中，铜块置于一个直径为 100～150 mm 的同心玻璃杯中，杯中充满了甲苯或其他折光指数同玻璃相近的透明液体。光学上，玻璃杯和其中填充的甲苯的作用是使得样品池的外壁增厚，直径增大为 100～150 mm，从而入射光束不因样品池细小的直径而出现聚焦或发散。

（3）检测器。

检测器通常由一个高灵敏、快响应的光电倍增管、一个前置放大器、甄别器、放大器以及若干圆孔、狭缝和透镜组成。散射光进入光电倍增管之前，先经过"圆孔一透镜一圆孔"的光学系统的汇聚。整个检测系统装在一个转臂上。一般而言，散射角度为 15°～150°。经过特殊改装的仪器（如图 7.6），其角度可达 6°～154°。静态光散射对转臂的平稳性要求极高，即在所检测的角度范围内，转臂上下的位置波动一般不得超过 ±5 μm。

（4）相关器。

这是动态光散射的一个主要部件。在过去的 10 年内，相关器已由一台大型的仪器发展成为一块单片机。该单片机包括一个可快到 12.5 ns 的计数器，一个大容量的存储器，以及快速加法和乘法运算功能。具体的计算按照时间相关函数的定义进行，即 $\langle I(0)I((t))\rangle=\sum_{i=1}^{N}n(i)n(i+t)$，其中，$n(i)$ 和 $n(i+t)$ 分别为在时间为 i 和 $i+t$ 时计数器所接收到的光子数，N 为总通道数。对于一个给定的弛豫时间 t，相关器可算出 $g^{(2)}(t)$ 一个相应的值。t 可从短至 12.5 ns 变为长达几个小时。

（5）微分折射仪。

微分析射仪通常包括光源、微分折射池和光束位置检测器。其中，微分折射池是一个方形的玻璃池被一块成 45°角的玻璃隔成两个池子。一个池子放溶剂，另一个池子依次放入不同浓度的溶液。由于溶剂和溶液的折光指数不同，入射光束会被折射。其折射角随波长的增加而增大。在实际应用中，通过测量光束偏离的距离，可算出折射角以及折光指数的差值 Δn，进而算出特性微分折光指数 dn/dc。图 7.7 为吴奇教授课题组自行研制的微分折射仪。在这一微分折射仪中，采用了新的光路设计，这一设计直接以光散射的激光作为光源，从而免去了波长的校正。

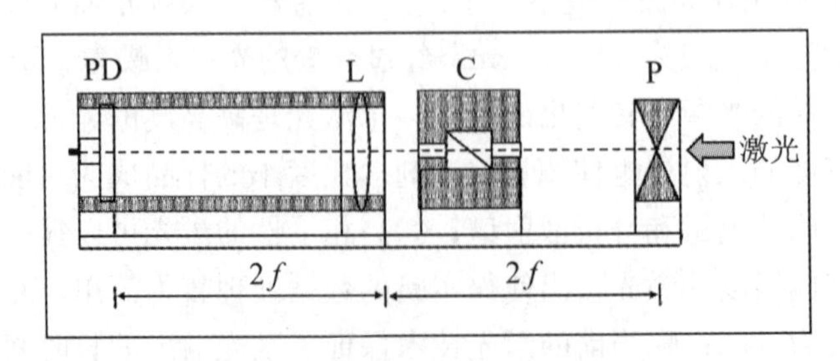

图 7.7　新型微分折射仪的光路设计

需要指出的是，光散射仪的安装和调试是一个非常精细的过程。入射光和不同角度的散射光必须严格地处在同一个平面。同时，入射光要垂直地入射散射池且通过样品池和检测器的旋转中心。另外，激光光散射实验中的一个重要的步骤是对溶液样品除尘。

除了激光下用肉眼观察外，还可以将检测器移至小角度观察散射光强的波动。对一个除尘充分的样品，光强在小角度的波动不应大于5%。制备一个尽可能无尘的样品是得到好的光散射结果的别无选择的先决条件，应在实验中予以充分的重视。

7.3.2 激光光散射实验的样品制备

7.3.2.1 静态光散射测量分子量的样品的制备

此技术对样品中的污物或灰尘是十分敏感的，因此在样品制备中应极为小心。该实验的关键技术是所测量的高分子溶液必须进行仔细除尘和纯化，以达到清亮透明。所用溶剂应该纯化，并用0.02 μm膜过滤。样品溶液需经过适当孔径的微孔过滤直接过滤注入散射池。所制备的溶液应静置一段时间，依赖于样品，可能是24 h至几天，以保证充分溶解。所有玻璃器皿必须严格地除尘，且没有划伤。因此，建议在超净工作台中进行样品制备和放置仪器，保证灰尘污染最小化。如不遵守这些常规程序，肯定会导致较差或错误的结果。极小的样品如水相溶液中的蛋白质，也经常需要过滤。聚合物必须完全溶解后再过滤。

测量时，样品的最小浓度由超过溶剂的过剩散射光强来定义，比如过剩散射光强最低为溶剂的30%。如果溶剂是散射光强为150 kcps的甲苯，那么最低样品浓度应保证光强大于150×1.3 kcps（195 kcps）。小心谨慎的样品制备程序，使测量仅10%的过剩散射成为可能，但这并不是理想的。测量时的最大浓度依赖于样品，由粒子相互作用的开始浓度决定。通常最好保持最大浓度低于0.1%（*W*/*V*）。

7.3.2.2 光散射测量流体力学半径（粒径）的样品制备

（1）样品浓度。

如果样品浓度太低，可能会没有足够的散射光进行测量。如果样品太浓，那么一个粒子散射光也会被其他粒子所散射（这称为多重散射）。浓度的上限也要考虑到，在某一浓度以上，由于粒子间的相互作用，粒子不再进行自由扩散。在确定能够测量样品的最大浓度时，粒子大小是一个重要因素。

可以使用表7.1作近似指导，以决定不同粒径的最大和最小浓度。此表给出的浓度数值是样品密度接近1 g·cm^{-3}时的近似值，此处粒子相对于分散剂具有合理的折射率差异，如粒子的折射率为1.38，水的折射率为1.33。

表7.1 粒径及其推荐的浓度上下限

粒径	最小浓度（推荐）	最大浓度（推荐）
<10 nm	0.5 g·L^{-1}	仅有样品材料相互作用、聚集、胶凝作用等限制
10～100 nm	0.1 mg·L^{-1}	5%质量（假定密度为1 g·cm^{-3}）
100 nm～1 μm	0.01 g·L^{-1}	1%质量（假定密度为1 g·cm^{-3}）
>1 μm	0.1 ·L^{-1}	1%质量（假定密度为1 g·cm^{-3}）

如果不容易达到这样的浓度（例如样品的粒径可能太小，即使很浓也不出现任何浊

度），应测量不同浓度的样品，以避免浓度效应（如粒子相互作用等）。应在这样的浓度范围内测试，即测试结果依赖于所选择的浓度。但是通常样品在低于0.1%浓度（按体积计算）时，浓度效应该不会出现。要注意，粒子相互作用可能在样品浓度大于1%（按体积计算）时发生粒子相互作用而影响结果。

①小粒子需要考虑的事项。

对小于10 nm的粒子，决定最小浓度的主要因素是样品生成的散射光强。此浓度下样品应生成的最低光强为10000 cps（10 kcps），这样才能超过分散剂的散射。作为一个参考，在水体系中散射光强应超过10 kcps，在甲苯为分散剂的体系中，散射光强应超过100 kcps。对小粒径的样品，最大浓度实际上不存在（以进行动态光散射DLS测量的术语来说）。但实际上，样品的性质本身会决定此最大值。例如，样品可能有胶凝作用和粒子间相互作用。如果粒子之间存在相互作用，那么粒子的扩散常数通常会改变，导致不正确的结果。应选择某一合适的浓度，以避免粒子间相互作用。

②大颗粒需要考虑的事项。

即使对大颗粒，知道最小浓度仍然是得到有效散射光强的保障，虽然我们还必须考虑"Number fluctuation"（数量波动：粒子浓度太低导致在光路中的粒子数量随时间较大波动）的附加效应。例如，如果在低浓度（如0.001 $g \cdot L^{-1}$）下测量一个大颗粒的样品（如粒径在～500 nm），生成的散射光大于进行测量的所需量。但是如果散射体积中粒子数太小（小于10），则在散射体积中会发生严重的粒子数量随时间波动的情况。这些波动与所用计算方法中假设的类型不符，通常会被错误诠释为样品中的大颗粒。

较大颗粒的样品浓度上限，由其引起多重散射的趋势决定。随着浓度增加，多重散射效应越来越占优势，在达到某一浓度时，产生过多的多重散射，会影响测量结果。当然，如此高的浓度不应用于精确测量，表7.1中给出了不同粒径粒子最大浓度的粗略估算。通用规则是，在多重散射和粒子相互作用影响结果之前，以可能的最高浓度进行测量。可以假定样品中的灰尘污染对高浓度和低浓度是相同的，因此样品浓度增加，从样品得到的散射光强相对灰尘散射光强有所增加。

（2）样品的过滤。

用于稀释样品（分散剂和溶剂）的所有液体，应在使用前过滤，以避免污染样品。过滤器的粒径应由样品的估算粒径决定。如果样品是10 nm，那么50 nm灰尘将是分散剂中的重要污染物。水相分散剂可被0.2 μm孔径膜过滤，而非极性分散剂可被10 nm或20 nm孔径膜过滤。尽可能不过滤样品。过滤膜能通过吸附以及物理过滤消耗样品。只有在溶液中有较大粒径粒子如聚集物时，且它们不是所关心的成分，或可能引起结果改变，才过滤样品。

（3）运用超声波。

可使用超声处理除去气泡或破坏聚集物。但是，必须谨慎应用，以避免损坏样品中的原有粒子。使用超声的强度和施加时间方面，依赖于样品。矿物质如二氧化钛是通过超声探头进行分散的一个理想的例子；但是某些矿物质，如炭黑的粒径，则可能依赖于所应用的功率和超声处理时间。超声甚至可使得某些矿物质粒子聚集。乳状液和脂质体不得采用超声处理。

7.4 激光光散射法的应用举例

7.4.1 静态激光光散射的应用举例

7.4.1.1 建立物质的Mark－Houwink方程，以表征其分子量

如果已知某高分子溶液的Mark－Houwink方程，即$[\eta]=K M^{\alpha}$，则可用简单、方便、快速的黏度法测定该高聚物的黏均分子量（M_{η}）。因此黏度法常用于生产上控制高聚物产品的质量或研究材料的性能或功能随分子量变化的规律，是最简便的分子量表征方法。为了建立新的高聚物的$[\eta]=K M^{\alpha}$关系，首先把试样分成10个以上分子量分布很窄的级分，然后在34 ℃下测定每个级分在环己烷中的M_w和特性黏数$[\eta]$值，再由$\lg[\eta]$对$\lg M$作图的直线斜率和截距求得聚苯乙烯溶液的Mark－Houwink方程如下：

$$[\eta]_{\theta}=8.8\times10^{-2}M_w^{0.50} \tag{7.42}$$

显然，聚苯乙烯在θ条件下（也即高分子处于无扰状态，排斥体积为0，此时溶液的行为符合理想溶液行为），Mark－Houwink方程的指数α正好等于0.5，而它在良溶剂中的$\alpha=0.75$，符合一般柔顺性高聚物无规线团链的特征（$0.5<\alpha<0.8$）。它们所建立的Mark－Houwink方程［式（7.42）］覆盖了相当宽的分子量范围，而且接近一条直线。

然而越来越多的实验表明，在较宽的分子量范围$\lg M-\lg[\eta]$并不是一条直线。当分子量相当高时，刚性高分子的Mark－Houwink方程指数随分子量继续增加而减少。然而当分子量低于10^4时，指数一般很小。Norisuye等用光散射和黏度法分别测量了一种直链淀粉（Amylose）的M_w和$[\eta]$值。图7.8（a）和（b）分别示出了该直链淀粉在二甲基亚砜中的Zimm图和$M_w-[\eta]$关系。显然当$M_w>10^4$时，$\lg M-\lg[\eta]$成一条直线，而且指数$\alpha=0.7$符合柔性链的特征。当$M_w<10^4$时，α急剧降低且趋近于0，表明在低分子量区高聚物分子链构象及远程相互作用发生了显著变化。

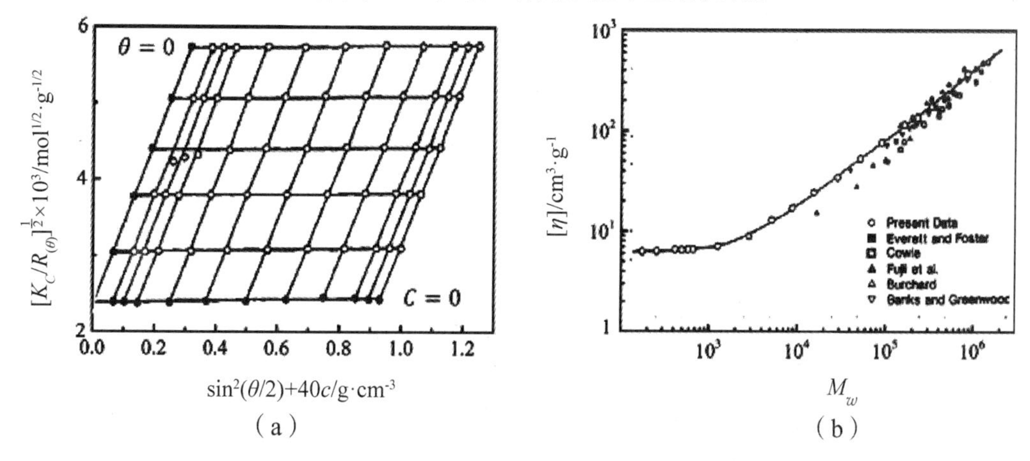

图7.8 直链淀粉在二甲基亚砜中的（a）Zimm图及（b）$M_w-[\eta]$关系图

7.4.1.2 测定高聚物旋转半径和特征比

众所周知，重均分子量（M_w）和均方旋转半径是用光散射法测量高聚物溶液的最

普遍和最基本的数据。M_w 反映高聚物分子质量，而 $\langle s^2 \rangle$ 反映分子尺寸，它们一般符合以下关系：

$$\langle s^2 \rangle^{1/2} = K M_w^{\alpha} \tag{7.43}$$

式中，指数 α 与分子链形态有关，一般 α 值越高则高分子链的刚性越大。通常，α 为 0.3 左右表明高分子蜷曲成球状，α 在 0.5～0.6 范围属柔顺性无规线团链，而 α 在 1 左右为棒状或刚性链。

按照早期的理论，高聚物主链上 C—C 单键内旋转造成高分子在空间呈现的各种形态称为构象。实际上高分子链每个键的内旋转并不是自由的，而会受到不同程度的约束和阻碍，一般用特征比（C_∞）表示空间位阻（σ）和键角（θ）对高分子链自由旋转的综合影响。C_∞ 值越小，链柔性越好。烯烃类高聚物的 C_∞ 可由实际高分子的无扰均方末端距（$\langle R^2 \rangle_0$）与自由结合链均方末端距（$\langle R^2 \rangle_{f,j} = n b^2$）的比值求取：

$$C_\infty = \langle R^2 \rangle_0 / n b^2 \tag{7.44}$$

或

$$C_\infty = (6 \langle s^2 \rangle_0 / M)(M_0 / C b^2) \tag{7.45}$$

式中，n 为键数；b 为键长；$6 \langle s^2 \rangle_0$ 为无扰尺寸，即高分子在 θ 条件下的尺寸；M_0 和 C 分别为重复单元的分子量和所含键数。主链为五元环或六元环的聚多糖类，可用每个糖环平均长度代替 b 值（此时 $C=1$，M_0 为糖环的分子量）。为了弄清楚直链淀粉在溶液中的形态，Norisuye 等人用光散射测定 25 ℃下一系列直链淀粉分级试样在二甲基亚砜（DMSO）中的 $\langle s^2 \rangle_0 / M = 8.3 \times 10^{-4}\ \mathrm{nm}^2$。取 $b = 0.425$ nm，按式（7.45）求得 $C_\infty = 4.5$，该值很小而且低于一般柔顺性高分子在良溶剂中的值（顺丁二烯 $C_\infty = 5.3$）。由此可以证明该直链淀粉属于柔顺性高分子，它在 DMSO 中呈球状无规线团链构象。影响溶液中高分子链构象的因素很多，如化学结构、氢键、温度、溶剂等。

合成的聚乙烯、聚丁二烯、聚异戊二烯的 C_∞ 值一般在 5～7 范围内。Hadjichristidis 用黏度和光散射法测定了聚甲基丙烯酸三氯苯酯分级试样在几种溶剂中的 $[\eta]$ 和 M_w 值，按 Stockmayer—Fixman 方程（式）作图（见图 7.9）求得 $K_\theta = 0.0258\ \mathrm{cm^3 \cdot g^{-1}}$，并计算出 $6 \langle s^2 \rangle_0 / M = 2.17 \times 10^{-3}\ \mathrm{nm}^2$。由此得出 $C_\infty = 12.2$，该值明显高于一般聚烯烃的值，表明三氯苯酯侧基引起较大的空间位阻及链的刚性使 C_∞ 值增大。

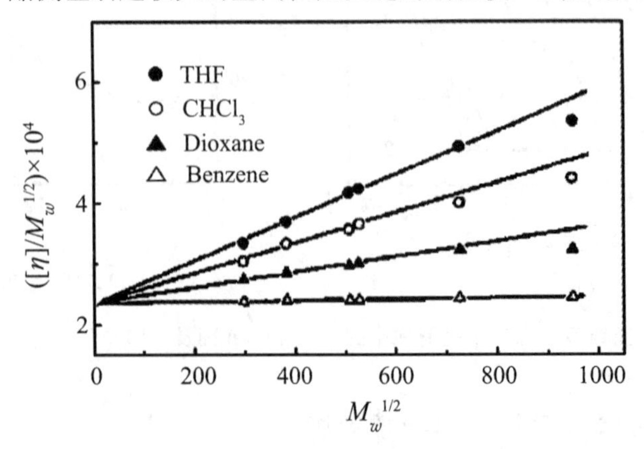

图 7.9　聚甲基丙烯酸三氯苯酯的 Stockmayer—Fixman 图

$$\frac{\eta}{M_w^{1/2}}=K_\theta+CBM_w^{1/2} \tag{7.46}$$

$$K_\theta=\Phi_0(6\langle s^2\rangle_0/M)^{3/2} \tag{7.47}$$

式中，C 为常数；$\Phi_0=2.55\times1023\ \mathrm{mol}^{-1}$。

7.4.1.3　研究高聚物分子量与第二维里系数的关系

第二维里系数（A_2）是直接表征溶液中高聚物与溶剂分子相互作用程度的参数，当相互作用抵消时$A_2=0$，而且溶剂越优良则A_2越大。按照高分子溶液热力学理论，A_2一般为正值，但当高分子处于θ条件附近，或发生聚集时，A_2也可能出现负值。通常，高分子的A_2值随其分子量增加而减小，并服从以下关系：

$$A_2=KM^{-b} \tag{7.48}$$

式中，K 为常数；指数 b 的绝对值多数为 0.2～0.3。

为弄清高分子溶液中的分子结构对排除体积效应的影响以及二参数理论的适用性，Yamakawa 等用光散射研究了等规聚甲基丙烯酸甲酯（PMMA）在丙酮中 25 ℃的M_w与A_2的关系，在分子量 7.89×10^2～1.93×10^6范围内所得到的 lg A_2对 lg M_w的关系如图 7.10 所示。当分子量低于 2×10^4 时，该直线随M_w 减小而向上弯曲。按照 Yamakawa 理论，A_2可表达为以下形式：

$$A_2=A_2^{(HW)}+A_2^{E} \tag{7.49}$$

式中，$A_2^{(HW)}$表示由 $n+1$ 个完全相同的珠子组成的假想高分子链的A_2，而A_2^{E}则代表链末端的影响对A_2所做的贡献部分。因此当高聚物分子量较低时，末端基的影响明显增大，二参数理论在此范围不适用。

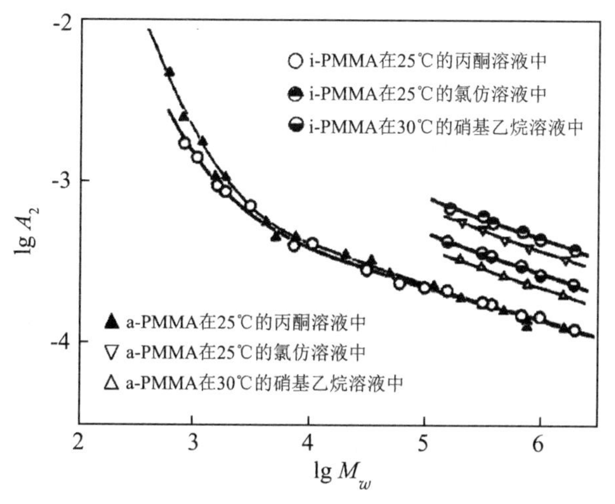

图 7.10　等规甲基丙烯酸甲酯（i－PMMA）**和无规甲基丙烯酸甲酯**（a－PMMA）**的 A_2 与 M_w 对数关系图**

7.4.1.4　表征高聚物链构象及其转变

1949 年，Kratky 和 Porod 针对刚性较大而不符合无规行走模型的高分子，提出了蠕虫状链模型，即 KP 链模型。KP 链模型主要用于单、双和三螺旋链以及半刚性链，但它可描述从柔性链到棒状链之间的各种构象。Yamakawa 等按照螺旋形蠕虫状链模型（HW）提出了单、双和三螺旋链分子参数的理论关系式，它可以用于计算链刚性参数。通常用持续长度（q）和单位围长摩尔质量（M_L）来描述高分子链的刚性。q 定义为无限长链的末端在首端第一个键方向的轴上投影，它反映高分子链的支撑能力，q 值越小链越柔顺。由光散射测定一系列高聚物分级试样的M_w和 $\langle s^2\rangle$ 值，可按照该模型链的 Benoit—Doty 表达式计算出 q、M_L等参数。

$$s^2=\frac{qM}{3M_L}-q^2+\frac{2q^3M_L}{M}\left[1-\frac{qM_L}{M}(1-\mathrm{e}^{-M/qM_L})\right] \tag{7.50}$$

对于螺旋链、刚性链和半刚性链，上式可以简化为以下两种形式：

$$(M_w{}^2/12\langle s^2\rangle)^{2/3}=M_L{}^{4/3}+(2/15)(M_L{}^{1/3}/q)M_w \tag{7.51}$$

$$(M_w/12\langle s^2\rangle)^{1/2}=(3M_L/q)^{1/2}+3M_L(3qM_L)^{1/2}/2M_w \tag{7.52}$$

式（7.51）适用于$M_w/2qM_L<2$ 的情况。以$(M_w{}^2/12\langle s^2\rangle)^{2/3}$对$M_w$作图，则由直线外推的斜率和截距可求得$M_L$和 q 值。当高聚物的$M_w/2qM_L>2$，即链的刚性稍低时，则采用式（7.52）计算M_L和 q 值。同时按下式可以计算出螺距（或多糖主链上单位糖残基的围长，h）：

$$h=(M_0/x)/(M_L/n_s) \tag{7.53}$$

式中，x 为主链上重复单元的葡萄糖基数目，n_s为多股链的股数，M_0是重复单元的分子量。一般多股螺旋链由分子内氢键维持其螺旋状，而分子间氢键则将几股链束缚在一起，从而形成双或三螺旋链。如果螺旋链高分子溶于一种可以破坏其氢键的强极性溶剂如 DMSO 或 Cadoxen 中，则多股链立即散开成单股柔顺链。因此通过比较螺旋链高分子在水溶液和在强极性溶液中的M_w值，由式（7.54）可以计算水溶液中分子链的股数。

$$n_s=M_{w,\mathrm{H_2O}}/M_{w,\mathrm{DMSO}} \tag{7.54}$$

天然多糖在食品、医药、化妆品、增稠剂等领域都有着广泛的应用，其功能明显依赖于分子量及链构象。Sato 等人对一种商业黄原胶（Xanthan，由植物病原体产生的胞外多糖，其主链为β—（1→4）—D—葡萄糖，每个纤维二糖单元带一个三糖侧链，它含两个羧基和一个丙酮醛基）的溶液性质进行了系统研究。他们用光散射、黏度、旋光等方法证明黄原胶在水溶液中为双螺旋链，而在氢氧化镉乙二胺溶液（Cadoxen）中则转变为无规线团。图 7.11（a）和（b）分别为黄原胶在 0.1 mol·L^{-1} NaCl 水溶液和 Cadoxen 中 25 ℃时的$\langle s^2\rangle^{1/2}$—M_w关系及其与双螺旋链的理论对照。利用反复尝试法可以找出适合于式（7.50）的M_L和 q 值，然后按照式（7.53）计算出 h。由此可得出构象参数：M_L=1940 nm^{-1}，q=120 nm，h=0.47 nm。显然该黄原胶在水溶液中呈现双螺旋构象。同时由图 7.11 看出该多糖的$\langle s^2\rangle^{1/2}=KM_w{}^{\alpha}$关系的指数（$\alpha$）在水溶液中大约为 1，表明该多糖分子链刚性较大，而在 DMSO 中 α 为 0.50～0.59，则符合柔性链的特征。

7.4.1.5 研究聚合反应与降解

嵌段共聚物是分子结构规整的共聚物中研究最多、应用最广的一类，但是迄今为止只有少数几种嵌段共聚物应用于生活中，如苯乙烯与丁二烯的嵌段共聚物（SBS）。近年已开发利用非极性高聚物多级功能化新方法，在嵌段共聚物活性段上进行各种功能基的选择取代合成嵌段共聚物新材料。Lochmann 等用两步法合成了 4－甲基苯乙烯（4－MS)－苯乙烯（PS）和异戊二烯（PIH）－苯乙烯（PS）及其相应的嵌段接枝共聚物，并通过静态光散射、黏度和尺寸排除色谱（SEC）法研究了它们的M_w和［η］，其值列于表 7.2。值得注意的是，接枝后嵌段共聚物的M_w增加，但[η]却低于接枝前的原始嵌段共聚物，表明该支化结构发生了很明显的分子收缩。同时，该接枝共聚物接枝率越高，即分子量越高，而[η]值几乎不随M_w的增加而变化。众所周知，一般用传统方法合成的接枝共聚物其分子量和特性黏度都是随接枝率的提高而增加的。因此，用这种新方法合成的高聚物远程结构明显不同于传统方法的结构，并有利于改善加工性。

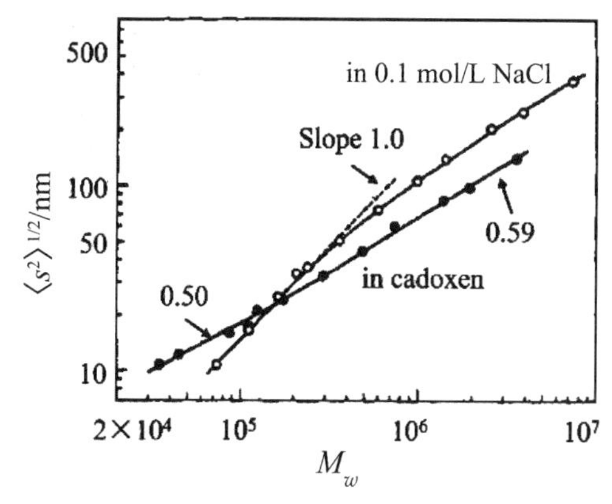

(a) 黄原胶在 0.1 mol・L^{-1} NaCl 水溶液和 Cadoxen 中 25 ℃时的$\langle s^2\rangle^{1/2}-M_w$ 关系

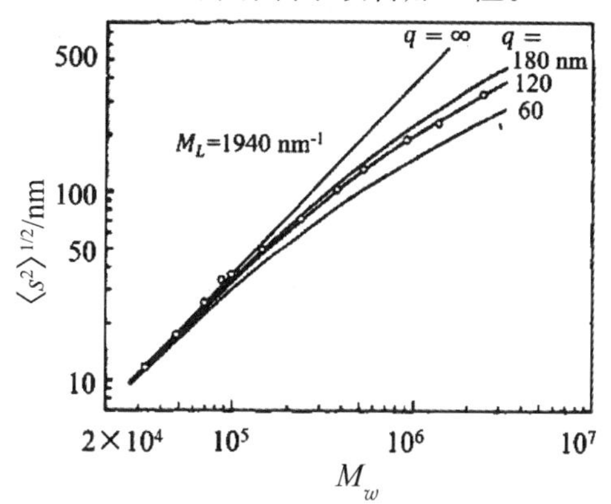

(b) 其与双螺旋链的理论对照

图 7.11

表 7.2　接枝共聚物的分子特征

样品	LS		SEC		[η]（Pa・s）	
	$M_w\times10^{-4}$	$\langle s^2\rangle^{1/2}$	$M_w\times10^{-4}$	M_w/M_n	接枝前	接枝后
PIH-b-PS	20.6	34.5	19.3	1.33	66	78
PIH-b-PS	30.6	15.0	29.7	1.30	55	—
PS－b－P（4－MS）I	49.0	25.5	58.5	1.64	50	54
PS－b－P（4－MS）I	89.0	31.0	109.0	2.27	48	54

7.4.1.6　表征高分子在溶液中的聚集行为

高聚物与低分子量的两亲性化合物自组装成高度有序结构的复合物类似于生物体的组装，因此高聚物－表面活性剂复合物一直引人注目。通常聚电解质与带相反电荷的离子型表面活性剂形成的复合物是由聚离子和带电的胶束间库仑相互作用力引起的。Dubin 等用光散射法研究了一种由聚二甲基二烯丙基氯化铵（PDMDAAC，$M_w=2\times10^5$）和阴离子/非离子表面活性剂（十二烷基苯磺酸钠 SDS 和三硝基苯 TX－100）产生的复合物。表面活性剂的摩尔分数（y）为 0.35，所用溶剂为 0.4 M NaCl 水溶液。PDMDAAC（Merquat 100）聚合物、SDS/TX－100 胶束和 PDMDAAC—SDS/TX－100 复合物的光散射实验结果如表 7.3 所示。

表 7.3 PDMDAAC SDS/TX—100 胶束和 PDAAC—SDS/TX—100 混合胶束在 0.4 mol・L^{-1}氯化钠溶液和 $y=0.35$ 条件下的光散射结果

体系	$M_w \times 10^{-5}$	$\langle s^2 \rangle^{1/2}$ /nm	A_2 /($cm^3 \cdot mol \cdot g^{-2}$)	dn/dc /($cm^3 \cdot g^{-1}$)
Merquat—100	2.8±0.8	40±5	$(7.3\pm3)\times10^{-4}$	0.186
SDS/TX—100	2.1±0.5	21±2	$(-1.4\pm0.8)\times10^{-4}$	0.137
Merquat—100x—SDS/TX—100	2.0±0.4	42±6	$(2.2\pm1)\times10^{-3}$	0.214

从表 7.3 中可以看出，显然它们不同于一般的聚合物复合体。当聚合物浓度较低时，所产生的复合物尺寸$\langle s^2 \rangle^{1/2}$并不高于组成它的聚合物 PDMAAC 的值，但是其分子量却比原来聚电解质高 10～15 倍。因此认为它是一种聚合物分子内组合的复合物，包含约 290 个胶束。复合物如此紧密的结构表明 PDMAAC 和混合胶束之间形成相当数目的离子对。然而当聚合物浓度较高时则形成更大的聚集体，并且大粒子的贡献强烈影响小角度处的散射。如图 7.12 所示，此时只考虑用大角度数据外推求M_w和$\langle s^2 \rangle^{1/2}$。实验证明，该复合物在水溶液中存在聚合物分子内和聚集体之间的平衡。因此，聚电解质自组装复合物比一般高聚物自组装更复杂，并且常常出现意想不到的反常溶液行为。

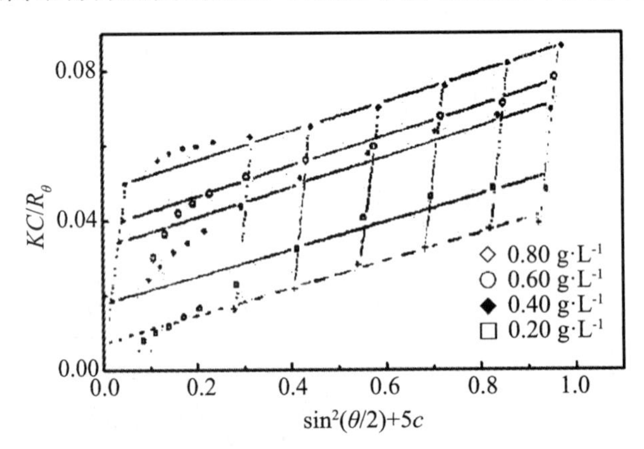

图 7.12 不同浓度 PDMDAAC（Merquat 100）在 0.4 或 mol・L^{-1}氯化钠溶液和 $y=0.35$ 条件下的 Zimm 图

7.4.2 动态激光光散射的应用举例

7.4.2.1 研究高聚物分子链构象及其转变

芳香族聚酰亚胺是高性能聚合物材料，被广泛用作光学材料、涂料、黏合剂和介电绝缘材料等。为了有效开发和应用这类材料，必须弄清楚它们的分子链构象。吴奇等用动态光散射测定了聚［2,2′—二(4—(3,4 二羧基苯基)六氟丙烷双酐—4,4′—二氨基—3,3′—二甲基联苯)］(6FDA—OTOL）和聚［2,2′—二(4—(3,4—二羧苯氧基)苯基丙烷双酐—4,4′—二氨基—3,3′—二甲基联苯)］(BISADA—OTOL）的动扩散系数 D 和分子量M_w。图 7.13 为两种聚丙烯酰胺试样 6FDA—OTOL 和 BISADA—OTOL 的环戊酮溶液在 30 ℃时的 D 对 M_w 的双对数图。

由图 7.13 可以得出如下关系：

$$\langle n_s \rangle = 8.13 \times 10^{-5} M_w^{-0.47} \quad (\mathrm{cm^2 \cdot s^{-1}},\ 6FDA-OTOL) \tag{7.55}$$

$$\langle D \rangle = 3.02 \times 10^{-4} M_w^{-0.60} \quad (\mathrm{cm^2 \cdot s^{-1}},\ BISADA-OTOL) \tag{7.56}$$

由指数α_D可以看出，聚酰亚胺 BISADA－OTOL 的分子链在环戊酮中呈现较为伸展的链构象，而 6FDA－OTOL 在溶液中则表现出较蜷曲的链构象。

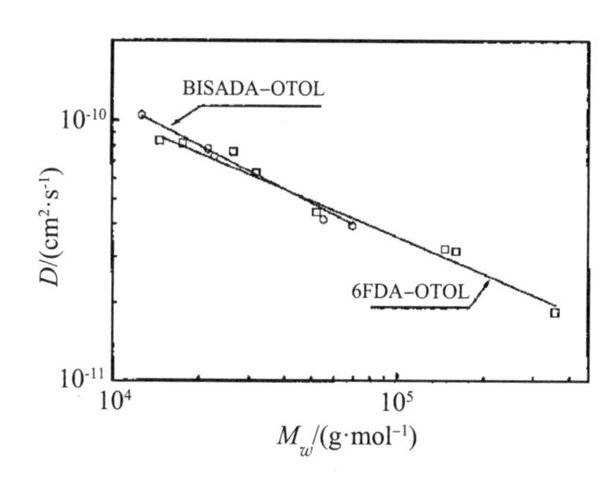

图 7.13 两种聚丙烯酰胺试样 6FDA－OTOL 和 BISADA－OTOL 的环戊酮溶液在 30 ℃时的 D 对 M_w 的双对数图

7.4.2.2 表征高聚物分子及聚集体尺寸和形态

利用动态光散射技术可对分子及其聚集体的尺寸和形态进行测量的特点，Ouchi 等通过化学修饰制备出一种聚乙二醇接枝的壳聚糖衍生物（PEG－g－chitosan）。如图 7.14（a）所示，它在水中易形成聚集，是一种很有前景的药物载体。为了弄清楚其聚集和解缔行为，Ouchi 等人用动态光散射（DLS）研究了接枝壳聚糖 CP22 在水和添加二氯醋酸的酸性液的粒子半径。图 7.14（b）为试样 CP22 在不含和含二氯醋酸的水中的粒径分布。它在水中形成聚集体，其粒径分布为单峰，由此得出 CP22 的流体力学半径约为 90 nm。然而在添加少量二氯醋酸后，其流体力学半径则下降为 12 nm 和 30 nm，表明分子间氢键作用被破坏而解聚。同样，也已证明该接枝壳聚糖在 DMSO 中不形成聚集，但经水透析后的分散液粒子尺寸迅速增大，表明发生了分子间聚集。有趣的是，这种 PEG 接枝壳聚糖聚集体在中性水中可以吸附疏水性的 N－苯基萘胺（PNA），而在酸性条件下该 PNA 又可从聚集体中释放出来。因此，它可以作为载体用于 pH 敏感的药物释放体系。

7.4.2.3 表征分散液的稳定性

动态光散射可以测定聚合物乳液的粒径及其分布，以分析乳液的储存稳定性。粒径越小，粒径分布指数越小，其稳定性越好。作者所在课题组借助动态光散射技术探究凹凸棒土（AT）和有机改性凹凸棒土（OAT）改性水性聚氨酯乳液（PU）的粒径分布。图 7.15 为不同 HAT/OAT 含量的水性聚氨酯乳液（APU/OAPU 乳液）的粒径分布对比图，表 7.4 列出了对应的平均粒径及粒径分布指数（PDI）。首先对 APU 的粒径数据进行分析，当 HAT 用量为 0.5%时，乳液的粒径分布与单纯 WPU 乳液的粒径分布相比，有一定的变宽倾向，平均粒径略有增大，这可能是多分散性 HAT 的影响所致。当 HAT 用量为 2.5%时，粒径分布和平均粒径甚至都有较大的减小。但是当 HAT 用量增大到 5.0%时，乳液的粒径分布明显变宽，平均粒径明显增大。所以当 HAT 的用量较低时，HAT 可以均匀地以纳米尺寸分散在 WPU 乳液中，但是当 HAT 用量较大时，部分 HAT 可能在乳液中出现小部分聚集，使乳液粒径增大，分布变宽。OAPU 乳液的粒径呈现相似的趋势，随着 OAT 引入量的增加，OAPU 乳液的平均粒径及粒径分布指数呈现增大的趋势，说明 OAT 的加入导致乳液的平均粒径增大、分布变宽。这是因为少量的 OAT 能够均匀分散在 WPU 基质中，当 OAT 的含量增加时，OAT 的棒晶之间产生部分聚集作用，导致晶体颗粒变大，从而使得平均粒径及粒径分布指数增大。

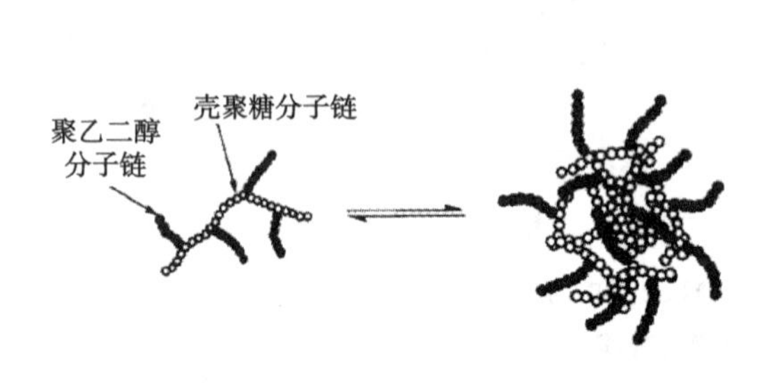

（a）PEG—g—chitosan 在水溶液中通过氢键相互作用形成的分子间聚集示意图

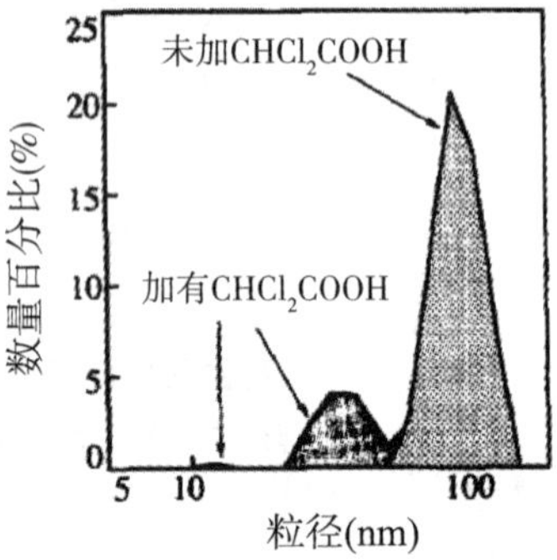

（b）在加或者没加二氯醋酸的条件下，PEG—g—chitosan 的粒径分布情况

图 7.14

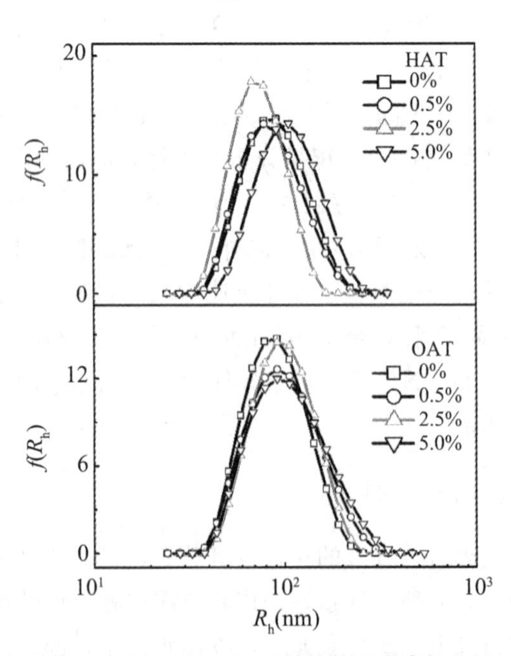

图 7.15 APU 及 OAPU 的流体力学半径分析

表 7.4　不同 HAT/OAT 含量的 APU/OAPU 的流体力学半径

HAT/OAT /（w/w%）	平均粒径（R_h）/nm		PDI	
0	85.8		0.19	
0.5	89.4	97.0	0.19	0.22
2.5	69.6	100.6	0.11	0.25
5.0	111.0	105.6	0.29	0.25

7.4.2.4　研究高聚物降解及机理

动态光散射作为一种微观方法，不仅可以表征高聚物构象、粒子尺寸及其分布，还可以用于研究高聚物的降解过程及机理。江明等成功地应用动态激光光散射技术跟踪高分子胶束由于其核的降解而转变为空心球的过程。它们用可降解的聚－ε－己内酯（PCL）和由 PCL 短支链和亲水主链聚甲基丙烯酸（带少量甲酯）的接枝共聚物（MAF）在水中自组装为纳米球状胶束，PCL 为核，MAF 为壳。在将壳层化学交联后，加入酶使 PCL 降解。用动态激光光散射跟踪这一过程，结果如图 7.16 所示。有趣的是，在酶加入后表征纳米胶束质量的光强随时间延长而不断减小，而胶束直径却不断变大，至 1500 min 后两者均不再有显著的变化。此时，PCL 核降解基本完毕，而疏水性 PCL 的消除使亲水交联壳溶胀度大为增加，其直径由 100 nm 增大到 330 nm，即胶束转化为空心球。

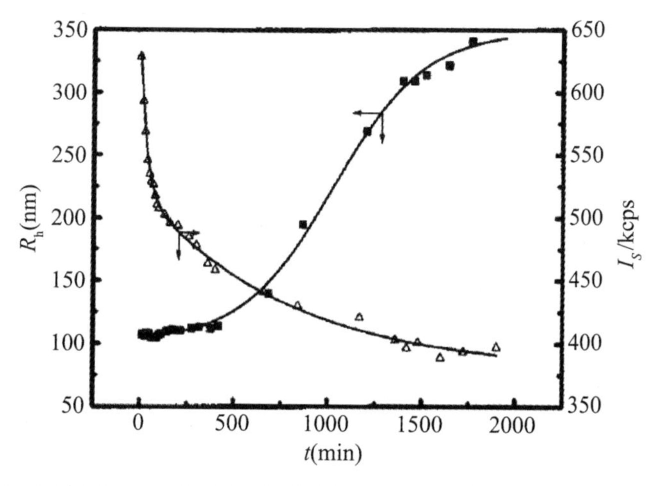

图 7.16　25 ℃下，MAF－3/PCL 胶束的流体动力学半径（$\langle R_h \rangle$）和散射光强度（I_s）随降解时间的变化情况

7.4.2.5　研究高聚物的化学改性过程及机理

淀粉、纤维素这种聚多糖的高碘酸钠氧化一般以 D－葡萄糖苷残基中具有相邻羟基的碳－碳键的选择性断裂为特征，并且生成具有两个醛基的开环产物。尽管关于高碘酸钠氧化的应用已经有很多报道，但是氧化过程中伴随氧化产生的降解却很少有人讨论或

定量说明。一般认为双醛结构比未改性纤维素结构更容易受水解作用的影响，并且酸处理引起的降解主要发生在氧化部分。但是由于明确地鉴定所有的降解产物非常困难，所以双醛淀粉或双醛纤维素在酸性条件下的降解机理一直没有定论。

作者所在课题组借助于动态光散射测得羧甲基纤维（CMC）和不同醛基含量的醛基化羧甲基纤维素（DCMC）的流体力学半径 R_h。由图 7.17 可知，每个样品的 R_h 都存在两个峰。而且 CMC 的 R_h 明显比 DCMC 高很多，说明由于氢键的作用使得 CMC 分子在水中主要以聚集体的形式存在。通常分子间的氢键被认为是促使纤维素链共同形成纤维结构的主要因素。氢键的状态还对纤维素的其他物理性质有一定的影响，如纤维素的结晶程度等。当 CMC 发生氧化反应后，其在～450 nm 和～4000 nm 两处的 R_h 值都有显著的降低。另外，对 DCMC 来说，虽然其在～83 nm 的主要峰随着氧化程度的增加只有轻微的变化，但是在其<10 nm 范围内小峰的强度却随着氧化度的增大而明显增强。这个明显的变化可以说明在高碘酸钠氧化的过程中，DCMC 发生裂解生成了小分子片段，并且是随着氧化程度的增加其裂解效应越强。这个结果也正好解释在相同的氧化温度和时间下，醛基含量越高其产品得率越低的原因。

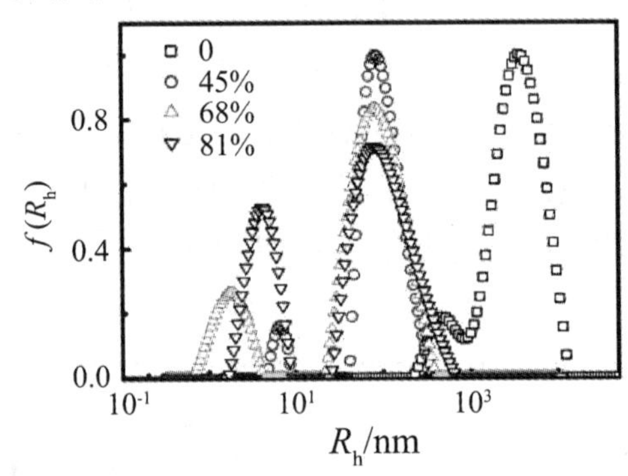

图 7.17　CMC 和不同醛基含量的 DCMC 的流体力学半径分布：图中 0、45%、68%和 81%分别代表 DCMC 中的醛基含量

如上述实验中所示，与 CMC 相比，DCMC 的 R_h 明显减小，并且随着氧化程度的增大 DCMC 中小分子片段也明显增加。这些现象表明在 CMC 转变为 DCMC 的过程中，DCMC 发生了降解。虽然在强酸和高温下双醛聚多糖完全水解生成 D—赤藓糖和乙二醛的原理已经有文献报道，但是本实验是在相对温和的条件下进行的，所以推断此化学降解的机理可能是酸催化作用下 β—1，4 糖苷键的断裂，其降解机理模型如图 7.18 所示。注意到由于天然生物质的复杂性，所以也不排除有其他类型的反应存在。DCMC 的酸催化水解的过程类似于纤维素的酸水解，主要分为以下三个连续的反应步骤：①在酸性条件下，DCMC 上的连接两个糖单元的氧原子迅速被质子化，形成一个共轭酸；②糖苷键断裂并且糖苷键上的正电荷转移到 1 号位碳上形成碳阳离子；③水分子迅速攻击碳阳离子，得到游离的糖残基并重新生成新的水合氢离子。假设在末端碳一氧键的断裂速率比在聚多糖链的中间部位更快一些，那么在氧化过程中将得到更多的单糖和更低的 DCMC 产率；图 7.17 中反映出氧化产物的大分子组分的 R_h 值改变较小，由此可以推断碳一氧键断裂发生在末端的可能性要高于中间位置。

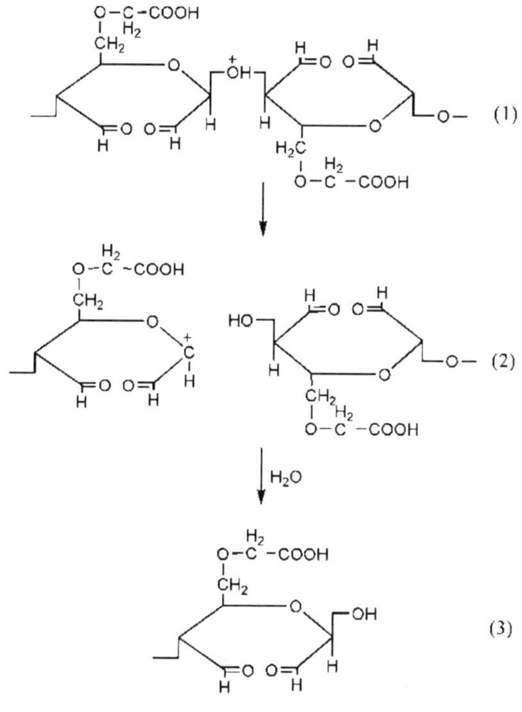

图7.18　DCMC的酸催化水解机理

7.4.3　静态—动态激光光散射联合应用举例

7.4.3.1　研究高聚物自组装的形成和尺寸

近年来，用壳—核模型研究双嵌段共聚物引起了许多研究者的兴趣，主要原因在于选择性溶剂中自组装形成不同尺寸和形态的纳米粒子，在实际应用和学术上都有很大的价值。吴奇等人用静态和动态光散射相结合的方法研究了一种新型的线团—棒双嵌段共聚物，聚［苯乙烯－2,5－双(4－甲氧苯基)氧化羧基－苯乙烯］嵌段物（PS－b－PMPCS）的自组装微球纳米结构。PMPCS段为棒状结构，在温度高于100 ℃时能够溶解在对二甲苯中。因此，在较低温度下，对二甲苯是PS－b－PMPCS的选择性溶剂，它可形成以PMPCS段为核而PS段为壳的微球。图7.19为自组装的PS－b－PMPCS纳米粒子在对二甲苯中25 ℃时不同浓度的流体力学半径分布$f(R_h)$。由此得出流体力学半径在30～100 nm之内，明显大于单链的尺寸，证明发生了自组装。它们的核、壳尺寸可按下式计算：

$$\frac{\langle s^2\rangle^{1/2}}{R_h}=\rho=\left\{\frac{3[Ax^2-(1+A)x^5+1]}{5(1+A)(1-x^3)}\right\}^2 \tag{7.57}$$

$$A=M_c/M_s \tag{7.58}$$

$$x=R_c/R_h \tag{7.59}$$

式中，M_c为核质量（$M_c=3/4\rho_p\pi R_c^2$，此处ρ_p为高聚物密度）；M_s为壳质量；R_c为核半径。壳厚度ΔR由下式给出：

$$\Delta R = R_h - R_c = R_h - xR_h = R_h(1-x) \tag{7.60}$$

对一给定双嵌段共聚物，A（不溶段和可溶段质量之比）为一定值。因此，由实验测得的 ρ 和 R_h 值可计算核半径 R_c 和壳厚度 ΔR。

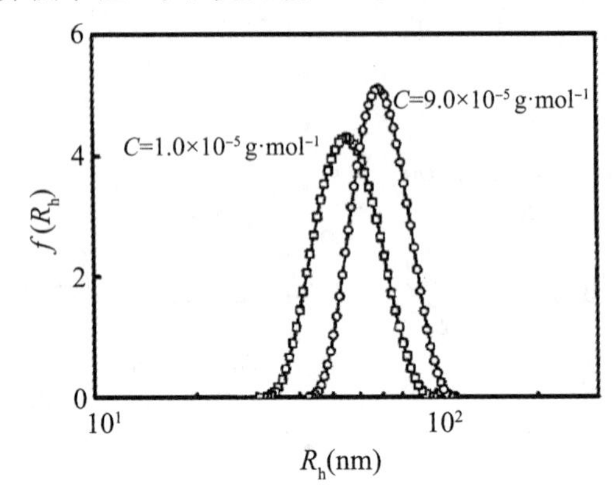

图 7.19 PS－b－PMPCS **纳米粒子在对二甲苯中** 25 ℃**时不同浓度的流体力学半径分布** f（R_h）

图 7.20（a）为 PS－b－PMPCS 纳米粒子在 25 ℃时 PMPCS 核的 R_c 值和 PS 壳的 ΔR 值随聚集数（n_{chain}）的变化曲线。可以看出，R_c 几乎与 n_{chain} 无关，而 ΔR 值随 n_{chain} 的增大而增大。而且 R_c 与 PMPCS 段的长度（～31 nm）相近。由此表明，当更多链自组装成核一壳纳米结构时，不溶性棒状段 PMPCS 只是插入核内，而可溶性线团状段 PS 由于在良溶剂中的排斥效应而被迫伸展，导致壳厚度增加。图 7.20（b）描绘了这种 PS－b－PMPCS 纳米粒子的一种新型核一壳形态。

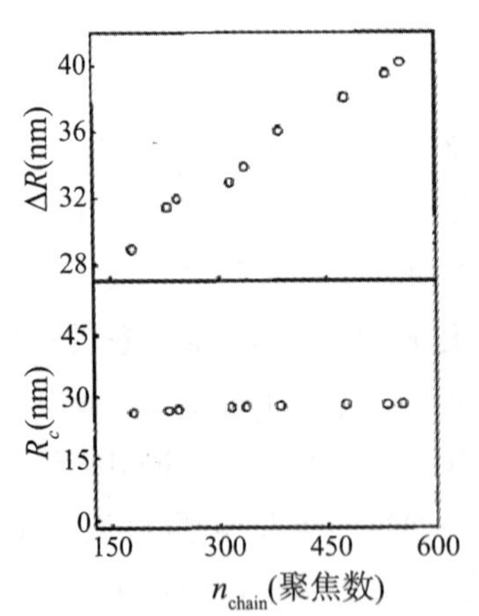

（a）PS－b－PMPCS 纳米粒子在 25 ℃时 PMPCS 核的 R_c 值和 PS 壳的 ΔR 值随聚集数（n_{chain}）的变化曲线

（b）棒状双嵌段共聚物在选择性溶剂中自组装形成核一壳纳米结构示意图

图 7.20

7.4.3.2 表征微乳胶粒子

微乳液聚合合成微乳胶的方法已经有近 20 年的历史，但目前的研究仍十分活跃。人们通过改变表面活性剂与单体的比例，已能定量地控制微乳胶粒子的大小。通常的聚苯乙烯乳胶粒子中含有许多相互缠结的高分子链，研究表明，在微乳液中，通过控制苯乙烯的自由基聚合也可以制得只含几条高分子链的寡链聚苯乙烯微乳胶粒子。在这种空间狭小的粒子中高分子链所占的体积远小于在通常的聚苯乙烯乳胶或本体中所占的体积。然而，微乳胶粒子的密度反而小于聚苯乙烯乳胶或本体的密度。随之而来的问题是，微乳胶粒子的密度如何随粒子内链的数目而变化？有没有一种有效表征这种关系的方法？下面以两个寡链的聚苯乙烯微乳胶样品（微乳胶－1和微乳胶－2）为例，说明建立的静态－动态光散射结合表征方法。

首先通过微乳液聚合的方法制得两种不同的聚苯乙烯微乳胶粒子：微乳胶－1和微乳胶－2。用体积排除色谱测得微乳胶－1和微乳胶－2中聚苯乙烯链的重均分子量（$M_{w,\text{chain}}$）分别为 $1.08\times10^6\,\text{g}\cdot\text{mol}^{-1}$ 和 $7.24\times10^5\,\text{g}\cdot\text{mol}^{-1}$。光散射及折射率增量的测量一律在（25.0±0.1）℃下进行，入射光在真空中的波长为 532 nm。

图 7.21 是典型的折射率增量 Δn 对浓度 c 的关系曲线。对微乳胶－1，浓度范围为 6.17×10^{-5} 至 $3.07\times10^{-4}\,\text{g}\cdot\text{mL}^{-1}$，线性回归所得 $\text{d}n/\text{d}c$ 的值为 0.229±0.002 g/mL，低于常规聚苯乙烯乳胶的 0.256 g/mL。由于折射率正比于粒子密度，较低的 $\text{d}n/\text{d}c$ 值表明，微乳胶粒子的密度比常规聚苯乙烯乳胶的小。

图 7.22 是对微乳胶－1 所测得的 Zimm 图。根据方程（7.30），从图中可求得 M_w，R_g 和 A_2。图中的数据点初看起来比较离散，这是因为纵坐标被放大的缘故。实际上实验误差小于±1%。$Kc/R_{vv}(q)$ 对浓度的依赖性很小，A_2 接近于零。由 M_w 和 $M_{w,\text{chain}}$ 可求得两种微乳胶中高分子链的平均数目（N）分别是 13 和 7。

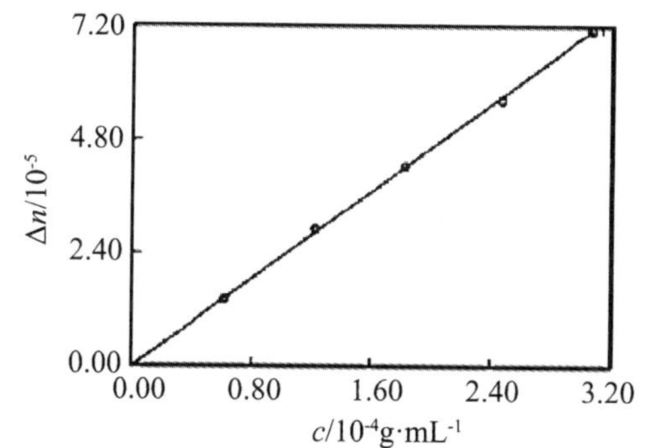

图 7.21 微乳胶－1 的折光率增量（Δn）对浓度 c 作图。$T=25$ ℃，$\lambda_0=532$ nm，由最小二乘法拟合（图中曲线）算出微分折光指数 $\text{d}n/\text{d}C$ 为 $0.229\ \text{mL}\cdot\text{g}^{-1}$

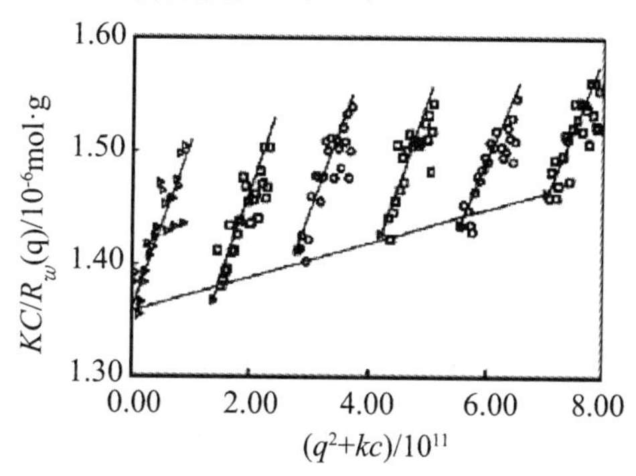

图 7.22 微乳胶－1 的静态 Zimm 图。$T=25$ ℃，C 范围从 $1.86\times10^{-5}\,\text{g}\cdot\text{mL}^{-1}$ 到 $9.28\times10^{-5}\,\text{g}\cdot\text{mL}^{-1}$

图 7.23 为动态光散射中所测得的一个典型的散射光强时间相关函数 $G^{(2)}(t,q)$，通过对式（7.40）进行 Laplace 变换可求得 $G(\Gamma)$，进而由式（7.40）求得 $G(D)$，由插图可见，微乳胶－1 样品的分布很窄。进一步，由 Stokes－Einstsin 方程 $R_h=k_BT/(6\pi\eta D)$，可以求微乳胶粒子的流体力学半径 R_h 及其分布 $f(R_h)$，如图 7.24 所示。从 $f(R_h)$ 可以求平均流体力学半径 $\langle R_h\rangle\equiv\left[\int_0^\infty f(R_h)R_h\text{d}R_h\right]$，结果一并列于表 7.5。由微乳胶－1 的 R_g/R_h 的比值非常接近均匀球体粒子的理论值 0.775，可以看出微乳胶粒子是密度均匀的球体。

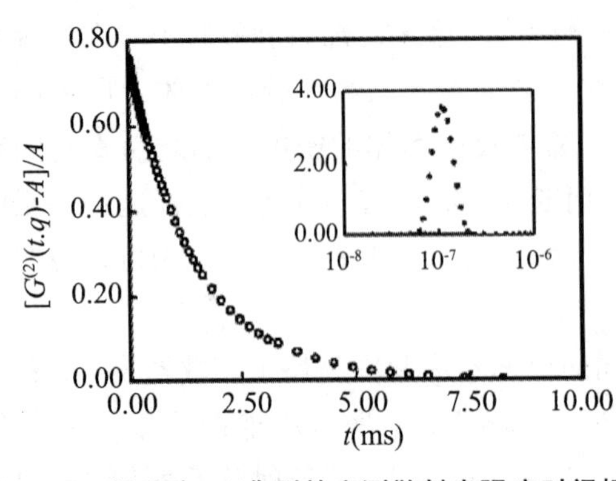

图 7.23 微乳胶—1 典型的实测散射光强度时间相关函数 $c=9.28\times10^{-5}$ g·mL^{-1}，$\theta=20°$，$T=2$ ℃，右上角为平动扩散系数分布

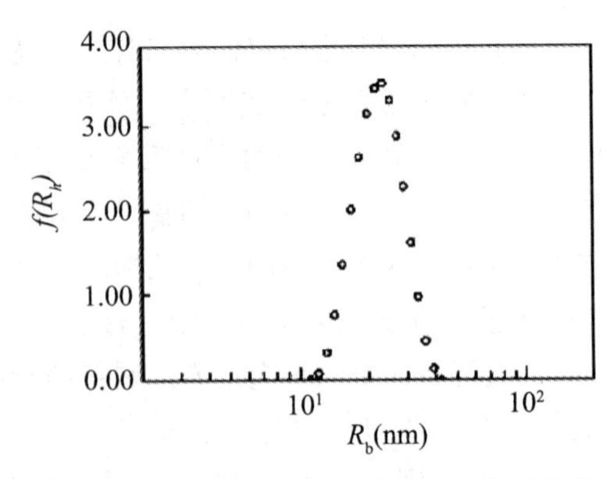

图 7.24 微乳胶—1 典型的流体力学半径分布 $c=9.28\times10^{-5}$ g·mL^{-1}，$\theta=20°$，$T=25$ ℃

表 7.5 聚苯乙烯微乳胶粒子的实验结果汇总

样品	dn/dC /mL·g^{-1}	$M_{w,\text{chain}}$ /g·mol^{-1}	M_w /g·mol^{-1}	N	$\langle R_g\rangle$ /nm	$\langle D\rangle$ /cm^{-2}·s^{-1}	$\frac{R_g}{R_h}$	ρ /g·cm^{-1}
微乳胶—1	0.229	1.08×10^6	1.49×10^6	13	15.5	1.14×10^{-7}	0.79	0.9
微乳胶—2	0.229	7.24×10^6	5.44×10^6	7	—	1.53×10^{-7}	—	0.8

接下来综合分析静态和动态光散的结果。首先从净平均散射光强〈I〉入手，在静态光散射中，当 $c\to0$ 及 $q\to0$ 时，有

$$\langle I\rangle \propto \int_0^\infty f_W(M)M\mathrm{d}M \tag{7.61}$$

其次，在动态光散射中，当 $t\to0$ 时，由式（7.39）可得

$$|g^{(1)}(t)|_{t\to0}=\int_0^\infty G(\Gamma)\mathrm{d}\Gamma \propto \langle E(t)E^*(0)\rangle \propto \langle I\rangle \tag{7.62}$$

综合式（7.61）和式（7.62），即有

$$\int_0^\infty G(D)\mathrm{d}D \propto \int_0^\infty G(\Gamma)\mathrm{d}\Gamma \propto \int_0^\infty f_W(M)M\mathrm{d}M \tag{7.63}$$

或

$$\int_0^\infty G(D)D\mathrm{dln}D \propto \int_0^\infty f_W(M)M^2\mathrm{dln}M \tag{7.64}$$

注意到，$\mathrm{dln}D \propto \mathrm{dln}R_h$，并且由 M 与半径 R、密度 ρ 的关系式 $M=[(4\pi/3)R^3]\rho N_A$，又有 $\mathrm{dln}R_h\propto\mathrm{dln}(M)$。所以，式（7.63）可改写为

$$\int_0^\infty G(D)D\mathrm{dln}D \propto \int_0^\infty f_W(M)M^2\mathrm{dln}D \tag{7.65}$$

比较两边的积分，可得

$$f_W(M) \propto G(D)DM^{-2} \propto G(D)D^7 \tag{7.66}$$

利用上式，可将图 7.24 转化为重均摩尔质量分布曲线 $f_W(M)$，如图 7.25 所示。从而重均摩尔质量可以依定义计算，即

$$M_w=\frac{\int_0^\infty f_W(M)M\mathrm{d}M}{\int_0^\infty f_W(M)\mathrm{d}M}=[(4/3)\pi\rho N_A]\frac{\int_0^\infty G(D)\mathrm{d}D}{\int_0^\infty G(D)R^{-3}\mathrm{d}D} \tag{7.67}$$

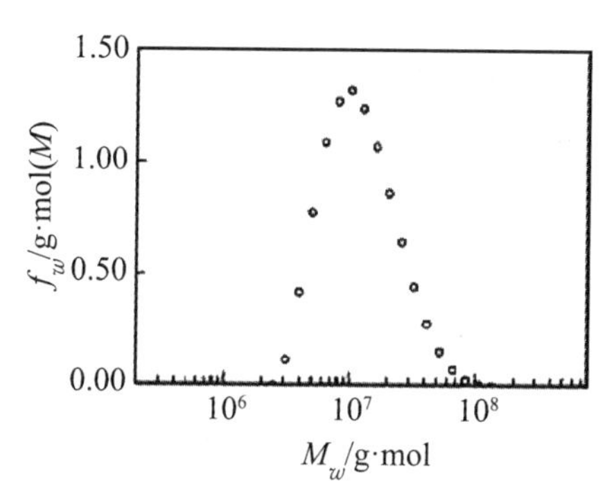

图7.25 微乳胶－1颗粒的重均摩尔质量分布 $c=9.28\times10^{-5}\,\mathrm{g\cdot mL^{-1}}$，$\theta=20°$，$T=25$ ℃

已有的研究不仅证明$R=R_h-b$，其中，b为在粒子表面上的表面活性剂分子层的厚度，而且还测出在这一体系中，表面活性剂分子疏水尾部约有一半已插入粒子，即$b\approx1.3$ nm。因此有

$$D=\frac{k_BT}{6\pi\eta R_h}=\left[\frac{k_BT}{6\pi\eta}\right]\frac{1}{1+b/R}R^{-1} \tag{7.68}$$

分母中 b/R 的 R 可以用重均分子量计算平均值代替，即 $b/R\approx b/[3M_w/(4\pi\rho N_A)]^{1/3}$，即

$$R^{-3}\approx\left(\frac{6\pi\eta D}{k_BT}\right)^3\left[1+b\left(\frac{4\pi\rho N_A}{3M_w}\right)^{1/3}\right]^3 \tag{7.69}$$

代入式（7.66）有

$$M_w=\frac{4}{3}\pi\rho N_A\left(\frac{k_BT}{6\pi\eta}\right)^3\left[1+b\left(\frac{4\pi\rho N_A}{3M_w}\right)^{1/3}\right]^{-3}\frac{\int_0^\infty G(D)\,\mathrm{d}D}{\int_0^\infty G(D)D^3\,\mathrm{d}D} \tag{7.70}$$

式（7.70）左边M_w由静态光散射测得，右边$G(D)$由动态光散射得到，其余的b、N_A、k_B、η、T都是常数，只有ρ是唯一的自变量，很容易从方程（7.69）中解开。由此而解得的微乳胶－1和微乳胶－2的密度分别为（0.90±0.05）$\mathrm{g\cdot cm^{-3}}$和（0.80±0.05）$\mathrm{g\cdot cm^{-3}}$，比常规聚苯乙烯微乳胶粒子的密度（～1.05 $\mathrm{g\cdot cm^{-3}}$）低，并且随着粒子内高分子链数目的减少，粒子的密度降低。这种静态与动态光散射相结合的计算方法也适用于其他球形粒子。

7.4.3.3 研究蛋白质的变性过程

蛋白质在变性过程中，其天然构象和聚集体的结构会发生变化。作者课题组在研究稀溶液中胶原热变性过程时，通过超灵敏差示扫描微量量热仪（US－DSC）测量能量的变化发现，胶原的变性存在一个肩峰和一个主峰两个过渡态，当溶液加热至35 ℃以下时肩峰会可逆出现，而当溶液加热超过37 ℃时，肩峰和主峰都是不可逆的。圆二色谱结果表明，胶原的肩峰和主峰分别对应着胶原聚集体的去纤维化和三股螺旋解旋的变性过程。作者课题组进一步借助光散射技术研究了胶原的变性过程，证明了上述结果，弄清胶原多重变性过渡态与其多层次结构之间的关联，有助于深入理解变性机理。

图 7.26 是动态光散射（DLS）测得的不同温度下醋酸溶液中胶原的流体力学半径 R_h 分布。在 25 ℃时胶原溶液的 R_h 分布呈双峰，说明胶原变性前是以聚集体形式存在的，在 25 nm 和 230 nm 处的两个峰分别是大小不同的聚集体。当温度达到 33 ℃时，小峰变化不大而大峰则移到 220 nm 处，表明三股螺旋结构受到轻微的破坏，部分螺旋解聚。温度继续升高至 41 ℃时，胶原发生变性，聚集体变小但仍然存在。不过结合圆二色谱和微量量热仪分析的结果，胶原在这个温度已经变性，分子内的氢键已经被破坏，此时胶原多肽链是通过其他相互作用比如疏水作用形成聚集体。

图 7.27 为醋酸溶液中胶原 $R_h(R_g^2)^{1/2}$（简写为 R_g）随温度的变化曲线。R_g 与高分子链实际伸展到的空间有关，R_h 是一个与高分子具有相同的平动扩散系数 D 的等效硬球的半径。在 25～34 ℃时，胶原的〈R_h〉和〈R_g〉都随着温度升高不断减小，显示出胶原的去纤维化过程。在 34～40 ℃时，〈R_h〉和〈R_g〉随着温度升高而急剧减小，表明在胶原变性过程中伴随着散射体尺寸的减小，注意该过程也会有胶原的去纤维化。当温度高于 41 ℃时，胶原彻底变性，〈R_h〉和〈R_g〉都不再变化。图 7.26 的插图则显示瑞利散射因子［$R_{vv}(q)/KC$，表示散射强度］随着温度升高不断减小。其中在稀溶液中 $R_{vv}(q)$ 与分子量（M_w）成正比，这表明随着温度的升高胶原分子量在不断减小，这是由于胶原去纤维化和变性都会导致分子量减小，而且由图 7.26 还可以看出这两种过程对 M_w 的影响是不同的。本实验还发现，光散射测得的去纤维化和变性过程的温度转变范围与圆二色光谱仪测得的稍有不同，这主要是由于静态光散射（LLS）测试过程中需要胶原溶液平衡一段时间后才可测试，在 US－DSC 和 CD 都是在一定的升温速率下进行的。

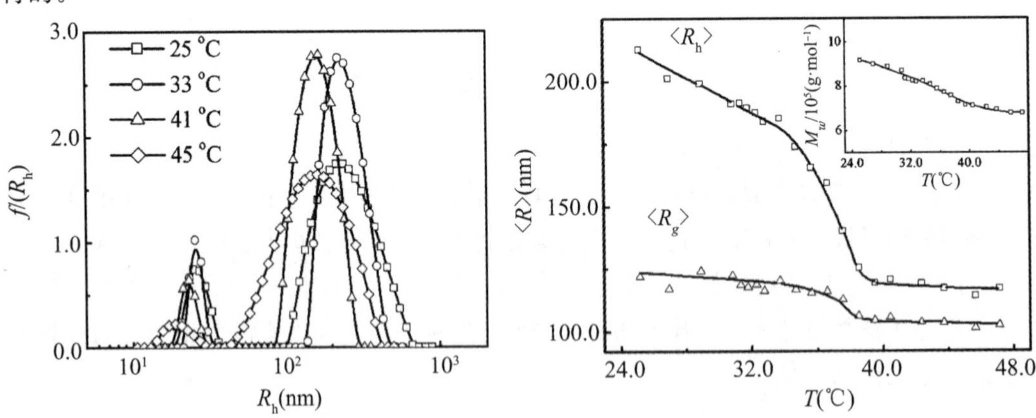

图 7.26　胶原在醋酸溶液中温度为 25 ℃、33 ℃、41 ℃和 45 ℃时的动力学半径分布

图 7.27　胶原分子流体力学半径〈R_h〉和根均方旋转半径〈R_g〉随温度的变化曲线插图为胶原重均分子量（M_w）随温度的变化曲线

图 7.28 是胶原分子的根均方旋转半径和流体力学半径之比〈R_g〉/〈R_h〉随温度的变性曲线。分子在溶液中的构象和聚集体的结构可以通过〈R_g〉/〈R_h〉的大小来进行推测。如果高分子链为伸展的 Gauss 链，则当高分子链扩散时，高分子链所占的空间内的溶剂分子并不随高分子一起运动，所以与高分子链等效的硬球的半径 R_h 远远小于高分子链实际所伸展到的空间线度，即此时 R_h 远远小于 R_g。当高分子链形成蜷缩的球体后，其所含的

溶剂分子将随其一起运动，所以等效的硬球的半径 R_h 十分接近于蜷缩球体的半径 R，R_g 反而小于 R_h。当分子分别为无规则线团、胶束和空心球时，$\langle R_g\rangle/\langle R_h\rangle$ 分别为 1.5～1.8、1.0～1.2 和 0.774。在本研究中，25 ℃时胶原 $\langle R_g\rangle/\langle R_h\rangle$ 为 0.57，说明胶原的三股螺旋结构堆积紧密。当温度升高至 33 ℃时，$\langle R_g\rangle/\langle R_h\rangle$ 变为 0.64，说明由于去纤维化作用胶原聚集体变得松散。当温度升高至 40 ℃时，$\langle R_g\rangle/\langle R_h\rangle$ 增加至 0.88，说明胶原三股螺旋结构变性为不规则线团，形成球状聚集体。

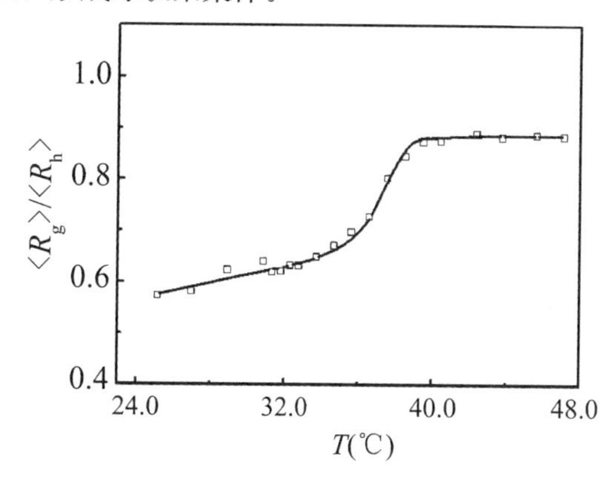

图 7.28 胶原分子的根均方旋转半径和流体力学半径之比$\langle R_g\rangle/\langle R_h\rangle$随温度的变化曲线

参考文献

[1] 吴奇，高均. 现代激光光散射——一种研究聚合物物和胶体的有力工具 [M]. 北京：化学工业出版社，1997.

[2] 张俐娜，薛奇，莫志深，等. 高分子物理近代研究方法 [M]. 武汉：武汉大学出版社，2006.

[3] 张明生. 激光光散射谱学 [M]. 北京：科学出版社，2008.

[4] 左榘. 激光光散射原理及在高分子科学中的应用 [M]. 郑州：河南科学技术出版社，1994.

[5] 黄志萍. 激光光散射仪及应用 [J]. 仪器评价，2006，6：49—53.

[6] Dubin P L，The S S，Gan L M，et al. Static light scattering of polyelectrolyte-micelle complexes [J]. Macromolecules. 1990，23 (9)：2500—2506.

[7] Hadjichristidis N. Flexibility of Poly (2,4,5－trichlorophenyl methacrylate) [J]. Makromolekulare Chemie-Macromolecular Chemistry and Physics，1977，178 (5)：1463—1475.

[8] Hu T J，Wang C Q，Li F M，et al. Scalings of fluorine-containing polyimides in cyclopentanone [J]. Journal of Polymer Science Part B－Polymer Physics，2000，38 (16)：2077—2080.

[9] Janata M，Lochmann L，Brus J，et a1. Selective grafting of block copolymers [J]. Macromolecules，1997，30 (24)：7370—7374.

[10] Kamijo M, Abe F, Einaga Y, et al. 2nd virial－coefficient of isotactic olico (methyl methacrylate)s and poly (methly methacrylate) s－effects of chain stiffness and chain－ends [J]. Macromolecules, 1995, 28 (12): 4159－4166.

[11] Nakanishi Y, Norisuye T, Teramoto A, et al. Conformation of amylose in dimethyl－sulfoxide [J]. Macromolecules, 1993, 26 (16): 4220－4225.

[12] Ouchi T, Nishizawa H, Ohya. Aggregation phenomenon of PEG－grafted chitosan in aqueous solution [J]. Polymer, 1998, 39 (21): 5171－5175.

[13] 高均，吴奇. 激光光散射表征寡链聚苯乙烯微乳胶粒子的方法 [J]. 化学通报，1996，8：53－56.

[14] Sato T, Norisuye T, Fujita. Double－stranded helix of xanthan－dimensional and hydrodynamic properties in 0.1－M aqueous sodium－chloride [J]. Macromolecules, 1984, 17 (12): 2696－2700.

[15] Tu Y F, Wan X H, Zhang D, et al. Self－assembled nanostructure of a novel coil-rod diblock copolymer in dilute solution [J]. Journal of the American Chemical Society, 2000, 122 (41): 10201－10205.

[16] 李宏利. 胶原复合水凝胶支架的制备、结构与性能研究 [D]. 成都：四川大学，2011.

[17] 李德富. 热和辐照对胶原变性的影响及明胶蛋白凝胶纺丝 [D]. 成都：四川大学，2010.

[18] Burchard. In light scattering principles and development [M]. Brown W, Ed. Clarendon Press: Oxford, 1996.

思考题

1. 请结合光散射的知识，思考为什么白天看到的天空是蓝色，而早上或傍晚观察时天空是红色或者橙红色。

2. 简要概述动态光散射测量和静态光散射的基本原理，分析二者的不同之处。

3. 思考测量物质分子量的方法有哪些。如何理解光散射法测得的分子量为绝对分子量，而凝胶渗透色谱测量的分子量为相对分子量?

4. 使用静态激光光散射测量样品的分子量时，为了得到准确的实验结果，在样品制备过程中需要注意哪些因素?

5. 使用动态激光光散射测量样品的流体力学半径时，为了得到准确的实验结果，在样品制备过程中需要注意哪些因素?

第 8 章　凝胶渗透色谱

8.1　概　述

凝胶渗透色谱（gel permeation chromatography，GPC）又称体积排除色谱（size exclusion chromatography，SEC）。它是一种利用聚合物溶液通过填充有特种凝胶（或多孔性填料）的色谱柱把聚合物分子按尺寸大小进行分离，从而实现检测聚合物分子量和分子量分布的方法。GPC 在对聚合物样品进行分级的同时，还可以有效检测出各组分的分子量和相对含量，目前已成为测定聚合物分子量大小和分布的最重要的方法之一。

1953 年，Wheaton 和 Bauman 利用多孔离子交换树脂对分子量各不相同的苷、多元醇和其他非离子物进行了分离；1959 年，Porath 和 Flodin 用葡聚糖胶联制成凝胶来分离水溶液中不同分子量的样品；1962 年，C. Moore 以高交联度聚苯乙烯－二乙烯基苯树脂为柱填料，并利用连续式高灵敏度的示差折光仪，结合体积计量方式作图，制成了快速且自动化的高聚物分子量及分子量分布的测定仪，至此创立了液相色谱中的凝胶渗透色谱技术。凝胶渗透色谱技术一经发现，便立即引起了人们的注意。特别是对于高分子化合物，其重要的加工性能和使用性能与其相对分子质量和相对分子质量分布有关，它们的快速和可靠的测定对研究高分子材料过程中的控制、产品规格的合理制定以及实验条件的有效选择提供了科学依据，因此 GPC 至今已广泛应用于化学、生物、制药和食品等多个领域。GPC 具有许多其他色谱技术所不具备的优点：

（1）对流动相要求不高，不需要使用梯度淋洗。

（2）实验操作比较简单，自动化程度高，重复性好。

（3）进样量少（～1 mg），分辨率高。

（4）体积排除的分离机理决定了试样在色谱柱中保留时体积不会超过色谱柱中溶剂的总体积，较短的保留时间意味着溶质峰相对窄，比较容易检测。

（5）不仅可测得分子量分布，还可测得各种平均分子量。

8.2　凝胶渗透色谱（GPC）的基本原理

8.2.1　凝胶渗透色谱的基本术语

（1）平均分子量。

与水、乙醇和正己烷等低分子不同，同一高分子（天然材料如胶原，人工合成材料如聚苯乙烯）往往由分子量不等的一类性质相同的同系物组成，分子量存在一定的分布；通常所说的高分子分子量是平均分子量。平均分子量有多种表示方法，最常用的有数均分子量（M_n）和质均分子量（M_w）。

①数均分子量 M_n 的定义是某体系的总质量 m 被分子总数平均：

$$M_n = \frac{m}{\sum n_i} = \frac{\sum n_i M_i}{\sum n_i} = \frac{\sum m_i}{\sum (m_i / M_i)} = \sum x_i M_i \tag{8.1}$$

其中，低分子量部分对数均分子量有较大的贡献。

②重均分子量 M_w 的定义如式（8.2）所示：

$$M_w = \frac{\sum m_i M_i}{\sum m_i} = \frac{\sum n_i M_i^2}{\sum n_i M_i} = \sum \omega_i M_i \tag{8.2}$$

其中，高分子量部分对重均分子量有较大的贡献。

以上两式中，n_i、m_i、M_i 分别是 i－聚集体的分子数、质量和分子量。对所有不同大小的分子，即从 $i=1$ 到 $i=\infty$ 做加和。同一高分子的 M_w 总是大于或等于 M_n。

（2）分子量分布。

绝大多数高分子，无论是天然的还是人工合成的，总是存在一定的分子量分布，常称作多分散性。分子量分布有两种表示方法：

①分子量分布指数（Polydispersity index，PDI），其定义为 M_w/M_n 的比值，可用来表征分布宽度对于分子量均一的体系，$M_w=M_n$，即 $M_w/M_n=1$。高分子的 PDI 值越大，则表明分布越宽，分子量越不均一。

②分子量分布曲线如图 8.1 所示，横坐标上注有 M_n 和 M_w 的相对大小。M_n 处于分布曲线顶峰附近，近于平均分子量。平均分子量相同，其分布也有可能不同，因为同分子量部分所占的百分比不一定相等。

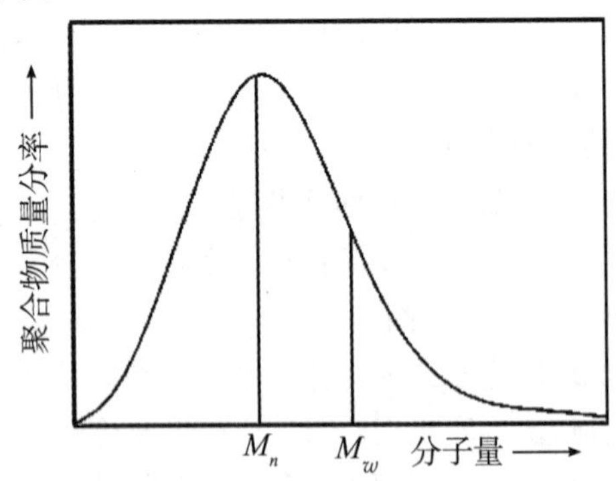

图 8.1　分子量分布曲线

（3）排阻极限。

排阻极限是指不能进入凝胶颗粒孔穴内部的最小分子的分子量。所有大于排阻极限的分子都不能进入凝胶颗粒内部，直接从凝胶颗粒外流出，所以它们同时被最先洗脱出来。排阻极限代表一种凝胶能有效分离的最大分子量，大于这种凝胶的排阻极限的分子用这种凝胶不能得到分离。随固定相不同，GPC 排阻极限范围在 $400 \sim 60 \times 10^6$ 之间。

（4）渗透极限。

渗透极限是能够完全进入凝胶颗粒孔穴内部的最大分子的分子量。在选择固定相时，应使欲分离样品粒子的相对分子质量落在固定相的渗透极限和排阻极限之间。

8.2.2 凝胶渗透色谱的分离机理

色谱分离是物质分子在相对运动的两相间分配平衡的过程。在混合物中，若两个组分的分配系数不等，则被流动相携带移动的速率不等，即形成速差迁移而被分离。色谱分离的基本原理是用外力使含有样品的流动相（气体、液体或超临界流体）通过一固定于柱或平板上、与流动相互不相溶的固定相表面；由于样品中各组分在两相中进行不同程度的作用，与固定相作用强的组分随流动相流出的速度慢；反之，与固定相作用弱的组分随流动相流出的速度快。由于流出的速度的差异，使得混合组分最终形成各个单组分的“带”（band）或“区”（zone），对依次流出的各个单组分物质可分别进行定性、定量分析。

作为液相色谱的一个分支，凝胶渗透色谱的分离基础是按溶液中溶质分子流体力学体积大小，溶质分子的淋洗体积主要取决于分子尺寸、填料孔径、孔度和柱容积等物理参数，而不是依赖于试样、流动相和固定相三者之间的相互作用，因而GPC在很多情况下具有独特的分离效果，可准确地测量物质的相对分子质量。GPC的分离部件是一个以多孔性凝胶作为载体的色谱柱，凝胶的表面与内部含有大量彼此贯穿的大小不等的孔洞。色谱柱总面积由载体骨架体积、载体内部孔洞体积和载体粒间体积组成。分离机理比较复杂，目前有体积排阻理论、扩散理论和构象熵理论等几种解释，其中最有影响力的是体积排阻理论，下面将主要介绍体积排阻理论。

8.2.2.1 体积排阻理论的基础——聚合物的结构理论与分子尺寸

高分子溶液与理想溶液的性质相比存在较大的差别，主要原因在于高分子具有分子量大、链段柔顺可变形的特点，因此不能采用经典的溶液理论对其进行研究。针对这一问题，Flory和Huggins于1942年提出了高分子溶液的晶格模型，即平均场理论。该理论对高分子溶液的热力学性质，如混合熵、混合热、混合自由能等进行了较好的定量描述，但由于对高分子链段均匀分布的假设与高分子溶液的微观结构不符，该理论在某些方面与实验结果偏差较大。鉴于此，Flory和Krighaum在上述晶格模型的基础上进行修正，得到了著名的稀溶液理论，目前这一理论已被广泛采用，其基本内容包括：

（1）高分子稀溶液中的链段分布是不均匀的，而是以“链段云”形式分布在溶剂中，每一“链段云”形态可近似成球体。

（2）在“链段云”内，以质心为中心，“链段”的径向分布符合高斯分布。

（3）“链段云”彼此接近要引起自由能的变化，每一个高分子“链段云”都有其排斥体积。

由该稀溶液理论可推导出分子的总排斥体积。

总排斥体积为某分子所占据的整个空间中不被其他分子占有的体积的总和，即两个分子因分别具有一定的体积而不能共享同一空间。根据这一理论，在GPC分离过程中，分子的排斥体积也会产生作用。当高分子溶液流经多孔的GPC固定相时，由于浓度差的作用，溶质分子有向孔道内扩散的趋势。但由于高分子不能被看作质点，而是具有一定体积的柔性线团，因此这种扩散会受到分子尺寸的限制。当聚合物分子尺寸远小于孔道尺寸时，可完全无阻力地全部进入其中；当聚合物分子尺寸远大于孔道尺寸时，受到强烈的排斥作用而无法进入；当聚合物分子尺寸与孔道尺寸接近时，聚合物分子的尺寸决定了进入孔道的难易程度。由于聚合物分子尺寸具有统计意义，尺寸大的高分子进入孔道的概率低，表现出较大的排斥作用，尺寸较小的聚合物分子进入孔道的概率高，表现为排斥作用较小，以上即为GPC分离中尺寸排阻理论的基础。

8.2.2.2 体积排阻理论解释凝胶渗透色谱的分离机理

当被分析的聚合物试样随着溶剂引入柱子后，由于浓度的差别，所有溶质都力图向填料内部孔洞渗透。较小的高分子除能进入较大的孔外，还能进入较小的孔；较大的分子就只能进入较大的孔；而比最大的孔还要大的聚合物分子则只能在填料颗粒之间的空隙中。随着溶剂聚合物冲洗过程的进行，经过多次渗透一扩散平衡，最大的聚合物分子从载体的粒间首先流出，依次流出的是尺寸较小的聚合物分子，最小的聚合物分子最后被洗提出来，从而达到依高分子体积进行分离的目的，得出聚合物分子尺寸大小随保留时间（或淋出体积 V_e）变化的曲线，即分子量分布的色谱图。

GPC的工作原理是将聚合物分子样品溶液通过装有凝胶的色谱柱，利用其在色谱柱中按照尺寸大小的不同进行分离。色谱柱内部装有的凝胶一般是交联度很高的球形凝胶。最早被采用的凝胶颗粒是苯乙烯和二乙烯基苯共聚的交联聚苯乙烯凝胶，含有大量彼此贯穿的孔，且孔的大小不等，近年来也发展了许多其他类型的材料，如多孔硅球和多孔玻璃等。然而无论哪一种填料，其共同点是凝胶本身都有很多一定分布的大小不同的孔洞。凝胶孔洞与聚合物分子尺寸是相适应的，超过这个尺寸的聚合物分子就不能渗透进去，它们只能随溶剂的流动而在凝胶粒子之间的空间中流动。因此，尺寸大的分子在柱中的行程比尺寸小的分子短而先流出。

进行实验时，先以某种溶剂充满色谱柱，使之占据颗粒内部的孔洞和颗粒之间的全部空隙，然后以同样溶剂配成的聚合物分子溶液从柱头注入，再以这种溶剂从头至尾以恒定的流速淋洗（如图8.2所示），同时从色谱柱的尾端接收淋出液。最后计算淋出液的体积并测定淋出液中高分子的浓度；自溶液试样进柱到被淋洗出来，所接收到的淋出液的总体积称为该高分子的淋出体积（V_e）。当仪器和实验条件都确定后，聚合物分子的 V_e 与其分子量有关，分子量越大，其 V_e 越小。若聚合物是多分散的，则可按照淋出的先后次序收集到一系列分子量从大到小的组分。

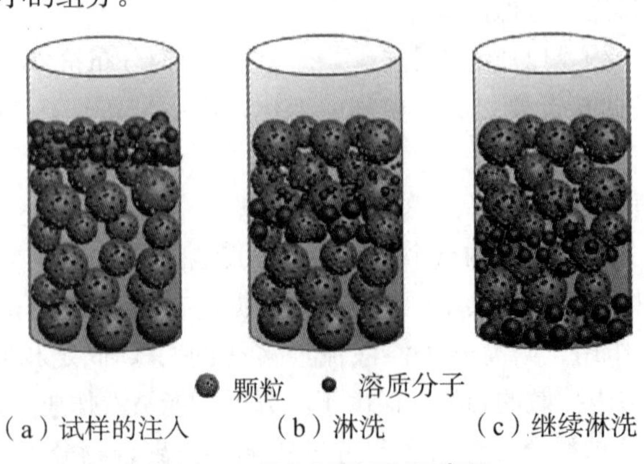

图8.2 GPC分离过程示意图

图 8.2 为聚合物分子在 GPC 中的分离过程示意图。假定颗粒内部的孔洞体积为 V_i，颗粒粒间体积为 V_0，(V_i+V_0) 是色谱柱内的空间。因为溶剂分子的体积很小，所以可以充满颗粒内部的全部空间，它的淋出体积 $V_e=V_i+V_0$。对聚合物分子来说，情况有所不同，假如聚合物分子的体积比颗粒内部孔径的尺寸要大，则不能进入颗粒内部，只能从颗粒的粒间通过，其 $V_e=V_0$。假如聚合物分子的体积很小，远远小于所有颗粒孔径的尺寸，则此时它在柱内活动的空间与溶剂分子相同，淋出体积 $V_e=V_i+V_0$。假如聚合物分子的体积为中等大小，而颗粒孔径的尺寸不一，则聚合物分子可进入较大的孔而不能进入较小的孔，这样它不但可以在粒间体积扩散，还可以进入部分颗粒的较大孔径中去，它在柱子中的活动空间增大了，因此它的淋出体积 V_e 大于 V_0 而小于 (V_i+V_0)。以上说明淋出体积聚合物分子的 V_e 仅仅由其尺寸、体积和颗粒孔径的尺寸决定，由此看来，聚合物分子的分离完全是由于体积排阻效应所致。如果聚合物分子的分子量（即分子体积）不均一，当它们被溶剂带着流经色谱柱时，就逐渐地按照其体积的大小进行了分离。

8.2.3　相对分子质量标定曲线

为了测定聚合物分子的分子量，不仅需要将其按照分子量大小分离出来，还需要测定各级分的含量及相对分子质量。各级分的含量就是淋出液的浓度，可以用紫外光谱仪、红外光谱仪和示差折光仪等各种检测浓度的仪器测定。而各级分的分子量（分子尺寸）可用淋出体积 V_e 代替。实验证明，分子量的对数值与 V_e 之间存在线性关系，即

$$\ln M=A-B\,V_e \tag{8.3}$$

式中，A 和 B 都是常数。

标定曲线的做法是：用一组分子量不等的单分散的试样作为标准样品，分别测定它们的淋出体积和分子量。以 $\ln M$ 对 V_e 作图，如图 8.3 所示。根据图中直线的截距和斜率求出常数 A 和 B。A 和 B 的值与溶剂、溶质、仪器结构、颗粒以及温度有关。至于 V_e 的单位，不需要绝对值，只要淋出体积的序数即可。

由图 8.3 可知，$\ln M$ 对 V_e 只在一段范围内呈直线，当 $M>M_a$ 时，直线向上弯曲，变得与纵轴平行。此时的淋出体积就是颗粒的粒间体积 V_0，与溶质分子量无关。因为分子量比 M_e 大的溶质全都不能进入孔中，而只能从颗粒间的空隙流过，因此它们具有相同的淋出体积。这意味着此种颗粒对于分子量比 M_a 大的溶质没有分离作用，M_a 称为该颗粒的渗透极限。V_0 便是根据这一原理测定的。此外，当 $M<M_b$ 时，直线下弯曲，这表明，当溶质的分子量小于 M_b 时，其淋出体积与分子量的关系变得很不敏感。说明这时溶质分子的分子量已经很小了，其淋出体积接近 (V_0+V_i) 值。分子量较小的物质的淋出体积可看作 (V_0+V_i)，由此可测 V_i 值。显然，标定曲线只适用于分子量在 M_a 和 M_b 之间的溶质，故 $M_a\sim M_b$ 称为颗粒的分离范围，其值决定于颗粒的孔径及其分布。

由于试样在色谱柱中流动时会受到各种因素的影响，以至于使它沿流动方向发生扩散，即使分子量完全均一的试样，淋出液的浓度对淋出体积的谱图也会有一个分布，如图 8.4 所示。这一现象称为色谱柱的扩散效应，它会影响分子量的分布宽度。扩散效应的大小与颗粒的堆积密度、大小结构以及仪器的构造等有关。近年来，人们对 GPC 仪器做了大量的改进，使扩散效应减到最小，对测量分子量分布来说，可以不予考虑。

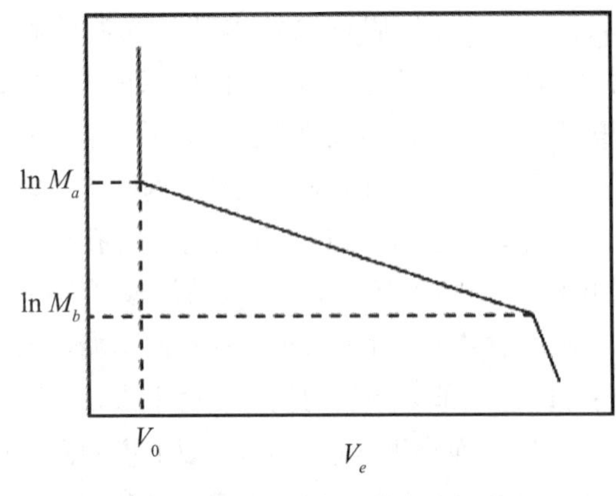

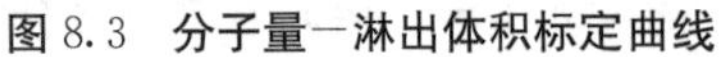
图 8.3 分子量—淋出体积标定曲线

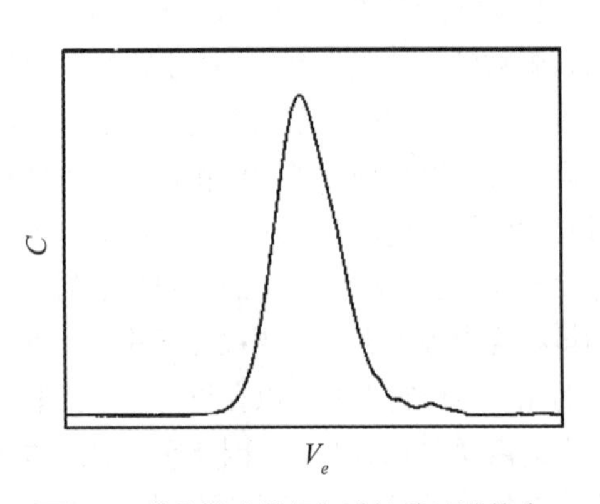

图 8.4 单分散试样经色谱柱的扩散效应

按照体积排阻分离机理，显然，用某一种高分子标样作出的标定曲线不一定适用于另一种高分子。因为虽然它们在溶液中的体积相等，但分子量不一定相等。严格来说，如果要测定某种聚合物的绝对分子量，必须用它们本身的标样作标定曲线。因此，GPC 并不是测量分子量的绝对方法，它是一种相对方法。标样的分子量要靠其他绝对方法测定。

8.3 凝胶渗透色谱仪及实验技术

8.3.1 凝胶渗透色谱仪简介

本章以美国 Waters 公司的凝胶渗透色谱仪举例来介绍（实物如图 8.5 所示，其内部构造如图 8.6 所示）。该仪器是以示差折光仪为浓度检测器（适用于所有聚合物的检测），以体积指示器为分子量间接指示器。其工作原理为：淋洗液通过输液泵成为流速恒定的流动相，进入紧密装填多孔性微球的色谱柱，中间经过一个可将样品送往体系的进样装置，样品进入色谱柱并开始分离。随着淋洗液的不断洗提，被分离的高分子组分陆续从色谱柱中淋出。浓度检测器不断检测淋洗液中高分子组分的浓度响应，数据被记录，最后得到一种完整的 GPC 曲线。

图 8.5 Waters 公司 1515 型凝胶色谱仪

凝胶色谱仪主要由输液系统、进样系统、色谱柱（可分离分子量范围 $2\times10^2\sim2\times10^6$）、检测记录系统（示差折光仪浓度检测器）、计算机数据处理和记录系统等组成。溶剂贮存器里的流动相通过输液泵成为流速恒定的流动相，样品则通过进氧气的六通阀进入系统，在流动相的推动下一次经过色谱柱和检测记录系统，最后流入废液瓶中。

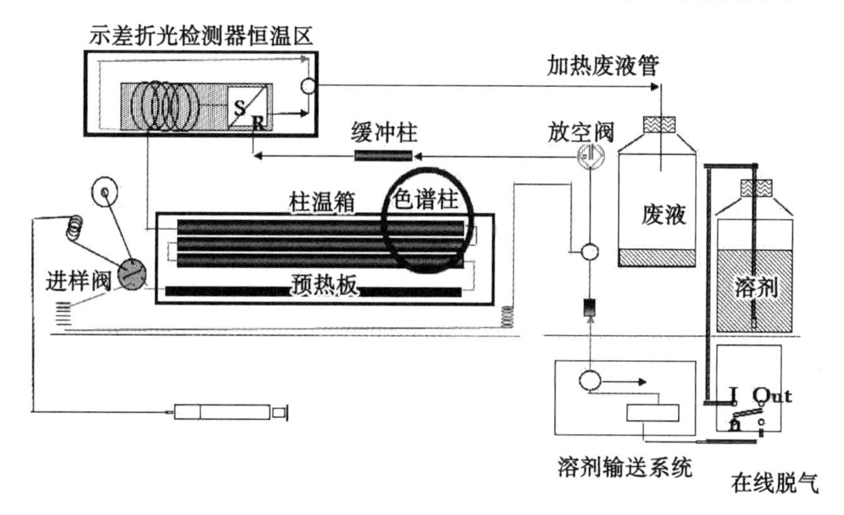

图 8.6　GPC 仪器内部构造示意图

8.3.1.1　GPC 色谱柱

GPC 与高效液相色谱（HPLC）最明显的区别在于二者所用的色谱柱的种类（性质）不同。HPLC 根据被分离物质中各种分子与色谱柱中的填料之间的亲和力不同而得到分离，GPC 的分离则是依据体积排阻机理。GPC 色谱柱装填的是多孔性凝胶，它们的孔径大小有一定的分布，并与待分离的聚合物分子尺寸可相比拟。按照样品所溶解的溶剂来选择柱子所属系列，如四氢呋喃（THF）、氯仿、二甲基甲酰胺（DMF）；必须选择合适的溶剂来溶解聚合物；按照样品分子量范围来选择柱子型号，样品分子量应该处在排阻极限和渗透极限范围内，并且最好是处在校正曲线线性范围内。

评价色谱柱性能的两个重要参数为柱效率和分离度。与其他色谱分析方法相同，GPC 实际的分离过程并非完全理想，即使对于分子量完全均一的试样，其在 GPC 的图谱上也有一个分布。采用柱效率和分离度能全面反映色谱柱性能的好坏。

（1）色谱柱的效率是采用“理论塔板数”（N）进行描述的。对于相同长度的色谱柱，N 值越大，意味着柱效率越高。从样品加入到出现峰顶位置的淋洗体积 V_R，以及由峰的两侧曲线拐点处作出切线与基线所截得的基线宽度即峰底宽 W，然后按照下式计算 N：

$$N=16\left(\frac{V_R}{W}\right)^2 \tag{8.4}$$

对于相同长度的色谱柱，N 值越大，意味着柱效率越高。

（2）分离度（R）定义如下：

$$R=\frac{2\ (V_2-V_1)}{(W_1+W_2)} \tag{8.5}$$

式中，V_1，V_2分别为对应于样品 1 和样品 2 的两个峰值的淋洗体积；W_1，W_2分别为峰 1 和峰 2 的峰底宽。显然，若两个样品达到完全分离，R 应等于或大于 1，如果 R 小于

1，则分离是不完全的。

8.3.1.2 GPC 载体

GPC一般是以有机溶剂（氯仿、四氢呋喃、二甲基甲酰胺等）为流动相，与之相匹配的填料是疏水性的，其分离对象一般是油溶性的高分子物质，填料的粒度及粒度分布、孔径或孔径分布以及孔容是基本参数。载体是GPC产生分离作用的关键，GPC仪器对载体的要求：①良好的化学稳定性和热稳定性；②有一定的机械强度；③不易变形；④流动阻力小；⑤对试样没有吸附作用；⑥分离范围越大越好（取决于孔径分布）；⑦载体的粒度愈小，愈均匀，堆积得愈紧密，色谱柱分离效率愈高。按照GPC载体凝胶的材料来源可以把它们分为有机凝胶和无机凝胶两大类。

（1）有机凝胶。

交联聚苯乙烯是一种应用很广的有机凝胶，它是苯乙烯和二乙烯苯的共聚物，一般以悬浮聚合或分散聚合方式制成聚苯乙烯—二乙烯基苯多孔微球，通过致孔剂制出所需孔径和孔容。这类凝胶的特点是孔径分布比较宽，分子量分离范围比较大，且柱效高。主要用于非极性有机溶剂，丙酮、乙醇一类极性溶剂不能应用。在有机溶剂中，有机凝胶通常处于溶胀状态，对不同的溶剂溶胀因子各不相同，因此不能在柱中直接更换溶剂，进样时也不能带进大量不良溶剂和空气。

（2）无机凝胶。

在无机基质材料中最重要、最基本的是硅胶，多孔硅胶的特点是化学惰性、热稳定性和机械强度好，使用寿命长，可在柱中直接更换溶剂。以硅胶为基质的无机凝胶的最大问题是其表面残余硅羟基所导致的“二级效应”，它会使GPC谱图复杂化。为解决这一问题，通常通过与小分子硅烷化试剂的作用，尽可能地将表面残余的硅羟基加以覆盖。由于多孔硅胶的机械强度很高，因此在交联聚苯乙烯凝胶之后，细粒度的多孔硅胶已经发展成为一种很好的高速、高效凝胶色谱填料。多孔玻璃是一类和多孔硅胶很相似的无机凝胶，它是碱性硼硅酸盐玻璃经高温分相，再用酸洗去碱性可溶相的产物。它的优点是可以做到孔径分布很窄，对某一分子量范围的分离特别有效，选择性强；孔径结构好有利于试样分子的传质过程。缺点是质脆易碎，柱子装填不紧，柱效低。

8.3.1.3 流动相

做GPC检测时首先要考虑被测样品的溶解情况，以此确定流动相，还要考虑柱子的测试范围，应使被测物分子量落在柱子的分子量—淋出曲线线性部分之内，若柱子范围太窄则可考虑将不同规格的柱子串联使用。对于适用于GPC仪器的每一根柱子都会配有详细的使用说明，使用之前应认真阅读，严格遵从，特别值得注意的是严禁超压（超流量），否则会降低柱效、损毁柱子。通常流动相溶剂类型的改变应当在流速不超过0.5 $mL\cdot min^{-1}$时进行，且对于同一根柱最好只使用单一类型的溶剂，频繁地改变流动相类型会缩短柱的寿命，而GPC仪器柱的价格昂贵，通常上万元一根。流动相溶剂最好是色谱级，否则需用孔径为0.2～0.45 μm的膜过滤。GPC最常用的流动相是四氢呋喃，它在室温下能溶解许多种聚合物。某些聚合物样品在四氢呋喃中难以充分溶解，一般可采用溶解能力更强的溶剂，如二甲基甲酰胺等。

8.3.1.4　检测器

测试样在色谱柱中被按分子尺寸大小分离后，只要在柱的出口处安置一个检测器检测经分离后各组分的浓度，就可以得到试样的色谱峰图，如果需要测定高聚物的分子量分布，在色谱柱出口处应放置两个检测器，一个检测浓度，一个检测分子量。两个检测器的信号同时输入记录仪可以得到反映分子量分布的色谱图。最常用的浓度检测器为示差折光（RI）检测器和紫外吸收（UV）检测器。RI检测器利用溶液和溶剂之间的折射率之差来测定组分浓度，通用性强，只要溶质与溶剂有折射率的差别就可以应用。而若采用UV检测器，则要求溶质有紫外吸收，溶剂不能有紫外吸收。而分子量检测器由于要求有较高灵敏度、较大的检测范围以及瞬时的响应，在很长一段时期没有现成的检测器可以满足这样的要求，故商品化的GPC仪通常用相对的分子量检测器，例如淋出体积指示器或自动黏度计。采用淋出体积指示器来检测分子量是基于在给定色谱柱中，组分的淋出体积和它们的分子量有依赖关系，只要用已知分子量的标准试样来标定色谱柱的这类依赖关系后，就可以从淋出体积计算分子量。

8.3.2　GPC实验要求

（1）GPC标样。GPC常用标样包括聚苯乙烯（PS，溶于各种有机溶剂）、聚甲基丙烯酸甲酯（PMMA）、聚环氧乙烷（PEO，也叫聚氧化乙烯，溶于水）、聚乙二醇（PEG），PEO与PEG的碳链骨架相同，但是其合成原料和封端不同，由于原料的性质，使其产物的分子量和结构都有一定的区别。

（2）样品浓度要求。由于GPC中浓度检测通常使用示差折光检测器，其灵敏度不太高，所以试样的浓度不能配置得太稀。但同时色谱柱的负荷量是有限的，浓度太大易发生“超载”现象。一般情况下，进样浓度按分子质量大小的不同在0.05%～0.50%（质量分数）范围内配置。分子质量越大，溶液浓度越低。标样配制应该严格按照标样说明书进行。通常室温静置12 h以上，然后轻轻混匀。绝对不能以超声或者剧烈振荡来加速溶解。溶液进样前应先经过过滤，以防止固体颗粒进入色谱柱内，引起柱内堵塞，损坏色谱柱。逐一注入聚合物标样以确定分子量与保留时间的关系。

（3）样品溶解性。GPC实验中所选择的溶剂必须使聚合物链打开，因此，在制备样品时需要充分的时间让分子链展开，有的聚合物需要大于3 h。对于分子量和结晶度的样品，所需要的溶解时间越长，为了增加样品的溶解，可轻微扰动（不要剧烈摇动或用超声）。对有些结晶的聚合物，则需要加热处理。

（4）样品的过滤。一般来说，窄分布标样不必过滤，高分子量标样也不需要剧烈摇动，静置30～60 min即可。而对于样品，除非该样品可能会有剪切效应发生，否则聚合物溶液必须过滤。

（5）其他注意事项。样品都必须严格按照操作规程处理。仪器在使用完毕后，必须以干净的流动相冲洗整个系统，移走系统中的缓冲液。此外，需要注意高流速精度是获得重现性 GPC 结果的基础，微小的流速误差会导致分子量计算的很大误差。

8.4 GPC 的应用举例

随着高分子学科的发展，高分子材料的应用日益广泛。与小分子物质不同，聚合物材料不是具有某一固定相对分子质量的“纯”物质，而是具有多种聚合度的同类聚合物的混合体，其相对分子质量一般是指平均值。聚合物的组成对材料的物理机械性能及加工工艺影响很大，因此表征聚合物组成的特征参数，对于研究聚合物的性能与结构组成之间的关系有着十分重大的意义。GPC 能够把由分子量各不相同的有机化合物组成的混合物在溶剂中按分子体积大小进行分离，从而得到分子体积分布的图谱。根据图谱可以分析聚合物的分子量及其分布情况，是研究高分子材料性能的重要手段之一。

高分子有机材料的结构和性能与其制备方法、单体反应程度以及最终分子量有着重要的关系。对于同一方法制备的高聚物，由于其合成过程难以控制，条件的较小变化可能会使得反应得到的聚合物的结构、分子量分布发生变化，导致聚合物的性能不同，而在宏观上有时看不出来。因此，在开发和合成新型聚合物的过程中，GPC 可以作为检测合成过程、单体反应程度以及聚合物分子量的有效手段之一。

8.4.1 测定物质的分子量

聚氨酯作为重要的高分子材料，广泛应用于皮革、纺织、航空航天等领域。一般来说，聚氨酯先由大分子二元醇与过量的二异氰酸酯反应形成异氰酸端基（—NCO）封端的“预聚物”，然后加入低分子量的二元醇或二元胺扩链剂进行扩链反应而得到。如果引入聚氨酯中的扩链剂具有抗菌防霉和防污抗蛋白吸附等性能，便能制备出具有相应功能的聚氨酯。作者课题组曾在这方面做过研究，并利用 GPC 分析合成物质的分子量。图 8.7 为合成具有抗微生物黏附性能扩链剂 PIBA$(OH)_2$的示意图。PIBA$(OH)_2$由摩尔比为 1∶10 的 1−硫代甘油（TPG）与丙烯酸异冰片酯（IBA）在紫外光照和偶氮二异丁腈（AIBN）为引发剂的情况下通过巯基−乙烯基点击反应得到。由于合成的 PIBA$(OH)_2$由分子量不等的同系物组成，因此要想进一步将 PIBA$(OH)_2$以扩链剂的形式引入到聚氨酯中，合成具有特定 PIBA$(OH)_2$含量的聚氨酯，必须先测得 PIBA$(OH)_2$的分子量及其分布情况。

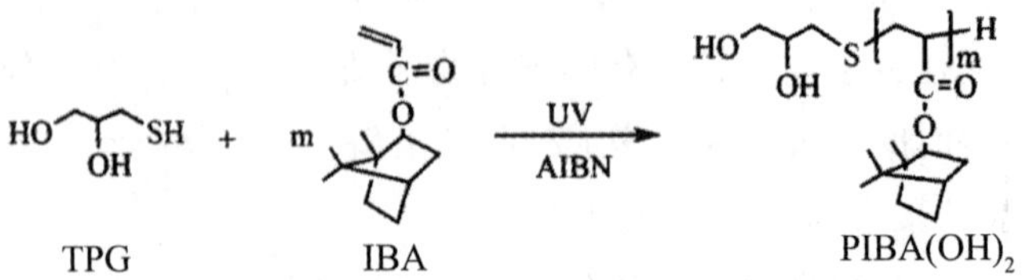

图 8.7 扩链剂 PIBA$(OH)_2$的合成路线示意图

图 8.8 为 PIBA$(OH)_2$的凝胶渗透色谱图。从图中可以看出，PIBA$(OH)_2$的数均相

对分子质量（M_n）为 2060 g·mol^{-1}，分子量分布指数（PDI）为 1.33。根据M_n和 PDI，我们就可以统计出对应质量 PIBA(OH)$_2$中的羟基数目，将其以扩链剂的形式引入聚氨酯中。

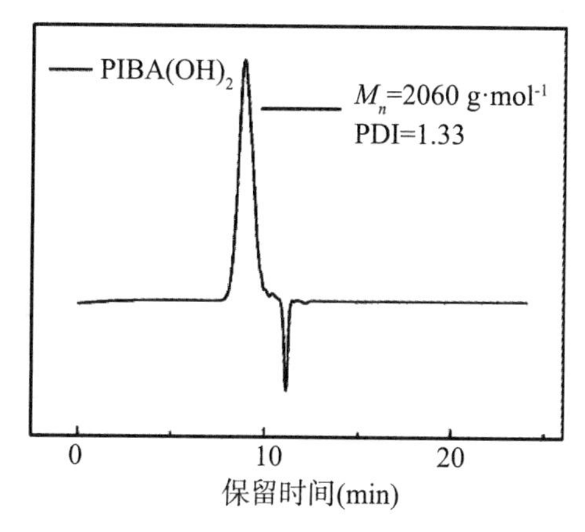

图 8.8　PIBA(OH)$_2$ 的凝胶渗透色谱图

8.4.2　利用 GPC 对化学反应机理进行鉴别

根据反应条件和单体配比的不同，巯基—乙烯反应存在自由基聚合和迈克尔加成反应两种机理。作者课题组曾借助 GPC 探究甲基丙烯酸二甲氨乙酯（DMAEMA）和巯基丙二醇（TPG）在不同单体配比和反应条件下的反应机理。结果如表 8.1 所示，从表中可以看出，当 TPG 与 DMAEMA 的摩尔比为 1∶1 或 1.2∶1 时，产物的 GPC 分析出现两个峰值表明产物中存在两个组分，表明 DMAEMA 和 TPG 同时发生了加成和自由基聚合两种反应，此时产物颜色为黄色。当 TPG 过量时，即 TPG/DMAEMA=2∶1，仅发生加成反应，此时产物颜色为无色。

表 8.1　不同反应条件及单体配比对产物分子量的影响

TPG/DMAEMA 摩尔比	反应条件 UV（30%）	GPC 测量产物的峰值个数	M_n	产物颜色
1∶1	0.5 h，DMPA	2	570 300	黄色
1∶1	2.0 h UV，DMPA	2	430 170	黄色
1.2∶1	0.5 h UV，DMPA	2	410 210	黄色
2∶1	0.5 h UV，DMPA	1	280	无色

从上述初步实验 GPC 的数据中看出，当 TPG 与 DMAEMA 的比例为 2∶1 时，通过紫外光照射反应 2h，二者只发生一对一加成反应。图 8.9 为二者反应的 GPC 曲线图，从 GPC 分布中未出现单体的峰值可以看出，此种反应条件下单体完全参与反应，检测的平均分子量为 270，与加成反应产物的分子量一致。由于 GPC 对于 400 以下的分子量检测不够准确，作者利用质谱分析法精确测得分子量为 265，再次印证了该产

物分子量的准确度。

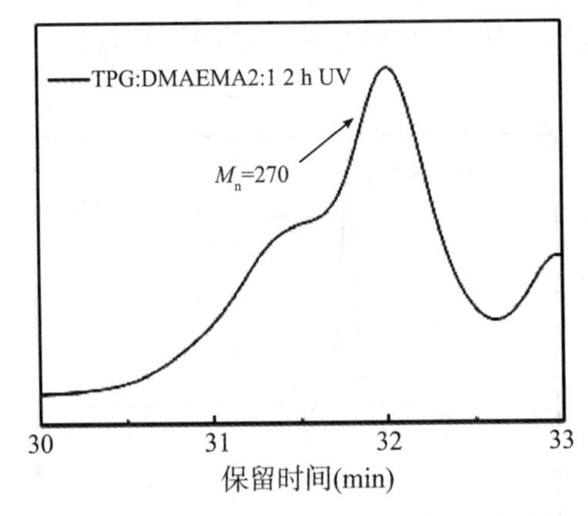

图 8.9 TPG 与 DMAEMA 摩尔比为 2∶1 时产物的凝胶渗透色谱图

8.4.3 利用 GPC 探究不同催化剂对化学反应的影响

此外，作者课题组曾利用 GPC 探究两种光催化剂安息香二甲醚（DMPA）和二羟基一甲基一苯丙酮（NA）对实验中反应单体催化活性的影响，其中反应单体为聚乙二醇甲基丙烯酸酯（OEGMA）和巯基丙二醇（TPG）。从 GPC 分布曲线（图 8.10）可以看出，出现了四个峰值（分子量见表 8.2），表明这两种催化剂均能使反应发生，但是反应产物的分子量呈现多分布现象。要想得到分子量分布比较均一的产物，则需控制好反应单体比例和反应时间。

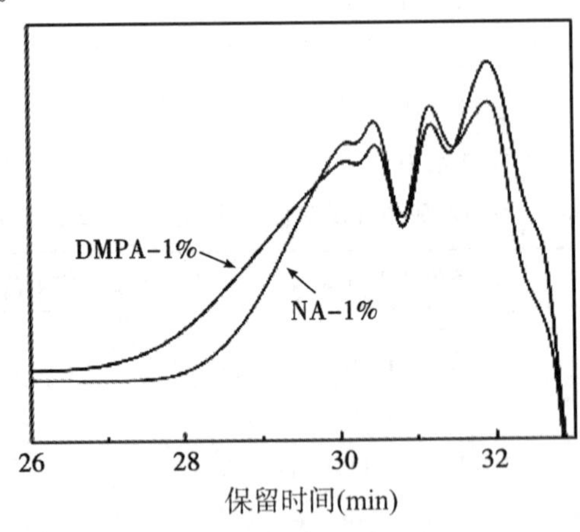

图 8.10 TPG/DMAEMA=1.2∶1 时，不同催化剂条件下反应 2 h 后产物的凝胶渗透色谱图

表 8.2 不同催化剂下产物的分子量及其分布情况

	M_n(DMPA 催化剂)	M_n(NA 催化剂)	PDI
峰 1	1560	1370	1.17
峰 2	790	780	1.0
峰 3	460	450	1.0
峰 4	280	280	1.0

8.4.4 利用GPC分析判断单体的反应活性

聚氨酯材料的综合性能对其分子量及分子量分布有直接影响，分子量过低，材料力学强度会达不到涂料的要求。在聚氨酯的制备过程中，主要发生聚加成反应得到聚氨酯聚合物，因此小分子扩链剂的活性不同，在相同的反应条件和反应时间情况下，得到的聚合物的分子量不同，所呈现的聚氨酯膜的宏观性能也会不同。

作者课题组曾制备了新的小分子扩链剂，并利用GPC分析了该单体的反应活性。实验通过异氰酸酯基与多元醇的反应，得到—NCO封端的聚氨酯预聚物。然后，含有双羟基的功能性单体$DMA(OH)_2$作为小分子扩链剂在催化剂作用下与端基异氰酸酯基反应，分子链进一步增长，得到聚氨酯NPU材料，实验所合成的聚氨酯（NPU）的合成配比与其分子量M_n及其分布指数（PDI）如表8.3和图8.11所示。值得注意的是，PU—0的分子量为37600，PDI为1.79。NPU的分子量分布较为集中，分子量在9600～15400。随着$DMA(OH)_2$含量的增加，分子量呈现减少趋势，表明$DMA(OH)_2$扩链剂与合成聚氨酯常用的扩链剂1,4—丁二醇相比，反应活性相对较低。

表8.3 合成聚氨酯原料的配比和聚氨酯分子量及其分布

样品	PTMG/IPDI/BDO/$DMA(OH)_2$	M_n	PDI
PU—0	1∶6.7∶5.7∶0	37600	1.79
NPU—6	1∶6.7∶4.7∶1	15400	1.75
NPU—12	1∶6.7∶3.7∶2	13200	1.63
NPU—17	1∶6.7∶2.7∶3	12300	1.58
NPU—23	1∶6.7∶1.7∶4	10300	1.50
NPU—30	1∶6.7∶0∶5.7	9600	1.30

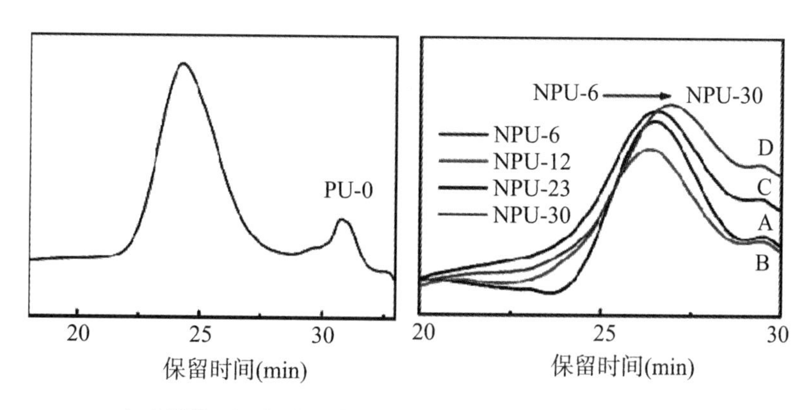

A. NPU—6 B. NPU—12 C. NPU—23 D. NPU—30

图8.11 聚氨酯（PU—0）和磺胺两性离子聚氨酯（NPU）分子量谱图及其分布

参考文献

[1] 何曼君，张红东，陈维笑，等. 高分子物理[M]. 上海：复旦大学出版社，2007.

[2] 潘祖仁. 高分子化学 [M]. 北京：化学工业出版社，2007.
[3] 张倩. 高分子近代分析方法 [M]. 成都：四川大学出版社，2015.
[4] 吴尖辉. 异冰片改性聚氨酯及其抗菌性能研究 [D]. 成都：四川大学，2019.
[5] 王春华. 防污自清洁聚氨酯的结构与性能研究 [D]. 成都：四川大学，2017.
[6] Wang C H，Ma C F，Mu C D，et al. A novel approach for synthesis of zwitterionic polyurethane coating with protein resistance [J]. Langmuir，2014，30 (43)：12860－12867.

思考题

1. 如何理解凝胶渗透色谱仪是测定物质的分子量的相对方法，而不是绝对方法?
2. 试用自己的语言阐述凝胶过滤色谱的分离机理。
3. 请简要概述凝胶渗透色谱仪的工作原理。
4. 凝胶渗透色谱仪的核心部件是什么? 评价色谱柱性能的好坏的指标参数有哪些? 各自代表什么意义?
5. 为什么说载体是凝胶渗透色谱仪（GPC）产生分离作用的关键? GPC 所用载体分类及其各自特点有哪些?
6. 结合第 7 章的内容，总结思考测定物质分子量的方法有哪些。哪些是绝对方法? 哪些是相对方法? 其优缺点如何?
7. 利用凝胶渗透色谱仪测定物质的分子量时，制备样品的注意事项有哪些?

第9章　X射线衍射法

9.1　概　述

X射线衍射法（X—ray diffraction，XRD）是根据X射线穿过物质的晶格时所产生的衍射特征，鉴定物质成分与晶体结构，进行物相、定性、定量分析的方法。X射线在晶体中的衍射现象，实质上是大量的原子散射波互相干涉的结果。每种晶体所产生的衍射花样都能反映出晶体内部的原子分布规律。因此，利用晶体对X射线的衍射效应，可以研究晶体的内部结构，最终确定出不同的或相同的原子在晶胞内的位置（即原子的排列方式），并可根据X射线衍射谱图计算物质的结晶度。

X射线是19世纪末物理学的三大发现（1895年X射线、1896年放射线、1897年电子）之一，它的发现对20世纪以来的物理学以及整个科学技术的发展均产生了巨大且深远的影响，标志着现代物理学的产生。1895年11月8日，德国物理学家伦琴（Wilhelm Konrad Rontgen，1854—1923）发现电流通过克鲁斯阴极射线管时，会在不远处涂了亚铂氰化钡的小屏处发出明亮的荧光，使黑纸包住的照相底片感光，将手放在用黑纸包严的照相底片处时，可以穿透肌肉照出手骨轮廓，从而在纸屏处留下清晰的手骨影像。由于阴极射线只能在空气中行进几厘米，因此伦琴意识到这种具有特别强穿透力的射线，可能是某种特殊的从来没有观察到的射线。1895年12月28日，伦琴向德国维尔兹堡物理和医学学会递交了第一篇研究通讯《一种新射线的发现》，并将这一新射线命名为X射线。1901年诺贝尔奖第一次颁发，伦琴因发现并命名X射线而获得了这一年的诺贝尔物理学奖。人们为了纪念伦琴对物理学的贡献，也将X射线称为伦琴射线。

X射线的本质，直到1912年才被肯定，Laue等发现X—Ray晶体的衍射现象，证实了X射线是一种电磁波。Laue的实验证明了晶体内部原子排列的周期性结构，使得晶体学进入一个新时代，X射线成为一种研究物质微细结构极有利的工具。1913年，Laue、Bragg分别建立X射线晶体衍射的运动学方程，提出Bragg方程，用于晶体结构分析，这一结果为X射线衍射分析提供了理论基础。不过，Bragg方程只考虑X射线仅受散射体的单次散射，忽略入射线、衍射线间的相互作用的运动学理论不同，作为X射线衍射理论的更正确表达，Darwing于1914年、Ewald于1917年等又在涉及大尺度晶体的多重散射、入射线与衍射线间、衍射线与衍射线间的相互作用的基础上，分别从不同角度构筑了X射线衍射动力学的理论框架，得出色散面、摇摆曲线等重要概念，使Laue和Bragg的X射线衍射运动学理论的应用有了更牢固的基础。其后，Laue参照Ewald的关于谐振子的思想结合Maxwell的电磁理论，进一步发展了X射线衍射的动力学理论，使之成为至今X射线衍射动力学处理问题的主流范式。这样，从Laue、Bragg方程到Laue、Ewald-Darwing方程便构成了X射线衍射的整体理论体系，形成了X射线衍射学。

X射线衍射成为研究晶体结构最为方便、最为重要的手段，其可分辨的物质从简单的物质系统到复杂的生物大分子，均可提供相关的物质静态结构的信息。在各种测量方法中，X射线衍射法具有不损伤样品、无污染、快捷、测量精度高、能得到有关晶体完整性的大量信息等优点。由于晶体存在的普遍性和特殊性，XRD在计算机、能源、航天航空、生物工程等工业领域具有广泛的应用。

9.2 X射线衍射的基本原理

9.2.1 X射线的基本性质

X射线是一种波长较短的高能电磁波，波长范围为0.001～10.000 nm，介于远紫外和γ射线之间，与物质的结构单元尺寸数量级相当。X射线衍射仪所常用的波长一般为0.05～0.25 nm，最有用的是CuKα线，λ=0.1542 nm，与聚合物微晶单胞0.2～2.0 nm相当。X射线既然是一种电磁波，也就具有类似于可见光、电子、质子和中子等的性质（波粒二象性）。X射线是由大量以光速运动的粒子流组成，这些粒子称为光电子或光量子，每一个光电子具有的能量为：

$$E=h\nu=h\frac{c}{\lambda} \tag{9.1}$$

式中，h为普朗克常数，$h=6.62618\times10^{-34}$ J·s；c为光速，$c=3\times10^{8}$ m·s^{-1}；E、ν、λ分别为X射线光子的能量、频率和波长。

X射线的波动性和微粒性是同时存在的，不同频率和波长的X射线，其光子的能量是不同的。频率越高，波长越短，光子能量越大。X射线除了具有波动性和微粒性，还有其他一些性质：①能使照相底片感光；②能使荧光物质，如ZnS、CdS、NaI（TI）（铊激发的碘化钠晶体）发荧光；③能使气体电离；④折射率接近于1；⑤穿透力强，工业上用此性质对材料进行探伤，医学上用此性质进行某些疾病的诊断；⑥X射线对人体有害，应高度注意防范。

由X射线管发射出的X射线束并不是由单一波长组成的，若用分光晶体将X射线束加以分解，就会得到如图9.1所示的X射线谱。从图中可以看出，X射线谱由两部分叠加而成，即强度随波长变化而变化的连续谱和强度很高而波长一定的特征谱，又称标识谱或线谱。连续X射线谱由某一最短波长（λ_{min}）和各种X射线波长组成。连续谱仅产生X射线衍射的本底，一般要设法去除。

衍射仪使用的是X射线特征谱，特征X射线谱是由X射线管的阳极靶材料的原子结构决定的。X射线管灯丝发射的电子在高电场中加速并获得很高的能量，高能量的电子与靶材料的原子相碰撞时，原子内层电子被撞击出去，形成电子空穴；当外层电子回补内层电子空穴时，将能量以特征X射线释放出来。如图9.2所示，当K层电子被打出以后，其空穴可被外层任一电子所填充，从而产生一系列K系谱线，特征X射线能量与两个层电子能量相当，可用下式表示：

$$E_n - E_K = h\nu_K = h\frac{c}{\lambda_K} \tag{9.2}$$

式中，E_n 为 L、M、N 层电子的能量，E_K 为 K 层电子的能量，h 为普朗克常数，c 为光速，ν_K 为 K 系列的特征 X 射线频率，λ_K 为 K 系列的特征 X 射线波长。

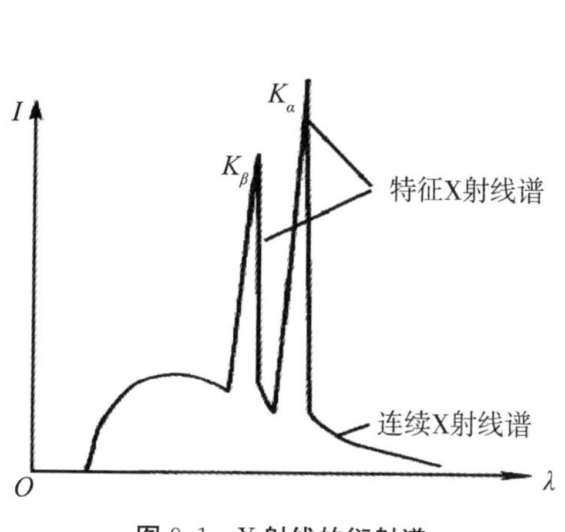

图 9.1　X 射线的衍射谱

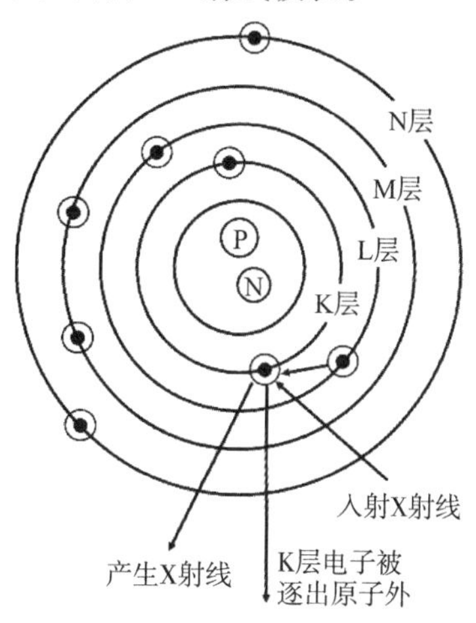

图 9.2　产生 X 射线谱的原理

所有元素的特征谱线都很类似，只是波长按原子序数的增大而减小。特征谱可分成不同线系，波长最短的称为 K 线系，次短的为 L 线系等。在 X 衍射中最有用的是 K 线系，K 线系有三条谱线，其中最强的两条是互相靠得很近的双线 $K_{\alpha1}$ 和 $K_{\alpha2}$，$K_{\alpha1}$ 的强度是 $K_{\alpha2}$ 的两倍，且 $K_{\alpha1}$ 的波长较短。在 X 射线分析中，许多情况下这双线是分不开的，被称为 K_α 线，其波长采用加权平均值表示：

$$\lambda_{K\alpha} = \frac{2\lambda_{K\alpha1} + \lambda_{K\alpha2}}{3} \tag{9.3}$$

K 系的第三条曲线为 K_β，它的波长比 K_α 短约 10%，强度约为 K_α 的 1/7。

特征谱线只有加速电压达到一定值时才能产生，因为只有当高速电子的能量大于内层电子的能量时，才能将内层电子撞出，从而使原子处于激发态而产生特征谱线。这一最低电子与核的结合能力越大，激发 K 系射线所需电压越高，原子序数越大，核对 K 层电子的结合力也越大，所需的激发电压也越高。为了获得较高的特征 X 射线强度和避免其他谱线干扰，适当的工作电压应取激发电压的 3～5 倍。

特征 X 射线的强度可由实验测定的下述经验公式表示：

$$I = A_i\,(V - V_K)^n \tag{9.4}$$

式中，V 为 X 射线管电压，i 为管电流，V_K 为 K 系激励电压，A 为常数。在 $V \leqslant 2.3V_K$ 时，n 约为 2；在 $V > 2.3V_K$ 时，n 约为 1.5。提高 V 和 i 可以提高特征 X 射线的强度，但同时也提高了连续 X 射线的强度。不同靶材料的 V 值可以参见相关书籍。

9.2.2　X 射线与物质的相互作用

X 射线具有较强的穿透力，当其穿过物质时，会与物质发生各种相互作用而变弱。X 射线和物质的相互作用是极其复杂的，除透射 X 射线外，入射 X 射线可能被物质吸收，转变为热能、光电效应、荧光效应和俄歇效应等，并且发生能量和波长不变的相干散射和有部分能量损失的非相干散射。实验发现的各种现象如图 9.3 所示：

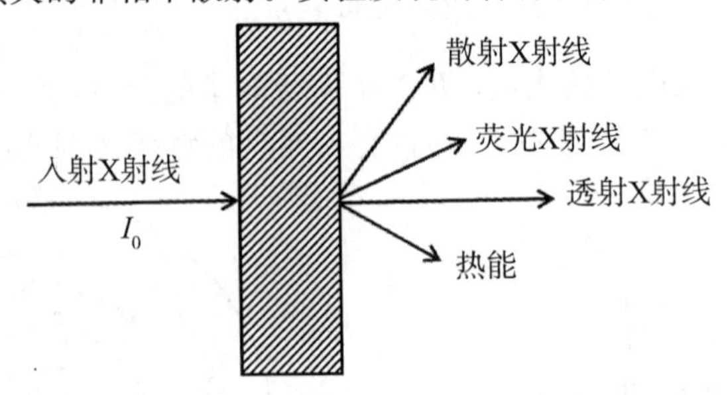

图 9.3　X 射线与物质的相互作用

实验表明，X 射线穿过物质的衰减规律满足下式：

$$I_t = I_0 e^{-\mu t} \tag{9.5}$$

式中，t 为穿过物质的厚度，I_0 为入射 X 射线的强度，I_t 为穿过物质后的 X 射线强度，μ 为物质的线性吸收系数（当 X 射线通过 1 cm 厚的物质时被吸收的比率）。

由式（9.5）可知，X 射线穿过物质时，将按指数规律衰减。μ 是与 X 射线波长、吸收物质及其物理状态有关的量。

式（9.5）可以改写为：

$$I_t = I_0 e^{-(\mu/\rho)\rho t} \tag{9.6}$$

或

$$\frac{I_t}{I_0} = e^{-(\mu/\rho)\rho t} \tag{9.7}$$

式中，I_t/I_0 为透过系数或透过因子，ρ 为吸收物质的密度，单位为 $g \cdot cm^{-3}$；μ/ρ 称为质量吸收系数，简写为 μ_m，单位为 $cm^2 \cdot g^{-1}$，对一种物质和一定波长的 X 射线，μ_m 是一常数，与物质所处状态无关，仅与物质由哪些元素构成有关。可见，透射 X 射线是按指数规律迅速衰减的。例如，冰、水和水蒸气有相同的 μ_m，金刚石、石墨和碳粉也有相同的 μ_m。混合物和化合物的 μ_m 按下式计算：

$$\mu_m = \mu_m(A)W_A + \mu_m(B)W_B + \cdots \tag{9.8}$$

式中，$\mu_m(A)$ 和 $\mu_m(B)$ 分别为 A 元素和 B 元素的 μ_m，W_A 和 W_B 分别为 A 和 B 元素在化合物或混合物中所占的质量分数乘积之和。各种元素在不同波长下的质量吸收系数，可查阅 X 射线结晶学的相关书籍。

吸收 X 射线波长和吸收体的原子序数满足下列关系：

$$\mu_m = c\lambda^3 Z^3 \tag{9.9}$$

式中，c 为常数，λ 为波长，Z 为原子序数。由式（9.9）可知，X 射线波长越长，则吸收体的原子序数越大，X 射线就越容易被吸收。当波长在某一数值时，μ_m 发生突变，各元素 μ_m 突变时的波长值称为该元素的吸收限。式（9.9）只在不同的吸收限之间的一段曲线才满足。可利用元素 μ_m 的突变性，使 X 射线管产生的 X 射线准单色化，即可选择一定厚度的某种物质，这种物质的吸收限正好介于 X 射线谱 K_α 和 K_β 之间，使 K_β 几乎全部被吸收，而 K_α 被吸收得较少，剩下的基本上是单色的 K_α 线，这一定厚度的物质称为滤波片。滤波片材料的原子序数一般比靶材料的原子序数小 1～2，其厚度按衰减规律公式进行计算。

9.2.3　X 射线衍射分析

当一束单色 X 射线入射到晶体时，首先被电子散射，每个电子都是一个新的辐射波源，向空间辐射出与入射波相同频率的电磁波。在一个原子系统中，所有电子的散射波都可以近似地看成是由原子中心发出的。因此，可以把晶体中每个原子都看成一个新的散射波源，它们各自向空间辐射出与入射波相同频率的电磁波。由于这些散射波之间的干涉作用使得空间某些方向上的波始终保持相互叠加，于是在这个方向上就可以观测到衍射线；而在另一些方向上的波则始终是相互抵消的，于是就没有衍射线产生。所以 X 射线在晶体中的衍射现象，实质上是大量的原子散射波相互干涉的结果。由于晶体是由原子有规律排列成的晶胞所组成，而这些有规律排列的原子间的距离与入射 X 射线波长具有相同的数量级。故由不同原子衍射的 X 射线相互干涉叠加，可在某些特殊的方向上产生强的 X 射线衍射。

每种晶体所产生的衍射花样都反映出晶体内部的原子分布规律。概括地讲，一个衍射花样的特征可以认为由两个方面组成：一方面是衍射线在空间的分布规律（即衍射几何或衍射方向），次生波加强的方向就是衍射方向，由晶胞的大小、形状和位向决定，测定衍射方向可以决定晶胞的形状和大小；另一方面是衍射线的强度，衍射强度是由于晶胞内非周期性分布的原子和电子产生的次生 X 射线产生干涉决定的，衍射线的强度与原子在晶胞中的位置、数量和种类有关。

为了通过衍射现象来分析晶体内部结构的各种问题，必须掌握一定的晶体学知识；并在衍射现象与晶体结构之间建立起定性和定量的关系，这是 X 射线衍射理论所要解决的中心问题。后续将介绍晶体学知识。

9.2.4　晶体学基础

晶体是指原子、离子和分子在空间有规则、周期性排列的固体物质；而非晶体是指原子、分子不存在规则、周期性排列，近程有序而远程无序的无定形体。在晶体中有单晶、多晶、微晶和纳米晶等，晶体中的原子按同一周期性排列，整块固体基本上以一个空间点阵所贯穿，称为单晶。由许多小单晶按不同取向聚集而成的晶体称为多晶。

9.2.4.1　点阵和晶胞

X 射线衍射法可以确定任何一种晶体物质，不管它们的外形如何不同，但从微观来看，它们都是一些基本单位（晶胞）在空间堆砌而成的。例如，NaCl 晶体是由如图 9.4 所示的晶胞在三维空间堆积起来的。其中黑色圆圈表示Na^+，白色圆圈表示 Cl^-，并取 Ox、Oy、Oz 为坐标轴。若 Na^+ 分别沿 Ox、Oy、Oz 方向平行移动，能自行重复的最短长度为 a、b、c，则 a、b、c 分别为该方向的周期。晶胞就是被最小周期所概括的空间，它是晶体结构的基本重复单元。

晶胞结构中包含了不同的原子，看起来似乎复杂，但这种周期性结构具有一个特点，就是将其中周围环境完全相同的等同点，例如将 NaCl 晶体中全部Na^+或全部Cl^-抽出来，用一个点来代表，原 NaCl 的晶胞可视为如图 9.5 所示的平行六面体，这种平行六面体并置堆积构成的空间点阵。考虑到晶体的对称性，由不同晶体得到的平行六面体有 14 种类型，一般称为 14 种布拉威空间格子。根据 1866 年布拉威（Bravais）的推导，从一切晶体结构中抽象出来的空间点阵，按选取平行六面体单位的原则，只能有 14 种空间点阵（格子）。其中有 7 种平行六面体只在角顶有阵点，这些晶胞分别叫体心、面心或底心晶胞。平行六面体的三条棱长为 a、b、c 和棱间夹角 α、β、γ 称为晶格常数，根据晶格常数的不同关系，晶体分别属于 7 个晶系，它们的名称和晶格常数的关系见表 9.1。

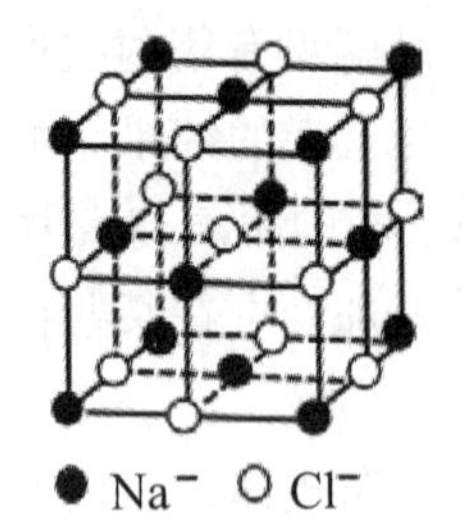

图 9.4 NaCl 的晶胞结构

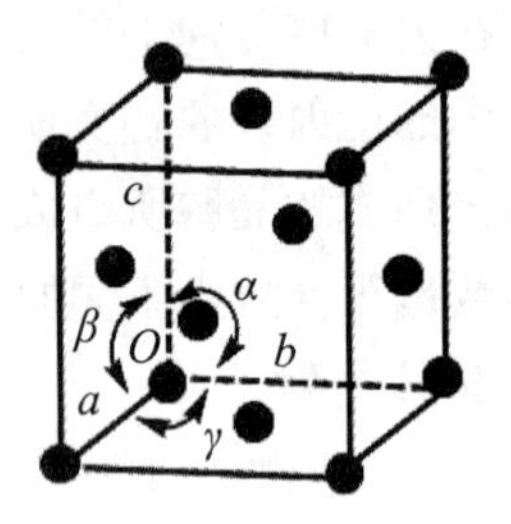

图 9.5 NaCl 晶胞结构的平行六面体

表 9.1 7 种晶系与晶格常数的关系

晶系	晶格常数之间的关系
立方	$a=b=c$，$\alpha=\beta=\gamma=90°$
六方	$a=b\neq c$，$\alpha=\beta=90°$，$\gamma=120°$
四方	$a=b\neq c$，$\alpha=\beta=\gamma=90°$
三方	$a=b=c$，$\alpha=\beta=\gamma<120°$且 $\alpha=\beta=\gamma\neq 90°$
正交	$a\neq b\neq c$，$\alpha=\beta=\gamma=90°$
单斜	$a\neq b\neq c$，$\alpha=\beta=90°\neq\beta$
三斜	$a\neq b\neq c$，$\alpha\neq\beta\neq\gamma$

9.2.4.2 阵点坐标、晶向指数、晶面指数和晶面间距

要研究晶体对 X 射线的衍射，需要一种用来表示空间点阵中各晶向和晶面的方法，即需要有晶向指数和晶面指数的知识。在空间点阵中，选取某一平行六面体的角顶为坐标原点，三条棱为单位向量 $\boldsymbol{a}$、$\boldsymbol{b}$、$\boldsymbol{c}$。空间点阵中某一阵点的坐标定义为：从原点至该阵点的向量 $\boldsymbol{R}$ 的分量 U、V、W，一般写作 [UVW]。

空间点阵中任意二阵点 A、B 的连线称晶向，晶向指数由二阵点坐标决定，设 A、B 的阵点坐标分别为 [$U_1V_1W_1$] 和 [$U_1V_1W_1$]，定义 AB 晶向指数为：

$$(U_1-U_2):(V_1-V_2):(W_1-W_2)=U:V:W \tag{9.10}$$

习惯用 [UVW] 表示，如图 9.6 所示。在空间点阵中，不在同一直线上的任意三个点决定平面晶面。由于阵点的周期性排列，每一个晶面上四点的排列也是有规则的，因此把任意晶面等距、平等地重复排列起来，就可得到整个点阵，这些彼此相同且等距平等的晶面称为晶面族。在同一点阵中，可以用许多不同的方法划分晶面族，如图9.7所示。

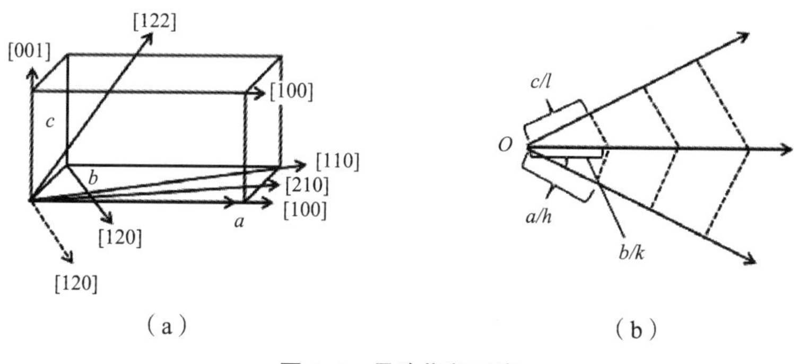

图9.6　晶胞指数示意

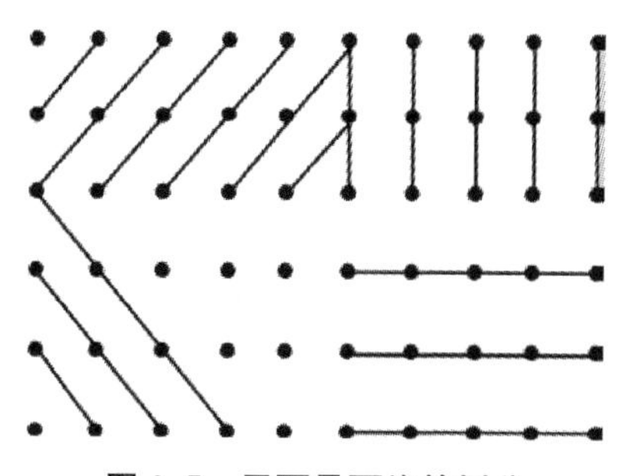

图9.7　平面晶面族的划分

要说明各晶面族是怎么选取的，只需说明晶面族中各个晶面的共同法线方向。以晶胞的一个顶点为原点，以晶胞的三个通过原点的边 a、b、c 为坐标轴，晶面族中必有一个晶面通过坐标原点，而与此晶面紧邻的晶面和三个坐标轴相截于 a/h、b/k、c/l，如图9.6（b）所示。通常按 a、b、c 三边的顺序写成（hkl）代表该晶面族的法线方向，并称（hkl）为该面族的晶面指数。

晶面指数不仅可以表示出晶面的法线方向，而且可以用来计算相邻晶面的垂直距离（晶面间距）。由于不同晶系晶格常数间有特定的相互关系，除三斜晶系外，其他晶系晶面间距的公式可以简化，例如：

立方晶系：

$$a=\sqrt{h^2+k^2+l^2}\,d_{(hkl)} \tag{9.11}$$

四方晶系：

$$\frac{1}{d_{(hkl)}^2}=\frac{(h^2+k^2)}{a^2}+\frac{l^2}{c^2} \tag{9.12}$$

六方晶系：

$$\frac{1}{d_{(hkl)}^2}=\frac{4}{3}\frac{(h^2+hk+k^2)}{a^2}+\frac{l^2}{c^2} \tag{9.13}$$

9.2.5　X射线的衍射方向

当一束X射线投射在晶体上时，其前进方向发生改变而产生散射现象。散射现象分相干散射和非相干散射（入射X光与原子中的电子发生非弹性碰撞）。相干散射的X光与原子中的电子发生弹性碰撞，能量不变，只改变方向，这种散射波的干涉现象称为X射线衍射。干涉产生的衍射花样与晶体的结构有关，X射线衍射分析的任务就是正确建立衍射花样与晶体结构之间的对应关系。

从微观机制而言，晶体对X射线的相干散射是晶体中电子对X射线相干散射的叠加。晶体中的电子隶属原子，原子又存在于晶胞中，晶胞堆砌就构成晶体。因此，讨论晶体对X射线的衍射，首先要讨论原子对X射线的散射。原子对X射线的散射用原子散射因子f_a来表示。

在最简单的情况下，每个晶胞只含一个原子，这时一个晶胞对X射线的散射强度与一个原子的散射强度相同。一般情况下，晶胞可能含有若干个不同的原子，一个晶胞对X射线的散射，就是晶胞中所有原子对X射线散射波的叠加。以晶胞的一个顶点为原点，晶胞中的第j个原子的位置向量可表示为：

$$r_j = x_j a + y_j b + z_j c \begin{bmatrix} 0 \leqslant x_j \leqslant 1 \\ 0 \leqslant y_j \leqslant 1 \\ 0 \leqslant z_j \leqslant 1 \end{bmatrix} \tag{9.14}$$

因此，第j个原子的散射波与位于坐标原点处原子散射波之间的光程差（图9.8）为：

$$\Delta_j = r_j \cdot (S - S_0) \tag{9.15}$$

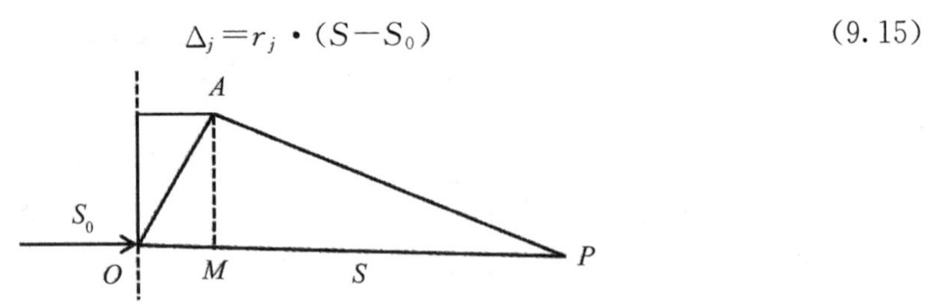

图9.8 多原子散射波程差示图

它们之间的相位差为：

$$\Phi_j = \frac{2\pi\Delta_j}{\lambda} = 2\pi r_j \cdot (\boldsymbol{S} - \boldsymbol{S}_0)/\lambda \tag{9.16}$$

因此，晶胞对X射线的散射的振幅可表示为：

$$\boldsymbol{F} = \sum_{j=1}^{N} f_j \mathrm{e}^{i2\pi} r_j = \frac{(\boldsymbol{S} - \boldsymbol{S}_0)}{\lambda_m} \sum_{j=1}^{N} f_j \mathrm{e}^{i2\pi(hxj+kyj+lxj)} \tag{9.17}$$

式中，N为晶胞中所含原子数，f_j为第j个原子的散射因子，$\boldsymbol{S}_0$和$\boldsymbol{S}$分别为入射线和衍射线的单位向量，h、k、l为晶面指数，$\boldsymbol{F}_{hkl}$一般称为结构因子，其模量F_{hkl}称为结构振幅。晶胞的散射强度$I_y = I_e F_{hkl}{}^2$，I_e为位于原点的一个自由电子在P点的散射强度，即

$$I_e = I_0 \frac{\mathrm{e}^4}{m^2 c^4 r^2}\left(\frac{1+\cos^2 2\theta}{2}\right) \tag{9.18}$$

式中，I_0为入射光强，e为电子的电荷，m为电子的电量，c为光速，2θ为观察方向与入射线的夹角，一般称为衍射角，如图9.9所示。

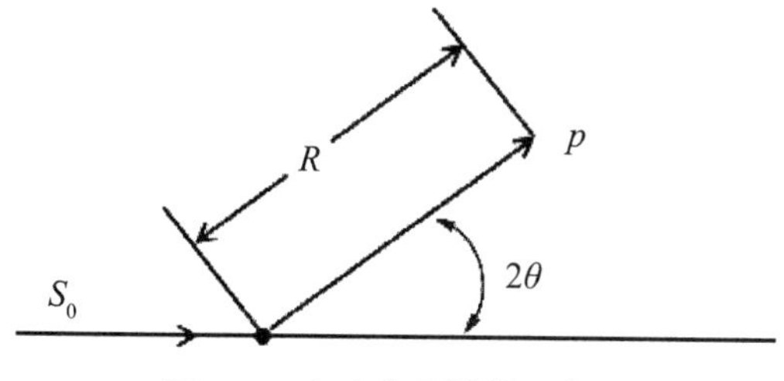

图9.9　自由电子散射示意图

小晶体对X射线的散射强度为：

$$I = I_e F_{hkl}{}^2 N^2 \tag{9.19}$$

式中，N 为小晶体的晶胞指数。要能观察到衍射，$F_{hkl}{}^2$ 必不为零，由 $F_{hkl}{}^2$ 计算可知，只有某些（hkl）的 $F_{hkl}{}^2$ 为零，才会产生消光现象。

决定晶体衍射方向的基本方程有劳厄方程和布拉格方程，前者以直线点阵为出发点，后者以平面点阵为出发点。这两个方程都反映了衍射方向、入射波长、入射角和点阵参数的关系。劳厄方程需要考虑三个方程，实际应用不方便，而布拉格方程将衍射现象理解为晶面族有选择的反射，比劳厄方程更实用。

将X射线衍射看成反射是布拉格方程的基础，X射线的反射与可见光的镜面反射有所不同，可见光在大于某一临界角的任意入射角方向均能产生反射，而X射线只能在有限的布拉格角方向才能产生反射。另外，可见光的反射是物体的表面现象，而X射线衍射是一定厚度内晶体许多面间距相同的平行族共同作用的结果。

晶体与X射线相互作用产生的衍射的方向用布拉格方程来描述，如图9.10所示。图中（hkl）为某一族晶面，d 为晶面间距，θ 为入衍射线与晶面的夹角。衍射线1′与2′的光程差为：

$$\Delta = BD + DC = 2d_{(hkl)} \cdot \sin\theta \tag{9.20}$$

当光程差为入射X射线波长 λ 的整数倍时，衍射线增强。因此，产生射线的条件为：

$$2d_{(hkl)} \cdot \sin\theta = n\lambda \tag{9.21}$$

式（9.21）称为布拉格方程，其中 n 为干涉级次。由图9.10可知X射线衍射可视为一种“选择性”反射，入射线和反射线间的夹角为 2θ（衍射角）。

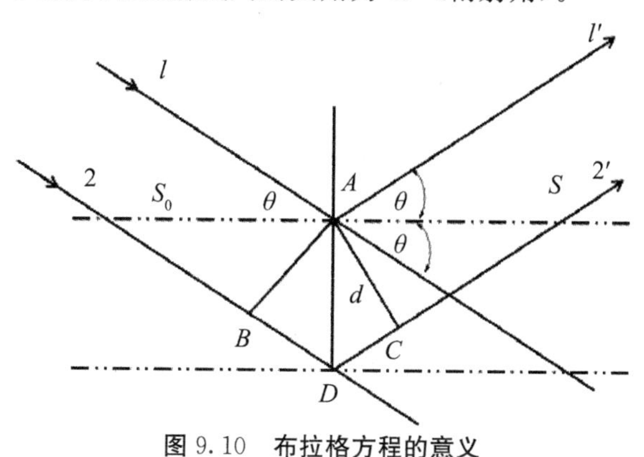

图9.10　布拉格方程的意义

布拉格方程是X射线衍射分析的最基本定律，其在实验室有两种用途。首先，利用已知波长的特征X射线，通过测量θ角，可以计算出晶面间距$d_{(hkl)}$。其次，利用已知晶面间距$d_{(hkl)}$的晶体，通过测量θ角，可以计算出未知X射线的波长。衍射方向决定于晶胞的大小和形状。反过来说，通过测量衍射束的方向，可以测量晶胞的形状和尺寸。

9.2.6 多晶体对X射线的衍射

为了获得某一平面族的某一级反射，该平面与入射角的夹角应满足$2d \cdot \sin\theta = n\lambda$，则反射线与入射线的夹角应为$2\theta$。在多晶体中，所有与入射线夹角为$\theta$的晶面所反射的光束，必在空间连接成一个以入射线方向为轴，4θ为顶角的圆锥面上，如图9.11所示，这个圆锥习惯性称为衍射圆锥。其他角度的反射可由其他方向的晶体产生另外的衍射圆锥。当用垂直于入射线的平板照相底片记录衍射图时，衍射花样为一系列同心圆。若用辐射探测器记录衍射花样，则出现不同强度的衍射峰。自动测量、记录晶体对X射线辐射所产生的衍射花样的仪器称为衍射仪。

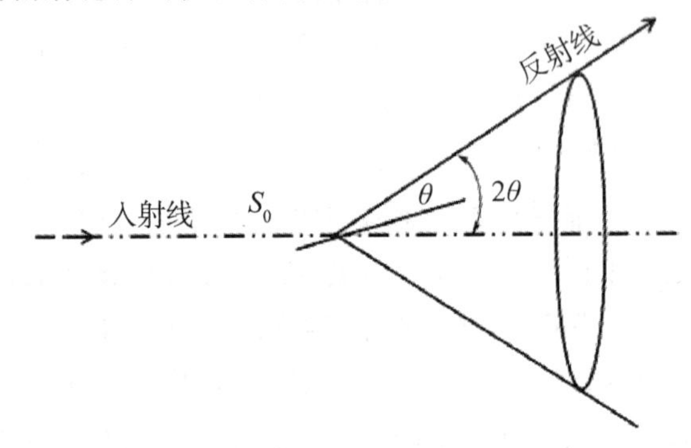

图9.11 多晶试样产生的衍射圆锥

衍射基本原理如图9.12所示。图中F为X射线管线焦斑，S为平板试样的中心，C为接收狭缝中心，$S \cdot C$为探测器。一般衍射仪都是按Bragg－Brentano准聚焦原理设计，即满足$FS=SC=R$，R为衍射仪半径；样品和探测器同时转动，且转动轴同心，而转动角度之比为1∶2。

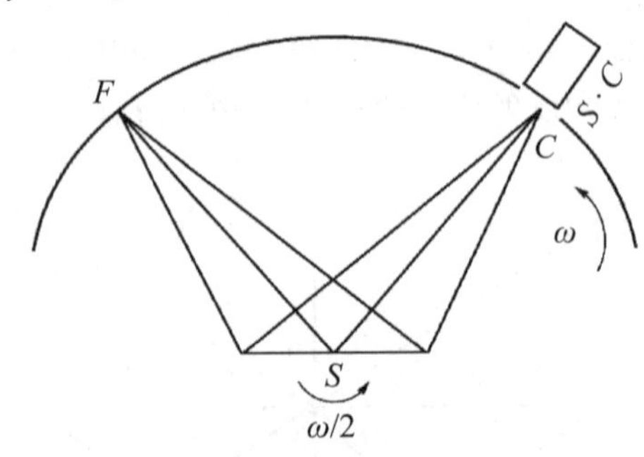

图9.12 衍射原理示意图

X射线不像可见光一样可以用透镜聚焦，X射线的聚焦只有根据布拉格反射原理来实现。图9.13表明了X射线衍射的基本原理，图中F为X射线光源的焦点，圆O为半径是R的圆筒的截面，AB为与圆筒同曲率且紧贴于内壁的多晶试样，AM、DM和

BM 为某些小晶体同一晶面族的选择性反射线。由于入射线与反射线的夹角为 2θ，因此 $\angle FAM = \angle FDM = \angle FBM$，因圆周角相等，则所对弧长也相等，必然是反射线 AM、DM、BM 相交于一点。衍射仪正是采用了上述的聚焦原理来达到聚焦，F、S、C 三点必须共圆。一个聚焦半径对应一个 θ 值，且只能对应一个。

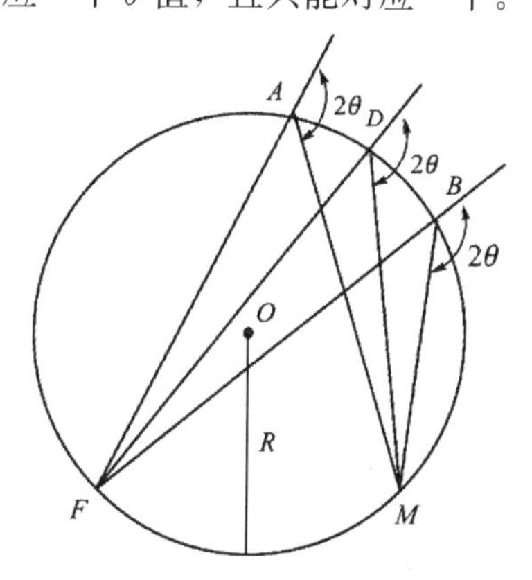

图 9.13　X 射线衍射的聚焦原理

要接收到样品的衍射线，试样和探测器必须绕同一轴心按 1∶2 的角速度同时转动，即样品转 θ，探测器转 2θ。因为实际的衍射仪所用样品为平板状，并不完全满足聚焦条件，所以称为准聚焦。要达到理想聚焦，必须把试样制成圆弧状，而且圆弧要跟随聚焦圆半径 $L = R/2\sin\theta$ 的变化关系而变化，这实际上是不太可能实现的。

衍射仪记录谱线位置的方法是靠一套精密的机械与传动装置来实现的，当入射线、平板试样表面、接收狭缝中心位于一条直线上时，$2\theta = 0$；而当进行样品测试时，样品转 θ，探测器转 2θ，其所转角度可用一定方式显示。样品衍射花样的位置和强度由记录系统显示。

9.2.7　多晶体的衍射强度

由多晶试样产生的衍射花样和衍射仪的原理可知，衍射仪接收到的衍射谱线是每个衍射圆锥的一部分，即入射线和探测器所在平面与衍射圆锥相交截部分。由于仪器结构的原因，一般仪器只能收集到一定范围内的衍射线。可以证明，若试样满足多晶体完全混乱取向时，衍射仪记录的谱线强度由下式表示：

$$I_{相对} = \frac{I_0}{16\pi R}\frac{e^4}{m^2C^4}\frac{\lambda^8}{V_a}m_{hkl}F^2\frac{1+\cos^2 2\theta}{\sin\theta\sin 2\theta}e^{-2M}A(\theta) \tag{9.22}$$

式中，R 为衍射仪圆半径，λ 为入射单色光波长，V_a 为试样的晶胞体积，$1+\cos^2 2\theta/\sin\theta\sin 2\theta$ 为角因子，由偏振因子 $1+\cos^2 2\theta/2$ 和洛仑兹因子 $1/\sin^2\theta\cos 2\theta$ 构成，m_{hkl} 为多晶衍射多重性因子，e^{-2M} 为温度修正因子，$A(\theta)$ 为吸收修正因子。若试样厚度 t 满足公式 $t \geqslant 3.45\sin\theta/\mu$ 时，$A(\theta) = 1/2\mu$，则 $I_{相对}$ 可改写成：

$$I_{相对} = Km_{hkl}F^2\frac{1+\cos^2 2\theta}{\sin\theta\sin 2\theta}e^{-2M}A(\theta) \tag{9.23}$$

式中，$K = I_0e^4\lambda^3/16\pi Rm^2C^4v - 1/2M$，对于一定的实验，$K$ 为常数。

近代 X 射线衍射仪记录衍射谱主要采用连续扫描、连续积分扫描、步进扫描、积分步进扫描等方法。

(1) 连续扫描：由长图记录仪记录，其衍射谱图如图 9.14 所示。由横坐标可测得衍射峰位置的 2θ 角，由纵坐标可测得衍射强度。

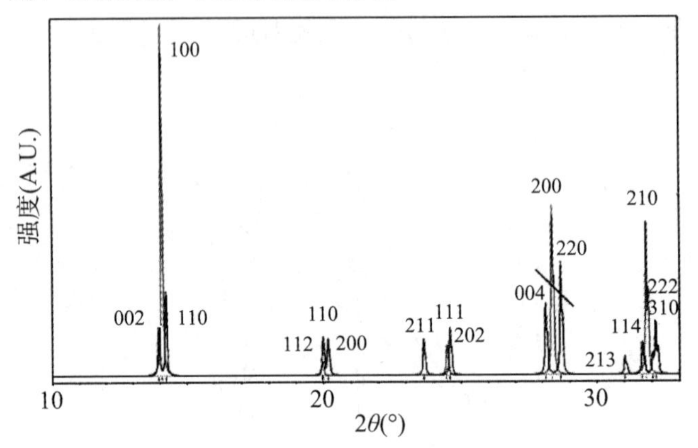

图 9.14 长图记录仪记录的 X 射线衍射谱

(2) 连续积分扫描：可进行指定角度范围的衍射强度积分，并可扣除背底，由打印机打出峰面积的积分强度、背底强度和扫描的起止角度，为峰的强度测定提供数据。常用于定量分析中。

(3) 步进扫描：按一定的角分度进行步进扫描，进行指定角度范围的强度积分，同样可以扣除背底强度，由打印机打出峰面积的步进积分强度、背底强度和步进扫描的起止角度。

总之，不同衍射仪因功能不同，记录衍射花样的方式也有差异，但连续扫描、由长图记录仪记录衍射谱是共有的。

9.3 X 射线衍射仪构造及实验技术

为了获得晶体的衍射谱图衍射及衍射数据，必须采用一定的衍射方法。最基本的衍射方法有三种：劳厄法、旋转晶体法和粉末多晶体衍射法。劳厄法和旋转晶体衍射适用于单晶体，其中劳厄法主要用于分析晶体的对称性和进行晶体取向，旋转晶体法主要用于研究晶体结构。粉末多晶体法适用于多晶粉末或多晶块状样品。我们通常接触到的绝大部分样品都属于多晶体，因此粉末多晶体衍射是 X 射线衍射分子中最为常用的方法，主要用于物相分析和点阵参数的测定等。多晶衍射法又分为两种：多晶照相法和多晶衍射仪法。

利用衍射仪获取衍射方向和强度信息进行 X 射线分析的技术称为衍射仪法。随着计算机技术的发展，衍射仪法具有快速、准确、自动化程度高等优点，目前已经成为 X 射线衍射分析的主要方法。粉末多晶衍射仪是利用辐射探测器自动测量和记录衍射线的仪器，以日本理学公司生产的 D/max2550VB/PC 衍射仪为例对现代 X 射线多晶衍射仪进行简单介绍。衍射仪主要由 X 射线发生器、测角仪、辐射探测器、程序控制和数据处理系统四个部分组成。

9.3.1 X射线衍射仪

（1）X射线发射器。

由X射线管、高压电缆、高压和灯丝电源组成。为了安全与使用方便，配置有冷却水泵，电流、电压调节与稳定装置，一系列的安全保护系统。大功率转靶衍射仪还须配有真空抽取、监测和保护等系统，其核心是X射线管（图9.15）。

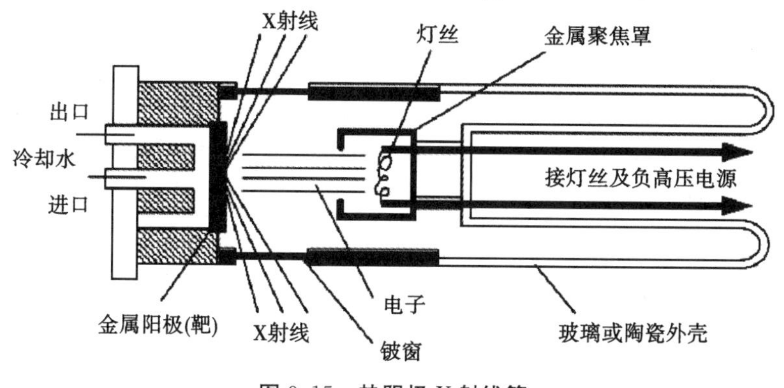

图9.15 热阴极X射线管

（2）测角仪。

测角仪是整个衍射仪的核心部分，包括精密的机械测角器、样品架、狭缝、滤色片或单色仪等。

①测角仪的光学系统：测角仪的光学系统分为两种：聚焦光学系统和平行光束光学系统，其中聚焦光学系统较为常用。由X射线源焦线发出的线状X射线（即入射X射线）经索拉狭缝限制垂直方向发散度，再经发散狭缝限制水平方向发散度后，入射到样品上。平面样品各处产生的衍射线经防散射狭缝防止非试样散射线，再经索拉狭缝限制衍射线垂直方向发散度后通过接收狭缝进入探测器。测角仪中心的样品台是安装试样并给试样创造一定环境条件的装置，环境条件包括温度、压力、气氛或机械运动（如转动、振动或拉伸）等。

②测角仪的聚焦原理：使用聚焦光学系统的测角仪，其线焦与测角仪转动轴的距离及轴到接受狭缝的距离相等，平面样品的表面必须经过测角仪的轴线，防散射狭缝、索拉狭缝、接受狭缝以及探测器一同安装在可绕中心轴旋转的转臂上，其转过的角度可由测角仪上的刻度盘读出。按照这样的几何布置，焦线和接收狭缝位于以样品为中心的圆周上，此圆称为衍射仪圆，半径R一般为185 nm。当样品与探测器始终以1∶2的转动速度同步旋转时，无论在任何角度，焦线、样品和探测器都在同一圆面上，而且样品被照射面总与该圆相切，此圆称为聚焦圆。如果事先设置好测角仪，使入射X射线、样品表面、探测器成一条直线，则样品台绕中心轴线转动θ角时，探测器绕中心轴转动2θ角。此时，入射X射线与样品表面的夹角及衍射线与透射线的夹角始终能保持θ∶2θ的关系。当样品与探测器以θ～2θ关系连续转动时，衍射仪就自动描绘出衍射强度随2θ变化的衍射谱图。

③单色器或滤色片

从X射线管发射出的X射线是重叠在连续谱线上的特征X射线谱，特征X射线谱由K_α和K_β以及其他辐射组成，不是单一波长而是发散的。由于X射线物相分析及结构分析主要用K_α作为单色X射线源，为了得到单色的平行光束，一般采用单色器或滤色片来除去其他不需要的谱线。

（3）探测器。

探测器是用来记录X射线衍射强度的，是衍射仪中不可或缺的重要部件之一。它包括换能器和脉冲形成电路，换能器将X射线光子能量转化为电流，脉冲形成电路再将电流转变为电压脉冲，并被计数装置所记录。最早使用的探测器是照相底片，由于其吸收率低、计数线形范围窄、使用烦琐，因此逐渐被取代。目前使用的X射线探测器有气体电离计数器（如正比计数器、盖革计数器）、闪烁体计数器、半导体探测器（如Si探测器、Ge探测器）、阵列探测器、位敏探测器、高能探测器、超能探测器等。最常用的是正比计数器和闪烁体计数器。

（4）程序控制和数据处理系统。

高速发展的计算机技术极大地促进了X射线多晶体衍射的发展与应用，现代X射线多晶体衍射仪的操作基本实现了计算机自动化控制。计算机技术的应用主要体现在三个方面：仪器的控制和数据的采集、数据处理和分析、网站与数据库的建立与应用。

需要说明的是，对于具有周期性的结构（晶区）的试样，由于X射线被相干散射，入射光与散射光之间没有波长的改变，这种过程称为X射线的衍射效应，需要在不同角度测定。因此，测定时根据选择角度的不同，X射线衍射又可细分为小角X射线衍射（SARD，衍射角2θ为0°～10°）和广角X射线衍射（WAXD，衍射角2θ为10°～80°）。

9.3.2 样品制备

X射线粉末多晶衍射对样品的要求比较严格，样品必须具有一块足够大的光滑平整的表面，且样品能够固定在样品夹上并保持待测表面与样品板表面完全处于同一平面上。样品可以是粉末、薄膜、块状体、片状体、浊液等。由于不同制样方式对最终衍射结果影响很大，因此通常要求样品无择优取向（即晶粒不沿某一特定的晶向规则排列），而且在任何方向上都有足够数量的可供测量的结晶颗粒。

（1）粉末样品的制备。

X射线衍射分析的粉末样品必须满足两个条件：晶粒要细小，试样无择优取向（取向排列混乱）。所以，通常将试样研细后使用，可用玛瑙研钵研细，一般为1～5 μm，手指摸上去细腻，没有明显的颗粒感，较粗的颗粒可研细后使用。样品用量一般为0.3 g左右。

常用的粉末样品架为玻璃试样架，在玻璃板上蚀刻出试样填充区为20 mm×18 mm。玻璃试样架主要用于粉末试样较少时（约少于500 mm^3）使用。制作粉末样品时将粉末装填在玻璃制成的特定样品板的凹槽内，充填时，将试样粉末一点一点地放入试样填充区，用一块光滑平整的玻璃板适当压紧，然后将高出样品板表面的多余粉末刮去，如此重复几次即可使样品表面平整。如果试样的量少到不能充分填满试样填充区，可在玻璃试样凹槽里面先滴一层用醋酸戊酯稀释的火棉胶溶液，然后将粉末试样撒在上面，待干燥后测试。

（2）薄膜、块状、片状样品的制备。

薄膜、块状体、片状体的制备比较简单。一般选用铝制窗式板，使其正面朝下放置在一块表面平滑的厚玻璃板上，将待测样品切割成与窗孔大小相一致后，待测面朝下置于样品板窗孔内，并用透明胶带、橡皮泥等固定。拿起样品板时应注意固定在窗孔内的样品表面必须与样品板平齐。

（3）液状或膏状样品的制备。

一般情况下，完全流动的液体样品不能用于 X 射线粉末多晶衍射。但是，如果液体样品能在玻璃片上成一定厚度的膜后则可用于检测，如某些高分子溶液溶剂挥发后能在光滑的玻璃片上成膜；一些悬浊液只要浓度适合，滴涂在玻璃片上烘干后也可以检测。此外，半流动的膏状体也可以检测，将其装填在玻璃样品板的凹槽内，并将样品表面刮平即可。

9.4　X 射线衍射法的应用举例

9.4.1　研究物质的晶体结构

X 射线衍射技术是研究无机物如纳米黏土晶体结构的有效手段。作者课题组在研究纳米黏土有机改性过程中，借助 XRD 分析了纳米黏土蒙脱土和凹凸棒土改性前后的晶体结构。图 9.16 为蒙脱土（MMT）和经十六烷基三甲基氯化铵（CTAC）有机改性 MMT 得到的 OMMT 的小角 X 射线衍射谱图。从图中可以看出，MMT 在 $2\theta=5.9°$处存在一个特征峰，为 MMT 的 d（001）面衍射峰，它可以反映出 MMT 的片层间距。根据布拉格方程 $\lambda=2d\sin\theta$（λ 为衍射波长为 0.1542 nm，2θ 为衍射角），从而可以计算出 MMT 的片层间距为 1.494 nm。对比 MMT 的 X 射线衍射谱图，OMMT 的衍射峰向小角方向移动，根据布拉格方程可以计算出 OMMT 的片层间距为 2.206 nm，增加了 0.712 nm，这是 CTAC 与 MMT 插层作用的结果，使得 MMT 的片层间距增大，有利于其他分子插层反应的进行。

图 9.17 为 MMT 和 OMMT 的广角 X 射线衍射谱图，图中 $2\theta=26.5°$为石英杂质的衍射峰，其他为蒙脱土 2∶1 结构的衍射峰。从图中可以看出，经过有机改性后，MMT 的结构衍射峰基本上没有发生变化，也印证了季铵盐改性不会改变蒙脱土的晶体结构。

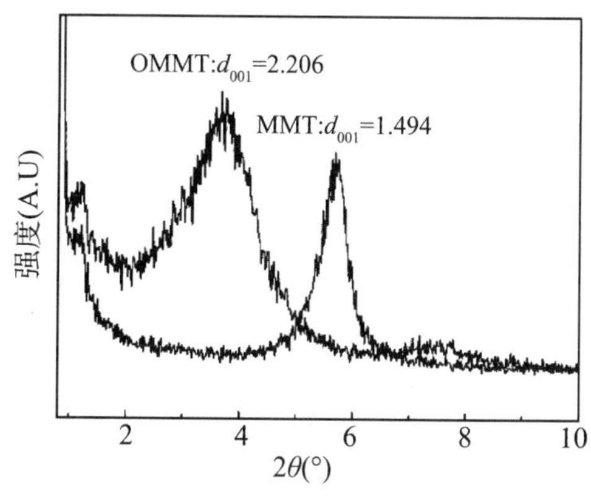

图 9.16　MMT 和 OMMT 小角 X 射线衍射谱图

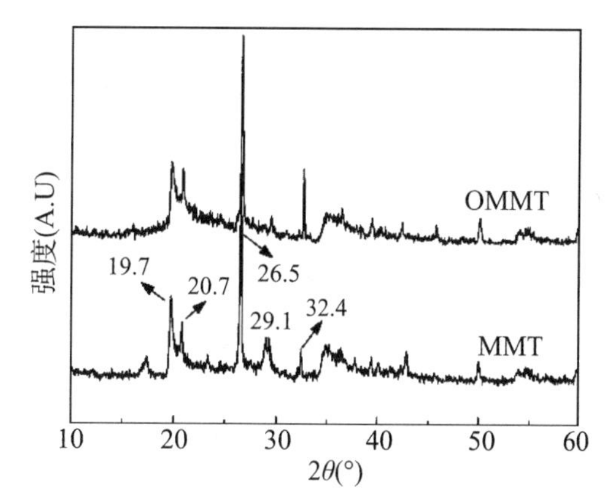

图 9.17　MMT 和 OMMT 广角 X 射线衍射谱图

图 9.18 为凹凸棒黏土（AT）、经过盐酸提纯凹凸棒黏土（HAT）和有机改性后凹凸棒黏土（OAT）的小角 X 射线衍射谱图，图中 AT、HAT 及 OAT 的谱图中出现的 $2\theta=8.4°$为凹凸棒黏土的特征峰 d（110）面峰。在经过盐酸提纯和有机改性后，HAT 和 OAT 在这个位置的峰基本没有发生变化，可以说明酸提纯和有机改性不会改变凹凸棒黏土的基本结构。

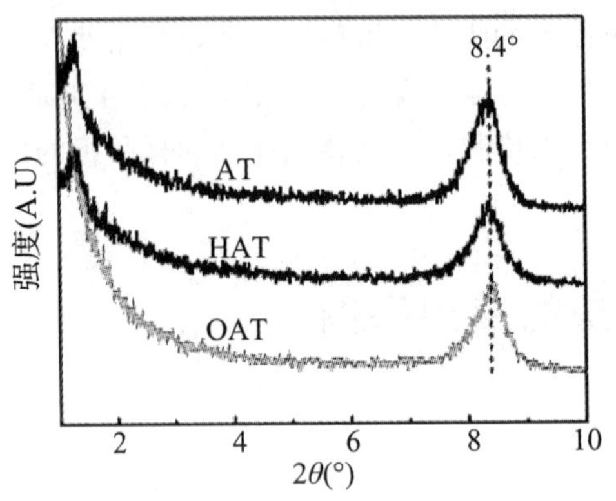

图 9.18　AT、HAT 及 OAT 的小角 X 射线衍射谱图

图 9.19 为 AT、HAT、OAT 在广角范围内的 X 射线衍射谱图，其中 $2\theta=26.6°$为石英的特征吸收峰，经过酸提纯后，这个峰有所减弱，说明酸处理可以除去部分的石英杂质。而其他的峰如 $2\theta=19.9°$、20.8°、35.2°基本没有变化，说明用 1.0 mol·L^{-1}的盐酸处理 AT 和用 CTAC 对 HAT 进行表面改性并没有改变其晶体结构。

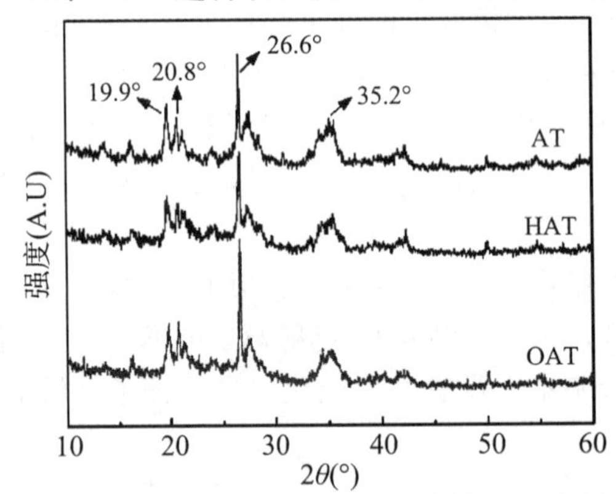

图 9.19　AT、HAT 及 OAT 的广角 X 射线衍射谱图

9.4.2　分析判断分散相在复合材料中的状态

9.4.2.1　纳米粒子在合成高分子中的分散状态

在研究纳米粒子改性高聚物制备复合材料的过程中，利用 XRD 可以分析纳米粒子在高聚物中的分散状态。通常情况下，纳米黏土与高分子材料形成的复合材料主要有三种类型：插层复合材料、絮凝复合材料和剥离复合材料，当高分子的量远大于黏土的量时往往形成剥离型复合材料。借助 XRD 谱图中的特征衍射峰，就可以判断纳米黏土在合成高分子中的分散状态。作者课题组曾借助 XRD 来研究上述纳米黏土（处于不同改

性状态的MMT和AT）在聚氨酯基体中的分散状态。图9.20为MMT、OMMT和不同MMT、OMMT含量水性聚氨酯（WPU）的小角X射线衍射图。从中可以看出，MMT和OMMT在2°～10°的范围内都出现了特征峰，结果已经在图9.16中进行了分析。而WPU在这个范围内是没有衍射峰的，不同MMT、OMMT含量的水性聚氨酯也没有衍射峰出现，这是因为在测试的浓度范围内，黏土在聚氨酯基质中发生了剥离，所以特征衍射峰消失。

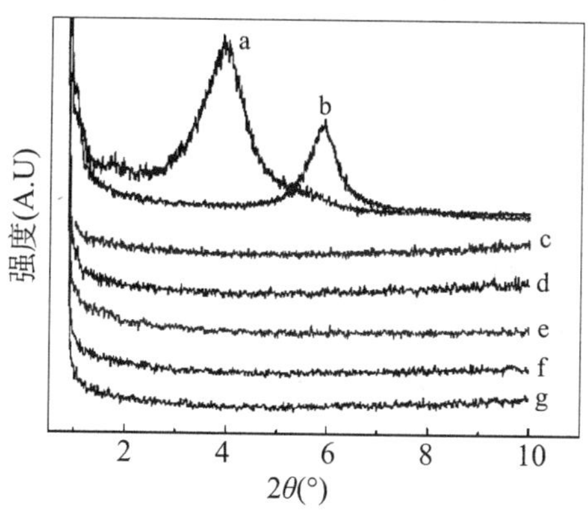

a. OMMT　b. MMT　c. WPU　d. 含1.25% MMT的WPU　e. 含6.25% MMT的WPU　f. 含1.25% OMMT的WPU　g. 含6.25% OMMT的WPU

图9.20　MMT、OMMT和WPU的小角X射线衍射

图9.21为AT、HAT、WPU及不同HAT含量WPU的小角X射线衍射谱图，图中AT及HAT的X射线衍射曲线上，在衍射角（2θ）为8.4°处出现的是凹凸棒的特征峰d（110）面峰。从图9.21还可以得知，未改性的WPU在这个位置是没有衍射峰的，当加入少量的HAT（0.5%）时，由于WPU链段的插层作用使棒晶之间完全剥离，所以在d（110）面的衍射峰消失。当HAT含量增加到2.5%时，在d（110）面的位置出现一个小的衍射峰，且峰的位置向小角方向移动，根据Bragg公式$d=\lambda/(2\sin\theta)$（λ是X射线波长）得出晶面间距d变宽，这意味着当HAT的含量增加到一定程度时，它在WPU中的分散受到影响，并不是所有的HAT都能以剥离态分散在WPU基质中，部分由于WPU链段的插层作用导致晶面间距增大。

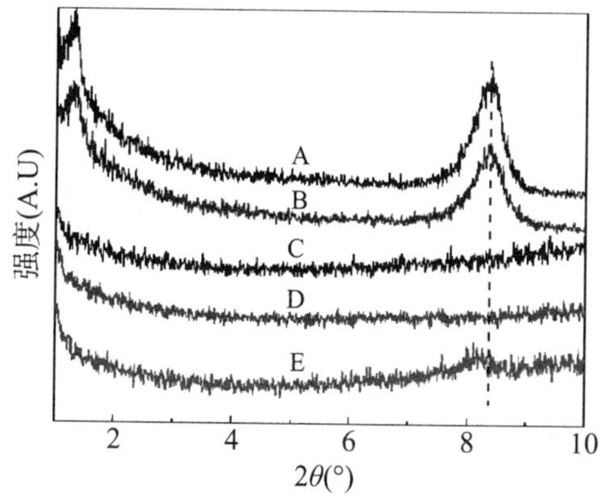

A. AT　B. HAT　C. WPU　D. 含0.5% HAT的WPU　E. 含2.5% HAT的WPU

图9.21　AT、HAT和不同AT、HAT含量WPU的X射线衍射谱图

图 9.22 为 AT、OAT、WPU 及不同 HAT 含量 WPU 的小角 X 射线衍射谱图。从图中可以得知，OAT 在 8.37°处的衍射峰没有消失，说明虽然进行了离子交换作用，但是有机改性没有改变凹凸棒黏土的基本结构。当加入少量的 OAT 于 WPU 中时，OAT 可以很均匀地分散在聚氨酯的基质中，WPU 的分子链贯穿在 OAT 的晶层通道中，使 OAT 的结构扩展或者坍塌，所以在 d(110) 面的衍射峰消失；当 OAT 含量增加到 5.0%时，在 d(110) 面的位置出现一个小的衍射峰，说明当 OAT 的含量增加到一定程度时，它在聚氨酯中的分散受到影响，有部分 OAT 的结构没有遭到破坏，所以在 d(110) 会出现衍射峰。

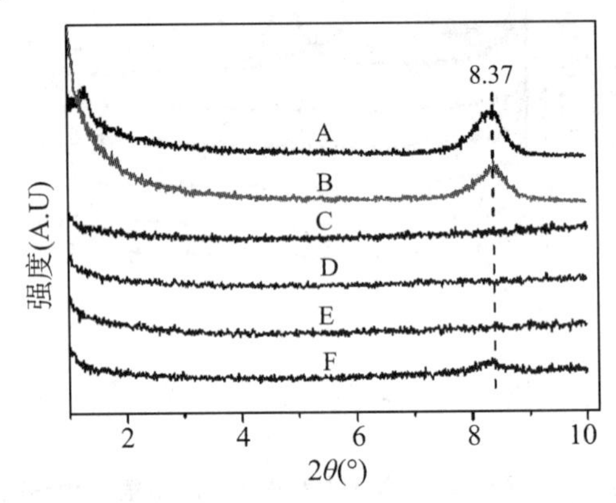

A. AT　B. OAT　C. WPU　D. 含 0.5% OAT 的 WPU

E. 含 2.5% OAT 的 WPU　F. 含 5.0% OAT 的 WPU

图 9.22　AT、OAT **和不同** AT、OAT **含量** WPU **的** X **射线衍射谱图**

对比图 9.21 和图 9.22 可以发现，当 HAT 的用量为 2.5%时，HAT 不能完全剥离于 WPU 基质中，而 OAT 的浓度要达到 5.0%时才会出现此现象，说明 OAT 经季铵盐改性后与 WPU 基质的相容性更佳。

9.4.2.2　纳米粒子在天然高分子纤维中的分散状态

XRD 除了可以用于研究合成高聚物复合材料的结构，也可以用于研究天然高分子材料。作者课题组曾借助 XRD 来研究蒙脱土（MMT）和经十六烷基三甲基氯化铵有机改性 MMT（OMMT）在明胶纤维（gelatinn）中的分散状态。图 9.23 为明胶纤维、明胶－MMT 和明胶—OMMT 复合纤维的广角 XRD 谱图。图 9.23（a）中标记为 M 的是 MMT 的特征吸收峰，标记为 Q 的为杂质二氧化硅的吸收峰。实验制备的复合纤维中，只含有少量的纳米黏土，理论上推测 MMT 应该是发生了剥离。图 9.23（b）显示复合纤维中 MMT 的 d（001）都已消失，验证了我们的推测——明胶纤维中纳米黏土发生剥离。MMT 和 OMMT 剥离后，更多的活性位点暴露在外面，有利于与明胶之间产生交联以提高其机械性能和热稳定性。不过，OMMT－gelatin 复合纤维的非结晶峰发生少许位移，而且峰值明显减小，这说明 OMMT－gelatin 复合纤维中分子的有序性降低，这个应该是 OMMT 分散性差造成的。另外，明胶—OMMT 复合纤维中还存在一些小的结晶峰，这也可以说明 OMMT 在明胶溶液中不能充分分散开，有聚集体存在。

MMT 和 OMMT 在明胶溶液中的分散状况可以由图 9.24 表示。

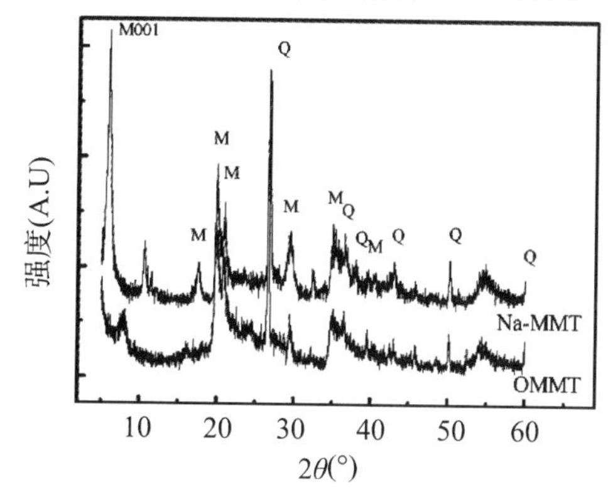

(a) MMT 和 OMMT 的广角 X 射线衍射谱图

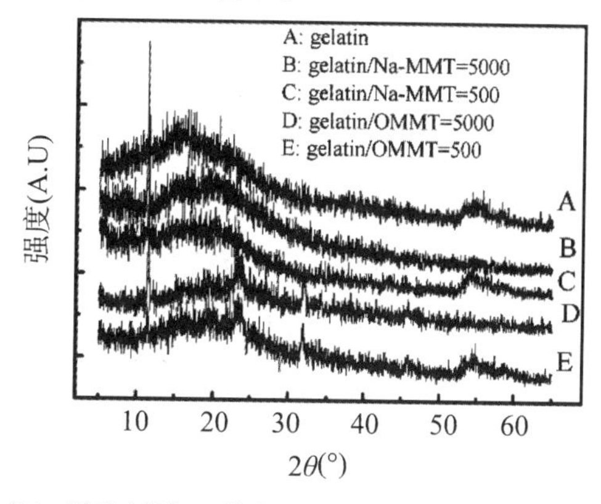

(b) 明胶纤维、明胶－MMT 和明胶—OMMT 复合纤维的广角 X 射线衍射图

图 9.23

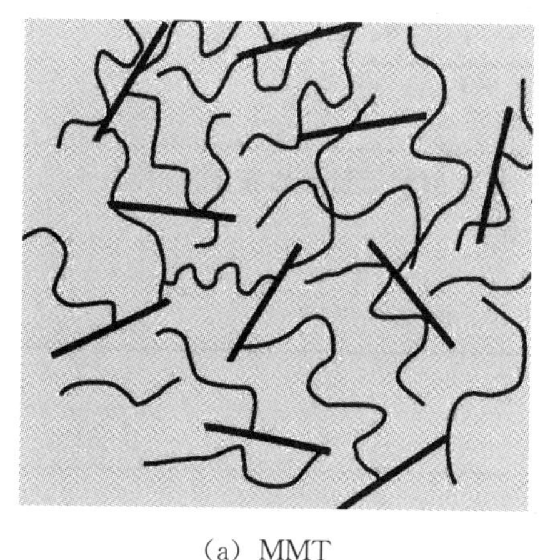

(a) MMT　　(b) OMMT

图 9.24　MMT 和 OMMT 在明胶溶液分散状态的模拟图

9.4.3　分析化学改性对物质结晶程度的影响

作者课题组为研究 $NaIO_4$ 氧化作用对羧甲基纤维素钠（CMC）结晶程度的影响，利用广角 X 射线衍射对其结晶度进行检测。图 9.25 为 CMC 和不同醛基含量 DCMC 的广角 X 射线衍射谱图。由图可见，CMC 在 $2\theta=22.7°$ 处的衍射峰为很尖锐的峰，一般认为此峰是 CMC 特有的半结晶性质形成的。与 CMC 相比，DCMC 的衍射峰的强度明显降低并且其峰也变得平滑了。根据文献报道，CMC 聚合物的结晶度可以用结晶指数（Crystallinity Index，CI）来表示，并且结晶指数可以通过 X 衍射谱图计算得出，其计算式如下：

$$CI=\frac{I_{002}-I_{am}}{I_{002}}\times 100\% \tag{9.24}$$

式中，I_{002} 为 CMC 样品在 $2\theta=22.7°$ 处的衍射峰强度；I_{am} 为样品中非结晶区在 $2\theta=38°\sim40°$ 处的强度。根据衍射谱图计算不同醛基含量的 DCMC 结晶指数如表 9.2 所示，可以看出随着醛基含量的增加其结晶度逐渐降低。结晶度的降低一般认为是由吡喃型葡萄糖环的打开和 CMC 及其氧化产物的有序结构被破坏造成的。由于随着氧化程度的增高，吡喃型葡萄糖环中 C_2 和 C_3 键的断裂程度增加，所以 CMC 的氧化程度越高，其结晶度越低。同时，衍射峰变宽可以说明 $NaIO_4$ 的氧化反应对纤维素的非结晶区和结晶区都可以发生作用。Kim 等研究了氧化作用对结晶区域的影响，研究发现除了结晶度降低，还提出纤维素链上氧化反应的发生是高度非均相的，因此形成了各个分离的对酸碱敏感的氧化区域。我们的实验结果基本上支持以上结论。

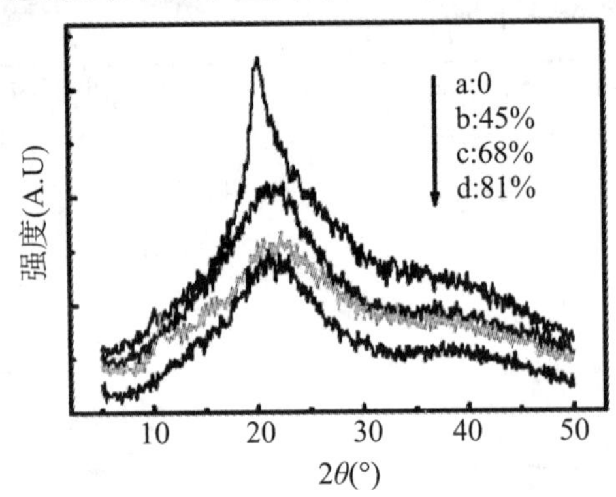

图 9.25 CMC 和不同醛基含量的 DCMC 的广角 X 射线衍射线性强度分布：0、45%、68%和 81%均代表醛基含量

表 9.2 CMC 和不同醛基含量的 DCMC 结晶指数

不同醛基含量 DMMC 样品	0%	45%	68%	81%
结晶指数	80	70	64	61

参考文献

[1] 吕扬，常颖，吴立，等．X 射线衍射分析技术在药物研究中的应用［J］. 2006，36：452—459.

[2] Su D H，Wang C H，Cai S M，et al. Influence of palygorskite on the structure and thermal stability of collagen［J］. Applied Clay Science，2012：62—63，41—46.

[3] Mu C D，Guo，J M，Li X，et al. Preparation and properties of dialdehyde carboxymethyl cellulose crosslinked gelatin edible films［J］. Food Hydrocolloids，2012，27（1）：22—29.

[4] Song X，Wang S，Chen L，et al. Effect of pH，ionic strength and temperature on the sorption of radionickel on Na－montmorillonite［J］. Applied Radiation and Isotopes，2009，67（6）：1007—1012.

[5] Ray S S，Okamoto. Polymer/layered silicate nanocomposites：A review from preparation to processing［J］. Progress in Polymer Science，2003，28（11）：1539—1641.

[6] Kennedy C J, Hiller J C, Lammie D, et al. Microfocus X-ray diffraction of historical parchment reveals variations in structural features through parchment cross sections [J]. Nano Letters, 2004, 4 (8): 1373—1380.

[7] Jiang H, Ramunno－Johnson D, Song C, et al. Nanoscale imaging of mineral crystals inside biological composite materials using x－ray diffraction microscopy [J]. Physical Review Letters, 2008, 100, 038103. DOI: 1103/physRevlett. 100. 038103.

[8] 李德富. 热和辐照对胶原变性的影响及明胶蛋白凝胶纺丝 [D]. 成都：四川大学，2010.

[9] 李宏利. 胶原复合水凝胶支架的制备、结构与性能研究 [D]. 成都：四川大学，2011.

[10] Zhao Q, Qian J W, An Q. Pervaporation dehydration of isopropanol using homogeneous polyelectrolyte complex membranes of poly (diallyldimethylammonium chloride) /sodium carboxymethyl cellulose [J]. Journal of Membrane Science, 2009, 329 (1—2): 175—182.

[11] Rowland S P, Cousins E R. Periodate oxidative decrystallization of cotton cellulose [J]. Journal of Polymer Science: Part A, 1966, 4 (4): 793—799.

[12] Segal L, Creely J, Martin A. An empirical method for estimating the degree of crystallinity of native cellulose using the X-ray diffractometer [J]. Textile Research Journal, 1959, 29 (10): 786—794.

[13] Kim U J, Kuga S, Wada. Periodate oxidation of crystalline cellulose [J]. Biomacromolecules, 2000, 1 (3): 488—492.

思考题

1. X射线照射物质表面时，二者会发生什么相互作用？

2. 请结合光发生衍射的条件进行思考：为什么X射线衍射可以用于观察晶体结构分析？X射线衍射束的方向和强度分别可获得晶胞的哪些信息？

3. X射线在样品上发生衍射需要满足什么条件？

4. 请用自己的话简要总结X射线衍射分析的基本原理。

5. X射线衍射强度的影响因素有哪些？

6. 获得晶体的衍射图谱及衍射数据的三种最基本的衍射方法分别是什么？各有什么应用？

7. X射线衍射仪有哪些方面的应用？

第10章　电子显微镜

10.1　概　述

1665年，Robert Hooke发明了第一台光学显微镜，人类首次观察到了水中的细小微生物，由此拉开了显微技术的序幕。到了19世纪，光学显微镜的应用使得生物学和医学取得了很大的进步。但是由于光学显微镜使用可见光作照明源，用玻璃透镜来聚焦光和放大图像，其分辨能力受可见光波长的限制，能分辨的最小距离约为200 nm。光学显微镜的放大倍数已经不能满足科学家探索微观世界的需要，为突破光学显微镜分辨能力的极限，必须使用波长小于可见光波长的其他照明源。

1931年，德国科学家E. A. F. Ruska和M. Knoll利用电子波作为照明源，制作了世界上第一台透射电子显微镜。尽管这台透射电子显微镜的放大倍数只有17倍，但它使电子成像成为现实。之后，Ruska以电磁聚光镜聚焦的电子束作为照明源制作了另一台透射电子显微镜，其放大倍数达到了1200倍，分辨率超过了200 nm的光学极限。1932年，E. A. F. Ruska与M. Knoll在他们合作的一篇文章中第一次使用了电子显微镜这个术语。Ruska也因其在电子显微镜方面所做的贡献而获得了1986年的诺贝尔物理学奖。1938年，Von Borries Ruska的第一台商售电子显微镜问世，其分辨率达到了10 nm。1940年商售的透射电子显微镜分辨率提高到了2.4 nm，到1945年电子显微镜的分辨率已经达到了1 nm。1952年，英国工程师Charles Oatley制造出了第一台扫描电子显微镜（简称扫描电镜），并于1965年在英国剑桥仪器公司出产第一台商售扫描电镜，自此以后，电子显微技术使人类进入了超微结构研究的新领域。

20世纪电子显微镜的兴起，为人类获得新型材料以及促进现代医学等各学科的发展创造了条件，如应用广泛的纳米材料就是在电子显微技术的基础上发展起来的，肝炎病毒也是通过电子显微镜观察到的。总之，电子显微技术的进步为21世纪科学技术的飞速发展奠定了基础。随着技术的进步，电镜的分辨率不断提高，并逐渐派生出各种型号的电镜。除普通的扫描电镜和透射电子电镜（简称透射电镜）外，已开发应用的电镜还有场致发射电镜、环境扫描电镜、扫描透射电镜、高压及超高压电镜等多种形式，并且通过配备X射线能谱仪、波谱仪等相应的配件，使得电镜在进行形貌观察的同时，可以进一步对微区的成分信息进行深入的研究，不仅可以获得原子尺寸的图像，甚至可以用探针对单个原子和分子进行操纵，重塑材料表面。本章主要介绍应用最为广泛的两种电镜：透射电镜和扫描电镜。

10.2　电子光学基础

10.2.1　光学显微镜的分辨率

由于光的波动性，当物点发出的光经过玻璃透镜成像时，光波将发生相互干涉作用，产生衍射效应，使得一个理想的物点在像平面上形成的不再是一个像点，而是一个具有一定尺寸的中央亮斑和周围明暗相间的圆环所构成的圆斑，即埃利（Airy）斑，如图 10.1 所示。埃利斑的强度主要集中在中央的亮斑上，约占大于 84%，其余分布在周围的亮环上。由于周围亮环的强度比较低，一般肉眼不易分辨，只能看到中心的亮斑。因此常以埃利斑的第一暗环的半径 R_0 来衡量其大小：

$$R_0=\frac{0.61\lambda}{n\sin\alpha}M \tag{10.1}$$

式中，λ 为照明光波长；n 为透镜物方介质的折射率；α 为透镜孔径半角；M 为透镜的放大倍数。

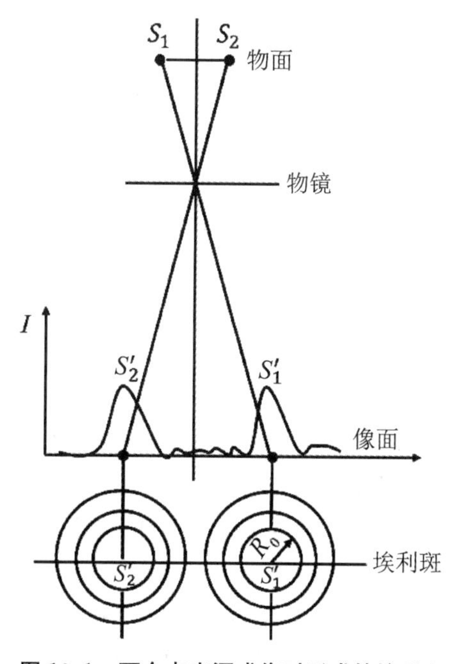

图 10.1　两个点光源成像时形成的埃利斑

两个物点 S_1 和 S_2 经物镜成像后，在像平面形成 S_1' 和 S_2' 两个埃利斑，如图 10.1 所示。当两个物点相距较远时，两个埃利斑也各自分开，当两个物点逐渐靠拢时，两个埃利斑也相互靠近直到发生部分重叠，如图 10.2 所示。当两个埃利斑相互靠近，直到它们中心之间的距离等于埃利斑的半径时，在两个埃利斑强度叠加曲线上，两个强峰之间的峰谷强度为强峰强度（I）的 80%（强峰的强度为 100%），人的肉眼仍能分辨出是两个物点的像。如果两个埃利斑进一步靠近，人的肉眼就分不清是两个物点。因此，当两个埃利斑之间的间距等于埃利斑半径时，两个物点恰能被人的肉眼所分辨。

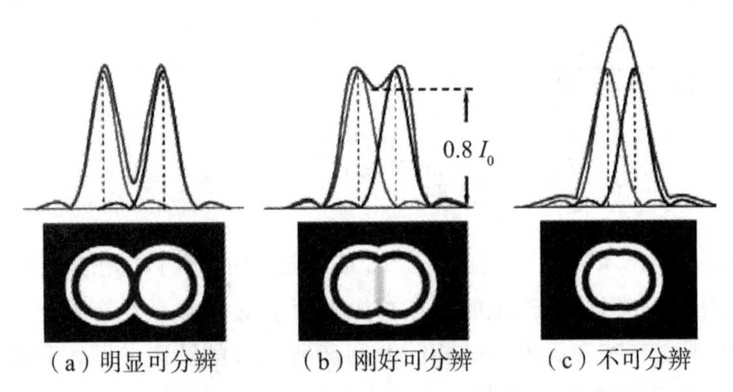

图 10.2 埃利斑间的距离对其分辨率程度的影响

通常把两个埃利斑中心间距等于埃利斑半径时，物平面上相应的两个物点的间距（Δr_0）定义为透镜能分辨的最小间距，即透镜分辨率，所以 $\Delta r_0 = R_0/M$，将式（10.1）代入该式得：

$$\Delta r_0 = \frac{0.61\lambda}{n\sin\alpha} \tag{10.2}$$

上式（10.2）表明，增大 n 和 α 可以提高分辨率（即减小 Δr_0）。对于光学透镜，n 和 α 的最大值只能为 $n \approx 1.5$（油浸光学显微镜），$\alpha \approx 70° \sim 75°$，此时 $n\sin\alpha$ 最大，式（10.2）可简化为：

$$\Delta r_0 \approx \frac{\lambda}{2} \tag{10.3}$$

由式（10.3）可知，要想进一步提高光学显微镜的分辨率就要使用更短波长的照明光源，半波长是光学显微镜分辨率的理论极限。可见光的最短波长为 400 nm，也就是说光学显微镜的最高分辨率为～200 nm。因此，追求更高分辨率最有效的途径便是选用波长更短的光波作为光源。

值得注意的是，显微镜的分辨率是指使紧密接近的两个点在图像中成为分离两点的能力；分辨能力则是在最佳观察条件下取得的分辨率。两者之间是有区别的，分辨率是显微镜的一种特性，是能够从理论上估计的量，如光学显微镜的分辨率约为 200 nm；分辨能力是小于或等于分辨率的，是在给定实验条件下观察到的量。

人肉眼的分辨率大约是 0.2 mm，光学显微镜的分辨率大约是 200 nm。把 200 nm 放大到 0.2 mm 让人肉眼能分辨的放大倍数是 1000 倍，这个放大倍数称为有效放大倍数，显微镜的有效放大倍数＝肉眼的分辨率/显微镜的分辨率。光学显微镜的放大倍数可以做得更高，只要增加透镜级数，改变透镜的配比，几乎可以使放大倍数无限制地增大，但分辨率却没有提高，相反，得到的图像反而变得模糊不清。究其原因，光学透镜不能被彻底消除的各种相差等固有的缺陷随着透镜级数的增加而表现得更加明显，导致成像质量的严重下降。除此之外，还有一个更重要的因素，即光的衍射现象的存在，我们所要分辨的物体越小，衍射效果就越明显。所以，单纯地提高仪器的放大倍数是没有实际意义的，光学显微镜的放大倍数一般在 1000～1500 倍。

从上述分析可以看出，光学显微镜在提高分辨率上有很大的局限性。数值孔径的增大（$n\sin\alpha$）是有限的，而可见光的最短波长为 400 nm，因此光学显微镜的分辨率极限为200 nm，是不能再提高的。根据式（10.3），要想提高显微镜的分辨率，关键是降低照明源的波长。紫外光的波长为10～400 nm，比可见光短多了，但大多数物质都对紫外光具有很强的吸收作用，因此紫外光很难用作照明源。更短波长的是X射线，但是迄今为止，还没有找到能使X射线改变方向、发生折射和聚焦成像的物质，也就是说还没有X射线的透镜存在，因此X射线也不能作为显微镜的照明光源。

根据德布罗意物质波的假设，除了电磁波谱，电子既具有微粒性也具有波动性。在物质波中，电子波不仅具有短波长，而且存在能使之发生折射的聚焦物质。因此电子波可作为照明源，由此形成了电子显微镜。

10.2.2　电子波的波长

1897年，英国物理学家J.J.Thomson在研究阴极射线时发现了电子。1924年，Louis de Broglie发表质波说，首先在理论上提出电子具有波动性，其波长远远小于可见光的波长。1926年，Schroedinger和Heisenberg等发展了量子力学，确立了电子波质二元论的理论基础，电子既然有波动性，则应该有衍射现象。1927年，美国的Davisson和Germer，以及Thompson和Reid分别以电子衍射实验证实了电子的波动性。

现代的关键技术，如电视、计算机、数码相机等，都是以与电子有关的知识为基础的。电子不仅对人们的日常生活有巨大的影响，也是人们探索微米、纳米世界和发展新技术的关键。电子是原子的一部分，具有波粒二象性，是质量很轻的亚原子基本粒子，携带负电荷（-1.602×10^{-19}C），质量是9.109×10^{-31} kg。

在人们认知的宏观世界里，粒子运动时传输质量和能量，而波运动（传播）时只携带能量，不传播质量。但在量子的世界里，粒子和波是没有纯粹区别的，通常认为粒子的实体（如电子），在一定情况下表现为波的性质（如电子通过狭缝时能像光一样产生衍射图案）；而光的实体（光，即电磁辐射），在一定情况下表现为粒子的性质（如光电效应，即光被固体中电子吸收只能解释为光具有粒子属性，从而产生了光子的概念）。

具有动量（p）的粒子有一个固有的波长（λ），根据德布罗意假设可知，波长与动量成反比，即$\lambda=h/p$。可见，运动的电子除了具有粒子性，还具有波动性，这一点与可见光相似。电子波的波长取决于电子运动的速度和质量，即

$$\lambda=\frac{h}{mv} \tag{10.4}$$

式中，h为普朗克常数；m为电子质量；v为电子运动速度，它和加速电压U之间存在如下关系：

$$v=\sqrt{\frac{2eU}{m}} \tag{10.5}$$

式中，e为电子所带电荷，$e=-1.602\times10^{-19}$C。

将式（10.5）代入式（10.4），整理得：

$$\lambda=\frac{h}{\sqrt{2emU}} \tag{10.6}$$

当电子运动速度较低时，m接近电子静止质量m_0（$m_0=9.109\times10^{-31}$ kg）；当电子运动速度很高时，电子的质量m必须经过相对论校正，即

$$m=\frac{m_0}{\sqrt{1-\left(\frac{v}{c}\right)^2}}$$

式中，c 为光速。经过相对论修正后的波长为：

$$\lambda=\frac{h}{\sqrt{2m_0eU\left(1+\frac{eU}{2m_0c^2}\right)}} \tag{10.7}$$

由上可见，电子波长 λ 与加速电压 U 成反比，U 越高，则电子的运动速度 v 越快，λ 越短。目前电子显微镜常用的加速电压在 100～1000 kV 之间，对应的电子波波长范围是 0.00087～0.00371 nm。这样的波长比可见光的波长短了约 5 个数量级。显然，使用电子波显微镜可以大大提高显微镜的分辨率。表 10.1 为不同加速电压下的电子波长。

表 10.1　不同加速电压下的电子波长

加速电压 U/kV	电子波长 λ/nm	加速电压 U/kV	电子波长 λ/nm
1	0.0388	10	0.0122
2	0.0274	30	0.00698
3	0.0224	50	0.00536
4	0.0194	100	0.00370
5	0.0173	500	0.00142

10.2.3　入射电子与样品相互作用产生的信号

高能电子入射样品后，经过多次弹性散射和非弹性散射后，在其相互作用区内将有多种电子信号与电磁波信号产生，如图 10.3（a）所示。这些信号包括二次电子、背散射电子、吸收电子、透射电子、俄歇电子以及特征 X 射线等。它们分别从不同侧面反映了样品的形貌、结构及成分等微观特征。各种信息在样品表面产生的区域如图 10.3（b）所示，显然，各种信息产生区域的大小及距离表面的深度的排序为：俄歇电子＜二次电子＜背散射电子＜特征 X 射线＜连续 X 射线。当样品厚度大于入射电子穿透深度时，产生的信号中将没有透射电子；相反，当样品厚度小于入射电子的穿透深度时，产生的信号中将含有透射电子。下面对这些信号产生的机制及特点做简要介绍。

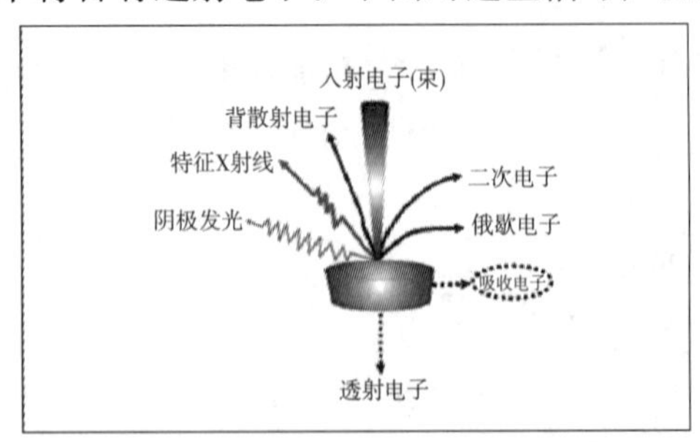

（a）入射电子与固体样品相互作用产生的各种信息

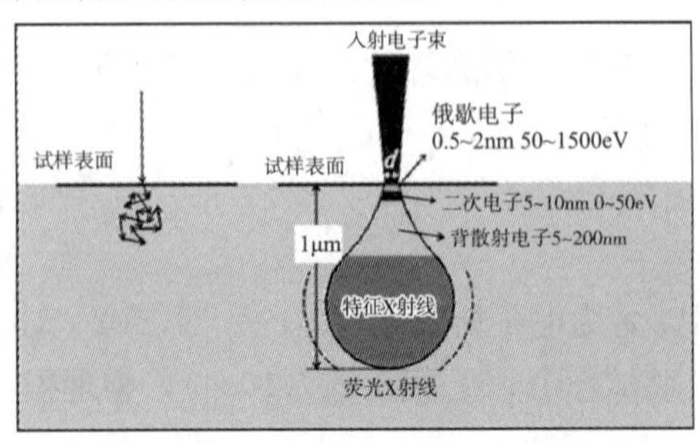

（b）相互作用区内各种信息产生的范围

图 10.3

10.2.3.1　背散射电子

背散射电子（back－scattered electron，BSE）是指受到固体样品原子的散射之后又被反射回来的入射电子，约占入射电子总数的 30%，产生范围在 100 nm～1 mm 深度。背散射电子主要由两部分组成，一部分是只与样品原子发生弹性散射而反射回来的入射电子（散射角大于 90°），称为弹性背散射电子。它们只是运动方向发生了改变，本身的能量并没有损失或者基本没有损失。另一部分是进入样品后的入射电子。这部分电子在样品内产生多次各种非弹性散射，其运动方向改变的同时，也会有不同程度的能量损失。最终那些散射角累计大于 90°，能量大于样品表面逸出功的入射电子从样品表面发射出去，这部分入射电子称为非弹性背散射电子。由于这部分入射电子遭遇散射的次数不同，所以各自损失的能量也不一样，因此非弹性背散射电子能量分布范围很广，可从几个电子伏特到接近入射电子的初始能量。图 10.4 是用电子的检测器测量得到的电子数目按能量分布的电子能谱曲线，它清楚地显示了这一特点。除在 E_0（入射电子的初始能量）处有明锐的弹性散射峰外，在小于 50 eV 的低能端还有一个较宽的二次电子峰。在这两个峰之间是非弹性散射电子构成的背景，其中还有一些微弱的电子峰，这就是后面将要提到的俄歇电子峰。

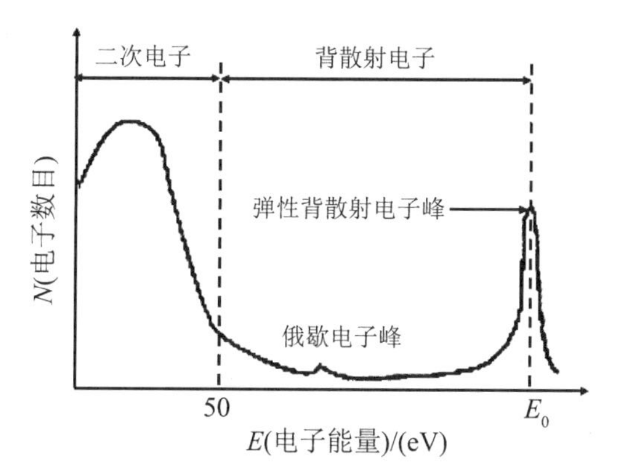

图 10.4　电子束作用下固体样品发射电子的能量分布图

从电子能谱曲线不难看出，虽然非弹性背散射电子能量分布范围宽，但能接收到的电子数量比弹性背散射电子少得多。所以，在电子显微分析仪器中利用的通常是指那些能量较高的背散射电子信号，其中主要是能量等于或者接近入射电子的初始能量 E_0 的弹性背散射电子，其特点如下：

（1）对样品的原子序数敏感：背散射电子产额对样品的原子序数十分敏感，当电子束垂直射入样品时，其产额通常随原子序数 Z 的增加而增加，尤其是在低原子序数区，这种变化更为明显，但其与入射电子的能量关系不大。因此，用背散射电子进行微区分析时，能够检测样品的成分分布。例如，当用背散射电子成像时，其像的衬度与样品上各微区的成分密切相关。与样品表面原子序数（或平均原子序数）小的区域相比，原子序数大的区域呈现更亮的衬度，因此可以根据背散射电子像的亮暗衬度来判断相应区域原子序数的相对高低，分析样品中微区成分分布和各种相的分布情况。

（2）受电子束入射角的影响更明显：电子束的入射角即入射电子束与样品表面法线之间的夹角，入射角的大小对背散射电子的产额有明显的影响。因为当入射角增大时，入射电子束向前散射的趋势导致电子靠近表面传播，因而背散射机会增加，背散射电子产额增大；入射角较小时，背散射电子产额随入射角的增大而缓慢增加，当入射角达到30°以上时则迅速增大，而且高入射角时，所有元素背散射电子产额趋于相同值。由于背散射电子的产额受入射角的影响，所以背散射电子不仅能够反映样品微区成分特征（平均原子序数分布），而且还能反映形貌特征。

（3）分辨率及信号收集率较低：由于背散射电子能量与入射电子基本相当，因而从样品上方收集到的背散射电子可能来自样品内较大的体积范围，使这种信息成像的空间分辨率较低；同时由于背散射电子能量较高，运动方向不易偏转，检测器只能接收按一定方向出射及较小立体角范围内的电子，因而信号的收集效率较低。由于上述两种因素的影响，使背散射电子像的空间分辨率通常只能达到100 nm（相应仪器中二次电子分辨率可达3～6 nm）。近年来，在某些新型仪器上采用了半导体环形检测器，由于电子收集率高，使其分辨率提高到6 nm左右。

10.2.3.2 二次电子

当入射电子与原子核外电子发生相互作用时，使原子失去电子而变成离子的现象称为电离。样品原子核外电子受入射电子激发（非弹性散射）获得了大于临界电离的能量后，便脱离原子核的束缚，变成自由电子，其中那些处在接近样品表层而且能量大于材料逸出功的自由电子就可能从表面逸出成为真空中的自由电子，即二次电子（secondary electron，SE）。绝大部分二次电子为价电子，一个能量很高的入射电子射入样品时，可以产生很多自由电子，这些自由电子中90%是来自样品外层的电子。入射电子在样品深处同样产生二次电子，但由于二次电子能量小，因此不能出射。二次电子具有以下特点：

（1）二次电子能量低，逸出深度浅：二次电子的产生是高能束电子与弱结合的核外电子相互作用的结果，而且在这个相互作用的过程中入射电子只将几个电子伏特的能量转移给核外电子，所以二次电子能量较低，一般小于50 eV，大部分只有几个电子伏特。正因如此，一个入射电子常常能够产生多个二次电子。因为二次电子能量很低，在相互作用区内产生的二次电子不管有多少，只有在接近表面大约10 nm内的二次电子才能逸出表面，随着与样品表面距离的增加，产生的二次电子的逃逸率迅速降低，这是二次电子的一个重要特征。

（2）对样品表面形貌敏感：二次电子对样品表面的形貌特征十分敏感，其产额随着入射角的增大而增加，当样品表面不平时，入射束相对于样品表面的入射角也发生了变化，使二次电子的产额也发生相应的变化，因此二次电子是研究表面形貌最为有力的工具。如果用检测器收集样品上方的二次电子，并使其形成反映样品上各照射点信息强度的图像，则可将样品的表面形貌特征反映出来，形成“形貌衬度”图像。

（3）空间分辨率高：通常入射电子进入样品表面后，由于受到原子核及核外电子的散射，其作用范围有所扩散，而形成类似图10.3（b）所示的分布，入射束在样品内沿纵向及侧向扩散的具体尺寸范围取决于入射电子的能量及样品物质的原子序数。尽管在电子的有效作用深度内都可以产生二次电子，但由于其能量很低（0～50 eV），只有在接近表面大约 10 nm 以内的二次电子才能逸出表面，成为可接收的信号。由于它发自试样的表层，此时入射电子还没有被多次散射，尚无明显的侧向扩展，因此这种信号反映的是一个与入射束直径相当的、很小体积范围内的形貌特征，故具有较高的空间分辨率。目前在扫描电镜中二次电子像的分辨率一般为 3～6 nm（取决于电子枪类型及电子光学系统结构），在透射扫描电镜中达到 2～3 nm。

（4）信号收集效率高：在入射电子束作用下，样品上被照射区产生的二次电子信号（以及后面即将谈到的几种信号）都是以照射点为中心向四面八方发射的（相当于点电源），其中在样品表面以上的半个球体内的信号是可能被收集的。但是，由于仪器结构设计及其他原因，信号检测器的检测部分通常只占信号分布面积中很小的一部分。为了提高信噪比，必须尽可能地提高信号的收集效率。二次电子由于本身能量很低，容易受样品处电场和磁场影响，只要在检测器上加一个 5～10 kV 的正电压，就可以使样品上方的绝大部分二次电子都进入检测器，从而使样品表面上无论是凹坑还是凸起物，检测器都能检测出来。因此，利用二次电子也可以对磁性材料和半导体材料进行相关研究。

10.2.3.3　吸收电子

高能电子入射比较厚的样品后，其中部分入射电子随着与样品中原子核或核外电子发生非弹性散射次数的增多，其能量不断降低，直至耗尽，这部分电子既不能穿透样品，也无法逸出样品，只能留在样品内部，称为吸收电子（absorbed electron，AE）。

如果入射电子束照射到一个足够厚度（微米数量级）没有透射电子产生的样品，那么入射电子电流强度 I_0 则等于背散射电子电流强度 I_b、二次电子电流强度 I_s 和吸收电子电流强度 I_a 之和，即 $I_0=I_b+I_s+I_a$。对于一个多元素平行样来说，当入射电流强度 I_0 一定时，则 I_s 也是定值，且仅与形貌有关，那么吸收电流 I_a 与背散射电流 I_b 之间存在互补的关系，即背散射电子增多则吸收电子减少，因此吸收电子的产额同背散射电子一样也与样品微区的原子序数相关。由于随着原子序数的增加，背散射电子产额增加，那么吸收电子的产额则势必减少。若用吸收电子成像，同样可以定性地得到原子序数不同的元素在样品各微区的分布图，只是图像的衬度与背散射像黑白相反。

10.2.3.4　透射电子

如果样品很薄，例如厚度为几十到几百纳米，其厚度比入射电子的有效穿透深度要薄得多，那么将会有相当数量的电子穿透样品而成为透射电子（transmitted electron，TE）。透射电子中包括非散射电子、弹性散射电子和非弹性散射电子。非散射电子即入射电子穿过样品，与样品内原子没有任何相互作用发生。非散射电子的数量反比于样品的厚度，样品越厚的区域穿过的非散射电子越少，反之样品越薄的区域穿过的非散射电子越多。同样，样品越厚，透射电子中的弹性散射电子与非弹性散射电子数量也越少。若受入射电子束照射的微区在厚度、晶体结构或成分上有差别，则在透射电子的强度、运动方向及能量分布上将有所反映。因此，透射电子是一种可以反映多种信息的信号，在 SEM、TEM 中利用其质厚效应、衍射效应、衍衬效应可对样品微观形貌、晶体结构、晶向、缺陷等多方面进行分析。

(1) 质厚效应：样品上的不同微区无论是质量（原子序数）还是厚度的差别，均可引起相应区域透射电子强度的改变，从而在图像上形成亮暗不同的区域，这一现象称为质厚衬度。利用这种效应观察复型样品，可以显示出许多在光学显微镜下无法分辨的形貌细节。

(2) 衍射效应：入射电子束通常是波长恒定的单色平面波，照射到晶体样品上时会与晶体物质发生弹性相干散射，使之在一些特定的方向由于相位相同而加强，但在其他方位却减弱，这种现象称为衍射。这与晶体物质对射线的衍射规律相同，其衍射条件由布拉格方程给出：

$$2d\sin\theta=\lambda \tag{10.8}$$

式中，d 是样品晶体的晶面间距；λ 是入射电子的波长；θ 是入射束与晶面的掠射角。

当 λ 已知时，测出产生衍射效应的一系列掠射角的大小，即可求出相应的晶面间距 d 值数列，从而可以确定样品的晶体结构。对于已知结构的晶体，还可以通过衍射效应确定晶体的空间方位及与相邻晶体间的位向关系。因此利用透射电子中弹性散射电子的衍射效应，为研究金属相变过程中的结构变化提供了有力的手段。

(3) 衍衬效应：在同一入射束的照射下，由于样品相邻区域位向或结构的不同，以致衍射束（或透射束）强度不同而造成图像亮度的差别（衬度），称为衍衬效应。它可显示单相合金粒的形貌，以及晶体内部的结构缺陷等。

(4) 电子能量损失效应：透射电子中非弹性散射电子是入射电子与样品原子以非弹性方式相互作用，在相互作用过程中损失能量，然后这些电子穿过样品成为透射电子的一部分。这种入射电子能量的非弹性损失反映了样品相互作用原子的特征，对于每种元素的每种键合状态，这些能量损失是唯一的，利用这些能量损失能给出样品被检测区域的成分和成键信息。电子能量损失谱（EELS）就是基于这一原理。

10.2.3.5 特征 X 射线

当样品中原子的内层电子受入射电子的激发电离时，处于能量较高的激发态，这是不稳定的，此时外层电子将会向内层电子的空位跃迁，并以辐射特征 X 射线光子或发射俄歇电子的方式（二者必居其一）释放多余的能量，使原子趋向稳定的状态（如图 10.5）。

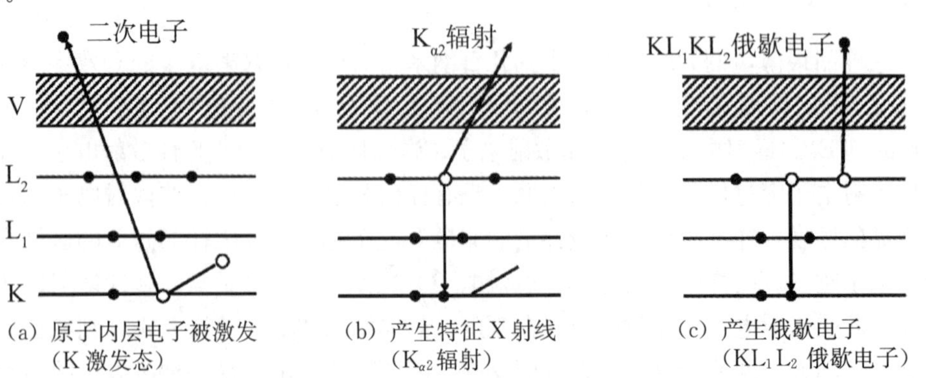

(a) 原子内层电子被激发（K 激发态）　(b) 产生特征 X 射线（$K_{\alpha2}$ 辐射）　(c) 产生俄歇电子（KL_1L_2 俄歇电子）

图 10.5　原子被激发及特征 X 射线和俄歇电子的产生

特征X射线是在能级跃迁过程中直接释放的具有特征能量和特征波长的一种电磁波，其能量和波长取决于跃迁前后的能级差。如一个原子在入射电子的作用下失去一个K层电子，它就处于K激发态，能量是E_K［图10.5(a)］。当一个L层电子填补了这个空位后，K电离就变为L电离，能量由E_K变为E_L，这就会有数值等于（E_K-E_L）的能量释放出来。当这种能量释放以产生X射线的方式实现时，即产生了该元素的$K_{\alpha2}$辐射，这种X射线的波长可通过$E_K-E_L=hc/\lambda k_\alpha$来计算，图10.5（b）给出了$K_{\alpha2}$辐射。由于$E_K$和$E_L$都有特定的数值，且该值随元素不同而不同，也即能级差仅与元素（或原子序数）有关，所以特征X射线的能量和波长也仅与产生这一辐射的元素有关，故称为该元素的特征X射线。特征X射线谱叠加在连续谱上，其波长与原子序数的关系（也即莫赛莱定律）是：

$$\lambda=\frac{k}{(Z-\sigma)^2} \tag{10.9}$$

式中，k和σ都是常数。对应每个元素，就有特定的波长λ，可以利用它进行成分分析和晶体结构研究，只要从样品上测得特征X射线的波长及强度就能得出定性及定量分析结果。

根据跃迁电子原来所在能级被填补空位所在能级不同，对其辐射产生的X射线进行命名。若K层产生空位，其外层电子向K层跃迁产生的X射线统称为K特征X射线，其有L(L_1，L_2，L_3）层或M(M_1，M_2，…）层或更外层电子跃迁产生的K系列特征X射线，分别称为K_α($K_{\alpha1}$，$K_{\alpha2}$，…)，K_β，…，X射线。X射线一般在试样的500 nm～5 mm深处发出。

10.2.3.6 俄歇电子

发射具有特征能量的俄歇电子是处于激发态的原子体系释放能量的另一种方式，如图10.5（c）所示。当原子内层电子发生能级跃迁的过程所需要释放的能量（如$E_K-E_{L_2}$）大于空位层（如L_2）或临近电子的临界电离能（如E_{L_2}）时，就可能引起原子的再一次电离，把空位层（如L_2）或临近层的另一个电子激发出去，这个被电离激发出去的二次电子具有特征能量，称为俄歇电子（Auger electron，AUE)。

如$E_K-E_{L_2}>E_{L_2}$，它就可能使L_2、L_3、M、N层以及导带V上的电子逸出，产生相应的空位［图10.5(c)］，使L_2电子逸出的能量略大于E_{L_2}，因为这不但要产生L_2层电子空位，还要有逸出功。这种二次电子称为KL_2L_2俄歇电子，它的能量近似地等于$E_K-E_{L_2}-E_{L_3}$，具有固定值，且该值随元素不同而不同。因此，与特征X射线的能量一样，俄歇电子的能量与其发生过程相关的原子壳层能级（如E_K、E_L）有关。而E_K、E_L各能级的能量仅与元素的种类有关，所以俄歇电子的能量都有固定值，且带有某种元素原子的能量特征。因此，俄歇电子是用作微区成分分析的另一种重要的信号，利用俄歇电子进行元素分析的仪器称为俄歇电子能谱仪（AES)。俄歇电子具有以下特点：

（1）适用于分析轻元素和超轻元素：因为轻元素的特征X射线产额很低，例如Al（$Z=13$）的产额为0.040，而C($Z=6$）的产额只有0.0009，相应的信息强度十分微弱，而这类元素俄歇电子的产率很高，因此，用其进行成分分析时灵敏度远远优于X

射线。

(2) 适于表面薄层分析：俄歇电子能量很低，一般为 50～1500 eV，随不同元素、不同跃迁类型而不同，因此在较深区域中产生的俄歇电子向表面运动时，必然会因碰撞而损失能量，使之失去了具有特征能量的特点。尽管俄歇电子的发射范围取决于入射电子的穿透能力，但真正能够保持其特征能量而逸出表面的俄歇电子却只限于表层以下 1 nm（2～3 个原子层）以内的深度范围。这个特点使俄歇电子具有表面探针的作用，可用于分析样品表面、界面或相界面处的成分。

10.2.4 电磁透镜

电子波和光波不同，不能通过玻璃镜会聚成像。但是轴对称的非均匀电场和磁场则可以让电子束折射，从而产生电子束的会聚发散，达到成像的目的。人们把用静电场构成的透镜称为“静电透镜”，把通过电磁线圈产生的磁场所构成的透镜称为“电磁透镜”。

电子显微镜的性能和图像的质量主要取决于电子透镜的性能和质量。可通过调整电子透镜的工作参数和相应的透镜光阑尺寸来控制电子图像和分析信号的质量。现代电子显微镜中除电子枪使用静电透镜外，其他部分均使用电磁透镜聚焦放大。电磁透镜具有与玻璃透镜相似的光学特性，如焦距、相差等。实际上，电磁透镜相当于一组复杂的凸透镜的组合。因此了解电磁透镜的结构、工作原理和特性对电镜的操作和图像分析至关重要，在这里重点介绍电磁透镜及其聚焦成像原理。

电子带负电荷 e，当它在磁场强度为 $\boldsymbol{B}$ 的磁场中以速度 $\boldsymbol{v}$ 运动时，将受到磁场的作用力 $\boldsymbol{F}$，这个力称为洛伦兹力，其矢量表达式为 $\boldsymbol{F}=-e(\boldsymbol{v}\times\boldsymbol{B})$，若 $\boldsymbol{v}$ 和 $\boldsymbol{B}$ 之间的夹角为θ，则 $\boldsymbol{F}$ 的大小为 $F=evB\sin\theta$。当 $\boldsymbol{v}$ 或 θ 为零时，F 为零。那么什么样的磁场才能使电子聚焦成像呢？通电的短线圈能够产生一种轴对称不均匀分布的磁场，线圈的轴线为磁场的对称轴，磁力线围绕导线呈环状。这个磁场类似于光学显微镜，可以使电子会聚成像，所以称它为电磁透镜，对称轴即是透镜光轴，垂直对称轴的线圈中心截面为透镜的主平面，线圈的中心为透镜的光心。

图 10.6 为电磁透镜的聚焦原理示意图。对于这个轴对称不均匀分布的磁场，环状磁力线上任意一点的磁感应强度 $\boldsymbol{B}$ 都可以分解成平行于透镜主轴的分量 $\boldsymbol{B}_Z$ 和垂直于透镜主轴的分量 $\boldsymbol{B}_r$ [图 10.6(a)]。速度为 $\boldsymbol{v}$ 的平行电子束进入透镜的磁场时，位于 A 点的电子将受到 $\boldsymbol{B}_r$ 分量的作用，使电子受到一个切向力 $\boldsymbol{F}_t$ 的作用，如图 10.6 (b) 所示。$\boldsymbol{F}_t$ 使电子获得一个切向速度 v_t，随即 $\boldsymbol{v}_t$ 和 $\boldsymbol{B}_Z$ 分量形成了另一个向透镜主轴靠近的径向力 $\boldsymbol{F}_r$，使电子向主轴偏转（聚焦）。切向力 $\boldsymbol{F}_t$ 和径向力 $\boldsymbol{F}_r$ 共同作用的结果使电子做圆锥螺旋近轴运动。所以，一束平行于主轴的入射电子束通过电磁透镜时将被聚焦在轴线上的一点，即焦点，这与光学玻璃凸透镜对平行于轴线入射的平行光的聚焦作用十分相似。从同一点出发的不同方向的电子，经电磁透镜作用后，交于像平面同一点，构成相应的像；从不同物点出发的同方向、同相位的电子，经电磁透镜作用后，会聚于平面上一点，构成与试样相对应的散射花样。

电子在电磁透镜的非均匀轴对称磁场中运动时，其运动轨迹是一圆锥形螺旋线，如图 10.6 (a) 所示，运动中电子不断发生偏转，最后聚焦在焦点时总是偏转了一定角度，即像与物发生了相对旋转，偏转角度的大小取决于磁场强度和电子速度（加速电压）。磁场强度越大，则偏转角度越大；加速电压越大，即电子加速越大，则偏转角度越小。对于一般的图像观察，不需要考虑像的旋转，但在进行晶体学研究时，必须考虑在不同倍数下像对于衍射花样的相对旋转。物与像之间的相对旋转也可以通过引入另外的透镜来抵消。

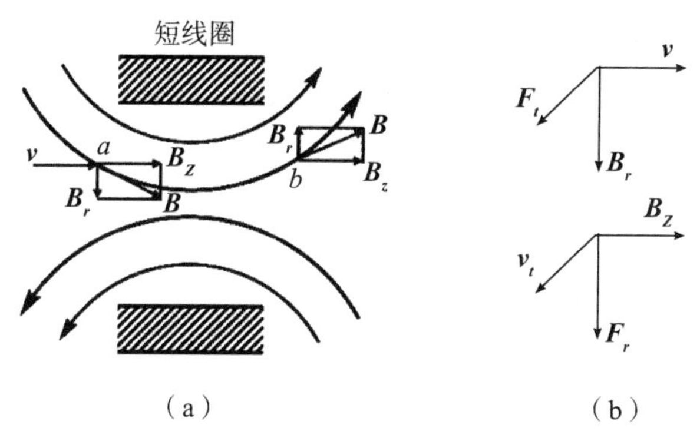

图10.6 电磁透镜的聚焦原理示意图

前面分析表明，光学显微镜的分辨率是所用光源波长的一半。对于电镜透镜而言，其分辨能力还远远没有达到波长一半的水平。例如一般透射电镜的最佳点分辨能力与理论分辨率相差约数百倍，其主要原因是电磁透镜也和光学显微透镜一样存在几何相差和色差两种相差。几何相差是由于透镜磁场几何形状上的缺陷而造成的，主要是球差和像散。球差即球面像差，它是由于电磁透镜的中心区域和边缘区域对电子的折射能力不符合预定的规律而造成的；相差是由透镜磁场的非旋转对称而引起的。色差是由于电子波的波长或能量发生一定幅度的改变而造成的，例如当加速电压改变时或者电子穿过样品时发生非弹性散射等，因此稳定加速电压可减小色差。在电磁透镜中，球差对分辨率的影响最为重要，因为没有一种简便有效的方法能够矫正它，而其他相差，只要在设计、制造和使用时采取适当措施，基本可以减少或消除。

10.3 透射电子显微镜

透射电子显微镜即透射电镜（transmitting electron microscope，TEM），是利用透过样品的电子束来成像的电子显微镜。它是以波长很短的电子束作为照明源，用电磁透镜聚焦成像的一种具有高分辨本领、高放大倍数的电子光学仪器。它同时具有两大功能：物相分析和组织分析。物相分析是利用电子和晶体物质相互作用可以发生衍射的特点，获得物相的衍射花样；而组织分析则是利用电子波遵循阿贝成像原理，可以通过干涉成像的特点，获得各种衬度图像。

10.3.1 透射电镜的成像原理

与光学显微镜相似，电镜也有四种基本的物理过程参与成像：吸收、散射、干涉和衍射。光学显微镜的成像主要是样品的吸收作用，而对于透射电镜而言，样品非常薄，吸收很少，散射是其最为重要的成像机制，其次是衍射和干涉。在透射电子显微镜中，所有的显微成像都是衬度像。其像衬度与所采用的成像操作方式、成像条件以及样品自身的组织结构有关，只有了解像衬度的形成原理，才能对各种具体图像进行正确的解释，下面将分别给予介绍。

10.3.1.1 衬度的定义

衬度就是样品两个相邻部分电子束的强度差，衬度 C 的大小用式（10.10）表示：

$$C=\frac{I_1-I_2}{I_2}=\frac{\Delta I}{I_2} \tag{10.10}$$

在光学显微镜中，衬度来自材料各部位反射光的能力不同。而对于透射电镜，当电子逸出样品表面时，由于样品对电子束的作用不同，使透射到荧光屏上的强度也是不同的，这种强度不相同的电子像称为像衬度。

10.3.1.2 衬度类型

像衬度来源于样品对入射电子束的散射，当电子波穿越样品时，其振幅和相位都会发生相应的变化，这些变化都是可以产生衬度的。因此，像衬度从根本上可以分为振幅衬度和相位衬度。一般情况下，这两种衬度会同时作用于同一幅图像。

振幅衬度是由于入射电子通过试样时，与试样内的原子发生相互作用而发生的振幅变化，引起反差。振幅衬度又可以进一步分为质厚衬度和衍射衬度。

(1) 质厚衬度像。质厚衬度本质上是一种散射吸收衬度，是由样品不同部位对入射电子的散射吸收程度的差异而引起，因此与样品不同部位的密度和厚度的差异有关。对于实际样品，电子散射截面是原子序数（或质量密度）和厚度的函数，样品的散射能力直接正比于其质厚（即试样质量密度与厚度之积)。质厚衬度就是由于样品不同区域的质厚差异产生的透射束（或衍射束）强度的差异而形成的衬度。图 10.7 定性地显示了质量和厚度不同产生衬度的机理。当其他因素确定时，与较低质量（低原子序数）和较薄区域相比，较高质量（高原子序数）和较厚的区域对电子的散射能力要更强，因此在明场像中，较厚或质量较高的区域要相对更亮一些。质厚衬度像也就是透射电镜中所说的吸收像。

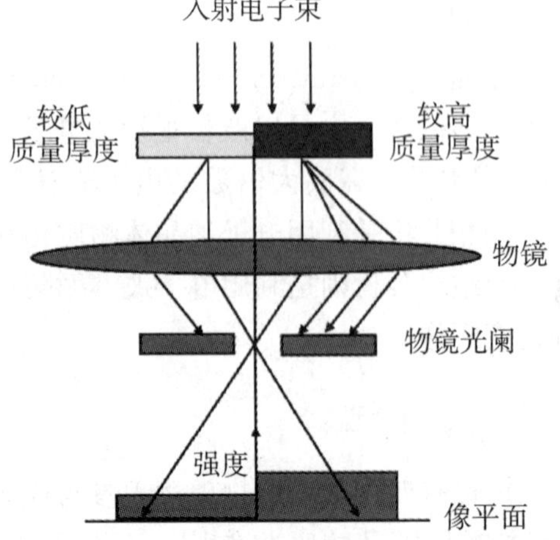

图 10.7 明场成像时质厚衬度形成的光路图

由于绝大多数样品的质量和厚度不可能绝对均匀，因此几乎所有的样品都显示质厚衬度。质厚衬度对非晶材料和生物样品是非常重要的，能够反映出样品的元素信息。对于给定的样品，透射电镜的加速电压和物镜光阑能够影响图像的质厚衬度。如果选择较大孔径的物镜光阑，则有更多的散射电子参与成像，虽然图像的总强度增加了，但在散射和非散射区域间的反差减少。如果选择较低的入射束加速电压，电子散射角和散射截面增大，更多的电子散射在物镜光阑外，图像总强度降低，但衬度提高。

(2) 衍射衬度——晶体样品。

衍射衬度是由样品各区域满足布拉格衍射条件程度的差异以及结构振幅不同而形成的电子图像反差，它仅属于晶体结构物质，对于非晶体是不存在的。利用这种衍射产生的衬度带有晶体结构信息，从而可以获得样品的晶体学结构特征。影响衍射强度的主要因素是晶体取向和结构振幅。如图 10.8 所示，晶体薄膜里有两个晶粒 A 与 B，它们之间唯一的差别在于其晶体学位向不同，其中 A 晶粒内所有的晶面组与入射束不成布拉格角，当强度为 I_0的入射束穿过样品时，A 晶体不发生衍射，透射束强度等于入射束强度，即 $I_A=I_0$，而 B 晶粒的某 (hkl) 晶面组恰好与入射方向成精确的布拉格角，而其余晶面均与衍射条件存在较大的偏差，即 B 晶粒的位向满足“双光束条件”。此时，(hkl) 晶面产生衍射，衍射强度为 I_{hkl}。如果假设样品足够薄，入射电子受到的吸收效应可不予考虑，且在“双光束条件”下忽略所有其他较弱的衍射束，则强度为 I_0的入射束在 B 晶粒区域内经过散射后，将成为强度为 I_{hkl}的衍射束和强度为 I_0-I_{hkl}的透射束两个部分。如果让透射束进入物镜光阑，而将衍射束挡掉，在荧光屏上，A 晶粒比 B 晶粒亮，就得到暗场像。

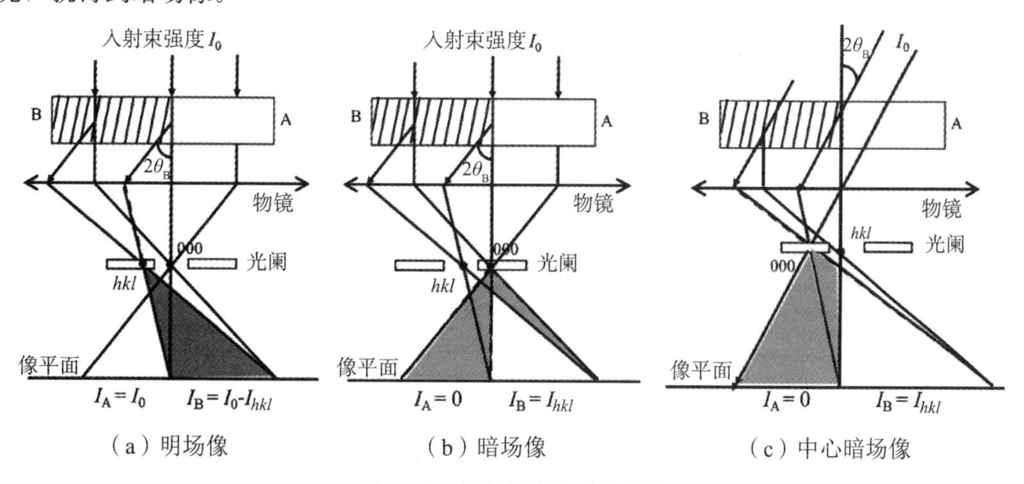

图 10.8 衍射衬度的成像原理

在明场像形貌中，较暗的晶粒都含有符合布拉格方程较好的晶面，经过这些晶粒的大部分入射束都被衍射开来，并被光阑挡掉，无法参与成像，因此图案较暗；而越明亮的晶粒，透过的电子越多，说明衍射束较弱，偏离布拉格条件较远。在暗场像条件下，像点的亮度直接等于样品上相应物点在光阑所选定的那个方向上的衍射强度，而明场像的衬度特征是与暗场像互补的。正因为衍射像是由衍射强度差别所产生的，所以衍衬图像是样品内不同部位晶体学特征的直接反映。

(3) 相位衬度——样品厚度非常薄（低于 100 nm）。

当样品厚度非常薄时，电子可以穿透过样品，电子波的振幅变化可以忽略，成像来自相位的变化。将透射束和至少一种衍射束同时通过物镜光阑参与成像时，由于透射束与衍射束的相互干涉，形成一种反映晶体点阵周期性的条纹像和结构像，这种像衬的形成是透射束与衍射束相位相干的结果，因此称为相位衬度。

相位衬度是多束干涉成像，当让透射束和尽可能多的衍射束携带它们的振幅和相位信息一起通过样品时，通过与样品的相互作用，就能得到由于相位差而形成的能够反映样品真实结构的衬度（高分辨像）。所用样品厚度小于 100 nm，甚至 30 nm，它是让多束衍射光穿过物镜光阑彼此相干成像，像的可分辨细节取决于入射波被试样散射引起的相位变化和物镜球差、散焦引起的附加相位差的选择。它追求的是样品原子及其排列状态的直接显示。一束单色平行的电子波射入样品内，与样品内的原子相互作用，发生振幅和相位的变化。当其逸出试样下表面时，成为不同于原入射波的透射波和各级衍射波。但如果样品很薄，衍射波振幅极小，透射波振幅基本与入射波相同，非弹性散射可忽略不计。衍射波与透射波的相位差为 $\pi/2$。如果物镜没有相差，且处于正焦的状态，且光阑也足够大，能使透射波和衍射波同时穿过光阑相干。相干结果产生的合成波的振幅与入射波相同，只是相位差稍有不同。由于振幅不变，因而强度不变，所以没有衬度。要想产生衬度，必须引入一个附加相位，使所产生的衍射波与透射波处于相等或相反的相位位置，也就是说，让衍射波沿图 x 轴向右或者向左移动 $\pi/2$，这样，透射波与衍射波相干就会导致振幅增大或减小，从而使像强度发生变化，相位衬度得到显示，如图 10.9 所示。在相位衬度的成像模式下，可以获得高分辨的晶格点阵和晶格结构像，能够反映材料物质在原子尺寸上的精细结构。

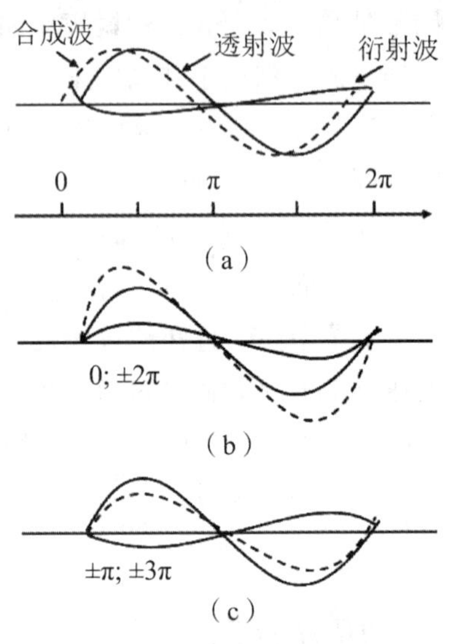

图 10.9 相位衬度形成示意图

10.3.2 透射电镜的电子衍射

10.3.2.1 电子衍射原理

透射电镜的电子衍射是透射电镜的一个重要应用。电子衍射是现代研究物质微观结构的重要手段之一，也是电子显微镜的重要分支。电子衍射分析可以通过电子衍射仪或电子显微镜来实现。电子衍射分析分为低能电子衍射和高能电子衍射，两者的区别在于电子加速电压的大小，前者电子加速电压较低（10～500 V），电子能量低。电子的波动性就是利用低能电子衍射得到证实的。目前，低能电子衍射已经广泛应用于表面结构分析。而高能电子衍射的加速电压通常大于 100 kV，电子显微镜中的电子衍射就是高能电子衍射。普通电子显微镜的“宽束”衍射（束斑直径约为 1 μm）只能得到较大体积内的统计平均信息，而微束衍射（电子束<1～50 nm）可研究材料中亚纳米尺度颗粒、单个位错、层错、畴界面和无序结构，可测定点群和空间群。电子显微镜中电子衍射的优点是可以原位同时得到微观形貌和结构信息，并能进行对照分析。电子显微镜物镜背焦面上的衍射图常称为电子衍射花样。电子衍射作为一种独特的结构分析方法，在材料科学中得到了广泛的应用，主要有以下三个方面：①物相分析和结构分析；②确定晶体位向；③确定晶体缺陷结构及晶体学特征。

电子衍射原理与 X 射线衍射相似，是以满足（或基本满足）布拉格方程作为产生衍射的必要条件。两种衍射技术得到的衍射花样在几何特征上也大体相似。单晶衍射花样由许多排列得十分规整的亮斑所组成，多晶体的电子衍射花样是一系列不同半径的同心圆环，而非晶体物质的衍射花样是一个漫散的中心斑点（图 10.10）。

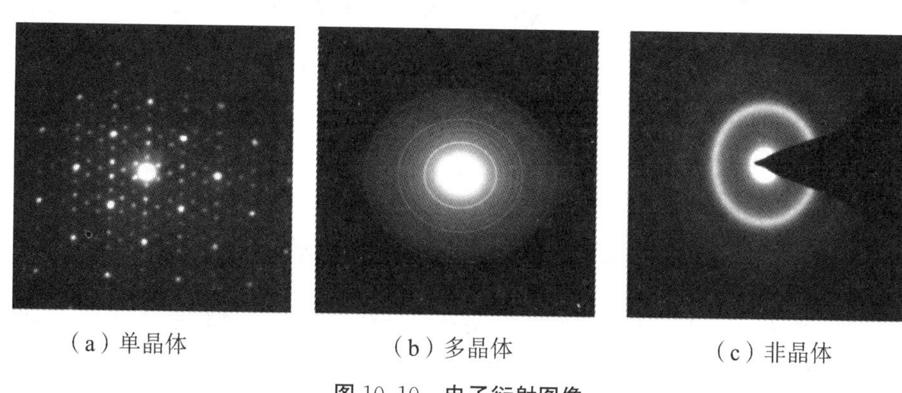

(a) 单晶体　　(b) 多晶体　　(c) 非晶体

图 10.10　电子衍射图像

10.3.2.2　选取电子衍射

有时为了克服相机常数和磁转角不确定性，充分发挥透射电镜可以同时显示形貌图像和分析晶体结构的优越性，常在物镜平面内插一个孔径可变的选取光阑，进行选取衍射。

图 10.11 为选取电子衍射原理图。入射电子束通过样品后，透射束和衍射束将汇集到物镜的背焦面上形成衍射花样，然后各斑点经干涉后重新在像平面上成像。图中上方水平方向的箭头表示样品，物镜像平面处的箭头是样品的第一次成像。如果在物镜的像平面处加入一个选区光阑，那么只有$A'B'$范围的成像电子能够通过选区光阑，并最终在荧光屏上形成衍射花样。这一部分的衍射花样实际上是由样品的 AB 范围提供的。选区光阑的直径在 20～300 μm 之间，若物镜放大倍数为 50 倍，则选用直径为 50 μm 的选区光阑就可以套取样品上任何直径 $d=1$ μm 的结构细节。

选区光阑的水平位置在电镜中是固定不变的，因此在进行正确的选区操作时，物镜的像平面和中间镜的物平面都必须和选区光阑的水平位置平齐，也即图像和光阑孔边缘都聚焦清晰，说明它们在同一个平面内。如果物镜的像平面和中间镜的物平面重合于光阑的上方或下方，在荧光屏上仍能得到清晰的图像，但因所选的区域发生偏差而使衍射斑点不能和图像一一对应。

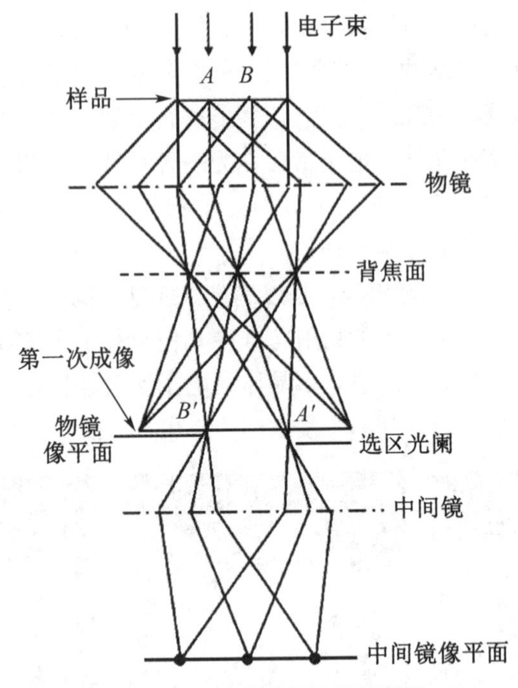

图 10.11 选取电子衍射原理图

选区衍射所选的区域很小，因此能在晶粒十分细小的多晶体样品内选取单个晶粒进行分析，从而为研究材料单晶体结构提供了有利的条件。图 10.12 为 ZrO_2—CeO_2 陶瓷相变组织的选区衍射照片。图 10.12（a）为母相和条状新相共同参与衍射的结果，而图 10.12（b）为只有母相参与衍射的结果。

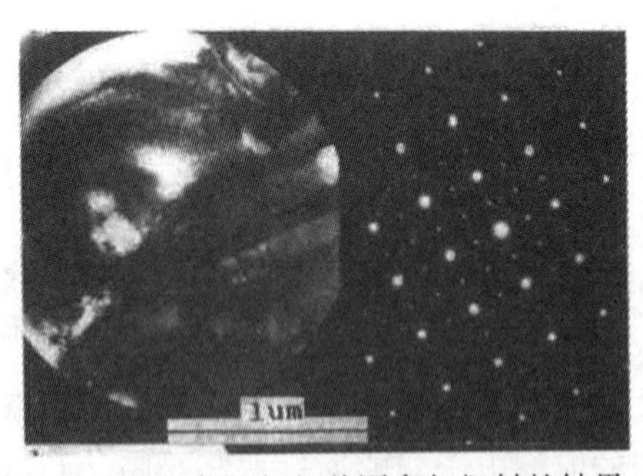

（a）母相与条状新相共同参与衍射的结果

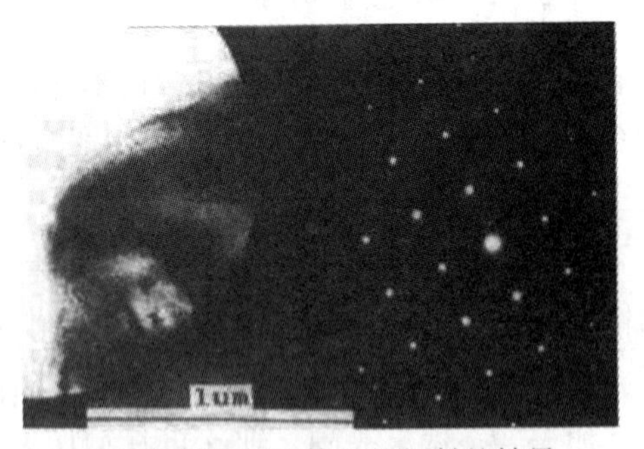

（b）只有基本体母相衍射的结果

图 10.12 ZrO_2—CeO_2 陶瓷选区衍射结果

10.3.3 透射电镜的工作原理和基本结构

透射电子显微镜工作原理：在真空条件下，电子枪经过加热或者在强电场作用下发射出电子束，经过聚光镜会聚成一束尖细、明亮而又均匀的光斑，照射在样品室内的样品上，此时为不带样品信息的入射电子射线。当该电子束与样品发生作用穿透样品时，透过样品的电子由于样品厚度、元素、缺陷、晶体结构等的不同，会产生不同的花样或图像衬度，也即透过样品后的电子束携带有样品内部的结构信息。因此将穿过试样的电子束（透射电子）在透镜后成像或成衍射花样，然后经过物镜的会聚调焦和初级放大以及中间镜和投影镜接力放大，最终被放大了的电子影像投射在观察室内的荧光屏板上，荧光屏将电子影像转化为可见光影像以供使用者观察。由于电子束要能透过样品，因此，做透射电镜分析，样品厚度要很薄，一般要小于100 nm。如果要做高分辨，则要求样品厚度更低。

图10.13 HT7700电子显微镜外观图

图10.13为日本日立高新技术公司TEM H－7000系列（型号为HT77000）的透射电子显微镜的实物外观图，其主要由电子光学系统、电源系统、真空系统、循环冷却系统和控制系统五部分组成，其中电子光学系统是电镜的主要组成部分。

图10.14是电子光学系统的组成部分示意图。由图可见，透射电镜电子光学系统是一种积木式结构，上面是照明系统，中间是成像系统，下面是观察与记录系统。

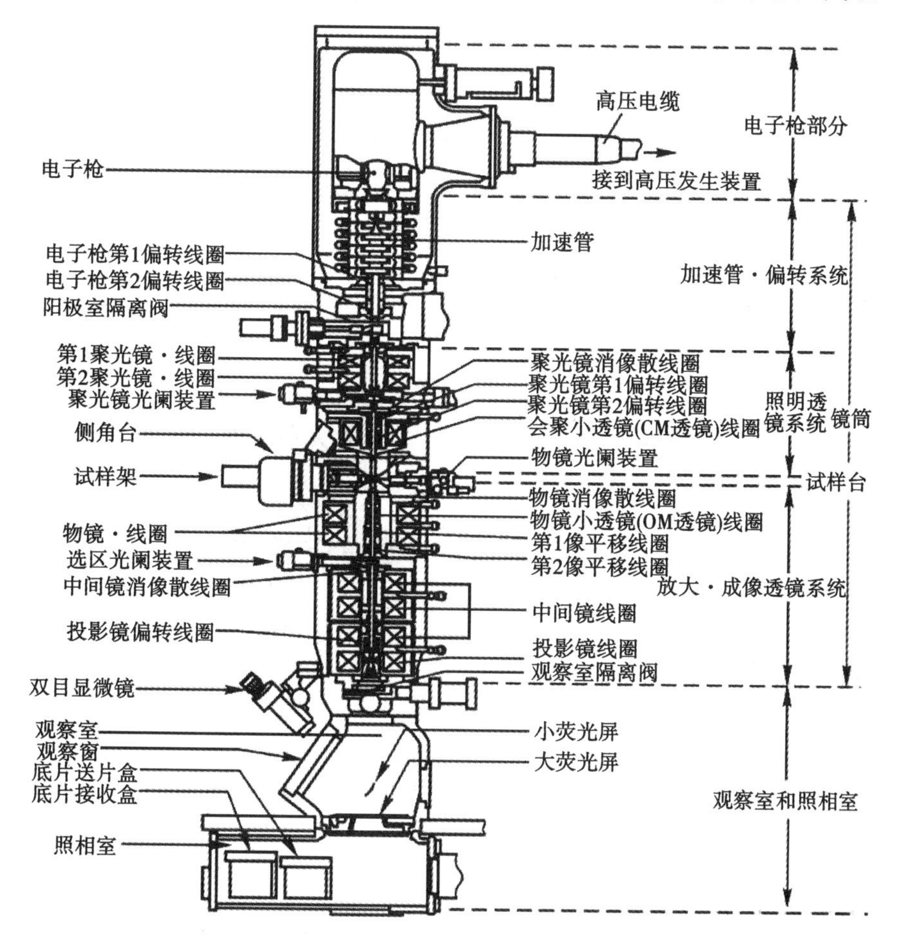

图10.14 透镜（JEM－2010F）电子光学系统组成部分示意图

10.3.3.1 照明系统

照明系统的作用就是提供一束亮度高、照明孔径小、平行度好、束流稳定的照明电子束，主要由电子枪和聚光镜组成。电子枪是发射电子的照明光源，聚光镜是把电子枪发射出来的电子会聚而成的交叉点进一步会聚后照射到样品上。

（1）电子枪。

电子枪是透射电镜的电子源，主要有两类：一类为热电子源，即在加热时产生电子；另一类是场发射源，即在强电场作用下产生电子。目前绝大多数透射电镜仍使用热电子源，如常用的热阴极三级电子枪，它由发夹型钨丝灯阴极、栅极和阳极组成，如图10.15所示。图10.15（a）为电子枪的自偏压回路，负的高压直接加在栅极上。而阴极和负高压之间因加上了一个偏压电阻，使栅极和阴极之间有一个数百伏甚至近千伏的电位差。因此栅极比阴极电位值更负，所以可以用栅极来控制阴极的发射电子有效区域。当阴极流向阳极的电子数量增加时，在偏压电阻两端的电位值增加，使栅极电位比阴极电位负得更多，由此可以减少灯丝有效发射区域面积，束流随之减少。当束流减少时，偏压电阻两端的电压随之下降，致使栅极和阴极之间的电位接近。此时，栅极排斥阴极发射电子的能力减小，束流又可以上升。因此，自偏压回路可以起到限制和稳定束流的作用。

图10.15（b）是电子枪的结构原理图，它反映了阴极、栅极和阳极之间的等位面分布情况，这是电镜中唯一的静电透镜。由于栅极的电位比阴极负，所以自阴极端点引出的等位面在空间呈弯曲状。在阴极和阳极之间的某一处，电子束会集成一个交叉点，这就是通常所说的电子源。交叉点处电子束直径约几十微米。

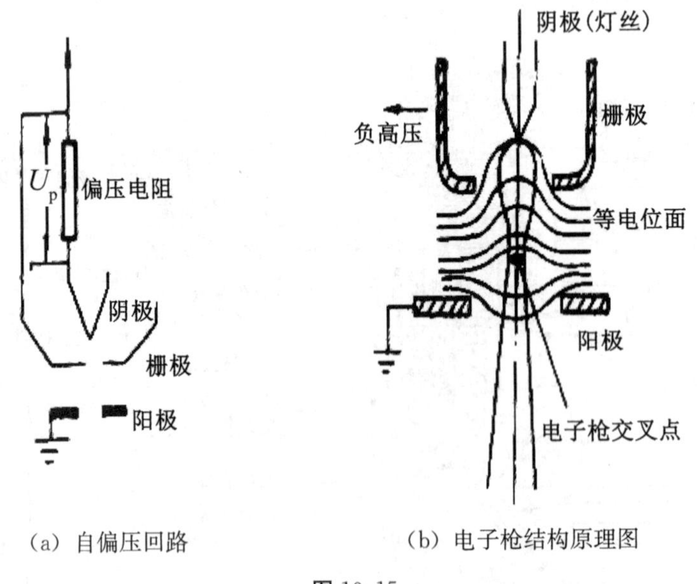

（a）自偏压回路　　（b）电子枪结构原理图

图 10.15

（2）聚光显微镜。

样品上照明区域的大小与放大倍数有关，放大倍数越大，所照明的区域就越小，相应地要求照明样品的电子束越细。聚光镜就是用来会聚电子枪发射出来的电子束，通过调节照明强度、孔径角和束斑的大小，达到以最少电子束损失来照明样品的目的。现代电镜一般采用双聚光镜系统，如图10.16所示。第一聚光镜是强激磁透镜，它通常保持不变，其作用是将电子枪的交叉点聚焦成一缩小的像，其束斑缩小率约为1/10～1/50，将电子枪第一交叉点束斑直径缩小为1～5 μm；照明电子束的束斑尺寸及相干性的调整是通过第二聚光镜的激磁电流和第二聚光镜光阑孔径来实现的。第二聚光镜是弱激磁透镜，为获得尽可能平行的电子束，通常要适当地减弱其激磁电流。通过第一和第二聚光镜可以获得几微米的近似平行的电子束，相应的放大倍数范围为几千至几十万倍。

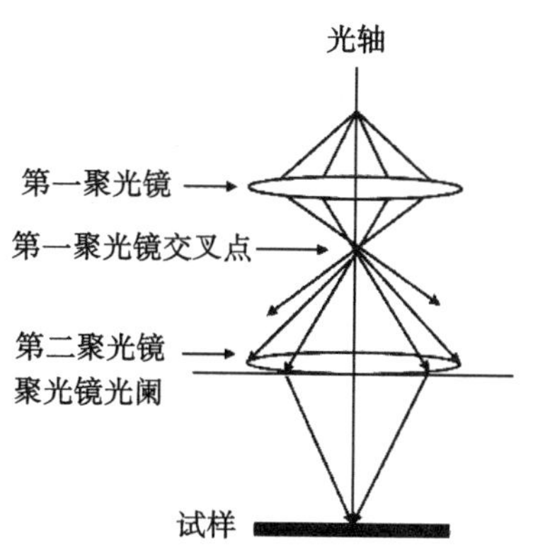

图10.16　双聚光镜照明系统光路图

10.3.3.2　成像系统

透射电镜的成像系统主要是由物镜、中间镜和投影仪组成。成像系统的主要功能是将衍射花样或图像投影到荧光屏上。

（1）物镜。

物镜是用来形成第一幅高分辨率电子显微图像或电子衍射花样的透镜。透射电镜的分辨本领主要取决于物镜，因为物镜的任何缺陷都将被成像系统中其他透镜进一步放大。要想获得高分辨率的物镜，就必须尽可能地降低像差，故而通常采用强激磁、短焦距的物镜。也正是如此，物镜的放大倍数一般都比较高，达到100～300倍。目前，配备高质量物镜的电子显微镜其分辨率可达0.1 nm左右。

物镜的分辨率大小主要取决于透镜内极靴的形状和加工精度。一般来说，极靴的内孔和上下级之间的距离较小，物镜的后焦面往往会安放一个物镜光阑，其不仅能起到减小球差、相差和色差的作用，而且还可以提高图像的衬度。此外，当物镜光阑位于后焦面的位置时，物镜和样品之间的距离总是固定不变的（即物距不变）。因此，在改变物镜放大倍数进行成像的过程中，主要是改变物镜的焦距和相距来满足成像条件。电磁透镜成像可分为以下两个过程：

①平行电子束与样品作用产生衍射波，而后衍射波经物镜聚焦后在物镜背焦面形成衍射斑，即物的结构信息通过衍射斑呈现出来。

②背焦面上的衍射斑发出的球面次级波通过干涉重新在像面上形成反射样品特征的像。

(2) 中间镜。

中间镜是一个弱激磁的长焦距变倍透镜，放大倍数（M）可在 0～20 倍范围内调节。当 $M>1$ 时，用来进一步放大物镜的像，当 $M<1$ 时，用来缩小物镜的像。在电镜的操作过程中，主要是利用中间镜的可变倍率来控制电镜的放大倍数。

如果把中间镜的物平面和物镜的背焦面重合，则在荧光屏上得到一幅电子衍射花样，这就是电子显微镜中的电子衍射操作，如图 10.17（a）所示。如果把中间镜的物平面和物镜的像平面重合，则在荧光屏上得到一幅放大像，这就是电子显微镜中的高倍放大操作，如图 10.17（b）所示。

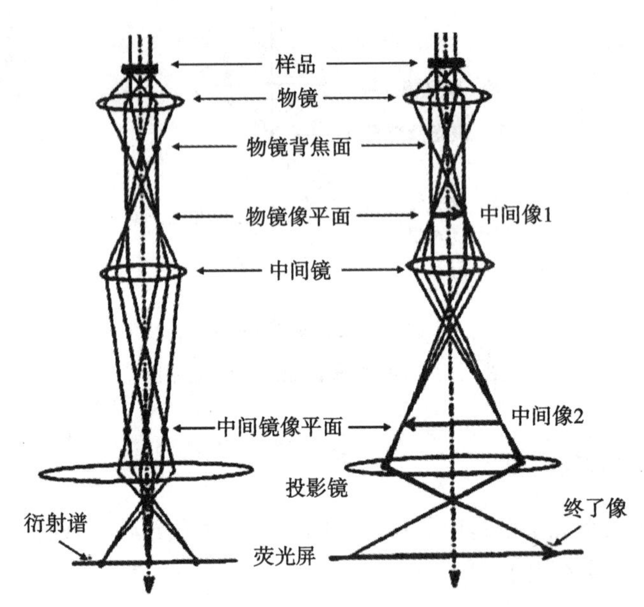

（a）将衍射谱投影到荧光屏　（b）将显微镜投影到荧光屏

图 10.17　透射电镜成像系统的两种基本操作光路

(3) 投影镜。

投影镜和物镜一样属于短焦距的强磁透镜，它的作用是把经中间镜放大的像（或电子衍射花样）进一步放大，并投影到荧光屏上。因为成像电子束进入投影镜时孔径角很小（约 10^{-3}rad），因此它的景深和焦距都非常大。这使得在对中间镜的放大倍数进行调整时，无需调整投影镜电流（激磁电流是固定的），也不会影响图像的清晰度。有时，中间镜的像平面还会出现一定的位移，由于这个位移距离仍处于投影镜的景深范围内，因此，在荧光屏上的图像仍旧是清晰的。

目前，高性能的透射电镜大都采用五级透镜放大，即中间镜和投影镜各有两级，分第一中间镜和第二中间镜，第一投影镜和第二投影镜。

10.3.3.3　观察与记录系统

图像观察与记录系统由荧光屏、照相机和数据显示等部分组成，在荧光屏下放置一个可以自动换片的照相暗盒，照相时只要把荧光屏竖起来，电子束即可使照相底片曝光。由于透射电镜的焦距很长，虽然荧光屏和底片之间有数十厘米的间距，但仍能够得到清晰的图像。目前很多透射电镜都配有数字化CCD照相系统，能够直接得到观察结果与数码照片。

10.3.4 试样的制备方法

用于透射电镜研究的材料大致可分为如下三类：①粉末样品，如一些纳米粒子，主要用于形态观察、颗粒度测定、结构分析等。②试样的表面复型，是先把欲观察试样的表面形貌用适宜的非晶体物质复制下来，然后进行测试。这种试样多用于金相组织、端口形貌、形态条纹、磨损表面、第二相形态及其分布、萃取相结构分析等。③薄膜样品，它可以做静态观察，如金相组织，析出形态、分布、结构及基本取向关系、位错类型、分布、密度和能量；也可以做动态观察，如相变、形态、位错运动及相互作用等。

制备好的样品是对其进行透射电镜分析的首要前提，由透射电镜的原理可知，供透射电镜分析的样品必须对电子束是透明的，通常样品观察区域的厚度以控制在100～200 nm为宜。此外，所制得的样品还必须具有代表性，因此在试样的制备过程中，不可影响这些特征。对制备用于透射电镜观察的样品的要求如下。

（1）样品必须是固体：因为电镜都是在高真空环境下测试，只能直接测定固体样品，对于样品中所含的水分及易挥发物质应预先除去，否则会引起样品爆裂。

（2）样品要小：直径不能超过3 mm。

（3）样品要薄：厚度要小于200 nm。

（4）样品必须非常清洁：因为在高倍放大时，一颗小尘埃也会像乒乓球那么大，所以即使很小的污染物也会给分析带来干扰。

（5）样品要具有一定的强度及稳定性：高分子材料往往不耐电子损伤，故而允许观察的时间较短（几分钟甚至几秒钟），所以观察时应避免在一个区域停留太久。

10.3.4.1 粉末试样制备

随着材料科学的发展，超细粉体及纳米材料的发展非常快，而粉末的颗粒尺寸大小，尺寸分布及形态对最终制成材料的性能有显著的影响，因此，如何利用透射电镜来观察超细粉末的尺寸和形态，便成为电子显微分析的一项重要内容。其关键的工作是粉末样品的制备，样品制备的关键则是如何将超细的粉体颗粒分散开来，各自独立而不团聚。其制备方法主要有如下两种：

（1）胶粉混合法。

在干净玻璃片上滴火棉胶溶液，然后在玻璃片胶液上放少许粉末并搅匀，再将另一玻璃片压上，两玻璃片对研后并突然抽开，待膜干燥。用刀片把干燥后的玻璃片表面划成小方格，再将其斜插入盛水烧杯中，并在水面上下反复抽动，直至膜片逐渐脱落，最后用铜网将脱落后的方形膜捞出，待观察。此法一般用于磁性粉末样品，且观察倍数不高。

（2）支持膜分散粉末法。

需要透射电镜分析的粉末颗粒粒径一般远小于铜网孔隙，因此要在铜网上制备一层对电子束透明的支持膜。常用的支持膜有火棉胶膜和碳膜，将支持膜固定在铜网上，再把粉末放置在膜上送入电镜样品室进行分析。

粉末或颗粒样品制备成功的关键在于能否使其均匀分散在支持膜上。通常用超声波仪，把要观察的粉末或颗粒样品分散在水或其他溶剂中。然后，用滴管取一滴悬浮液并将其分散在附有支撑膜的铜网上，静止干燥后即可观察。为了防止粉末在测试过程中被电子束打落污染铜镜，可在粉末上加喷一层薄碳膜，使粉末夹在两层中间。图 10.18 为分散性较好的粉末样品的 TEM 实例图。

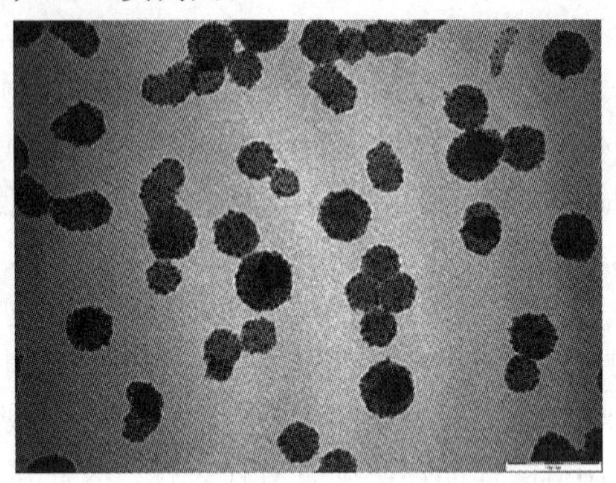

图 10.18 分散性较好的粉体样品的 TEM 实例图

10.3.4.2 复型技术

复型技术是把待观察试样的表面形貌用适宜的非晶薄膜复制下来，然后对这个复制膜进行透射电镜观察与分析。复型适用于金相组织、断口形貌、形变条纹、磨损表面、第二相形态及分布等。使用这种方法主要是因为早期透射电镜的制造过程水平有限和制样水平不高，难以对实际样品进行直接观察分析。近年来，随着显微镜分析技术和金属薄膜技术的飞速发展，复型技术几乎被上述两种分析方法所代替。但是，用复型技术制得的样品其断口相对更为清晰，且复型金相组织和光学金相组织之间相似，以至于现在仍在某些分析研究时使用该项技术，不过更多的是萃取复型。

制备复型的材料本身必须是“无结构”的，即要求复型材料在高倍成像时也不显示其本身任何结构细节，这样就不致干扰对被复制表面形貌的观察和分析。常用的复型材料有塑料和真空蒸发沉积碳膜（均为非晶态物质）。复型方法有一级复型法、二级复型法和萃取复型法三种。

（1）一级复型法。

①塑料一级复型：塑料一级复型过程如图 10.19 所示。在已制备好的金相样品或断口样品上滴几滴体积浓度为 1%的火棉胶醋酸戊酯溶液，多余的溶液用滤纸吸掉，待溶剂蒸发后样品表面即留下一层 100 nm 左右的塑料薄膜。把这层塑料薄膜小心地从样品表面揭下来，剪成对角线小于 3 mm 的小方块后，就可以放在直径为 3 mm 的专用铜网上，进行透射电子显微分析。从图 10.19 中可以看出，这种复型是负复型，也就是说，样品上凸出的部分在复型上是凹下去的。在电子束的垂直照射下，复型所得样品的不同部分厚度是不一样的，根据质厚衬度的原理，厚的部分透过的电子束弱，而薄的部分透过的电子束强，从而在荧光屏上形成一个具有衬度的图像。

在进行复型操作前，必须对样品的表面进行充分的清洗，否则污染物黏附在样品表面会导致复型的图像失真。塑料一级复型的制备方法十分简单，且不会破坏样品，但塑料分子比较大，使复型结果分辨率较低，而且在电子束的照射下塑料容易分解。此外，当断口上的高度差比较大时，无法做出较薄的可被电子束透过的复型膜，故塑料一级复型大都只能做金相样品的分析。

②碳一级复型：为了克服塑料一级复型的缺点，在电镜分析中常采用碳一级复型。碳一级复型是一种正复型，其过程如图 10.20 所示。制备这种复型的过程是直接把表面清洁的金相样品放入真空镀膜的装置中，在垂直方向上向样品表面蒸镀一层厚度为几十纳米的碳膜。蒸发沉积层的厚度可用放在金相样品旁边的乳白瓷片的颜色变化来估计。在瓷片上事先滴一滴油，喷碳时油滴部分的瓷片不沉积碳而基本保持本色，其他部分随着碳膜变厚渐渐变成浅棕色和深棕色。一般情况下，瓷片呈浅棕色时，碳膜的厚度正好符合要求。把喷有碳膜的样品用小刀划成对角线小于 3 mm 的小方块，然后把此样品放入配好的分离液内进行电解或化学分离。电解分离时，样品通正电作阳极，用不锈钢板作阴极。不同材料的样品选用不同的电解液、抛光电压和电流密度。分离开的碳膜在丙酮或酒精中清洗后便可置于铜网上以备放入电镜观察。化学分离时，最常用的溶液是氢氟酸双氧水溶液。碳膜剥离后也必须清洗，然后才能进行观察分析。

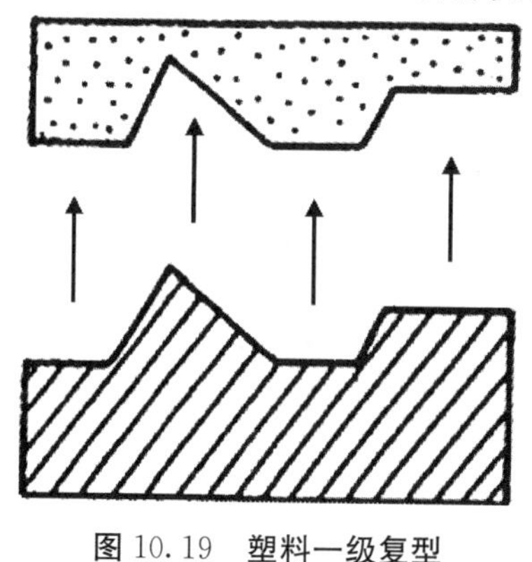

图 10.19　**塑料一级复型**

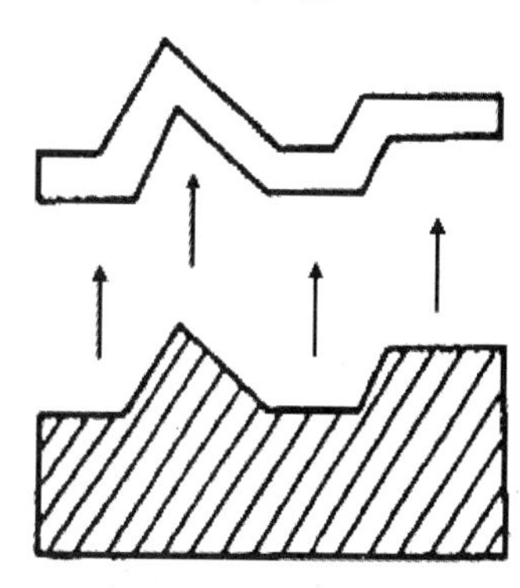

图 10.20　**碳一级复型**

碳一级复型与塑料一级复型的区别在于：碳一级复型的厚度基本上相同，而塑料复型的厚度随试样的位置而异；塑料复型不会对样品造成损害，而碳一级复型则会破坏样品（膜与样品分离时要电解腐蚀样品）；塑料复型因塑料分子量较大，分辨率低（10～20 nm)，而碳离子直径小，从而使得碳一级复型分辨率高（可达 2 nm）；碳一级复型样品在电子束照射下稳定性好，而塑料复型样品在电子束照射下容易分解。

（2）二级复型（塑料一碳二级复型）法。

塑料一碳二级复型制作过程如图 10.21 所示，首先制成中间复型（一次复型），然后在中间复型上进行第二次碳复型，再把中间复型溶去，最后得到的是第二次复型。醋酸纤维素（AC 纸）和火棉胶都可以做中间复型。图 10.21（a）为塑料中间复型，图 10.21（b）为在揭下的中间复型上进行碳复型。为了增加衬度，可在倾角 15°～45°的方向上喷镀一层重金属（如 Cr、Au 等）。一般情况下，是在一次复型上先喷镀重金属再喷碳膜，但有时也可以按照相反次序进行。图 10.21（c）为溶去中间复型后的最终复型。

塑料一碳复型的特点是：①制备复型时不破坏样品的原始表面；②最终复型是带有重金属投影的碳膜，这种复合膜的稳定性和导电热性都很好，因此，在电子束照射下不易发生分解和破裂；③虽然最终复型主要是碳膜，但因中间复型为塑料，因此塑料一碳二级复型的分辨率与塑料一级复型相当；④最终的碳复型是通过溶解中间复型得到的，不必从样品上直接剥离，而碳复型是一层厚度约为 10 nm 的薄层，可以被电子束透过。

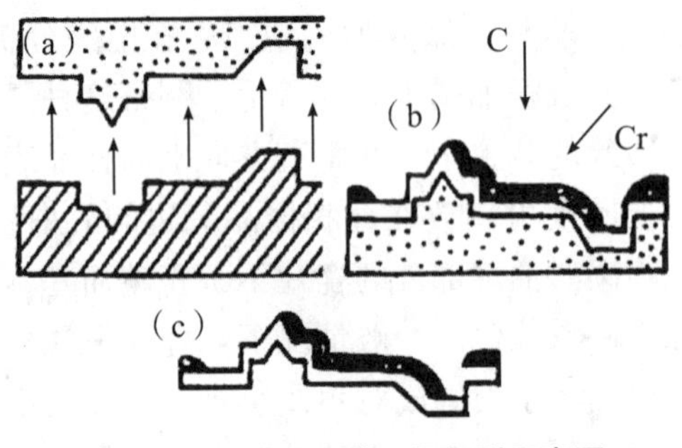

图 10.21 塑料一碳二级复型示意图

(3) 萃取复型法。

萃取复型主要用于对第二相粒子形状、大小和分布以及物相和晶体结构进行分析，复型方法和碳一级复型类似。可以把要分析的粒子从基体中提取出来，这种分析不会受到基体的干扰，图 10.22 为萃取复型示意图。首先将含有第二析出相的样品进行深度腐蚀，以使第二相裸露出来，然后在样品上镀一层碳膜，厚度应稍厚，约 20 nm 左右，以便把第二相粒子包裹起来。蒸镀过碳膜的样品用电解法或化学法溶化基体（电解液和化学试剂对第二相不起溶解作用），因此带有第二相粒子的萃取膜与样品脱开后，膜上第二相粒子的形状、大小和分布仍保持原来的状态。萃取膜比较脆，通常在蒸镀的碳膜上先浇铸一层塑料背膜，待萃取膜从样品表面剥离后，再用溶剂把背膜溶去，由此可以防止膜的破碎。

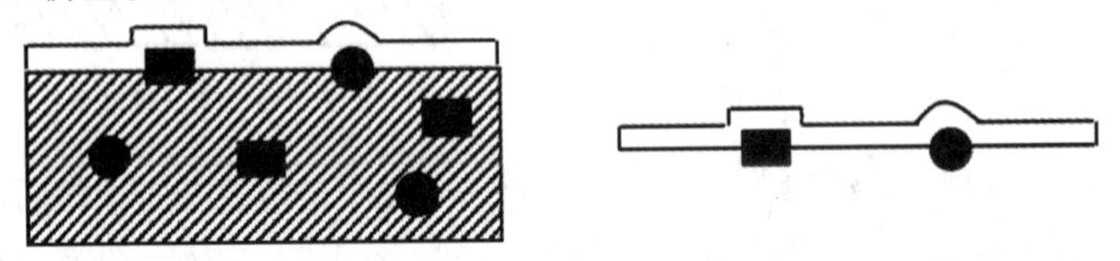

图 10.22 萃取复型

在萃取复型的样品上，可以在观察样品基体组织形态的同时，观察第二相颗粒的大小、形状及分布，对第二相粒子进行电子衍射分析，还可以直接测定第二相的晶体结构。除萃取复型外，其余复型只不过是试样表面的一个复制品，只能提供有关表面形貌的信息，而不能提供内部组成相、晶体结构、微区化学成分等本质信息，因此用复型做电子显微分析有很大的局限性，目前除萃取复型外，其他复型应用很少。

10.3.4.3 薄膜样品

薄膜样品的制备要求：组织结构必须和大块样品相同，样品对于电子束必须有足够的“透明度”；应有一定的强度和刚度，在样品制备过程中不允许表面产生氧化和腐蚀。

薄膜样品制备的一般工艺：首先从块状样品中切下厚度约为 0.5 mm 的薄片，然后经过薄片预减薄后（手工研磨加挖坑和抛光），最后是终减薄。终减薄的方法视材料而定，对于塑性较好而又导电的材料，一般采用双喷电解减薄法；而对于陶瓷等脆性较大又不导电的材料，一般用离子减薄的方法；有机材料一般采用切片的方法。

（1）金属薄膜样品的制备。

①初减薄：用线切割或者电火花切割的方法将块状金属样品切成 0.5 mm 的薄片，然后用手工的方法将其研磨到 0.2 mm 左右，接着用特制的冲头将其冲成直径为 3 mm的小圆片（也可以直接切成厚 0.5 mm，直径为 3 mm 的小圆片）。

②预减薄：通常采用专用的机械研磨机，使中心区域减薄厚度为 0.1～0.5 mm，有时也可以用化学方法进行预减薄。

③终减薄：目前最通用的终减薄方法有两种：离子轰击和电解抛光。离子轰击可用于各种金属、陶瓷、多相半导体和复合材料等薄膜的减薄，甚至纤维和粉体也可以用离子减薄，图 10.23（a）为离子减薄示意图。而电解抛光只能用于导电薄膜的制备，如金属和合金样品，图 10.23（b）为电解减薄装置示意图。

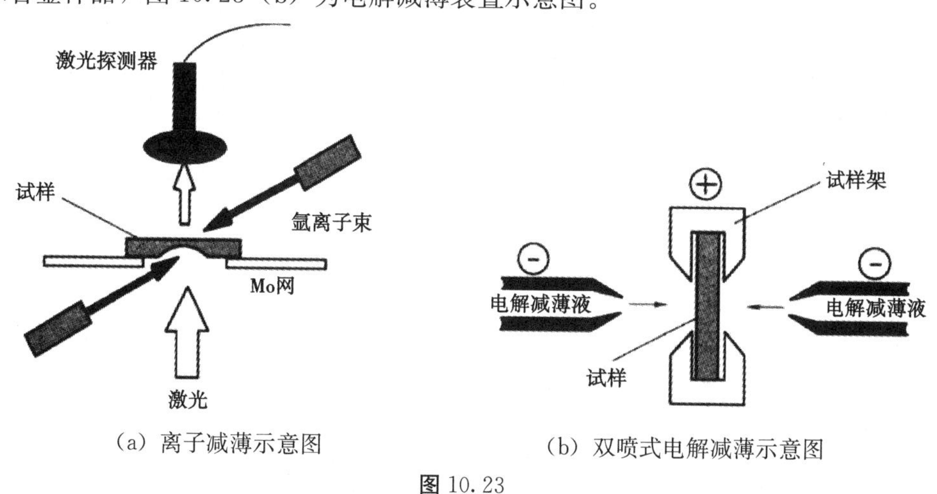

（a）离子减薄示意图　　（b）双喷式电解减薄示意图

图 10.23

（2）非金属材料薄膜样品的制备。

一般是用金刚石锯将块状样品切割成 0.5～1.0 mm 的薄片，接下来用手工研磨的方法将薄膜片研磨到 50 μm 左右，然后用小刀片将其划为略小于 3 mm 的小块，用树脂胶将小块样品粘在铜环或者钼环上，接着用手工研磨的方法将其研磨至小于 20 μm 之后，用挖坑仪将其薄度减至小于 10 μm，最后用离子减薄仪将其减薄至符合要求为止。另外对于非金属材料，目前较为常用的方法还有使用超薄切片机进行切割，它可以将各种包埋剂包埋的样品用玻璃刀或砖石刀切成 50 nm 以下的超薄切片，切片厚度最小可达到 5 nm。超薄切片机有机械推进式和金属热膨胀式两种类型，广泛应用于动植物组织、医学、纳米材料、高分子化合物及陶瓷等研究领域。

10.3.5　透射电镜的应用举例

10.3.5.1　观测有机高分子纳米材料的形态

近年来，以固体颗粒取代表面活性剂稳定的皮克林（Pickering）乳液，因其独有的界面粒子自组装效应、较强的界面稳定性和广泛的工业应用而成为研究热点。与传统表面活性剂相比，固体粒子作为乳液的稳定剂不仅用量少、毒副作用低，且制备的乳液稳定性高。目前，稳定 Pickering 乳液的固体粒子多为无机纳米粒子和合成高分子制备的纳米微球等。随着 Pickering 乳液在食品、化妆品以及医药等领域的拓展应用，研发生物相容性好、可生物降解且免疫原性低的固体粒子成为发展趋势。基于此，自然界中来源广泛且无毒的天然高分子材料如多糖类、蛋白质类和脂肪类等引起广泛关注。其中，明胶作为一种生物相容性良好的两性聚电解质，其表面含有丰富的活性基团，可以被研制成生物基纳米颗粒，用于稳定 Pickering 乳液。作者课题组首先对明胶改性制得氨基化明胶，然后以戊二醛为交联剂，采用二次去溶剂法制备氨基化明胶纳米颗粒 (aminated gelatin nanoparticles，AGNPs)，具体合成示意图如图 10.24 所示。接下来利用透射电镜对 AGNPs 的外观形貌和尺寸大小进行观察。

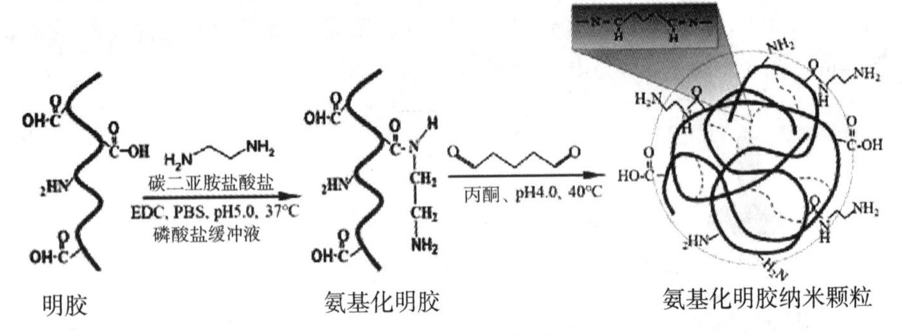

图 10.24 AGNPs 的制备示意图

图 10.25 为 AGNPs 的透射电镜形貌图。由图 10.25 可知，利用二次去溶剂法制得的 AGNPs 为一种粒径分布较为均匀，尺寸大小约为 240 nm，且表面无明显裂缝或褶皱的光滑的球形纳米颗粒。

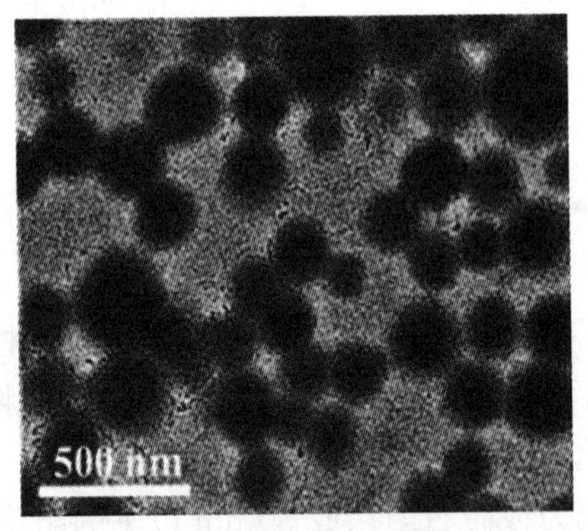

图 10.25 氨基化明胶纳米颗粒的 TEM 形貌图

10.3.5.2 观测无机纳米材料的形态

以酶为催化剂的两相反应能够在温和的条件下高效率、高选择地合成各类化学品或药物，因而具有非常广泛的应用。众所周知，酶只有在水溶液中才能表现高催化活性，而大多数有机反应所用的原料是难容或者不溶于水的，因此两相反应由于较低的界面面积而使反应效率不高。解决以上问题的一个简单且有效的方法是将酶的水溶液以液滴的形式分散在有机溶剂中，然后在乳液稳定剂的作用下制成稳定的油包水 (W/O) 乳液。以前常用的乳化剂为两亲性表面活性剂，但这些表面活性剂对大多数酶都有毒害作用，最终会降低酶的催化活性甚至使其失活，还不利于后续的产物提纯和酶的回收。近年来，以固体粒子为乳液稳定剂的 Pickering 乳液在以酶为催化剂的两相反应中的应用越来越广泛。与传统的两性表面活性剂相比，固体粒子具有许多独特的优势，如能够提高酶的稳定性，简化后续产物提纯过程及酶的回收重复利用。

基于以上背景，魏涛等以疏水 SiO_2 纳米颗粒和疏水多孔 SiO_2 纳米颗粒为乳液稳定剂制备油包水（W/O）型的亚微米 Pickering 乳液，具体示意图如图 10.26 所示、首先合成疏水 SiO_2 纳米颗粒和具有多孔结构的疏水 SiO_2 纳米颗粒，使它们能稳定地分散在有机溶剂中。再以有机溶剂甲苯为连续相，酶的水溶液为分散相，分别在疏水 SiO_2 纳米颗粒和疏水多孔 SiO_2 纳米颗粒的稳定相制备 W/O 型的亚微米 Pickeing 乳液，最终溶于有机溶剂中的原料在油水界面上通过酶的催化进行反应生成产物。接下来利用 TEM 对疏水 SiO_2 纳米颗粒和疏水多孔 SiO_2 纳米颗粒的外观形貌进行分析。

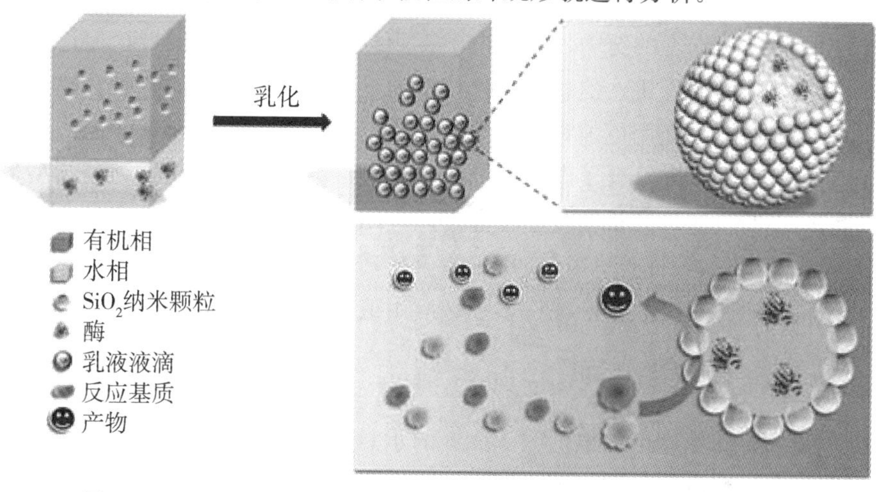

图 10.26 亚微米 Pickering 乳液的制备及其在两相反应的应用示意图

图 10.27（a）为疏水 SiO_2 纳米颗粒 TEM 图，从图中可以看出制备的疏水 SiO_2 纳米颗粒为尺寸均一且直径范围在 50 nm 的球形颗粒；疏水多孔 SiO_2 纳米颗粒的 TEM 图如图 10.27（b）所示，其为尺寸均一且直径约为 60 nm 的球形纳米颗粒。从高分辨的插图中可以统计出疏水多孔 SiO_2 纳米颗粒表面的孔径大小约为 3 nm，表明成功制备出了疏水多孔 SiO_2 纳米颗粒。

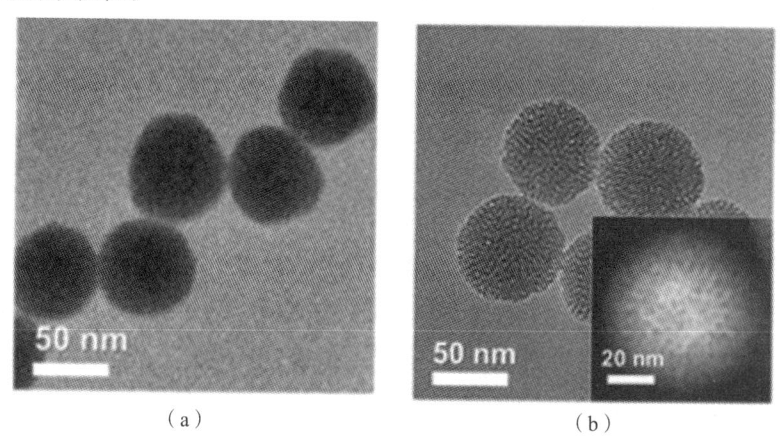

图 10.27 疏水多孔 SiO_2 纳米颗粒的 TEM 图

10.4 扫描电子显微镜

扫描电子显微镜即扫描电镜（scanning electron microscope，SEM），是介于透射电镜和光学显微镜之间的一种用于微观形貌观察的仪器，可直接对物体表面进行微观成像。它是利用聚焦电子束在样品表面扫描激发出各种物理信号（如二次电子、背散射电子等）而成像的电子显微镜，主要用于研究样品表面的形貌与成分。它的设计思想和工作原理早在1935年就已经提出来了。1942年，英国首先制成了第一台实验用的扫描电镜，但由于成像的分辨率很差，照相时间太长，所以实用价值不大，直到1964年，第一台商售的扫描电镜才问世。

经过各国科学工作者的努力，随着电子工业技术水平的不断发展，促进了扫描电镜的发展，尤其是随着计算机、信息数字化技术的发展，扫描电镜的各种性能发生了新的飞跃，操作更加便捷，使用更加方便，并且扫描电镜在追求高分辨率、高图像质量的同时，也向复合型发展，即结合了电子探针以及其他许多技术而发展成为分析型的扫描电镜，仪器结构不断改进，分析精度不断提高，应用功能不断扩大，越来越成为众多研究领域不可或缺的工具。目前已广泛应用于冶金矿产、生物医学、材料科学、物理和化学等领域，是科学研究及工业生产等许多领域应用最为广泛的显微分析仪器之一。

10.4.1 扫描电镜的原理和基本结构

扫描电镜的工作原理可以根据图10.28的示意图加以说明。由最上边电子枪发射出来的电子束，在加速电压的作用下，经过三个电磁透镜所组成的电子光学系统，电子束会聚成一个细的电子束聚焦在样品表面。在扫描线圈的作用下，使电子束在样品表面扫描。由于高能电子束与样品物质的交互作用，激发产生各种物理信号：二次电子、背散射电子、吸收电子、X射线、俄歇电子、阴极发光和透射电子等。各种信号的强度与样品的表面特征（形貌、成分、结构等）相关，这些信号被相应的接收器接收，经过放大、转换，变成电压信号，然后送到显像管的栅极上，调制显像管的亮度。使入射束在样品表面上的作用位置与显像管相应的亮度一一对应，即电子束打到样品上的一点时，在显像管荧光屏上就出现一个相应的亮点。扫描电镜就是这样采用逐点成像的方法，把样品表面不同的特征按顺序、成比例地转换为视频信号，完成一帧图像，也就是说，显像管中的电子束在荧光屏上也做光栅状扫描，并且这种扫描运动与样品表面的电子束的扫描运动严格同步，这样即获得衬度与所接收信号强度相对应的扫描电子像，从而在荧光屏上观察到样品表面的各种特征图像。

扫描电镜一般由电子光学系统、信号收集及显示系统、真空系统和电源系统四部分组成，图10.29为蔡司扫描电镜Sigma 300的外观图。这些系统在结构上与透射电镜有一定的相似之处，但也有自己的特点，下面对其结构分别做介绍。

10.4.1.1 电子光学系统

电子光学系统由电子枪、电磁透镜、扫描电圈和样品室等部件组成，其作用是用来获得扫描电子束，作为样品产生各种物理信号的激发源。为获得较高的信号强度和图像分辨率，扫描电子束应该具有较高的亮度和尽可能小的束斑直径。

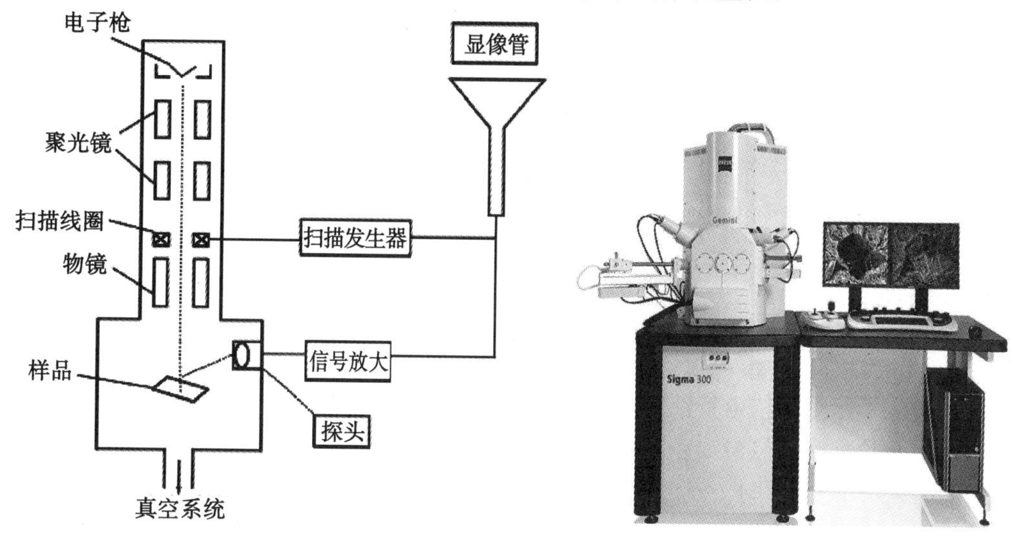

图 10.28 扫描电镜结构原理图

图 10.29 蔡司扫描电镜 Sigma 300 的外观图

（1）电子枪。

电子枪的作用是利用阴极与阳极之间的高压来产生高能电子束。扫描电镜的电子枪与透射电镜的电子枪类似，只是加速电压要比透射电镜的低。电子枪产生的电子束斑尺寸及亮度与电子枪的设计类型有关。目前商用扫描电镜使用的电子枪基本可以分为两种类型：热发射（阴热极）三级电子枪和场发射电子枪，大多数扫描电镜采用的是热发射三级电子枪。其优点是灯丝价格便宜，对真空度要求不高；缺点是钨丝热电子发射效率低，发射源直径较大，即使经过二级或三级聚光镜，在样品表面上的电子束斑直径也有5～7 nm，因此仪器分辨率受到限制。现在高等级扫描电镜采用六硼化镧（LaB_6）或场发射电子枪，使二次电子像的分辨率达到 2 nm。但这种电子枪要求很高的真空度，并且LaB_6难以加工，故成本高，使用受到限制。

关于热发射三级电子枪的结构、工作原理和性能特点详见透射电镜部分，下面主要介绍场发射电子枪的结构和基本工作原理。场发射电子枪是利用靠近曲率半径很小的阴极尖端附近的强电场使阴极尖端发射电子，所以叫作场发射电子枪。场发射分为热场和冷场，一般扫描电镜多采用冷场，其结构如图 10.30 所示。场发射电子枪由阴极、第一阳极和第二阳极构成三级。阴极是由一个选定取向的钨单晶制成，其尖端曲率半径为100～500 nm（发射截面）。工作时，在阴极尖端与第一阳极之间加 3～5 kV 的电位差 V_1，则在阴极尖端附近可产生一个场强高达 10^7～10^8 V/cm 的强电场，在这个强电场的作用下，阴极尖端发射电子。在第二阳极数千伏甚至几万伏正电位 V_0 作用下，阴极发射的电子被加速、会聚，经过第二阳极，在其孔的下方会聚成有效电子源，其束斑直径为 10 nm，远远小于 LaB_6、钨灯丝电子枪提供的电子源直径。此外，场发射电子枪的亮度非常高［10^9 A/（cm^2 · Sr）］，比热阴极发射三级电子枪高出几个数量级。最终由场发射电子枪得到的电子束斑非常细，亮度非常高，因此场发射扫描电镜分辨率非常高，目前冷场的分辨率最高可达到 0.5 nm。

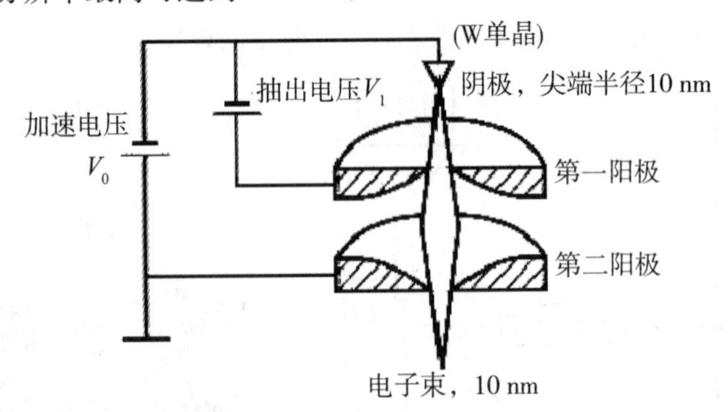

图 10.30 场发射电子枪结构原理图

场发射电子枪是扫描电镜获得高分辨率、高质量图像较为理想的电子枪，而且电子枪的使用寿命长。所以场发射扫描电镜已成为许多研究领域，尤其是纳米级微观分析研究方面非常有效的研究手段之一。但是，由于冷场发射电子源尺寸小，尖端输出的总电流有限，在要求电子束斑直径、束流变化范围大的其他应用中，冷场发射电子枪受到了限制，如它无法满足波谱仪（WDS）等工作所需要的较大束流，所以在冷场电镜上只能配能谱仪（EDS）。肖特基（热场）发射电子枪很好地解决了这一弊端，它与冷场最大的不同是其阴极尖端在 1800 K 下发射电子，这使它可提供较大的束流，故热场发射扫描电镜可以加装 WDS、EDS 等，但热场的分辨率不如冷场的高，阴极寿命也要比冷场的低。

（2）电磁透镜。

电磁透镜是扫描电镜光学系统中的重要组件，一般由三级电磁透镜组成，即第一聚光透镜、第二聚光透镜和末级聚光透镜（即物镜）。其主要功能是将电子枪中交叉斑处形成的电子源逐级会聚成为在样品上扫描的极细电子束。若电子源直径为 d_0，三级聚光镜的压缩率分别为 M_1、M_2、M_3，则最终电子束斑的直径 $d=d_0M_1M_2M_3$。可见，三级电磁透镜是决定 SEM 分辨率的重要部件。一般的钨丝热发射电子枪的电子源直径为 20～50 μm，最终电子束直径可达 3.5～6.0 nm，缩小率为几千分之一，甚至几万分之一。

前两个聚光镜为强透镜，用来缩小电子束光斑尺寸。第三个透镜（即物镜）是弱透镜，具有较长的焦距也即透镜下方放置的样品与透镜之间留有一定的距离（样品必须置于物镜焦点附近），以便装入各种信号探测器，但是像差随焦距的增大而增大，为了实现高分辨率，透镜焦距应尽可能短些，样品应直接放在透镜极靴以下。为避免磁场对二次电子轨迹的干扰，该物镜采用上下极靴不同且孔径不对称的特殊结构，这样可以大大减小极靴的圆孔直径，从而减小试样表面的磁场强度，以避免对二次电子轨道的干扰，有利于有效收集二次电子。

（3）扫描线圈。

扫描线圈的作用是实现入射电子束在样品表面上和阴极射线管内电子束在荧光屏上的同步扫描，改变入射电子束在样品表面的扫描振幅，以获得所需要放大倍数的图像。

扫描线圈产生的横向磁场可使电子束方向发生转折。当电子束进入上偏转线圈时，方向发生转折，随后又由下偏转线圈使它的方向发生第二次转折，并通过末级透镜射到试样表面。在电子束偏转的同时还带有一个逐行扫描动作，即对样品进行光栅扫描［图10.31（a）］。进行形貌分析时都采用这种扫描方式，在试样表面扫描出现方形区域，相应的在显示管的荧光屏上也扫描出成比例的图像。样品上被扫描区域的宽度取决于电子束扫描时的偏转角，而偏转角的大小则取决于加到扫描线圈上的电流大小。另外，样品上被扫描区域的宽度也与样品离末光阑的位置或工作距离有关。如果电子束经上偏转线圈转折后未经下偏转线圈改变方向，直接由末级透镜折射到入射点位置，这种扫描方式称为角光栅扫描或摇摆扫描［图10.31（b）］，它用于电子通道花样分析。

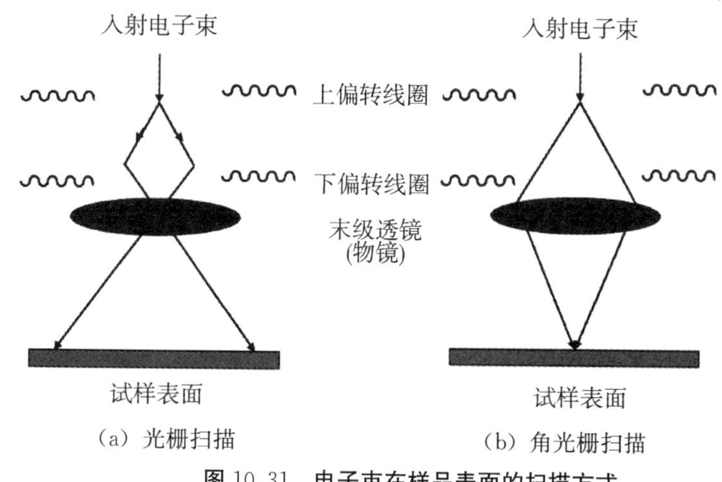

图10.31 电子束在样品表面的扫描方式

（4）样品室。

扫描电镜的样品室空间较大，一般可放置∅20 mm×10 mm的块状样品。为适应断口实物等大零件的需要，近年来还开发了可放置尺寸在∅125 mm以上的大样品台。观察时，样品台可根据需要沿x、y、z三个方向平移，在水平面内旋转或沿水平轴倾斜。

样品室内除放置样品外，还安置各种信号检测器。信号的收集效率和相应检测器的安放位置有很大的关系，如果安置不当，则有可能收不到信号或收到的信号很弱，从而影响分析精度。新型扫描电镜的样品室内还配有多种附件，可使样品在样品台上进行加热、冷却、拉伸等试验，以便研究材料的动态组织及性能。

10.4.1.2 信号收集和显示系统

信号收集和显示系统包括各种信号检测器、前置放大器和显示装置，其作用是检测样品在入射电子作用下产生物理信号，然后经视频放大，作为显像系统的调节信号，最后在荧光屏上得到反映样品表面特征的扫描图像。

对于不同的物理信号需用不同的检测器来检测，目前扫描电镜常用的检测器大致可以分为三类：电子检测器、应急荧光检测器和X射线检测器。检测X射线一般采用分光晶体或Si(Li)半导体。检测二次电子、背散射电子和透射电子信号时可以用闪烁计数器，随检测信号的不同，闪烁计数器的安装位置也有所不同。闪烁计数器由闪烁体、光导管和光电倍增管组成，如图 10.32 所示。它的探头是涂有超短余辉的荧光粉的塑料闪烁体，其接收端加工成半球形，外面镀有一层几十纳米（10～50 nm）的铝膜作为反射层。铝膜既可以阻挡杂散光的干扰，又可以作为高压极，施加约 10 kV 的偏压，偏压能加速电子飞向闪烁体表面撞击荧光粉涂层而转化成光子；还作为一个镜面反射荧光粉涂层的光子到光导管中。闪烁体的另一端与光导管连接，光导管是由抛光石英玻璃制成的，与后面的光电倍增管相连。闪烁计数器周围有金属屏蔽罩，其前端是栅网收集极，施加一定的偏压，将样品表面发射的电子引向闪烁体。当样品表面发射的电子进入闪烁体时，轰击荧光粉发光，产生出光子，光子将沿着没有吸收的光导管传送到光电倍增管，管的内部为真空，光子通过铍窗后，遇光阴极再转化为电子，电子经聚焦电极聚焦后由一系列电子倍增器进行放大，每一个倍增器都保持比前一个更正的电位，使电子加速，倍增器表面涂有高二次电子产额的材料，每一级倍增器发射的电子产额都比前一级高数倍，每个光子经光电倍增管最终可产生约 10^6 个电子。由光电倍增管产生的电子数目取决于阴阳极之间的电压，通过增加该电压能够获得电子的更大收益。其输出的电流信号（约 0～20 μA），再经前置放大、视频放大，变成几个伏特的电压信号，以此来调制荧光屏的亮度。用这种检测系统在很宽的信号范围内具有正比于原始信号的输出，具有很宽的频带(10 Hz～1 MHz）和很高的增益，而且噪音很小。

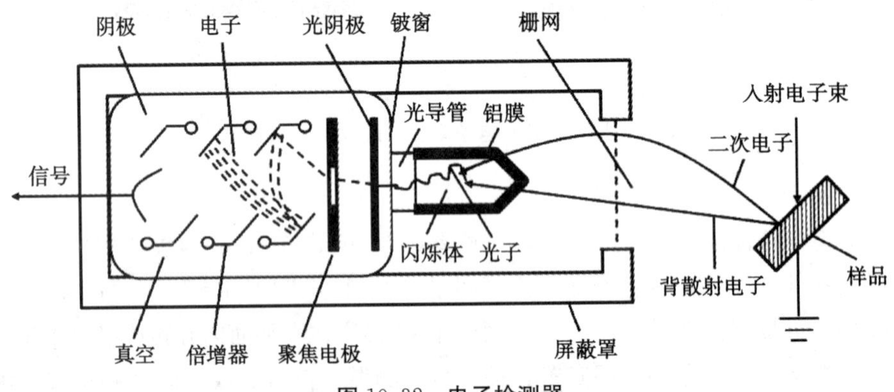

图 10.32 电子检测器

由于镜筒中的电子束和显像管中的电子束是同步扫描，荧光屏上的亮度是根据样品上被激发出来的信号强度来调制的，而由检测器接收的信号强度随样品表面状态不同而变化，因此由信号检测系统输出的反映样品表面状态特征的调制信号在图像显示和记录系统中就转换成一幅与样品表面特征一致的放大的扫描图像，供观察或照相记录。随着计算机技术的发展和应用，图像的记录方式也已多样化，除照相外还可以存储、复制，并可以进行多种处理。

10.4.1.3 真空系统和电源系统

扫描电镜的真空系统由机械泵与油扩散泵组成，其作用是提供高的真空度，一般情况下要求保持 10^{-3} Pa～10^{-2} Pa，保证电子光学系统正常工作，防止样品污染。电源系统由稳定、稳流及相应的安全保护电路组成，其作用是提供扫描电镜各部分所需要的电源。

10.4.2 扫描电镜的特点

10.4.2.1 扫描电镜的特点

扫描电镜之所以发展如此迅速，应用如此广泛，主要原因是其有如下特点：

（1）仪器分辨本领较高。

新式扫描电镜的二次电子成像的分辨率已达到 3～4 nm。入射电子束直径越小，电镜的分辨本领越高。电子束直径的大小主要取决于电子光学系统，其电子枪类型和性能的影响尤为突出，钨灯丝电子枪的电镜分辨率为 3.5～6.0 nm；LaB_6的为 3 nm；冷场发射的一般为 1 nm 左右，最好的可达 0.5 nm。

另外，成像所用信号种类对分辨率也有重要的影响，以二次电子为调制信号时，由于二次电子能量低（小于 50 eV），在固体样品中自由程很短（1～10 nm），检测到的二次电子主要来自样品表面 5～10 nm 的薄层内。这个深度范围内入射电子束不发生横向扩散，因此空间分辨率与入射电子束斑直径相当，故二次电子具有较高的分辨率。通常所说的扫描电镜的分辨率就是指二次电子像的分辨率。以背散射电子为调制信号，由于扫描电镜所检测的背散射电子绝大部分能量都比较高（接近入射电子能量），且产生在样品较深层的扩展区。这个区域范围远远大于入射电子束斑的尺寸，故背散射电子像的空间分辨率比二次电子像的低得多，一般为 50～200 nm。至于吸收电子、X 射线等信号均来自整个电子束散射区域，故所得的扫描图像分辨率都比较低，一般在 100～1000 nm。

（2）放大倍数变化范围大，且连续可变。

扫描电镜的放大倍数 M 是指显微管中电子束在荧光屏上最大扫描距离与电子束在样品上最大扫描距离的比值，即 $M=l/L$。式中，l 为荧光屏的长度，L 是电子束在试样上扫过的长度。因为荧光屏长度 l 是固定不变的，因此只要调节电子束在试样上的扫描长度就可以改变放大倍数 M 的大小。所以仪器放大倍数变化范围大（从十几倍到几十万倍），且连续可调，基本上包括了从光学显微镜到透射电镜的放大倍数范围。放大倍数的改变是通过调节控制镜筒中电子束偏转角度的扫描线圈中的电流来实现的，即通过扫描线圈降低对样品扫描区域的尺寸来增大放大倍数。目前，使用的普通扫描电镜的放大倍数多为 20 倍～20 万倍，有的最低仅 5 万倍。场发射扫描电镜具有更高的放大倍数，一般可达 60～80 万倍，最高可达 20 万倍（S－5200 型），这样宽的放大倍数可以满足各种样品观察的需要。

（3）图像景深大，富有立体感。

扫描电镜的景深较光学显微镜大几百倍，比透射电镜大几十倍，可直接观察起伏较大的粗糙表面（如金属和陶瓷的断口等）。因此，目前显微断口的分析工作大都是用扫描电镜来完成的。

扫描电镜的景深 D 与分辨率d_0（即电子束斑直径尺寸）、电子束的发散角（孔径角）α 的关系为：

$$D=\frac{d_0}{\tan\alpha}\approx\frac{d_0}{\alpha}=\frac{0.2}{\alpha M}$$

式中，M 为放大倍数。

当电子束斑直径尺寸一定时，减小孔径角或缩小放大倍数都可以增大景深。当放大倍数和电子束斑直径尺寸一定时，孔径角是唯一可调参数，在观察起伏较大的粗糙样品时，应选用最小孔径角，以得到最大的景深。

（4）试样制备简单。

只要将块状的或粉末状的、导电的或不导电的样品不加处理或稍加处理，就可以直接放到扫描电镜中进行观察。一般来说，其比透射电镜的制样简单，且可使图像更接近样品的真实状态。

（5）可多角度分析样品。

样品可以在样品室中做三维空间的平移和旋转，因此，可以从各个角度对样品进行观察。

（6）可做综合分析。

由于电子枪的效率不断提高，使扫描电镜的样品室附近的空间增大，可以装入更多的探测器。例如，扫描电镜装上波长色散 X 射线谱仪（WDS，简称波谱仪）或能量色散 X 射线谱仪（EDS，简称能谱仪）后，在观察扫描形貌图像的同时可对试样微区进行元素分析。因此，目前的扫描电镜不仅可以分析形貌像，还可以与其他分析仪器组合，使人们能在同一台仪器上进行形貌、微区成分和晶体结构等多种微观组织结构信息的同位分析。如果装上不同类型的样品台和检测器，便可以直接观察处于不同环境中（加热、冷却、拉伸等）样品显微结构形态的动态变化过程（动态观察）。

10.4.2.2 扫描电镜与透射电镜的区别

（1）利用的电子信号种类不同。如前所述，当电子束照射到样品上的时候，会产生各种电子信号。扫描电子显微镜收集的信号是背散射电子和二次电子，而透射电子显微镜收集的信号是透过电子。

（2）成像原理不同。扫描电子显微镜的成像原理和透射电子显微镜完全不同。扫描电子显微镜不是通过电磁透镜放大成像的原理，扫描电子显微镜的成像原理与电视或电传真照片的原理相似，由电子枪产生的电子束经过三个磁透镜的作用，形成一个很细的电子束，称为电子探针。电子探针经过透镜聚焦到样品表面上，按着顺序逐行通过样品，也就是对样品进行扫描，然后把从样品表面发射出来的各种电子（二次电子、背散射电子等）用探测器收集起来，并转变为电流信号经放大后再送到显像管转变成图像。

（3）观察得到的图像不同。扫描电子显微镜主要用来直接观察样品表面的立体结构，图像富有立体感，但只能反映出样品的表面形貌，无法显示样品内部的详细结构。透射电镜可以观察样品内部结构，但是一般只能观察切成薄片后的二维图像，许多电子无法透过的较厚样品，只能用扫描电子显微镜才能看到。

（4）分辨率及其决定条件不同。扫描电镜分辨率可达 10 nm，分辨率主要决定于样品表面上电子束的直径。放大倍数是显像管上扫描幅度与样品上扫描幅度之比，可从几十倍连续地变化到几十万倍。透射电子显微镜的分辨率为0.1～0.2 nm，放大倍数为几万～几十万倍。分辨率由电子束波长决定。在透射电镜中，被观察粒子的大小一定要大于电子束的波长才能被分辨出来；否则，电子束就会发生绕射，无法看到粒子。

（5）样品制备要求不同。扫描电镜所用样品的制备方法简便，电子束不穿过样品，所以不需经过超薄切片，经固定、干燥和喷金后即可。而透射电镜的电子需要穿过样品，由于电子易散射或被物体吸收，故穿透力低，必须制备超薄样品切片。

（6）扫描电镜的样品的辐射损伤及污染程度小，而透射电镜样品会较大程度被破坏。

10.4.3　扫描电镜的几种电子图像分析

高能电子束入射固体样品可激发样品产生各种物理信号。由于样品微区特征（形貌、成分、结构等）的差别，电子束扫描样品时，各部位产生的同一种电子信号的强度也各不相同。若用某种信号电子成像，那么阴极射线管（CRT）上相应的各部位会出现不同的亮度，各部位亮度的差别便使我们获得了具有一定衬度的某种电子图像。像衬度实际上就是图像上各部位的信号强度相对于其平均水平强度的变化。

用不同的电子信号调制CRT的亮度就会得到不同衬度的电子图像，由于各种信号电子的发射机制不同，能量大小不同，所得到的图像的衬度原理及其所能标识的样品表面的物理量特征也不一样。扫描电镜中最常用的信号是二次电子（SE），最主要的操作模式是二次电子像（SEI），其次是背散射电子（BSE）和背散射电子像（BSEI）。接下来主要介绍这两种电子图像的衬度。

10.4.3.1　二次电子像的衬度

根据电子图像的衬度原理，二次电子像的衬度取决于样品表面各部位发射出来的二次电子的数量。SE的产额与原子序数无明显关系，但对表面形貌却十分敏感。基于SE的发射机制和本身的特性可以获得多种SE像的衬度，如形貌衬度和成分衬度等；而形貌衬度是SE像衬度中最主要也是最有用的衬度。

（1）二次电子像的形貌衬度。

SE的产额δ随样品各部位倾斜角θ（即入射电子束与样品表面之间的夹角）的不同而变化，其关系为：$\delta \propto 1/\cos\theta$（或近似为$\delta \propto \delta_0/\cos\theta$，$\delta_0$为$\theta=0$时的SE的产额）。因为$\theta$角越大，$\cos\theta$越小，所以$\theta$角越大的部位，$\delta$越大，SE发射数量越多，该部位的图像就越亮。其原因在于：首先，入射电子束在样品表层范围内运动的总轨迹（$L/\cos\theta$）随θ角的增大而增长，SE的等效发射体积增大，图10.33给出了不同θ角下SE发射体积（黑色区）示意图。显然$\theta>0$时比$\theta=0$时发射体积大，从而引起价电子电离的机会增多，产生二次电子数量就增加。其次，随着θ角增大，入射电子束作用体积更靠近表面层，作用体积内产生的大量自由电子离开表层的机会增多，从而使二次电子的产额增大。

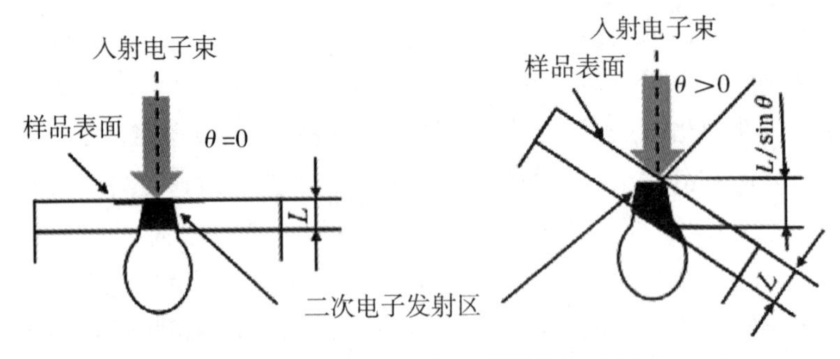

图 10.33　不同 θ 角下 SE 发射体积示意图

由于实际样品表面并不是光滑的，根据上述原理可知，对于同一入射电子束，与样品表面不同部位的倾斜角是不同的，这样就会产生二次电子强度的差异。如果样品表面是由如图 10.34 所示的 A、B、C、D 几个小平面区域组成，其中倾斜角度 $\theta_C>\theta_A>\theta_D$，按照以上规则，二次电子产额顺序为：$\delta_C>\delta_A>\delta_D$，二次电子检测器检测到的 SE 强度 $I_C>I_A>I_D$，结果在荧光屏上可以看到，小平面 C 的像比 A 和 D 都亮，D 刻面最暗，这是由小平面倾斜角大小决定的，即倾斜角越大，则亮度越大。

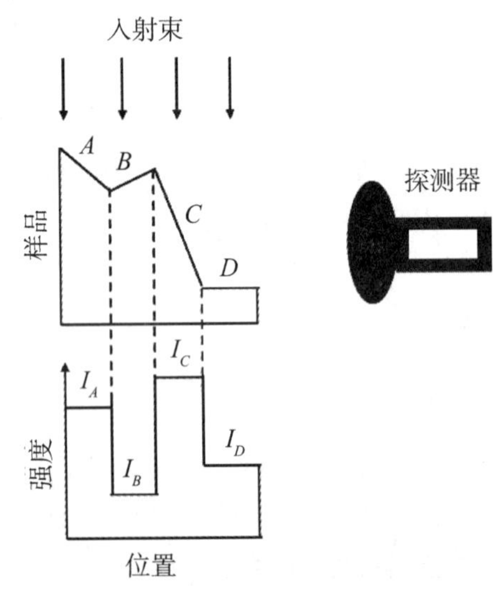

图 10.34　二次电子像的形貌衬度原理

在扫描电镜中，二次电子检测器一般装在与入射电子束轴线垂直的方向上，样品表面不同部位相对于探测器的方向角不同，从而被检测到的二次电子信号强弱不同，也会形成衬度。比较图 10.34 中 B 区和 C 区，B 区的倾斜角 θ 虽然比较大，但其相对于探测器的方位不利，故检测到的二次电子强度 I_B 很小。相反，C 区不仅样品倾角大，而且面向探测器，绝大部分二次电子都能被探测器检测到，因此 I_C 很强。这样便可形成强弱不同的衬度。但是，由于二次电子的能量很低，其轨迹易受探测器和样品之间所加电场的影响，所以即使处于不利方位发射的二次电子也有一部分仍可经过弯曲的路径到达检测器，使处于不利方位的区域的形貌细节也可以比较清晰地显现，故二次电子像显示出较柔和的立体衬度。

另外，在电子束的作用下，样品表面的尖棱等凸起处会使二次电子离开表层的机会增多，能产生比其余部位高得多的二次电子信号强度，即二次电子的产额较大，所以在扫描像上这些部位亮度比较大；在表面的凹陷处虽然也能产生较多的二次电子，但这些电子不易被检测器收集到，因此槽底部的衬度也会显示得较暗（图 10.35）。

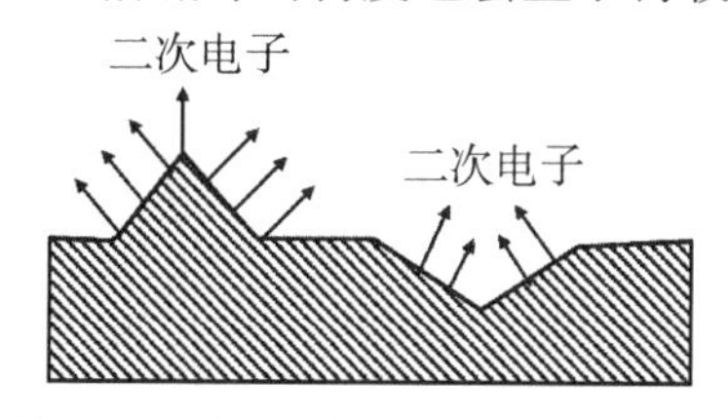

图 10.35　样品形貌对入射电子束激发二次电子产额的影响

实际样品表面形貌比上述所列举的要复杂得多，但不外乎是由具有不同倾角的大小刻面、曲面、尖棱、粒子、沟槽等组成的。掌握了上述形貌衬度的基本原理，再根据相关专业知识，就不难理解复杂形貌的扫描图像特征。SE 形貌衬度像的一大特征就是极富立体感，适合显示表面形貌。

（2）二次电子像的成分衬度。

SE 本身对原子序数不敏感，但其产额随背散射电子（BSE）产额的增加而略有上升。这是因为部分二次电子是由背散射电子穿过样品表层（小于 10 nm）时激发产生的，另外 SE 探测器在接收 SE 的同时，也接收到一部分低能 BSE，而背散射电子与原子序数 Z 关系密切。所以二次电子像衬度也与成分有一定的关系，但 SE 的成分衬度很弱，远不及 BSE 的成分衬度，故一般不用其来研究样品的成分分析。

此外，由于 SE 能量低，易受电场、磁场的作用，所以在一定的条件下，对于某些特定的样品可以得到 SE 的电压衬度、电磁衬度，这种衬度可用来研究材料和器件的工艺结构、材料中的磁畴和磁场等。

10.4.3.2　背散射电子像的衬度

根据 BSE 发射的机制和特点，BSE 可形成多种衬度的像，如成分衬度和形貌衬度等。下面主要讨论其成分衬度和形貌衬度。

（1）背散射电子像的成分衬度。

背散射电子的产额对原子序数 Z 的变化十分敏感，随 Z 的增大而增加，尤其是对 $Z<40$ 的元素，这种变化更为明显，因此背散射电子像有很好的成分衬度，即样品表面上原子序数较高的区域，背散射电子信号较强，其图像上相对应的部位较亮；反之，则较暗，如图 10.36 所示。因此，利用原子序数造成的衬度变化，可以对各种材料进行成分定性分析。

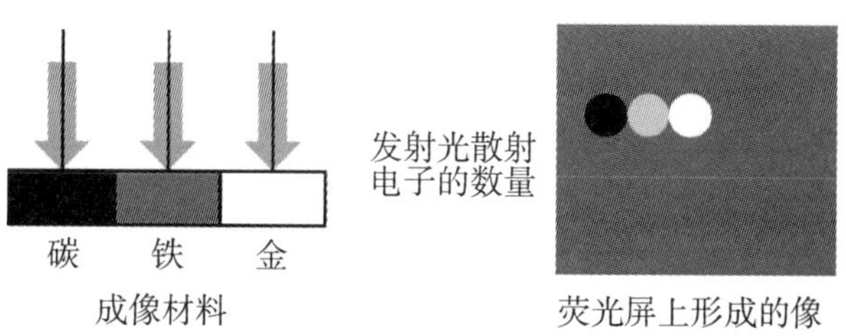

图 10.36　样品原子序数对背散射电子像衬度的影响

（2）背散射电子像的形貌衬度。

背散射电子的发射不仅与原子序数有着密切的关系，而且与样品表面的形貌有一定的联系。由于样品表面的凹凸不平会使入射束的入射角发生变化，从而引起发射 BSE 的数量不同。此外，由于样品表面各个微区相对于探测器的方位不同，因此收集到的背散射电子数目不同。因为背散射电子能量高，离开样品后进行直线运动，所以检测器只能检测到直接射向检测器的背散射电子［图 10.37（a）］，有效收集立体角小；那些背向检测器的部位所产生的背散射电子就无法到达检测器，在图上形成了阴影，图像衬度很大，失去很多细节的层次。而对于二次电子，可在电子检测器上加一正偏压（200～500 V），吸引低能二次电子，使背向检测器的那些区域产生的二次电子仍有相当一部分可以通过弯曲轨迹到达检测器［图 10.37（b）］，从而可减少阴影对形貌的不利影响。因此，无论是分辨率还是立体感以及反映形貌的真实程度，背散射形貌像远不及二次电子形貌像［图 10.37（c）、（d）］。

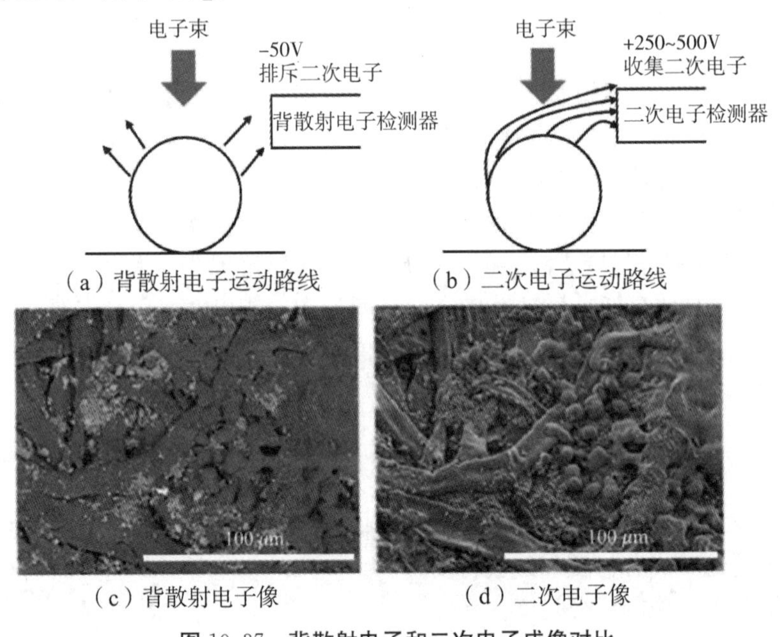

（a）背散射电子运动路线　（b）二次电子运动路线

（c）背散射电子像　（d）二次电子像

图 10.37　背散射电子和二次电子成像对比

10.4.3.3　吸收电子像

吸收电子也是对样品中原子序数敏感的一种物理信号。由入射电子束与样品的相互作用可知：$i_I=i_B+i_A+i_T+i_S$。式中，i_I 是入射电流、i_B、i_T 和 i_S 分别代表背散射电子、透射电子和二次电子的电流，而i_A则为吸收电子的电流。当样品厚度足够大时，入射电子不能穿透样品，所以透射电子流为零，这时的入射电子电流可表示为$i_I=i_B+i_A+i_S$。由于二次电子信号与原子序数关系不大（可设$i_S=C$），则吸收电子电流$i_A=(i_I-C)-i_B$。在一定条件下，入射电子束的电流是一定的，所以吸收电子电流与背散射电子电流存在互补关系，也就是样品的原子序数越小，背散射电子越少，吸收电子越多，反之样品的原子序数越大，则背散射电子越多，吸收电子越少。因此，吸收电子像的衬度与背散射电子的衬度互补。

10.4.4 扫描电镜样品的制备

10.4.4.1 不同种类样品的制备方法

扫描电镜样品制备的主要要求是：尽可能使样品的表面结构保存好，没有变形和污染，样品干燥并且具有良好的导电性能。样品制备方法简单是扫描电镜的最大优点之一。

（1）金属和陶瓷等块状样品。只需将它们切割成大小合适的尺寸，用导电胶带将其黏附在电镜的样品座上即可直接进行观察。为防止假象的存在，在放试样前应先用丙酮或酒精灯溶剂把试样表面清洗干净。必要时用超声波振荡清洗，或进行表面抛光处理。

（2）颗粒及细丝状样品。应先在一干净的金属片上涂抹导电材料，然后把粉末样品粘在上面，或将粉末样品混入包埋树脂等材料中，然后使其硬化而将样品固定。

（3）导电性能差的样品。对于导电性能差的样品，尤其是非导电样品，如塑料、矿物质等，在电子束作用下会产生电荷堆积，影响入射电子束斑形状和样品发射的二次电子运动轨迹，使图像质量下降，还应加覆导电层。因此，这类样品在观察前，要进行喷镀导电层处理，通常采用二次电子发射系数较高的金、银或碳膜作导电层，薄膜厚度控制在 20 nm 左右。

（4）断口样品。如果断口试样相对较小，其断口也较清洁，可直接进行扫描电镜观察分析。若断口表面存在油污和形成锈斑等腐蚀产物，应用醋酸纤维薄膜或胶带纸干剥几次，或用丙酮、酒精等有机溶剂清洗。对于太大的断口样品，要通过宏观分析确认能够反映断口特征的部位，用线切割等方法取下后放入扫描电镜样品进行观察。

（5）生物样品。由于生物样品大多含有水分，而且比较柔软，因此，在进行扫描电镜观察前，应进行相应的处理。①样品的初处理：包括取材、清洗、固定和脱水。②样品的干燥：有空气干燥法、临界点干燥法和冷冻干燥法。③样品导电处理：生物样品经过脱水、干燥处理后，其表面不带电，导电性能也差，因此，在观察之前要进行导电处理，使样品表面导电。

10.4.4.2 使样品导电的处理方法

对于非导电的样品，需要使其导电后才能进行 SEM 扫描。常用的使样品导电的处理方法有以下几种：

（1）金属镀膜法。

金属镀膜法是采用特殊装置将电阻率小的金属，如金、铂、钯等蒸发后覆盖在样品表面上的方法。样品镀上金属膜后，不仅可以防止充电、放电效应，还可以减少电子束对样品的损伤作用，增加二次电子的产生概率，获得良好的图像。目前常用的方法主要包括真空镀膜法和离子溅射镀膜法两种。

①真空镀膜法：真空镀膜法是利用真空镀膜仪进行的，其原理是在高真空状态下把所要喷镀的金属加热，当加热到熔点以上时，金属会蒸发成极细小的颗粒喷射到样品上，在样品表面形成一层金属膜，使样品导电。喷镀用的金属材料应具有如下特点：熔点低、化学性质稳定、在高温下和钨不发生反应、具有高的二次电子产生率和膜本身没有结构。现在一般选用金、铂或碳膜。为了获得细的颗粒，也有用金－钯、铂－钯合金

的。金属膜的厚度一般为10～20 nm。真空镀膜法所形成的膜，金属颗粒较粗，膜不够均匀，操作较复杂并且费事，目前已较少使用。

②离子溅射镀膜法：处于低真空状态下，在阳极和阴极之间加上几百至上千伏的直流电压时，电极之间会产生辉光放电，气体分子被电离成带正电的阳离子和带负电的阴离子，在电场的作用下，阳离子加速向阴极运动，阴离子加速向阳极运动。如果阴极用金属作为电极（常称靶极），那么在阳离子冲击其表面时，就会将其表面的金属离子打出，这种现象称为溅射。此时被溅射的金属离子是中性，即不受电场的作用，而是靠重力作用下落。如果将样品置于下面，被溅射的金属粒子就会落在样品表面，形成一层金属膜，用此种方法给样品表面镀膜称为离子溅射镀膜法。

与真空镀膜法比较，离子溅射镀膜法具有以下优点：首先，由于从阴极上飞溅出来的金属粒子的方向是不一致的，因此金属粒子能够进入样品表面的缝隙和凹陷处，使样品表面均匀地镀上一层金属膜，对于表面凹凸不平的样品，也能形成很好的金属膜，且颗粒较细；其次，受辐射热影响较小，对样品的损伤小；最后，此方法消耗金属少，所需真空度低，节省时间。

（2）组织导电法。

用金属镀膜法使样品表面导电，需要特殊的设备，操作比较复杂，同时对样品有一定程度的损伤。为了克服这些不足，可采用组织导电法（又称导电染色法），即利用某些金属溶液对生物样品中的蛋白质、脂类和糖类等成分的结合作用，使样品表面离子化或产生导电性能好的金属盐类化合物，从而提高样品耐受电子束轰击的能力和电导率。组织导电法主要有碘化钾导电染色法、碘化钾－醋酸铅导电法、单宁酸－锇酸导电法等。比较常用的是单宁酸－锇酸导电法。此法的基本处理过程是将经过固定、清洗的样品，用特殊的试剂处理后即可观察。由于不经过金属镀膜，所以不仅能节省时间，而且可以提高分辨率和具有坚韧组织的作用。

10.4.5 扫描电镜的应用举例

10.4.5.1 观测有机高分子纳米材料的形态

聚氨酯（polyurethane，PU）以其卓越的机械性能、优良的生物相容性以及分子设计自由度大和加工方式多样等优点被广泛地应用于各个领域。张广照和魏涛等人设计合成一种新型的纳米尺寸的聚氨酯基 Pickering 乳化剂，并用其稳定不同的 Pickering 乳液，具体步骤为以偶氮二异丁腈（AIBN）为催压剂，通过1－硫代甘油（TG）与甲基丙烯酸二甲氨乙酯（DEM）发生的自由基调聚反应制备了一种分子量约2000的一端含有两个羟基的 $PDEM(OH)_2$低聚物。然后将此低聚物二元醇与4,4－二苯基甲烷二异氰酸酯（MDI）、聚四氢呋喃醚（PTMG）反应，制备了一种以PU为主链，PDEM为侧链的接枝聚合物PU－*g*－PDEM。将此接枝聚合物分散在水中，并调节适宜的pH值，得到不同pH下的PU－*g*－PDEM纳米粒子分散液，合成路线如图10.38所示。

接下来，利用扫描电镜来观察PU－*g*－PDEM纳米粒子的形态，图10.39（a）为PU－*g*－PDEM纳米粒子的SEM形貌。从图中可以看出，PU－*g*－PDEM共聚物是以均一球形纳米粒子的形态分布于水中。通过计算得出PU－*g*－PDEM纳米粒子的平均粒径约为 80 nm。图 10.39（b）为粒度分析仪测量的 PU－g－PDEM 纳米粒子的粒径分布，从图中可以看出粒子的平均粒径约为 85 nm，这与扫描电镜的结果是一致的。

DEM,TG,AIBN　自由基聚合反应　聚加成反应 PTMG,MDI　HCl,H_2O

图 10.38　PU－g－PDEM 纳米粒子的制备示意图

（a）PU－g－PDEM 纳米粒子的扫描电镜形貌

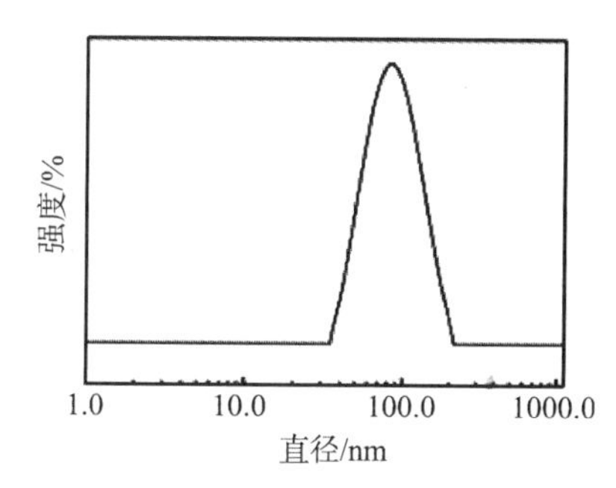

（b）粒度分析仪测量的 PU－g－PDEM 纳米粒子的粒径分布

图 10.39

因为没有表面活性剂的引入，由天然高分子固体粒子稳定的 Pickering 乳液表现出低毒性、良好的生物相容性和生物降解性等优点，在生物医学领域尤其是口服药物传送具有很好的应用前景。海藻酸钠，一种从褐藻类的海带或马尾藻等植物中提取出来的天然多糖，具有药物制剂辅料所需的稳定性、溶解性、黏性和安全性。此外，以其为原料制备的海藻酸钠纳米颗粒还具有良好的 pH 响应性，可在碱性条件下膨胀、酸性条件下收缩，当药物被海藻酸钠纳米颗粒包裹后，通过口服进入人体，海藻酸钠纳米颗粒可以保护这些药物不会在胃部被吸收或者在强酸性环境中失活，直到运送到碱性的大肠环境中时，海藻酸钠纳米颗粒膨胀，被其包裹的药物释放出来被大肠吸收，从而达到治疗的效果。但是由于海藻酸钠的强亲水性以及难以制备尺寸均一的纳米颗粒，在一定程度上限制了其作为固体纳米颗粒稳定剂在 Pickering 乳液中的应用。

为了解决以上问题，魏涛等通过两步法成功制备出具有一定疏水性且尺寸均一的亚微米级海藻酸钠纳米颗粒，并以其为稳定剂成功制备出稳定的水包油型 Pickering 乳液。具体步骤如下：①用快速膜乳化技术制备出尺寸均一的海藻酸钠纳米颗粒，即首先以体积比为 2∶1 的石油醚和石蜡油混合液为油相，其中油相中含质量分数为 4%的六聚甘油五硬脂酸酯表面活性剂，海藻酸钠含量为 1%的水溶液为水相，然后将 60 mL 的油相和

2 mL 的水相混合，用均质乳化器乳化 1 min 后得到粗乳液；再将粗乳液倒入快速膜乳化设备中，往其中充入氮气加压，将粗乳液从孔径均一的多孔的玻璃膜中排挤出来，得到尺寸均一的乳液，通过调节玻璃膜孔径和膜两侧的压力可以改变乳液的尺寸，进而调节海藻酸钠纳米颗粒的粒径；同时，将浓度为 5 mol·L^{-1} 的 12 mL $CaCl_2$ 溶液作为固化剂，分散在 24 mL 油相中，超声 1 min 后制得微乳液；最后将尺寸均一的乳液与微乳液混合均匀后在 37 ℃下水浴 5 h，使乳液中的海藻酸钠凝聚形成纳米颗粒，依次用石油醚、乙醇和水清洗后得到尺寸均一的海藻酸钠纳米颗粒。②对海藻酸钠纳米颗粒进行疏水改性，首先将海藻酸钠纳米颗粒分散在质量分数为 0.7%的壳聚糖溶液中，机械搅拌 1 h。壳聚糖分子能够通过静电相互作用吸附在海藻酸钠纳米颗粒的表面或者内部，进而提高其疏水性。其次利用醋酸缓冲溶液冲洗后，即得到壳聚糖覆盖的海藻酸钠纳米颗粒，如果要想进一步提高其疏水性，可以重复以上步骤，在海藻酸钠纳米颗粒表面多涂覆几层壳聚糖膜。

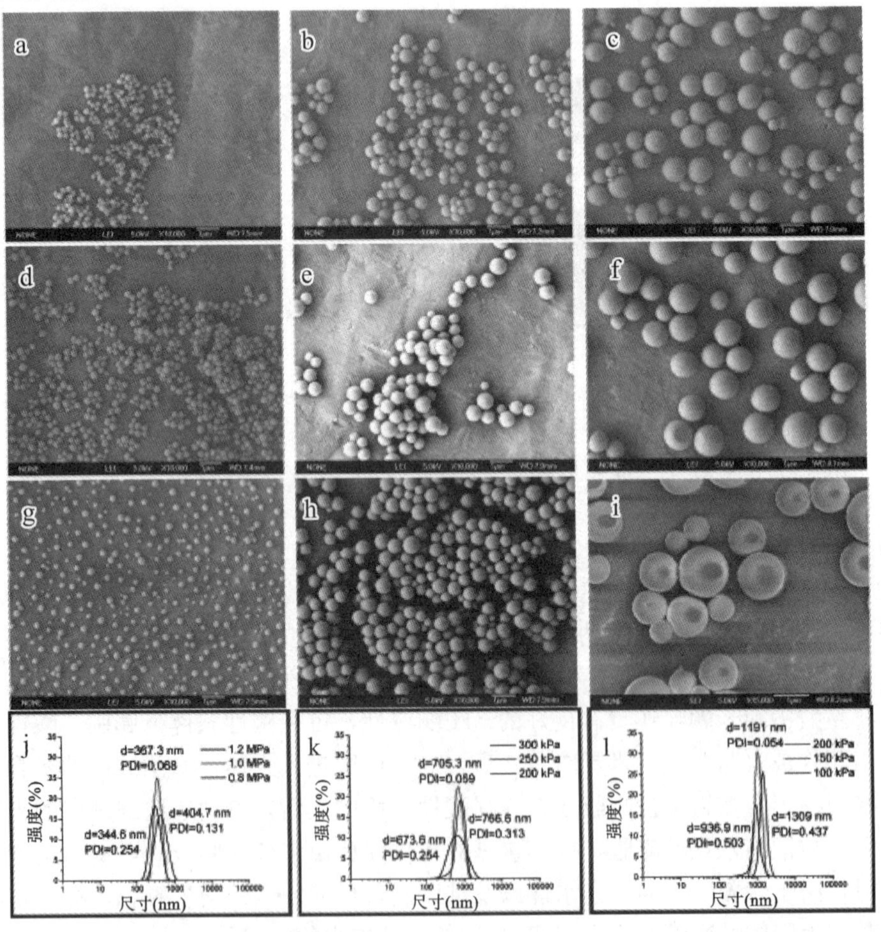

(a)、(d)、(g) 是在膜压差分别为 1.2 MPa、1.0 MPa 和 0.8 MPa，玻璃膜的孔径为 1.4 μm 条件下制备而成的海藻酸钠纳米颗粒的扫描电镜图；(j) 为其对应的粒径分布图；(b)、(e)、(h) 是在膜压差分别为 300 kPa、250 kPa 和 200 kPa，玻璃膜的孔径为 2.8 μm 条件下制备而成的海藻酸钠纳米颗粒的扫描电镜图；(k) 为其对应的粒径分布图；(c)、(f)、(i) 是在膜压差分别为 200 kPa、150 kPa 和100 MPa，玻璃膜的孔径为 5.2 μm 条件下制备而成的海藻酸钠纳米颗粒的扫描电镜图；(j) 为其对应的粒径分布图

图 10.40 不同膜压差及玻璃膜孔径制备的海藻酸钠纳米颗粒的扫描电镜及粒径分布图

接下来，利用扫描电镜对海藻酸钠纳米颗粒和壳聚糖涂覆的海藻酸钠纳米颗粒的外观形貌进行观察，图 10.40 为不同膜压差及玻璃膜孔径制备的海藻酸钠纳米颗粒的扫描电镜及粒径分布图。一般而言，玻璃膜的孔径要比穿过它的乳液液滴粒径大 4～5 倍，因此为了获得粒径范围在 300～400 nm、500～700 nm、1000～1300 nm 的海藻酸钠纳米颗粒，选择的玻璃膜孔径依次为 1.4 μm、2.8 μm 和 5.2 μm。对每一个玻璃膜孔径分别选择三种不同的膜压差：1.4 μm 的依次为 1.2 MPa、1.0 MPa 和 0.8 MPa；2.8 μm 的依次为 300 kPa、250 kPa 和 200 kPa；5.2 μm 的依次为 200 kPa、150 kPa 和 100 MPa。从图 10.40 中可以看出，当膜孔为 1.4 μm、2.8 μm 和 5.2 μm 的玻璃膜所对应的膜压差分别为 1.0 MPa、250 kPa 和 150 kPa 时，制备出的海藻酸钠纳米颗粒的平均尺寸分别为 370 nm、700 nm 和 1200 nm，表现出很好的均一分散性。膜压差过高或则过低都会使得到的海藻酸钠纳米颗粒尺寸不均一，高的膜压差会造成粗乳液与玻璃膜孔壁的强烈撞击而分散，从而导致一些乳液的粒径低于平均粒径，而膜压差过低则不能使粗乳液分散开，从而形成尺寸更大的纳米颗粒。因此，可通过调节玻璃膜孔径的大小和膜压差来获得特定孔径的海藻酸钠纳米颗粒。在后续制备壳聚糖覆盖的海藻酸钠纳米颗粒时，所用的海藻酸钠纳米颗粒粒径分别为 370 nm、700 nm 和 1200 nm。

图 10.41（a）（b）（c）是壳聚糖涂覆在粒径分别为 370 nm、700 nm 和 1200 nm 的海藻酸钠表面后形成的纳米颗粒的扫描电镜图，10.41（d）为其粒径分布图。从图中可以看出，经壳聚糖涂覆后，粒径为 370 nm、700 nm 和 1200 nm 的海藻酸钠纳米颗粒分别减小到 230 nm、550 nm 和 1100 nm。其主要原因在于，壳聚糖分子能够吸附在海藻酸钠纳米颗粒的内部，内部的壳聚糖分子与海藻酸钠分子的静电相互吸引作用导致海藻酸钠纳米颗粒的收缩，粒径减小。图 10.41（e）为不同尺寸的壳聚糖涂覆后的海藻酸钠纳米颗粒稳定的 Pickering 乳液 1 h 后的外观图，其中外相为水，内相为乙酸乙酯，乳液没有出现聚结、破乳和分层等现象，表明了良好的稳定性。

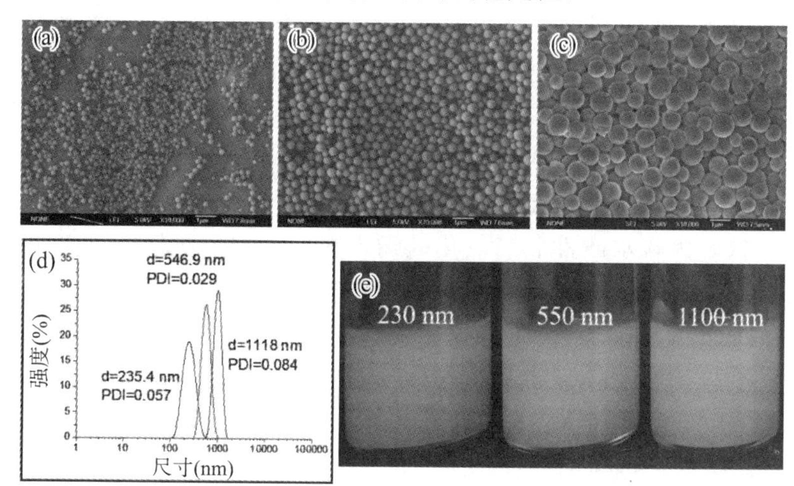

(a) 230 nm；(b) 550 nm；(c) 1100 nm；(d) 不同尺寸颗粒的粒径分布图；(e) 在 pH 为 6.8、温度为 25 ℃下，尺寸为 230 nm、550 nm、1100 nm 壳聚糖涂覆后的海藻酸钠纳米颗粒稳定的 Pickering 乳液 1 h 后的外观图，其中纳米颗粒的含量均为水的 2.6%

图 10.41 壳聚糖涂覆后的海藻酸钠纳米颗粒粒径扫描电镜图

10.4.5.2 观测无机高分子纳米材料的形态

利用微米级或者亚微米级的胶囊将活性成分包裹起来，然后对其进行运输和可控释放已被广泛应用于农业、食品工业、催化和药物传递等方面。胶囊的壳不仅能够保护活性成分免受外界环境如 pH、压力和湿度等的破坏，而且能够实现对活性成分的可控释放。以固体粒子为稳定剂的 Pickering 乳液是制备胶囊的一种非常通用的模板：具有适当润湿性能的固体粒子首先吸附在油水界面，然后通过利用不同的方法如熔合、聚合物沉淀和化学交联等方法将吸附在油水界面的固体粒子粘结起来形成密封的固体壳，并将液体核包裹在里面，这便是微胶囊。然而目前在 Pickering 乳液制备的大多数胶囊中，利用上述方法将吸附在油水界面的固体粒子黏接起来而形成的固体壳中粒子之间连接并不是很紧密，存在一定的间隙，这样就很难将活性成分尤其是分子量较小的活性成分长时间包裹起来。此外，这类胶囊的壳很容易受到外界环境的影响而被破坏。

为了弥补上述不足，魏涛等利用单分散超细二氧化硅纳米颗粒作为稳定剂，制备出亚微米级别的油包水（W/O）型 Pickering 乳液，并利用溶胶一凝胶反应将固体粒子粘接后形成一层致密的固体壳，从而得到低渗透性的二氧化硅亚微米级别的胶囊，并能通过调控粒子的表面润湿性来实现活性成分的可控释放。制备具体示意图如图 10.42（a）所示，步骤如下：①利用改进的 Stöber 方法制备单分散二氧化硅纳米颗粒。首先将乙醇溶液和氨水溶液按一定比例混合均匀，再以一定速率往其中加入一定量的硅酸四乙酯溶液，在室温下反应一段时间后离心，然后用乙醇和水反复冲洗后真空干燥，最终得到单分散的二氧化硅纳米颗粒。②二氧化硅表面疏水改性。首先将二氧化硅纳米颗粒与二氯二甲基硅烷溶于甲苯中，并在室温下反应一段时间，二甲基硅烷中的氯原子与二氧化硅表面的羟基会发生亲电取代反应，从而将疏水的甲基硅烷以化学键的形式引入二氧化硅的表面。③以 Pickering 乳液为模板制备微胶囊，将一定量的疏水二氧化硅纳米颗粒溶于甲苯中并以此为油相，氨水溶液为水相，再将水相和油相按照一定的体积比混合后超声乳化，然后往水相中加入一定量的硅酸四乙酯作为改性后二氧化硅纳米颗粒的前驱体，通过溶胶一凝胶反应一段时间后，将油水界面的纳米颗粒粘接起来形成致密的壳结构，最终得到高机械强度、低渗透性的亚微米级胶囊。

图 10.42（b）为疏水改性后二氧化硅纳米颗粒的扫描电镜图，表明利用改进的 Stöber 方法制备和疏水改性后的二氧化纳米颗粒结构形状规整，均为正六边形结构，尺寸均一，直径均在 230 nm 左右。此外，粒子之间没有聚集现象，表现出良好的单一分散性。利用改性后二氧化硅纳米颗粒制备的 W/O 型 Pickering 乳液外观图［如图 10.42（c）］所示，乳液没有发生明显的分层和破乳现象，表明了良好的乳液稳定性。图 10.42（d）为制备的微胶囊干燥后的扫描电镜图，绝大多数微胶囊是直径在一到几微米的规则球体；图 10.42（d）的插图清楚地显示了胶囊的壳结构：改性后的纳米颗粒以正六边形的结构紧密堆积在微胶囊表面，形成了一层致密的壳结构。此外，利用溶胶一凝胶法制备的连续层能够很清晰地观察到［图 10.42（e）］，这一层连续层能够很好地将纳米粒子粘接在一起，形成致密的壳结构，是制备低渗透性能微胶囊的关键。

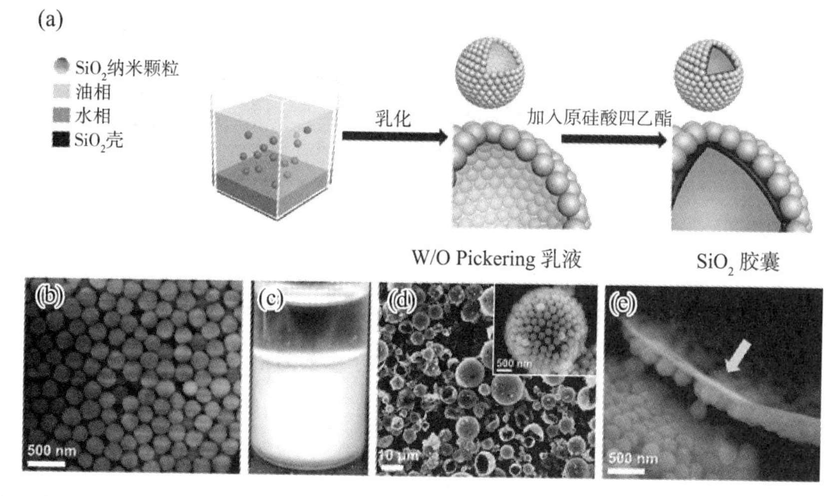

(a) 以 W/O 型 Pickering 乳液为模板制备二氧化硅基微胶囊示意图；(b) 疏水二氧化硅纳米颗粒的扫描电镜图（直径 230 nm）；(c) 利用改性后二氧化硅纳米颗粒制备的 W/O 型 Pickering 乳液外观图；(d) 利用直径为 230 nm 的改性二氧化硅纳米颗粒 Pickering 乳液稳定剂制备的微凝胶干燥后的扫描电镜图，插图：密堆积的微凝胶壳结构以及正六边形结构的改性二氧化硅纳米颗粒；(e) 一个破损后的改性二氧化硅纳米颗粒基微胶囊，箭头表示其壳结构

图 10.42

10.4.5.3　观测材料的截面形貌

水凝胶是一种具有三维网络多孔结构的新型功能高分子材料。它以含水量高、溶胀快、柔软、具有橡胶般的粘弹性和良好的生物相容性等特点，被广泛应用于伤口敷料、药物递送、生物支架材料以及组织修复等生物医学领域。各种类型的水凝胶制备可通过选择合适的初始材料以及过程技术来实现。胶原作为天然生物高分子，具有低抗原性、无毒、生物相容性好、促进凝血，有止血作用和可生物降解等性能，是制备生物医用水凝胶理想的初始材料。但胶原本身的热稳定性和力学性能相对较差，在实际应用中常需利用戊二醛、碳化二亚胺和多价金属等化学试剂对其进行交联改性。然而，传统的化学改性试剂通常都有一定的毒性，会抑制细胞的生长和引发炎症反应，从而在一定程度上限制胶原基水凝胶在生物医学中的应用。茶多酚（tea polyphenols，TPs）是茶叶中一类主要的化学成分，主要成分为黄烷－3－醇衍生物，俗称儿茶素类，其结构中含有很多羟基，能够与胶原上的脯氨酸、羟脯氨酸和赖氨酸等氨基酸上的基团形成氢键；此外，还能通过疏水作用与胶原相互作用，以此交联形成胶原的三维网络结构。

基于以上背景，作者所在课题组以胶原为基质材料，TPs 为交联剂，通过冷冻－解冻方法制备了一种 TPs－Collagen 非共价物理冷冻凝胶。具体过程如下：首先配置一定浓度的 TPs 和胶原的混合溶液，随后将其倒入模具中，于－20 ℃冰箱中冷冻 5 天。最后将样品冷冻干燥得到相应海绵状的具有三维多孔结构的冷冻凝胶。TPs－Collagen 冷冻凝胶的形成过程如图 10.43 所示。接下来将通过扫描电镜对 TPs－Collagen 冷冻凝胶截面形貌进行观察。

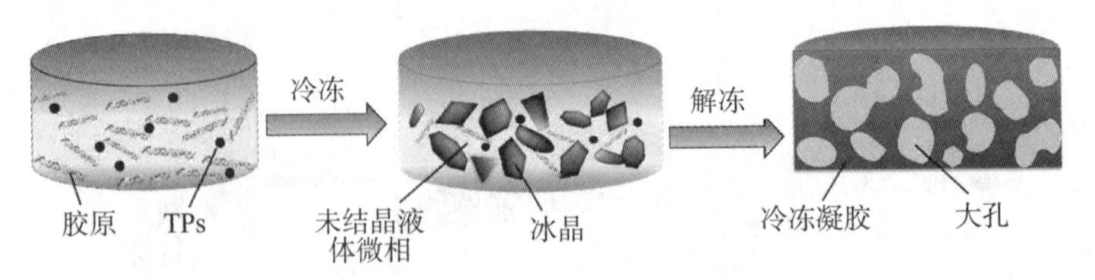

图 10.43 TPs—Collagen 冷冻凝胶的形成过程

图 10.44（a）和（b）分别是 TPs 占胶原质量分数为 0.1% 和 10% 时，所得 TPs－Collagen 冷冻凝胶的截面形貌图。从图中可以看出，冷冻凝胶为典型的互通多孔状结构，其孔道形状各异，尺寸分布也较为宽泛。对比图中两种水凝胶横截面的扫描电镜图发现，引入较多 TPs 交联剂的水凝胶材料具有较厚的孔壁厚度与较强的孔道刚性。主要原因在于，在一定范围内，加入的 TPs 越多，其与胶原的氢键及疏水相互作用也越强烈。借助于扫描电镜观察可知，TPs－Collagen 冷冻凝胶的孔径尺寸分布于 10～200 μm，这个范围被证明是增强细胞外基质生成和诸如内皮细胞和成纤维细胞增殖最理想的孔径分布范围。此外，TPs－Collagen 冷冻凝胶良好的孔道连通性为细胞的迁移以及维持细胞的正常代谢提供了保证。上述 SEM 结果表明，这种冷冻凝胶有潜力应用于组织工程支架材料中的细胞培养。

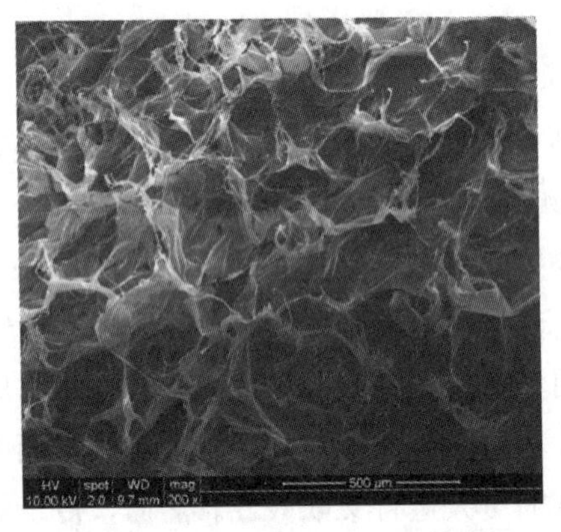

(a) 0.1%TPs－Collagen 冷冻凝胶的截面形貌图

(b) 10% TPs－Collagen 冷冻凝胶的截面形貌图

图 10.44

10.4.5.4 观测微生物的形态

季铵盐（quaternary ammonium salt，QAS）类化合物作为一种广谱杀菌剂，广泛应用于临床、日化以及工业环境中的杀菌和消毒，其中，单链、双链季铵盐类杀菌剂虽然具有良好的水溶性，能杀灭多种微生物，但其杀菌持续时间短，长时间使用会使微生物对其产生耐药性，且使用量大（100 mg · L^{-1}以上），存在资源浪费和成本高等问题。近年来，双子季铵盐杀菌剂因其特殊的分子结构赋予其独特的表面活性、高效、广谱的杀菌性、良好的水溶性和渗透性等优势，成为水处理、微生物杀菌和日用化工等领域的研究热点，逐渐受到人们的广泛关注。已有文献报道，双子季铵盐的杀菌性能明显高于单链、双链季铵盐，其较高的杀菌活性与其分子结构密切相关，一方面，其分子结构中氮原子上正电荷密度的增加有利于对细菌产生吸附作用；另一方面，两条疏水链增强了其与细菌类脂层的疏水作用。

作者所在课题组曾以二乙胺和反－1,4－二氯－2－丁烯为反应物合成二胺类化合物，然后以溴乙酰溴与脂肪醇为反应物合成溴乙酸酯，最后溴乙酸酯与二胺类化合物进行季铵化反应合成酯基型双子季铵盐—反－1，4－双［2－（癸氧酰基亚甲基）二乙基］－2－丁烯二溴化铵，并将其命名为10QAC（10代表反应物脂肪醇的碳原子个数），具体合成示意图如图10.45所示。接下来利用扫描电镜从微观角度研究酯基型双子季铵盐10QAC的抗菌性能。首先将酯基型双子季铵盐10QAC溶液、菌悬液（金黄色葡萄球菌、大肠杆菌）和灭菌的营养肉汤培养基三者混合均匀。其次将混合液置于恒温震荡相中震荡培育5 h，紧接着将混合液置于高速离心机中进行离心，然后弃掉上清液，将得到的细菌颗粒先用PBS液洗涤3次，再用2.5%的戊二醛PBS溶液在4 ℃下固定2 h。最后，固定好的沉淀物用PBS液洗涤3次，通过不同浓度的乙醇对沉淀物进行梯度脱水，浓度依次为55%、70%、80%、90%、95%，脱水后的沉淀物用玻璃毛细管（内径0.9～1.1 mm）转移至导电玻璃上，真空冷冻干燥24 h。将冻干后的样品对其进行喷金后，置于场发射扫描电子显微镜下观察并且拍照记录。

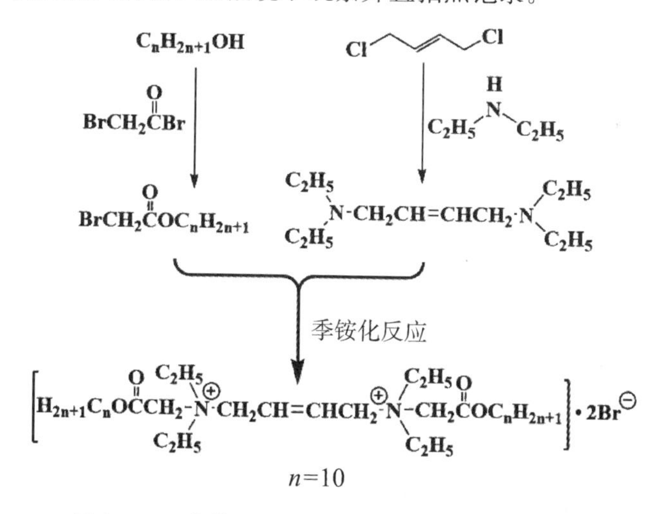

图10.45　酯基型双子季铵盐10QAC的合成路线图

图10.46为金黄色葡萄球菌和大肠杆菌的扫描电镜图，从图中可以看出，空白对照组（没有添加酯基型双子季铵盐的菌悬液）的细菌形态饱满，表面光滑，呈现正常细菌的形态特征；而经酯基型双子季铵盐10QAC处理后的细菌表面变得粗糙且发生不规则皱缩，失去了正常细菌应有的形貌特征，说明酯基型双子季铵盐对细菌的结构完整性有严重的破坏作用。由此可得酯基型双子季铵盐的杀菌作用是通过破坏细菌结构完整性实现的，这种杀菌效果是永久性的，不可恢复的，可以降低细菌对其产生耐药性的可能性。

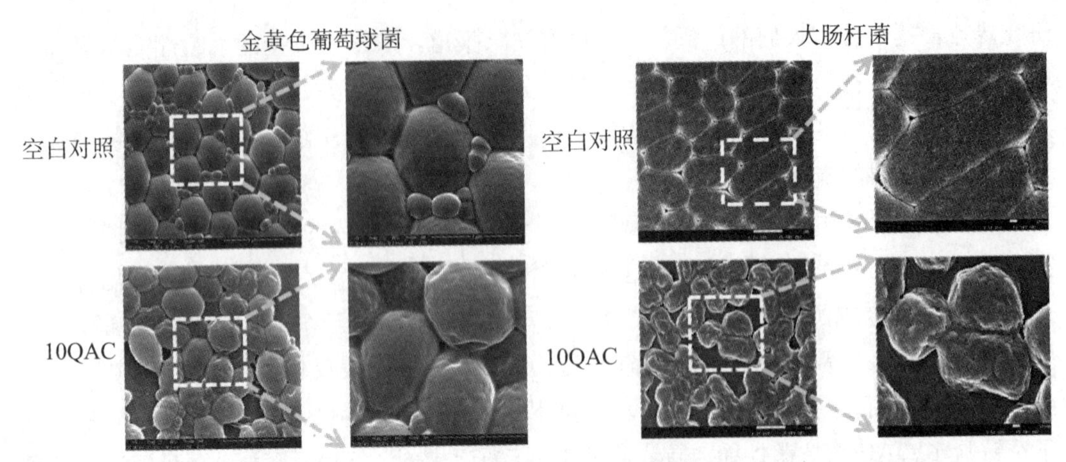

图 10.46 经双子季铵盐 10QAC 处理的金黄色葡萄球菌和大肠杆菌的 SEM 图

参考文献

[1] 贾贤. 材料表面现代分析方法 [M]. 北京：化学工业出版社，2009.

[2] 施明哲. 扫描电镜和能谱仪的原理与实用分析技术 [M]. 北京：电子工业出版社，2015.

[3] 袁存光，祝优珍，田晶，等. 现代仪器分析 [M]. 北京：化学工业出版社 [M]，2012.

[4] 薛万波. 明胶基多孔支架的制备及性能研究 [D]. 成都：四川大学，2019.

[5] Jiang H，Li Y，Hong L，et al. Submicron inverse Pickering emulsions for highly efficient and recyclable enzymatic catalysis [J]. Chemistry－an Asian Journal，2018，13 (22)：3533－3539.

[6] Ma C，Bi X，Ngai T，et al. Polyurethane－based nanoparticles as stabilizers for oil-in-water or water-in-oil Pickering emulsions [J]. Journal of Materials Chemistry A，2013，1 (17)：5353－5360.

[7] Nan F，Wu J，Qi F，et al. Uniform chitosan-coated alginate particles as emulsifiers for preparation of stable Pickering emulsions with stimulus dependence [J]. Colloids and Surfaces A：Physicochemical and Engineering Aspects，2014，456：246－252.

[8] Jiang H，Hong L，Li Y，et al. All-Silica submicrometer colloidosomes for cargo protection and tunable release [J]. Angewandte Chemie － International Edition，2018，57 (36)：11662－11666.

[9] 谭欢. 胶原蛋白基生物医用材料的功能化与性能研究 [D]. 成都：四川大学，2015.

[10] 张龙. 可生物降解双子季铵盐杀菌剂的制备及其在制革中的应用 [D]. 成都：四川大学，2019.

思考题

1. 用显微镜观察样品时，放大倍数越大就越好吗？请说明原因。

2. 如果样品是有颜色的，用光学显微镜可得到彩色图像，为什么用电子显微镜得到的原始图像是黑白的？

3. 电子束照射固体样品时，会产生哪些信号？请简要解释其各自的特点和主要应用。

4. 光学显微镜和电磁透镜分辨率的关键因素是什么？如何提高电磁透镜的分辨率？

5. 思考电子衍射与 X 射线衍射的区别，以及各自的优缺点。

6. 透射电镜是利用电磁透镜成像的，电磁透镜与光学透镜相比，其特点有哪些？请解释其聚焦原理。

7. 电磁透镜有哪几种像差？具体是如何产生的？是否有消除的途径？

8. 思考总结透射电镜的主要功能有哪些？

9. 与光学显微镜相比，扫描电子显微镜与透射电子显微镜各自的优缺点是什么？二者的异同点有哪些？

10. 提高电镜分辨率的方法有哪些？

11. 扫描电子显微镜的物理信号有哪些？这些信号各有什么特点和用途？

12. 请解释形貌衬度原理和原子序数衬度原理。

13. 在利用扫描电子显微镜扫描样品时，为获得高质量的图像，需要注意的关键点有哪些？

14. 思考为什么电子显微镜（SEM、TEM）实验时，都需要保持高真空状态？

15. 电子显微镜（SEM、TEM）实验时，要求样品必须是能导电的，对于不能导电的样品，需要进行导电处理，这是为什么？不导电样品就不能进行电镜观察吗？

16. 思考在日常生活中有哪些方面会使用到电子显微镜？

第11章　原子力显微镜

11.1　概　述

原子力显微镜（atomic force microscope，AFM）是一种具有原子级分辨率的新型表面分析仪器。原子力显微镜虽然名字里有“显微镜”这三个字，但是与其他显微镜不同，它并不像光学显微镜和电子显微镜那样利用电磁波或者微观粒子来“看”一个物体，而是利用一根小小的探针来“看”物体，是通过测量探针和样品表面的原子之间的微弱的相互作用力来间接地探测物质表面的结构的仪器。AFM可在大气和液体环境下对各种材料和样品进行纳米区域的物理性质（包括形貌）进行探测，或者直接进行纳米操纵，从而得到样品表面的三维相貌图像，并可测量物质和材料表面原子间的作用力、表面弹性、塑性、硬度、黏着力、摩擦力等性质。

显微技术的发展历程是从光学显微镜到电子显微镜，再发展到扫描探针技术。1982年，IBM公司苏黎世实验室的G. Binning和H. Rohrer成功地研制了一种新型的表面分析仪——扫描隧道显微镜（scanning tunneling microscopy，STM）。这一发明使显微科学达到了一个新的水平，促进了扫描探针显微技术研究的蓬勃发展，并对物理、化学、生物、材料等领域产生了巨大的推动作用。为此，G. Binning和H. Rohrer共同获得了1986年的诺贝尔物理学奖。扫描隧道显微镜的出现标志着继光学显微镜和电子显微镜之后，第三代显微镜的诞生。尽管扫描隧道显微镜已被广泛应用于研究金属和半导体的原子结构及金属表面电子效应等方面，但由于它要求样品必须具有导电性，因此在实际应用中也受到了诸多条件的限制。

1986年，G. Binning、C. F. Quate和C. Gerber在扫描隧道显微镜的基础上发明了能够用于不导电样品成像的原子力显微镜，并发表了题为《原子力显微镜》的科学论文。在这篇文章中他们描述了如何用一个底部粘有微小金刚石具有弹性表面镀金的条板替代隧道探针，它就是第一台原子力显微镜中的悬臂。尽管这台仪器只被使用了几次，但它所得出的结果对科学研究却产生了巨大的影响。目前，这一台原子力显微镜被保存在伦敦的科学博物馆中。这台仪器是使用压电器件来驱动悬臂在样品表面进行扫描的，它在纵向位置的变化是通过在其表面上安装的金属丝所产生的隧道电流来测定的，整合得到的扫描数据即可得到样品的表面高度形貌图。在此基础上，G. Binning等接着提出了用振动的悬臂在样品表面扫描来获得更好成像的构想，这便是后来广泛应用的原子力显微镜敲击模式的雏形。时至今日，在原子力的成像中已不必使用粘有金刚石的悬臂，而是改用可方便地获得的各种基于微加工技术生产的商品化的硅和氮化硅探针。

原子力显微镜的出现使得在原子水平上探测绝缘物质的表面高度形貌图成为可能，而且它还可用于表面弹性、塑性、硬度、摩擦力等性质的研究，从而大大丰富了对微观世界的探测能力。其后，陆续出现了侧向力显微镜、磁力显微镜、力调制显微镜、化学力显微镜、扫描电化学显微镜、扫描电容显微镜、扫描热显微镜和扫描近场光学显微镜等。由于它们都是以微小的探针来“摸索”世界，故统称为扫描探针显微镜（scanning probe microscopes，SPM），并逐渐发展成一门崭新的学科——扫描探针显微学。在众多的扫描探针显微镜中，以扫描隧道显微镜和原子力显微镜的应用最为普及。AFM 是扫描探针显微镜家族中应用最为广泛的一员，因此本章将主要介绍原子力显微镜的结构、原理及其在各个领域的应用情况。

原子力显微镜和其他传统的显微镜（如光学显微镜、扫描电子显微镜和透射电子显微镜）在横向扫描尺度上的对比如图 11.1 所示。原子力显微镜最大的优点在于它能够获得三维图像。它的一个明显的局限性在于不能测量超过 100 μm 的区域，这是因为原子力显微镜是通过探针机械地扫描样品表面，扫描大的区域会需要相当长的时间。为了克服这一缺陷，多探头平行扫描和快速扫描方法正在被研究探索中。光学显微镜的观察尺度范围与原子力显微镜观察尺度范围有一个很好的重叠区域。因此，原子力显微镜经常和光学显微镜结合使用，通过两者的结合能够研究从毫米到纳米尺度的对象。在实际的使用中，通常使用普通光学显微镜来观察样品以便选择原子力显微镜扫描的目标区域。高分辨率的光学显微镜（通常与荧光显微镜整合）与原子力显微镜结合具有许多优点，特别是在生物学的研究中能够得到体现。

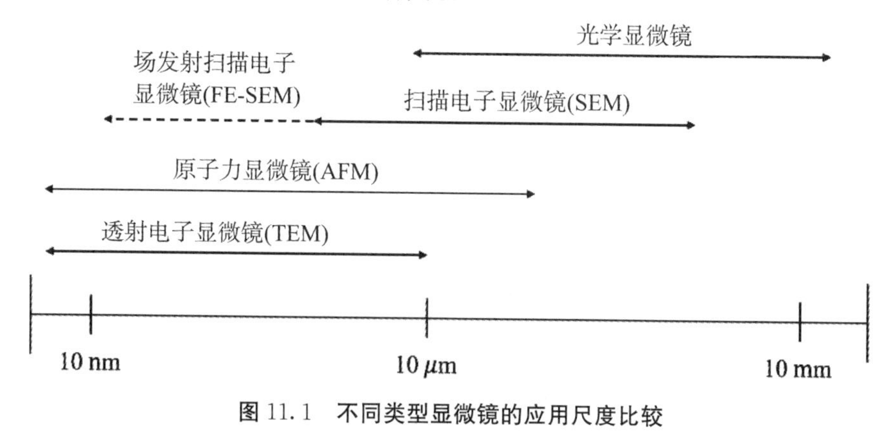

图 11.1　不同类型显微镜的应用尺度比较

原子力显微镜与扫描电子显微镜及透射电子显微镜在各方面的比较如表 11.1 所示。这几种显微镜的应用尺度范围较为接近，扫描电子显微镜的最高分辨率通常要比原子力显微镜低一些，而透射电子显微镜的最高分辨率与原子力显微镜较为接近。通常，原子力显微镜的仪器结构要比电子显微镜简单，并且样品的制备也更加容易，基本上任何样品都可以用原子力显微镜进行观察。在原子力显微镜的使用中，如果探针的状况良好，一般能够得到很好的图像。而在扫描电子显微镜和透射电子显微镜的使用中，一般需要真空环境并且要求样品能够导电（不导电样品在成像前需要镀一层金属膜）。因此，原子力显微镜的优点在于在空气中成像前样品不需要经过前处理，这就意味着在原子力显微镜中样品能够及时用于成像，并且能够避免在真空和镀膜过程中引入各种假象。

表 11.1　原子力显微镜与扫描电子显微镜、透射电子显微镜在各方面的比较

	原子力显微镜	扫描电子显微镜	透射电子显微镜
适用样品类型	导电或绝缘	导电	导电
适用成像环境	空气、液相、真空	真空或气相（FE－SEM）	真空
分辨率/nm	0.1	5	0.1
适用最大样品尺寸	无限制（一般为厘米级）	30 mm	2 mm
测量维度	三维	二维	二维
成像时间/min	2～5	0.1～1	0.1～1
相对价格	相对便宜	中等	较高

11.2　原子力显微镜的基本结构

AFM 没有任何镜头，当考虑它是如何工作时，第一件事就是无视所有传统显微镜的设计概念。事实上，原子力显微镜是通过“触摸”而非“观察”来对物体进行成像的。一个很好的比喻就是“盲人摸象”，盲人通过他们的手指触摸物体并通过他们所触摸的结果来构建大脑中的图像。AFM 的探针如同盲人的手指，原子力显微镜能够产生清晰的细节图，不仅包括被触摸物体的表面形貌，还包括其质地或材料特征，如软或硬、弹性或柔性、黏性或光滑。图 11.2 和图 11.3 分别为日本岛津型号为 SPM－9100 的原子力显微镜外观图和内部基本结构。其工作原理（以最为常用的光电检测系统——光束偏转法为例）：激光器发出的激光束经过光学系统聚焦在微悬臂背面，并从微悬臂背面反射到由光电二极管构成的光斑位置检测器。当用极微弱力敏感的探针针尖与样品表面接触时，由于针尖与样品表面存在极微弱的原子间相互作用力（吸引力或者排斥力），引起微悬臂偏转。光电检测系统可通过微悬臂背面反射的激光束的位移检测到这一变化。在 AFM 经常使用的恒力模式下，反馈系统根据检测器电压的变化，不断通过压电陶瓷调整针尖或样品的 Z 轴方向的位置（图 11.3），保持针尖－样品间作用力恒定不变，针尖和样品被调整的 Z 轴距离作为 Z 方向的信号，再加上表征样品被扫描位置的 X、Y 轴方向信号，最终将三个方向的信号放大与转换，从而得到样品表面原子级的三维立体形貌图像。需要说明的是，检测微悬臂偏移量的方法除了通常利用上述光束偏转法，还可利用电容或隧道电流的方法，这将在后续检测系统部分进行详细介绍。

原子力显微镜主要由探针和悬臂、扫描系统（压电扫描器）、样品架、检测系统、反馈控制系统和显示系统等几部分组成，后面将着重介绍几个关键组分所起的作用。

(a) 日本岛津型号为 SPM－9100 的原子力显微镜的外观图

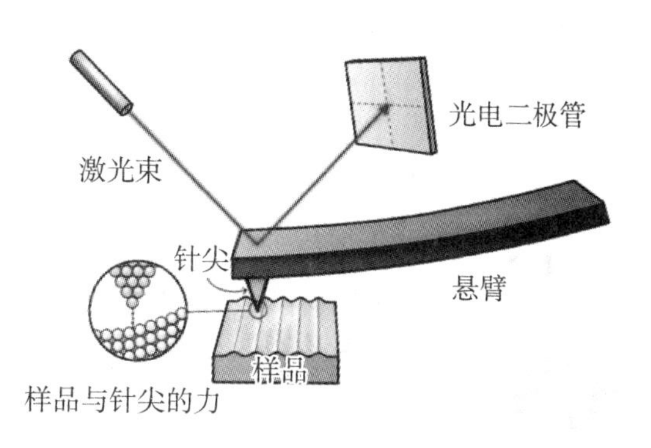

(b) 原子力显微镜的工作原理示意图

图 11.2

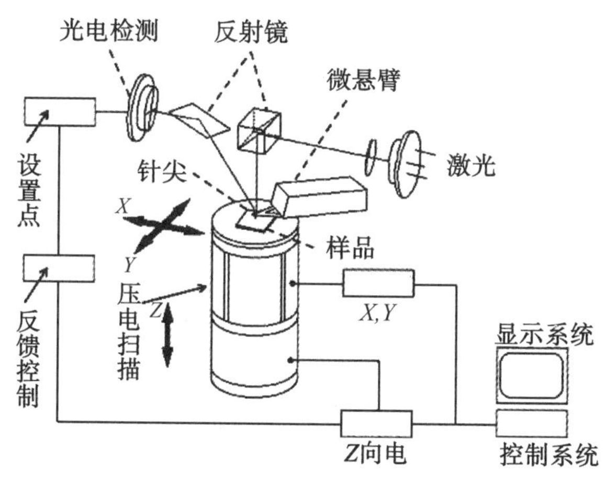

图 11.3　原子力显微镜的基本结构图

11.2.1　探针和悬臂

原子力显微镜的第一个最重要的部分是与样品相互作用的探针。AFM 所用的探针是由悬臂及其末端一个十分尖锐的针尖所组成，微悬臂是长约 100 μm、宽约 20 μm 的条状物；针尖是位于悬臂末端的一个更小的尖状物，其直径一般只有十几个纳米。AFM 这个微小的探针组合粘在基底（通常为聚甲基丙烯酸甲酯胶膜）上以便操作。即使是最精妙的原子力显微镜，也会因为使用钝的探针针尖而产生毫无价值的结果。AFM 探针针尖的尖锐度决定了其分辨能力。悬臂使得探针针尖在扫描样品时可以上下移动。并且，悬臂通常具有非常低的弹性系数，使得原子力显微镜可以非常精确地控制探针和样品之间的力。探针通常由硅或氮化硅组成，这些材料既硬又耐磨，是用于微加工的理想材料。

11.2.1.1　悬臂的形状及长度

一般而言，悬臂有三角形和矩形两种基本形状，其中三角形悬臂通常又称为 V 形臂。与矩形悬臂相比，V 形臂能够很好地减少在扫描样品时所引起的扭转或者扭曲运动，是纯形貌成像的首要选择。

当悬臂形状一致时，作用于样品上的导致悬臂弯曲的作用力（F）可由胡克定律确定：

$$F=-ks \tag{11.1}$$

式中，k 为悬臂的弹性系数；s 为其位移。负号表示力的作用方向与悬臂位移方向相反。k 随着悬臂厚度增加而增大，但随着悬臂长度增大而减小。

对于悬臂长度的一般规则如下：如果采用光束检测方法（应用于大部分现有的原子力显微镜），较长的悬臂较不灵敏。反射激光束的角位移（θ）与悬臂长度（l）之间的关系为：

$$\theta \propto \frac{1}{l} \tag{11.2}$$

相比于短的悬臂，给定位移会使长的悬臂通过一个更小的角度反射激光束。因此，在光电检测器面板上激光点移动更小的距离，产生更小的输出信号传递给控制环路，从而使灵敏度降低，故长的悬臂一般只适用于表面粗糙的样品。但也不是悬臂越短越好，因为通常这是以更高的刚度为代价的，这对于力谱应用来说不是一件好事。此外，当使用传统的分离式光电二极管检测器来收集反射光束时，悬臂越短，其线性范围越小。

由于悬臂是系统中的弹簧，因此它决定了原子力显微镜探测样品的模式，一共可以分为接触、非接触、轻敲和力调制四种模式。表 11.2 对这四种模式进行了简单的描述，其中 Q 因子为谐振峰值"锐度"的度量，其值越高，悬臂与样品的相互作用越敏感。

表 11.2 悬臂属性和使用概述

悬臂类型	$k/(\mathrm{N \cdot m^{-1}})$	f_r/kHz	评论
接触模式（直流模式）通常为 V 形	0.01～1.00	7～50	需要软臂来最小化力，需要小臂来防止不必要的共振振荡并提供最大的灵敏度
非接触模式（交流模式）V 形和矩形	0.5～5.0	50～120	交流模式意味着臂在共振附件振荡，所以高的 Q 因子很重要。通过使用比直流模式更坚固的臂来实现最佳效果
轻敲击模式（交流模式）矩形	30～60	250～350	非常硬的臂以提供高 Q 因子，并克服空气中工作时针尖和表面之间的毛细管黏附，液体中轻敲击模式需要更软的臂
力调制模式（交流模式）矩形	3～6	60～80	用于扫描期间施加可变力来绘制表面的柔度和通过交流模式测量响应。因此，高 Q 因子对灵敏度很重要。

11.2.1.2 探针针尖的形状和长度

由于所研究样品的性质与探针针尖的形状密切相关，因此探针形状的选择是原子力显微镜测试时一个需要重点考虑的因素。目前，市场上有各种不同形状的商业探针，每一种探针都有其特定的功能。一般它们可以简单地分为两类：高长径比针尖和低长径比针尖。我们可以根据给定样品的景深来决定使用何种针尖，如对于粗糙的样品，需要大的景深，因此选择高长径比针尖。但是，原子力显微镜的景深是相当有限的，故不管探针的长径比如何，原子力显微镜都不适合表面很粗糙的样品，主要是因为当样品的粗糙度接近或者超过针尖高度时，便不可能对样品进行正确成像。对于表面比较平坦的样品，低长径比的探针是比较合适的，一些低长径比针尖在定点具有较高的长径比部分（称为“锐化”针尖）用来提高相对平坦样品的分辨率，且只需要增加少量的成本。图 11.4 为三种最常见的探针针尖形状。从实际的角度来看，不同探针针尖形状的重要性可以通过探针针尖的“开放角度”来定义，这是定义探针针尖锐利端的长径比的一种方式。一般来说，低开放角度探针针尖提供的图像更加清晰，此效果也被称为探针针尖加宽效应。

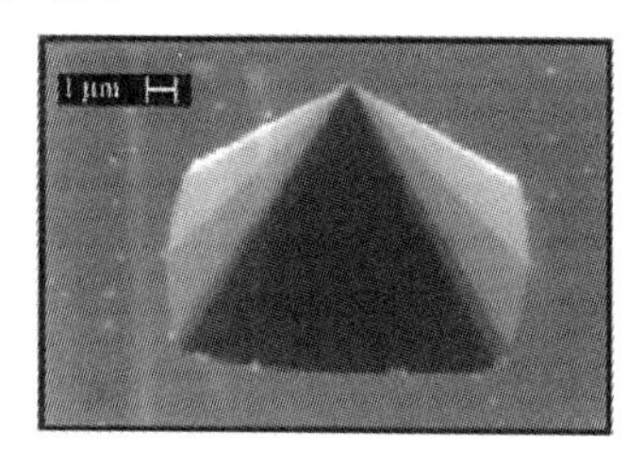
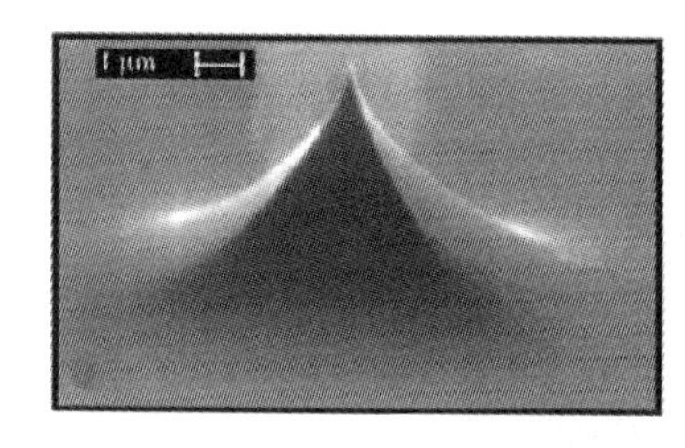
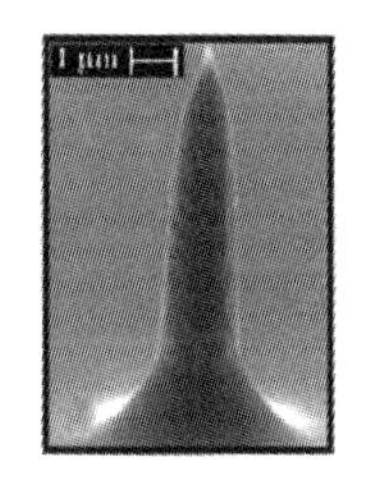
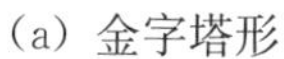

（a）金字塔形　（b）各向同性形　（c）“火箭针尖”形

图 11.4　常见探针针尖形状的扫描电子显微镜图像

样品越粗糙，针尖的开口角度应越低，以避免成像过程中针尖过度卷曲。应当注意的是，开放角度不应与探针锐度混淆，针尖锐度通常用来定义原子力显微镜探针针尖定点处的曲率半径，例如金字塔形探针针尖可以与“火箭针尖”形针尖一样锐利。

11.2.1.3　探针针尖功能化

原子力显微镜的一大优点来自它不是简单地生成图像，而是具有与样品相互作用的能力。原子力显微镜探针针尖功能化可以进一步增强这一优势。由于针尖与样品表面各个位置力大小不同，因此通过用某些材料涂覆针尖可以用来研究针尖与样品相互作用的特定类型，也可以用来绘制样品表面上的选定位置的性质。功能化探针针尖对于原子力显微镜在生物学中的应用具有显著的意义，许多功能属性都是基于生物分子对针尖的附着性，它们的范围从相当简单的亲水或疏水涂层到复杂的如抗体或抗原包裹的探针针尖以及配体或受体包裹的探针针尖。另一个具有前景的方向是将碳纳米管附着在原子力显微镜悬臂上，这提供了一种灵活的、高长径比的针尖，其顶点具有非常好的几何特征，即 C_{60} 分子，其适于进一步的化学功能化。

11.2.2　压电扫描器

原子力显微镜第二个至关重要的部件是压电扫描器。仅仅具有非常尖锐的探针针尖还无法获得原子力显微镜图像，还需对样品表面进行非常精确的探针定位，而这个正是通过压电扫描器来实现的。压电扫描器的原料为陶瓷，通常是 PZT 型（锆钛酸铅），其原理与压电气体打火机的原理相同——当压电陶瓷晶体被挤压时，会形成足够大的电位差（即偏电压）并进一步产生火花。如果这个过程被逆转，施加电位差到压电陶瓷上，它就会膨胀。这种移动方式是极具重复性和相当敏感的，以至足够清晰的电子信号可以使压电陶瓷以原子尺寸的精度移动。这为原子力显微镜以及所有探针显微镜提供了它们所需要的样品定位或者探针针尖定位的准确性。

压电扫描器的结构示意图如图 11.5 所示，电极连接到管的内表面和外表面，且管的外表面相对于轴线被分为四部分。通过在内部和所有外部电极之间施加偏压，压电扫描器将膨胀或收缩（即在 Z 方向上移动）。如果将偏置电压仅施加到一个外部电极，则压电扫描器将弯曲，即在 X 和 Y 方向上移动。为了使该弯曲更显著从而扩大扫描范围，将外部电极进行对向分布，这意味着如果在压电扫描器的一个电极上施加 $+n$ 伏的偏压，在对向电极上施加 $-n$ 伏偏压，将会使压电扫描器弯曲的幅度是单个电极施加偏压的两倍。

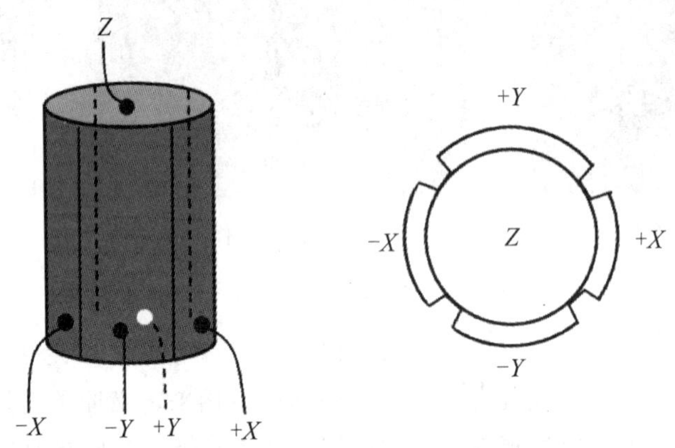

图 11.5 压电扫描器结构示意图（虽然管仅在 3 个正交方向 X、Y 和 Z 移动，实际上实现这个运动需要 5 个电极 $+X$、$-X$、$+Y$、$-Y$ 和 Z）

11.2.3 样品架

对于在空气中成像的样品，一般是将其通过双面导电胶带粘贴在金属圆片上，从而防止样品的移动及样品上的静电积累。然而，在空气中进行成像通常不是生物样品的最佳选择，大多数时候需要在液体池中进行成像。不过，由于现代原子力显微镜通常是自动悬臂调谐，因而对于未知样品最简单的成像方式是在空气中使用交流模式如轻敲模式进行成像。

原子力显微镜与电子显微镜明显的差别特征是其具有在液体环境之中成像的能力。原子力显微镜液体成像需要液体样品池，无论其设计如何，所有液体样品池基本具有三个功能：包含样品，容纳液体，并为从悬臂背反射的激光束提供稳定的光路。显然，如果使用光束检测方法，则光束不是简单地通过液体一空气界面，由于液面的流动，它将被折射到“任何位置”。解决这个问题的方法是使用一个浸在液体中的玻璃观察板。液体样品池的一般设计如图 11.6 所示。一些液态样品池通过压缩放置在样品架和探针架之间的 O 形圈来密封，另外也有使用乳胶膜来密封的，还有一些保持开放状态。尽管密封液体池耗时费事，但是能防止水分的蒸发，且允许在整个实验过程中液体可以流过样品池。此外，开放样品池使液体通过样品池的流动变得困难，但仍然可以实现更换或添加液体，可以通过在成像期间添加、更换或流动液体来研究动态科学问题，如酶促催化等。

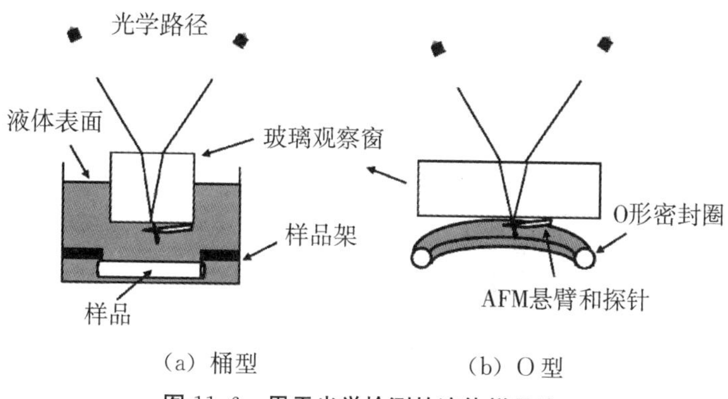

(a) 桶型　　(b) O型

图 11.6　用于光学检测的液体样品池

液体样品池一般由玻璃、聚四氟乙烯（PTFE）或不锈钢等惰性材料制成，具体材料的选择取决于样品及所使用液体的性质。另一个要求是样品必须固定在样品池的底部，对于塑料和玻璃样品通常使用推入式垫圈来完成，有时候也使用磁性垫圈；此外，也可以用胶水将样品固定在样品池的底部，但存在污染样品的风险（一般不建议采用此法）。近年来，液体样品池的设计有了显著的改进，大多数原子力显微镜配备有很好的温度控制系统以及用于活细胞成像的专用液体样品池。

11.2.4　检测器及检测方法

原子力显微镜的另一个关键部件是微悬臂变形检测器。原子力显微镜在扫描时，微悬臂上的探针与试样表面之间的原子力作用使得微悬臂发生弯曲变形，样品表面的图像正是通过测量微悬臂的弯曲变形程度获得的，并利用胡克（Hooke）定律来定量计算操作时的样品与针尖之间的作用力。一般来说，微悬臂变形的检测方法可分为两大类：光学方法和电子方法，其中最常用的有如下四种。

11.2.4.1　光学检测：激光束偏移

由于激光束偏移是目前为止最简单、最便宜也是最灵敏的检测方法，因此已成为现代商业原子力显微镜中最常用的检测方法，其通用的设计如图 11.7 所示。这个原理类似于在一个阳光明媚的下午，一群坐在教室后排的学生，用手表表面将太阳光折射向老师的眼睛，虽然距离增加了学生的安全性，但增大了击中目标者的难度，这正是本方法的关键，即机械放大。将手表表面改为微加工探针，将阳光改为激光光束，将老师的眼睛改为光电检测器，然后就拥有了一台原子力显微镜传感器。在实际中，原子力显微镜激光光束的放大倍数主要取决于悬臂的尺寸：悬臂越短，激光束的角位移也就越大，这个机理是由 Meyer 和 Amer 发现的。光电检测器通常是简单的光电二极管，这是一种使入射光转换成为电信号的半导体器件，当入射光变亮时，则电信号增强。光电二极管能够区分探针针尖的正向和侧向运动，通过比较每个位置的反射激光的相对强度，可以实现针尖位移的近似量化。然而，为了更精确地测量针尖位移，如对单个分子进行力－距离力谱分析时，则线性位置敏感检测器是一种较好的检测方法。

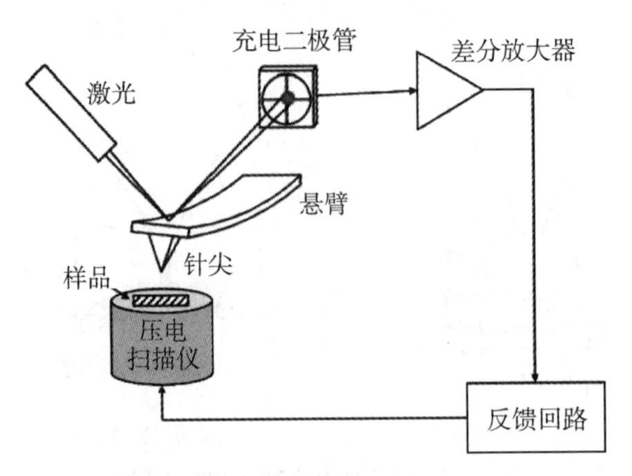

图 11.7 **激光束偏转检测方法**

除悬臂的尺寸外，激光光斑直径在光束检测技术灵敏度方面同样起着重要的作用。这是在理论计算时，把激光点假定为一个无穷小的点，但是在实际应用中，激光点是一个具有一定尺寸的且是非圆形的光斑。这意味着悬臂实际上表现得更像曲面镜而不是平面镜，这样会导致光反射的结果发生显著的改变。一般来说，较大的光斑直径会在偏转信号中产生较低的热噪声水平，对于被压制的悬臂（即实际上与刚性样品表面接触），较大的光斑直径可将热噪声减小至原来的 1/4～1/5。然而需要注意的是，对于非刚性的软生物样品，这种效果只能用非常柔软的悬臂来实现（约为 0.1 N/m）。但光斑也不是越大越好，光斑直径不应大过悬臂的宽度，否则会超出臂的边缘，增加了其他噪声源的影响，因此降低热噪声最好的解决方案是使用光斑直径约等于悬臂宽度的激光光斑。

11.2.4.2 光学检测：干涉测量

干涉测量是 Michaelson 于 1880 年发明的专门用来检测小位移的高精度测量技术，后来成为检测原子力显微镜针尖位移的合适选择。它在原子力显微镜中的应用如图 11.8 所示。用光学干涉仪测量原子力显微镜悬臂梁背面反射激光相比于标准的相位变化，该相位的变化代表悬臂的相对位移。与光束偏转法相比，干涉测量法能够适用于探针位移偏转较大的测量，且具有较高的信噪比。然而在实际操作中，利用干涉测量检测的相关仪器安装是比较困难的，需要一个光学平台来实现具有特定频率的振动，且容易受到激光频率和热漂移的影响。

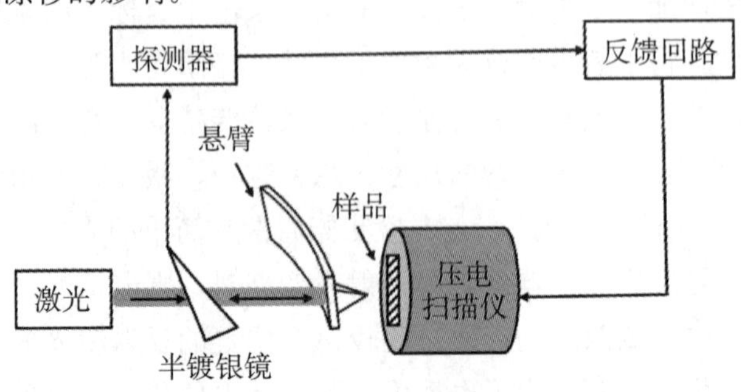

图 11.8 **干涉检测器**

11.2.4.3　电子检测：电子隧道

电子隧道检测法是 1986 年由 Binning、Quate 和 Gerber 建立的第一台原子力显微镜所使用的方法。图 11.9 为电子隧道法的检测原理，即在微悬臂上方安置一个隧道电极，相当于扫描隧道显微镜（STM）针尖，也相当于在原子力显微镜微悬臂针尖后安装一个扫描隧道显微镜，微悬臂则相当于扫描隧道显微镜的样品，然后利用扫描隧道检测技术，通过测量微悬臂和扫描隧道显微镜针尖间的电流变化来检测微悬臂的变形。其优点是检测灵敏度高，特别是在排斥力范围内进行原子尺度观察是非常有效的。缺点是信噪比低，往往因微悬臂上污染物造成隧道电流的检测误差增大，一般只适合在高真空环境下测量。

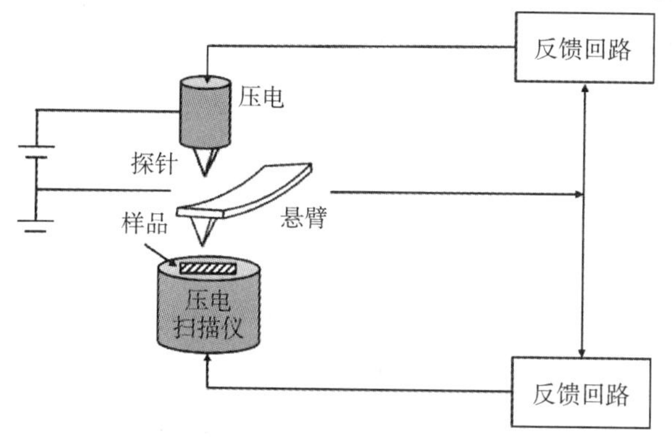

图 11.9　**电子隧道检测器**

11.2.4.4　电容检测器

电容检测器的结构示意图如图 11.10 所示，300 μm×300 μm 的小金属板通常贴在原子力显微镜悬臂的背面，第二个小金属板贴在压电转换器的端部（这样可以给它一个更好的动态 z 范围），板间隔约为 1 mm。电容取决于板之间的距离，因而提供了悬臂位移的测量方法。电容器非常坚实，与超真空系统相容且易于配置，但易受测量电路中参考电容的温度影响，从而导致漂移。此外，悬臂的弹性常数随电容而变化。如在干涉位移感测的情况下，电容感测主要应用于监测压电扫描器在闭环反馈系统中的位移，而不是作为监测原子力显微镜针尖运动的主要方法。

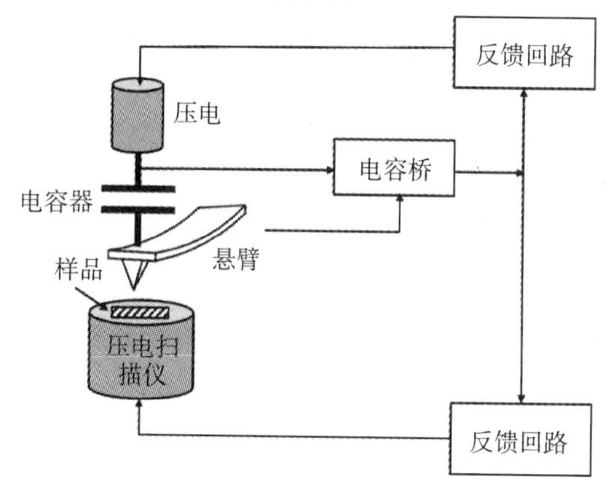

图 11.10　**电容检测器**

11.2.5 反馈控制系统

原子力显微镜的反馈控制是由电子线路和计算机系统共同完成的。AFM 的运行是在高速、功能强大的计算机控制下实现的。控制系统主要有两个功能：①提供控制压电转化器 $X-Y$ 方向扫描的驱动电压；②在恒力模式下维持来自显微镜检测环路输入模拟信号在一恒定数值，计算机通过 A/D 转换器读取比较环路电压（即设定值与实际测量值之差），根据电压值不同，控制系统不断地输出相应电压来调节 Z 方向压电传感器的伸缩，以纠正读入 A/D 转换器的偏差，从而维持比较环路的输出电压恒定。

电子线路系统起到计算机与扫描系统相连接的作用，电子线路为压电陶瓷管提供电压，接收位置敏感器件传来的信号，并构成控制针尖和样品之间距离的反馈系统。

11.3 原子力显微镜的基本原理

11.3.1 力和力一距离曲线

说明原子力显微镜的基本原理就是要解释原子力显微镜是如何记录图像的，又是如何确保成像质量的。如前所述，原子力显微镜通过“触摸”样品表面来生成图像，当样品在探针针尖下方扫描或探针针尖在样品表面扫描时，探针针尖与样品之间的力将会随扫描的进行而发生变化，力的变化被柔性悬臂感测到。然后根据悬臂感知的是斥力还是吸引力可以应用到不同的模式。如“原子力显微镜”的名字所示，探针针尖与样品之间存在一个或者多个原子力，那么这些原子力具体是什么？一般来说，在原子力显微镜系统中，所要检测的力也即原子与原子之间的相互作用，主要涉及范德瓦尔斯力（也即范德华力）、静电力、毛细管力和黏附力、双层力，下面将分别予以介绍。

11.3.1.1 范德华力和力一距离曲线

物质内的电子是连续和快速运动的，在量子力学中将它们视为波。虽然给定的物质在常规时间段内可能呈现电中性，但是在短时间内，如一个快照时间，由于电子的存在而使电子电荷分布并不完全对称。一个分子中的电荷不平衡可以引起临近分子产生类似的不平衡，最终的结果是一个分子带有微弱正电荷的末端与相邻分子带有微弱负电荷的末端相互吸引，这就是范德华力的来源。

通过对相互作用建模，可以定量表征探针针尖与样品表面之间的力一距离关系。这主要与原子力显微镜探针针尖顶点处颗粒的势能差异有关，而这种差异则是由该颗粒与样品表面上离散颗粒相互作用不同所引起的，随着探针针尖顶点处颗粒与样品表面离散颗粒距离（r）的变化，势能值也会发生变化，这种关系可以通过势能函数$E^{pair}(r)$来描述，通过选用 Mie 散射理论方程对势能函数的一个特殊情况来建模这种行为，并称之为“Lennard-Jones”函数：

$$E^{pair}(r)=4\varepsilon\left[\left(\frac{\sigma}{r}\right)^{12}-\left(\frac{\sigma}{r}\right)^{6}\right] \tag{11.3}$$

式中，E^{pair}为体系的势能，r 为原子之间的距离，ε 为势能阱深度，σ 是势能为零时原子间的距离。

从式（11.3）中可知，当 r 降低到某一程度时，其能量为 $+E$，代表了在空间中两个原子是相当接近且能量为正值。若假设 r 增加到某一程度时，其能量就会为 $-E$，同时也说明空间中两个原子之间的距离相当远且能量为负值。不管从空间上看两个原子之间的距离与其所导致的吸引力和斥力还是从当中能量关系来看，原子之间存在着奇妙的相互作用。原子力显微镜就是利用原子之间这种奇妙的关系来把原子的微观形貌呈现出来。

图 11.11 为两个原子之间的势能随距离变化的情况。当原子与原子很接近时，彼此电子云的斥力作用大于原子核与电子云之间的吸引力，所以整个合力表现为斥力的作用；反之若两原子分开一定距离时，其电子云的斥力作用小于彼此原子核与电子云之间的吸引力，整个合力表现为吸引力作用。

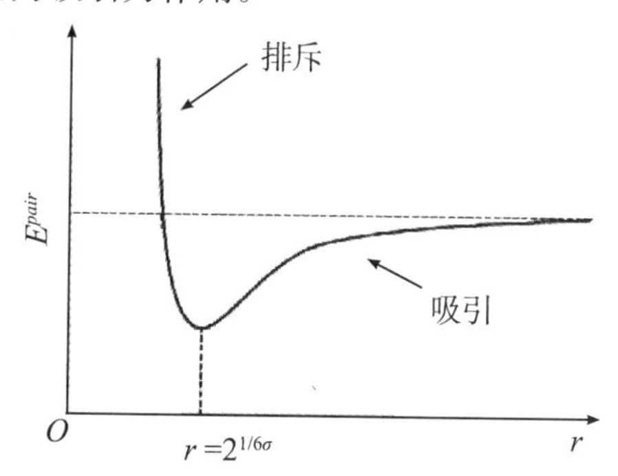

图 11.11 Lennard—Jones **函数描述两个原子之间的距离**（r）**对势能**（E^{pair}）**的影响示意图**

11.3.1.2 静电力

离子键中的静电力或者库仑力是迄今为止最常见也是最重要的一种分子间作用力。在真空中的两个带相反电荷的粒子 q_1 和 q_2，在很短的距离（r）时会相互吸引，它们之间的力遵循库仑定律，与 $1/r^2$ 成正比：

$$F=\frac{q_1 q_2}{4\pi\varepsilon_0 r^2} \tag{11.4}$$

式中，常数 ε_0 称为“自由空间介电常数”。

随着离子的靠近，它们之间的吸引力急剧上升。不过，当两离子间的距离非常小时，它们之间的力又会转变为排斥力。这主要是由两个因素所引起的：其一是泡利（Pauli）不相容原理；其二是当两个离子之间的距离非常小时，会使周围的电子屏蔽核间相互作用的能力变差，在这个位置上，如果没有相对较大的能量输入，离子之间是不能再进一步碰到一起的。

11.3.1.3 毛细管力和黏附力

具有小曲率半径并且位于表面上的点是空气中冷凝水蒸气的理想成核位置，而原子力显微镜探针针尖具有约 30 nm 的曲率半径，因此当其用于接触成像时，水蒸气很容易黏附在上面。此外，在正常的相对湿度（RH）下，样品表面上会冷凝形成一层水膜。这意味着当在空气中成像时，探针针尖将被半月形液体向下拉向样品，产生“毛细管力”，其探针针尖“黏”到样品表面上，导致的结果是，成像力大到能破坏或移动基底上易碎样品，如图 11.12 所示。因为毛细管力与仪器设置无关，因此这是原子力显微镜工作的一个主要问题，目前主要通过将原子力显微镜头包裹在装有干燥空气的密封箱中以减少湿度来避免这种影响。

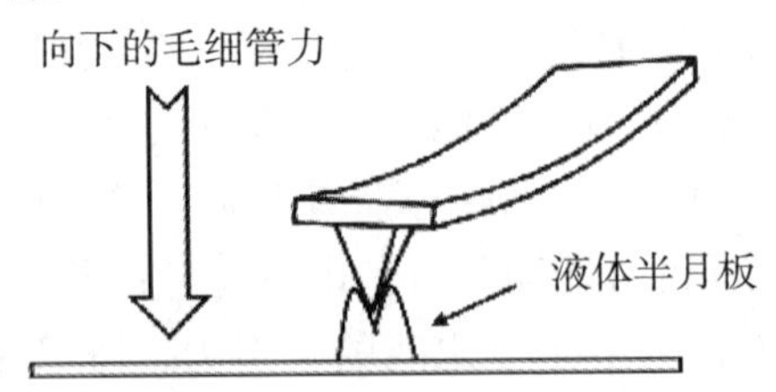

图 11.12 当在空气中成像时，大的毛细管力将探针针尖拉向样品

接触模式下毛细管力的存在限制了实际的扫描面积，比此区域范围更小时，增加的成像点密度将导致样品损坏而不太可能获得更多的信息。根据经验，当空气接触成像时，该扫描面积大约为 1 μm^2。已经证明，消除毛细管力是许多样品成像成功最重要的一步，这可以通过在液体下成像或使用轻敲模式来实现。

随着使用时间的延长，原子力显微镜探针针尖会慢慢变钝，也有可能会被少量样品污染。这两种情况都会使探针针尖与样品之间形成更大的接触面积，最终导致黏附力的存在。因为离散分子之类的小物体在很大的力量下很容易被损坏，因此在研究这类样品时应尽量避免这两种情况的发生。但是由于大样品能够承受较大的成像力，因此对其影响不大。当黏附力的存在影响到成像质量时，唯一的解决方案是更换新的探针，但即便是来自同一盒的探针，它们的成像质量也会有所不同，需要斟酌比较。

11.3.1.4 双层力

当在液体介质中成像时，带负电的云母片（原子力显微镜的基底）与溶液中正电荷的离子会产生相互吸引作用，这便是双层力。这种力会导致溶液中带正电荷的离子在液固界面处聚集，形成正电子层；云母片中带负电荷的离子在固液界面处聚集，形成负电子层，这便是“双层”，因其看起来像地球大气，故又称“离子云”。一般来说，双层力越大，即成像介质的离子强度越大，越会降低原子力显微镜探针针尖与样品表面的静电相互作用力，从而得到分辨率更高的图像，因此在液体介质中成像时往往会加入少量（数毫摩尔）浓度的含二价金属离子的盐来实现。但是当金属离子含量超过 2 $mol \cdot L^{-1}$ 时，会形成比较大的“水合力”，从而影响成像，因此金属离子浓度也不宜过高。

11.3.2 成像模式

根据探针与样品间距离（表面接触程度）及作用力性质的不同，可将原子力显微镜成像模式分为接触式成像模式（contact imaging mode）、轻敲式成像模式（tapping imaging mode）和非接触式成像模式（non-contact imaging mode）。

11.3.2.1 接触式成像模式

接触式成像模式是原子力显微镜最先采用也是分辨率最高的一种成像模式。在这种成像模式中，首先将一个对微弱力极为敏感的微悬臂一端固定，让另一端连接的探针针尖与样品表面轻轻接触。探针尖端的表面原子与样品表面原子存在相互吸引的范德华力和相互排斥的静电相互作用力，在探针针尖逐渐接近样品表面的过程中，静电排斥力的相互作用逐渐增大，最后抵消原子间的范德华力。当探针针尖原子与样品表面原子间的距离接近或小于 1 nm 时，即约为一个化学键长时，二者的合力为零。当合力为正值时，即以静电排斥力为主，探针针尖原子与样品表面原子相互接触。当探针针尖在凹凸不平的样品表面扫描时，静电排斥力也会随之发生相应的变化，进而使得与探针相连的微悬臂弯曲变化，微悬臂的弯曲会使光路发生改变，进而使反射到激光位置检测器上的激光光点上下移动。再将这个代表微悬臂弯曲的形变信号反馈至电子控制器驱动的压电扫描器，调节垂直方向的电压，使扫描器在垂直方向上伸长或者缩短，从而调整探针针尖与样品表面之间的距离，保持微悬臂弯曲的形变量在水平方向扫描过程中不变，也就是维持探针与样品间的相互作用力不变。在此反馈机制下，记录垂直方向上扫描器的位移及水平位置的数据后便能得到样品的三维高度形貌图。

如果所选探针的弹性系数很小，悬臂容易发生弯曲并对样品的作用力小，可以在不损坏样品的情况下获得样品的表面高度形貌图信息。倘若选择弹性系数大的针尖对样品表面施加较大的相互作用力，针尖就会使样品表面发生形变甚至破坏样品表面，还可以利用此方法对样品表面进行加工处理。除范德华力外，在接触式原子力显微镜中还经常存在针尖与样品表面的毛细管力。如前所述，在大气条件下，探针针尖与样品表面容易黏附一层水膜，这层水膜由于毛细作用会产生约 10^{-8} N 的较强吸引力，从而使探针针尖与样品表面黏合在一起。需要指出的是，当样品在液相或者真空条件下成像时，接触式原子力显微镜中的毛细作用力几乎可以忽略不计，但由于表面毛细作用力及摩擦力的存在，对软样品可能会产生拖动和破坏，因而此模式不太适合于考察软样品（如生物样品），但适合对硬度较大的样品材料表面进行表征。

11.3.2.2　轻敲式成像模式

轻敲模式是介于接触模式和非接触模式之间的成像技术，微悬臂在其共振频率附近做受迫振动，轻轻地敲击样品表面，间断地和样品接触，针尖与样品间的作用力通常为 10^{-12}～10^{-9} N。用一个小压电陶瓷元件驱动微悬臂振动，其振动频率恰好高于探针的最低机械共振频率（～50 kHz）。由于探针的振动频率接近于其共振频率，因此它能对驱动信号起放大作用。当把这种受迫振动的探针调节到样品表面时（通常为 2～20 nm），探针与样品表面会产生微弱的吸引力，对于半导体和绝缘材料，这一吸引力主要来自范德华力和凝聚在探针针尖与样品间水的表面张力。虽然这种吸引力比在接触模式下记录到的原子间的斥力要小一千倍，但是这种吸引力也会导致探针的共振频率降低，驱动频率和共振频率的差距增大，探针尖端的振幅减小。这种振幅的变化可以用激光检测法探测出来，从而可推出样品表面的起伏变化。

当探针经过表面隆起的部位时，振幅变小；而经过表面凹陷处时，振幅变大，反馈装置根据探针针尖振动情况的变化而及时改变加在 Z 轴压电扫描器上的电压，从而使振幅也就是使探针与样品表面的间距保持不变。由上可知，轻敲击成像模式原子力显微镜是用 Z 方向上的驱动电压的变化来表征样品表面的起伏图像。在该模式下，扫描成像时针尖对样品进行“敲击”，两者间只有瞬间接触，克服了传统接触模式下因针尖拖过样品而受到摩擦力、黏附力、静电力等的影响，并有效地克服了扫描过程中针尖划伤样品的缺点，适合柔软或吸附样品的检测，如胶原纤维和生物样品（核酸、蛋白质、细胞和病毒等）。轻敲模式所用的力比接触模式低，并且摩擦力更小。对于一定的试验体系，即使是轻敲模式，吸附颗粒也可能黏附到探针上，造成双针尖假象。在实际操作中，通常根据被测材料的特性以及不同的研究需要，选择合适的操作模式与成像模式。

11.3.2.3 非接触式成像模式

在非接触成像模式中，针尖在样品表面上方振动，探针针尖和样品表面有一定的间隔，一般在探针距离样品表面上方 5～20 nm，始终不与样品接触，探针监测器检测的是范德华吸引力和静电力等长程作用力，其相互作用力通常在 10^{-12} N 左右。探针在接近其共振频率时开始振动，当针尖接近样品表面时，探针共振频率或振幅会发生相应的变化，检测系统探知此变化后，把信号传递给反馈系统，反馈系统通过控制压电陶瓷管的伸缩来保持探针针尖共振频率或振幅不变，从而控制探针针尖与样品表面的平均距离不变。记录系统通过记录压电陶瓷管的伸缩情况来获取样品表面的高度形貌特征。由于非接触式成像模式原子力显微镜的探针不与样品接触，因此不会破坏样品表面，适合于表征软样品。然而因为针尖和样品的作用力比较弱，从而导致这种成像模式的分辨率较低，不能获取样品的精细高度形貌图像。非接触式成像模式虽然增大了显微镜的灵敏度，但由于针尖与样品间距较长，分辨率比接触模式和轻敲模式都低，成像不稳定，操作相对困难，通常不适用于在液体中成像，在生物中的应用也较少。

11.3.3 AFM 的操作模式

根据所研究样品表面结构性质及研究需要的不同，AFM 扫描时选用不同的操作模式，主要有以下几种：

（1）恒力模式。

恒力模式是大部分 AFM 所采用的模式。在扫描过程中，微悬臂不振动，通过反馈回路控制压电陶瓷的伸缩来保持微悬臂形变量不变，从而控制力的恒定。在精确校正了控制 Z 方向运动的压电陶瓷驱动器的压电系数后，可通过反馈回路输出的变化精确测量 Z 轴方向的运动。

（2）恒高模式。

恒高模式是在 X、Y 扫描过程中，保持针尖与样品之间的距离恒定，控制 z 向运动的压电陶瓷不做反馈运动，由检测器件直接检测微悬臂 Z 方向的偏转量，由此得到针尖与样品之间的相互作用力，从而得到样品的表面形貌及性质。这种扫描模式要求样品的表面十分平坦，否则样品表面的起伏容易与探针发生碰撞，造成损伤。由于此模式不使用反馈回路，可以采用更高的扫描速度，通常在观察原子、分子像时用得比较多，而不适用于表面起伏比较大的样品。

（3）恒梯度模式。

恒梯度模式中，微悬臂是振动的，检测器通过锁相技术来检测振动的频率信号。调制频率选在悬臂机械共振频率附近。控制微悬臂振幅恒定可以保持共振频率恒定，而探针将沿恒力梯度轨迹线运动。恒梯度模式适用于非接触成像模式与轻敲成像模式中。

（4）谱学模式。

谱学模式中，力一距离曲线一般是在扫描范围内选取的几个点上测量得到的。Mate等在液态高聚物上得到了空间分辨率的力一距离曲线，测量出毛细管力以及液态膜厚度的变化。随着谱学模式在AFM中的应用，通过力一距离曲线可以测量探针与材料表面间各种相互作用力，例如，范德华力、静电力和氢键力以及粘附力等，使AFM除具有对表面成像的基本功能外，还能提供关于表面定域黏弹性质的信息。

11.3.4　其他成像信息

在原子力显微镜的应用中，最常用的成像技术是高度成像，即高度形貌图成像，除此之外还能获得一些其他的成像信息。

11.3.4.1　摩擦力显微镜

摩擦力显微镜（LFM）是在原子力显微镜表面高度形貌图成像基础上发展起来的一种成像技术。材料表面上的不同组分很难在高度形貌图上区分开来，而且污染物也有可能覆盖样品的真实表面。摩擦力显微镜恰好可以研究那些在高度形貌图上相对较难区分而又具有不同摩擦特性的多组分材料表面。

摩擦力显微镜是检测表面不同组成变化的一种原子力显微镜技术。它可以在聚合物、复合物和其他混合物的不同组分间转变，鉴别表面有机或其他污染物及研究表面修饰层和其他表面覆盖程度。它在半导体、高聚物沉积膜、数据存储器及对表面污染、化学组成的应用观察研究的作用是非常重要的。摩擦力显微镜之所以能对材料表面的不同组分进行区分和确定，是因为表面性质不同的材料或组分在摩擦力显微镜图像中会给出不同的反差。例如，对碳氢羧酸和部分氟代羧酸的混合LB膜体系，摩擦力显微镜能够有效区分C—H相和C—F相。这些相分离膜上，C—H相、C—F相及硅的表面的相对摩擦性能比是1∶4∶10。这说明碳氢羧酸可以有效提供低摩擦性，而部分氟代羧酸则是很好的抗阻剂。不仅如此，摩擦力显微镜也已经成为研究纳米尺度摩擦学——润滑剂和光滑表面摩擦及研磨性质的重要工具。

11.3.4.2　相位成像技术

相位成像（phase imaging）技术的发展极大地促进了原子力显微镜轻敲模式的应用。它可以提供其他原子力显微镜技术所不能揭示的有关表面纳米尺度的结构信息。它是通过轻敲模式扫描过程中振动微悬臂的相位变化来检测表面成分黏附性、摩擦、黏弹性和其他性质变化的。对于识别表面污染物、复合材料中的不同组分及表面黏性或硬度不同的区域都是非常有效的。相位成像技术与原子力显微镜轻敲模式技术一样快速、简单，并具有可对柔软、黏附、易损伤或松散结合样品进行成像的优点。

大量研究结果表明，相位成像同摩擦力显微镜相似，都对摩擦和黏附性质变化相对较大的表面很灵敏。实例证明，相位成像在较宽应用范围内可给出很有价值的信息。例如，利用力调制和相位技术成像柔软样品，可以揭示出针尖和样品间的弹性相互作用。另外，相位成像技术弥补了力调制和摩擦力显微镜方法中有可能引起样品损伤和产生较低分辨率的不足，经常可提供更高分辨率的图像细节，提供其他原子力显微镜技术揭示不了的信息。相位成像技术在复合材料表征、表面摩擦和黏附性检测及表面污染过程观察等已得到广泛的应用，并将在纳米尺度上研究材料性质方面发挥更大的作用。

11.3.5 原子力显微镜的特点及制样要求

11.3.5.1 原子力显微镜分析的优缺点

由于AFM的特点，尽管问世时间较短，其应用理论与技术迅猛发展，正在高分子材料科学、生命科学以及表面科学等领域中广泛应用。AFM作为研究微观材料结构的主要手段，主要有以下几方面的优势：

（1）AFM能够根据研究材料的不同需要，在真空、大气或水中实时地直接观察物体；而不像TEM和SEM那样必须在高真空条件下观察试样，这使得AFM具有实时实体观测的功能，使其能用于在线观测，例如生物活体的在线监测和聚合物物理化学反应的在线监测以及在工业生产线上的产品质量控制等。

（2）AFM在分析时不需要对样品进行任何特殊处理，可以在三维尺度监测试样结构单元的尺寸，而且有很高的纵向分辨率，而TEM仅能在横向尺度（二维）上进行检测，对纵深方向上结构单元尺度的测定无能为力。

（3）AFM不仅能在原子尺度上对导体、半导体表面进行成像，而且能获得诸如玻璃、陶瓷等非导电材料的表面结构。

（4）借助原子力显微镜不仅可以得到样品的三维形貌图像，也可以对材料表面进行粒度、厚度、粗糙度等计算统计，可以测定材料局部微区力学和物理性能。

（5）AFM探针能够精确地定位或接近样品表面，不仅可以探测分子间的作用力，而且为样品在纳米尺度上进行测定和操作提供了可能。

（6）有些材料对电子束轰击敏感，常造成试样的电子束损伤或微结构改变，严重时会达到无法观察的程度。AFM则可完全避免上述问题。

（7）AFM的软件处理功能强，其三维图像的大小、视角、显示色、光泽均可自由设定。

（8）原子力显微镜除用于成像外，还有许多其他用途。原子力显微镜的另外一个优点是灵敏度高，体积小，并且体积越小，灵敏度越高，这一点与许多其他工具不同，并使得它很容易与其他技术联用。

然而原子力显微镜也有其明显的缺点：第一，其成像范围太小，扫描速度慢（与扫描电子显微镜相比）；第二，其扫描结果受探针的影响太大。由于AFM的测量是通过探针与物体表面的近乎直接接触来实现的，探针的质量直接影响测量的准确程度。例如，针尖会被所测量的材料所污染，有时候针尖会划伤所测量的表面并逐渐磨损甚至折断，这些都会使得测量的结果变得不准确。因此，在实验操作时必须确保探针的质量。

11.3.5.2 原子力显微镜制样要求

为了防止在成像过程中样品的移动，需要将样品固定在刚性的基底上。原子力显微镜中最常用的基底主要有以下三类：

（1）云母。

由于云母具有价格低廉和可适用范围广等优点，成为目前应用最为广泛的原子力显微镜基底。云母由一系列薄且平的结晶平面组成，通过在其边缘插入一个针或者使用胶带都可以使两云母片轻易地被分开，从而得到一个从来没有暴露在空气中的新表面。此外，云母片的表面非常平整，特别适合研究单分子。目前市售的云母有多种类型，其主要区别在于所含的金属离子不同，用作基底最常见的一种类型是“白云母”，其化学式为 $KAl_2(OH)_2AlSiO_3O_{10}$。

（2）玻璃。

作为基底的玻璃通常为抛光的盖玻片，玻璃表面并不像云母那样平整，因此并不适合于小分子成像，但其在几微米的范围内粗糙度可以低至几个纳米，能够满足对表面平整度要求不高的较大样品（如细胞）成像。用异丙醇或酸把玻璃基底冲洗干净后，可以将细胞和细菌等样品直接放在上面进行观察。

（3）石墨。

以石墨为基底具有非常悠久的历史，在扫描隧道显微镜（STM）早期就已经有应用了，主要原因是 STM 要求基底导电。但原子力显微镜并不要求基底能够导电，因此除非是要同时获得 STM 数据，否则一般不用石墨作为原子力显微镜基底。此外，石墨是疏水的，故水溶液中的样品在其表面的沉积效果非常差，不利于制样。不过当样品的构象易受云母表面影响时，可以选择石墨来替换云母作为基底。

原子力显微镜对样品的导电性没有要求，既可以分析导电样品，也可以分析非导电样品。分析前，必须保持样品表面清洁。根据样品种类不同，其制样方法有所不同。

（1）粉末样品的制备：粉末样品的制备常用的方法是胶纸法，先把两面胶纸粘贴在样品座上，然后把粉末撒在胶纸上，吹去粘贴在胶纸上的多余粉末即可。

（2）块状样品的制备：玻璃、陶瓷及晶体固体样品需要抛光，并要注意固体样品表面的粗糙度。对于薄膜状样品，直接将其粘贴在样品座上即可。

（3）液体样品的制备：分析液体样品时，浓度不能太高，否则粒子团聚会损伤针尖。如在分析纳米颗粒时，可将纳米粉末分散到溶剂中，浓度越稀越好（一般在 10^{-6} g·mL^{-1}），然后通过手动滴涂或用旋涂机旋涂将其涂于基底——云母片上，并自然晾干。

11.4 原子力显微镜的应用举例

11.4.1 观测分析有机高分子材料的形态结构变化

羧甲基纤维素钠（carboxymethyl cellulose，CMC）是一种带有阴离子电荷、水溶性良好的直链纤维素醚，作为一种重要的纤维素衍生物，具有无毒、可生物降解以及廉价易得等性能。正是由于具有这些优良的性能，羧甲基纤维素钠被广泛应用于医药、食品、纺织、造纸、黏合剂、印染、化妆品以及采矿等行业，具有“工业味精”之称。此外，羧甲基纤维素钠还具有良好的生物相容性，因此其作为生物材料在生物医学领域显示出较好的应用前景。在聚多糖—蛋白质复合材料方面，羧甲基纤维素钠主要是与卵白蛋白、葡甘露聚糖等进行简单的共混来制备复合材料。在不引入其他交联剂的情况下，这种简单的共混所得到的材料在力学性能上是很难达到作为生物材料的要求的，为了使其满足现有的应用需求，通过对羧甲基纤维素钠分子本身进行改性引入活性基团，再让其与蛋白质中的基团发生反应形成交联结构，成为改善复合材料力学性能的一种非常有效的方法。

工业上一直利用高碘酸及其盐类的氧化使葡萄糖单元中的2、3位碳原子间的键断裂形成两个醛基的原理来生产双醛淀粉及双醛纤维素。通过这种方法，可以往聚多糖中引入大量的醛基，有一些醛基还可以通过进一步的反应转变成羧基，从而更容易与蛋白质等物质中的羟基或氨基发生反应，形成化学交联结构。作者所在课题组以高碘酸盐为氧化剂，在酸性条件下将羧甲基纤维素钠结构单元中的2、3位碳原子上相邻的羟基氧化成两个醛基，并且使2、3位上的碳碳键发生断裂，最终得到双醛羧甲基纤维素钠(dialdehyde carboxymethyl cellulose，DCMC)，并通过控制高碘酸钠的用量制备了羧基含量分别为45%，68%，81%的DCMC，其中DCMC中羧基的含量是通过盐酸羟胺法来测定，如图11.13所示。

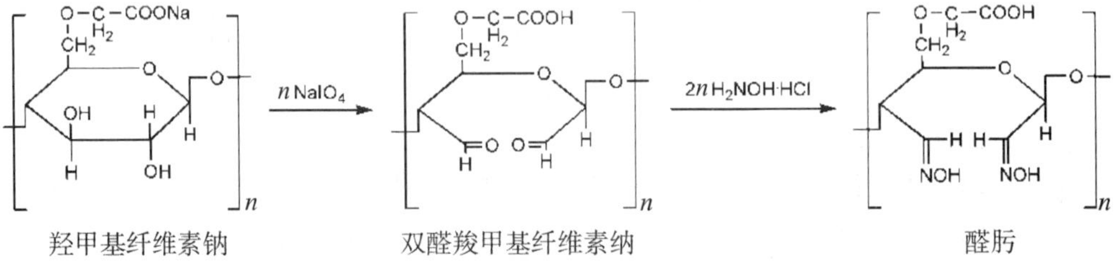

n NaIO$_4$　　$2n$ H$_2$NOH·HCl

羟甲基纤维素钠　　双醛羧甲基纤维素纳　　醛肟

图 11.13　羧甲基纤维素钠的氧化及醛基含量检测的反应机理

图11.14为CMC和不同醛基含量的DCMC的原子力显微镜检测结果，可见由于氧化作用导致CMC在形态上发生了改变：CMC在氧化之前具有线性的纤维网状结构，并且通过形态观察也可以说明CMC分子在溶液中是以聚集体的形式存在。而经$NaIO_4$氧化后，CMC在云母片上的有序聚集结构消失了，取而代之的是DCMC的不均匀的构象。此外，通过不同醛基含量的DCMC的AFM图像对比发现，随着醛基含量的增加，图像中小分子片段逐渐增加。这个现象的产生主要是由于CMC在氧化过程中的降解。

利用AFM还可以观察胶原的纤维结构。胶原是动物细胞外基质的重要组成部分，它的分子排列形式对维护组织和细胞的存在状态、强度和结构完整起到重要作用。由于独特的纤维结构、生物可降解性、生物相容性和低免疫原性，胶原在生物材料领域如药物释放系统、敷料和支架材料都有重要的应用。自20世纪80年代以来，生物材料在医学领域发展迅速，使胶原以不同的方式得到应用。通常情况下，胶原主要是通过中性盐法、酸法、碱法或酶法从富含纤维胶原的皮和跟腱等组织中提取得到。与其他三种方法相比，使用胃蛋白酶在0.5 M醋酸溶液中提取胶原得率最高，而且胶原分子端肽去掉后仍保留其三股螺旋结构。但是，其缺点是耗时长，且原料利用率低。超声波辐照作为一种促进传质的手段被广泛应用于共混、提取和染色中。其机理主要是通过空化泡的迅速形成和破裂产生热效应、机械效应和化学作用，但是空化作用会形成高剪切力、高压和高温，这会引起蛋白质和酶的变性。不过，也有一些研究人员报道指出，在特定的超声波功率和频率的条件下，一些酶的活性不仅不会降低，甚至还会提高。因此，超声波和酶的组合在纺织、酚类降解，废水处理等方面得到广泛应用。

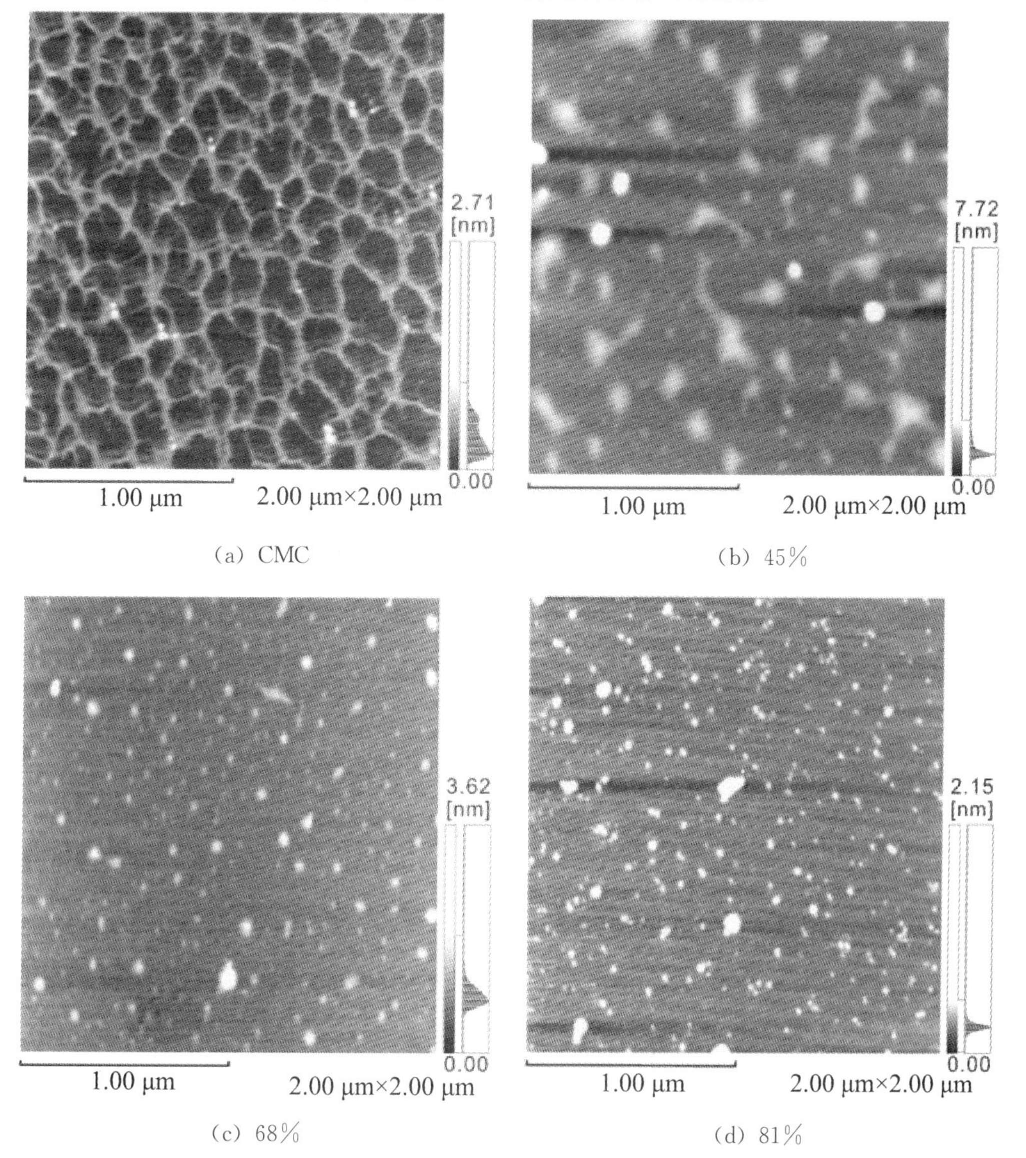

(a) CMC　(b) 45%　(c) 68%　(d) 81%

图 11.14　CMC 和不同醛基含量 DCMC 的 AFM 图像

作者课题组将胃蛋白酶和温和超声波辐照相结合，从牛跟腱中提取Ⅰ型胶原，并与单独的胃蛋白酶提取法进行了比较，接着使用原子力显微镜对传统酶法和超声波一酶法两种方法提取得到的胶原的形貌进行观察，以研究超声辐照提取对胶原结构的影响，结果如图 11.15 所示。由图可知，传统酶法提取的胶原和超声一酶法提取的胶原都保持有Ⅰ型胶原独特的纤维结构，说明超声提取过程中超声波不会破坏胶原分子天然的结构。另外，图 11.15（b）中胶原分子明显比图 11.15（a）中拥挤，这是由于提取结束时超声波一酶法提取的胶原溶液浓度高于传统酶法提取的胶原溶液浓度。

以上结果说明，温和超声波辐照可以在不破坏胶原结构的同时提高胶原提取的得率。而且，超声波在胶原提取过程中主要表现出两个方面的作用：一方面使胃蛋白酶的分散性提高；另一方面也使胶原纤维变得松散，从而有利于胃蛋白酶在胶原纤维中的扩散，有利于酶解作用。超声—酶提取法提取牛跟腱中胶原的机理如图 11.16 所示。

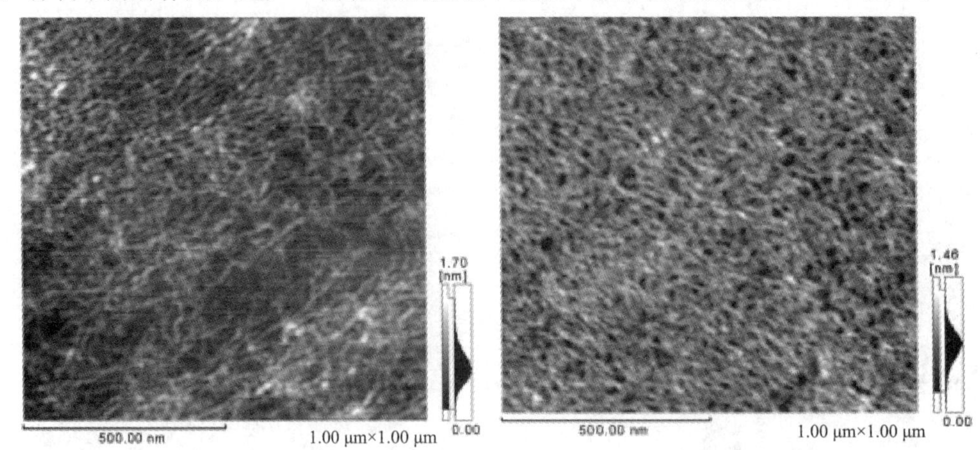

（a）酶法提取胶原　　　　（b）超声—酶法提取胶原

图 11.15　AFM 图

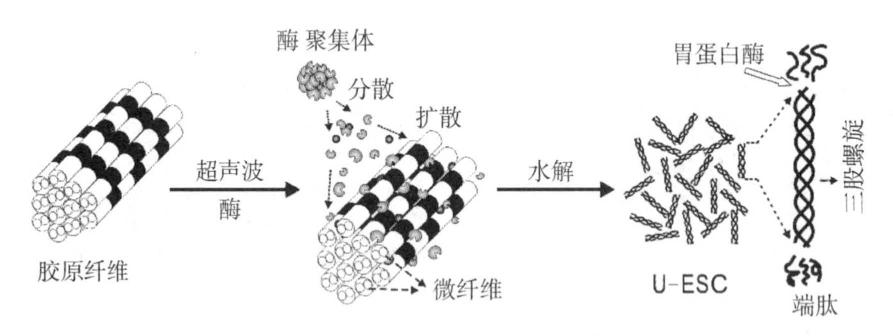

图 11.16　牛跟腱中胶原的超声—酶提取法机理

11.4.2　观测无机纳米材料的形貌

Laponite 纳米粒子是一类人工合成的具有纳米片晶结构的层状硅酸盐，其粒径集中在 25～30 nm，片晶厚度为～1 nm，且这类纳米粒子结构与尺寸可控。纳米粒子因其具有独特的组分和结构特征，被认为是一种具有二维结构的“无机高分子”，其晶体结构中具有两个四面体硅酸盐片层夹一个中心金属离子八面体片层的 2∶1 型基本结构单元，结构单元之间以静电斥力作用隔开，含水层间的可交换离子可以增强静电作用。纳米粒子本身的同晶置换使其片晶表面带有永久负电荷，而且片晶边缘由于吸附羟基使水分子极化而带有局部的正电荷，并通过吸附 Na^+ 以静电方式到其片晶表面来中和这部分负电荷。已有研究发现，pH 的变化是影响 Laponite 纳米粒子分散体系稳定性的重要因素之一。因此，可通过控制 pH 来改变纳米粒子的分散稳定性及聚集行为。

作者课题组研究了 Laponite 纳米粒子在不同 pH 条件下的分散稳定性及聚集行为。图 11.17 为不同 pH 条件下 Laponite 纳米粒子的 AFM 形貌图。如图 11.17（a）所示，当纳米粒子分散液在去离子水中时，纳米粒子分散液 pH 为～10.0，呈现出良好的片晶状态，其直径范围在 20～40 nm，较均匀地分布在云母片上。进一步地，由 3D 高度图以及对高度图进行局部数据分析均表明纳米粒子在云母基底上的高度并不完全一致，其平均垂直高度值约为 10 nm。此外，颗粒彼此分离且并无聚集体产生，表明在一定浓度条件下，纳米粒子在水中具有良好的分散性。如图 11.17（b）所示，当分散液 pH 为 3.0 时，纳米粒子颗粒呈现出明显的聚集行为；结合 3D 高度图以及对高度图进行局部数据分析均表明，纳米粒子颗粒在云母基底的平均垂直高度值约为 37 nm，高于其在 pH～10.0 条件下的高度值。由此可知，降低外界 pH 可引起纳米粒子颗粒发生明显的聚集。

（a）pH 10.0　　　（b）pH 3.0（C=10 mg·L^{-1}，25 ℃）

图 11.17　Laponite 粒子的 2 μm×2 μm AFM 高度图及 3D 高度图

以上结果可以通过 Laponite 纳米片晶在不同 pH 条件下的表面带电情况来解释，如图 11.18（a）所示为碱性条件（pH>7.0）下 Laponite 纳米粒子片晶表面的带电情况。此时纳米粒子片晶侧面的正电荷吸附外加 NaOH 中大量的 OH^-，而 Na^+ 通过静电作用吸附在纳米片晶表面和边缘形成双电层，从而起到稳定纳米粒子片晶的作用。图 11.18（b）所示为酸性条件（pH<7.0）下纳米粒子片晶表面的带电情况。此时纳米片晶表面的负电荷通过静电吸引聚集大量的 H^+，侧边带正电不随外界 pH 值的变化而变化，导致纳米粒子片晶只在其表面形成双电层，而带正电的侧边不能形成双电层。当外界 pH 降低时，纳米颗粒表面电荷发生变化，Zeta 电位的绝对值减小，使得颗粒不稳定，而且随着分散液中 H^+ 浓度逐渐增大，该趋势显著增强，并逐渐形成一定的聚集体。由上述结果可知，可通过调节外界 pH 的变化来控制 Laponite 纳米粒子的颗粒尺寸大小、分散稳定性和聚集行为。

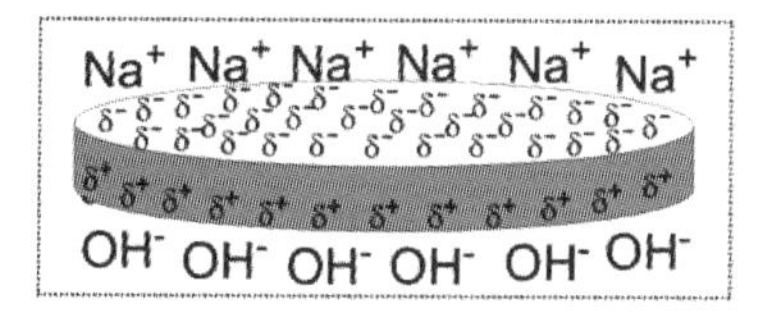

（a）碱性

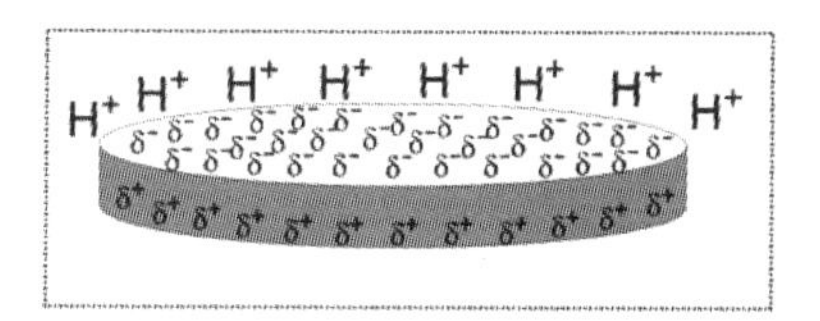

（b）酸性

图 11.18　Laponite 纳米片晶在碱性和酸性条件下的表面带电情况

凹凸棒（Att）是一种具有层链状结构的含水富镁铝的硅酸盐矿物，化学式为$Si_8O_2Mg_5[Al](OH)_2(H_2O)_4 \cdot 4H_2O$，其基本结构单元为两层硅氧四面体与一层镁（铝）氧八面体构成的棒状单晶，直径20～70 nm，长0.1～5.0 μm，属于天然一维纳米材料。单晶内部和外表面充斥着可交换的阳离子与活性—OH。由于凹凸棒特殊的表面积与结构性能，其在吸附剂、催化剂载体、制药辅料和活性物质领域有广泛应用。凹凸棒作为填充改性剂可以降低合成复合材料的成本及提高复合材料的各项性能。有文献报道，纳米硅酸盐对聚合物的机械性、热稳定性、吸附性等均有明显改善。

但天然的Att是一种黏度很高的混合物，需将其纯化才能进一步使用。作者课题组将高黏的凹凸棒溶于六偏磷酸钠溶液中，然后通过搅拌、超声振动等一系列操作使其均匀分散在溶液中，再离心取上部悬浮液即为纯化的凹凸棒（PAtt）。图11.19为PAtt的原子力显微镜形貌结构图，从图中可以看出，PAtt呈单晶棒状单分散分布状态，其直径在20～70 nm范围内，长几百纳米到一微米，是一种典型的一维纳米材料。另外，图中看不到其他杂质，表明成功制备出纯化的凹凸棒。

图11.19 凹凸棒的原子力显微镜形貌结构图

11.4.3 分析物质间的相互作用

11.4.3.1 分析天然有机高分子间的相互作用

单宁酸是一类广泛存在于多种树木的树皮和果实中的复杂多元酚类高分子化合物，由于单宁酸与胶原的结合能够大幅度提高胶原纤维的热稳定性及机械性能，因此自19世纪以来，单宁酸作为植物鞣剂被广泛应用于制革工业，经单宁酸鞣制后的成革具有革身色浅、粒面平滑等特点。在制革工业中，由于单宁酸的等电点在pH为2.5左右，因此通常选择pH在3.5～4.5开始鞣革以利于单宁酸渗透到胶原纤维之间，并与之产生交联，通过这种方法鞣制的成革收缩温度能达到75～90 ℃。此外，由于胶原在生物医学领域也有广泛的应用，因此研究单宁酸与胶原的相互作用机理不仅有助于深入理解鞣革机理，而且对拓宽其在生物材料与生物医学领域的应用有重要意义。

作者课题组研究了在稀溶液体系中胶原与单宁酸的相互作用，并探究了不同pH条件下单宁酸对胶原结构的影响。图11.20分别是pH为2.5溶液中胶原与10%单宁酸/胶原（a，b）及pH为4溶液中胶原与10%单宁酸/胶原（c，d）的原子力显微镜图像。从图中可以看出，胶原在pH分别为2.5（a）和4（c）的溶液中处于均匀分散状态，在pH为2.5的胶原溶液中加入占胶原质量10%的单宁酸（b）时，发现胶原的分散情况与未加单宁酸的胶原相近，表明单宁酸在等电点附近与胶原没有明显的相互作用。当在pH为4的胶原溶液中加入相同比例的单宁酸（d）时，明显地观察到了胶原链变粗，表明了单宁酸与胶原间发生了相互作用，从而使得胶原分子链之间发生了聚集。其原因是单宁酸在pH为4的溶液中远离它的等电点，使其上面的基团带有电荷，很容易与胶原发生静电和氢键的相互作用而形成交联结构，这也是在制革工业中要将pH控制在远离单宁酸等电点的原因。

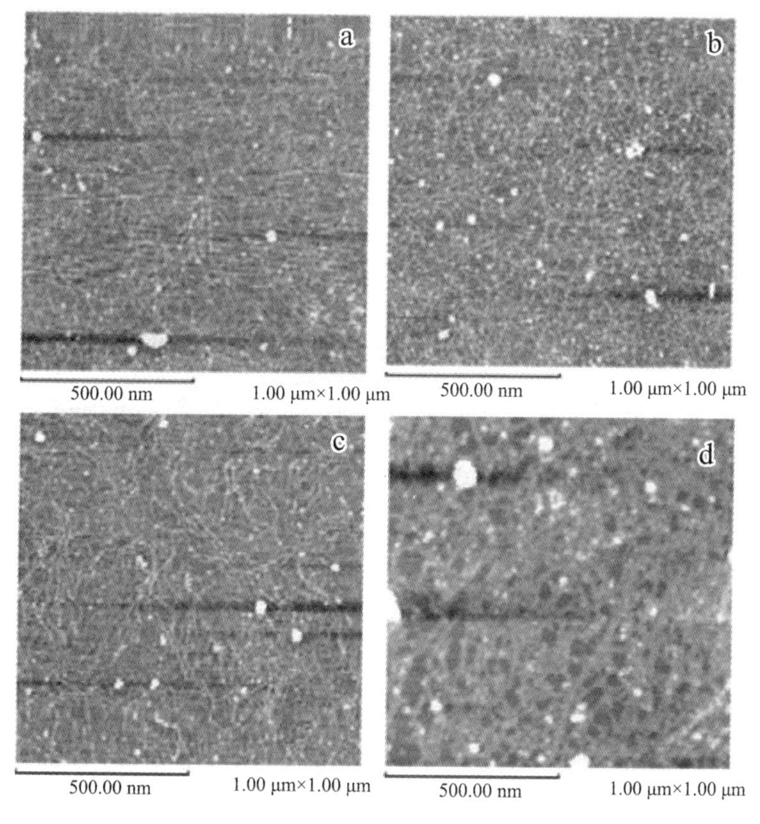

图11.20　pH为2.5溶液中胶原（a）和10%单宁酸/胶原（b）；pH为4溶液中胶原（c）和10%单宁酸/胶原（d）

11.4.3.2　分析无机纳米粒子与蛋白质的相互作用

胶原是自然界中重要的可再生生物质材料，它不仅是哺乳动物体中含量最丰富的蛋白质，占蛋白质总量的25%～30%，同时具有商业价值和工业意义，例如大量用于传统的皮革工业以及在生物医学方面的应用。然而，基于胶原的生物医用材料较差的热稳定性与机械性能限制了其广泛应用。目前，基于天然高分子的生物纳米材料在学术和工业领域引起了广泛关注。这不仅表现在生物纳米材料显著的性能，如机械性能的提高，热稳定性的提高；而且在生物相容性与生物降解性方面有明显优势。蛋白质与矿物黏土的复合物不仅廉价，而且在性能上可结合蛋白质与黏土的有机与无机特性。如前所述，凹凸棒（Att）属于天然一维纳米材料。由于凹凸棒特殊的表面积与结构性能，将其引入胶原中能够很好地改善胶原的热稳定性和机械性能。

尽管胶原基矿物黏土纳米复合材料作为新兴的生物材料在组织工程领域有广泛应用，在制革行业中，使用具有纳米结构的层状硅酸盐黏土鞣革也被认为是清洁鞣革的一条重要途径。然而，关于胶原与矿物黏土的相互作用仍然不是很清楚。矿物黏土导致胶原构象改变的机理研究相对不足，而这对于了解胶原基矿物黏土纳米复合材料的结构是非常重要的。作者课题组利用原子力显微镜研究了纯凹凸棒（PAtt）与胶原的相互作用。如图 11.21 所示，其中 a 和 b 分别是浓度为 3×10^{-2} mg・mL^{-1}和 3 mg・mL^{-1}的纯胶原的原子力显微镜图，胶原都处于均匀分散的超细纤维状态。但当往 3×10^{-2} mg・mL^{-1}的胶原溶液中加入占胶原质量 8% 的 PAtt 后，胶原肽链开始聚集成束（图 11.21c）。而对于 3 mg・mL^{-1}的纯胶原溶液，由于其浓度更高，当加入占胶原质量 8% 的 PAtt 后，胶原间的聚集更加明显，甚至不再是纤维状而呈云团状（图 11.21d）。其主要原因在于胶原浓度越大，胶原上引起多肽链之间相互吸引的疏水作用越强，当浓度超过一定值时，疏水作用便超过排斥作用占主导地位，从而使得胶原纤维之间产生横向融合，交联作用增强。另外，PAtt 的引入使胶原分子内和分子间的氢键和静电作用也相应增强，从而使胶原呈现无明显纤维状形貌，即图中所示的云团状。原子力显微镜的结果直接表明了 PAtt 诱导胶原纤维链发生聚集。因此，PAtt 在制备胶原基纳米复合材料时可以作为一种有效的交联剂。

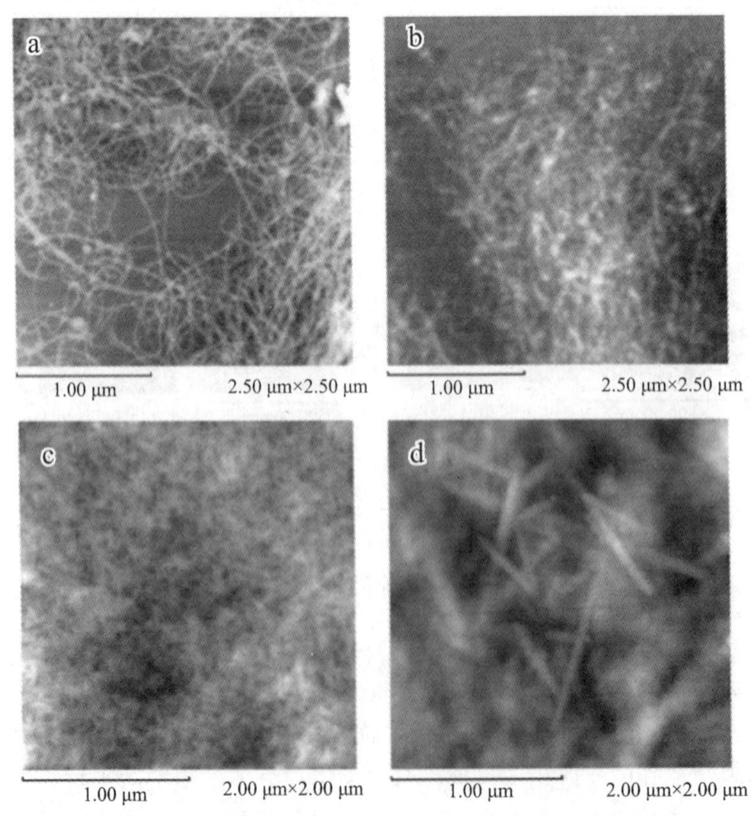

图 11.21 纯胶原（a，b）与 PAtt—胶原共混液（c，d）的原子力显微镜形貌，其中 a 和 c 中胶原的浓度为 3×10^{-2}mg・mL^{-1}，b 和 d 中胶原的浓度为 3 mg・mL^{-1}，c 和 d 中 PAtt 的加入量均为 8%

11.4.3.3 观测无机纳米粒子在高分子材料中的分散情况

Laponite纳米粒子是一类人工合成的具有2∶1型层状结构的纳米硅酸盐，粒子尺寸小、分散性好、安全无毒、具有良好的生物相容性和优异的胶体特性，可作为多功能无机交联剂被引入合成高分子和天然高分子中改善黏土/高分子复合材料的物理机械性能和热稳定性。已有研究表明，此类纳米粒子可以均匀地分散在胶原基材中并与之形成三维网状结构，从而很好地提高其力学性能。然而，目前关于Laponite纳米粒子与胶原的相互作用机理仍然缺乏系统而深入的研究，而且纳米粒子对胶原各层次结构的影响以及在胶原基质中的作用形态的认识也相对不足。因此，有必要研究Laponite纳米粒子对皮胶原多层次结构及性能的影响，考察二者相互作用以探索其作为鞣剂的可行性。

作者课题组借助原子力显微镜考察了Laponite纳米粒子与皮胶原纤维的相互作用，并分析了Laponite纳米粒子的引入对皮胶原纤维三股螺旋构象和多肽链主体结构的影响。如图11.22所示为引入Laponite纳米粒子前后皮胶原纤维的原子力显微镜微观形貌结构。由图11.22（a）可知，通过天然皮胶原的微观形貌结构，可以清楚地观察到大量胶原纤维彼此紧密地编织形成层状的胶原纤维束，其直径范围在0.5～2.0 μm，并呈现出远程无序的结构。图11.22（b）所示为引入纳米粒子后皮胶原纤维的微观形貌结构。从图中可以明显地看出，有大量尺寸在纳米级到微米级的片晶颗粒聚集并附着在皮胶原纤维束表面，而且由图11.22（c）和（d）所示可以清晰地观察到片晶颗粒聚集在皮胶原纤维表面，并保留天然胶原明暗相间的周期性结构。如图11.22（c）插图所示，皮胶原原纤维表面有轴向一节一节明暗相间的周期性结构（*D*周期为～65 nm），明暗区比例大约为0.6 *D*∶0.4 *D*，外形类似于珍珠项链，较好地符合皮胶原纤维的结构特征。文献报道只有当皮胶原多肽链以确定而规整的方式堆积在一起保持其天然的三股螺旋构象时，胶原纤维的周期性结构才能够形成。

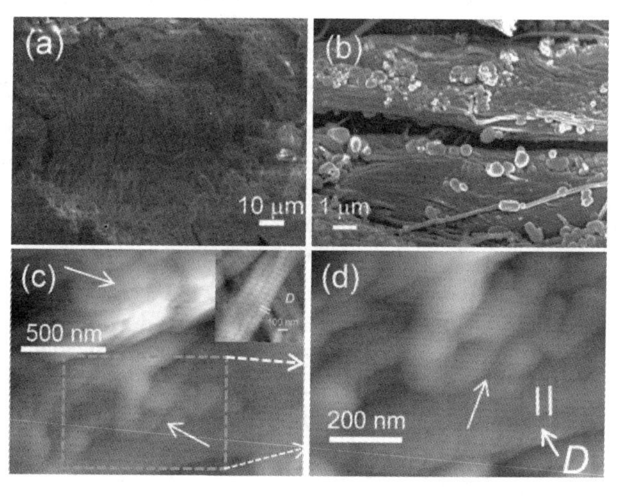

（a）引入前皮胶原纤维的SEM图；（b）引入纳米粒子后皮胶原纤维的SEM图；（c）引入纳米粒子后皮胶原纤维的AFM图，插图为皮胶原*D*周期结构的原子力显微镜图；（d）AFM放大图，箭头所示为纳米颗粒。

图11.22 引入Laponite纳米粒子前后皮胶原纤维的形貌变化

基于以上实验结果可知，Laponite 纳米粒子以纳米片晶的形式作用于皮胶原纤维和原纤维层次而未改变皮胶原的三股螺旋构象和多肽链主体结构，推测是纳米片晶表面的 Si—OH 与皮胶原分子中的羰基等活泼基团可形成氢键和静电作用等非共价键（图 11.23）。一方面，胶原分子肽链表面丰富的活泼基团，如羰基等活性基团与纳米粒子表面大量的 Si—OH 形成氢键；另一方面，在 pH ～3.0 的条件下，纳米片晶表面的负电荷可与带正电的皮胶原分子（等电点 pI ～7.0）发生静电作用。

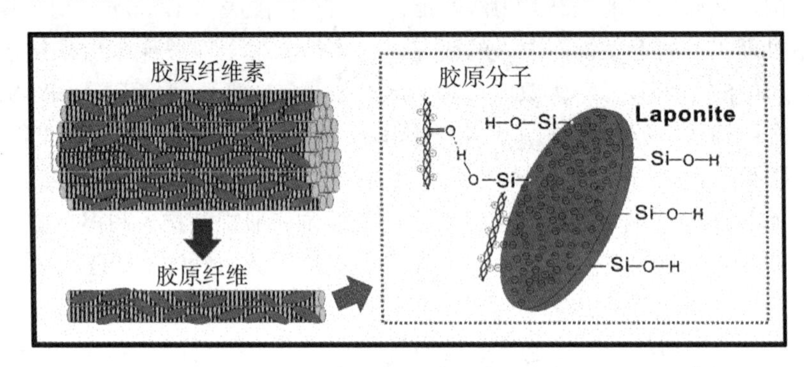

图 11.23　Laponite 纳米粒子与皮胶原的多层次作用机理示意图

参考文献

[1] 祖元刚，刘志国，唐中华. 原子力显微镜在大分子研究中的应用 [M]. 北京：科学出版社，2013.

[2] Vic J M，Andrew R K，A. Patrick G. Patrick gunning Atomic force microscopy for biologists [M]. Singapore Word Scientific Publishing，Co. Pte. Ltd.，2009.

[3] 贾贤. 材料表面现代分析方法 [M]. 北京：化学工业出版社，2009.

[4] 李占双，景晓燕. 近代分析测试技术 [M]. 哈尔滨：哈尔滨工程大学出版社，2005.

[5] Boisen A，Hansen O，Bouwstra. AFM probes with directly fabricated tip [J]. Journal of Micromechanics and Microengineering，1996，6：58—62.

[6] 李宏利. 胶原复合水凝胶支架的制备、结构与性能研究 [D]. 成都：四川大学，2011.

[7] Li H L，Wu B，Mu C D，et al. Concomitant degradation in periodate oxidation of carboxymethyl cellulose [J]. Carbohydrate Polymers，2011，84 (3)：881—886.

[8] 李德富. 热和辐照对胶原变性的影响及明胶蛋白凝胶纺丝 [D]. 成都：四川大学，2010.

[9] Li D，Mu C，Cai S. Ultrasonic irradiation in the enzymatic extraction of collagen [J]. Ultrasonics Sonochemistry. 2009，16 (5)：605—609.

[10] 石佳博. 植物单宁-纳米结合鞣白湿革的机理、评价与应用研究 [D]. 成都：四川大学，2017.

[11] Shi J B, Wang C H, Ngai T. Diffusion and binding of laponite clay nanoparticles into collagen fibers for the formation of leather matrix [J]. Langmuir, 2018, 34 (25): 7379-7385.

[12] 苏帝翰. 胶原与纳米凹凸棒的相互作用及其复合材料对单宁酸吸附的研究 [D]. 成都：四川大学，2013.

[13] Su D H, Wang C H, Cai S M, et al. Influence of palygorskite on the structure and thermal stability of collagen [J]. Applied Clay Science, 2012, 62-63, 41-46.

思考题

1. 如何理解原子力显微镜中的“原子力”?

2. 比较原子力显微镜与其他传统的显微镜（如光学显微镜、扫描电子显微镜和透射电子显微镜）的原理，思考它们之间的本质区别。

3. 原子力显微镜的成像模式有哪些? 各自适用于什么类型的样品?

4. 如前面章节所述，传统的光学显微镜、电子显微镜的分辨率主要受到可见光和电子波长的限制，请思考原子力显微镜的分辨本领主要受什么因素的限制。

5. 在利用原子力显微镜分析样品之前，制备样品需要注意哪些方面?

6. 与传统的光学显微镜、电子显微镜相比，原子力显微镜有哪些优缺点?

7. 原子力显微镜的应用有哪些?

第 12 章　X 射线光电子能谱法

12.1　概　述

本章涉及的分析方法属于固体表面分析方法。通常将固体最外层的 1～10 nm 范围内称为表面，这一范围内的薄层分析称为表面分析。由于表面原子数仅占全部原子的极小一部分，所以要分析表面，就要求分析技术必须对表面极其灵敏并能从样品的大量原子中有效地过滤出有用的表面信号。电子能谱分析法是采用一次束（电子束、离子束、光子束等）照射样品表面，使样品中的原子或分子受到激发使之产生二次束（电子、离子、X 射线），然后收集这些带有样品表面信息并具有特征能量的电子，通过测量并研究含有样品信息二次束的能量分布，进而获得物质表面的组成和结构等有关信息的一类分析方法。由于样品本身的吸收作用，在样品深层处产生的二次粒子不能射出固体表面，只有在表面或表面浅层样品中产生的粒子才可能被检测到，因此这类分析方法都称为表面分析方法。

一般来说，分析方法的表面灵敏度依赖于所检测的辐射。表面分析技术以电子能谱为中心，作为信息载体的特征电子从被电子束或 X 射线照射的样品中发射出，然后到达能量分析器和检测器进行分析测量。在电子能谱中，尽管轰击表面的 X 射线光子或高能电子可透入固体很深（～1 μm），但由于电子在固体中的非弹性散射截面很大，只有小部分电子保持原有特征能量而逸出表面。可被检测的无能量损失的出射电子仅来自表面的 1～8 nm。在固体较深处产生的电子也可能逸出，但在其逸出的路径中会与其他原子碰撞而损失能量，因而它们对分析是无用的。电子能谱的表面灵敏性是在固体中输运而没有被散射的短距电子的结果。目前常用的表面分析方法包括 X 射线光电子能谱法（X－ray photoelectron spectroscopy，XPS）、紫外光电子能谱法（ultravio－let photoelectron spectroscopy，UPS）和俄歇电子能谱法等。其中，X 射线光电子能谱是以 X 射线作为激发源，探测从表面出射的光电子的能量分布；紫外光电子能谱是用紫外光作为激发源；俄歇电子能谱是用电子束（或 X 射线）作为激发源，但其测量发射的是俄歇电子。

对于化学分析来说，以 XPS 使用最为广泛。它是由瑞典 Uppsala 大学物理研究所 Kai Siegbahn 及其同事经过近 20 年的潜心研究而建立的一种分析方法。他们首先发现了内层电子结合能的位移现象，解决了电子能量分析等技术问题，测定了元素周期表中各元素轨道结合能，并成功地应用于许多实际的化学体系。X 射线光电子能谱不仅能测定表面的组成元素，而且能给出各元素的化学状态信息。Kai Siegbahn 由于其在高分辨光电子能谱方面的杰出贡献而获得了 1981 年诺贝尔物理学奖。经过不断更新、发展和完善，X射线光电子能谱已经成为表面分析中的常规分析技术，不仅能探测表面的化学组成，而且可以确定各元素的化学状态，在化学、材料科学及表面科学中得以广泛地应用。其具有以下优点：

（1）从能量范围看，如果把红外光谱提供的信息称为“分子指纹”，那么X射线光电子能谱提供的信息可称为“原子指纹”，它可提供有关化学键方面的信息，即直接测量价电子及内层电子轨道能级。

（2）XPS可以分析除氢和氦以外的所有元素；对所有元素的灵敏度具有相同数量级，可以直接测定来自样品单个能级光电发射电子的能量分布，且可以直接得到电子能级结构的信息。

（3）在周期表中，相邻元素的同种能级的谱线相隔较远，相互干扰少，因此元素定性的标识性强。

（4）既可进行定性分析，也可进行定量分析；既可测定不同元素的相对浓度，又可测定同种元素不同氧化态的相对浓度。

（5）灵敏度高，分析样品深度为2 nm，信号来自表面几个原子层，分析所需样品约为10^{-8} g即可，绝对灵敏度可达10^{-18} g，是一种高灵敏超微量无损表面分析技术。

12.2　X射线光电子能谱法（XPS）的基本原理

12.2.1　原子能级及其在XPS中的表示

12.2.1.1　原子壳层和电子能级轨道

我们知道，物质是由原子、分子组成的，而原子又是由原子核和围绕原子核做轨道运动的电子组成的，如图12.1所示。电子在其轨道中运动的能量是不连续的、量子化的，电子在原子中的状态常用量子数来描述。主量子数$n=1, 2, 3, \cdots$，可用字母符号K、L、M、N等表示，以标记原子的主壳层，它是能量的主要因素。n值越大，电子的能量越高；在一个原子内，具有相同n值的电子处于相同的电子壳层。角量子数$l=0, 1, 2, 3, \cdots, (n-1)$，通常用$s$、$p$、$d$、$f$等符号表示，象征电子云或电子轨道的形状，例如s为球形，p为哑铃形等，它是决定能量的次要因素，在给定壳层能级上，电子能量随l的增大略有增大。电子总角动量的量子数为j，$j=|l+m_s|$，m_s为电子自旋量子数，根据电子旋转方向不同，取值为+1/（2）或−1/2。一个电子所处原子中的能级可以用n、l、j三个量子数来标记（nlj）。

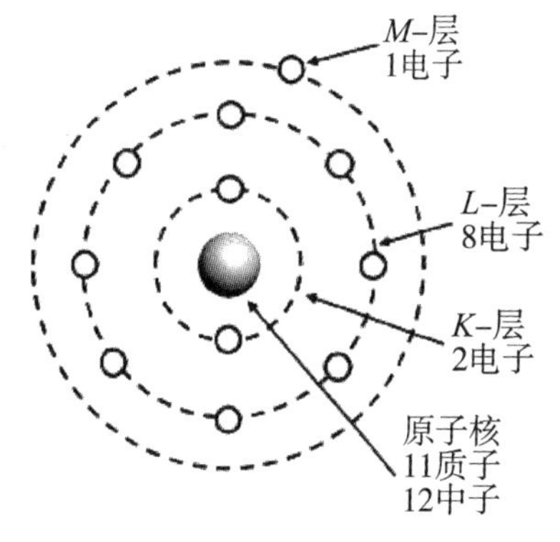

图12.1　钠原子的波尔模型

12.2.1.2　XPS的光谱学符号

电子能谱测量的是材料表面出射的电子能量，所以必须规范地来描述其所涉及的每一个轨道跃迁电子。X 射线光电子能谱法中所用的符号表示与俄歇电子能谱法（AES）中的不同，XPS 用光谱学符号标记电子，而俄歇电子能谱法中则用 X 射线符号标记电子。

在 XPS 中，光电子是用其量子数 n、l、j 来描述的，电子跃迁通常以 nl_j 的方案来标记。此命名法符号中第一部分 n 为主量子数，取值 1、2、3 等；l 为角量子数，取值 0、1、2、3 等，然而此量子数通常以 s、p、f 等符号表示；第三部分为电子总角动量的量子数 j，当 $l=0$ 时，j 值为 1/2，说明 s 壳层电子的能级不发生自旋分裂，在 XPS 谱图上只能观察到单一的谱峰，如 1 $s_{1/2}$、2 $s_{1/2}$ 等。当 $l>0$ 时，j 有两个不同的数值，在 XPS 谱图上将出现对应不同能级的双层分裂峰，如 2 $p_{3/2}$ 和 3 $d_{5/2}$，4 $f_{5/2}$ 和 4 $f_{7/2}$ 等。

12.2.2 光电离过程和弛豫效应

当具有某一能量的粒子（探针如光子、电子、离子等）入射到物质表面上以后，就会与物质中的分子或原子发生相互作用，测量从物质中产生的不同粒子（它携带着表面物质的信息），就可推知物质的许多物理和化学性质。下面我们分别来讨论微观粒子与物质相互作用的几个基本物理过程和物理效应，它是电子能谱方法的物理基础。

一般来讲，物质中的分子或原子发生相互作用，原则上都能引起电离或激发。电离过程是电子能谱学以及表面分析技术的主要过程之一，一般包括电离过程（一次过程）和弛豫过程（二次过程）。

12.2.2.1 光电离过程

光电离是 X 射线照射样品表面，样品原子吸收光子的能量后，内壳层上的电子受到激发，克服了原子对它的束缚，以一定的动能进入真空，成为光电子的现象。光电离是直接电离，是一步过程，也即光电效应。简单地说，光电效应就是物质受光作用放出电子的现象。1887 年，Hertz 首先发现了光电效应。1905 年爱因斯坦应用普朗克的能量量子化概念正确解释了这一现象，给出这一过程的能量关系方程。由于此贡献，爱因斯坦获得了 1921 年的诺贝尔物理学奖。

我们知道，原子中的电子被束缚在不同的量子化能级上。原子吸收一个能量为 $h\nu$ 的光子后，从初态能量 $E^i(n)$ 跃迁到终态离子能量 $E^f(n-1,\ \mathrm{K})$，同时发射动能为 E_{K} 的自由光电子，K 代表电子发射的能级。只要光子能量足够大（$h\nu>EB$），就可发生光电离过程。

根据能量守恒定律：

$$E^i(n)+h\nu=E^f(n-1,\ \mathrm{K})+E_{\mathrm{K}} \tag{12.1}$$

则有：

$$E_{\mathrm{K}}=h\nu-[E^f(n-1,\ \mathrm{K})-E^i(n)] \tag{12.2}$$

定义结合能为 $E_{\mathrm{B}}=E^f(n-1,\ \mathrm{K})-E^i(n)$，代入上式得：

$$E_{\mathrm{K}}=h\nu-E_{\mathrm{B}} \tag{12.3}$$

此即为爱因斯坦光电发射定律。其中 E_{B} 是电子结合能，是体系的初态（原子有 n 个电子）和终态（原子有 $n-1$ 个电子或离子及一自由光电子）间能量的简单差。结合能与元素种类以及所处的原子轨道有关，能够反映出原子结构中轨道电子的信息。对于气态分子，结合能就等于某个轨道的电离能。

图 12.2 为光电离过程示意图。具有单一能量 $h\nu$ 的光子照射在原子上，被原子某一能级上的电子所吸收，如果光子的能量大于此能级上的电离能（$h\nu > E_i$），则原子被光子电离，被激发的电子逸出原子成为自由的电子。这种自由的电子所具有的动能由爱因斯坦公式（12.3）所决定。

对于金属样品，爱因斯坦公式采用的能量参考点为真空能级，通常取费米（Fermi）能级为参考能级，此时式（12.3）可写为：

$$E_K = h\nu - E_B^F - \varphi \tag{12.4}$$

其中，φ 表示金属的功函数（逸出功），也就是电子从费米能级跃迁至自由电子能级（真空能级）所需的能量。

从式（12.4）可以看出，光电子的能量与入射光的能量 $h\nu$、表示物体特性的 E_B^F 及 φ 直接相关。要得到深级的光电子，需使用高能级的光子；如果想要得到接近原子核层的光电子，就必须使用 X 射线。

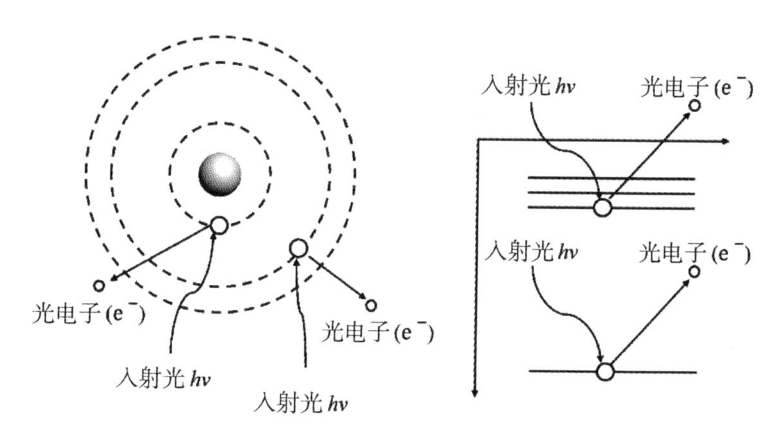

图 12.2　光电离过程

光电离有别于光吸收或发射的共振跃迁。超过电离的阈值能量的光子能够引起电离过程，过量的能量将传给电子，以动能的形式出现。一般来讲，在接近阈值附近具有最高的截面值，而后随光子能量的不断增大而缓慢下降。

只要光子能量足够大（$h\nu > E_B$），任何轨道上的电子都可以被电离。但实际上，物质在一定能量的光子作用下，从原子各个能级发射出来的光电子数是不同的，说明原子中不同能级电子的光离子化概率不同。通常，用光电截面 σ 表示一定能量的光子与原子作用时从某个能级激发出一个电子的概率（逸出概率），则 σ 与电子所在壳层半径、入射光子频率以及受激原子的原子序数等因素有关。一般情况下，同一原子中轨道半径越小的壳层，σ 越大；轨道电子结合能与入射光能量越接近，σ 越大，因为入射光总是激发尽可能深的能级中的电子；对于同一壳层，原子序数越大的元素，σ 越大。

12.2.2.2　弛豫过程

样品受到 X 射线照射后，会发射光电子并在其内层轨道产生空穴，此时体系处于不稳定的激发态，这种激发态离子要自发向低能级转化（退激发），从而发生弛豫现象。

在光电子能谱中存在两个弛豫过程：一个是以特征 X 射线形式向外辐射能量的 X 射线荧光发射过程（辐射弛豫）；另一个是在原子内部将能量转移到较外层的电子，使其克服结合能而向外发射俄歇电子的过程（非辐射弛豫）。弛豫过程可用图 12.3 表示。

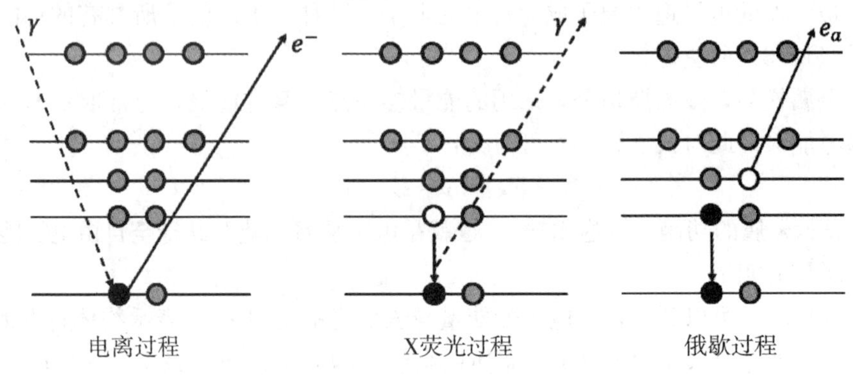

图 12.3 弛豫过程示意图

（1）X 射线荧光发射过程：处于高能级上的电子向电离产生的内层电子空穴跃迁，将多余能量以光子形式放出。

$$A^{+*} \rightarrow A^{+} + h\nu' \text{（特征 X 射线）} \quad (12.5)$$

（2）俄歇电子发射过程：处于高能级上的电子向电离产生的内层电子空穴跃迁，释放出的能量激发同一轨道层或更外层轨道的电子，使之电离成为自由的俄歇电子。俄歇电子能量并不依赖于激发源的能量和类型。

$$A^{+*} \rightarrow A^{++*} + e^{-} \text{（俄歇电子）} \quad (12.6)$$

12.2.3 电子结合能及化学位移

电子结合能（E_B）代表了原子中电子（n、l、m_s）与核电荷（Z）之间的相互作用强度，可采用 XPS 分析直接实验测定，也可以通过量子化学从头计算的方法进行计算。将理论计算结果与 XPS 实际测量结果进行比较，可以更好地解释实验现象。

12.2.3.1 固体物质结合能

光电离过程服从爱因斯坦关系式，其中的电子结合能表示将电子从所处能级转移到真空能级（即“自由电子”能级）时所需要的能量。对于固体样品，由于真空能级与样品表面状况有关，易发生变化，所以通常取费米（Fermi）能级作为参考能级。

如果样品为导体，样品托和谱仪相连（均为导体）并一同接地，故在样品与谱仪之间产生一个接触电位差，其值等于样品功函数 φ_S 与谱仪功函数 φ_{SP} 之差。当达到平衡时，两种材料的化学势相同，费米能级重合，处于同一能量水平，如图 12.4 所示。

从图 12.4 所示能量关系可以得出：

$$E_B = h\nu - E'_K - \varphi_S \quad (12.7)$$

$$E'_K + \varphi_S = E_K + \varphi_{SP} \quad (12.8)$$

$$E_B = h\nu - E_K - \varphi_{SP} \quad (12.9)$$

式中，E_B 为固体样品芯层能级的结合能，单位 eV；E_K 为谱仪测得的光电子动能，单位 eV；φ_{SP}为谱仪功函数。

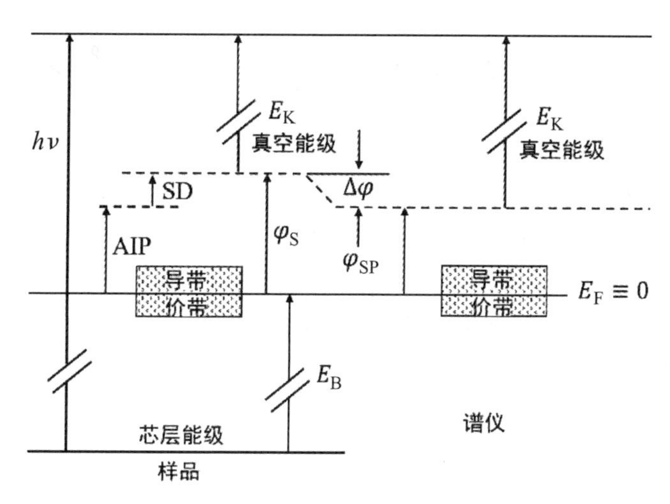

图 12.4　导电样品的能级示意图（$E_F \equiv 0$）

由式（12.9）可知，样品结合能与其自身的功函数 φ_S 无关。样品功函数可以分为两项，即表面项（SD）和体项（AIP）。表面项是光电子与伸出表面外的轨道作用的表面偶极项，它不仅与材料有关，还与不同晶面有关。体项是电子穿过固体体相时感受到的平均电势。实验中很难给出这两项对 φ_S 的各自贡献。谱仪中，$\Delta\varphi$（$=\varphi_S-\varphi_{SP}$）将转变为光电子的动能被检测器接收。谱仪的功函数主要由其材料和状态决定，对同一台谱仪基本是常数，与样品性质无关，可通过测定已知结合能的导电样品所得到的谱图来确定，φ_{SP}的平均值一般为 3～4 eV。

对于非导电样品，情况则相对复杂，其能级关系如图 12.5 所示。在非导电样品的导带与价带之间存在一个带隙，宽度约 1～4 eV。样品的能带结构已知，且在禁带中无杂质能级存在时，常取带隙的一半（即带隙中央位置）作为费米能级。但对于大多数样品而言，其能带结构是未知的，甚至带隙宽度也未知，此时若采用费米能级作为参考，会有一定的不准确性。

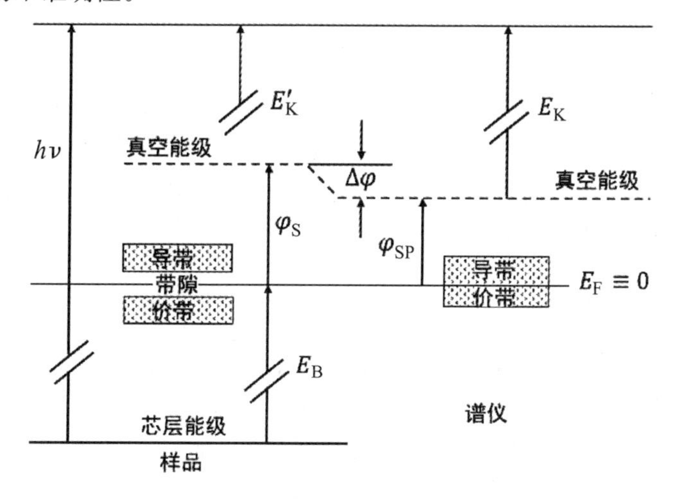

图 12.5　非导电样品的能级示意图

12.2.3.2 金属原子簇的结合能

小金属粒子的研究涉及许多有价值的领域，诸如分子束外延、催化、照相技术及薄膜物理等。小颗粒的电子结构与普通体相的电子结构不同，主要区别表现在两个方面，即小的金属原子配位数以及与底材之间的相互作用。

小的原子聚集体称为原子簇。研究在不同相互作用底材上原子簇的光发射谱，可以直接揭示表面及体相金属电子结构的差异。原则上，改变原子簇的大小可以观测到由原子到体相金属的过渡过程。原子簇介于自由电子与体相金属之间，图 12.6 给出自由电子经原子簇向宏观金属过渡的能量变化。金属芯层结合能 E_B^{metal} 与金属自由原子芯层结合能 E_B^{atom} 间有如下关系：

$$E_B^{metal} = E_B^{atom} - e\varphi - E_{relax} \tag{12.10}$$

式中，φ、E_{relax}分别为功函数和弛豫能。

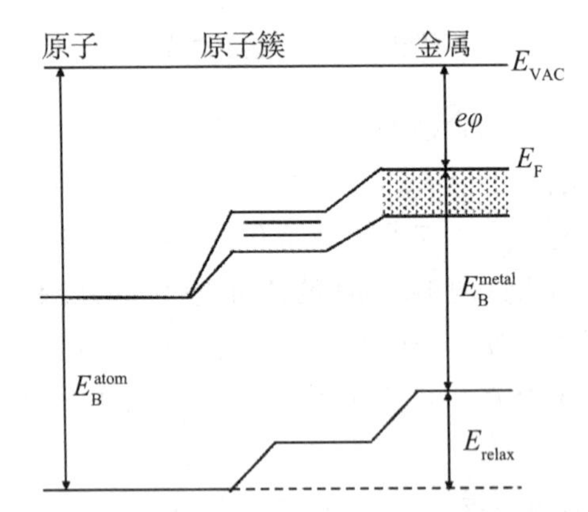

图 12.6 自由原子经原子簇向宏观金属过渡的能量示意图：E_{VAC}为真空能级；E_F 为费米能级

随原子簇尺寸的减小，价带相对于体相变窄，芯层谱带变宽，芯层结合能提高。价带谱变窄，可归结为配位数降低，而芯层谱带变宽则与小尺寸原子簇具有大的内在线宽有关。

光电离从导带中移走一个电子后，使原子簇具有能量 $e^2/2R$（R 为金属离子半径），此能量与导带电子对芯层空穴的屏蔽相同，因此费米能级相对体相金属提高了 $e^2/2R$。费米能级位移与芯层电子能级位移间的一致性，说明两者都是来自终态原子簇荷电。终态效应（即自由原子或原子簇光电离后的荷电）随原子簇的增长重要性趋于下降；直至成长为体相金属时，终态呈电中性。

12.2.3.3 化学位移

由于元素所处的化学环境的不同而引起的内层电子结合能的变化，在 X 射线光电子能谱上表现为谱峰的位置移动，这一现象称为化学位移。某原子所处的化学环境不同有两方面的含义：一是指与它相结合的元素种类和数量不同，二是指原子具有不同的化学价态。

虽然出射的光电子的结合能主要由元素的种类和激发轨道所决定，但由于原子内部外层电子的屏蔽效应，芯能级轨道上电子的结合能在不同的化学环境中是不一样的，有一些微小的差异。这种结合能上的微小差异（化学位移）是XPS分析中的一项主要内容，通过化学位移，可以了解原子的状态、可能处于的化学环境以及分子结构等信息，是对物质进行分析和测定的重要依据。化学位移与元素的关系：①惰性元素无化学位移；②光电子谱线化学位移较小的元素（1～2 eV）：Na、Mg、K、Ca、Zn、Ga、Rb、Ag、Cd、Cs、Ba、Hg、Ti；③俄歇谱线的化学位移明显的元素：Mg、Zn、Ga、Ag、Cd、Sn、Sb；④绝大多数元素，在化学状态改变时，XPS谱会产生明显位移。

当一种原子构成不同的化合物时，由于本身在化学结构中所处的化学环境不同，同一元素会表现出不同的结合能，化学位移现象可以用原子的静电模型来解释。内层电子一方面受到原子核强烈的库仑作用而具有一定的结合能，另一方面又受到外层电子的屏蔽作用。当外层电子密度减小时，屏蔽作用将减弱，内层电子的结合能增加；反之，则结合能将减少。因此，当被测原子的氧化价态增加，或与电负性大的原子结合时，都将导致其结合能的增加；相反，如果被测原子氧化态降低或得到电子成为负离子，则结合能会降低。从被测原子内层电子结合能的变化可以判断其价态变化和所处的化学环境。利用这种化学位移我们可以分析元素在该物质中的化学价态和存在形式。元素的化学价态分析是XPS分析最重要的应用之一。

12.3　X射线光电子能谱仪及实验技术

12.3.1　X射线光电子能谱仪简介

12.3.1.1　X射线光电子能谱仪的工作原理

X射线光电子能谱仪是精确测量物质受X射线激发产生光电子能量分布的仪器。尽管各种近代X射线光电子能谱仪的结构特点大不相同，但是光电子激发历程与其分析原理相近，光电子能谱仪的工作原理如图12.7所示。当具有一定能量的X射线与物质相互作用后，从样品中激发出光电子。带有一定能量的光电子经过特殊的电子透镜到达分析器，光电子的能量分布在这里被测量，最先由检测器给出光电子的强度，按电子的能量展谱，再进入电子探测器。由计算机组成的数据系统用于收集谱图和数据处理。为了使数据的可靠性增加，可以重复扫描，使信号逐次累加而提高信噪比。

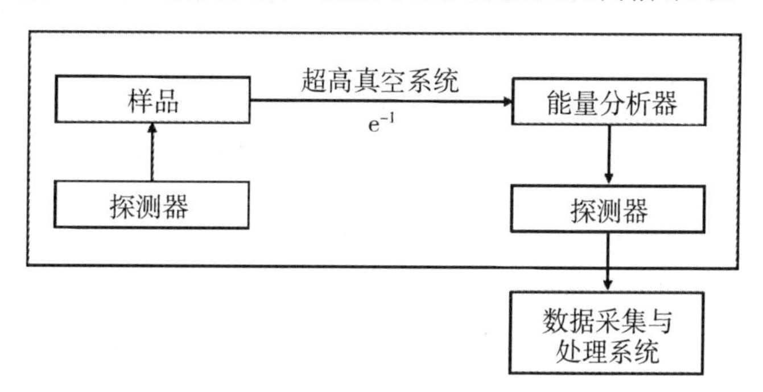

图12.7　X射线光电子能谱工作原理

12.3.1.2 X射线光电子能谱仪的主要结构

随着电子能谱仪技术的不断发展，X射线光电子能谱仪的结构和性能也在不断地改进和完善，并趋于多用型的组合设计。一般来说，X射线光电子能谱仪主要由超高真空系统、X射线激发源、能量分析器、检测器、计算机控制与数据处理系统以及其他附件组成。

（1）超高真空系统。

超高真空系统是进行现代表面分析及研究的主要部分。电子能谱仪对真空度的要求是目前所有大型分析仪器中最高的，一般优于 10^{-7} Pa 以上。采用超高真空主要有两个原因：其一，因为样品发射出的光电子能量小，要分析的低能电子信号很容易被残余气体分子所散射，使得谱图的总信号减弱。为了减少电子向检测器运动过程中与残留气体发生碰撞而损失信号强度，要求整个能谱仪各部件都处于超高真空状态，这样低能电子才能获得足够长的平均自由程，而不被散射损失掉。其二，更为重要的是超高真空环境是表面分析技术本身的表面灵敏性所必需的。从样品中发射出的携带样品信息的光电子通常来自表面层几十个原子层厚度，因此需要提供一个原子数量级的清洁表面，并能在一定时间内保持这个清洁度。在 10^{-6} mbar 的真空度下，大约 1 s 就会有一个单层的气体吸附在固体表面，这与典型的谱图采集时间相比就太短了。显然在分析过程中需要超高真空环境来保持样品表面的清洁。任何表面的污染都将对分析产生不利影响。样品表面受污染的程度与环境真空度有关。如果分析室的真空度很差，在很短的时间内试样的清洁表面就会被真空中的残余气体分子所覆盖。光电子很容易与真空中的残余气体分子发生碰撞作用而损失能量，最后不能到达检测器。因此，X射线光电子能谱必须在超高真空条件下工作。目前真空系统的大部分结构由无磁不锈钢制成，在分析室、能量分析器和透镜等关键部位，使用高磁透率的材料（如合金 $Fe_{18}Ni_{75}Cr_2Cu_5$）来制造外壳或部件，包括样品分析室和电子能量分析器。

（2）X射线激发源。

①双阳极X射线源。

X射线主要由灯丝、阳极靶和滤窗组成。由灯丝发射出的电子打到阳极靶上，只要电子具有足够的能量，就可以将靶材中原子内层的电子激发出来形成空穴，外层电子在弛豫过程中填补空穴后，产生X射线。

X射线源分为单阳极X射线源和双阳极X射线源。现代电子能谱仪普遍采用双阳极X射线源，其阳极可采用同种材料或不同材料制成，可以分别使用，也可以同时使用。使用同一种材料的双阳极靶，如Mg/Mg、Al/Al，两个阳极同时使用时可使X射线的光通量加倍，从而增加仪器的灵敏度；采用不同材料制成的双阳极靶，如Mg/Al、Mg/Si、Mg/Zr等，则可以提高分析过程的灵活性。

阳极靶材料决定X射线跃迁的能量，靶材料的自然线宽则影响谱图的分辨率。表12.1给出不同靶材X射线源的能量及其线宽。可以看出，不同材料的阳极靶的能量与半高宽（FWHM）差异很大，选择时应综合考虑。为了观测化学位移等微小的能量差，应使X射线源的FWHM尽可能小。实际上，X射线能量为1200～1500 eV时，元素周期表上几乎所有元素的光电子能谱都能观察到。因此，电子能谱中使用较多的阳极靶材料是铝和镁的Kα线，其特征X射线为：Al Kα hν＝1486.6 eV，FWHM＝0.85 eV；Mg Kα hν＝1253.6 eV，FWHM＝0.7 eV。

表12.1　不同X射线源的能量及其线宽

射线	能量/eV	FWHM/eV	射线	能量/eV	FWHM/eV
Y M_ξ	132.3	0.47	Mg K_α	1253.6	0.7
Zr M_ξ	151.4	0.77	Al K_α	1486.6	0.85
Nb M_ξ	171.4	1.21	Si K_α	1739.5	1.0
Mo M_ξ	192.3	1.53	Y L_α	1922.6	1.5
Ti M_ξ	395.3	3.0	Zr L_α	2042.4	1.7
Cr L_α	572.8	3.0	Ag L_α	2984.4	2.6
Ni L_α	851.5	2.5	Ti K_α	4510.0	2.0
Cu L_α	929.7	3.8	Cr K_α	5417.0	2.1
Na L_α	1041.0	0.4	Cu K_α	8048.0	2.6

②X射线单色器。

为了提高光电子能谱的分辨率，可使X射线单色化，其原理是基于晶体衍射。如图12.8所示，将X射线阳极、弯曲的晶体以及测试样品都置于半径为 R 的罗兰圆周上，晶体表面与圆周相切，阳极靶和测试样品到分光晶体中心的距离相等，晶体曲率半径为 $2R$，X射线经晶体曲面衍射并聚焦在样品表面。目前，市场上供应的X射线单色器均使用石英晶体（1010）晶面作为X射线的衍射晶格。

X射线单色器普遍采用Al阳极，Al Kα线宽从0.9 eV减小到约0.25 eV。单色器可将X射线聚焦成小束斑，从而实现高灵敏度的小面积XPS分析。使用聚焦单色器时，只有被分析的区域受到X射线的辐射，所以可对同一样品进行多点分析。目前，X射线单色器已成为商业能谱仪的基本配置，其空间分辨率小于15 μm。

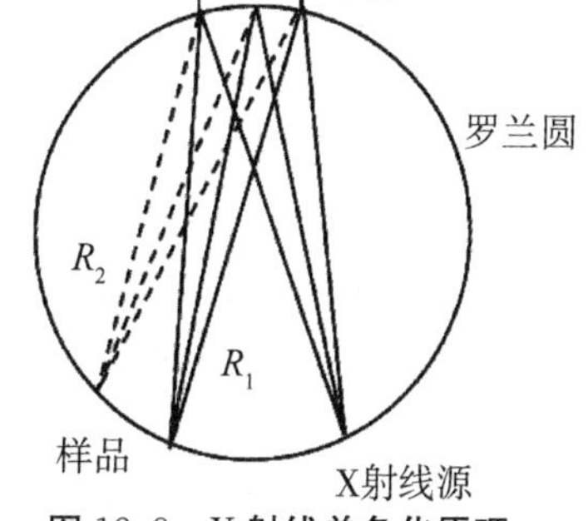

图12.8　X射线单色化原理

应当指出的是，X射线通过石英晶体衍射后，其强度大为降低，仅为源射线强度的1%，仪器灵敏度显著降低，须与高灵敏度的检测器（如位置灵敏探测器、多通道检测器等）联用。

③同步辐射光源。

带电粒子（如电子）被直线加速器加速后进入电场，受到磁场作用，将在一个称为存贮环的环形轨道上运动。带电粒子在加速运动的过程中向外辐射电磁波，利用这种电磁波作为激发光电子的光源，就是同步辐射光源。

同步辐射光源是一种比较理想的光电子能谱激发光源，其产生的同步辐射能量在10 eV～10 keV范围内连续可调，自然线宽仅0.2 eV，且信号强度高，对价带及内层能级的电子都有效且性能优越。但是，专用的同步辐射加速器价格昂贵，目前尚未普遍使用。

（3）电子能量分析器。

电子能量分析器是电子能谱仪的核心部件，用于探测从样品中激发出来的不同能量电子的相对强度。

电子能量分析器有多种类型，现代能谱仪多采用静电式能量分析器。常用的主要有两种：筒镜分析器（Cylindrical Mirror Analyzer，CMA）和半球形分析器（Hemispherical Sector Analyzer，HSA）。

①筒镜分析器（CMA）。

筒镜分析器由两个同轴的圆筒组成，在空心内筒的圆周上开有入口和出口狭缝，样品和探测器沿内外圆筒的公共轴线放置，如图 12.9 所示。

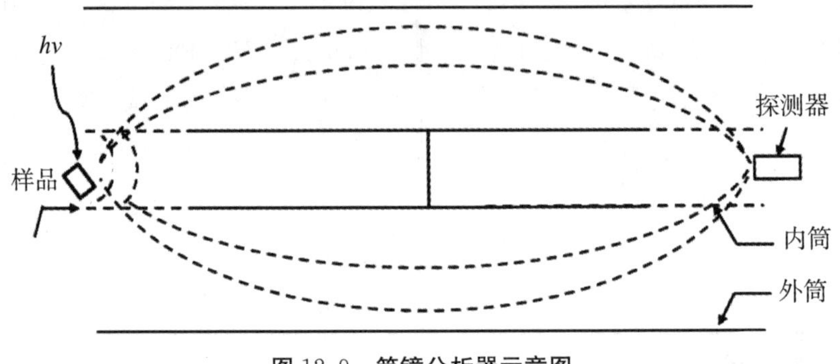

图 12.9 筒镜分析器示意图

样品和内筒同时接地，在内筒上施加一个负的偏转电压，则内外筒之间存在一个轴对称的静电场，能够通过铜镜分析器的电子的能量由式（12.11）决定：

$$E=\frac{eV}{2\ln\left(\frac{r_1}{r_2}\right)} \tag{12.11}$$

式中，E 为通过分析器的电子动能；e 为电子电荷；V 为加在内外筒之间的电压；r_1 和 r_2 分别为内外筒的半径。

由样品发射的具有一定能量的电子，以一定角度穿过入口狭缝进入圆筒的夹层，受内外筒之间径向电场的作用，相同能量的电子将通过出口狭缝，然后进入探测器。若连续地改变施加在外筒上的偏转电压，就可在检测器上依次接收到具有不同能量的电子。

②半球形分析器（HSA）。

半球形分析器由一对同心半球电极组成，如图 12.10 所示。在两个同心球面上加控制电压，进入分析器的电子在半球间隙电场的作用下，将按能量“色散”，能量为某一定值的电子被聚焦到出口狭缝，进入探测器。

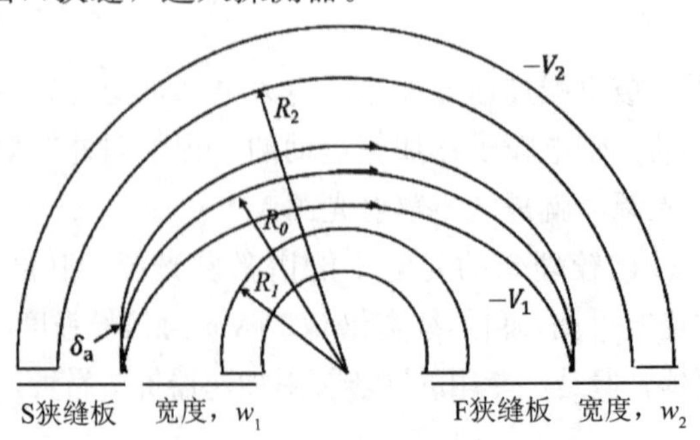

图 12.10 半球形分析器示意图

如果内球半径为R_1，外球半径为R_2，则平均半径为$R_0=(R_1+R_2)/2$。设半球间的电位差为ΔV，则沿半球分析器中心轨道（R_0）运动的电子动能为：

$$E=e\Delta V\frac{R_1R_2}{R_2^2-R_1^2} \tag{12.12}$$

式中，E为电子动能；e为电子电荷；ΔV为半球间的电势差。

通过分析器的电子动能与加在分析器上的电位差及分析器的几何尺寸有关。分析器的几何尺寸是固定的，即R_1和R_2为已知量，引入能谱仪常数K，则式（12.12）可表示为：

$$E=Ke\Delta V \tag{12.13}$$

测试中，连续或步进地改变内、外球间的电位差（即在内外球之间加一个扫描电压），使不同动能的电子依次沿中心轨道通过。记录每一种动能的电子数，即可得到以电子能量为横坐标、电子计数率为纵坐标的电子能谱图。

（4）检测系统及数据分析系统。

①检测器。

XPS所能检测到的光电子流非常弱，一般为10^{-19}～10^{-13} A。现代商业谱仪普遍采用电子倍增器来测定电子数目（即脉冲计数）。电子倍增器主要有两种类型，即通道电子倍增器（channeltron）和通道板检测器（channel plate）。

通道电子倍增器由螺旋状的玻璃管构成，一端为锥形收集开口，另一端为金属阳极，其内壁涂有高电子发射率的材料，两端接有高电压。当一个电子进入倍增器内壁后与壁表面发生碰撞，可产生多个二次电子；这些二次电子沿内壁电场加速并发生更多的级联碰撞，最后在阳极端得到一较大的电子脉冲信号，可有10^6～10^9倍的电子增益。

通道倍增器在电子能量色散方向上的采样区域为5 mm，在非色散方向上约为15 mm。为了提高谱仪的灵敏度，通常采用通道电子倍增器阵列作为检测器。将通道电子倍增器沿能量色散方向排列，每个通道倍增器探测一个不同的电子动能，其输出最后由数据系统按能量位移后相加。通道倍增器能探测到约3×10^6计数每秒，但在计数率很高时为非线性计数。

电子检测器的输出是一系列脉冲，经前置放大后将其输入脉冲放大器，再经模数转换，最后信号由在线计算机自动采集。多通道电子检测器由多通道板组成。每块通道板由大量的小通道电子倍增器阵列组成。由于单块通道板的增益比单通道电子倍增器小很多，所以多通道电子检测器通常都是由一对通道板串联组成。

②数据分析系统。

电子能谱分析涉及大量复杂数据的采集、储存、分析和处理，数据系统由在线实时计算机和相应的软件组成，已成为现代电子能谱仪整体的一个基本部分。

在线计算机可对谱仪进行直接控制，并对实验数据进行实时采集和进一步处理。实验数据可由数据分析系统进行一定的数学和统计处理，并结合能谱数据库，获取对检测样品的定性和定量分析知识。常用的数学处理方法有谱线平滑、扣背底、微积分，准确测定电子谱线的峰位、半高宽、峰高度或峰面积（强度），以及谱峰的解重叠（peak fitting）和退卷积、谱图的比较等。软件包含广泛的数据分析能力，复杂的峰型可在数秒内拟合出来。

12.3.1.3 光电子能谱仪的参数介绍

（1）分辨率。

分辨率表示仪器分辨两个紧邻谱峰的能力，通常有绝对分辨率和相对分辨率两种表达。绝对分辨率指光电子谱峰的半高宽（FWHM），即峰高一半处的谱线宽度。相对分辨率是在给定能量时的谱仪分辨率与该能量之比 R_r，以百分数表示，即

$$R_r=\frac{\Delta E}{E_K}\times 100\% \tag{12.14}$$

电子能谱仪的分辨率主要由以下因素决定：激发射线的自然宽度、发射光电子的能级本征宽度和电子能量分析器的分辨本领。其中，最主要的影响因素是 X 射线源的线宽，通常使用的 Al Kα（Mg Kα）的自然线宽为 0.9 eV（0.7 eV），单色化后，自然线宽小于 0.2 eV，说明使用单色光源可以提高谱图的分辨率。对绝缘样品，分辨率还要受到固态加宽效应的影响。一般认为，样品表面不均匀荷电、晶格效应以及氢键效应均会造成谱线的宽化，使谱图分辨率降低。因此，测试过程中应尽量减小（或消除）荷电效应。

在设计谱图时，一般要保持分辨率在全谱中固定不变（ΔE 为常数），或正比于所扫描的能量（$\Delta E/E_K$ 为常数）。

为了比较不同谱仪分辨率的差异，通常取 Ag 作为标准样品，在规定条件下测量 Ag 3 $d_{5/2}$ 谱峰的半高宽。FWHM 数值越小，谱仪分辨率越高，可获取更多的化学态信息。

（2）灵敏度。

灵敏度是能谱仪整体性能的反映，通常与激发源光强、能量分析器入口狭缝的有效面积、分析器接收电子的立体角度以及电子透过率等因素有关。能谱仪中灵敏度也可以用绝对灵敏度和相对灵敏度表示。绝对灵敏度指能谱仪分析方法所能得到的最小检出量，一般可达 10^{-18} g。相对灵敏度是指能谱仪方法能从多组分样品中检出某种元素的最小比例，可用百分浓度表示。目前，XPS 的相对灵敏度可达 0.3%。

能谱仪的分辨率与灵敏度是相互依赖又相互矛盾的一对指标。提高分辨率必然牺牲灵敏度。因此在实际分析过程中，要根据具体情况综合考虑。分辨率和灵敏度是能谱仪中非常重要的两个指标，应定期进行检定和校核。

（3）信噪比和信本比。

信噪比是光电子主峰信号强度 S 与信号噪声 N 之比。而信本比是光电子主峰信号强度 S 与本地信号强度 B 之比。

一般取距离主峰高动能端 7 eV 处，测量本底信号和噪声信号。信噪比和信本比是评价光电子能谱仪的重要指标。较弱的谱峰信号会淹没在过强的噪声和本底信号中，对测量峰强度造成干扰，直接影响峰面积或峰高的精确测量和谱仪的检测极限，不利于表面的定量分析工作。

12.3.1.4 光电子能谱仪扫描方式

(1) 全谱扫描（survey scan）：对于一个化学成分未知的样品，首先应做全谱扫描，以初步判定其表面的化学成分。通过对样品的全谱扫描，在一次测量中我们就可以检出全部或大部分元素。就一般解析过程而言，首先应鉴别那些总是存在的元素的谱线，特别是 C 和 O 的谱线；其次，鉴别样品中主要元素的强谱线和有关的次强谱线；最后，鉴别剩余的弱谱线，假设它们是未知元素的最强谱线；对于 p、d、f 谱线的鉴别，应注意它们一般应为自旋双线结构，它们之间应有一定的能量间隔和强度比。鉴别元素时需排除光电子谱中包含的俄歇电子峰。

(2) 窄区扫描（narrow scan or detail scan）：对要研究的几个元素的峰，进行窄区域高分辨细扫描，以获取更加精确的信息，如结合能的准确位置，鉴定元素的化学状态，或为了获取精确的线形，或为了定量分析获得更为精确的计数，或为了扣除背景或峰的分解或退卷积等数据处理。

12.3.2 样品的制备及谱图解析

12.3.2.1 样品的制备

电子能谱分析中，样品的制备及处理是一个很重要的环节。XPS 对样品形态没有特定的要求，原则上气态、液态和固态都可以进行分析，但不同形态的样品需要不同的制备方法，即使是同种形态的样品也会因性质不同（导体或非导体）而须采取不同的制样方式。由于电子能谱主要是一种表面分析技术，任何环境方面的污染都将使分析结果不能代表真正的表面状态，因此对表面清洁要求十分高。测试时，要保证样品中不能含有挥发性物质，以免破坏真空系统。样品表面若有污染，必须用溶剂清洗干净，或利用离子枪对表面进行清洁处理。下面对样品制备方面的有关内容做简单介绍。

(1) 一般要求：

①分析前应用显微镜对被分析的样品进行初步观察；

②任何时候都应尽量少接触被分析样品的表面；

③分析样品的同时，应仔细观察寻找样品因溅射、电子束轰击、X 射线照射或真空条件而引起的对样品的影响。

(2) 样品的制备：

①粉末样品。常用方法是将粉末样品黏在双面粘的导电带上，胶带一面粘样品，另一面粘在样品架上。粉末要均匀分布，并且要将胶带完全覆盖，覆盖均匀，否则会导致信噪比加大，干扰实验数据。有时也可将粉末压成粒状或圆球形，用黏合剂或小金属夹将它们转移至样品架上。

②金属、非金属块状样品。金属块状样品可用点焊方法固定；非金属块状样品可用真空性能好的银胶粘在样品架上。

③气体样品。有些样品由于含气较多不能直接送入样品室进行分析，可先在一个辅

助真空室中进行预抽后，再迅速转移至样品室中。

④液体样品。将少量液体涂在经酸浸蚀过的金属板上，挥发掉溶剂后进行测定；有些具有较高蒸汽压的液体可采用冷冻技术，将液体由注射器注入进样器，液体在进口中被加热蒸发，蒸汽再冷冻在样品架上，然后进行测定。对于有些生物样品，可采用直接冷冻法，将溶液注入一浅底金属杯内，在清洁、干燥的惰性气体保护下冷冻，再进行测定。

⑤高分子薄膜。可直接黏于双面胶纸上进行测试。为防止薄膜表面可能的污染，可用不影响样品性质的溶剂清洗，也可在谱仪处理室内进行加热处理。

(3) 污染的主要来源。

①真空度不够：样品室的真空度对表面清洁至关重要，真空度低于 10^{-7} Pa，会造成表面吸附其他原子或分子，造成污染。

②工具、手套等：用于处理样品的工具、手套等应由不致使样品玷污的材料制成，使用前应在高纯度的溶剂中进行清洁。

③压缩气体或空气：压缩气体或空气常用于吹净样品表面上的尘埃，但对许多样品会产生静电，后者又会吸引更多的粉尘，在气流中采用电离喷雾可以消除这一问题。

④样品室的污染：对有高蒸汽压的元素，如 Hg、As、Se、S、P 等，很易造成对样品室或其他样品的污染，分析时应特别小心。

⑤表面扩散：表面扩散（如硅酮化合物）也可造成污染，即使样品室保持很好的真空条件，有时仍可能通过表面扩散造成污染。

12.3.2.2 X射线光电子能谱图及解析

用能量为 $h\nu$ 的特征 X 射线辐照样品表面，光子能量全部转移给样品原子或分子中的束缚电子，使不同能级的电子以特定概率电离，其过程可表示为：

$$M + h\nu \rightarrow M^{+*} + e^- \tag{12.15}$$

式中，M 为中性分子或原子；M^{+*} 为电离后形成的激发态离子；$h\nu$ 为入射光子能量；e^- 为射出的光电子。

由于 X 射线的能量较高，所以受激发的主要是原子内层轨道上的电子。通过能量分析器测量这些电子的能级分布，并以被测电子的动能或结合能为横坐标，电子计数率（相对光电子强度）为纵坐标，即可得到 X 射线诱导的光电子能谱图。横坐标结合能直接反映电子壳层和能级结构，谱峰直接代表原子轨道的结合能。

X 射线光电子能谱图中，各特征谱峰的峰位、峰型和强度（以峰高或峰面积表征）反映样品表面的元素组成、相对浓度、化学状态和分子结构，依次可以对样品进行表面分析。在 XPS 谱图中可观察到以下三种类型的谱峰。第一类是与样品物理化学性质有关的，其中最重要的是元素的特征峰。每种元素都有一系列结合能不同的光电子能谱峰，它们的强弱与电子的量子数有关。一般情况下，主量子数 n 越小峰就越强；主量子数 n 相同时，角量子数大 l 的峰较强；对于两个自旋分裂峰，电子总角动量的量子数 j 大的峰较强。在实际工作中，一般选用元素的最强峰作为元素的特征峰来鉴别元素。元素的特征峰反映了内层电子的性质，一般很少发生重叠。在 0～0.35 eV 的谱线称为价带，这些谱线是由分子轨道和固体能带发射的光电子产生的。当内层电子的 XPS 谱图十分相似时（如高分子聚合物），有时可用价带来鉴别化学态和不同材料。另外还有俄歇电子峰，在某些情况下也可用于分析材料的化学态。第二类是技术上的基本谱线（如 C、O 等污染线）。在进行 XPS 分析时，试样表面必须保持高度清洁，但仍可能被空气中的 CO、水分和尘埃等玷污，还可能被空气部分氧化，造成谱图中出现 C、O、Si 等元素的特征峰。因此，在实际工作中，要尽量用各种方法清洁样品表面。此外，又可利用吸附的 C1s 峰作为内标来校正荷电效应造成的谱线移动。第三类是仪器效应的结果，如 X 射线非单色化产生的卫星伴线等，需要在操作中进行识别，不要被其干扰。下面将介绍主要的谱线及谱图分析方法。

（1）光电子谱线（photoelectron lines）——主谱线。

由于 X 射线激发源的光子能量较高，可以同时激发出多个原子轨道的光电子，因此在 XPS 谱图上会出现多组谱峰。由于大部分元素都可以激发出多组光电子峰，因此可以利用这些峰排除能量相近峰的干扰，非常有利于元素的定性标定。最强的光电子谱线是谱图中强度最大、峰宽最小的谱峰，称为 XPS 的主谱线。

每一种元素都有自己的具有表征作用的光电子线。它是元素定性分析的主要依据。光电子峰是以光电子发射的元素和轨道来标记的，如 C1s、$Ag3d_{5/2}$ 等。此外，由于相近原子序数的元素激发出的光电子的结合能有较大的差异，因此相邻元素间的干扰作用很小。在进行谱图分析时，应注意以下要点：

①峰位置（结合能）：与元素及其能级轨道和化学态有关。

②强度：谱峰的强度与元素在表面的浓度和原子灵敏度因子成正比。

③对称性：一般来说，光电子谱线的对称性是 XPS 谱图中最好的谱峰。需要说明的是，金属材料的 XPS 谱线峰是不对称的，该不对称性是由金属附近小能量电子一空穴激发引起，即价带电子向导带未占据态跃迁。不对称度正比于费米能级附近的电子态密度。

④峰宽（FWHM）：光电子线的谱线宽度来自样品元素本质信号的自然宽度、X 射线源的自然线宽、仪器以及样品自身状况的宽化因素等四个方面的贡献。一般峰宽值为 0.8～2.2 eV。

（2）俄歇电子谱线（Auger）。

由弛豫过程中（芯能级存在空穴后），原子的剩余能量产生。它总是伴随着 XPS，具有比光电发射峰更宽和更为复杂的结构，其动能与入射光子的能量无关。在 XPS 中，俄歇电子峰多以谱线群的形式出现，通常可以观察到 KLL、LMM、MNN 和 NOO 四个系列的俄歇线。其中 KLL：K 代表起始空穴的电子层，中间的 L 代表填补起始空穴的电子所属的电子层，最后的 L 代表发射俄歇电子的电子层。

（3）多重分裂峰。

当原子的价壳层有未成对的自旋电子（例如，*d* 区过渡元素、*f* 区镧系元素、大多数气体原子以及少数分子 NO、O_2 等）时，光致电离所形成的内层空位将与之发生耦合，使体系出现不止一个终态，表现在XPS谱图上即为谱线分裂。在XPS谱图上，通常能够明显出现的是自旋－轨道耦合能级分裂谱线。这类分裂谱线主要有：p 轨道的 $p3/2$ 和 $p1/2$，d 轨道的 $d3/2$ 和 $d5/2$，f 轨道的 $f5/2$ 和 $f7/2$，其能量分裂距离依元素不同而不同。但是并不是所有元素都有明显的自旋－轨道耦合分裂谱，而且裂分的能量间距还因化学状态而异。多重分裂峰的相对强度等于终态的统计权重。例如，Mn^{2+} 离子具有5个未成对电子，从 Mn^{2+} 内层发射一个 s 电子，其 j 值为（5/2＋1/2）和（5/2－1/2），其强度正比于（$2j+1$），即其分裂峰的相对强度为7∶5。

（4）X射线伴线产生的伴峰。

X射线的伴线能量比主线（Kα1，2）高，因此样品XPS中光电子伴峰总是位于主峰的低结合能一端，这也是X射线伴线产生的伴峰不同于其他伴峰的主要标志。

（5）能量损失峰。

对于某些材料，光电子在离开样品表面的过程中，可能与表面的其他电子相互作用而损失一定的能量，而在XPS低动能侧出现一些伴峰，即能量损失峰。它是由光电子在穿过样品表面时发生非弹性碰撞引起的。特征能量损失的大小与样品有关；能量损失峰的强度取决于样品特性、穿过样品的电子动能。

（6）谱图解析步骤。

在进行XPS谱图中各类谱线的分析时，一般遵从如下流程：

①因C、O元素是经常出现的，故首先识别C、O的光电子谱线、俄歇电子谱线及其属于C、O的其他类型的谱线。

②利用X射线光电子谱手册中的各元素的峰位表确定其他强峰，并标出其相关峰，注意有些元素的峰可能相互干扰或重叠。

③识别所余弱峰。在此步，一般假设这些峰是某些低含量元素的主峰。若仍有一些小峰仍不能确定，可检验一下它们是否为某些已识别元素的“鬼峰”。所谓鬼峰也即难以解释的光电子线来源，比如阳极材料不纯或被污染，部分X射线来自杂质微量元素。

④确认识别结论。对于双峰线，其双峰间距及峰高比一般为一定值，如 p 线的强度比为1∶2，d 线的强度比为2∶3，f 线的强度比为3∶4。

12.4 X射线光电子能谱的应用举例

12.4.1 分析材料的结构和元素鉴定

水性聚氨酯是一类以水为溶剂的涂料，与溶剂型聚氨酯相比，具有安全环保的特点，是未来聚氨酯涂料发展的主要方向。但为了使聚氨酯能够很好地分散在水中，须向其中引入一定量的具有亲水性的离子基团，如羧酸根离子和磺酸根离子等，然而这些离子基团的引入不可避免地造成聚氨酯涂层表面张力增大及防水、防污性能降低。由于含氟聚合物具有极低的表面张力以及优异的防水、防污等性能，因此将氟碳链引入水性聚氨酯中成为目前解决水性聚氨酯耐水性不足的主要策略之一。基于此，作者课题组首先利用巯基丙二醇与 2—(全氟辛基）乙基甲基丙烯酸酯（FDMA）通过巯基—乙烯基“点击反应”制备出双羟基封端的氟碳链单体 FDMA(OH)$_2$，然后通过羟基与异氰酸酯基团的聚加成反应将 FDMA(OH)$_2$、亲水单体三羟甲基丙酸（DMPA）和 1,4—丁二醇（1,4—BDO）以扩链剂的形式引入聚氨酯中，再加入三乙胺（NEt_3）中和聚氨酯中的羧基，最后在高速搅拌的条件下将其分散在水中，制备一定固含量的水性聚氨酯，并将氟含量分别为 0%（质量含量）和 8%的水性聚氨酯命名为 iWPU 和 FWPU—8。该过程如图 12.11 所示。

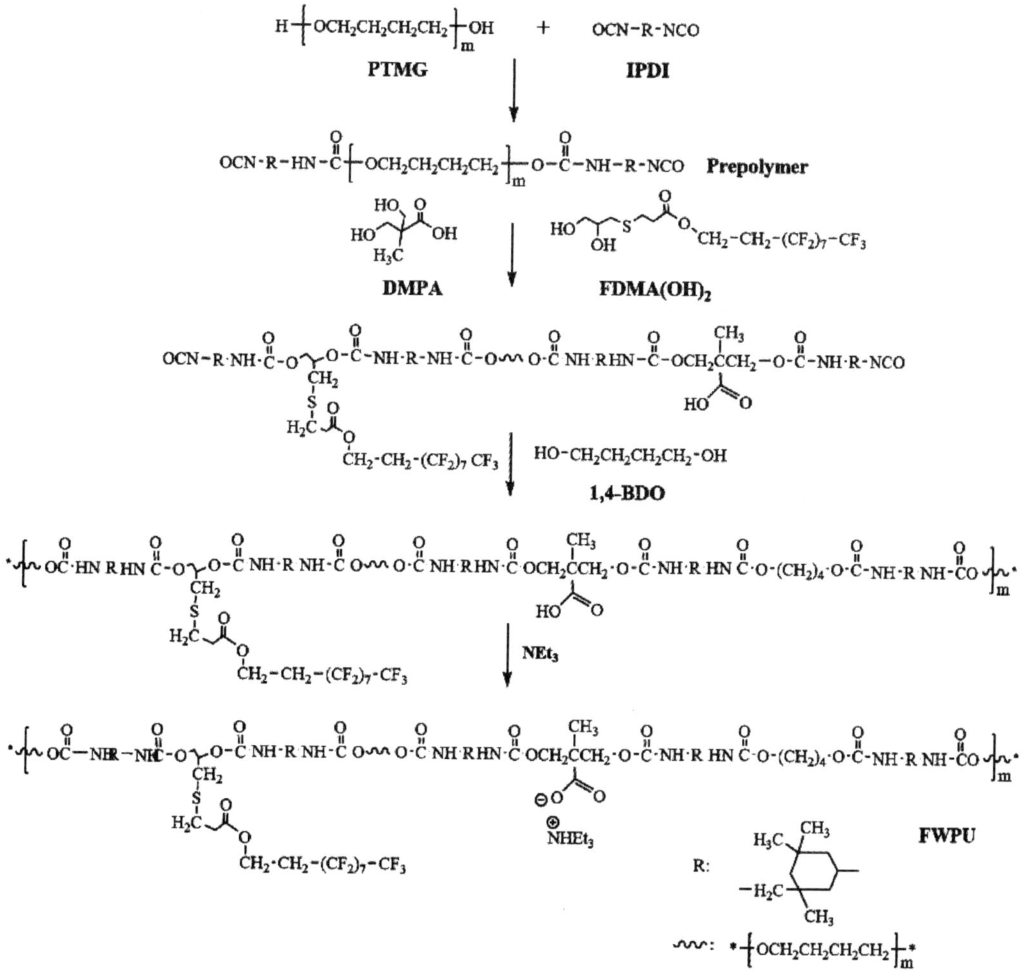

图 12.11　制备含氟水性聚氨酯（FWPU）的合成技术路线

为了确定氟碳链已经成功引入水性聚氨酯中，并且氟元素富集在水性聚氨酯涂层的表面，利用 XPS 对水性聚氨酯涂层的表面进行表征，结果如图 12.12 所示。图 12.12（a）分别为 WPU 和 FWPU—8 的 XPS 全谱图，其中 102.2 eV、285.5 eV、400.7 eV 和 535.8 eV处的峰分别对应于 Si(2s)、C(1s)、N(1s) 和 O(1s) 元素的电子结合能。其中 Si 元素并不是来自水性聚氨酯涂层的，而是来自样品制备过程中所引入的外来物质二甲基硅氧烷。与 iWPU 相比，FWPU—8 在 163.4 eV 和 688.9 eV 处出现了两个新的峰，分别为水性聚氨酯的 FDMA 侧基中的 S2p 和 F1s 的电子结合能，初步表明

FWPU－8 涂层表面含有 F 元素。

图 12.12（b）为 iWPU 和 FWPU－8 的 C1s 高分辨 XPS 谱图，284.8 eV 处的峰归属于碳碳单键（C—C）和碳氢键（C—H）上 C 的结合能；286.2 eV 处的峰归属于酯基（O═C—O—C）上碳氧单键（C—O）中 C 的结合能；288.8 eV 处的峰归属于氨基甲酸酯（NH—COO）的羰基（—C ═O）中 C 的结合能，以上三个峰值是 iWPU 与 FWPU－8 都具有的。对于 FWPU－8，在 291.8 和 293.0 eV 处出现了两个新峰，分别归属于 CF_2 和 CF_3 中 C 的结合能。FWPU－8 的 S2p 高分辨 XPS 谱图［图 12.11(c)］中，在 163.7 eV 处出现的峰归属于 C—S—C 中 S 的结合能，而 iWPU 中并未出现此峰。与 iWPU 的 F1s 高分辨 XPS 谱图相比，FWPU－8 中位于 688.9 eV 的新峰归属于碳氟键（C－F）中 F 的结合能。以上分析结果表明，氟碳链被成功引入聚氨酯基体中，并且氟元素主要富集在聚氨酯涂层材料表面。

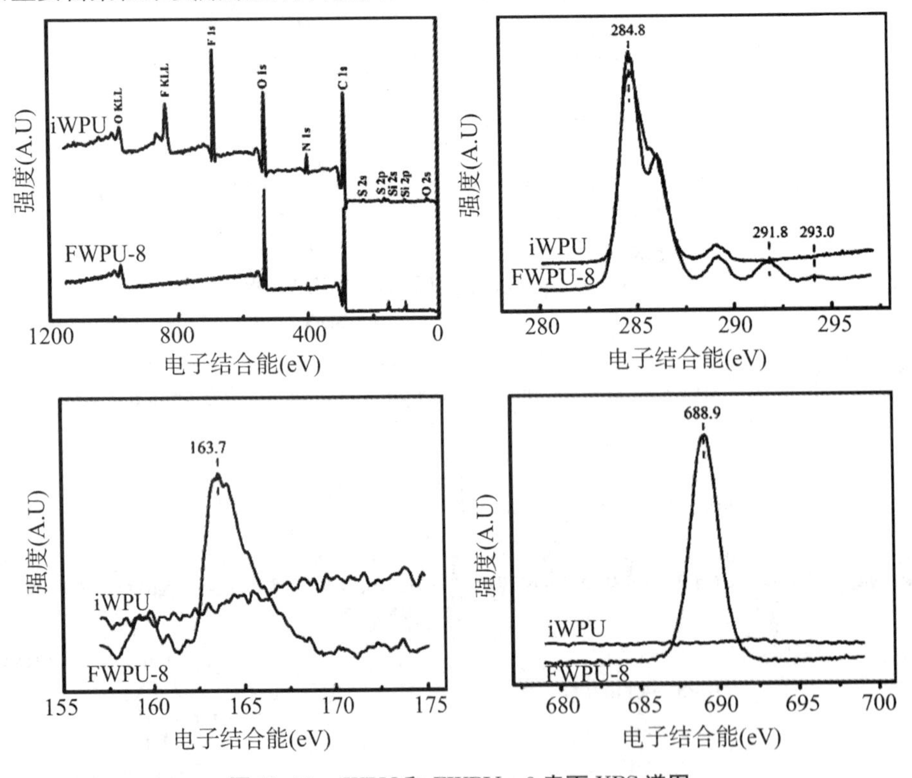

图 12.12 iWPU 和 FWPU—8 表面 XPS 谱图

12.4.2 研究物质间的相互作用

鞣制是用鞣剂处理生皮而使其变成革的质变过程，具体表现为鞣剂与皮胶原之间的相互作用。铬鞣剂在工业上的应用已经有一百多年的历史了，到目前为止依旧是制革工业中应用最为广泛的鞣剂，其主要原因是：经铬鞣剂鞣制后的革具有优异的耐高温、耐水和耐老等性能，这是其他鞣剂所不能比拟的。然而目前关于 Cr^{3+} 与皮胶原在分子水平上的相互作用以及 Cr^{3+} 对胶原的三股螺旋结构的影响还不清楚。基于此，作者课题组利用 XPS 研究不同浓度的 Cr^{3+} 与猪皮胶原的相互作用及 Cr^{3+} 对胶原三股螺旋结构的影响。

图12.13（a）为胶原纤维的XPS全谱图。从图中可以看出，胶原纤维一共含有C、N、O三种元素，这三种元素加上不能被检测的H元素是胶原中氨基酸的基本元素组成。当引入Cr^{3+}后，在577.2 eV和586.9 eV处出现两个新的峰值［图12.13（b）］，分别是Cr $2p_{3/2}$和$2p_{1/2}$轨道的结合能。进一步对该能谱进行反卷积分析，其中576.7 eV和578.3 eV两处的峰值分别为Cr^{3+}处理后胶原纤维表面Cr^{3+}的氧化物（Cr_2O_3）和氢氧化物［$Cr(OH)_3$］的电子结合能。然后通过对各个峰面积进行测量可以确定不同含量Cr^{3+}处理后胶原纤维表面的元素比例，如表12.2所示。

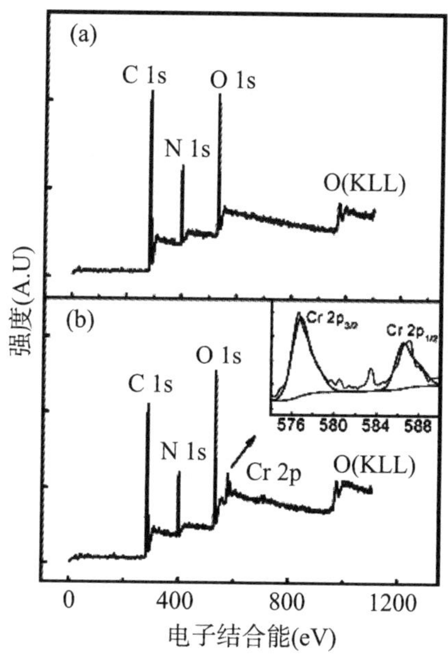

（a）胶原纤维　（b）经275 $\mu mol \cdot g^{-1} Cr^{3+}$处理后的胶原纤维

图12.13　XPS全谱图

表12.2　不同浓度Cr^{3+}处理后胶原纤维表面的元素比例

$[Cr^{3+}]$ / ($\mu mol \cdot g^{-1}$)	C (1s) /%	N (1s) /%	O (1s) /%	Cr (2p) /%
0	64.5±1.5	14.0±1.2	21.5±0.4	0
25	62.9±0.7	13.0±0.4	23.1±1.0	1.0±0.1
75	63.6±0.9	12.6±0.4	22.5±0.6	1.2±0.0
125	63.5±0.7	13.3±0.5	21.7±0.2	1.5±0.1
175	63.5±0.1	12.5±0.1	22.5±0.1	1.5±0.1
225	62.9±0.6	12.4±0.2	23.3±0.8	1.6±0.2
275	62.5±1.1	12.1±0.1	23.2±0.8	2.1±0.4

图12.14为不同浓度Cr^{3+}处理后胶原表面C1s的高分辨XPS谱图。C1s高分辨谱图一共可以分为三个部分：碳原子与碳原子和氢原子形成碳碳单键（C—C）和碳氢单键

(C—H)；碳原子与氧原子形成碳氧单键（C—O）；碳原子与氮原子和氧原子一起形成肽键（O═C—NH），它们所对应的结合能及原子分数如表12.3所示。值得注意的是，位于288.0 eV处的峰值为胶原纤维中肽键的结合能，当引入不同浓度的Cr^{3+}后，肽键的结合能基本没有发生变化，表明Cr^{3+}与胶原纤维的结合不会改变其基本结构。

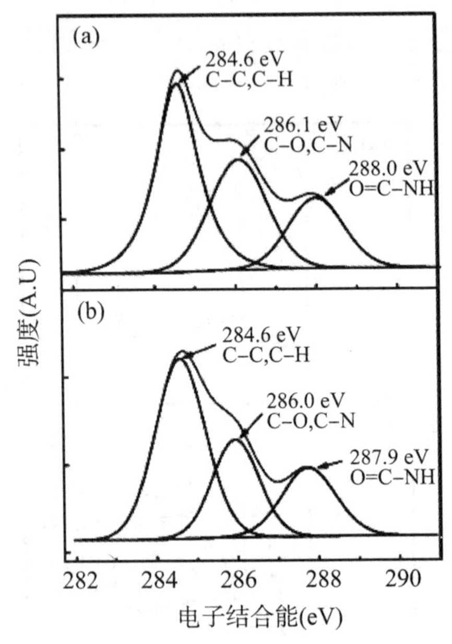

(a) 25 μmol·g^{-1}　(b) 275 μmol·g^{-1}

图12.14　不同浓度Cr^{3+}处理后C1s的高分辨XPS谱图

表12.3　通过不同浓度Cr^{3+}处理后胶原表面C1s的高分辨XPS谱图计算化学键结合能及原子分数

[Cr^{3+}] /(μmol·g^{-1})	C—C和C—H		C—N和C—O		O═C—NH	
	结合能 /eV	原子分数 /%	结合能 /eV	原子分数 /%	结合能 /eV	原子分数 /%
0	284.6	55.1	286.1	24.4	288.0	20.5
25	284.6	56.2	286.1	22.8	287.8	20.1
75	284.6	58.2	286.1	21.2	288.0	20.6
125	284.6	58.5	286.1	21.3	288.1	20.2
175	284.6	57.6	286.1	22.1	287.9	20.4
225	284.6	57.6	286.0	22.4	287.8	20.0
275	284.6	59.4	286.0	20.4	287.9	20.2

12.4.3　判断化学反应的发生

聚氨酯涂料因其可以保持表面光滑且能赋予表面优异持久的涂层性能，如耐腐蚀、耐磨及耐化学试剂等性能而在市场中具有非常广泛的应用，如汽车、皮革及合成革领域、建筑、纺织、食品和生物医用领域等。但其本身并不具有抗污损性能，日常生活中许多污渍如血渍、细菌和真菌等微生物都能黏附在聚氨酯表面，从而造成污损。从分子水平来看，这些污损都是从蛋白质在其表面的非特异性黏附开始的。

为了从源头上赋予聚氨酯抗生物污损性能，作者课题组利用三步法将具有优异抗蛋白吸附性能的磺胺两性离子（SBMA）引入聚氨酯基体中，首先将甲基丙烯酸二甲氨乙酯（DMAEMA）与巯基丙二醇（TPG）在紫外光照射下得到加成产物 $DMA(OH)_2$，然后利用聚加成反应，将 $DMA(OH)_2$ 以小分子扩链剂的形式引入聚氨酯主链中，最后通过聚氨酯链中 DMA 上的叔氨基与 1,3－丙磺酸内酯（1,3－PS）发生磺化反应生成磺胺两性离子，从而得到磺胺两性离子聚氨酯（iNPU），并将含 0%（质量分数）和 30% $DMA(OH)_2$ 的聚氨酯分别命名为 PU－0 和 NPU－30，NPU－30 发生磺化反应后的聚氨酯命名为 iNPU，其合成技术路线如图 12.15 所示。为了确定合成的含有功能性单体的聚氨酯 NPU 与 1,3－PS 确实发生了开环反应，得到具有磺胺两性离子聚氨酯 iNPU，可借助 XPS 对样品 NPU 和 iNPU 进行分析鉴定。

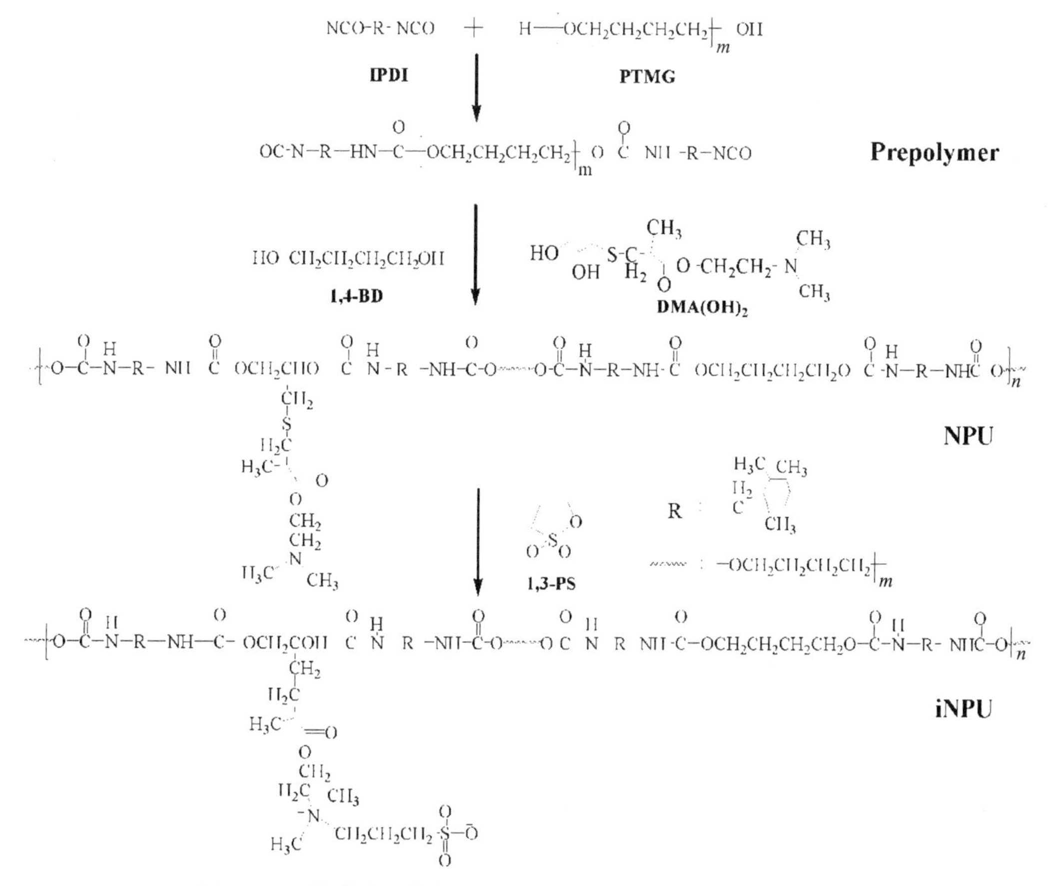

图 12.15　将磺胺两性离子引入聚氨酯（iNPU）的合成技术路线

结果如图 12.16 所示，图 12.16（a）为 PU－0，NPU－30 和 iNPU－30 结构中 C1s 的高分辨 XPS 谱图，主要可以分为三种形态：峰值为 284.8 eV 属于聚氨酯结构中碳碳键（C—C）和碳氢键（C—H）上 C 的结合能；峰值为 286.2 eV 属于聚氨酯中酯基（O═C—O—C）上碳氧单键（O—C）中 C 的结合能；峰值为 288.8 eV 属于聚氨酯结构中氨基甲酸酯（N—HCOO）的羰基（—C═O）中 C 的结合能。对于 NPU－30 和

iNPU－30，C—S—C 对应的峰值在此光谱上不够明显，主要是因为 C—S—C 的峰与 C—C 的峰发生了重叠。在三种聚氨酯样品的 O1s 高分辨 XPS 谱图［图 12.16（b）］上均出现 531.5 eV 的峰值，对应于聚氨酯结构中的 C—O 键中 O 的结合能。与 NPU－30 相比，iNPU－30 的 O1s 高分辨 XPS 谱图上的 531.5 eV 出现的峰值的强度有所增强，这是由于—SO_3基团上的 O 原子引起的。图 12.16（c）为 PU－0，NPU－30 和 iNPU 的 N1s 高分辨 XPS 谱图，位于 400 eV 处的峰值为聚氨酯结构中氨基甲酸酯（N═COO）上 N 原子或扩链剂 DMA$(OH)_2$上的（—N$[CH_3)_2]$ 的结合能。对于 iNPU－30，在 N1s 谱图上未检测到离子化 N^+的结合能，其理论峰值应该在 402.5 eV，与文献相比，iNPU 中 N^+的含量很少（<0.5 wt%），而且由于 XPS 检测的仅是材料表面的化学元素的组成，而本实验中 N^+ 位于聚氨酯的侧基上，也有可能被包裹于其结构内部，因此 XPS 未能检测出此处对应的峰值。图 12.16（d）为 PU－0，NPU－30 和 iNPU 的 S2p 高分辨 XPS 谱图，与 PU－0 相比，NPU－30 和 iNPU－30 上在 163.1 eV 处出现一个新的峰值，归因于 DMA$(OH)_2$结构中 S 的结合能。此外，iNPU－30 的谱图上在 167.2 eV 处出现了一个很小的峰，对应于－SO_3基团上 S 的结合能。以上结果证明聚氨酯链上的 DMA 中的叔氨基与 1,3－丙磺酸内酯（1,3－PS）发生磺化反应生成了磺胺两性离子。

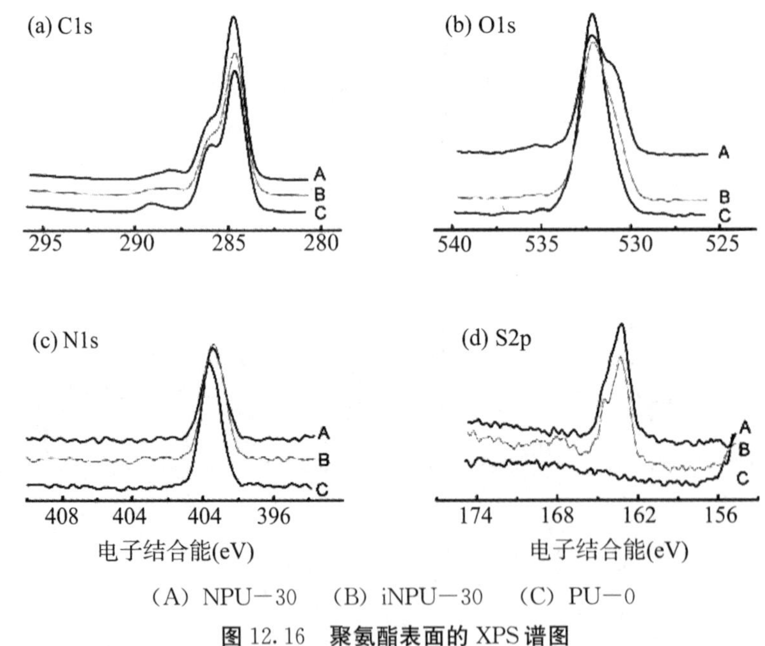

（A）NPU－30　（B）iNPU－30　（C）PU－0

图 12.16　聚氨酯表面的 XPS 谱图

参考文献

［1］吕彤. 材料近代测试与实验［M］. 北京：化学工业出版社，2015.

［2］黄惠忠. 论表面分析及其在材料研究中的应用［M］. 北京：科学技术文献出版社，2002.

［3］左志军 . X 光电子能谱及其应用［M］. 北京：中国石化出版社，2013.

[4] Mishra A K，Chattopadhyay D K，Sreedhar B，et al. FT－IR and XPS studies of polyurethane-urea-imide coatings [J]. Progress in Organic Coatings，2006，55 (3)：231－243.

[5] Zhou Y，Liu C P，Gao J，et al. A novel hydrophobic coating film of water－borne fluoro－silicon polyacrylate polyurethane with properties governed by surface self-segregation [J]. Progress in Organic Coatings，2019，134：134－144.

[6] Wu B，Mu C，Zhang G，et al. Effects of Cr^{3+} on the structure of collagen fiber [J]. Langmuir，2009，25 (19)：11905－11910.

[7] Wang C H，Ma C F，Mu C D，et al. A novel approach for synthesis of zwitterionic polyurethane coating with protein resistance [J]. Langmuir，2014，30 (43)：12860－12867.

[8] Huang J J，Xu W. Zwitterionic monomer graft copolymerization onto polyurethane surface through a PEG spacer [J]. Applied Surface Science，2010，256 (12)：3921－3927.

[9] Ma C F，Zhou H，Wu B，et al. Preparation of polyurethane with zwitterionic side chains and their protein resistance [J]. ACS Applied Materials & Interfaces，2011 (3)：455－461.

[10] Pradier C M，Karman F，Telegdi J，et al. Adsorption of bovine serum albumin on chromium and molybdenum surfaces investigated by Fourier－transform infrared reflection－absorption spectroscopy (FT－IRRAS) and X－ray photoelectron spectroscopy [J]. Journal of Physical Chemistry B，2003，107 (28)：6766－6773.

思考题

1. 简述光电子能谱分析的定义和主要类型及其特点。
2. 简述光电子的光电效应过程和光电发射定律。
3. 何谓光电子的逸出概率？什么是电子结合能和逸出功？如何获得电子结合能？
4. 何谓化学位移？简述氧化过程和还原过程的化学位移规律。
5. X射线光电子能谱中谱线是如何标记的？
6. X射线光电子能谱仪为什么需要在超高真空下进行？
7. X射线光电子能谱图中可观察到几种类型的峰？请简述其各自的产生机制。
8. 从X射线光电子能谱中可得到哪些表面有关的物理和化学信息？
9. 如何进行X射线光电子能谱图解析？

第 13 章　热分析技术

13.1　概　述

在升温或降温过程中，物质的结构、相态或化学性质会发生变化，伴随着质量、尺寸、热、光、电、磁等物理性质的变化，热分析技术就是在程序控制温度条件下测量物质的物理性质随温度（或时间）变化关系的一类技术，它从能量变化的角度为很多科学问题提供重要的热力学信息，广泛应用于物质因受热而引起的各种物理、化学变化，以及变化过程中的热力学和动力学问题的研究，成为各学科领域的通用技术。

1887 年，法国科学家 Henry Lonis 在《法国科学院周刊》上发表了《黏土的结构》和《热对黏土的作用》两篇文章。尽管当时没有差热电偶，而是采用照相记录出现的一系列均匀间隔线条和非均匀间隔线条，以此来判断有无热效应发生，但是人们还是公认他为“差热分析”技术的创始人。1899 年，英国学者 Robert Austen W. C. 用两对热电偶反向连接，输出的信号用一个镜式检流计显示，研究圆柱形钢样品的热谱图。尽管他采用的是低灵敏检流计记录参比物的温度，但是仍然得到了电解铁的典型差热分析图，这一研究为差热分析仪的原理奠定了基础。1915 年，日本科学家本多光太郎首次在分析天平的基础上研制出“热天平”，开创了“热重分析技术”。20 世纪 50 年代，由于电子工业的发展，出现了各种商品仪器，大大推动了热重分析技术的进一步发展，1953 年 Keyser W. L. D. 发明了微商热重法。20 世纪 60 年代初，我国第一台商品热天平仪由北京光学仪器厂研制成功。1964 年，美国的 Watson E. S. 等在差热分析技术的基础上发明了“差示扫描量热分析”，美国 Perkin－Elmer 公司率先研制了功率补偿型 DSC－1 型差示扫描量热仪，进而发展并完善了差示扫描量热技术。近年来，随着微电子技术的迅速发展和分析软件的不断出现，热分析仪实现了功能综合化、温度程序化、记录自动化和样品微量化，分析精度越来越高，从而扩大了其应用范围，促进了热分析技术的快速发展。

1977 年，国际热分析协会（international confederation for thermal analysis, ICTA）将热分析定义为：热分析是在程序控制温度下，测量物质的物理性质随温度变化的函数关系的一类技术。其数学表达式为：

$$P=f(T) \tag{13.1}$$

式中，P 是物质的物理性质，T 是物质的温度，而程控温度是把温度作为时间的函数，即

$$T=\varphi(t) \tag{13.2}$$

式中，t 代表时间，即

$$P=f[\varphi(t)] \tag{13.3}$$

因此，物质的物理性质 P 也是时间 t 的函数。这里需要注意的是，程序控制温度一般是线性程序，包括线性升温、线性降温、恒温，阶段升温、降温，循环或非线性升温、降温等。

按照热分析的定义，物质的物理性质包括热学、力学、电学、光学、磁学和声学等。因此，热分析技术涉及范围广泛。根据所测量的物理量的不同，可以把热分析分成以下几类，见表13.1。

表13.1 热分析技术的分类

测量的物理量	方法名称
质量 m	热重分析（Thermogravimetry，TG）， 微商热重法（Derivative Thermogravimetry，DTG）
温度差 DT	差热分析（Differential Thermal Analysis，DTA）
比热容 C_p、热量 Q	差示扫描量热法（Differential Scanning Calorimetry，DSC）， 调节式差示扫描量热法（Modulated Differential Scanning Calorimetry，DSC）
相变焓值 ΔH、 相变温度 T_m	超灵敏差式扫描量热仪 （Ultra-sensitive differential scanning calorimetry，US－DSC）
尺寸 L、体积 V	热膨胀法（Thermodilatometry，TD）
力学模量 E、内耗	热机械分析（Thermomechanical Analysis，TMA）， 动态热机械法（Dynamic Thermomechanical Analysis，DMA）
声波速度 v	热发声法（Thermosonimetry），热传声法（Thermoacoustimetry）
光学量	热光学法（Thermooptometry）
电阻 R	热电学法（Thermoelectrometry）
磁导率 μ	热磁学法（Thermomagnetometry）

热分析技术可在宽广的温度范围内对样品进行研究，可使用不同的升、降温速率程序，对样品的物理状态无特殊的要求，样品量可少至0.1 μg～10 mg，仪器灵敏度、精确度达 10^{-5}g，可与其他仪器联用并获取多种信息。基于上述特点，热分析技术可广泛应用于材料、医药、能源、海洋、地质、食品、生物技术等领域，对生产工艺条件和中间产品的质量实现控制。

热分析是包括许多与温度相关的实验测试方法，其中差热分析、差示扫描量热分析、热重分析和热机械分析是最为常用的分析方法，可用于研究物质的晶型转变、融化、升华、吸附等物理现象，以及脱水、分解、氧化、还原等化学现象，并能快速提供被研究物质的热稳定性、热分解产物、玻璃化转变温度、软化点、比热、纯度、爆破温度等信息。尤其可对高分子材料的结构和性能进行表征。本章主要介绍热重分析（TG）、差示扫描量热分析（DSC）和超灵敏差示扫描量热分析（US－DSC）三种方法。

13.2 热重与微商热重分析（TG－DTG）

20世纪50年代，热重法（TG）有力地推动了无机分析化学的发展。20世纪60年代，人们广泛采用热重法来研究高分子材料的热稳定性、反应动力学、共聚和共混体系及聚合物老化过程等。热重法已成为高分子材料生产和科学研究的重要手段。

13.2.1 热重与微商热重分析测试原理

热重法是在程序控制温度下，测量物质的质量与温度或时间的函数关系的一种技术。其数学表达式为：

$$m=f(T) \text{ 或 } f(t) \tag{13.4}$$

式中，m 为被测物质的质量，T 为温度，t 为时间。记录的曲线称为热重曲线，如图 13.1 所示。

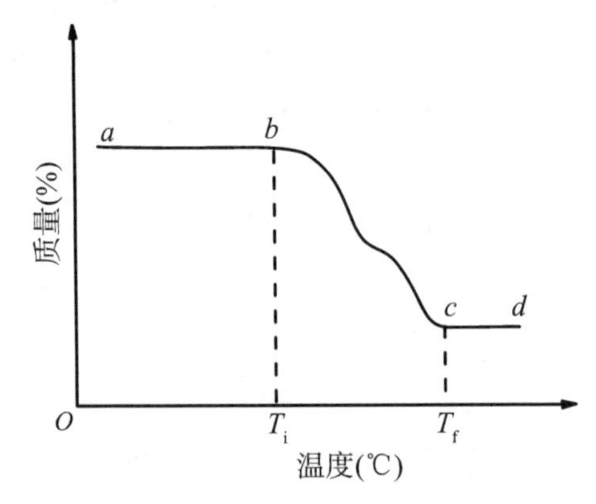

图 13.1 **热重法**（TG）**分析曲线**

曲线的纵坐标为质量 m，横坐标为时间 t 或温度 T。m 以 mg 或百分数%表示。温度单位是热力学（K）或摄氏温度（℃）。T_i 表示起始温度，即累计质量达到热天平可以检测时的温度。T_f 表示终止温度，即累计质量变化达到最大值时的温度。$T_i \sim T_f$ 表示反应区间，即起始温度和终止温度的温度间隔。曲线中 ab 和 cd 是质量保持基本不变的部分，称为平台，bc 部分称为台阶。

微商量热法（derivative thermogravimetry，DTG）是将热重法得到的热重曲线对时间或温度一阶求导数的一种方法，称为微商热重曲线（DTG 曲线），即质量变化速率作为时间或温度函数被连续记录下来。其数学表达式为：

$$\frac{\mathrm{d}m}{\mathrm{d}T}=f'(T) \text{ 或} \frac{\mathrm{d}m}{\mathrm{d}t}=f'(t) \tag{13.5}$$

如图 13.2 所示，从 DTG 曲线与 TG 曲线比较来看，横坐标都为时间 t 或温度 T，自左向右表示温度的增加。TG 曲线纵坐标从上到下表示质量减小，DTG 曲线的峰相当于 TG 曲线的质量变化。DTG 峰面积的大小与样品的质量损失成正比，由 DTG 峰面积的大小可求出质量损失量。

进行热重分析的基本仪器为热天平，它包括天平、炉子、程序控温系统和记录系统等部分。图 13.3（a）为梅特勒－托利多公司 TGA 2－(SF) 热重分析仪外观图，图 13.3（b）为其测量原理示意图。在加热过程中，当样品无质量变化时，该天平保持初始平衡状态；当样品有质量变化时，天平梁倾斜，此时平衡状态被破坏并由光电元件检出，经电子放大后反馈到安装在天平梁上的感应线圈，使天平梁又返回原点。热天平测定样品质量变化的方法有变位法和零位法两种，变位法是利用质量变化与天平梁的倾斜成正比关系，而零位法是靠电磁作用力使因质量变化而倾斜的天平梁恢复到原来的平衡位置（即零位），施加的电磁力与质量的变化成正比，而电磁力的大小与方向是通过调节转换机构中线圈里的电流来实现，因此记录此电流值即可知质量的变化。目前零位天平应用较为广泛，样品温度则由测温热电偶测定并记录，这样就可以得到样品质量与温度关系的曲线。

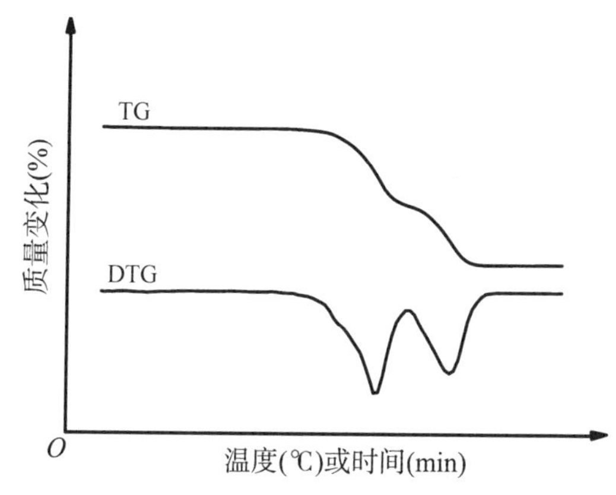

图 13.2 TG和DTG曲线的比较

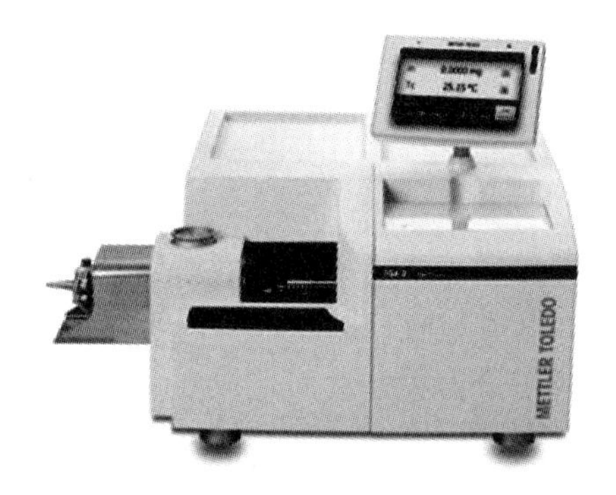

(a) TGA 2－(SF) 热重分析仪外观图

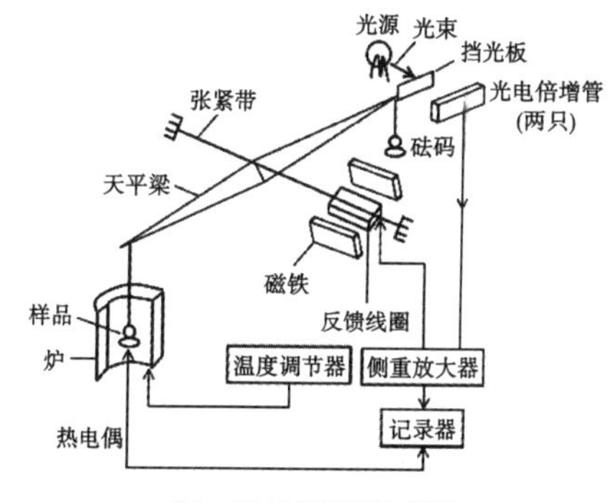

(b) 测量原理示意图

图 13.3

13.2.2 影响热重分析曲线的因素

热重分析的实验结果受诸多因素的影响，基本可以分为两类：一是实验条件，包括升温速率、炉内气氛、仪器的灵敏度与分辨率、炉子的几何形状和坩埚的材料等；二是样品，包括样品的质量、粒度、装样的紧密程度和导热性等。

13.2.2.1 实验条件的影响

热重分析中升温速率的控制是很重要的因素。升温速率过快不仅会使样品分解温度明显升高，还会导致样品来不及达到平衡，从而使反应的各阶段分不开。同一样品，对于任意给定温度，升温速率越慢，分解程度越大，对于单步吸热反应，升温速率慢，起始分解温度和终止分解温度通常向低温方向移动。因此合适的升温速率为 5～10 ℃ · min^{-1}。

在进行TG分析前，样品必须先经过干燥，以除去样品中的水汽和溶剂，否则会出现水汽和溶剂引起的“始终平台”，影响分析结果。样品还需用惰性气体（一般用氮气）保护，因为TG的温度一般比较高，如果样品易氧化，则对TG曲线的影响比较大。样品在升温或者降温的过程中，往往会有吸热或者放热现象，这样使温度偏离线性程序升温从而改变了TG曲线的位置。

此外，热天平的灵敏度也是影响TG曲线的关键因素，通常灵敏度越高，样品质量就可越少，中间产物的质量平台会更清晰，分辨率就越高。为了得到正确的TG曲线，在选择灵敏度时要与升温速率、走纸速率（记录曲线中时间轴的长度与时间的关系）、样品性质和用量等因素匹配。

样品皿的材质有玻璃、铝、陶瓷、石英和金属等，应注意样品皿对样品、中间产物和最终产物应该是惰性的，如聚四氟乙烯类样品不能用陶瓷、玻璃和石英类样品皿，因其相互间会形成挥发性碳化物；白金样品皿不适合作含磷、硫或卤素的聚合物的样品皿，因白金对该类化合物有加氢或脱氢活性。坩埚的大小和形状对实验结果的影响主要和样品的装填量有关。样品多，使用的坩埚大而深，气体的扩散阻力增大，会使得气体产物难以扩散，易使热重曲线上的终止温度向高温偏移。坩埚形状有微量平底、常量块体、杯型、压盖等。测定时根据TG的测量目的与样品性质进行选择，一般常用铝杯和陶瓷杯。但遇到分解温度很高或者有腐蚀性物质产生的样品时，须采用铂金坩埚盛样。

13.2.2.2 样品特性

热重分析中样品挥发物冷凝的影响也是很重要的。样品受热分解、升华，逸出的挥发物有可能冷凝在热天平的低温区，不仅污染了仪器，而且使测得的样品质量偏低；温度上升后，这些冷凝物又可能再次挥发产生假的质量损失，从而造成TG曲线变形，干扰正确的判别，使测定结果不准。为了消除或者减少冷凝物的影响，除从仪器方面要设计合理的气路，操作条件要尽量减少样品的用量和选择合适的净化气流量外，还应该在分析之前，对样品的热分解等性质有一个初步的估计，避免造成仪器污染，获得正确的测定结果。

样品用量会直接影响热传导和挥发性物质的扩散，从而影响TG曲线的形状。一般来说，样品用量少的TG曲线，其热分解反应中间过程的平台更明显，因此，样品用量在机器灵敏度允许范围内，采用少量的样品较好。当然，某些特殊样品为了提高灵敏度或扩大样品差别或与其他仪器联用时，也要多用些样品。

除此之外，样品粒度、形状和装填也会对TG曲线产生影响。大粒度样品使TG曲线的台阶向高温移动，颗粒过大的样品会因爆裂而造成TG曲线形状异常。薄膜及纤维样品越厚或者越粗，其降解速度越慢。样品装填方式不同会改变热传递性能。一般来说，样品装填越紧密，样品颗粒间接触越好，越有利于热传导，温度滞后现象越小。为了得到重现性较好的TG曲线，要求样品颗粒均匀，尽可能地减少样品用量，每次装填情况要一致。样品的比热、导热性和反应等性质对TG曲线也有一定的影响。

13.2.3 热重分析的应用举例

热重法的主要特点是定量性强，能准确地测量物质的重量变化及变化的速率，可以说，只要物质受热时发生重量的变化，就可以用热重法来研究其变化过程。目前热重法已在下列方面得到应用：①无机物、有机物及聚合物的热分解；②金属在高温下受各种气体的腐蚀过程；③煤、石油和木材的热解过程；④矿物的煅烧和冶炼；⑤液体的蒸馏和汽化；⑥固态反应；⑦含湿量、挥发物及灰分含量的测定；⑧升温过程；⑨脱水和吸湿；⑩爆炸材料的研究；⑪反应动力学的研究；⑫吸附和解吸附；⑬催化活度的测定；⑭表面积的测定；⑮氧化稳定性和还原性的研究；⑯反应机制的研究。

下面主要介绍如何利用热重法对高分子材料的热稳定性进行评价，以及测定共聚物中共聚组分的含量。

13.2.3.1 高分子材料热稳定性的评价

（1）天然高分子材料——胶原蛋白。

胶原蛋白约占脊椎动物蛋白质总量的1/3，在制革工业和生物医用领域均有广泛的应用。但是从动物皮和跟腱中分离出来的胶原蛋白，其天然交联结构在提取的过程中被酸、碱、盐破坏，因而表现出较差的热稳定性，限制了其应用范围。因此常常通过交联改性以提高胶原蛋白的热稳定性。作者课题组曾选用天然植物多酚——原花青素（Proyanidin）对胶原蛋白进行交联改性，二者相互作用主要是氢键相互作用，其示意图如图13.4所示。

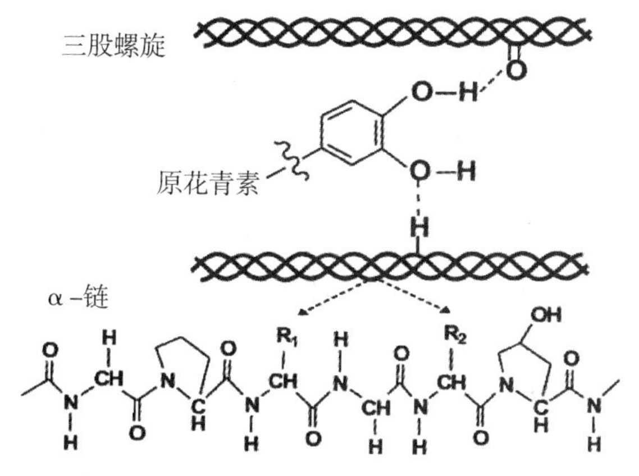

图13.4 原花青素与胶原形成氢键示意图

通过热重法对经原花青素改性后胶原的热稳定性进行分析，其TG和DTG曲线如图13.5所示。从图中可以看出，胶原具有两个不同的热分解阶段。第一个阶段为30～150 ℃，主要是由胶原蛋白与水形成的分子内或分子间氢键破坏所造成的，对于不含原花青素的纯胶原（0%）来说，这意味着胶原的三股螺旋结构的破坏；第二个阶段为200～500 ℃，主要是由于胶原分子链的热分解所引起的。表13.2为经不同用量的原花青素改性后胶原在不同阶段的质量损失和最终剩余量，从表中可以看出，当改性剂原花青素用量为2%时，改性胶原热分析后的最终剩余量与纯胶原相比要多出20%，表明原花青素与胶原分子链间形成的氢键能够很好地提高胶原的热稳定性。

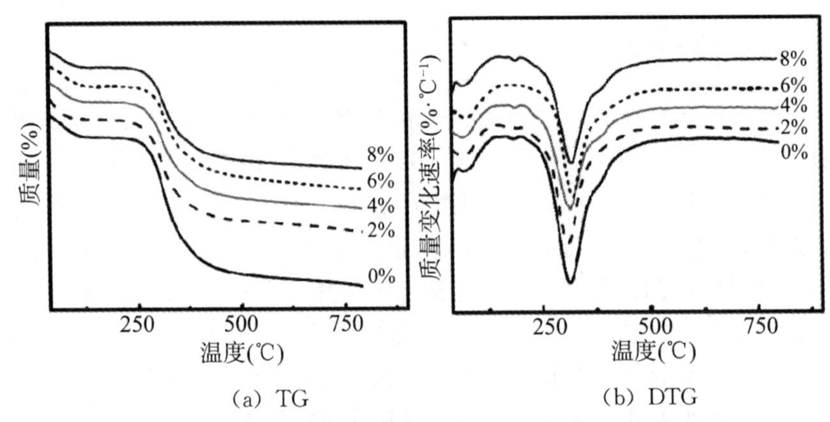

图 13.5　经不同用量的原花青素改性后胶原的曲线图

表 13.2　经不同用量的原花青素改性后胶原在不同阶段的质量损失和最终剩余量

原花青素/胶原 (w/w)	在 30～150 ℃之间的质量损失/%	在 200～800 ℃之间的质量损失/%	最终剩余质量 /%
0%	14.0	76.0	10.0
2%	12.0	57.7	30.3
4%	11.2	57.1	31.7
6%	11.1	54.7	34.2
8%	10.0	55.3	34.7

(2) 合成高分子材料——聚氨酯。

聚氨酯树脂简称 PU，是一类品种繁多的聚合物，主链上含有重复的氨基甲酸酯基团，它具有独特的化学性质和链结构。聚氨酯由于优良的成膜、机械、黏着、耐干湿擦等性能以及与颜料及其他树脂有较好的混溶性，而作为涂饰剂广泛应用于皮革领域，但是其不具有抗菌防霉性能。为了解决皮革制品在存储过程中的霉变问题，常将抗菌单体以物理或者化学的方法引入聚氨酯中，然后将其涂饰在皮革表面。图 13.6 为作者课题组将抗菌单体异冰片（IBA）单体以扩链剂的形式引入聚氨酯后的结构示意图，并将其命名为 IWPU－X，其中 X 表示异冰片单体在聚氨酯中所占的质量百分含量。

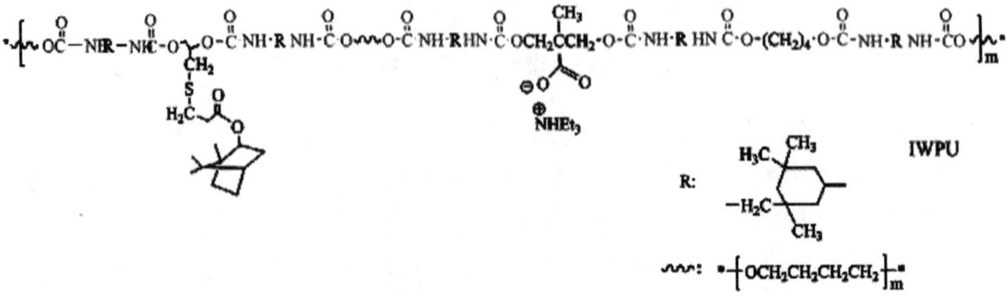

图 13.6　侧链含异冰片的聚氨酯（IWPU）的结构示意图

由于皮革经过涂饰后，还需经过压花、熨平（包括滚压）、抛光和打光等工序，而这些工序的温度往往超过 90 ℃，要求涂层在这些工序后不黏板、不掉底漆，因此皮革涂饰剂的热稳定性就显得尤为重要。作者课题组利用热重分析法（TG）对IWPU—X膜的热稳定性进行分析，实验结果如图13.7所示。从图13.7（a）中可以看出，IWPU—0、IWPU—7、IWPU—13、IWPU—19和IWPU—25的初始热分解温度T_{on}（选取膜损失重量为其初始重量2%时的温度）依次为275 ℃、269 ℃、262 ℃、257 ℃和252 ℃；从图13.7（b）中可以看出，最大热失重温度（T_{max}）依次为293 ℃、289 ℃、283 ℃、280 ℃和271 ℃。这表明随着异冰片单体引入量的增加，IWPU—X膜的热稳定性略有降低，这是因为材料的分解与化学键的键能有关。由于C—S键的键能要弱于C—C键的键能，而IWPU—X中C—S键的含量随引入的异冰片单体含量的增加而增加，故异冰片单体的引入会略微降低聚氨酯的热稳定性。但是其热稳定性仍然超过了250 ℃，满足对涂饰后皮革加工的各种工序的温度要求，因此并不影响其作为涂饰剂在皮革领域的应用。

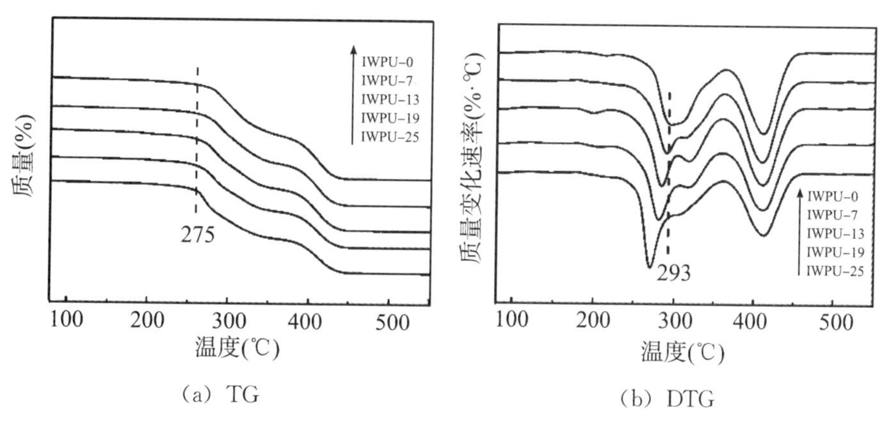

（a）TG　　（b）DTG

图13.7　IWPU-X膜的曲线

13.2.3.2　共聚物中共聚组分的测定

图13.8为N—乙烯基咔唑（PVK）与多壁碳纳米管（MWCNTs）共聚示意图，其原料配比如表13.3所示。接下来利用TG法计算PVK与MWCNTs共聚物中PVK的含量。

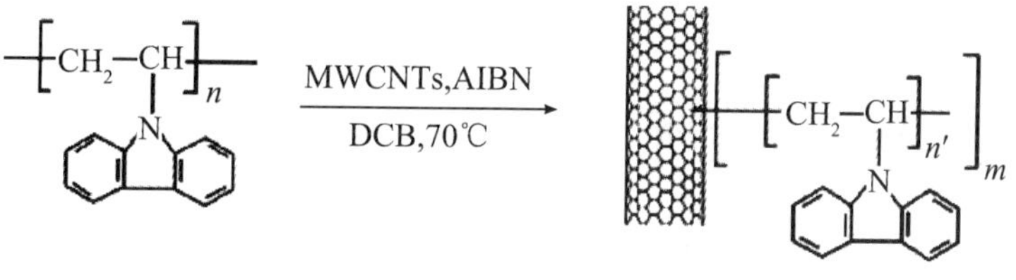

图13.8　N—乙烯基咔唑与多壁碳纳米管共聚示意图

表13.3　PVK与MWCNTs共聚物的原料配比以及TG计算的共聚物中PVK的含量

样品	原料			PVK含量/wt%
	MWCNTs/mg	AIBN/mg	PVK/g	TG测量
NT—PVK—1	107.8	22.2	0.6203	9.4
NT—PVK—3	115.5	40.7	1.2406	17.8
PVK—3	—	21.0	0.6116	—

图 13.9 为 NT－PVK－1、NT－PVK－3 和 PVK－3 的 TG 曲线。当温度达到 600 ℃时，纯的 MWCNTs 样品的失重量为 5%；空白对照样品 PVK-0 主要在 350～460 ℃温度范围内发生热分解，但是并未完全分解，在 600 ℃时仍然剩余 3.2%。而两个 NT－PVK 样品，可以看到它们的重量损失温度范围要低于 PVK－0，表明共聚物的热稳定性略有降低。对于 NY－PVK－1 共聚物，在 280～390 ℃之间的重量损失主要是因为 PVK 的分解，当温度达到 600 ℃时失重率为 13.6%。NY－PVK－3 共聚物在 300～410 ℃之间的重量损失最为明显，当温度达到 600 ℃时失重量为 21.3%。通过比较 NT－PVK 样品与纯的 MWCNTs 和 PVK－0 样品的热失重曲线，就可以评估 PVK 与 MWCNTs 共聚物中 PVK 的质量百分含量。设 NT－PVK－1 和 NT－PVK－3 共聚物中 PVK 的质量百分含量分别为 x_1 和 x_2，则有：

$$(1-3.2\%)x_1+5\%(1-x_1)=13.6\% \tag{13.6}$$

$$(1-3.2\%)x_2+5\%(1-x_2)=21.3\% \tag{13.7}$$

解式（13.6）和（13.7）可得 x_1 和 x_2 分别为 9.4%和 17.8%，故经 TG 计算可知 NT－PVK－1 和 NT－PVK－3 共聚物中 PVK 的质量百分含量分别为 9.4%和 17.8%。

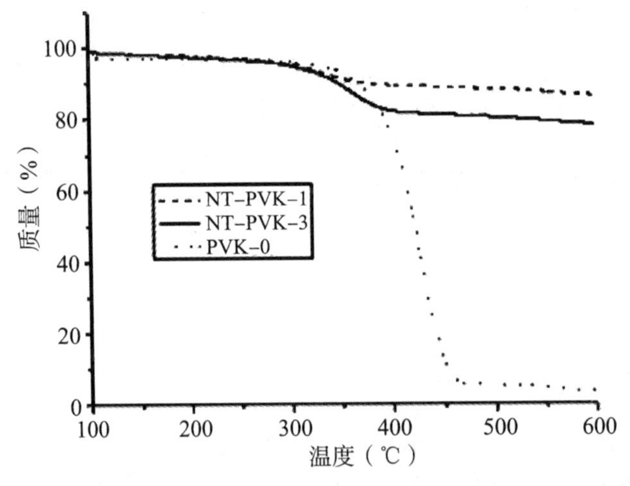

图 13.9 NT－PVK－1、NT－PVK－2 和 PVK－0 的 TG 曲线

13.3 差示扫描量热分析

差示扫描量热法（differential scanning calorimetry，DSC），是在程序控制温度条件下，测量输入给样品与参比物的功率差与温度关系的一种热分析方法，能定量测定多种热力学和动力学参数，还可进行晶体微细结构分析等工作，如样品焓变、比热容的测定等。

13.3.1 差示扫描量热法的测试原理

量热仪所测得的热效应（Q）主要分为恒容热效应（Q_v）和恒压热效应（Q_p）两种。对于常温常压下的凝聚态体系所发生的反应过程，如溶解反应、液相反应等，由于反应前后的体积几乎不变，即 $\Delta pV=0$，则此时有：

$$\Delta H=\Delta U=Q \tag{13.8}$$

式中，ΔH 为反应前后焓变，ΔU 为反应前后内能的变化，Q 为热量。

对于恒压下的凝聚态体系，有：

$$\frac{\mathrm{d}Q}{\mathrm{d}T}=\left(\frac{\partial H}{\partial T}\right)_{P,N}=C_P \tag{13.9}$$

式中，C_p 为恒压热容，任意温度下的 C_p 可以通过量热实验测得，由式（13.9）积分可以得任意温度下的热焓 $H(T)$：

$$H(T)=H(T_0)+\int_{T_0}^{T}C_P(T)\,\mathrm{d}T \tag{13.10}$$

由热力学第二定律可得绝热体系中熵增加量 ΔS：

$$\Delta S=\int\frac{Q_r}{T}\mathrm{d}T \tag{13.11}$$

式中，Q_r 为可逆过程中体系的热量变化，等压条件下根据式（13.9）可得：

$$\Delta S=S(T)-S(T_0)=\int_{T_0}^{T}\frac{C_P}{T}\mathrm{d}T \tag{13.12}$$

式（13.12）可变形为：

$$S(T)=S(T_0)+\int_{T_0}^{T}\frac{C_P}{T}\mathrm{d}T \tag{13.13}$$

由热力学第三定律，当温度等于 0K 时，任何纯物质的完美晶体的熵值为 0。标准状态下，1 mol 纯物质的规定熵值 $S_m(T)$ 可由下式得到：

$$S_m(T)=\int_{0}^{T}C_{Pm}(T)\,\mathrm{d}\ln T \tag{13.14}$$

式中，C_{Pm} 为 1 mol 物质的等压比热容。

由于不同温度范围的 C_{Pm} 可以通过量热法测得，因此物质在不同温度下的 S_m 可以根据式（13.13）计算得到。

恒温恒压下吉布斯自由能的变化（ΔG）也可由 ΔC_P 和 ΔH 得到：

$$\begin{aligned}\Delta G&=G(T)-G(T_0)=\Delta H-T\Delta S\\&=\int_{T_0}^{T}C_P(T)\,\mathrm{d}T-T\int_{T_0}^{T}C_P(T)\,\mathrm{d}\ln T\end{aligned} \tag{13.15}$$

式（13.15）可变形为：

$$G(T)=G(T_0)-\int_{T_0}^{T}C_P(T)\,\mathrm{d}T+T\int_{T_0}^{T}C_P(T)\,\mathrm{d}\ln T \tag{13.16}$$

综上所述，由量热法可以得到各物质及反应体系的 ΔU、ΔH、ΔS、ΔG 等热力学函数的数值。

差示扫描量热仪是由控温炉、温度控制器、热量补偿器、放大器和记录仪组成，图 13.10（a）为耐驰公司 DSC 214 差示扫描量热仪外观图，图 13.10（b）为其测量原理示意图。在样品和参比物容器下装有两组独立的补偿加热丝和传感器，整个仪器由两个控制系统监控，一个是自动控温装置，另一个是差热补偿回路。自动控温装置通过温度程序控制器，发出一个与样品支持器和参比支持器的设定温度成比例的电输出信号，输入记录仪中，并作为 DSC 曲线的横坐标信号。

差热补偿回路主要是维持样品支持器和参比支持器的温度始终相等。当样品在加热过程中由于热效应与参比物之间出现温差 ΔT 时，通过差示放大器和差热补偿放大器，使流入补偿电热丝的电流发生变化，当样品吸热时，差热补偿回路使样品一边的电流立即增大；反之，当样品放热时则使参比物一边的电流增大，直到两边热量平衡，温差 ΔT 消失为止。也就是说，在样品产生热效应时，由于及时输入电功率，不仅补偿的热量等于样品放（吸）热量，而且热量的补偿能及时、迅速地进行，样品和参比物之间可以认为没有温度差，与差示功率成正比的电信号同时传入记录仪，得到 DSC 曲线的纵坐标。所以实际记录的是样品与参比物下面两组电热补偿丝的热功率之差（$mJ \cdot s^{-1}$）随时间 t 或温度 T 的变化关系。

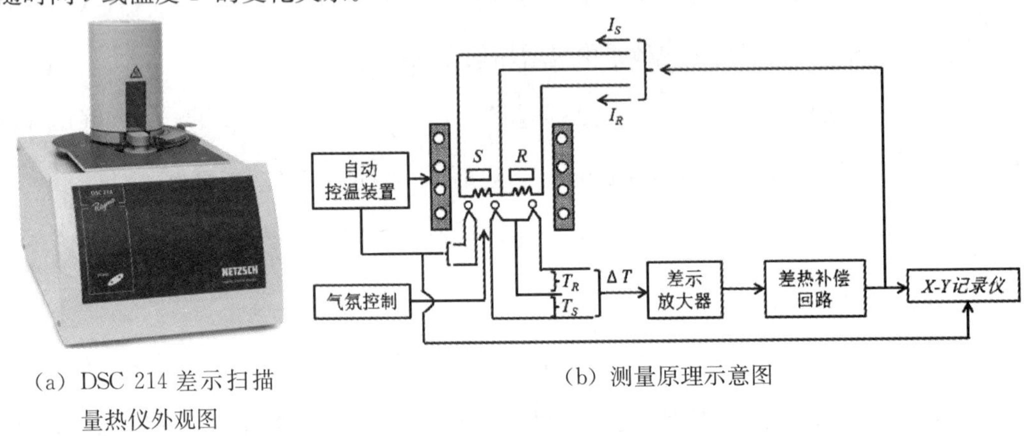

（a）DSC 214 差示扫描量热仪外观图

（b）测量原理示意图

图 13.10

典型的 DSC 曲线如图 13.11 所示，曲线离开基线的位移即代表吸热或者放热的速率（$mJ \cdot s^{-1}$），而曲线中峰顶或峰谷包围的面积即代表热量的变化。吸热（endothermic）效应用凸起正向的峰表示（热焓增加），放热（exothermic）效应用凹下的谷表示（热焓减少），因而差热法可以直接测量样品在玻璃态转变（glass transition）、结晶（crystallization）、熔融（melting）、降解（degradation）和氧化（oxidation）等化学或者物理变化过程中的热效应，这对于研究有机功能材料的应用性能具有非常重要的意义。

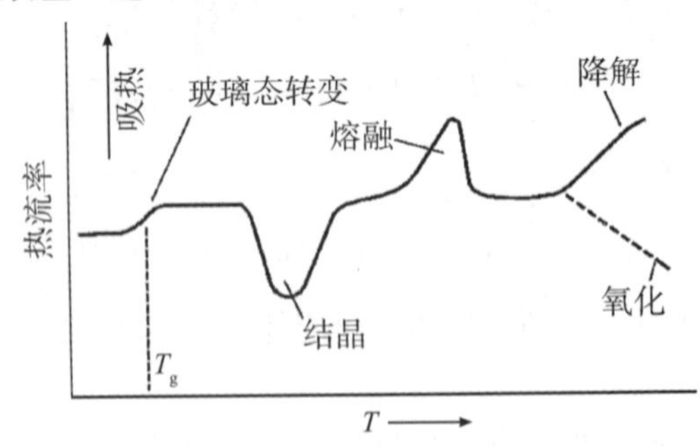

图 13.11 典型的 DSC 曲线

13.3.2 差示扫描量热法的影响因素

（1）气氛和压力的影响。

气氛和压力可以影响样品化学反应和物理变化过程的平衡温度、峰型，因此必须根据样品的性质选择适当的气氛和压力，有的样品易氧化，可以在 N_2、Ne 等惰性气体保护下进行测量。

（2）升温速率的影响和选择。

升温速率不仅影响峰的位置，而且影响峰面积的大小。升温速率过快，峰面积变大，峰变尖锐，使样品分解偏离平衡条件的程度变大，易使基线漂移，并导致相邻两峰重叠，分辨率下降。升温速率较慢时，基线漂移小，使体系接近平衡条件，得到宽而浅的峰，也能使相邻两峰更好地分离，因而分辨率高。但慢的升温速率所需测定时间长，对仪器灵敏度的要求高。

（3）样品的预处理及粒度。

样品用量大，易使相邻两峰重叠，降低分辨率，一般尽可能减少用量（数毫克左右）。样品的颗粒度应控制在 100～200 目，颗粒小可以改善导热条件，但太细可能会破坏样品的晶形。对易分解产生气体的样品，颗粒应大一些。参比物的颗粒、装填情况及紧密程度应与样品一致，以减少基线的漂移。

13.3.3　差示扫描量热法的应用举例

13.3.3.1　纯度的测定

在化学与化工生产中，为了控制各种化学产品和化学药品的质量，纯度分析是很重要的。根据试样和杂质的性质，纯度分析的方法可以是各种各样的。通常使用的传统化学分析方法由于比较复杂和费时已逐渐被仪器分析法所替代。由于差示扫描量热法具有快速、精确、试样用量少以及能测定物质的绝对纯度等优点，近年来已被广泛应用于无机物、有机物和药物的纯度分析。

用 DSC 测定纯度的方法在 1966 年以前就提出来了，后来有许多研究者对数百种物质进行了测定，证实了 DSC 用于纯度分析是有效的，于是推荐它作为纯度分析的一种新的实验手段。用 DSC 测定物质纯度时，样品的纯度对 DSC 曲线的峰高和峰宽有明显的影响。例如不同纯度的苯甲酸所测得的 DSC 曲线差别很大，如图 13.12 所示。因此，对比峰形可简便地估计样品的纯度。

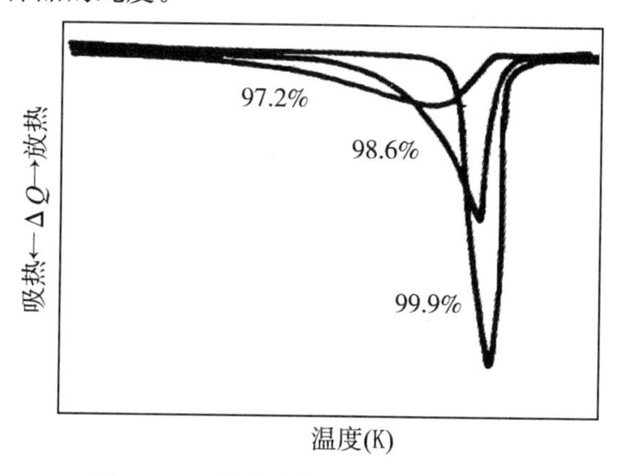

图 13.12　纯度对苯甲酸熔融峰的影响

精确测定样品中杂质的含量时，主要以 Vant't Hoff 方程式为依据：

$$T_0 - T_m = \frac{R\,T_0^2 x_2}{\Delta H_f^0} \tag{13.17}$$

式中，T_m 为平衡时含杂质样品的熔点；T_0 为平衡时纯样品的熔点；R 为气体常数；ΔH_f^0 为纯样品的熔融热焓；x_2 为样品中所含杂质的摩尔数。式（13.17）揭示了凝固点下降与杂质含量之间的定量关系。

但是应用式（13.17）时需要知道纯样品的熔点和熔融热焓。关于纯样品的熔点，可通过以下方法求得。令样品在熔化过程中的熔融分数 F 为：

$$F=\frac{T_0-T_m}{T_0-T_s} \tag{13.18}$$

式中，T_s 为熔化过程中样品的温度。

式（13.18）可以改写为：

$$T_s=T_0\frac{T_0-T_m}{F} \tag{13.19}$$

将式（13.17）代入式（13.19），即可得：

$$T_s=T_0-\frac{RT_0^2x_2}{\Delta H_f^0}\cdot\frac{1}{F} \tag{13.20}$$

T_s-1/F 图为一条直线。利用外推法可求出 $1/F=0$ 时的纯样品熔点 T_0，从直线斜率 $-RT_0^2x_2/\Delta H_f^0$（假设 ΔH_f^0 与温度和杂质无关）可算出 x_2。

然而在用 DSC 测定纯度时，必须满足 Vant't Hoff 方程所要求的条件：

（1）样品和杂质形成低共熔点，而不能形成固溶体；

（2）在液相中样品和杂质应互溶为一理想溶液，即其活度系数为 1；

（3）杂质浓度小；

（4）固相和液相应处于热力学平衡状态；

（5）杂质应该不挥发、不分解、不离解、不缔合以及不与样品发生化学反应。

13.3.3.2 玻璃化转变温度（T_g）的测定

非晶态聚合物从玻璃态到橡胶态，要发生玻璃化转变。一般来说，玻璃化转变的温度区间较窄，但在转变前后，模量的减少达三个数量级。在聚合物发生玻璃化转变时，许多物理性质发生了急剧的变化，特别是力学性质，如从硬而脆的固体变成了韧性的弹性体，完全改变了材料的使用性能。在 T_g 以上，聚合物处于高弹态，弹性大，如室温下的橡胶。在 T_g 以下，聚合物处于玻璃态，脆性较大，如室温下的塑料。即使是结晶聚合物，也会有部分非晶态存在，因此玻璃化转变是聚合物的普遍现象，只不过非晶态少的聚合物玻璃化转变不明显。所以玻璃化转变是高聚物一个重要的特性，测量 T_g 对研究玻璃化转变现象有着重要的意义。

当样品力学状态发生转变时，例如从玻璃态转变为高弹态，虽无显著的吸热或放热现象，但有比热的突变，表现在差示扫描曲线上是基线的突然变动，差示扫描曲线的形状和位置可以反映样品内部状态的变化。因此，利用差示扫描曲线可以很好地研究聚合物的玻璃化转变过程。聚合物在 T_g 前后发生比热容变化，差示扫描曲线通常是呈现向吸热方向的转折，仅仅在样品经受过冻结应变或退火处理时玻璃化转变才表现出一个小峰（图 13.13）。

由图 13.13 确定玻璃化转变温度的方法如下：从低温侧基线向高温侧延长所得到的

直线，和通过玻璃化转变阶段变化曲线斜率最大点所引切线相交，该交点的温度即为玻璃化转变的起始温度 T_1。在纵轴方向与低温侧、高温侧基线延长线或等距离的直线和玻璃化转变阶段变化曲线相交，该交点温度为玻璃化转变中点温度 T_g。从高温侧向低温侧延长的直线和通过玻璃化转变阶段变化部分曲线斜率的最大点所引切线的交点温度，就是玻璃化转变的终点温度 T_2。

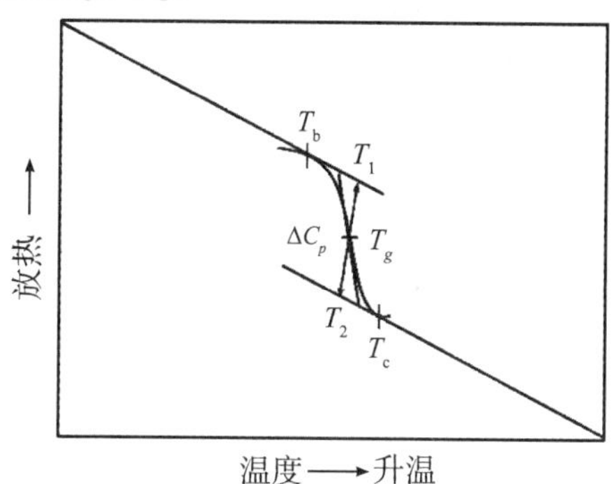

图 13.13 玻璃化转变温度的确定

图 13.14 为合成具有两性离子侧链的抗蛋白吸附聚氨酯示意图。首先通过自由基调聚反应制备含端双羟基的抗蛋白吸附前体 PDEM(OH)$_2$，然后利用聚加成反应将引入聚氨酯中（PDEM－PU），最后通过 1,3－丙磺酸内酯（1,3－PS）与 PDEM－PU 侧链上的叔胺进行开环反应合成磺胺两性离子聚氨酯（zPDEM－PU），其中 PDEM－PU32 表示 PDEM 侧链在聚氨酯的质量百分含量为 32%。

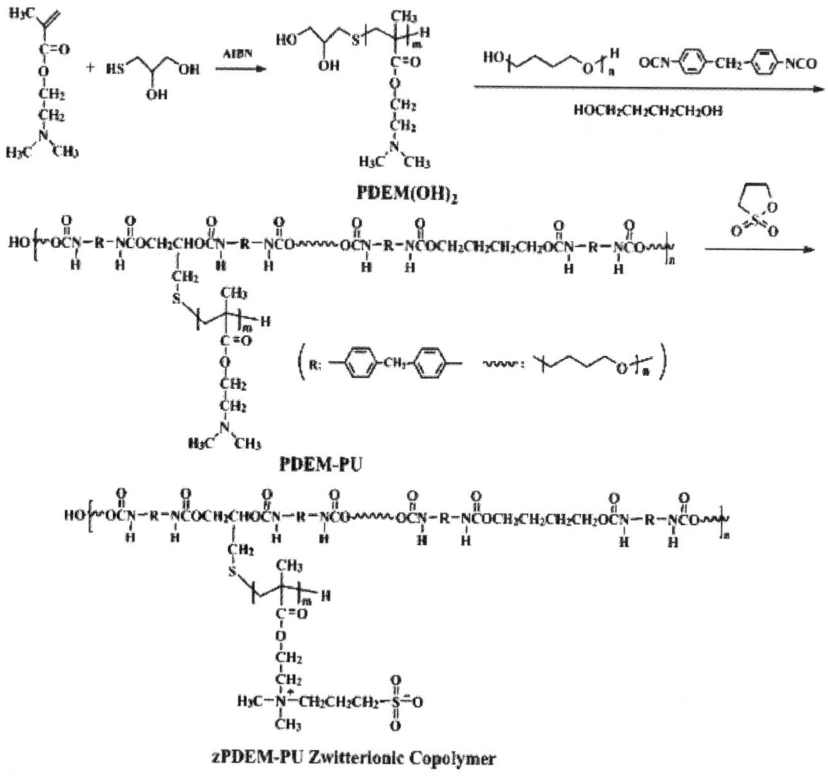

图 13.14 具有两性离子侧链的聚氨酯合成路线

图13.15分别为PDEM(OH)$_2$、PU0、PDEM－PU32和zPDEM－PU32的DSC图。从图中可以看出，PDEM(OH)$_2$和PU0的T_g分别为－12 ℃和－69 ℃。当把PDEM引入到聚氨酯中，可以观察到有两个T_g，分别为－66 ℃和－6 ℃，这分别来自聚氨酯和侧链PDEM。注意到由于PDEM引起的T_g（PDEM－PU32）要高于PDEM本身，这是由于侧链PDEM中的二甲氨基和聚氨酯中的氨基甲酸酯之间有很强的偶极相互作用，从而增加了两者的相容性。此外，zPDEM－PU32同样具有两个T_g，分别为－65 ℃和－16 ℃。第二个T_g要低于PDEM－PU32，这是由于两性离子化后会破坏二甲氨基和氨基甲酸酯之间的相互作用。

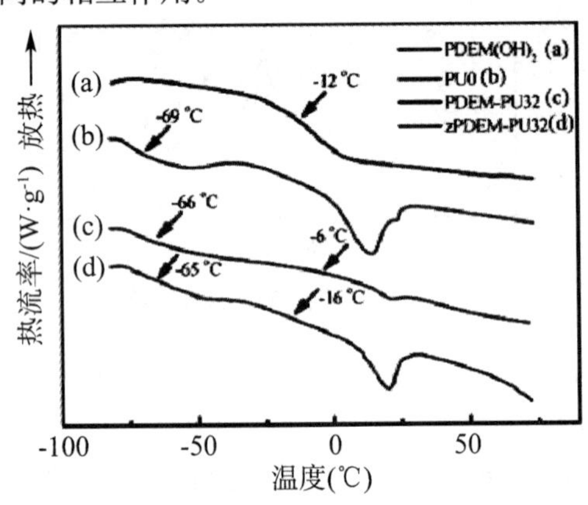

(a) PEM(OH)$_2$　(b) PU0　(c) PDEM－PU32　(d) zPDEM－PU32

图13.15　DSC**曲线**

13.3.3.3　高分子结晶度的测定

绝大多数高分子结构中都存在无定型和结晶态两种状态，高分子的许多物理性质都与其结晶度密切相关，所以结晶度成为高分子的特征参数之一。由于熔融温度是结晶固态向液态转变的过程，故结晶度与熔融热焓值成正比，因此可以利用DSC测定高分子的结晶度。先根据高分子的DSC熔融峰面积计算熔融热焓ΔH_f，再按下列公式求出百分结晶度：

$$结晶度(\%)=\frac{\Delta H_f}{\Delta H_f^0}\times 100\% \tag{13.21}$$

式中，ΔH_f^0为100%结晶度高分子的熔融热焓。

但是，对绝大多数的高分子来说，很难得到100%纯结晶，故此法并不常用。就目前而言，ΔH_f^0主要可以通过以下两种方法测定得到：

(1) 用一组已知结晶度的样品作出结晶度—ΔH_f图，然后外推求出100%结晶度的ΔH_f^0。

(2) 采用一模拟样品的熔融热焓作为ΔH_f^0，例如对聚乙烯，可选用正三十二烷为100%结晶度的模拟样品。但由于模拟样品的熔融热焓值往往偏低，故会带来较大的误差。

因此，在不需要精确计算聚合物的结晶度时，例如研究某些物质的引入对高分子的结晶行为的影响时，我们就可以根据物质引入前后高分子熔融热焓的变化来进行判断。

图13.16为聚己内酯（PCL）、PCL/黏土、PCL/DCOIT（4,5－二氯－2－正丁基－3异噻唑啉酮）和PCL/黏土/DCOIT的DSC曲线。对于PCL，在57 ℃附近可以观察到一个吸热峰，该吸热过程热焓变化为69 J·g^{-1}。在PCL中加入黏土后，在相同位置仍能观察到一个吸热峰，热焓也没有太大的变化，二者分别为57 ℃和68 J·g^{-1}，表明黏土的加入基本没有改变PCL的结晶度。对于PCL/DCOIT，除了57 ℃有一个吸热峰，在50 ℃也有一个吸热峰，这是由于小分子DCOIT也是结晶性的，同样地，在PCL/黏土/DCOIT中也能观察到类似的峰。PCL/DCOIT和PCL/黏土/DCOIT的热焓分别为62 J·g^{-1}和61 J·g^{-1}，由此可见，不论DCOIT存在与否，黏土的加入都不会显著改变PCL的熔点和结晶度。

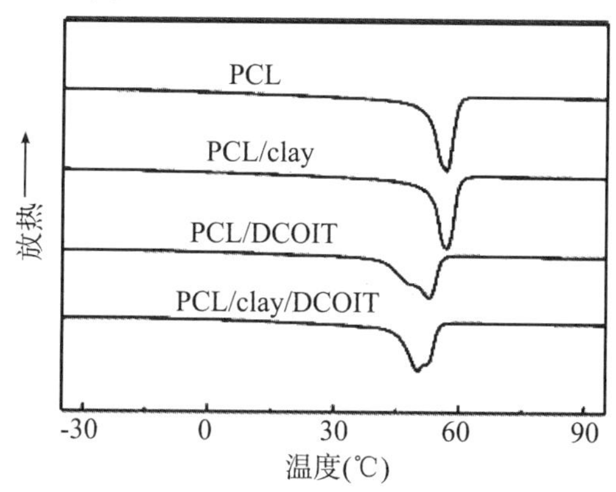

图13.16 PCL、PCL/黏土、PCL/DCOIT和PCL/黏土/DCOIT的DSC曲线

13.3.3.4 高分子热稳定性的测定

DSC同样可以用来检测高分子的热稳定性。图13.17为凹凸棒土（PAtt）与胶原交联的示意图。作者课题组利用DSC研究改性剂PAtt的用量对改性后胶原的热稳定性的影响规律。

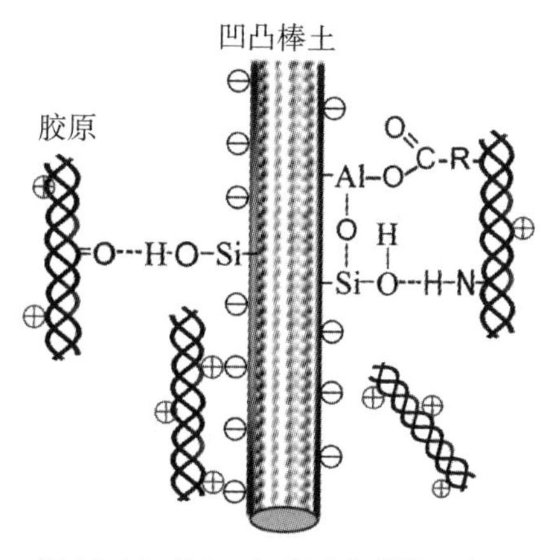

图13.17 PAtt与胶原交联的示意图

图13.18为PAtt改性胶原的DSC曲线。图中的吸热峰主要与胶原的三股螺旋结构受热解旋变为无规线团有关。而胶原的热降解主要依赖于胶原中水分的含量以及链之间的相互交联程度。从图中可以看出，随着PAtt用量的增加，胶原的热稳定性得到提高，PAtt

用量为0%、4%、6%和8%时（PAtt与胶原质量百分比），其热降解温度（T_d）分别为89.0 ℃、105.4 ℃、117.4 ℃和122.8 ℃，主要是因为PAtt与胶原形成了交联结构。此外，PAtt纳米棒覆盖在胶原表面起到热屏障的作用，从而提高了胶原的热稳定性。

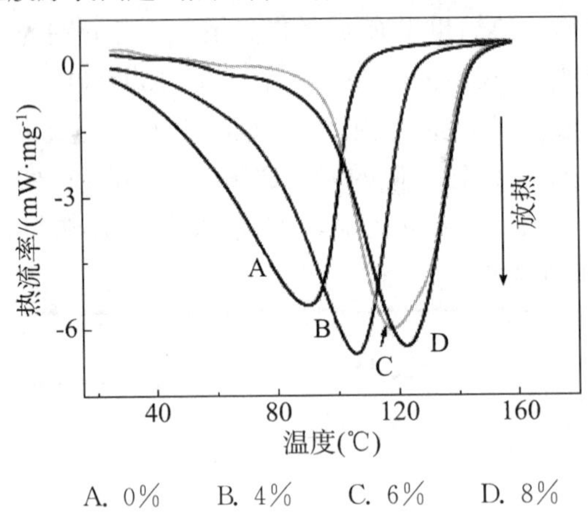

A. 0%　B. 4%　C. 6%　D. 8%

图13.18　PAL改性胶原的DSC曲线（改变改性剂PAtt的用量）

13.4　超灵敏差示扫描量热分析仪

超灵敏差示扫描量热仪（ultra－sensitive differential scanning calorimetry，US－DSC），也叫微量差示扫描量热仪（Micro－DSC），其结构及原理与普通的差示扫描量热仪相似，主要区别在于控温系统与测量系统的不同，这也使得US－DSC的测量精度和准确度均高于同类的其他测量仪器。具体表现在：

（1）采用固定的样品池与参比池，原料为钽合金，化学性质与玻璃相似，能够承受几乎所有酸的侵蚀，测试温度范围广（－10～130 ℃），实验的重复性好。普通的DSC仪器大多采用的是一次性的铝样品池与参比池。

（2）控温元件采用珀尔帖（Peltier）效应的原理，能够很好地控制样品池与参比池的温度，使控温精度在0.002 ℃以内。而普通的DSC采用PID（proportion－integral－differential）方式进行程序控温，控温精度差，热惯性大，一般控温精度超过0.5 ℃。

（3）采用温差电敏器件（thermoelectric device）测量样品池和参比池的温度，可以精确到0.001 ℃。而普通DSC采用的测温元件为热电偶，精度比较差，实验误差一般在±0.2 ℃。因此，US－DSC具有样品用量少、灵敏度高（0.2 μW）和分辨率高（0.08 $\mu J \cdot s^{-1}$）等特点，能够直接用于测量各种物理和化学过程中的微小热效应，如直接测量生化、生物代谢等生物学过程的热效应、温敏性聚合物的相转变、蛋白质分子变性及稳定性、蛋白质－脂肪酸作用以及药物筛选等方面，也可以自动跟踪和检测一些反应过程。

13.4.1　超灵敏差示扫描量热分析测试原理

US－DSC主要由程序控制温度系统、测量系统、数据记录与处理系统和样品池组成。图13.19（a）为美国GE Healthcare公司型号为Microcal US-DSC的超灵敏差示扫描量热仪外观图，图13.19（b）为其测量原理示意图。在一个封闭的体系中，将有物相变化的样品和在所测定温度范围内不发生相变且没有任何热效应产生的参比物，在相同的条件下进行等温加热或冷却，当样品发生相变时，在样品和参比物之间就产生一个温度差。放置于它们下面的一组差示热电偶即产生温差电势 $U\Delta T$，经差热放大器放大后送入功率补偿放大器，功率补偿放大器自动调节补偿加热丝的电流，使样品和参比物之间的温差趋于零，两者温度始终维持相同。此补偿热量即为样品的热效应，以电功率形式显示于记录仪上。加热元件置于样品池和参比池的支持器内部，其外增设两层绝热屏以防止热量散失。试样和参比物在程序升温或降温的相同环境中，用补偿器测量使两者的温度差保持为零所必需的热量对温度（或时间）的依赖关系。由 US－DSC 曲线便可得到样品的热容与温度的关系。US－DSC 的高灵敏性是由样品池与参比池之间的功率补偿、热分析实验过程中温度和扫描速率的精确控制实现的。

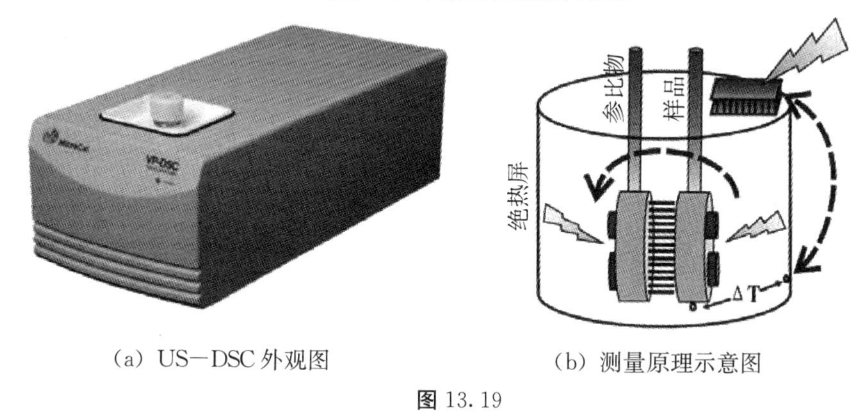

(a) US－DSC 外观图　　(b) 测量原理示意图

图 13.19

13.4.2 超灵敏差示扫描量热仪的能量和温度校正

为了得到精确的测量结果，必须每隔 2～3 个月对 US－DSC 进行能量和温度的校正。

13.4.2.1 能量校正

常用的能量校正方法是提供已知量的电功率，然后通过比较设定值与仪器实测值之间的差异，进而来校正仪器的能量。图 13.20 为设定的功率值（分别为 3.000、6.000 和 9.000 毫卡・分钟$^{-1}$）与实际测得的功率的关系，由图可见，实测值分别为 3.006、6.007 和 9.008 毫卡・分钟$^{-1}$，结果表明实测值与设定值十分接近，误差低于±1%。

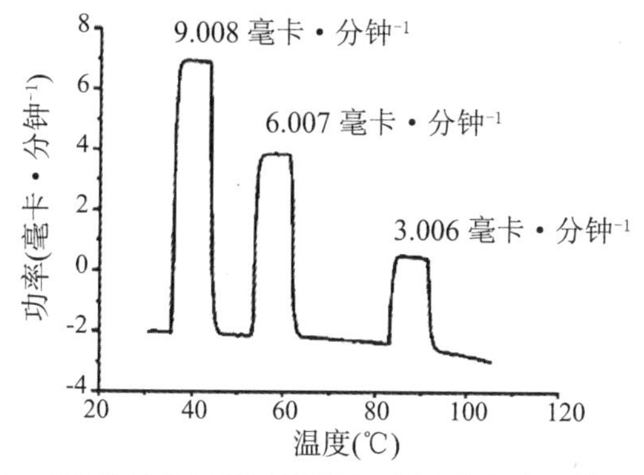

图 13.20　电功率法校正仪器能量时，设定值与实际值之间的关系

13.4.2.2 温度校正

常用的温度标定方法是利用仪器所附带的封在不锈钢毛细管中的石蜡标准样品进行温度校正，石蜡标样在28.2 ℃和75.9 ℃处有两个熔融峰。位于75.9 ℃处，由于发生预相变有时会在低温侧出现一个吸热峰（图13.21），由于75.9 ℃的吸热峰具有较好的重复性，一般选取该吸热峰的峰值温度来衡量仪器实测温度的准确性。

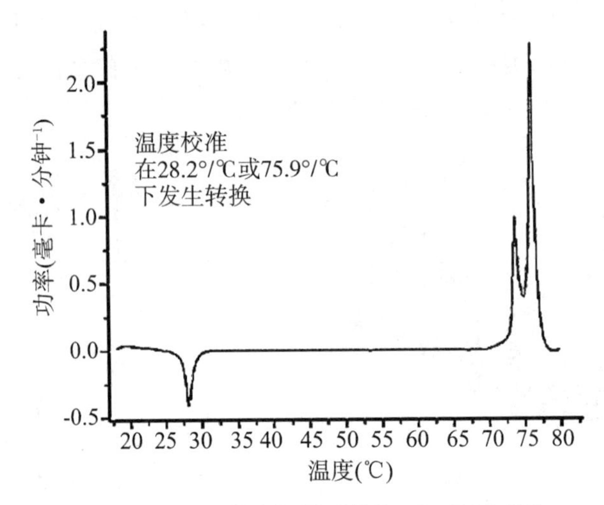

图13.21 以石蜡为标样测得的US—DSC曲线

13.4.3 US—DSC谱图分析

差示扫描量热技术（DSC）是一种卓越的定量检测生物系统稳定性的方法。绝大多数DSC谱图直接显示的是温度—热容变化，而不是温度—焓值变化。尽管焓值和热容是相关函数，而且很容易从一个推导出另一个，但是直接测定热容更可取，因为热容是由焓值衍生出来的，能够更加精确地反映焓值随温度的变化。US—DSC记录的是热流量随时间和温度变化的曲线，由曲线可以直接得到相转变温度（T_m）、相变热焓（ΔH）以及定压热容（ΔC_p）。此外，还可以通过式（13.12）和式（13.15）推算出熵变（ΔS）和自由能变化（ΔG），这些都是理解化学或物理变化过程的重要热力学参数。转变峰对应的温度为T_m，阴影部分的面积为ΔH，反映相转变过程中热量的变化。

图13.22是蛋白质分子的典型US—DSC谱图。生物分子在溶液状态中处于天然（折叠）构象和变性（去折叠）状态两者的平衡。图中给出的热转换中值T_m，即相转变温度，代表在该温度时，50%的生物大分子为去折叠状态。T_m能够直接表征分子的热稳定性。T_m越高，分子稳定性则越高。ΔC_p可用于分析分子表面结构（极性或非极性基团）的变化。ΔH（即图中分子变性峰的峰面积）用于分析维持分子稳定性的因素，如水合作用、内部相互作用等。

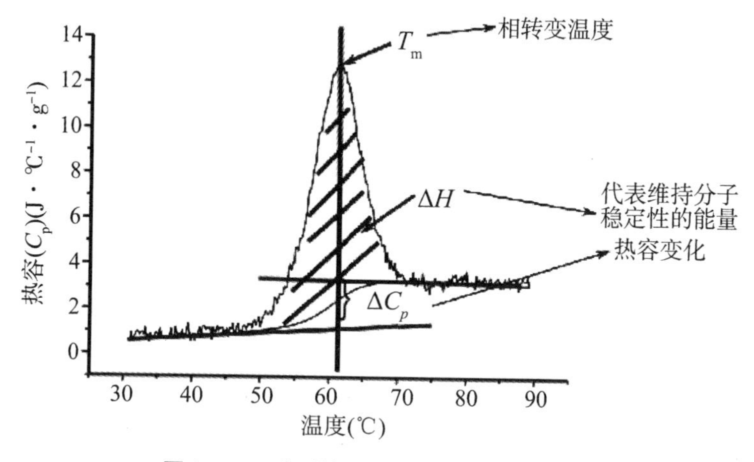

图 13.22　典型的蛋白质的 US－DSC 图谱

13.4.3.1　相转变温度（T_m）

相转变温度（T_m）是物质从一种状态转变为另一种状态时的温度，衡量的是物质结构的热稳定性，其值越高表明结构的热稳定性越好。图 13.23 为 US－DSC 曲线的构成示意图，曲线从平稳状态开始偏离的温度，也就是热效应发生时的温度称为起始温度（T_i），由于 US－DSC 的灵敏度高，所以测得的 T_i 的重现性是比较好的；当曲线重新回落到平稳基线时的温度称为终止温度（T_f）；曲线起始边线的切线与基线延长线的交点称为外推起始温度（T_c），回落边线的切线与基线延长线的交点称为外推终止温度（T_e）；峰值处的温度即为相转变温度（T_m）。事实上，由于热惯性的影响，体系反应结束后还有一个热量散失的过程，因此真正的热终止温度为 T_f。

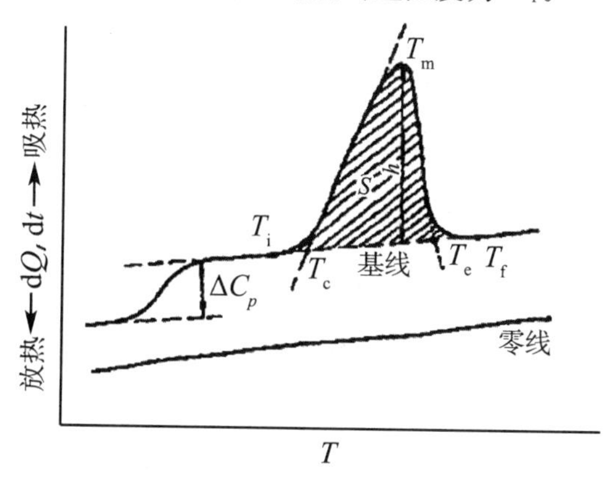

图 13.23　US－DSC 曲线的构成示意图

13.4.3.2　相变热焓（ΔH）

样品在发生相转变时会伴随着能量的吸收或释放，相变热焓（ΔH）指的就是物质发生相转变时所吸收或释放的能量，通过 ΔH 可以对物质热稳定性相关的因素进行分析。在热力学定义中，体系的外加能量为正，所以因吸热而形成的热流曲线为正方向，在 US－DSC 曲线中表现为吸热峰朝上，而热量的损失峰则朝下。US－DSC 测量的就是样品发生相转变前后的 ΔH。对于恒压过程，样品变化过程中吸收或者放出的热量就是需要的 ΔH。要将不同样品的 ΔH 进行比较，就需要有一个统一的标准，也就是将 ΔH 进行归一化，一般是计算 1 g 或者 1 mol 样品发生转变时产生的 ΔH。具体做法是在实际测量中，将转变时样品吸收或放出的热量除以样品量，即质量或者摩尔量，就得到了单位 ΔH。US－DSC 记录的曲线是热流量随时间变化的关系曲线，该曲线与基线形成的闭合峰面积正比于相转变过程中样品热量的变化，峰面积就是样品的 ΔH。使用 ΔH 已知的标准物质，根据测得的 US—DSC 峰面积和已知的摩尔数，就可以得出峰面积和 ΔH 的比例系数。在实际测样中，只需要得到峰面积和样品量（质量或者摩尔数），就可以测得该样品的 ΔH。同时，峰的高度和形状等也有一定的意义。一般来说，峰高正比于相转变的反应速率，峰越高表示反应进行得越快。提高升温速率会使反应尽快向高温方向偏移，反应会在更高的温度下进行。这些表现在 US－DSC 曲线上，就是相转变峰高增大，同时峰宽会变窄。

实际测量时会发现，有些 DSC 曲线峰的两边基线并不是一条直线，峰面积的确定比较困难。对于这样的曲线，数据处理软件有如图 13.24 所示几种积分方法。实际进行测量和比较 ΔH 时，要选择同一种积分方法，并且在相近的温度区间内，因为不同的积分方法得到的峰面积不同，且差别较大，其中方法（b）得到的峰面积最大。

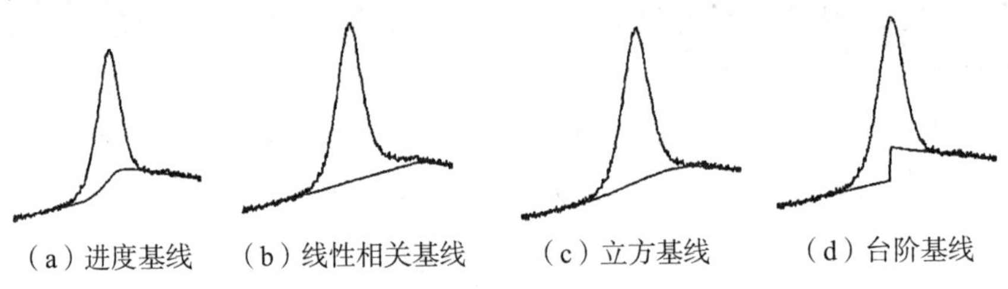

图 13.24　相转变前后基线非直线时的几种峰面积积分方法

13.4.4　超灵敏差示扫描量热仪的应用举例

US－DSC 可以体系在程序控温过程中的热量变化，可提供与蛋白质热变性有关的大量信息，蛋白质空间构象的变化、热稳定性、热变性的原因，热变性动力学，热稳定性与生理活性的关系等，近年来广泛应用于生物大分子的研究。具体表现在以下几个方面：①生物大分子稳定性和相变行为研究，快速识别最稳定的结构；②蛋白质功能结构域的识别与稳定性评估；③药物的剂型选择与药物稳定性筛选；④优化生物制品冻晶干燥工艺条件；⑤优化纯化工艺条件；⑥结合作用十分紧密的分子间相互作用研究。

13.4.4.1　研究温敏型大分子在溶液中的相变行为

蛋白质折叠作为分子生物学未解的难题之一，近年来引起了越来越广泛的关注。蛋白质只有按照特定的方式折叠为一定的空间结构，才具有特定的功能。如果蛋白质发生错误折叠形成聚集体将引起一些疾病。由于蛋白质结构的复杂性，目前直接研究蛋白质的折叠十分困难。因此，人们期望通过研究合成高分子的折叠与聚集，来了解蛋白质分子的聚集行为。聚（N－异丙基丙烯酰胺）（PNIPAM）结构中同时含有亲水的酰胺基（—CONH—）和缩水的异丙基［—CH（CH）$_3$］，是一类典型的温敏性聚合物。PNIPAM在水中的低临界溶液温度（LCST）为32 ℃，当温度低于LCST时，—CONH—会与水形成较强的氢键相互作用，使高分子链的亲水性较好，从而形成稳定的均相溶液。当温度高于LCST时，这种氢键作用会变弱，而PNIPAM链中的疏水相互作用变强，分子链由亲水变为疏水，此时会发生相转变。由于PNIPAM的LCST适中，因此常被用来研究因温度变化引起的高分子链构象的变化。接下来将以张广照等人利用US－DSC研究PNIPAM链在稀溶液中的聚集为例来介绍US－DSC的应用。

首先以N－异丙基丙烯酰胺单体为原料通过自由基聚合制得PNIPAM，再将其溶解在水中制成浓度为1 mg·mL^{-1}的稀溶液。然后利用US－DSC研究在加热降温过程中，PNIPAM在稀溶液中的聚集情况。图13.25为PNIPAM在一个加热－降温循环过程中C_p随温度变化的曲线，其中加热和降温速率均为1.0 ℃·min^{-1}。由图可见，在加热与降温过程中，发生LCST转变后的C_p均低于转变前。众所周知，蛋白质变性后使更多的非极性基团暴露，导致疏水性增加，最终使C_p值升高。对PNIPAM而言，C_p值下降则表明聚合物线团塌缩形成了更为紧密的结构。图13.25中降温过程的US—DSC曲线的相转变温度（T_m）比加热过程低～2.0 ℃，表明在降温过程中存在滞后现象，这一现象主要是由于在高温时PNIPAM形成链内和链间附加氢键所引起的。由图13.25中曲线的积分面积可得相转变过程中的焓变（ΔH），降温过程的ΔH比加热过程的ΔH要低～30%，表明在降温过程中还有一部分聚集体没有发生解聚。

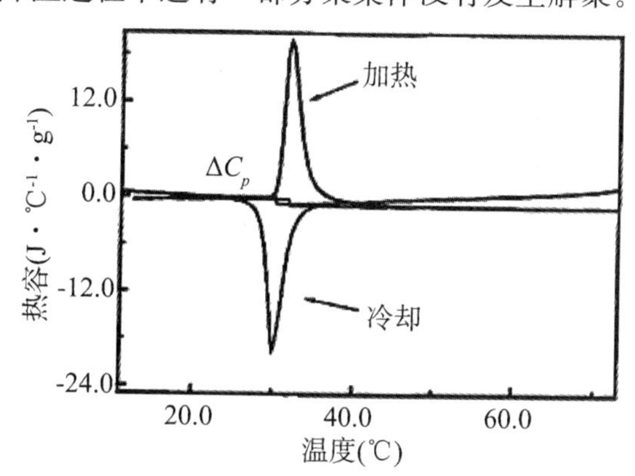

图13.25 加热和降温过程中PNIPAM的C_p随温度的变化，其中加热和降温速率均为1.0 ℃·min^{-1}

图13.26为不同加热速率下1.0 mg·mL^{-1}PNIPAM稀溶液的C_p值随温度变化的曲线。当加热速率由0.081 ℃·min^{-1}增加到1.5 ℃·min^{-1}时，US－DSC曲线吸热峰的对称性变差，峰形“拖尾”现象明显，并且T_m由31.5 ℃升高到32.5 ℃，这些现象是由于在加热过程中链内塌缩与链间聚集两者竞争引起的。在较慢的加热速率下，线形

PNIPAM 同时发生链内塌缩与链间聚集过程，较快的加热速率使链内塌缩更加容易进行。聚集过程受温度等外界条件变化影响较大，这说明聚集体的形成是动力学控制过程。

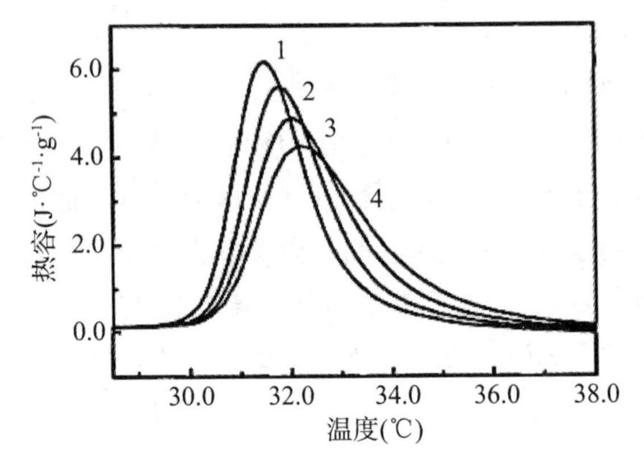

(1) 0.083 ℃ • min^{-1}　(2) 0.5 ℃ • min^{-1}　(3) 1.0 ℃ • min^{-1}　(4) 1.5 ℃ • min^{-1}

图 13.26　不同加热速率下 PNIPAM 溶液的 C_p 随温度的变化

图 13.27 为不同降温速率下 PNIPAM 聚集体的 C_p 值随温度变化的曲线。当降温速率由 0.825 ℃ • min^{-1}降至 0.039 ℃ • min^{-1}时，US—DSC 曲线放热峰的对称性下降，逐渐开始分化为两个放热峰，表明解聚过程主要是分两步进行的。以降温速率为 0.039 ℃ • min^{-1}的曲线为例，位于 30.5 ℃处的放热峰为 PNIPAM 分子内和分子间附加氢键的破坏，31 ℃处的放热峰则归属于塌缩链的解聚集。此外，解聚集过程中的“滞后”现象随降温速率下降而逐渐减弱。理论上，当降温速率无限趋近于 0 时，这种“滞后”现象将消失。

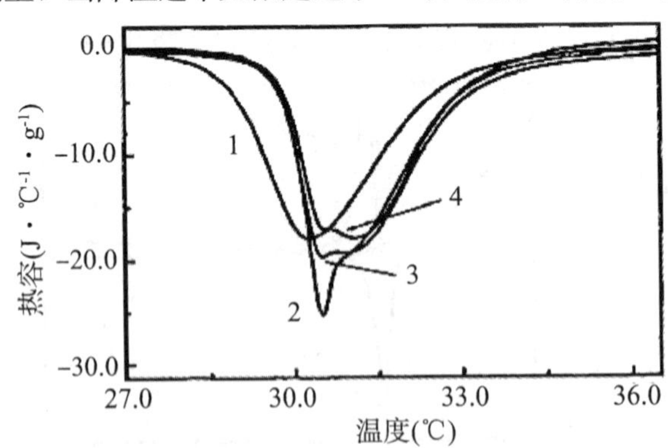

(1) 0.825 ℃ • min^{-1}　(2) 0.078 ℃ • min^{-1}　(3) 0.062 ℃ • min^{-1}　(4) 0.039 ℃ • min^{-1}

图 13.27　不同降温速率下 PNIPAM 溶液的 C_p 随温度的变化

图 13.28 为加热/降温速率对 T_m 的影响。在加热过程中，T_m 随加热速率增大而线性升高，表明链内塌缩与链间聚集过程受加热速率变化的影响，这是由于聚合物的链间聚集与链内塌缩滞后于溶液的温度变化。与此相反，在降温过程，T_m 随降温速率增大而下降。这也表明，在降温过程中聚集体的解聚集“滞后”于溶液温度变化。同时，外推加热和降温速率至零，可以得到热平衡下的相转变温度 T_m=31.4 ℃，这表明降温过

程中的滞后现象是受动力学控制的非平衡过程。

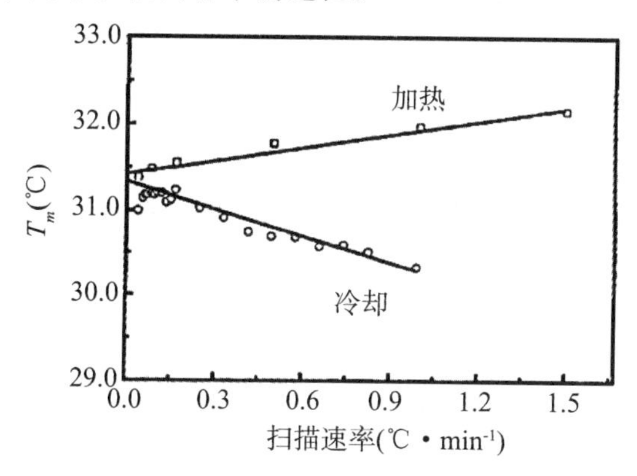

图 13.28　温度扫描速率对 PNIPAM 的 T_m 的影响

图 13.29 为温度扫描速率对 ΔH 的影响关系。由图可见，在加热过程中 ΔH 随加热速率升高而线性变大，其主要原因是相分离时造成 PNIPAM 体积变化，也就是说，加热速率变大使链内塌缩增强而链间聚集减弱，有利于形成更多的附加氢键。而在较慢的加热速率下，高分子链间在发生链内塌缩前易发生链间聚集，导致 ΔH 减小。在降温过程中，塌缩状态时形成的附加氢键首先开始断裂，之后聚集体由外向内开始“溶解”为线团，这一过程中的能量变化 ΔH 受水中高分子链的“协同”扩散控制。因此，在降温过程中，ΔH 几乎不受降温速率变化的影响，这种现象与一些植物蛋白质变性时的规律相似。

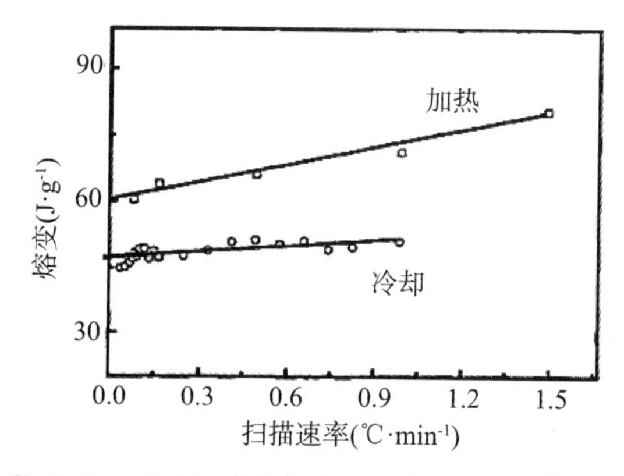

图 13.29　温度扫描速率对 PNIPAM 的 ΔH 的影响

13.4.4.2　研究金属离子与生物大分子的相互作用

胶原作为天然的生物大分子，是目前研究最广的蛋白质之一，它不仅是脊椎动物的结缔组织包括皮肤、跟腱、软骨、骨头和韧带的主要组成成分，而且在工业上有着广泛的应用，如传统的制革业和目前的生物医药行业。鞣制是使皮变成革的关键工序，这个质变过程引起的一个明显变化是原胶原增加的变性温度。长期以来，硫酸铬因其能赋予革较高的热稳定性和良好的综合性能而备受关注。因此，自 1885 年以来，铬盐一直是制革工业中主要使用的鞣剂。然而，关于 Cr^{3+} 对胶原稳定性差异的作用还没有比较满意的解释。作者课题组曾利用 US－DSC 研究不同 Cr^{3+} 浓度对 I 型胶原［两条相同的 α_1(I) 链和一条 α_2(I) 链组成］的 T_m 和 ΔH 的影响，并从分子层次对硫酸铬与胶原之间的相互作用进行分析。接下来以此方面的研究为例进行介绍和分析。

用 pH＝4 的醋酸缓冲溶液配置一系列不同 Cr^{3+} 浓度的 I 型胶原溶液，并始终保持 I 型胶原的浓度为 0.5 mg · mL^{-1}，同时以 pH＝4 的醋酸缓冲液做参比，在 4 ℃下平衡 24 h后用 US－DSC 进行测试，其中 ΔH 通过计算峰面积得到，变性温度（T_m）取峰值，变性开始温度（T_s）为转变峰的起点。图 13.30（a）为 pH＝4 的醋酸缓冲液中 I 型胶原在不同浓度 $Cr_2(SO_4)_3$ 作用下的热容（C_p）随温度变化的关系，图 13.30（b）为胶原转变温度（T_{m1}，T_{m2}）、起始主转变温度（T_{s2}）与 Cr^{3+} 浓度的关系。胶原的 C_p 值可以用来表征其疏水性，即 C_p 值越高则疏水性越好，反之则亲水性越好。从图（a）可以看出，随着 Cr^{3+} 浓度的增加，胶原的 C_{p1} 是升高的，其原因可能是引入的 Cr^{3+} 取代了胶原结构中与氢键相关的结合水，从而导致胶原的疏水性增强。此外，胶原的 US－DSC 图呈现出两个变性峰，一个是在～35 ℃的预转变，另一个是在～41 ℃的主转变。一般而言，铬鞣革的收缩温度和 Cr^{3+} 交联的胶原纤维会随着铬盐浓度的增大而升高。从图 13.30（b）可以看出，尽管随着 Cr^{3+} 浓度的增大，双峰转变的 T_m 值并未如预测的明显向高温方向移动，但主转变的起始变性温度（T_{s2}）还是提高了1 ℃，表明硫酸铬的引入在一定程度上改善了胶原的热稳定性。这可能是由于在稀溶液中，Cr^{3+} 离子主要与胶原侧链的羧基发生单点结合，而提高皮革湿热稳定性的主要贡献来源于多点交联，单点交联只能轻微地提高皮革的湿热稳定性。

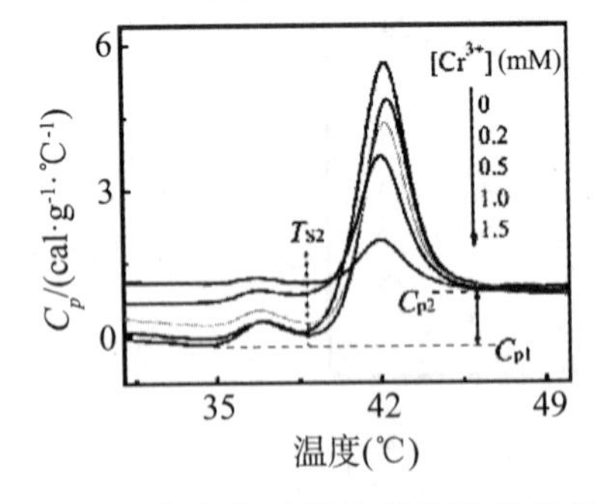

（a）I 型胶原溶液在不同浓度硫酸铬作用下的 US－DSC 图

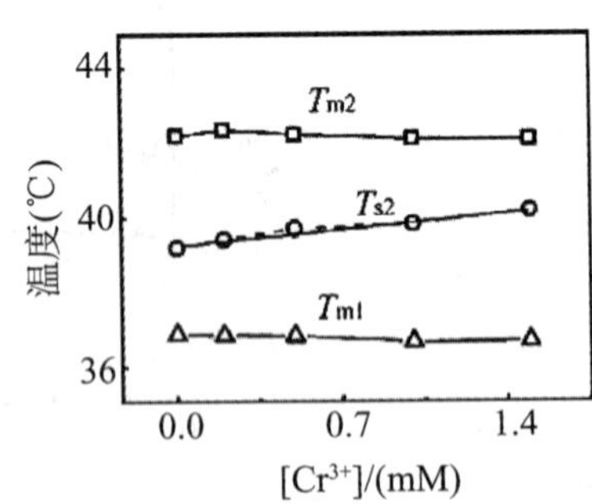

（b）胶原转变温度（T_{m1}，T_{m2}）、起始主转变温度（T_{s2}）与 Cr^{3+} 浓度的关系

图 13.30

图 13.31（a）和（b）分别为胶原预转变焓值（ΔH_1）和主转变焓值（ΔH_2）与 Cr^{3+} 浓度的关系。胶原的 ΔH 值是破坏胶原三股螺旋结构中氢键作用所需要的能量，反应的是其结构中氢键作用的强弱，ΔH 值越大则氢键作用越强，反之则氢键作用越弱。从图中可以看出，随着 Cr^{3+} 浓度的增大，胶原的 ΔH_1 和 ΔH_2 均明显降低，原因可能是胶原结构中与氢键相关的结合水被 Cr^{3+} 取代，水的取代导致氢键减少，从而降低了胶原

的 ΔH_1 和 ΔH_2，结果与上述的 C_p 值随 Cr^{3+} 浓度变化是一致的。

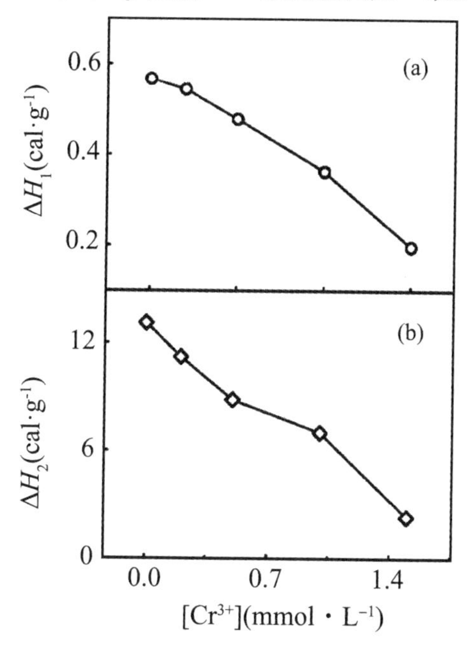

图 13.31　胶原焓变（ΔH_1，ΔH_2）与 Cr^{3+} 浓度的关系

13.4.4.3　研究小分子渗透剂对生物大分子结构的影响

渗透剂（osmolyte）是有机体为了能够适应外部环境的变化而在体内产生和积累的有机小分子。生物通过其体内的有机渗透剂来保护或破坏生物大分子，以适应外界环境的变化。因此，研究渗透剂对生物大分子的作用机制，对了解生物体是如何适应外界环境的变化显得尤为重要。其中，甘油作为一种典型的醇类渗透剂，是多元醇中分子最小、结构最简单的生物活性物质，具有许多独特的物理化学性质。同时，甘油也是常用的蛋白质结构稳定剂，50%的甘油一水混合溶剂被认为是保存蛋白质和酶的理想介质。目前，已有大量的文献报道，甘油稳定蛋白质的机理主要有优先排阻作用和疏水作用等。但是甘油对蛋白质的构象是否产生影响以及与蛋白质的作用机理仍存在较大的争议。因此，探究甘油对蛋白质结构的影响，对阐明保护性渗透剂以及多元醇稳定蛋白质的机制具有良好的解释作用。

作者课题组近期借助 US—DSC 研究甘油对胶原热稳定性的影响，并探讨甘油与胶原的作用机理。用 0.5 mol・L^{-1}的醋酸缓冲溶液配置一系列不同甘油浓度的 I 型胶原溶液，并始终保持 I 型胶原的浓度为 0.5 mg・mL^{-1}，测试前先将样品在 4 ℃下脱气 12 h。样品升温速率为90 ℃・h^{-1}，胶原一甘油共混液扫描范围为 20～60 ℃。样品变性过程的焓变（ΔH）为样品扫描曲线的峰面积，变性温度（T_m）为样品扫描曲线的峰值。图 13.32 为在 0.5 mol・L^{-1}醋酸溶液中不同含量甘油的胶原溶液热容（C_p）与温度的关系。结果表明，纯胶原的热变性过程存在两个变性峰，其中预转变峰（T_{m1}）在 35 ℃左右，主转变峰（T_{m2}）在41 ℃左右。在胶原溶液中加入甘油时，胶原的预转变峰和主转变峰都存在，且随着甘油浓度的逐渐增大，胶原的 T_m 值（T_{m1} 和 T_{m2}）出现逐渐增大的趋势。在 0.5 mol·L^{-1}醋酸溶液中胶原的 ΔH 和 T_m 值与甘油浓度（$C_{glycerin}$）的关系如图 13.33 所示。随着甘油浓度的增大，胶原的 T_{m2} 值几乎呈线性升高，即每增加 1 mol·L^{-1}甘油，T_{m2}值约升高 1.0 ℃。这表明甘油对胶原具有稳定作用，且其对胶原蛋白的稳定作用不具有协同性。此外，胶原的预转变焓值（ΔH_1）和主转变焓值（ΔH_2）不因甘油含量的增加而发生改变，表明胶原的三股螺旋结构保持完整，且甘油与胶原之间没有产生额外的氢键。

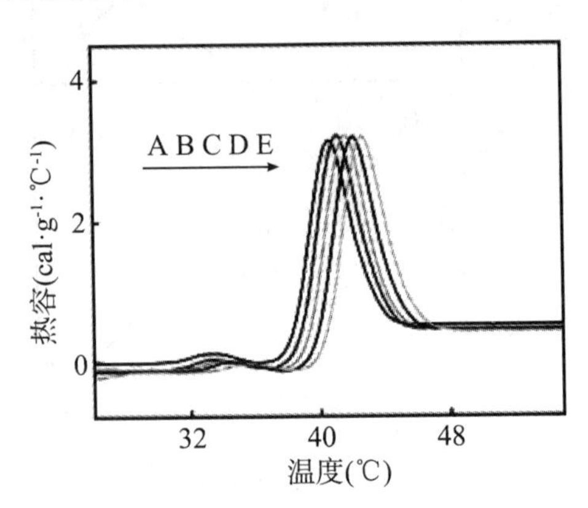

A. 0 mol·L^{-1}　B. 0.5 mol·L^{-1}　C. 1.0 mol·L^{-1}　D. 1.5 mol·L^{-1}　E. 2.0 mol·L^{-1}

图 13.32　0.5 M 醋酸溶液中不同含量甘油的胶原溶液 C_p 与温度的关系

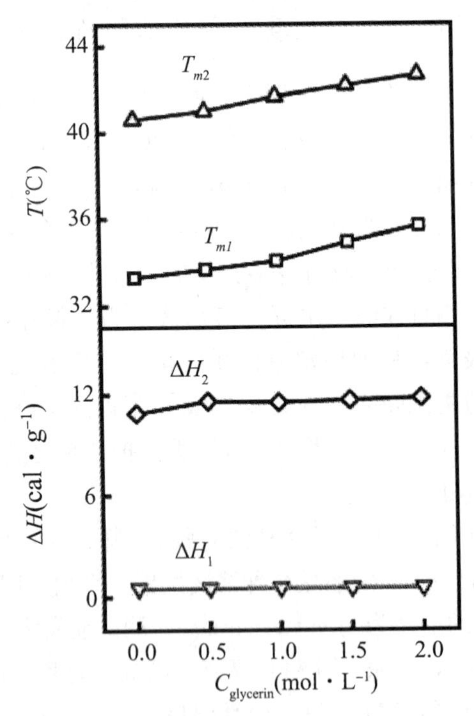

图 13.33　在 0.5 M 醋酸溶液中胶原的 ΔH 和 T_m 值与甘油浓度（$C_{glycerin}$）的关系

目前关于蛋白质与多种不同溶质体系的相互作用的研究认为，对蛋白质的稳定性、结构和功能具有保持作用的溶质分子通常是被生物大分子优先排阻的；而对生物大分子的稳定性、结构和功能具有破坏作用的溶质分子则会同蛋白质优先结合。加入与蛋白质优先结合的渗透剂，蛋白质去折叠的平衡会向变性态方向移动，还会使去蛋白质分子的构象进一步伸展且更松散；但加入蛋白质优先排阻的渗透剂，蛋白质变性作用的平衡则会向天然态方向移动，同时还会使蛋白质分子的构象更紧密。

在溶液中，胶原分子会与水作用，进而在表面形成一层致密的水化层，从而维持其天然构象。当甘油加入胶原溶液中时，甘油会被胶原优先排阻，而且甘油分子结构上含有的三个羟基可以与水分子形成氢键，从而在其自身表面也形成水化层。甘油分子表面形成的水化层会阻碍胶原与甘油之间的相互作用，但不会影响到胶原内部以及表面结合的水分子，因此能有效地维持胶原蛋白的天然构象。此外，甘油分子表面形成水化层后会占据一定的空间，在溶液中具有一定的排斥体积，导致胶原在溶液中的可用体积变小，促使胶原结构更加紧密，从而增强了胶原蛋白的热稳定性。同时，因为甘油对维持胶原三股螺旋结构的氢键没有影响，因此胶原蛋白的热变性焓值基本上没有变化。

13.4.4.4 研究大分子拥挤环境对生物大分子结构的影响

大分子拥挤环境作为一种广泛存在于细胞内外的理想化生理环境，是由生物大分子的非特异性体积排斥效应所造成的，即一种大分子在溶液中占据一定的空间，而这部分空间是其他生物大分子不能利用的，从而导致其可以利用的体积减小。例如，细胞内的多糖、核酸等大分子，总浓度可达 300 g·L^{-1}，其体积会占到细胞体积的 20%以上。而细胞外介质含有高浓度的多糖，血液中就含有约 80 g·L^{-1}的蛋白质。因此，细胞中的大分子实际上都处于一个充满其他大分子的拥挤环境中。其中，空间排斥作用是溶液中大分子之间最根本的相互作用。在溶液体系中，由于溶质分子间的不可贯穿性，使得溶液中额外加入的溶质会受到已存在的较大体积分数大分子介质的约束，其可利用的实际空间会发生改变，这种约束不仅与溶液中所有大分子溶质的形状和浓度有关，还与大分子溶质的相对大小及溶液体系中总的浓度有关。

胶原蛋白作为一种动物体内重要的结构蛋白，在细胞外基质中分布非常广泛，可以起到保护机体和支撑器官的作用。同时因其具有独特的生物学性质，所以在食品、医药、化妆品和制革等领域均有着广泛的应用。已有研究表明，大分子拥挤剂可以促进细胞外基质中的胶原蛋白和生长因子等的沉积，从而促进成骨细胞的生长、迁移、黏附和分化。因此，研究大分子拥挤环境对胶原蛋白结构的影响有利于进一步了解生物相关实验中的胶原结构变化，从而为胶原蛋白的研究和应用提供一定的理论基础。具体可以通过向蛋白质分子中加入高浓度的聚合物或其他生物大分子来进行。由于聚乙二醇（PEG）的水溶性、黏度、吸水性和相对密度等性质因分子量的差异而存在区别，因此可以通过改变其分子量来研究大分子拥挤环境下蛋白质的结构和性能变化。作者课题组利用 US—DSC 来研究不同分子量和不同浓度的 PEG 产生的拥挤环境对胶原蛋白热稳定性的影响，并进一步探讨大分子拥挤剂与胶原蛋白的作用机理。

用 0.5 mol·L^{-1}的醋酸缓冲溶液配置一系列不同 PEG 浓度的 I 型胶原溶液，并始终保持 I 型胶原的浓度为 1 mg·mL^{-1}，测试前先将样品在 4 ℃下脱气泡 12 h。测试条件：样品升温速率为 90 ℃·h^{-1}，胶原—PEG 共混液扫描范围为 20～60 ℃。样品变性过程的焓变（ΔH）为样品扫描曲线的峰面积，变性温度（T_m）为样品扫描曲线的峰值。图 13.34 为不同分子量和不同浓度的 PEG 拥挤环境下胶原热容（C_p）值与温度的关系图，溶液中 PEG 的分子量分别为 200、800、2000、6000、10000 和 20000 Mn，浓度为 0～0.20 g·mL^{-1}。从图中可以看出，在胶原溶液中加入 PEG 后，胶原的预转变峰和主转变峰都存在，说明胶原的三股螺旋结构没有遭到 PEG 的破坏。这是因为在 PEG 拥挤环境下，胶原与水分子作用使得在分子表面形成一个致密的水化层。而 PEG 在溶液中也会与水分子形成氢键，因此在胶原－PEG 共混液中胶原分子和 PEG 表面都是水化的，二者表面的水化层屏蔽作用能有效地维持胶原的构象稳定。

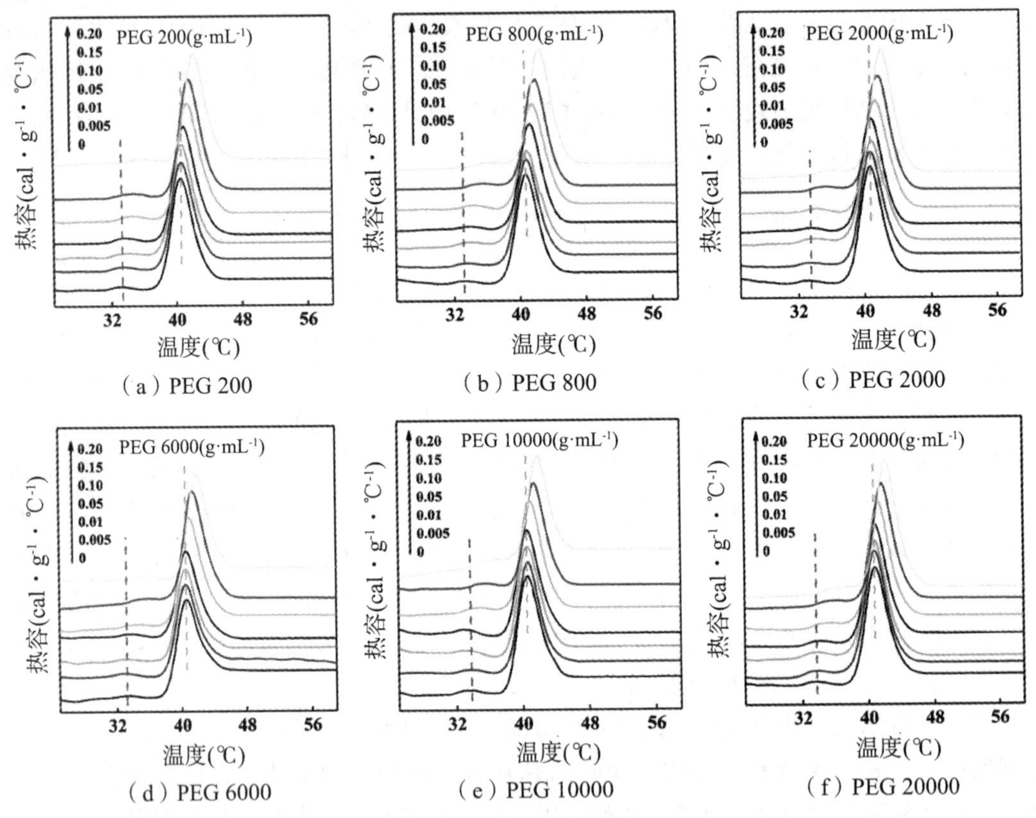

图 13.34 不同浓度和分子量的 PEG 拥挤环境下的胶原的 C_p 值与温度的关系

此外，胶原的预转变温度（T_{m1}）与主转变温度（T_{m2}）随着 PEG 浓度的增大而逐渐增加，其变化值（ΔT_{m1} 和 ΔT_{m2}）如图 13.35（a）和（b）所示。当 PEG 的浓度小于 0.05 g·mL^{-1}时，PEG 对胶原蛋白的热稳定性影响较小；而随着 PEG 的浓度逐渐增大，胶原的 ΔT_{m1} 和 ΔT_{m2} 值都明显增大，表明此时 PEG 能明显增强胶原的热稳定性。其原因可能是 PEG 分子表面形成的水化层，在胶原－PEG 共混溶液中会占据一定的体积，而随着 PEG 浓度的增大，其在溶液中占据的体积也增大，导致胶原在溶液中的可用体积减小，进而促使胶原分子自身形成更加紧凑稳定的三股螺旋结构，宏观上表现为其热变性温度 T_{m1} 和 T_{m2} 值的升高。胶原溶液中加入的 PEG 越多，其对增加胶原的热稳定性效果的贡献越大。

与此同时，PEG 的分子量不同，其对胶原热稳定性的影响也有差异。在 PEG 摩尔浓度相同的情况下，PEG 的分子量越大，胶原的 T_{m1} 和 T_{m2} 值也越高，即 PEG 对胶原热稳定性的增加效果也更大［图13.35（c）、（d）］。分析其原因可能是，一方面在PEG摩尔浓度相同的情况下，PEG分子量越大，其分子链就越长，使得PEG在胶原－PEG共混液中所占用的溶液体积越大，从而对胶原分子的空间排斥作用也越大；另一方面，在相同摩尔浓度下，分子量越大的PEG结合的水分子也越多，导致拥挤效应更明显。因此，上述研究表明PEG产生的大分子拥挤效应与其分子量和浓度均密切相关。

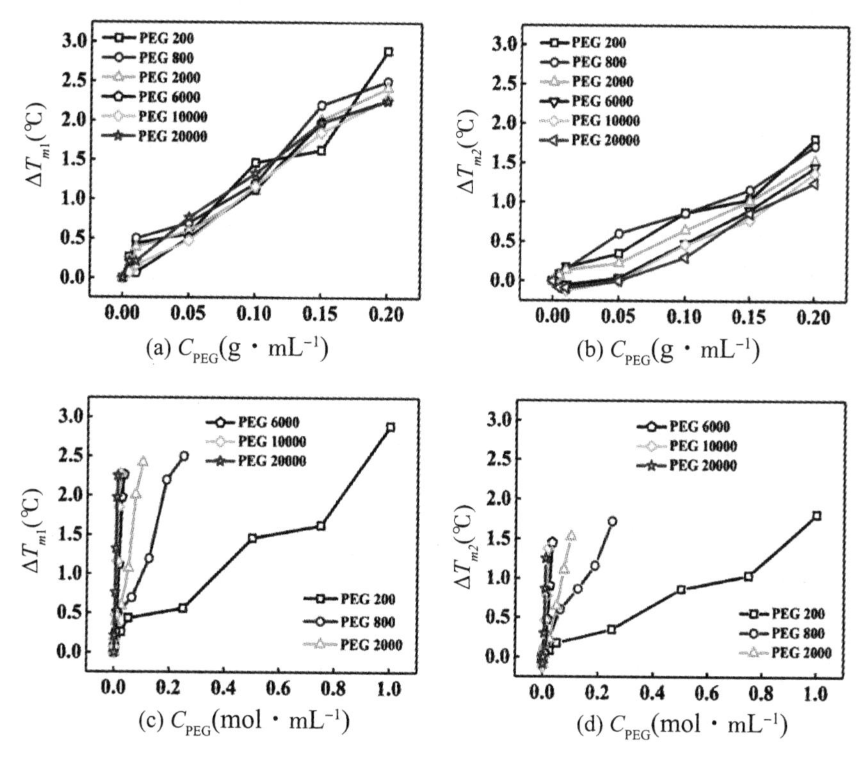

图13.35 PEG拥挤环境下胶原 T_{m1} 与 T_{m2} 的变化值

参考文献

［1］张倩. 高分子近代分析方法［M］. 成都：四川大学出版社，2015.

［2］朱为宏，杨雪艳，李晶，等. 有机波谱及性能分析方法［M］. 北京：化学工业出版社，2007.

［3］Leng. Materials characterization：introduction to microscopic and spectroscopic methods［M］. John Wiley & Sons（Asia）Pte Ltd，2013.

［4］何曼君，张红东，陈维孝，等. 高分子物理［M］. 3版. 上海：复旦大学出版社，2007.

［5］李余增. 热分析［M］. 北京：清华大学出版社，1987.

［6］Wu H X，Qiu X Q，Cai R F，et al. Poly（N-vinyl carbazole）-grafted multiwalled carbon nanotubes：Synthesis via direct free radical reaction and optical limiting properties［J］. Applied Surface Science，2007，253（11）：5122－5128.

[7] Su D H，Wang C H，Cai S M，et al. Influence of palygorskite on the structure and thermal stability of collagen [J]. Applied Clay Science，2012，(62－63)：41－46.

[8] He L R，Mu C D，Shi J B，et al. Modification of collagen with a natural cross－linker，procyanidin [J]. International Journal of Biological Macromolecules，2011，48 (2)：354－359.

[9] Ma C F，Zhou H，Wu B，et al. Preparation of polyurethane with zwitterionic side chains and their protein resistance [J]. ACS Applied Materials & Interfaces，2011，3 (2)：455－461.

[10] Yao J H，Chen S S，Ma C F，et al. Marine anti－biofouling system with poly (epsilon－caprolactone) /clay composite as carrier of organic antifoutant [J]. Journal of Materials Chemistry B，2014 (2)：5100－5106.

[11] 赵芳. 高分子在溶液和生物界面上的行为 [D]. 合肥：中国科学技术大学，2011.

[12] 丁延伟. 微量量热法研究温敏大分子在溶液中的相变行为 [D]. 合肥：中国科学技术大学，2009.

[13] 吴莎. 生物大分子溶液行为的研究 [D]. 合肥：中国科学技术大学，2017.

[14] 贺丽蓉. 微量热法研究胶原在溶液中的热变性及其与金属离子的相互作用 [D]. 成都：四川大学，2012.

[15] He L R，Cai S M，Wu B，et al. Trivalent chromium and aluminum affect the thermostability and conformation of collagen very differently [J]. Journal of Inorganic Biochemistry，2012，117：124－130.

[16] 胡利媛. 溶液环境对胶原蛋白结构的影响研究 [D]. 成都：四川大学，2020.

思考题

1. 简要阐述热重与微商热重分析测试原理，并分析影响其测试结构的主要因素有哪些。

2. 热重分析有哪些方面的具体应用?

3. 简要概述差示扫描量热分析测试原理及其应用。

4. 试比较传统差示扫描量热分析与微量量热仪（US－DSC)，思考二者的相同点和区别。

5. US－DSC 的测量精度和准确度均高于传统差示扫描量热分析的关键部件是什么?

6. US－DSC 谱图分析中最为重要的三个参数是什么? 各自代表什么意义?

第14章　石英晶体微天平

14.1　概　述

现代化学、材料科学、生物学和医学等方面的研究已深入微观过程和作用机理的探索。传统的研究方法，一般是通过假设和建模，再凭借对有限的宏观量的测定来反证所建立的模型和机理的相对合理性。但此种方法不能在线监测微观变化过程，往往使所建立的模型或机理与实际过程相去甚远。建立一套在线跟踪监测微观过程变化的手段，是解决问题的关键。石英晶体微天平（qaurtz crystal microbalance，QCM）是以石英晶体为换能元件，利用石英晶体的压电效应，将待测物质的质量信号转换成频率信号输出，从而实现质量、浓度等在线监测的仪器，其测量精度可以达到纳克量级。石英晶体微天平具有结构简单、成本低、分辨率高、灵敏度高、特异性好、可实时在线监测等优点，被广泛应用于环境监测、分析化学和表面科学等领域中，可以用来进行气体、液体的成分分析以及质量的测量、薄膜厚度的检测等。

石英晶体微天平的发展可追溯到1880年，当时Jacques Curie和Pierre Curie兄弟发现在罗息盐（Rochelle Salt）晶体两侧施加机械压力后，这些材料会在相应的方向产生电场，并将这种现象称为正压电效应。两年后，他们在罗息盐晶体材料两侧加上电场后，材料也会产生机械形变，这种现象被称为反压电效应。随后，石英、电石和陶瓷等具有压电效应的材料被陆续发现，其中石英以其优异的电气、机械、物理性能和丰富的来源而成为最主要的压电材料。尽管人们很早就意识到物质吸附在压电材料表面后会导致其振动频率的变化，但这些发现在当时并没有引起太大关注，直到第一次世界大战时期，石英晶体的压电效应被用于探测潜水艇后，才逐渐引起人们对压电效应的兴趣。1921年，Cady利用X切型石英晶体制造出世界上第一台石英振荡器。但是X切型石英晶体的振动频率受温度影响太大，以至于这种切型的石英晶体并未得到广泛应用。1934年，第一台AT切型石英晶体振荡器被制造出来。由于AT切型石英晶体的振动频率在室温附近几乎不受温度的影响，因而很快得到了广泛的应用。

一开始，人们只是定性地知道当橡皮擦过石英晶体表面时，其振动频率会下降；当铅笔划过石英晶体表面时，其振动频率会上升，但对产生这些现象的本质并不清楚。直到1959年，Sauerbrey建立了关于石英晶体表面质量变化与其振动频率变化的定量关系，即对于真空或空气中石英晶体表面沉积的均匀刚性膜而言，石英晶体振动频率的变化正比于其表面质量的变化（$\Delta m_f = -C\Delta f$），这就是著名的Sauerbrey方程。该方程的建立为石英晶体微天平的测量提供了理论依据。但是Sauerbrey方程只适用于在真空或者空气的条件下，并且要求石英晶体表面的膜为刚性膜，并不适用于液相体系。1982年，Nomura 和 Okuhara 首次实现了石英晶体在液相体系的稳定振动，从而揭开了QCM在溶液体系中应用的序幕；1985年，Kanazawa 和 Gordon 推导出石英晶体在牛顿流体中振动时其谐振频率的变化与液体的密度和黏度的关系；1995年，Rodhal 等利用Navier—Stokes 方程得到关于液相耗散因子变化的方程，并制成了耗散型石英晶体微天平（quartz crystal microbalance dissipation，QCM－D)，于1998年成功商品化。此后，QCM—D被广泛应用于化学、生物、医学、物理和环境科学等领域。

常规QCM只能检测晶体表面刚性物质的质量变化不同，QCM—D不仅能测量谐振频率的变化，而且还能测量振动损耗的变化，同时提供共振频率（f）和耗散因子（D）两个参数（图14.1)，从而感知晶体表面发生的质量及结构等方面的细微变化，可检测材料表面的质量、厚度、密度、黏度、弹性模量、耗散因子以及构象变化等，同时能够进行反应动力学模拟。根据黏弹性造成频率衰减曲线的不同，可以得到耗散因子与黏弹性的关系。耗散因子提供了传感器上吸附的薄膜的结构信息，即膜的黏弹性。由于QCM—D能够同时实时检测界面上有关分子的质量和结构变化，也能够给出更多关于表面上吸附的薄膜的性质，能够为描述和理解界面特别是固、液界面上高分子的行为提供有用的信息，从而极大地丰富了薄膜的表面信息，为研究微观变化过程、破译微观作用机理提供了一种更有效的检测手段。

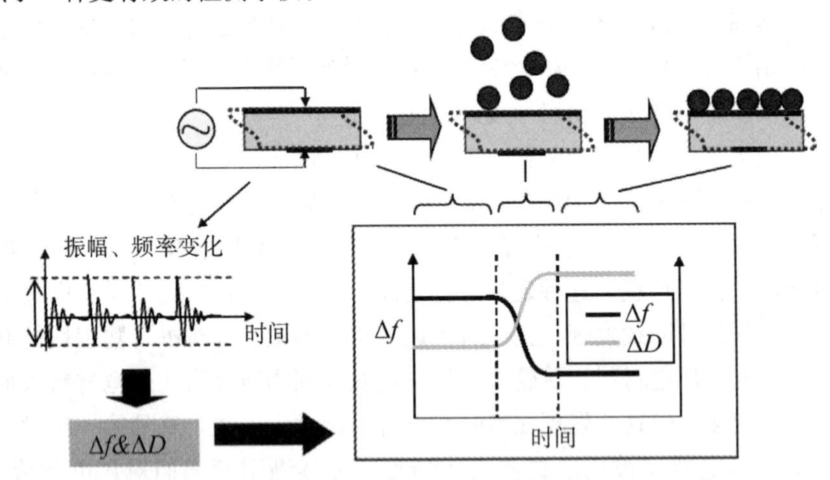

图14.1 耗散型石英晶体微天平（QCM—D）获得的共振频率和耗散因子（D）曲线

QCM—D可以在线跟踪、检测微观过程的变化，获取丰富的在线信息，具有其他方法无可比拟的优点。它不仅能够实时测量质量、厚度、密度、黏弹性等特性，而且可在线对生物大分子的反应动力学过程进行监测，系统每秒都可以收集数个数据点，当发生变化时可直接观测，是AFM和其他技术的有力补充。

（1）质量测定：测试表面形成的分子层的质量，测量精度在理论上可以达到纳克级。例如，可检测到1%或更低浓度蛋白质单分子层的质量变化。

（2）结构变化：同步测试，通过质量改变信号反映结构变化，因此可以区分两个相似的键合反应或观察到吸附层上发生的相转变。

（3）实时分析：可以进行实时记录和动力学评估。

（4）简便性：生物分子无需标记，仪器测定的是分子本身，设备简单；成本低，电极可以再生和反复使用。

（5）表面选择广泛：可进行液体或气体测试，适用于任何能形成薄膜的表面如金属、高分子、化学改进表面。

14.2　石英晶体微天平的基本原理和基本结构

14.2.1　石英晶体的压电效应

压电（piezoelectricity）即为压力生电的意思。具体来说，压电是某些晶体由于机械应变而产生的电极化，这种极化的强弱与应变的大小成正比，极化的正负随应变方向的改变而改变。用机械的方法引起晶体应变进而产生电极化的现象称为正压电效应；反之，外加电场使压电材料受到切变或纵向应力而产生应变的现象称为反压电效应。正压电效应源于偶极子发生变化后所引起的电场变化，而反压电效应则源于带电粒子在电场中所受到的力。

石英晶体是一种典型的具有压电效应的材料，其化学成分为 SiO_2，熔点为 1750 ℃，密度为 2.65 $g \cdot cm^{-3}$。理想石英晶体的结构为六角棱柱体，具有对称性和各向异性。当晶片加上电场时，则在晶体某些方向出现应变，这种应变与电场强度间存在线性关系，如果电场是交变电场，则在晶格内引起机械振荡，振荡的频率即晶体的固有频率与振荡电路的频率一致时，便产生共振，此时振荡最稳定，测出电路的振荡频率便可得出晶体的固有频率。QCM 即是根据这种逆压电原理，将石英谐振器（QCR）连接到振荡电路反馈回路中设计而成的。研究表明，AT 切型石英晶体（绕 X 轴向右旋转 35°10′角而成）的振动频率在室温附近几乎不受温度的影响，因此这种类型的石英晶体被广泛用来制造振荡器。QCM 用的就是 AT 切型石英晶片，如图 14.2 所示。

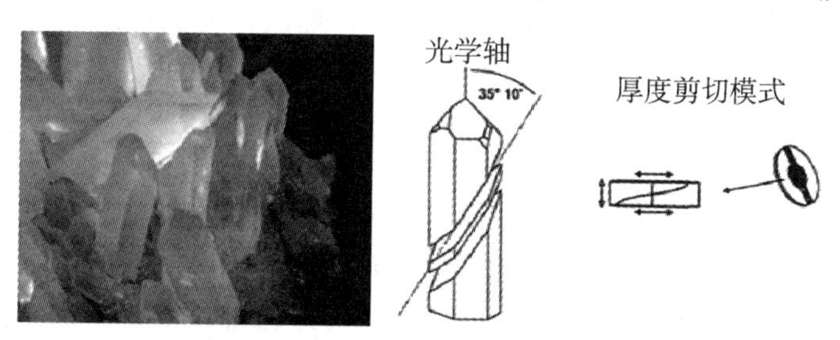

图 14.2　石英晶体及其 AT 切型示意图

14.2.2　石英晶体微天平的传感理论和定量基础

14.2.2.1　Sauerbrey 方程

QCM 所用的石英晶片振子的振动波是沿晶片厚度方向传播的横波。图 14.3 为石英晶体受剪切应力的振动示意图，其振动方向与晶体表面平行，晶体表面黏附的敏感膜也沿着与晶体表面平行的方向振动。

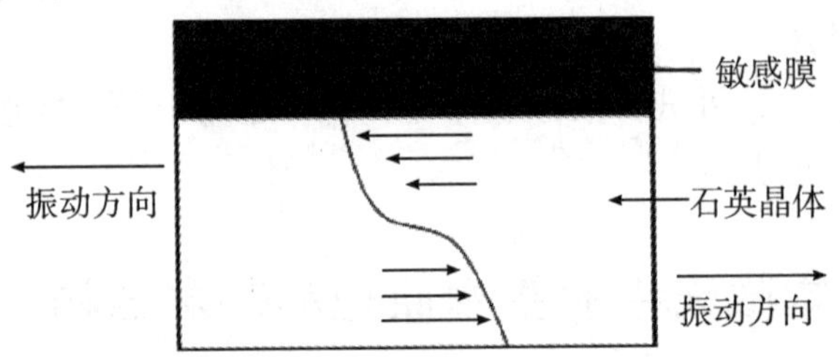

图 14.3 石英晶体受剪切应力的振动示意图

物体在三维系统振动的微分方程为：

$$\frac{\partial^2\psi}{\partial t^2}=v^2\left(\frac{\partial^2\psi}{\partial x^2}+\frac{\partial^2\psi}{\partial y^2}+\frac{\partial^2\psi}{\partial z^2}\right) \tag{14.1}$$

式（14.1）在边界条件约束下的解为：

$$\psi_{nmp}=A_{nmp}\sin\left(\frac{m\pi x}{l}\right)\sin\left(\frac{n\pi y}{h}\right)\sin\left(\frac{p\pi z}{w}\right)\sin(\omega_{nmp}t) \tag{14.2}$$

式中 ψ 为振动质点的位移，A_{nmp} 为最大振幅，l，h，w 分别为石英晶片的长、厚、宽，泛函数 n，m，$p=1$，3，5，…，t 为时间坐标，角频率 $\omega_{nmp}=\pi v\sqrt{\frac{n^2}{h^2}+\frac{m^2}{l^2}+\frac{p^2}{w^2}}$。如果石英晶片的长度和宽度远大于其厚度，则角频率可简化为 $\omega=n\pi v/h$，从而频率 $f_n=nv/2h$，此时该系统类似于一维系统，可用一维系统近似处理。已知波在一维系统中的传播速度为 $v=(c/\rho)^{\frac{1}{2}}$，其中 c 为石英晶体的刚性系数，ρ 为石英晶体的密度，因此：

$$f_n=nf_0=\frac{n}{2h}\sqrt{c/p}=\frac{n}{h}K \tag{14.3}$$

式中，$K=\frac{1}{2}\sqrt{c/p}$ 为频率常数；对于 AT 切型的石英振子，沿厚度传播的剪切波的频率与石英振子的厚度成反比，这为将石英晶体设计成质量敏感元件提供了一种新思路；设基频 $f_0=v/2h_q$，则 $f_n=nv/2h_q$，如果石英晶体的厚度由 h_q 变为 h'_q，则频率变化为：

$$\Delta f=f'_n-f_n=\frac{nv}{2}\left(\frac{1}{h'_q}-\frac{1}{h_q}\right)=-\frac{nv(h'_q-h_q)}{2h_q h'_q}=-\frac{nv\Delta h_q}{2h_q h'_q} \tag{14.4}$$

因此，

$$\frac{\Delta f}{f_n}=-\frac{\Delta h_q}{h'_q} \tag{14.5}$$

当石英振子的厚度变化远小于其本身的厚度，即 $\Delta h_q \ll h_q$ 时，则有：

$$\frac{\Delta f}{f_n}\approx-\frac{\Delta h_q}{h_q}=-\frac{\Delta h_q\rho_q A_q}{h_q\rho_q A_q}=-\frac{\Delta M_q}{M_q} \tag{14.6}$$

式中，ρ_q 和 A_q 分别为石英晶体的密度和石英振子的表面面积；ΔM_q 和 M_q 分别为石英振子本身质量的变化和石英振子的质量。Sauerbrey 认为，对于振子表面微小的质量变化，外加物质质量的变化（ΔM_f）可约等于石英振子本身的质量变化，即忽略外加物质与石英的密度差异，因此可得式（14.7）：

$$\frac{\Delta f}{f_n}=\frac{\Delta f}{nf_0}=-\frac{\Delta M_f}{M_q}=-\frac{\Delta M_f}{h_q\rho_q A_q}=-\frac{\Delta m_f}{h_q\rho_q} \tag{14.7}$$

式中，$\Delta m_f = \Delta M_f / A_q$ 为单位面积的质量变化，即为面密度变化。

将式（14.7）变换形式，即可得到式（14.8）：

$$\Delta m_f = -\frac{\rho_q h_q}{n} \frac{\Delta f}{f_0} = -C\Delta f \tag{14.8}$$

式中，$C = \rho_q h_q / (n f_0)$。式（14.8）就是著名的 Sauerbrey 方程。该方程将石英振子表面质量变化与其本身振动频率变化联系在一起，从而为 QCM 在测量方面的应用奠定了理论基础。但是，此方程通常仅适用于真空或者空气体系中，且石英表面均匀刚性膜的厚度要远小于石英振子的厚度。

14.2.2.2　耗散因子 D 及其意义

当石英晶体以它的一个正常谐振模式振动时，会产生两种电流：电介质位移电流和压电位移电流。电介质位移电流形成的分量要比所加电压超前 90°，这与理想电容器是一样的。压电应变引起的电流分量既可以超前又可以滞后于所加电压，如果压电位移电流与所加电压同相，结果就如纯电阻一样，于是石英晶体谐振器就如一个电容器和一个纯电阻并联在一起；如果压电位移电流滞后于所加电压，即石英晶体谐振器具有电感性，就像电感一样；如果压电位移电流超前于所加电流，石英晶体谐振器具有电容性，就如电容器一样。Butterworth 和 Van Dyke 认为石英晶体谐振器可以用一个等效电路来表示，这种等效电路称为 BVD 电路（图 14.4）。

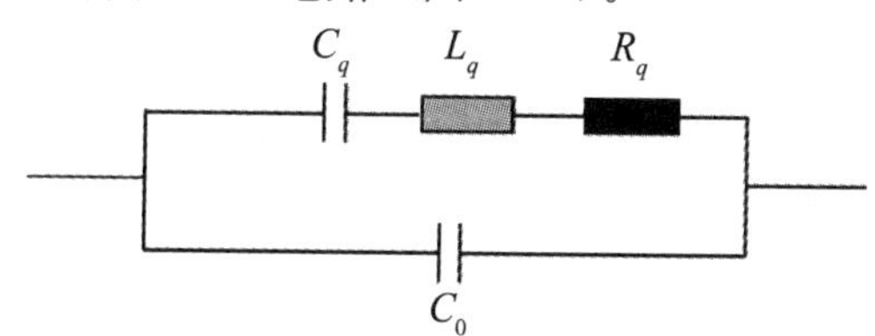

图 14.4　处于谐振频率附近石英晶体的等效电路（BVD 电路）

电容 C_q 代表石英晶体的机械弹性，电感 L_q 代表石英晶体的初始质量，电阻 R_q 代表石英晶体的能量耗散。电容 C_0 代表当振动频率远离谐振频率时，石英压电振子等效于简单平行板电容器的电容量。

品质因数（Q）是石英晶体谐振器中一个极为重要的参数。对于 BVD 串联谐振电路来说，Q 定义为：$Q = \omega L / R = 1/\omega RC$。因此：

$$\begin{aligned} Q &= \frac{\omega L_q}{R_q} = \frac{2\pi L_q}{T R_q} = 2\pi \frac{\left(\frac{1}{2} L_q I^2 + \frac{1}{2} L_q I^2\right)}{I^2 R_q T} = 2\pi \frac{\left(\frac{1}{2} L_q I^2 + \frac{1}{2} L_q V^2 \omega^2 C_q^2\right)}{I^2 R_q T} \\ &= 2\pi \frac{\left(\frac{1}{2} L_q I^2 + \frac{1}{2} C_q V^2\right)}{I^2 R_q T} = 2\pi \frac{E_s}{E_d} \end{aligned} \tag{14.9}$$

式中，I 为电流；T 为周期；V 为电压；E_s 表示储能模量，E_d 表示每周期中消耗的能量；Q 值表示谐振时电路的平均储能（电容 C_q 进行弹性储能，电感 L_q 进行质量储能）与一个周期内电能损耗（电阻 R_q 消耗能量）之比的 2π 倍。Q 值越大，谐振器在谐振过程中的能量损耗就越少，就越能维持其稳定振动。当石英晶体处于真空或空气中时，Q 可以达到很高的值，有时甚至可以达到 10^7，因此石英压电振子在真空或空气中能够很好地维持其稳定振动。品质因素也可以用另外一个重要的参数耗散因子（D）来表示：

$$D=\frac{1}{Q}=\frac{E_d}{2\pi E_s} \tag{14.10}$$

在带有耗散型测量功能的石英晶体微天平（QCM－D）研究中，D 与石英压电振子表面薄膜的结构、黏弹性和薄膜与环境中的摩擦等密切相关，因此对 QCM－D 测量特别是在液相体系中的测量特别重要。一般来说，表面吸附薄膜层的厚度越薄或刚性越大，耗散（ΔD）就越小。

14.2.3 石英晶体微天平在液相中的应用

早期的 QCM 以 Sauerbrey 方程为理论基础，只能在真空或空气环境中测量。主要是因为在液相体系中，石英振子机械振动时能量消耗太大，难以实现其稳定振动。直到 1980 年，Nomura 和 Okuhara 等通过让石英晶体的单面接触溶液，成功实现了石英晶体在液相中的稳定振动，从而拉开了 QCM 在液相环境中测量的序幕。1985 年，Kanazawa 和 Gordon 通过解边界条件约束下剪切波在石英压电振子和牛顿流体间的传播方程，得出石英压电振子频率变化和牛顿流体性质间的关系，即 Kanazawa－Gordon 方程：

$$\Delta f=-n^{1/2}f_0^{3/2}(\eta_l\rho_l/\pi\mu_q\rho_q)^{1/2} \tag{14.11}$$

式中，η_l 为液相黏度；ρ_l 为液相密度；μ_q 为石英晶体大剪切模量。1996 年，Rodahl 等人利用 Navier－Stokes 方程给出了耗散因子变化（ΔD）与牛顿流体性质间关系的方程：

$$\Delta D=2(f_0/n)^{1/2}\ (\eta_l\rho_l/\pi\mu_q\rho_q)^{1/2} \tag{14.12}$$

如果在液相中，石英振子表面吸附一层薄膜（图 14.5），则这层薄膜的黏弹性可用复数剪切模量（G）表示成式（14.13）：

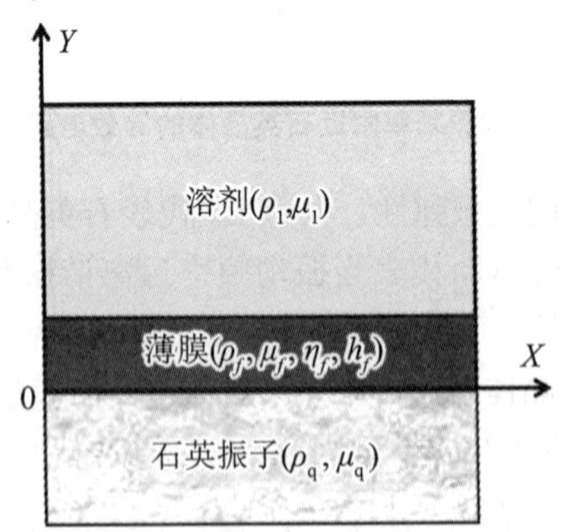

图 14.5 石英振子表面覆盖一层均匀薄膜在溶剂中的示意图

$$G=G'+iG''=\mu_f+i2\pi f\eta_f=\mu_f(1+i2\pi f\tau_f) \tag{14.13}$$

式中，G'为薄膜的储能模量；G''为薄膜的耗散能量；μ_f 为薄膜的弹性模量；η_f 为薄膜的剪切黏度；τ_f 为薄膜的特征弛豫时间。因此，通过解剪切波的传播方程可得到：

$$\Delta f=\mathrm{Im}\left(\frac{\beta}{2\pi\rho_q l_q}\right) \tag{14.14}$$

$$\Delta D=-\mathrm{Re}\left(\frac{\beta}{\pi\rho f_q l_q}\right) \tag{14.15}$$

式中：

$$\beta=\xi_1\frac{2\pi f\eta_f-i\mu_f}{2\pi f}\frac{1-\alpha\exp(2\xi_1 h_f)}{1+\alpha\exp(2\xi_1 h_f)}\qquad \alpha=\frac{\dfrac{\xi_1}{\xi_2}\dfrac{2\pi f\eta_f-i\mu_f}{2\pi f\eta_l}+1}{\dfrac{\xi_1}{\xi_2}\dfrac{2\pi f\eta_f-i\mu_f}{2\pi f\eta_l}-1}$$

$$\xi_1=\sqrt{-\frac{(2\pi f)^2\rho_f}{\mu_f+i2\pi\eta_f}}\qquad \xi_2=\sqrt{i\frac{2\pi f\rho_l}{\eta_l}}$$

ρ_f 代表薄膜的密度；h_f 代表薄膜的厚度。

从以上结论可以看出，Δf 和 ΔD 是与黏附在石英振子表面薄膜的弹性模量、剪切模量、厚度和密度以及所处液体的黏度和密度有关的函数。因此，通过 QCM 对频率和耗散进行实时监测，就能够很精确地反映出石英振子表面质量和结构的变化信息。在液相体系下，QCM 对质量的检测精度可达 5 ng·cm^{-2}，对 D 的检测精度可达 7×10^{-4}。

14.2.4　石英晶体微天平的工作原理及基本结构

14.2.4.1　QCM 的工作原理

QCM 主要是通过实时检测石英压电振子及其表面薄膜为整体的频率（f）和耗散因子（D）值，进而得到表面薄膜质量和结构变化等信息，一般由石英压电振子、电气驱动系统和信号分析检测系统三部分组成。以瑞典 Q－Sense AB 公司的 QCM－D 为例，其工作原理示意图如图 14.6（a）所示，当继电器（relay）闭合时，由于交变电场的驱动，石英压电振子会在 20 ms 内稳定地工作在其谐振频率上。断开继电器（relay）后，驱动力在 1 ns 左右的时间内消失，由于阻尼效应，石英压电振子的振幅会按如下公式逐渐衰减：

$$A(t)=A_0 e^{-t/\tau}\sin(2\pi ft+\varphi)+C$$

$$D=(\pi f\tau)^{-1}\qquad(14.16)$$

式中，t 为时间；$A(0)$ 为 $t=0$ 时刻的振幅；$A(t)$ 为 t 时刻的振幅；τ 为衰减时间；φ 为相位；C 为常数。在实验时，如果反复、快速地闭合－打开继电器，并通过对图 14.6（b）中的石英压电振子的振幅衰减曲线进行拟合，可以得到 f 和 τ 值。得到 f 和 τ 值后，再根据式（14.17）即可求得耗散因子（D）：

$$D=(\pi f\tau)^{-1}\qquad(14.17)$$

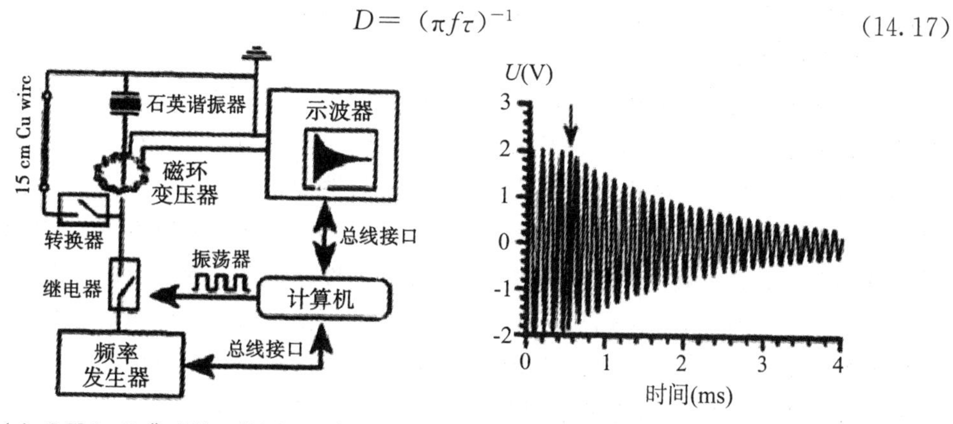

（a）QCM－D 典型的工作原理示意图　（b）石英晶体在空气中典型的衰减曲线

图 14.6

14.2.4.2 QCM的基本结构

QCM主要由石英谐振器（探头）、振荡器、信号检测和数据处理（核心是微处理器或微控制器）等部分组成。

（1）石英谐振器。

石英谐振器是传感器的接收器和转换器，由AT切型石英晶体片经真空沉积或蒸镀等方式在晶片上下表面修饰两个平行的金属电极构成的一种谐振式传感器。常用金属有Au、Ag、Pt、Ni、Pd。

为提高探头的选择接收功能，常需要在探头电极表面修饰具有特异选择识别功能的膜材料。应用时，应根据具体研究体系设计石英谐振器（探头）的结构和组合方式，如用于液相体系，探头可采用单面触液或双面触液方式，现在还发展了串联式压电传感器（SPQC）和液隔式传感器（ESPS）等多种形式，并向由多个传感器组成的阵列发展。

（2）振荡器。

石英晶体振荡器一般由外壳、晶片、支架、电极板、引线等组成。外壳材料有金属、玻璃、胶木、塑料等，外形有圆柱形、管形、长方形、正方形等多种。能否有效地驱动石英谐振器在谐振频率下振荡，获得稳定的频率信号，关键在于振荡器的性能。气相中，晶体振荡电路的频率稳定性主要取决于石英晶体的谐振频率，而当晶体与液体接触时，阻尼作用使晶体谐振器的相位特性变缓，品质因素下降较大。因此，晶体的潜振频率、电路的性能、放大环节的相位特性等对整个电路的频率稳定性产生较大影响。20世纪60—70年代设计的振荡电路，仅能适应气相中的检测。80年代通过对探头结构和电路改进，设计出性能优良的晶体管振荡器，才实现在液相中的稳定振荡。可以说，QCM的研究与应用在很大程度上取决于振荡器的研究进展。

（3）信号处理和控制系统。

振荡器输出的频率信号由频率计数器检测出来，再经过计算机系统进行数据处理，或由频率电压转化装置转换成电压，驱动函数记录仪记录变化信号。函数记录仪不能消除干扰信号，而计算机系统则可以根据干扰的特征，设计算法加以消除，得到精确稳定的结果。性能优良的探头、振荡器与微机处理系统的结合很重要。

（4）石英晶片。

晶片是从一块晶体上按一定的方位角切下的薄片，可以是圆形、正方形或矩形等。按切割晶片方位的不同，可将晶片分为AT、BT、CT、DT、X、Y等多种切型。不同切型的晶片其特性也不尽相同，尤其是频率温度特性相差较大。与一般用于时钟振荡电路上的带金属壳的石英晶体谐振器的不同点在于：QCM对石英晶体两面的电极形状有特殊的要求；电极一般为镀金抛光的；对老化和温度稳定性的要求更高。由于实验和机械安装的方便，需要把电极信号从同一面（背面）引出。考虑到电极的边缘效应，将背面的电极做得较小，正面的电极做得较大，这样正面的实验有效电极面积就基本限于背面的电极圆内。考虑到氧化和电极粗糙度的影响，电极一般为镀金且表面需要抛光。QCM－D属于高精度测量，故对晶体的频率稳定性、老化率以及温度系数等要求都很高。

值得注意的是，石英晶体微天平称量灵敏度曲线是一条钟罩形的曲线，这给准确称量带来了困难。因此，样品必须均匀地涂抹在电极表面，才能获得重复性、再现性好的测量结果。要得到涂抹均匀的样品，制样方法以真空镀膜为最好，其次是喷雾和电镀。其他方法（例如：用棉花签涂抹、用注射器等）都难以达到均匀的目的。

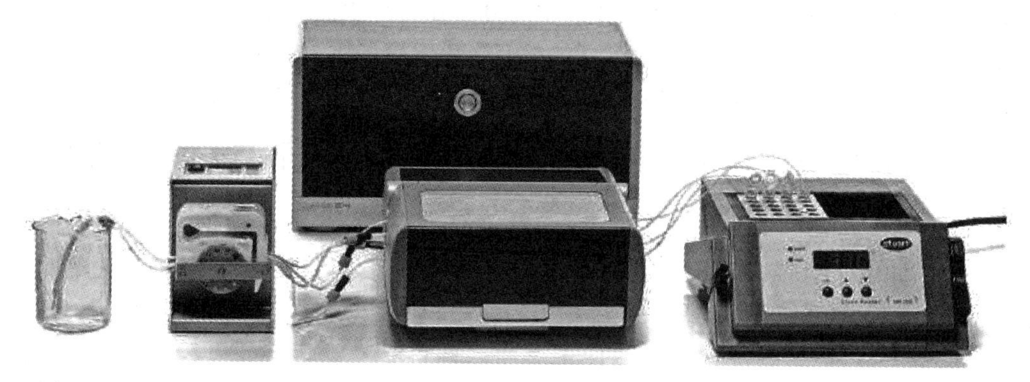

图 14.7　QCMD 的实体示意图

典型的 QCM－D 仪器实物简图如图 14.7 所示，液体池在石英晶片的上方，用于装盛样品溶液，溶液与晶体的一个表面接触。样品由进液口加入，由出液口排出。晶体和液体池周围是温度控制系统，确保温度稳定在 0.01 ℃以内。从晶体的电极引出的两根导线与 QCM 驱动电路相连接。QCM 数据采集电路负责将驱动电路产生的模拟信号数字化，再将数据送往 PC 机进行显示和处理等。QCM－D 实验中用的是 AT 切型的石英晶片，如图 14.8 所示。

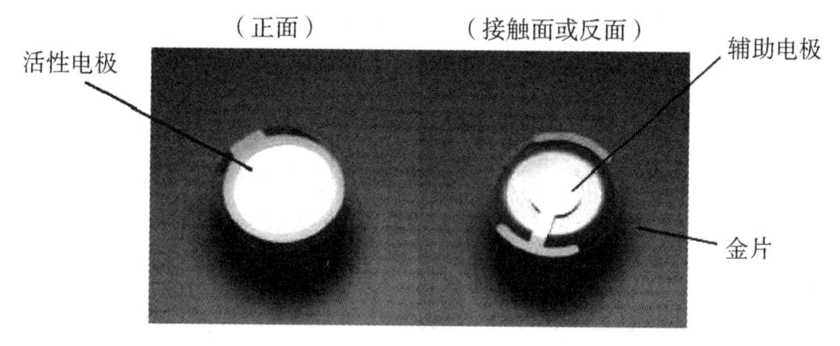

图 14.8　QCM－D 石英晶片两面的实物图

14.2.4.3　QCM 分析时样品制备及注意事项

QCM 是一种非常灵敏的质量检测仪器，其测量精度可达纳克级。正是由于其极高的灵敏性，因此实验时要注意环境杂质的干扰。其样品制备非常简单，一般只需将样品配置成稀溶液，然后通过旋涂机将其均匀地旋涂在金片上，干燥后即可检测。其中最为关键的是金片的质量。金片可重复使用，但每次实验前必须保持金片表面的清洁，一般可用 H_2O_2/H_2SO_4 浸泡清洗。若金片表面过于粗糙或划痕较多，为了保持数据的准确性，则需要更换金片。

14.3 石英晶体微天平的应用举例

目前，QCM－D已被广泛应用于化学、生物、医学、物理和环境科学等领域。其中在皮革和高分子领域的应用主要包括监控生物分子在材料表面的吸附行为（防污抗蛋白吸附材料研发）、研究高分子与生物界面的相互作用（磷脂膜的研究）、聚电解质多层膜自组装的研究、界面接枝高分子构象行为的研究和高分子表面接枝动力学的研究等。

14.3.1 监控蛋白质在材料表面的吸附行为，评价其抗蛋白质吸附性能

蛋白质和微生物的非特异性吸附一直以来都是科研界关注的焦点问题，因为它与许多学科和工业生产密切相关。例如微生物吸附在皮革制品表面所造成的生物污损（最终形成“霉变”），会影响皮革制品的使用周期，是制革工业亟待解决的问题。研究证实，抗蛋白吸附性能的表面往往具有抗微生物吸附性能。聚乙二醇（PEG）和聚两性电解质由于优异的抗蛋白吸附性能被广泛用来改性各种材料，如被改性后的聚氨酯作为涂饰剂应用于制革工业以解决皮革制品的生物污损问题。然而目前关于材料的抗蛋白吸附机理说法不一，主要包括材料表面的微观结构、空间立体排斥效应和水化程度等，其中关于高分子材料表面微观结构对其抗蛋白吸附性能的影响一直存在争议。在本节中，将介绍如何利用QCM－D研究蛋白质在高分子材料表面的吸附行为，并评价材料表面（皮革涂饰剂表面）的抗蛋白吸附性能。

14.3.1.1 高分子表面微相分离结构对其抗蛋白吸附性能的影响

有研究指出，材料表面的微相分离结构可能会影响其抗蛋白吸附性能，另一些研究则认为微相分离结构与其抗蛋白吸附性能无关。针对这一基本的科学问题，马春风等借助QCM－D从微观角度进行了相关深入探究。聚氨酯结构中软段和硬段间的热力学不相容性使得其具有微相分离结构；通过改变软段的化学成分及它在聚氨酯中的比例（表14.1），可实现对微相尺寸的调控，从而得到具有不同微相分离结构的聚氨酯。为此，该课题组通过聚加成反应合成了系列基于4,4′－二苯基甲烷二异氰酸酯（MDI）、1,4－丁二醇（1，4－BDO）、PEG、聚二甲基硅氧烷（PDMS）和聚丙二醇（PPG）组成的多嵌段聚氨酯（PUs），其中硬段组分为MDI和1,4－BDO，软段组分为PEG、PDMS和PPG（图14.9）。通过调节单体比例，得到了系列具有不同微相分离结构的聚氨酯。

软段

硬段

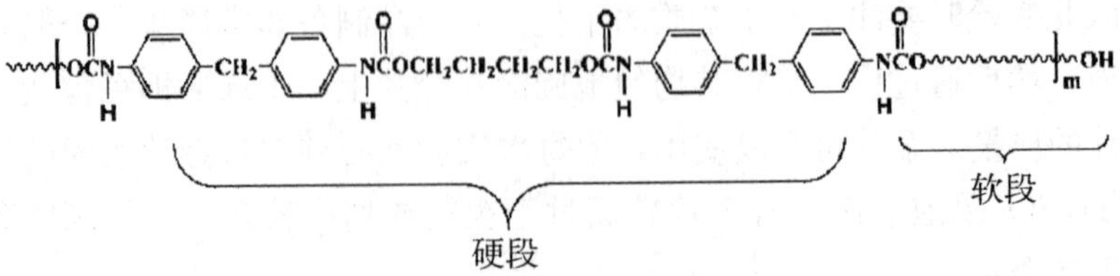

图14.9 多嵌段聚氨酯结构示意图

表 14.1　多嵌段聚氨酯的组成

样品	软段组分	硬段含量/%（重量百分比）
PEG－PU23	PEG2000	23
PEG－PU30	PEG2000	30
PEG－PU40	PEG2000	40
PEG－PU50	PEG2000	50
PPG－PU23	PPG2000	23
PDMS－PU23	PDMS4200	23

合成聚氨酯后，通过用原子力显微镜（AFM）对其表面的微相分离结构进行表征。图 14.10（a）～（d）为不同软硬段比例 PEG－PU 的 AFM 相图，从图中可以看出，随着硬段/软段比例的增加，微相分离程度增大，相区尺寸从 200 nm 减小到 50 nm 左右。图 14.10（e）和（f）为 PPG－PU 和 PDMS－PU 的 AFM 相图，可以看出这些表面也具有非常明显的微相分离结构。因此，对于不同化学组分的聚氨酯材料，其表面均具有很明显的微相分离结构。接着利用 QCM－D 检测不同蛋白质在这些高分子材料表面的吸附，实验将高分子材料涂覆在石英压电振子表面，以 PBS 缓冲液为基线，当蛋白质吸附于材料表面时，由于石英压电振子表面质量的增加从而造成频率 f 下降；同时吸附的黏弹性蛋白层使体系的振动需要耗费更多的能量，导致耗散因子 D 增大。故通过检测蛋白质在高分子材料表面的吸附过程中，石英压电振子的频率和耗散因子的变化，就可以得出高分子材料表面微观结构对其抗蛋白吸附性能的影响。纤维蛋白（fibrinogen，M_w＝340 kDa，pI＝5.5）、牛血清蛋白（BSA，M_w＝68 kDa，pI＝4.8）和溶菌酶（lysozyme，M_w＝14.7 kDa，pI＝11.1）被用于测试高分子材料的抗蛋白吸附性能，因为这三种蛋白的尺寸、结构和等电点均不相同，故所测结果具有代表性和通用性。

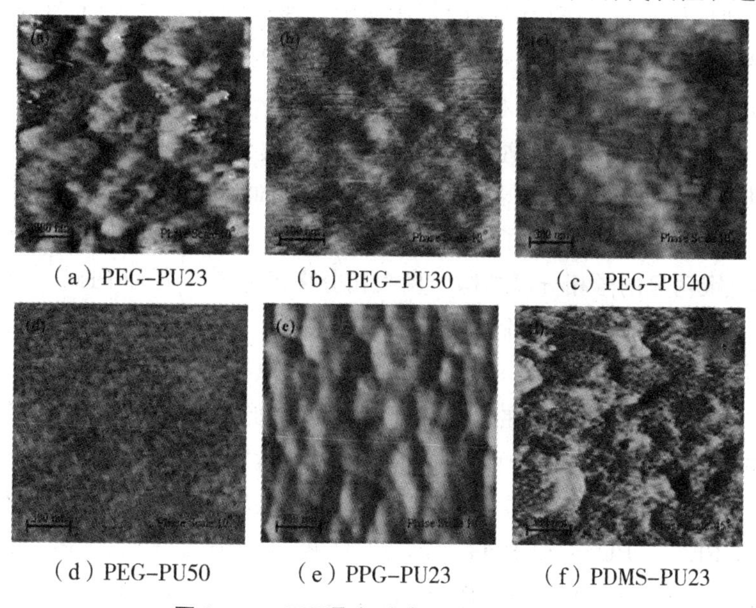

(a) PEG-PU23　(b) PEG-PU30　(c) PEG-PU40

(d) PEG-PU50　(e) PPG-PU23　(f) PDMS-PU23

图 14.10　不同聚氨酯表面的 AFM 相图

图 14.11 所示为纤维蛋白原在不同聚氨酯材料表面吸附时 Δf 和 ΔD 随时间的变化曲线。纤维蛋白是一种尺寸较大的血浆蛋白，与材料表面具有较大的相互作用力，其吸附作用是使血液凝聚的重要原因之一。从 QCM－D 吸附曲线可以看出，对于含有 PEG 的聚氨酯表面，当加入纤维蛋白原溶液后，Δf 和 ΔD 值的变化很小，用 PBS 缓冲液冲洗后，Δf 和 ΔD 又回到了基线值。对于具有不同微相分离结构的 PEG－PUs 表面没有明显的纤维蛋白吸附，即含有 PEG 的聚氨酯虽然具有不同的微相分离结构，但都具有抗蛋白吸附性能。通过上述 QCM－D 结果，证实了聚氨酯材料表面的抗蛋白吸附性能并不是由微相分离结构决定的。

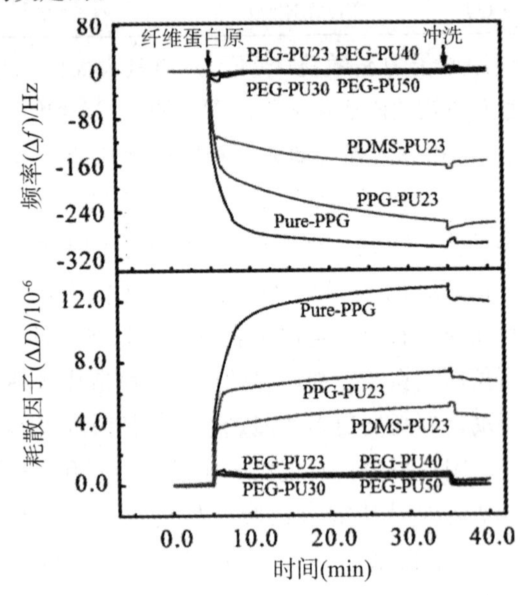

图 14.11 纤维蛋白原在不同聚氨酯表面吸附时，Δf 和 ΔD 随时间的变化

为了弄清楚材料表面抗蛋白吸附的本质原因，该课题进一步利用 QCM－D 进行了相关研究和对比分析。对于 PPG－PU23，它具有与 PEG－PU23 一样的硬段含量，区别在于软段化学组成不同，其微相分离尺寸在 30 nm 左右。当加入纤维蛋白原溶液后，Δf 快速下降，同时 ΔD 快速上升，然后逐渐达到平衡。用 PBS 缓冲液冲洗之后，Δf 和 ΔD 没有明显的变化，表明 PPG－PU23 表面吸附了大量的纤维蛋白原。从软段结构来看，PPG 只比 PEG 多了一个亚甲基，从图 14.10（e）也可以看出，PPG－PU23 同样具有很明显的微相分离结构，且微相分离尺寸介于各种 PEG－PUs 之间，但与 PEG－PUs 不同，其表面能吸附大量的纤维蛋白原。为了进一步了解微相分离结构对材料表面抗蛋白吸附性能的影响，还研究了纤维蛋白原在纯 PPG 膜表面的吸附，结果表明纤维胶原蛋白原可以大量吸附在 PPG 材料表面。因此，PPG－PU23 对纤维蛋白原的抗吸附作用主要是由于 PEG 本身而非高分子材料的微相分离结构。此外，PDMS 具有较低的表面能，其表面黏附的微生物很容易被清除，因而被广泛应用于各种防污涂料。然而，对于与 PEG－PU23 和 PPG－PU23 具有同样硬段含量的 PDMS－PU23 而言，Δf 和 ΔD 的变化表明 PDMS－PU23 表面同样可以吸附纤维蛋白原。因此，材料的低表面能也不是高分子材料抗蛋白吸附的主要原因。

图 14.12 为牛血清蛋白在不同聚氨酯材料表面吸附时 Δf 和 ΔD 随时间的变化。牛血清蛋白是血液循环系统中普遍存在的一种蛋白质，尺寸比纤维蛋白原要小。对于不同硬段含量的 PEG－PUs，加入牛血清蛋白后，Δf 和 ΔD 的变化很小，说明材料具有很好的抗牛血清蛋白吸附性能。而对于 PPG－PU23、PDMS－PU23 以及纯 PPG，加入牛血清蛋白后，Δf 明显下降，ΔD 明显上升，说明牛血清蛋白大量吸附于材料表面。同样，对于尺寸最小的溶菌酶来说，它在不同聚氨酯材料表面吸附时 Δf 和 ΔD 随时间的变化如图 14.13 所示，其结果与纤维蛋白原和血清蛋白相似，在 PEG－PUs 材料表面没有明显吸附，在 PPG－PU23g 和 PDMS－PU23 材料表面有大量吸附。

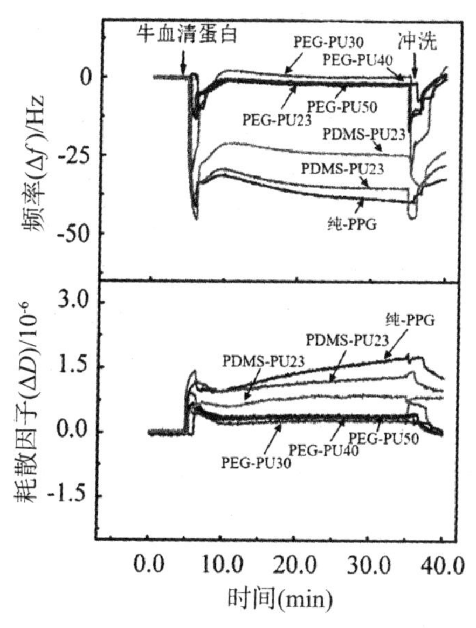

图 14.12　牛血清蛋白在不同聚氨酯表面吸附时，Δf 和 ΔD 随时间的变化

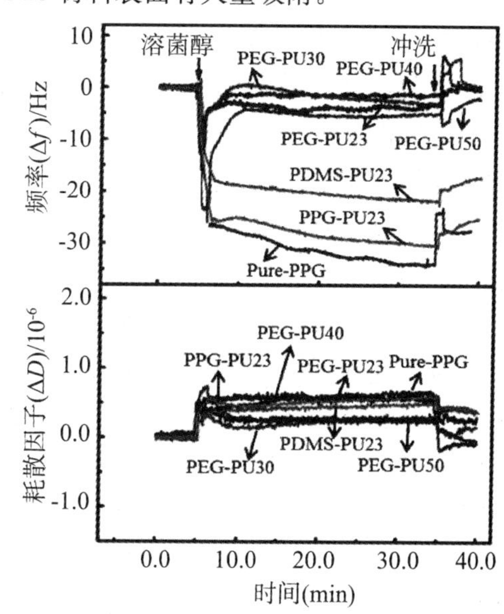

图 14.13　溶菌酶在不同聚氨酯表面吸附时，Δf 和 ΔD 随时间的变化

上述研究采用的聚氨酯硬段均为 MDI 和 1,4－BDO，因此聚氨酯材料表面不同的蛋白吸附行为应该来源于软段本身的性质。先前相关研究表明，PPG2000 的最低临界共融温度（LCST）一般低于 25 ℃，即在上述抗蛋白吸附实验中 PPG 是疏水的。因此 PPG－PU23 和 PDMS－PU23 表面之所以能够吸附蛋白是由于 PPG 或者 PDMS 与蛋白质的疏水相互作用引起的。而 PEG－PUs 抗蛋白吸附的性能应该来源于 PEG 的亲水或者水化作用，即 PEG 通过氢键与水形成一层致密的水化层，从而阻止蛋白质与材料表面的直接相互作用（图 14.14）。

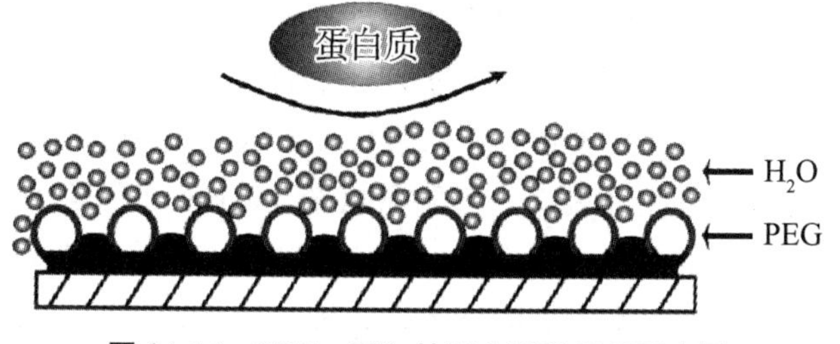

图 14.14　PEG－PUs 抗蛋白吸附机理示意图

14.3.1.2 评价两性离子聚氨酯皮革涂饰剂的防污抗蛋白吸附性能

如本书前章所述，聚氨酯作为皮革涂饰剂广泛应用于皮革涂饰领域。作者课题组首先合成一系列不同磺胺两性离子含量的聚氨酯皮革涂饰剂（iNPU）；然后利用 QCM－D 对其防污抗蛋白吸附性能进行检测，选用的蛋白质依旧是具有代表性的三种蛋白：纤维蛋白原、牛血清蛋白和溶菌酶。

图 14.15 所示为纤维蛋白原在不同磺胺两性离子含量的聚氨酯材料表面吸附时 Δf 和 ΔD 随时间变化的曲线。除 iNPU－23 和 iNPU－30 外的样品，当加入纤维蛋白原溶液后，Δf 迅速下降并渐渐到达一个平稳值。而在通 PBS 缓冲液后，与原来的基线相比，Δf 仍显示出较大程度的下降，表明了仍有一定的纤维蛋白原吸附在聚氨酯材料表面。与基线相比，ΔD 显著增大，进一步说明了纤维蛋白原通过形成一层黏弹性膜吸附在聚氨酯材料表面。纤维蛋白原是一种较大的血浆蛋白质，对于疏水性材料表面有较强的亲和力，很容易吸附在疏水材料表面。而且，在 pH 为 10.4 的 PBS 缓冲溶液中，纤维蛋白原显示出负电荷性质，其与聚氨酯样品存在静电相互作用，有利于蛋白在其表面的吸附。另外，磺胺两性离子基团的存在可以赋予聚氨酯膜一定的亲水性，形成水化层，不利于纤维蛋白原在其表面的吸附。静电相互作用产生的吸附作用和水化层产生的抵御吸附作用存在竞争关系。因此，对于磺胺两性离子含量较低的聚氨酯样品而言，静电相互作用产生的吸附作用更强，从而导致 iNPU－12 显示出一定的蛋白吸附行为。但与 PU－0 相比，iNPU－12 的 Δf 和 ΔD 的曲线变化均小很多，表明含有抗蛋白单体的聚氨酯表面显示出一定的抗蛋白吸附性能。而当磺胺两性离子含量较高时，即 iNPU－23 和 iNPU－30 样品用 PBS 缓冲溶液冲洗过后，Δf 和 ΔD 仅显示出轻微的变化，表明很少有纤维蛋白原吸附在聚氨酯膜的表面，显示出较好的抗蛋白吸附性能。对比未经磺化反应的聚氨酯（NPU－30）和 iNPU－30 样品的 Δf 和 ΔD 曲线可以看出，iNPU－30 显示出优异的抗蛋白性能，而有一定的蛋白吸附在 NPU－30 样品的表面，因此可以推测起到抗蛋白吸附作用的主要是磺胺两性离子。

图 14.16 为牛血清蛋白在不同磺胺两性离子含量的聚氨酯材料表面吸附时 Δf 和 ΔD 随时间变化的曲线。牛血清蛋白的等电点为 4.8，在 pH 为 7.4 时，显示出负电荷性质。类似地，对于 PU－0 的吸附曲线，Δf 显著下降，对应的 ΔD 显著增大，表明牛血清蛋白在聚氨酯样品 PU－0 的表面吸附较多。对于制备的一系列聚氨酯样品 iNPU，观察 Δf 和 ΔD 的曲线变化可以看出，随着聚氨酯中磺胺两性离子含量的增加，牛血清蛋白在对应的聚氨酯膜表面的吸附量减少。当聚氨酯中磺胺两性离子含量达到 30%时（iNPU－30），Δf 和 ΔD 在经过 PBS 缓冲溶液冲洗后，基本上可以回复到基线，这说明聚氨酯膜可以有效地阻止牛血清蛋白在其表面的吸附。此外，对于同一聚氨酯膜样品而言，牛血清蛋白在其表面的吸附量（图 14.16）小于纤维蛋白在其表面的吸附量（图 14.15），这主要是因为二者的分子量不同引起的。在聚氨酯膜材料表面结构完全一样的情况下，吸附在聚氨酯表面的分子量越大的蛋白质引起的质量变化越大，因此导致 Δf 和 ΔD 的变化幅度较大。

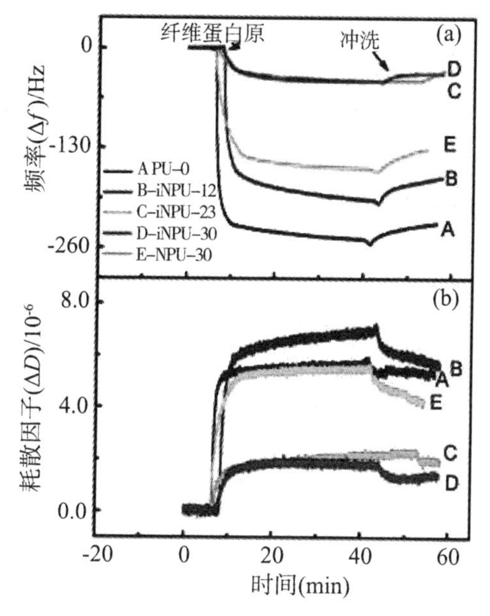

图 14.15 纤维蛋白原在不同磺胺两性离子含量的聚氨酯材料表面吸附时，Δf 和 ΔD 随时间的变化

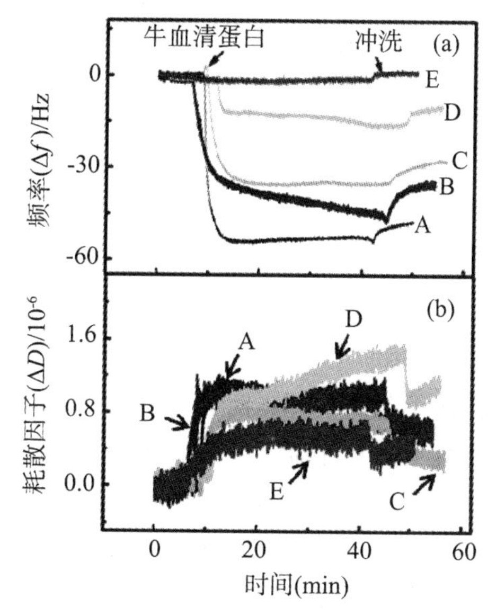

A. PU－0 B. iNPU－12 C. iNPU－23 D. iNPU－30 E. NPU－30

图 14.16 牛血清蛋白在不同磺胺两性离子含量的聚氨酯材料表面吸附时，Δf 和 ΔD 随时间的变化

图 14.17 为溶菌酶在不同磺胺两性离子含量的 iNPUs 表面吸附时，Δf 和 ΔD 随吸附时间的变化曲线。溶菌酶的等电点为 11.1，在 pH＝7.4 的条件下显示出正电荷性质。对于 PU－0，Δf 和 ΔD 与基线相比发生较为显著的变化，说明较多的溶菌酶吸附在 PU－0 的表面。对于含有磺胺两性离子的聚氨酯 iNPUs，Δf 和 ΔD 发生的变化较小，尤其是对于 iNPU－30，在经过 PBS 缓冲溶液的冲洗后，其 Δf 基本回到基线，表明磺胺两性离子聚氨酯显示出优异的抗溶菌酶吸附性能，这主要和磺胺两性离子形成的

水化层形成了蛋白吸附的屏障有关。蛋白质在接触到两性离子聚氨酯表面时，其自身的构象会发生一定的变化。与前两种蛋白的吸附实验结果规律一致，当磺胺两性离子含量足够高时，溶菌酶在其表面的吸附几乎可以达到零吸附，制备的 iNPU－30 聚氨酯显示出优异的抗蛋白吸附性能。此外，本实验还观察到 NPU－30 的 Δf 也基本回到基线的位置，表明很少有溶菌酶吸附在 NPU－30 的表面。这是因为溶菌酶带有正电荷，而 NPU－30 上的叔氨基会发生质子化反应而显示出正电荷性质，二者之间相同电荷的排斥作用不利溶菌酶在其表面吸附。

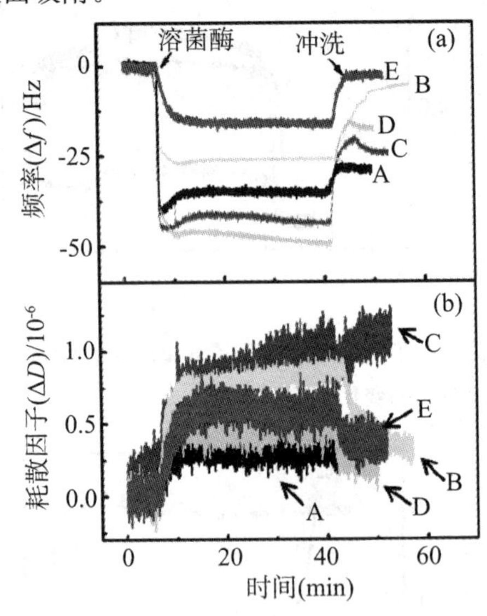

A. PU－0　B. iNPU－12　C. iNPU－23　D. iNPU－30　E. NPU－30

图 14.17　溶菌酶在不同磺胺两性离子含量的聚氨酯材料表面的吸附时，Δf 和 ΔD 随时间的变化

14.3.2　研究物质分子与界面间的相互作用

磷脂囊泡由于具有与细胞类似的组成和结构，使得它可用作基因传递和药物传输的载体。但磷脂囊泡的不稳定性导致它在血液中的循环周期较短，从而限制了它在实际中的应用。通过物理或者化学的方法将一些高分子如聚乙二醇（PEG）修饰于磷脂囊泡表面，利用高分子的空间位阻效应有效稳定磷脂囊泡。如果能弄清楚高分子如何与磷脂囊泡相互作用，将有利于选择合适的高分子链和更好的方法制备出更为稳定的磷脂囊泡。

图 14.18 为磷脂囊泡吸附在 QCM－D 振子表面时 Δf 和 ΔD 随时间的变化。在图 14.18 (a)中，Δf 和 ΔD 在开始阶段分别快速下降和快速上升，随后逐渐达到平衡，表明磷脂囊泡很快吸附在金（Au）涂层振子表面。然而，当磷脂囊泡吸附在二氧化硅（SiO_2）涂层振子表面时，表现出截然不同的行为［图 14.18 (b)］；Δf 随时间的增加先快速减小达到最低点，然后快速增大并达到平衡，意味着磷脂囊泡在 SiO_2 涂层振子表面吸附时发生了磷脂囊泡—磷脂双分子层的转变。具体来说，开始阶段 Δf 减小和 ΔD 的增加表明磷脂囊泡完整地吸附在 SiO_2 涂层振子表面。随后 Δf 增大和 ΔD 减小说明吸附的磷脂囊泡破裂并逐渐融合成磷脂双层。换句话说，磷脂囊泡吸附在 SiO_2 涂层振子表面时形成了固体支撑磷脂双层膜（s－SLB）。

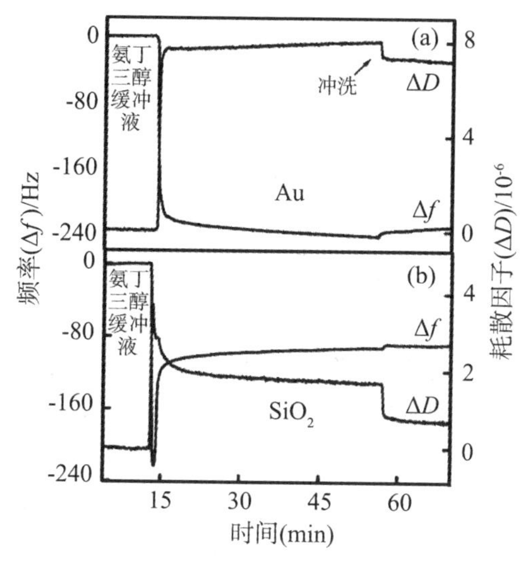

图 14.18　磷脂囊泡吸附到 QCM—D 振子表面时，Δf 和 ΔD 随时间的变化

磷脂囊泡在 Au 和 SiO_2 涂层振子表面吸附后的最终形态如图 14.19 所示。在振子表面形成相应囊泡和双层结构后，可进一步用 QCM－D 系统地研究高分子链在其表面的吸附行为。图 14.20 为 PEG—OH 和 PEG—CH_3 在 s－SLB 表面吸附时 Δf 和 ΔD 的变化。可以看出，PEG－OH 在 s－SLB 表面的吸附并未引起明显的 Δf 和 ΔD 的变化，表明 PEG—OH 和 s－SLB 表面只有弱相互作用，从而使 PEG—OH 只能轻微地吸附在 s－SLB 表面。PEG—CH_3 的疏水甲基末端可能会产生比 PEG—OH 羟基基团更强的疏水相互作用，但其在 s－SLB 表面的吸附与 PEG—OH 的情况类似，说明 PEG—CH_3 也只能通过弱相互作用轻微地吸附在 s－SLB 表面。

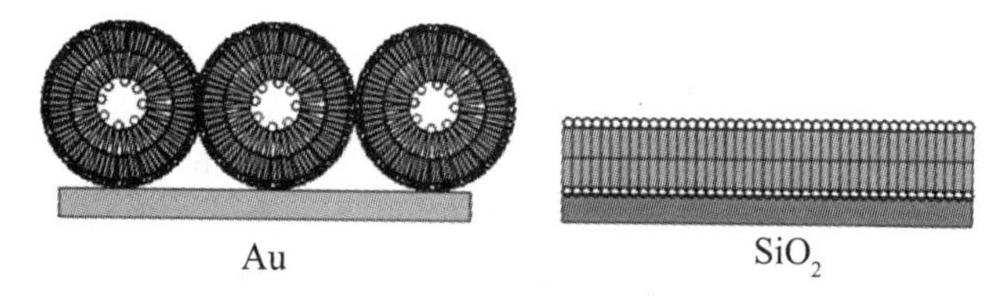

图 14.19　磷脂囊泡、金和二氧化硅涂层振子表面吸附后的最终形态

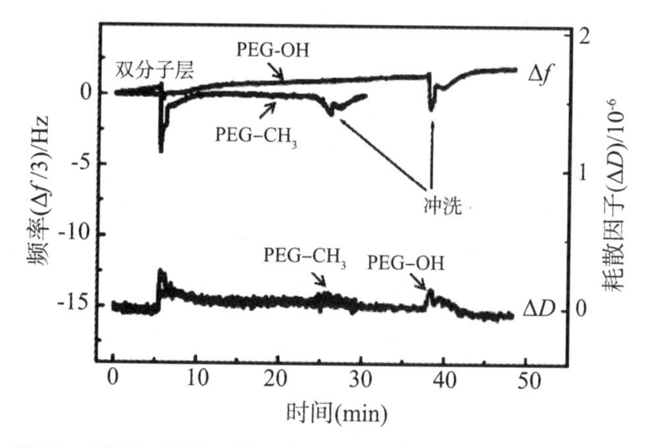

图 14.20　PEG—OH 和 PEG—CH_3 在 s－SLB 表面吸附时引起 Δf 和 ΔD 的变化

当 PEG 末端连接更为疏水的 $C_{18}H_{37}$ 基团时，则 PEG 链在 s－SLB 表面的吸附行为与 PEG—OH 和 PEG—CH_3 完全不同（图 14.21）。PEG—$C_{18}H_{37}$ 的临界胶束浓度（CMC）约为 0.1 mg · mL^{-1}，因此，当浓度为 0.05 mg · mL^{-1} 时 PEG—$C_{18}H_{37}$ 在溶液中主要以单链的形式存在。在此浓度下，PEG—$C_{18}H_{37}$ 的加入使 Δf 快速下降，表明 PEG—$C_{18}H_{37}$ 插入了磷脂双层膜的内部。同时，已经插入的高分子链和即将吸附的高分子链在磷脂双层膜表面有可能进一步形成高分子聚集体。随后，Δf 缓慢上升，表明由于磷脂双层膜表面高分子聚集体的局部构象调整，其中一些水分子被缓慢排挤出来。另外，开始阶段 ΔD 快速上升，表明 PEG—$C_{18}H_{37}$ 插入磷脂双层膜并在其表面形成松散的聚集体结构。紧接着，ΔD 逐渐降低，表明高分子聚集体的局部构象调整使得高分子链形成更为紧密的结构。在 PBS 缓冲液冲洗之后，Δf 几乎回到基线位置，说明只有少量插入的 PEG—$C_{18}H_{37}$ 链留在了磷脂双层膜表面，大部分 PEG—$C_{18}H_{37}$ 链从磷脂双层膜表面脱离。

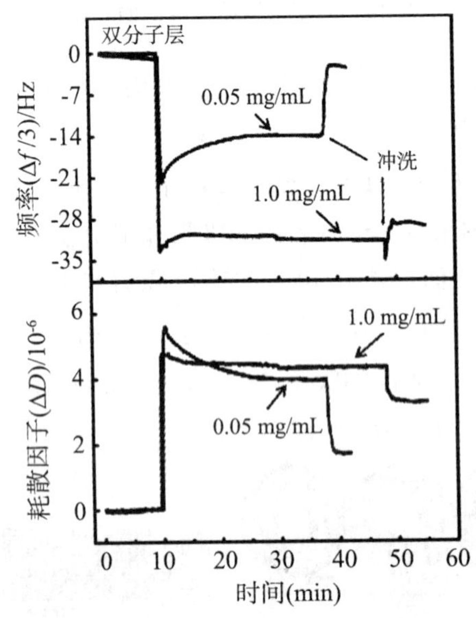

图 14.21　PEG—$C_{18}H_{37}$ 在 s－SLB 表面吸附时引起 Δf 和 ΔD 的变化

从以上讨论可以看出，PEG—$C_{18}H_{37}$ 与 PEG—CH_3 和 PEG—OH 的最大不同之处在于，其末端的 $C_{18}H_{37}$ 基团能够诱导 PEG 链插入磷脂双层膜中并在其表面形成高分子聚集体。但是，在缓冲液冲洗之后，ΔD 却没有回到基线位置，说明少量插入的 PEG—$C_{18}H_{37}$ 突出在磷脂双层膜表面，对耗散因子产生了较大的影响。但当 PEG—$C_{18}H_{37}$ 的浓度增大到 1.0 mg/mL 时，溶液中 PEG—$C_{18}H_{37}$ 自由链与其形成的胶束达到平衡。开始阶段，Δf 快速下降，ΔD 快速上升，表明 PEG—$C_{18}H_{37}$ 高分子链很快插入磷脂双层膜中。在缓冲液冲洗后，Δf 和 ΔD 都没有明显变化，表明 PEG—$C_{18}H_{37}$ 被稳定地锚定在了 s－SLB 表面。这可能是由于磷脂双层膜外高的聚合物浓度产生高的渗透压，从而导致 PEG—$C_{18}H_{37}$ 链与 s－SLB 表面强的相互作用。

图 14.22 为 PEG—OH 和 PEG—CH_3 在磷脂囊泡表面吸附时引起 Δf 和 ΔD 的变化。加入 PEG—OH 后，Δf 只是略微下降，表明 PEG—OH 在磷脂囊泡表面只有弱相互吸附。

PEG—OH 吸附产生较为明显的 ΔD 增大，表明一些吸附的 PEG—OH 链在磷脂囊泡表面形成了“线圈”状和“尾”状结构，这些结构对 ΔD 有较大的影响。PEG—CH_3 在磷脂囊泡表面的吸附行为与 PEG—OH 类似。因此无论是 PEG—CH_3 还是 PEG—OH，与磷脂囊泡间均没有明显的相互作用，因而无法诱导磷脂囊泡向磷脂双层膜结构转变。

图 14.23 为 PEG—$C_{18}H_{37}$ 在磷脂囊泡表面吸附时引起 Δf 和 ΔD 的变化。在加入 PEG—$C_{18}H_{37}$ 后，Δf 快速下降，ΔD 快速上升，表明 PEG—$C_{18}H_{37}$ 快速吸附在磷脂囊泡表面。值得注意的是，Δf 快速下降达到最小值，紧接着快速上升；ΔD 快速上升达到最大值，紧接着快速下降。Δf 和 ΔD 的变化表明 PEG—$C_{18}H_{37}$ 在磷脂囊泡表面的吸附产生松软的囊泡破裂并融合成连续的磷脂双层膜。在从磷脂囊泡到磷脂双层膜的转变过程中，包裹在磷脂囊泡中的水分子同时被释放到溶液中。先前的理论研究表明，磷脂囊泡在表面的吸附与转变主要由囊泡与表面的黏附能（F_a）和囊泡自身的弯曲能（F_b）决定，其中 $F_a=-WA$，$F_b=(k/2)\oint \mathrm{d}A(C_1+C_2-C_0)^2$。$W$ 和 A 为有效接触势和有效接触面积，k 为磷脂膜的弯曲硬度，C_1 和 C_2 为两个主曲率，C_0 为自发曲率。增加 F_a 会使磷脂囊泡发生变形，而增加 F_b 则可以保持磷脂囊泡的外形。当 F_a 超越 F_b 时，吸附的磷脂囊泡就会融合形成连续的平面型磷脂双层膜。PEG—$C_{18}H_{37}$ 在磷脂囊泡表面吸附过程中，W 和 A 可视为保持不变，因而 F_a 保持不变。因此，吸附在表面的磷脂囊泡到平面磷脂双层结构的转变应该是由 PEG—$C_{18}H_{37}$ 吸附引起的弯曲能变化所致。

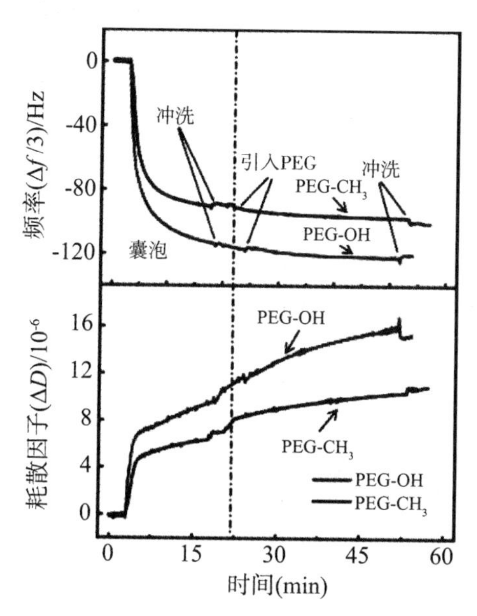

图 14.22　PEG—OH 和 PEG—CH_3 在磷脂囊泡表面吸附时引起 Δf 和 ΔD 的变化

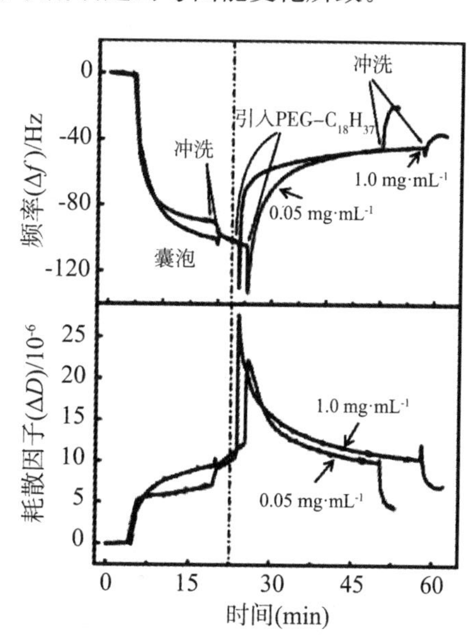

图 14.23　PEG—$C_{18}H_{37}$ 在磷脂囊泡表面吸附时引起 Δf 和 ΔD 的变化

14.3.3　研究聚电解质多层膜的组装机理、结构以及性质

聚电解质通过静电相互作用以“层－层”（layer－by－layer）自组装的方式在固体表面形成的多层膜，即为聚电解质多层膜，其在众多领域均有广泛的应用。聚电解质多

层膜的组装过程除了与聚电解质本身固有性质有关外，还受到多种外界环境因素如温度、pH、盐浓度和离子种类等的影响。研究这些因素对聚电解质多层膜组装的影响，将有助于加深对多层膜组装机理以及多层膜结构和性质的理解。在本节中，将着重介绍如何利用 QCM−D 研究离子种类对聚电解质多层膜的组装、结构以及相关性质的影响。

一般而言，离子可分为弱水化的“chaotrope”型离子和强水化的“kosmotrope”型离子。美国马里兰大学 Collins 教授提出带相反电荷的离子只有在水化程度类似的情况下才可形成强的离子对，这种特异性的相互作用主导了溶液中的离子特异性效应。澳大利亚国立大学 Ninham 教授认为由于离子大小不同，离子的极化率不同，因此离子特异性色散相互作用决定了溶液中的离子特异性效应。

图 14.24 为不同种类的阴离子对 PSS/PDDA 多层自组装的影响。随着层数的增加，$-\Delta f$ 逐渐增大，表明聚电解质通过层层自组装逐步沉积到振子表面。当层数相同时，$-\Delta f$ 增大的次序依次为：$SO_4^{2-} < H_2PO_4^- < CH_3COO^- < F^- < HCO_3^- < Cl^- < ClO_3^- < Br^-$。这与经典的 Hofmesiter 序列基本一致。以Cl^-离子为分界线，阴离子可以分为两组。对于SO_4^{2-}、$H_2PO_4^-$、CH_3COO^-、F^-和HCO_3^-离子，$-\Delta f$ 随着层数的增加呈线性增大；而对于Cl^-、ClO_3^-和Br^-离子，$-\Delta f$ 随着层数的增加呈指数增大。另外，ΔD 随着层数的增加而逐渐增大，进一步表明聚电解质不断沉积在振子表面。除了SO_4^{2-}、HCO_3^-和Cl^-离子，ΔD 对阴离子的种类依赖较小。当SO_4^{2-}存在时，ΔD 较小，说明多层膜比较刚性，而Br^-存在时，ΔD 较大，说明多层膜具有较大的柔性。在$NaHCO_3$溶液中，ΔD 随着层数的增加也表现出明显的增加。

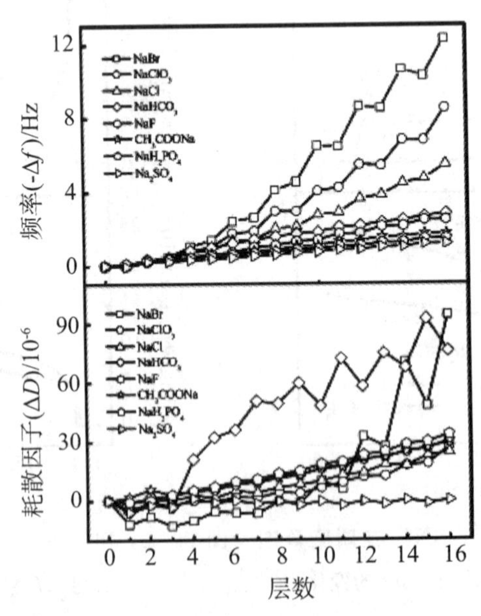

图 14.24 不同种类阴离子存在下，聚苯乙烯磺酸钠（PSS）和聚二烯丙基二甲基氯化铵（PDDA）“层层”组装所引起的$-\Delta f$ 和 ΔD 随层数的变化，其中奇数层为 PSS，偶数层为 PDDA（T=25 ℃）

下面通过多层膜线性与非线性两种增长模式来讨论聚电解质“层层”组装中的特异性

效应。图 14.25 为Br^-、ClO_3^-、Cl^-和HCO_3^-存在下$-\Delta f$ 随层数的变化情况。很明显，从HCO_3^-到Br^-，多层膜增长逐步由线性模式主导。同时，与 PSS 相比，PDDA 吸附对$-\Delta f$ 增长的贡献更大一些，说明不同种类离子间$-\Delta f$ 非线性增长的差异主要来自阴离子，即不同种类阴离子与 PDDA 链上带正电荷的氨基特异性相互作用导致$-\Delta f$ 特异性的非线性增长。然而，在$NaHCO_3^-$溶液中，PSS 和 PDDA 对$-\Delta f$ 的贡献基本相同。

图 14.26 表明，PDDA 第 14 层和第 16 层的$-\Delta f$ 的平均值按$HCO_3^- < Cl^- < ClO_3^- < Br^-$依次增大，而 PSS 第 13 层和第 15 层$-\Delta f$ 的平均值按$HCO_3^- > Cl^- > ClO_3^- > Br^-$依次减小。对于$HCO_3^-$而言，PSS 和 PDDA 对$-\Delta f$ 的贡献基本相等。对某一 PSS 外层，当 PDDA 引入时会通过静电相互作用吸附在 PSS 层表面，从而导致$-\Delta f$ 增大，随后加入的 PSS 链会渗入 PDDA 层，形成聚电解质络合物。在这个过程中，由于一些水分子被多层膜释放出来，导致$-\Delta f$ 下降。与此同时，表面从正电荷反转为负电荷，使得后续吸附 PDDA 成为可能。因此，多的 PSS 渗透会产生更多的 PDDA 吸附，即 PSS 吸附时使$-\Delta f$ 越低，PDDA 吸附时使$-\Delta f$ 越高。因此，非线性多层膜的增长模式是由阴离子调节的链间渗透水平决定的。根据水化匹配模型，弱水化的阴离子与弱水化的氨基可以形成强离子对。从 Cl^- 到 Br^-，离子水化强度变弱，因而可以更有效地屏蔽 PDDA 上的电荷，导致更强的“外源型电荷补偿”，从而产生更加溶胀的 PDDA 层，以容纳更多的 PSS 链渗透。此外，在 $NaHCO_3$溶液中，PSS 和 PDDA 吸附可产生类似的$-\Delta f$，表明聚电解质链在层间的渗透很少。由于聚电解质在层间的渗透水平越低，形成的多层膜越疏松，故在 $NaHCO_3$ 溶液中，ΔD 随层数增加而显著增大。

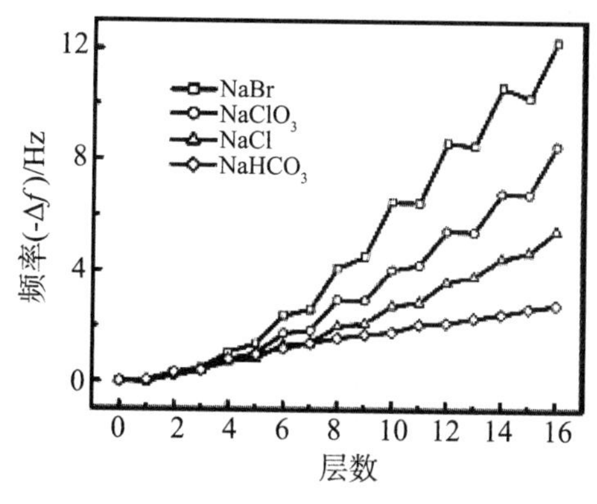

图 14.25　Br^-、ClO_3^-、Cl^- 和 HCO_3^- 存在下，PSS 和 PDDA “层层”组装所引起的$-\Delta f$ 随层数的变化，其中奇数层为 PSS，偶数层为 PDDA（$T=25$ ℃）

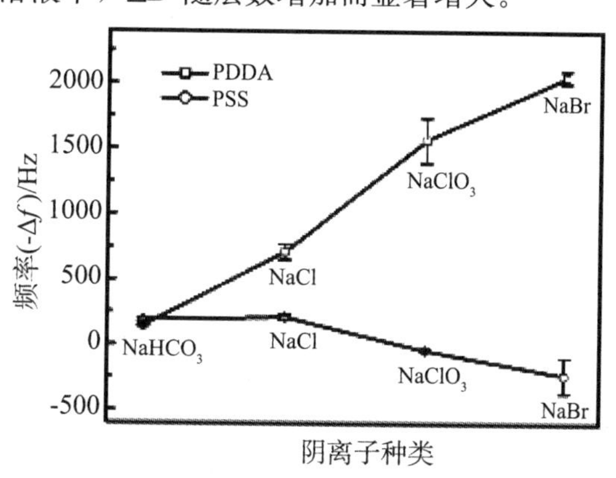

图 14.26　Br^-、ClO_3^-、Cl^- 和 HCO_3^- 存在下，PDDA 第 14 和第 16 层$-\Delta f$ 的平均值随离子种类的变化以及 PSS 第 13 层和第 15 层 Δf 的平均值随离子种类的变化（$T=25$ ℃）

如图 14.27 所示，对于 HCO_3^-、F^-、COO^-、$H_2PO_4^-$ 和 SO_4^{2-} 而言，$-\Delta f$ 随层数的增加线性增大。除HCO_3^-外，PSS 吸附比 PDDA 吸附对$-\Delta f$ 增加的贡献更大，表明 PSS 在 PDDA 表面形成了较为溶胀的吸附层。随后加入的 PDDA 链会渗透进入 PSS 层中，并与 PSS 链形成聚电解质络合物，这与上述的多层膜非线性增长情况不太相同。

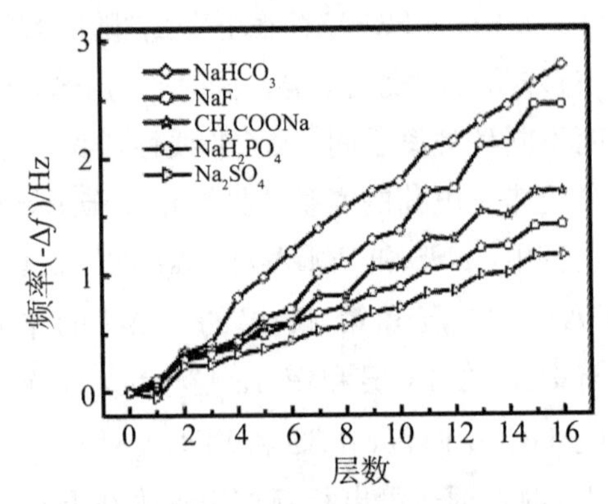

图 14.27　HCO_3^-、F^-、CH_3COO^- 和 HCO_3^- 存在下，PSS 和 PDDA“层—层”组装所引起的$-\Delta f$ 随层数的变化，其中奇数层为 PSS，偶数层为 PDDA（$T=25$ ℃）

如图 14.28 所示，从HCO_3^-到F^-，PDDA 在振子表面吸附使$-\Delta f$ 明显降低，然而从F^-到SO_4^{2-}，$-\Delta f$ 约为 0 Hz，基本保持不变。另外，从HCO_3^-到F^-，PSS 吸附引起的$-\Delta f$ 显著增大，但从F^-到SO_4^{2-}，$-\Delta f$ 却逐渐下降。从HCO_3^-到F^-，PDDA 吸附使$-\Delta f$ 降低，但 PSS 吸附使$-\Delta f$ 升高，说明多层膜增长由 PSS 渗透主导转变为 PDDA 渗透主导。从F^-到SO_4^{2-}，PDDA 吸附引起的$-\Delta f$ 基本保持不变，说明对于不同种类的阴离子，PDDA 链的渗透程度类似。因此 PSS/PDDA 多层膜的线性增长并非由链间的渗透水平决定。从F^-到SO_4^{2-}，PSS 吸附引起的$-\Delta f$ 逐渐下降，说明 PSS 的吸附量不断减少。由于 PDDA 链上氨基为弱水化基团，从SO_4^{2-}到F^-，阴离子屏蔽聚电解质链间静电作用的能力依次增强。如果阴离子屏蔽 PDDA 链间静电相互作用更加有效，则 PDDA 链呈现更加卷曲的构象，得到更高的表面电荷密度以及更大的 PSS 吸附量，从而产生更大的$-\Delta f$。因此，PSS/PDDA 多层膜的线性增加主要是由阴离子调节的表面 PDDA 链构象决定的。

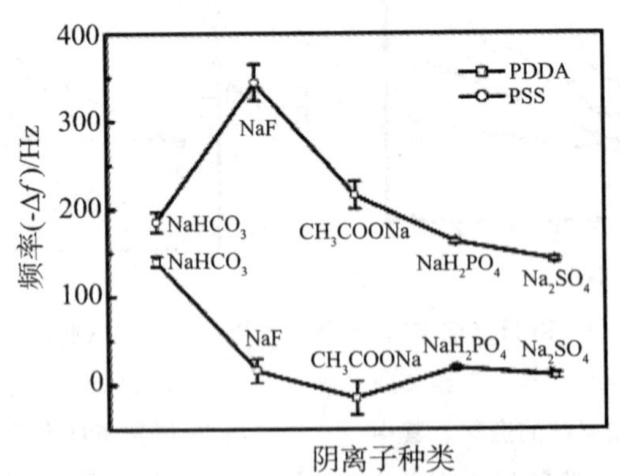

图 14.28　HCO_3^-、F^-、CH_3COO^-、$H_2PO_4^-$ 和 SO_4^{2-} 存在下，PDDA 第 14 和 16 层$-\Delta f$ 的平均值随离子种类的变化以及 PSS 第 13 层和第 15 层 Δf 的平均值随离子种类的变化（$T=25$ ℃）

14.3.4　研究界面接枝高分子的构象行为

界面高分子的构象行为影响固一液界面的物理化学性质，研究接枝高分子在固一液界面上的构象行为对于理解和制备智能界面材料至关重要。这些高分子在溶液中的构象行为不仅与其本身的化学结构有关，还与外界环境密切相关。当外界环境如温度、溶剂组成、pH、离子种类和盐浓度等改变时，这些界面接枝高分子的构象也会发生相应的变化，固—液界面的物理化学性质也会随之改变。然而，对界面高分子的构象行为进行实时原位检测一直以来面临着诸多挑战。本节将利用 QCM—D 研究溶剂组成对界面接枝高分子构象行为的影响。

如图 14.29 所示，接枝高分子链在固—液界面上主要存在三种典型的构象。在低接枝密度下，接枝高分子链间距离大于高分子链本身尺寸，如果高分子链节与固体表面间有很强的相互作用，则接枝高分子形成“煎饼”（pancake）状结构；若高分子链节与固体表面无明显相互作用，则接枝高分子形成“蘑菇”（mushroom）状结构；在高接枝密度下，接枝高分子链间距离小于高分子链本身尺寸，由于链间排斥作用，接枝高分子形成“刷”（brushes）状结构。

(a)“煎饼”状结构　(b)“蘑菇”状结构　(c)“刷”状结构

图 14.29　接枝高分子链在固—液界面上的三种典型构象

聚（N—异丙基丙烯酰胺）（PNIPAM）属于溶剂敏感型高分子。PNIPAM 既可溶于水，也可溶于能与水混溶的有机溶剂，但却不溶于二者以一定比例组成的混合溶剂，即 PNIPAM 在这些混合溶剂中随溶剂组分变化具有溶解—不溶解—溶解的重入型（reentrant）行为。为了更好地理解 PNIPAM 的重入型行为以及溶剂对接枝高分子构象变化的影响，刘光明等利用 QCM—D 研究了溶剂组成对 PNIPAM 高分子刷构象变化的影响。需要强调的是，与溶液中自由的高分子链不同，固体表面接枝的 PNIPAM 不会因为链间的聚集而产生宏观沉淀，这便能更清楚地研究溶剂对 PNIPAM 构象的影响。

图 14.30 为振子表面接枝 PNIPAM 刷后不同泛频频率（Δf_n）随溶剂组成不同的变化情况，其中 X_m 为甲醇在甲醇—水混合溶剂中所占的摩尔百分比。Δf 具有泛频数依赖性，表明 PNIPAM 高分子刷具有黏弹性，但不同泛频的 Δf_n 随 X_m 的变化趋势完全一致。在 X_m 约为 17%时，Δf_n 快速升高，表明溶剂分子从 PNIPAM 高分子刷中快速解吸附。在 X_m 为 20%～50%范围内，Δf_n 逐渐升高，说明溶剂分子逐渐从 PNIPAM 高分子刷上解离，继续增加混合溶剂中甲醇的百分含量，在 X_m 约为 50%时，Δf_n 出现快速下降，表明 PNIPAM 高分子刷再次发生溶剂化。在 X_m 大于 60%后，Δf_n 只是轻微地减小。因此，表面接枝 PNIPAM 高分子刷的“溶剂化—去溶剂化—溶剂化”转变和溶液中线型 PNIPAM 链的无规线团—小球—无规线团转变以及 PNIPAM 水凝胶的“溶胀—收缩—溶胀”转变是一致的。很明显，在 X_m 为 17%～50%范围内，水—甲醇混合溶剂对于 PNIPAM 来说是不良溶剂。

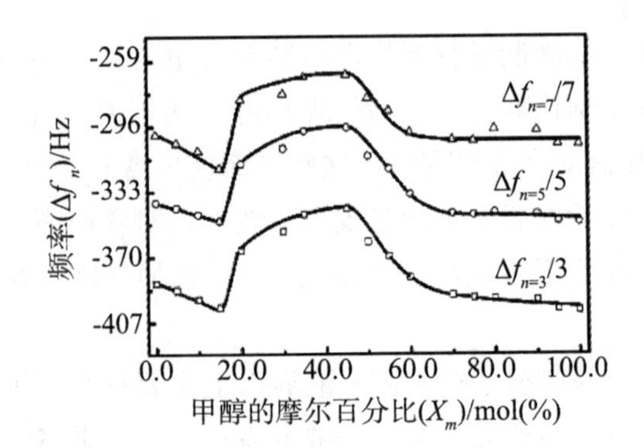

图 14.30 振子表面接枝 PNIPAM 刷后，不同泛频频率（Δf_n）随溶剂组成的变化，其中泛频数 $n=3$，5，7

图 14.31 为振子表面接枝 PNIPAM 刷后 ΔD 随溶剂组成不同的变化情况。与 Δf_n 的变化类似，在 X_m 约为 17%时，ΔD 迅速减小，表明 PNIPAM 刷快速塌陷。X_m 在 20%～50%范围内，ΔD 逐渐减小，表明 PNIPAM 刷在继续慢慢塌陷。当 X_m 约为 50%时，ΔD 快速增加，表明塌陷的 PNIPAM 又再次溶胀为比较松散柔软的层。因此，从图 14.30 和图 14.31 可知，PNIPAM 刷的“溶剂化一去溶剂化一溶剂化”转变伴随着其本身的“溶胀一塌陷一溶胀”转变。

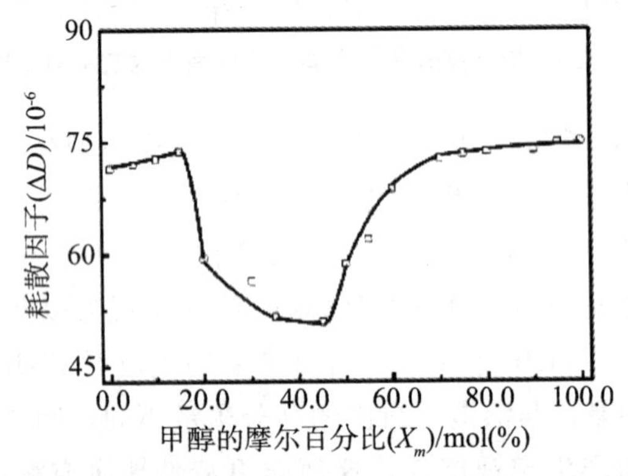

图 14.31 振子表面接枝 PNIPAM 刷后，ΔD 随溶剂组成的变化情况

从以上讨论可知，Δf 主要是由溶剂分子在 PNIPAM 刷上的吸附与脱离造成的，而 ΔD 是由 PNIPAM 的构象变化产生的。因此，通过 Δf 和 ΔD 间的关系就可以理解溶剂化/去溶剂化和溶胀/塌陷间的协同关系。

图 14.32 表明，随着 Δf 的增大 ΔD 线性减小，说明 PNIPAM 高分子刷的“溶胀一塌陷一溶胀”转变只有一种动力学过程，即溶剂化/去溶剂化和溶胀/塌陷同时发生。这也说明了 PNIPAM 高分子刷在水一甲醇的混合溶剂中不存在溶剂的优先吸附，因此，在水一甲醇混合溶液中 PNIPAM 高分子刷所表现出的重入型行为是由于水和甲醇按照一定比例形成的络合物所致。这些络合物对混合溶剂的组成非常敏感，使得水一甲醇混合溶剂在 X_m 约为 17%时突然从 PNIPAM 的良溶剂转变为不良溶剂，并且在 X_m 约为 50%时又从不良溶剂变为良溶剂。在这一过程中，PNIPAM 高分子刷经历了“溶胀一塌陷一溶胀”过程，且都是快速完成的，说明在 X_m 为 20%～50%的范围内没

有自由的水和甲醇分子存在，否则将会有溶剂分子的优先吸附发生，从而导致连续缓慢的塌陷和溶胀过程。

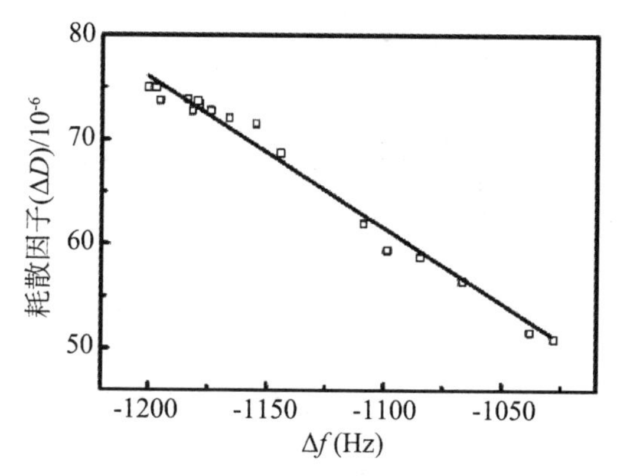

图 14.32　**溶剂组成变化过程中，振子表面接枝** PNIPAM **刷后，其** Δf **与** ΔD **之间的关系**

14.3.5　研究高分子表面接枝动力学

在低接枝密度下，由于链间距离大于链的尺寸，链间不发生重叠。此时根据高分子—表面间的相互作用强弱，高分子会形成“煎饼”状或“蘑菇”状结构。随着接枝密度由低向高增加，高分子会出现“煎饼”状到“刷”状结构或“蘑菇”状到“刷”状结构的转变。在本节中，将利用 QCM—D 来研究高分子接枝过程中的“蘑菇”状到“刷”状结构转变的动力学过程。

由于巯基可在金表面进行反应，利用可逆断裂加成链转移自由基（RAFT）聚合法制成端基为二硫酯基团的 DTE—PBEM，经过水解反应后，将 PDEM 链的端基转变为巯基（图 14.33）。

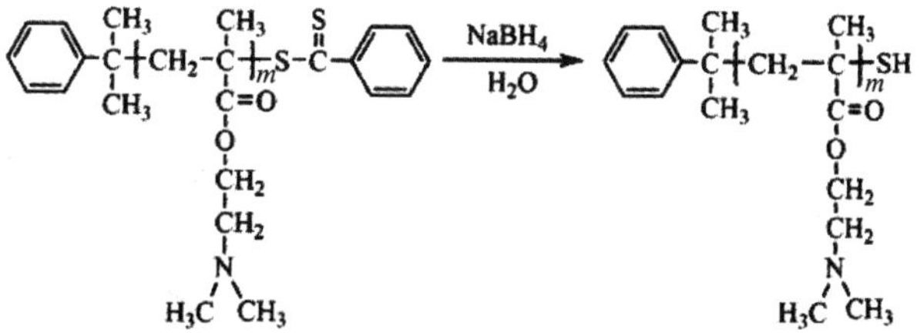

图 14.33　DTE—PDEM **通过** $NaBH_4$ **水解还原为** HS—PDEM **的示意图**

图 14.34 为不同 pH 下 DTE—PDEM 在振子表面吸附所引起的频率变化。可以看出，在 pH=2 和 pH=6 时，冲洗后 Δf 的变化几乎为零，说明在这两种情况下几乎没有链节的吸附发生。因 PDEM 的 pK_a 约为 6.6，PDEM 在 pH 为 2、6 和 10 分别为完全电离、部分电离和中性链。很明显，带电的 PDEM 链节与振子表面的相互作用很弱。在 pH 为 10 时，冲洗以后 Δf 约为 43 Hz，表明有少量的 DTE—PDEM 链吸附在振子表面，说明中性 PDEM 链节和振子表面有弱相互作用。因此对于 PDEM 链而言，其链节与振子表面无相互作用力或相互作用力很弱，在 HS—PDEM 链接枝过程中，将出现“蘑菇”状到“刷”状构象转变。同时，图 14.35 也说明二硫代酯和振子表面不反应。

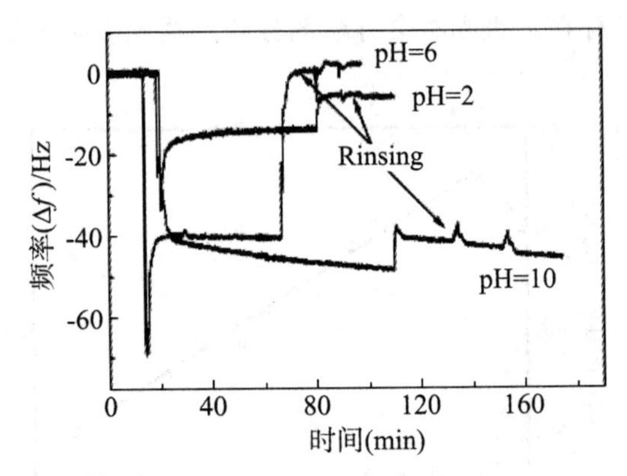

图 14.34　不同 pH 溶液中 DTE－PDEM 在振子表面吸附时所引起的 Δf 和 ΔD 变化

图 14.35 为 pH＝10 时 HS－PDEM 在振子表面接枝所引起的 Δf 和 ΔD 变化。从 Δf 和 ΔD 的变化可以看出，接枝反应存在三个动力学过程。在开始阶段（区域Ⅰ），Δf 快速下降，说明 PDEM 链迅速接枝到空的振子表面。紧接着，Δf 缓慢下降（区域Ⅱ），这是由于已经接枝在表面的 PDEM 链具有位阻作用阻碍了接枝的进一步进行。最后（区域Ⅲ），Δf 又出现一个相对较快的下降，说明已经接枝的 PDEM 链进行构象的自我调整，让更多的空白表面暴露出来，使溶液中的 HS－PDEM 链进一步接枝到振子表面。另外，ΔD 的变化反映了振子表面接枝 PDEM 层的结构变化。在区域Ⅰ中，ΔD 快速增大，说明在此时发生了快速的接枝反应。在区域Ⅱ中，ΔD 略微增大，表明很少有链在此阶段接枝到振子表面。在区域Ⅲ中，ΔD 再次急剧增大，表明形成了溶胀的 PDEM 高分子刷。

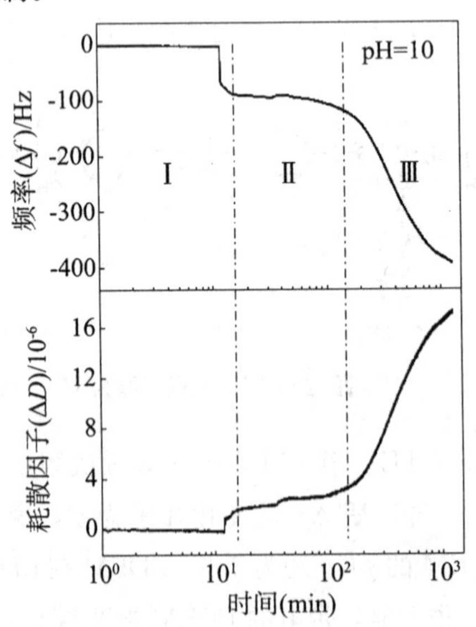

图 14.35　当 pH 为 10 时，HS－PDEM 在振子表面接枝所引起的 Δf 和 ΔD 变化

图 14.36 和图 14.37 分别为在 pH＝6 和 pH＝2 时，HS－PDEM 在振子表面接枝所引起的 Δf 和 ΔD 变化。同 pH＝10 的情况一样，接枝过程也呈现三个动力学阶段特征。

从图 14.35～图 14.37 可以看出，区域Ⅱ的时间尺度与 PDEM 链的电离度密切相关。在 pH＝10 时，区域Ⅱ的时间尺度约为 130 min，pH＝6 时，时间尺度下降到约 90 min。在 pH＝2 时，仅约为 30 min。

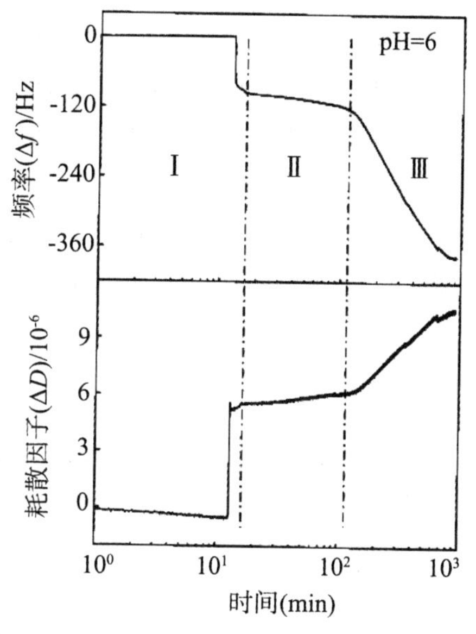

图 14.36　当 pH 为 6 时，HS－PDEM 在振子表面接枝所引起的 Δf 和 ΔD 变化

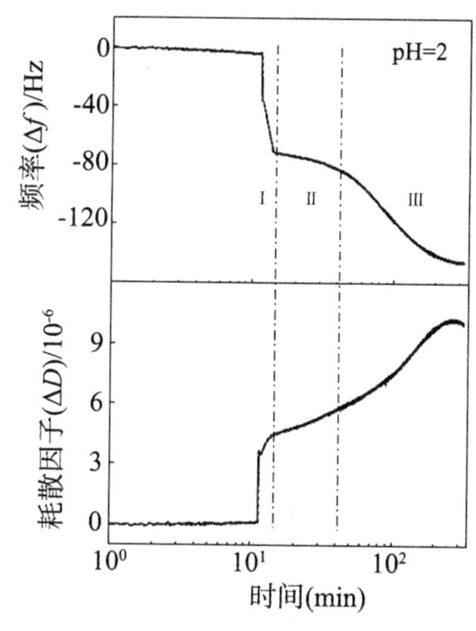

图 14.37　当 pH 为 2 时，HS－PDEM 在振子表面接枝所引起的 Δf 和 ΔD 变化

从以上讨论可知，在区域Ⅱ中接枝反应进行得非常缓慢，且已接枝的 PDEM 链发生了构象的自我调整。从图 14.35～图 14.37 中可以看出，区域Ⅱ的时间尺度随着链电离程度的增大而逐渐减小，即电离程度越大，链越容易进行自我调整。在区域Ⅰ中，接枝反应由扩散控制，接枝在振子表面的链呈无规则分布状态，这就不可避免地存在链间局部交叠。由于局部交叠的链处于非平衡状态以及链的弹性和排斥作用，高分子链必然倾向于通过构象的自我调整来消除这种局部交叠。随着接枝 PDEM 链的电离程度增大，链间的静电排斥作用增强，高分子链更加伸展，并具有更小的管径（图 14.38），这使得链

间的局部交叠减少，链构象的自我调整变得更加容易。这就是区域Ⅱ的时间尺度随着链的电离程度增大而减小的原因。因此从区域Ⅰ到区域Ⅱ，高分子链的构象没有发生太大的变化，即在区域Ⅰ中 PDEM 链形成无规则的"蘑菇"状构象，而在区域Ⅱ中 PDEM 则形成更加有序的"蘑菇"状构象。后者通过构象的自我调整消除局部交叠，使链间的距离变大，从而使溶液中 HS－PDEM 链能够继续进行接枝反应。在区域Ⅲ中，Δf 和 ΔD 随着时间急剧变化，说明接枝的 PDEM 链形成了与区域Ⅱ中不同的构象，即形成了高分子刷。这里需要强调的是，达到饱和状态后的频率和耗散因子变化随着接枝 PDEM 链电离程度的增大而减小。这是由于接枝高分子链的电离程度增大使静电排斥作用增强，从而增加接枝链间距离，减小链的接枝密度所致。

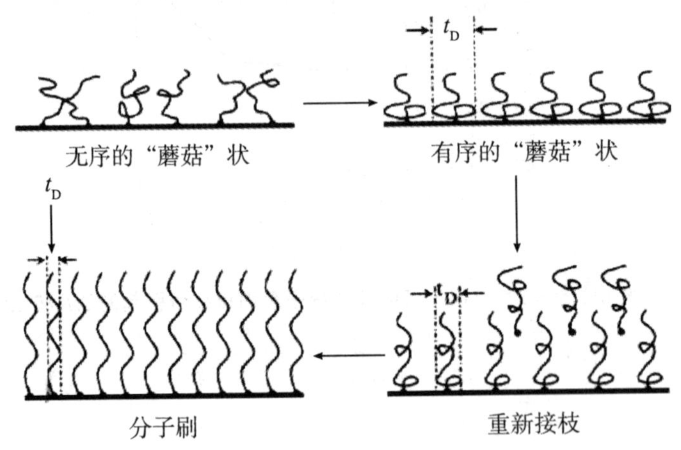

图 14.38　HS－PDEM **在固体表面接枝过程中经历"蘑菇"状到"刷"状构象转变示意图**

参考文献

[1] Sauerbrey G. The use of quarts oscillators for weighing thin layers and for microweighing [J]. Physics, 1959, 155 (2): 206－222.

[2] 马春风. 抗蛋白吸附聚合物的合成与性质 [D]. 合肥：中国科学技术大学，2011.

[3] 张广照，刘光明. 石英晶体微天平原理与应用 [M]. 北京：科学出版社，2015.

[4] Zhang G Z, Wu C. The water/methanol complexation induced reentrant coil－to－globule－to－coil transition of individual homopolymer chains in extremely dilute solution [J]. Journal of the American Chemical Society, 2001, 123 (7): 1376－1380.

[5] Zhang G Z. Study on conformation change of thermally sensitive linear grafted poly (N－isopropylacrylamide) chains by quartz crystal microbalance [J]. Macromolecules, 2004, 37 (17): 6553－6557.

[6] Salomaki M, Vinokurov I A, Kankare. Effect of temperature on the build up of polyelectrolyte multilayers [J]. Langmuir 2005, 21 (24): 11232－11240.

[7] Liu G M, Zhang G. Reentrant behavior of poly (N—isopropylacrylamide) brushes in water—methanol mixtures investigated with a quartz crystal microbalance [J]. Langmuir, 2005, 21 (5): 2086—2090.

[8] Liu G M, Hou Y, Xiao X A, et al. Specific anion effects on the growth of a polyelectrolyte multilayer in single and mixed electrolyte solutions investigated with quartz crystal microbalance [J]. Journal of Physical Chemistry B, 2010, 114 (31): 9987—9993.

[9] Liu G M, Cheng H, Yan L F, et al. Study of the kinetics of the pancake—to—brush transition of poly (N—isopropylacrylamide) chains [J]. Journal of Physical Chemistry B, 2005, 109 (47): 22603—22607.

[10] Cheng C I, Chang Y P, Chu Y. Biomolecular interactions and tools for their recognition: focus on the quartz crystal microbalance and its diverse surface chemistries and applications [J]. Chemical Society Reviews, 2012, 41 (5): 1947—1971.

[11] Rodahl M, Kasemo B. Frequency and dissipation—factor responses to localized liquid deposits on a QCM electrode [J]. Sensors and Actuators B—Chemical, 1996, 37 (1—2): 111—116.

[12] Zhao F, Cheng X, Liu G, et al. Interaction of hydrophobically end—capped poly (ethylene glycol) with phospholipid vesicles: The hydrocarbon end—chain length dependence [J]. Journal of Physical Chemistry B, 2010, 114 (3): 1271—1276.

[13] Liu G, Fu L, Zhang G Z. Role of hydrophobic Interactions in the adsorption of poly (ethylene glycol) chains on phospholipid membranes investigated with a quartz crystal microbalance [J]. Journal of Physical Chemistry B, 2009, 113 (11): 3365—3369.

思考题

1. 什么是压电效应和反压电效应？请思考压电效应在日常生活中的应用并举例。
2. 石英晶体微天平与传统天平的本质区别有哪些？
3. 石英晶体微天平可用于定量分析的理论依据是什么？
4. 简要阐述石英晶体微天平的工作原理。
5. 石英晶体微天平可获得的重要参数有哪些？各自代表什么意义？
6. 进行 QCM 实验时，为了得到准确的实验数据，在制备样品过程中需要注意哪些方面？
7. 石英晶体微天平的应用有哪些？